SCRIPTORVM CLASSICORVM
BIBLIOTHECA OXONIENSIS

OXONII

E TYPOGRAPHEO CLARENDONIANO

ARISTOTELIS

POLITICA

RECOGNOVIT
BREVIQUE ADNOTATIONE CRITICA INSTRUXIT

W. D. ROSS

OXONII
E TYPOGRAPHEO CLARENDONIANO

OXFORD

UNIVERSITY PRESS

Great Clarendon Street, Oxford OX2 6DP

Oxford University Press is a department of the University of Oxford.
It furthers the University's objective of excellence in research, scholarship,
and education by publishing worldwide in

Oxford New York

Auckland Cape Town Dar es Salaam Hong Kong Karachi
Kuala Lumpur Madrid Melbourne Mexico City Nairobi
New Delhi Shanghai Taipei Toronto

With offices in

Argentina Austria Brazil Chile Czech Republic France Greece
Guatemala Hungary Italy Japan Poland Portugal Singapore
South Korea Switzerland Thailand Turkey Ukraine Vietnam

Oxford is a registered trade mark of Oxford University Press
in the UK and in certain other countries

Published in the United States
by Oxford University Press Inc., New York

ISBN 978-0-19-814515-8

Printed in Great Britain
on acid-free paper by
CPI Group (UK) Ltd,
Croydon, CR0 4YY

PRAEFATIO

M^s = cod. Ambrosianus 126 (olim B. ord. sup. 105), saec. xv

P^1 = cod. Parisinus 2023, saec. xiv vel xv

P^2 (Bekkeri I^b) = cod. Parisinus Coislinianus 161, saec. xiv–xv

P^3 = cod. Parisinus 2026, saec. xv

P^5 = cod. Parisinus 1858, saec. xv

et undecim alii codices minoris momenti. Susemihl percepit codicem Graecum perditum (Γ) quem Guilelmus de Moerbeka saeculo tertiodecimo transtulisset textum habuisse textui codicum M^{s}P^1 similem, et duas familias distinxit, quarum altera (Π^1) codices M^{s}P$^1\Gamma$ continet, altera (Π^2) fere omnes codices exceptis M^{s}P$^1\Gamma$.

His testibus adiunxit Immisch duos alios. Invenerat enim G. Heylbut fragmenta codicis (V^m) omnibus aliis codicibus *Politicorum* multo veterioris (decimi enim est saeculi), qui inclusus est in codice Vaticano 1298; haec fragmenta partes quasdam textus habent inter III. 1275^{a}13 et IV. 1292^{b}10. H. Rabe quoque invenerat codicem H^a, Hamiltonianum 41 (nunc Berolinensem 397), saeculi xv vel xvi. Hos duos codices recte iudicavit Immisch textum habere intermedium inter textum familiae Π^1 et textum familiae Π^2, textum autem certe non ex his familiis contaminatum sed illum ex quo textus et familiae Π^1 et familiae Π^2 derivati essent.

Susemihl credidit textum familiae Π^1 meliorem esse textu familiae Π^2; Newman et Immisch crediderunt textum familiae Π^2 meliorem esse textu familiae Π^1. Ut has opiniones examinarem, notavi consensuum exempla inter hos codices in eis partibus *Politicorum* quae in codice V^m servantur, et hos fere numeros inveni—

V^mP^3	233	H^aP^3	160	P^2P^3	288	P^3P^2	288
V^mP^2	229	H^aP^2	155	P^2V^m	229	P^3V^m	233
V^mP^1	172	H^aV^m	134	P^2H^a	155	P^3H^a	160
$V^m\Gamma$	165	H^aM^a	66	$P^2\Gamma$	155	P^3P^1	155
V^mM^a	150	$H^a\Gamma$	61	P^2P^1	154	$P^3\Gamma$	155
V^mH^a	134	H^aP^1	60	P^2M^a	140	P^3M^a	130

M^aP^1	225	P^1M^a	225	ΓM^a	214
$M^a\Gamma$	214	$P^1\Gamma$	202	ΓP^1	202
M^aV^m	150	P^1V^m	172	ΓV^m	165
M^aP^2	140	P^1P^3	155	ΓP^2	155
M^aP^3	130	P^1P^2	154	ΓP^3	155
M^aH^a	66	P^1H^a	60	ΓH^a	61

ex quibus numeris clare apparet primum P^2P^3 unius familiae esse membra, tum $M^aP^1\Gamma$ alterius familiae esse membra, denique V^mH^a multo magis cum familia P^2P^3 quam cum familia $M^aP^1\Gamma$ congruere. Confirmantur igitur et opinio Susemihlii $M^aP^1\Gamma$ et P^2P^3 duas esse familias distinctas, et opinio Newmani et Immischii familiam P^2P^3 melius cum V^m congruere quam familiam $M^aP^1\Gamma$. Sed quantum valet consensus cum V^m? Responsum invenitur si lectiones codicis V^m examinamus; nam in lineis DCCL quae exstant non multo plus quam triginta errores certi inveniuntur. Itaque, cum familia Π^2 saepius congruat cum V^m quam familia Π^1, ceteris paribus illius lectiones accipiendae sunt; et hanc regulam secutus sum. Sed non ita multum discrepant exempla consensus cum V^m (V^mP^3 233, V^mP^1 172), et non raro locos invenies in quibus familia Π^1 sequenda est, exempli gratia hos locos libri primi—1252^{b}2, 5, 1254^{a}15, ^{b}14, 23, 28, 1255^{a}33, 35, ^{b}7, 27, 1256^{b}13, 1257^{b}7, 1258^{b}7, 1259^{a}37, 1260^{a}26.

Familiae Π^1 sunt membra, praeter $M^aP^1\Gamma$, duo codices
saeculi xv (Immisch, p. xxvii); familiae Π^2, praeter P^2P^3,
sunt membra saltem duodeviginti alii codices (Immisch,
pp. xxix–xxxi). Itaque inde a saeculo xiv textus huius
familiae quasi textus vulgaris erat *Politicorum*.

Codex H^a tres partes habet—(1) ab initio *Politicorum* usque
ad VI. 1318^b16, (2) a 1318^b16 usque ad finem libri VI, (3)
libros VII, VIII—quarum tertiam demonstravit Immisch
(pp. xi–xii) a manu diversa et multo recentiore additam
esse; quapropter cum eo desii huius partis lectiones in-
cludere. Hic codex multas lectiones habet quae manifeste
absurdae sunt; apparatum igitur criticum multis eius
lectionibus non oneravi, sed (ut fecit Immisch) eis solis quae
aut cum lectionibus alicuius meliorum codicum consentiunt
aut per se consideratione dignae sunt; has aut dedi aut lector
e silentio colligere poterit. Ei qui omnes lectiones huius
codicis videre volunt eas invenient in appendice editionis
Immischianae (pp. 333–41).

Codicem P^5, cuius prima pars (usque ad V. 1306^a6) per-
dita est, Susemihl primo, quia saepe cum codice Γ consentit,
in familia Π^1 includit, sed postea confessus est textum ex
his duabus familiis conflatum eum habere; nonnumquam hic
codex solus veram habere lectionem videtur

Scholia pauca habemus praeter ea quae in codice H^a
inveniuntur; quae Immisch demonstravit (pp. xvi–xx) de
commentario Michaelis Ephesii saeculo undecii o scripto et
nunc perdito derivata esse. Haec scholia nonnumquam citavi,
sed non multum ab eis ad textum aut constituendum aut
intelligendum proficimus. Ei qui omnia scholia videre volunt
ea invenient in eadem appendice (pp. 294–329).

Et fuse et optime tractavit Immisch totam quaestionem
de codicibus, et multum eius operi debeo; in delectu
lectionum in textum admittendarum saepe ab eo dissensi.

De recto ordine librorum duae sunt controversiae de quibus necesse est breviter scribere. (1) Multi viri et docti putant libros qui in ordine tralaticio IV, V, VI sint, melius post libros VII, VIII ponendos esse. Quae sententia magnam partem e verbis orta est quae in fine libri III inveniuntur: διωρισμένων δὲ τούτων περὶ τῆς πολιτείας ἤδη πειρατέον λέγειν τῆς ἀρίστης, τίνα πέφυκε γίγνεσθαι τρόπον καὶ καθίστασθαι πῶς. ἀνάγκη δὴ τὸν μέλλοντα περὶ αὐτῆς ποιήσασθαι τὴν προσήκουσαν σκέψιν. Verba ἀνάγκη κτλ. fere eadem sunt atque ea quae invenimus in initio libri septimi: περὶ πολιτείας ἀρίστης τὸν μέλλοντα ποιήσασθαι τὴν προσήκουσαν ζήτησιν ἀνάγκη διορίσασθαι πρῶτον τίς αἱρετώτατος βίος. Hic locus libri tertii, nisi a scriba aliquo additus est, indicio est aut Aristotelem libros VII, VIII ante libros IV–VI posuisse, aut ei saltem in mente fuisse eos sic disponere. Illum ordinem librorum primus proposuit Nicholas Oresmius quartodecimo saeculo, et multi alii—inter eos Spengel, Brandis, Zeller, Susemihl, Newman—acceperunt, atque variis argumentis pro sua sententia usi sunt.

Pro ordine tralaticio notandum est omnes codices illum ordinem habere, atque eundem secutum esse Arii Didymi librum tempore Augusti scriptum qui vocetur Ἐπιτομὴ τῶν ἀρεσκόντων τοῖς φιλοσόφοις. Quem librum H. von Arnim saltem iudicavit de opere quodam Theophrasti, discipuli Aristotelis ipsius, derivatum esse.

Ad hanc quaestionem satis considerandam, et multo magis ad eam solvendam, necesse est multis locis *Politicorum* studere in quibus Aristoteles aut dicit se de aliqua re iam scripsisse aut promittit se de ea posterius scripturum esse; quod opus tractatum separatum potius quam partem praefationis requirit; unum autem argumentum dabo quo ordo tralaticius valde comprobatur. In fine *Ethicorum Nicomacheorum* (1181^{b}12–23) Aristoteles sic scribit: παραλιπόντων οὖν τῶν προτέρων ἀνερεύνητον τὸ περὶ τῆς νομοθεσίας, αὐτοὺς ἐπισκέψασθαι μᾶλλον βέλτιον ἴσως, καὶ ὅλως δὴ περὶ πολιτείας, ὅπως εἰς δύναμιν ἡ περὶ τὰ ἀνθρώπεια φιλοσοφία τελειωθῇ. πρῶτον μὲν οὖν εἴ τι κατὰ μέρος εἴρηται· καλῶς ὑπὸ τῶν προγενεστέρων πειραθῶμεν ἐπελθεῖν, εἶτα ἐκ τῶν συνηγμένων πολιτειῶν θεωρῆσαι τὰ ποῖα σῴζει καὶ φθείρει τὰς πόλεις καὶ τὰ ποῖα ἑκάστας τῶν πολιτειῶν, καὶ διὰ τίνας αἰτίας αἱ μὲν καλῶς αἱ δὲ τοὐναντίον πολιτεύονται. θεωρηθέντων γὰρ τούτων τάχ᾽ ἂν μᾶλλον συνίδοιμεν καὶ ποία πολιτεία ἀρίστη, καὶ πῶς ἑκάστη ταχθεῖσα, καὶ τίσι νόμοις καὶ ἔθεσι χρωμένη. λέγωμεν οὖν ἀρξάμενοι. Hoc loco opus politicum sibi proponit in quo (1) opiniones eorum qui hanc rem optime tractaverant describet, (2) considerabit quae res quamque speciem civitatis servent, quae quamque destruant, et ob quas causas quaedam civitates bene, quaedam male administrentur, (3) structuram, leges, consuetudines civitatis optimae describet. Quas tres res in eodem ordine invenimus in *Politicis*—primam in libro II, capp. i–viii, secundam in libris V, VI, tertiam in libris VII–VIII; quo in opere exsequendo alias partes (lib. I, lib. II. ix–xii, libb. III, IV) Aristoteles percepit necessarium esse illi structurae adicere. Qui libros IV–VI post librum VIII ponunt, hanc structuram omnino destruunt.

(2) Secunda quaestio de ordine librorum est utrum liber quintus ante an, ut St. Hilaire et Susemihl credebant, post sextum ponendus sit. Sed haec quaestio facile solvitur; Aristoteles enim in libro sexto quater (1316ᵇ34–36, 1317ᵃ 37–38, 1319ᵇ4–6, 37–38) dicit se de rebus quibusdam iam scripsisse quae in libro quinto solo tractantur.

SIGLA

1252^a1–1342^b34 M^{s}P^{1}P^{2}P$^3\Gamma$

1275^a13–$^b33$, 1276^b17–1277^b1, 1278^a24–1281^a37, 1284^b16–1288^b37, 1290^a36–1292^b10 V^m

saepe citantur usque ad 1323^a10 H^a, a 1306^a6 usque ad finem P^5

V^m = Vaticanus 1298, saec. x
H^a = Berolinensis 397, olim Hamiltonianus 41, saec. xv vel xvi
M^s = Ambrosianus 126, olim B. ord. sup. 105, saec. xv
P^1 = Parisinus 2023, saec. xiv vel xv
P^2 (Bekkeri I^b) = Parisinus Coislinianus 161, saec. xiv–xv
P^3 = Parisinus 2026, saec. xv
P^5 = Parisinus 1858, saec. xv
Γ = codex a Guilelmo de Moerbeka saec. xiii translatus

Π^1 = M^{s}P$^1\Gamma$
Π^2 = reliqui codices collati (exceptis V^{m}H^{a}P^5), viz. P^{2}P^3 et undecim alii minoris momenti
Π^3 = codices in Π^2 inclusi, exceptis P^{2}P^3
π^3 = unus aut plures codicum in Π^3 inclusorum

ΠΟΛΙΤΙΚΩΝ Α

1 Ἐπειδὴ πᾶσαν πόλιν ὁρῶμεν κοινωνίαν τινὰ οὖσαν καὶ 1252ᵃ
πᾶσαν κοινωνίαν ἀγαθοῦ τινος ἕνεκεν συνεστηκυῖαν (τοῦ γὰρ
εἶναι δοκοῦντος ἀγαθοῦ χάριν πάντα πράττουσι πάντες), δῆ-
λον ὡς πᾶσαι μὲν ἀγαθοῦ τινος στοχάζονται, μάλιστα δὲ
καὶ τοῦ κυριωτάτου πάντων ἡ πασῶν κυριωτάτη καὶ πάσας 5
περιέχουσα τὰς ἄλλας. αὕτη δ' ἐστὶν ἡ καλουμένη πόλις
καὶ ἡ κοινωνία ἡ πολιτική. ὅσοι μὲν οὖν οἴονται πολιτικὸν
καὶ βασιλικὸν καὶ οἰκονομικὸν καὶ δεσποτικὸν εἶναι τὸν
αὐτὸν οὐ καλῶς λέγουσιν (πλήθει γὰρ καὶ ὀλιγότητι νομί-
ζουσι διαφέρειν ἀλλ' οὐκ εἴδει τούτων ἕκαστον, οἷον ἂν μὲν 10
ὀλίγων, δεσπότην, ἂν δὲ πλειόνων, οἰκονόμον, ἂν δ' ἔτι
πλειόνων, πολιτικὸν ἢ βασιλικόν, ὡς οὐδὲν διαφέρουσαν
μεγάλην οἰκίαν ἢ μικρὰν πόλιν· καὶ πολιτικὸν δὲ καὶ
βασιλικόν, ὅταν μὲν αὐτὸς ἐφεστήκῃ, βασιλικόν, ὅταν
δὲ κατὰ τοὺς λόγους τῆς ἐπιστήμης τῆς τοιαύτης κατὰ μέρος 15
ἄρχων καὶ ἀρχόμενος, πολιτικόν· ταῦτα δ' οὐκ ἔστιν· ἀληθῆ)·
δῆλον δ' ἔσται τὸ λεγόμενον ἐπισκοποῦσι κατὰ τὴν ὑφ-
ηγημένην μέθοδον. ὥσπερ γὰρ ἐν τοῖς ἄλλοις τὸ σύν-
θετον μέχρι τῶν ἀσυνθέτων ἀνάγκη διαιρεῖν (ταῦτα γὰρ ἐλά-
χιστα μόρια τοῦ παντός), οὕτω καὶ πόλιν ἐξ ὧν σύγκειται 20
σκοποῦντες ὀψόμεθα καὶ περὶ τούτων μᾶλλον, τί τε δια-
φέρουσιν ἀλλήλων καὶ εἴ τι τεχνικὸν ἐνδέχεται λαβεῖν περὶ
ἕκαστον τῶν ῥηθέντων.

2 Εἰ δή τις ἐξ ἀρχῆς τὰ πράγματα φυόμενα βλέψειεν,
ὥσπερ ἐν τοῖς ἄλλοις, καὶ ἐν τούτοις κάλλιστ' ἂν οὕτω 25
θεωρήσειεν. ἀνάγκη δὴ πρῶτον συνδυάζεσθαι τοὺς ἄνευ
ἀλλήλων μὴ δυναμένους εἶναι, οἷον θῆλυ μὲν καὶ ἄρρεν τῆς

1252ᵃ 5 καὶ om. Π¹π³   κυριωτάτη πασῶν MᵃP¹   7–9 ὅσοι . . .
αὐτὸν: cf. Pl. Pol. 258 e 8–259 a 5   8 εἶναι om. Π¹   τὸν αὐτὸν] ταὐτὸν
HᵃΓ   15 τοὺς om. Hᵃπ³   24 τὰ] εἰς τὰ ci. Richards

I

γεννήσεως ἔνεκεν (καὶ τοῦτο οὐκ ἐκ προαιρέσεως, ἀλλ' ὥσπερ
καὶ ἐν τοῖς ἄλλοις ζῴοις καὶ φυτοῖς φυσικὸν τὸ ἐφίεσθαι,
30 οἷον αὐτό, τοιοῦτον καταλιπεῖν ἕτερον), ἄρχον δὲ φύσει καὶ
ἀρχόμενον διὰ τὴν σωτηρίαν. τὸ μὲν γὰρ δυνάμενον τῇ
διανοίᾳ προορᾶν ἄρχον φύσει καὶ δεσπόζον φύσει, τὸ δὲ
δυνάμενον [ταῦτα] τῷ σώματι πονεῖν ἀρχόμενον καὶ φύσει
δοῦλον· διὸ δεσπότῃ καὶ δούλῳ ταὐτὸ συμφέρει. φύσει μὲν
1252ᵇ οὖν διώρισται τὸ θῆλυ καὶ τὸ δοῦλον (οὐθὲν γὰρ ἡ φύσις
ποιεῖ τοιοῦτον οἷον οἱ χαλκοτύποι τὴν Δελφικὴν μάχαιραν,
πενιχρῶς, ἀλλ' ἓν πρὸς ἕν· οὕτω γὰρ ἂν ἀποτελοῖτο κάλ-
λιστα τῶν ὀργάνων ἕκαστον, μὴ πολλοῖς ἔργοις ἀλλ' ἑνὶ
5 δουλεῦον)· ἐν δὲ τοῖς βαρβάροις τὸ θῆλυ καὶ τὸ δοῦλον τὴν
αὐτὴν ἔχει τάξιν. αἴτιον δ' ὅτι τὸ φύσει ἄρχον οὐκ ἔχου-
σιν, ἀλλὰ γίνεται ἡ κοινωνία αὐτῶν δούλης καὶ δούλου. διό
φασιν οἱ ποιηταὶ "βαρβάρων δ' Ἕλληνας ἄρχειν εἰκός",
ὡς ταὐτὸ φύσει βάρβαρον καὶ δοῦλον ὄν. ἐκ μὲν οὖν τού-
10 των τῶν δύο κοινωνιῶν οἰκία πρώτη, καὶ ὀρθῶς Ἡσίοδος
εἶπε ποιήσας "οἶκον μὲν πρώτιστα γυναῖκά τε βοῦν τ' ἀρο-
τῆρα"· ὁ γὰρ βοῦς ἀντ' οἰκέτου τοῖς πένησίν ἐστιν. ἡ μὲν
οὖν εἰς πᾶσαν ἡμέραν συνεστηκυῖα κοινωνία κατὰ φύσιν
οἶκός ἐστιν, οὓς Χαρώνδας μὲν καλεῖ ὁμοσιπύους, Ἐπιμενίδης
15 δὲ ὁ Κρὴς ὁμοκάπους· ἡ δ' ἐκ πλειόνων οἰκιῶν κοινωνία
πρώτη χρήσεως ἔνεκεν μὴ ἐφημέρου κώμη. μάλιστα δὲ
κατὰ φύσιν ἔοικεν ἡ κώμη ἀποικία οἰκίας εἶναι, οὓς κα-
λοῦσί τινες ὁμογάλακτας, παῖδάς τε καὶ παίδων παῖδας.
διὸ καὶ τὸ πρῶτον ἐβασιλεύοντο αἱ πόλεις, καὶ νῦν ἔτι τὰ
20 ἔθνη· ἐκ βασιλευομένων γὰρ συνῆλθον· πᾶσα γὰρ οἰκία

28 γεννήσεως Stobaeus: γενέσεως codd.　　　30–31 καὶ ἀρχόμενον
φύσει Π¹　　33 τῷ σώματι ταῦτα Π²: ταῦτα secl. Gomperz　　πονεῖν
scripsi: ποιεῖν codd.　Γ: διαπονεῖν Gomperz　　1252ᵇ 2 οἱ om. Π²
5 δουλεῦσον Richards　　τὸ² om. MᵃP¹　　8 Eur. Iph. Aul. 1400
9 ὄν om. MᵃP¹　　11 Op. 405　　14 οὓς ὁ μὲν Χαρώνδας MᵃP¹
15 ὁμοκάπνους Π¹π³　　16–17 μάλιστα . . . κώμη om. pr. P¹: μάλιστα
δ' ἔοικε κατὰ φύσιν ἡ κώμη MᵃΓ　　20 συνῆλθον om. Π¹

βασιλεύεται ὑπὸ τοῦ πρεσβυτάτου, ὥστε καὶ αἱ ἀποικίαι, διὰ
τὴν συγγένειαν. καὶ τοῦτ' ἐστὶν ὃ λέγει Ὅμηρος " θεμιστεύει
δὲ ἕκαστος παίδων ἠδ' ἀλόχων". σποράδες γάρ· καὶ οὕτω
τὸ ἀρχαῖον ᾤκουν. καὶ τοὺς θεοὺς δὲ διὰ τοῦτο πάντες φασὶ
βασιλεύεσθαι, ὅτι καὶ αὐτοὶ οἱ μὲν ἔτι καὶ νῦν οἱ δὲ τὸ 25
ἀρχαῖον ἐβασιλεύοντο, ὥσπερ δὲ καὶ τὰ εἴδη ἑαυτοῖς ἀφ-
ομοιοῦσιν οἱ ἄνθρωποι, οὕτω καὶ τοὺς βίους τῶν θεῶν.   27

ἡ δ' ἐκ 27
πλειόνων κωμῶν κοινωνία τέλειος πόλις, ἤδη πάσης ἔχουσα
πέρας τῆς αὐταρκείας ὡς ἔπος εἰπεῖν, γινομένη μὲν τοῦ
ζῆν ἕνεκεν, οὖσα δὲ τοῦ εὖ ζῆν. διὸ πᾶσα πόλις φύσει ἔστιν, 30
εἴπερ καὶ αἱ πρῶται κοινωνίαι. τέλος γὰρ αὕτη ἐκείνων,
ἡ δὲ φύσις τέλος ἐστίν· οἷον γὰρ ἕκαστόν ἐστι τῆς γενέσεως
τελεσθείσης, ταύτην φαμὲν τὴν φύσιν εἶναι ἑκάστου, ὥσπερ
ἀνθρώπου ἵππου οἰκίας. ἔτι τὸ οὗ ἕνεκα καὶ τὸ τέλος βέλ-
τιστον· ἡ δ' αὐτάρκεια καὶ τέλος καὶ βέλτιστον. ἐκ τούτων οὖν 1253ᵃ
φανερὸν ὅτι τῶν φύσει ἡ πόλις ἐστί, καὶ ὅτι ὁ ἄνθρωπος
φύσει πολιτικὸν ζῷον, καὶ ὁ ἄπολις διὰ φύσιν καὶ οὐ διὰ
τύχην ἤτοι φαῦλός ἐστιν, ἢ κρείττων ἢ ἄνθρωπος· ὥσπερ
καὶ ὁ ὑφ' Ὁμήρου λοιδορηθεὶς " ἀφρήτωρ ἀθέμιστος ἀνέστιος"· 5
ἅμα γὰρ φύσει τοιοῦτος καὶ πολέμου ἐπιθυμητής, ἅτε περ
ἄζυξ ὢν ὥσπερ ἐν πεττοῖς. διότι δὲ πολιτικὸν ὁ ἄνθρωπος
ζῷον πάσης μελίττης καὶ παντὸς ἀγελαίου ζῴου μᾶλλον,
δῆλον. οὐθὲν γάρ, ὡς φαμέν, μάτην ἡ φύσις ποιεῖ· λόγον
δὲ μόνον ἄνθρωπος ἔχει τῶν ζῴων· ἡ μὲν οὖν φωνὴ τοῦ 10
λυπηροῦ καὶ ἡδέος ἐστὶ σημεῖον, διὸ καὶ τοῖς ἄλλοις ὑπ-
άρχει ζῴοις (μέχρι γὰρ τούτου ἡ φύσις αὐτῶν ἐλήλυθε, τοῦ·

---

21 αἱ om. MᵃP¹   22 Od. 9. 114–15   28 ἤδη HᵃP¹Γ: ἡ δὴ
MᵃPᵃPᵃπᵃ: ἡ δὲ πᵃ   29 μὲν+οὖν ΠᵃΠᵃΓ   31 αὐτὴ Γ   33 ἑκάστου
εἶναι MᵃP¹   1253ᵃ1 καὶ¹ om. Π¹   2 ὁ om. ΠᵃΠᵃ   3 ζῴων+ἐστι
MᵃΓ   5 Il. 9. 63   6 ἅτε ὢν ὥσπερ ἄζυξ Richards: an ἅτε περίζυξ
ὢν ὥσπερ?: ἅτε περ om. Πᵃ   7 ἄζυξ ὢν om. in lac. PᵃPᵃΠᵃ; ἄζυξ Πᵃ:
ἄνευ ζύγου τυγχάνων Πᵃ   πετεινοῖς Γ   an ὅτι?   7–8 ζῴων ὁ ἄνθρωπος Π¹
11 ἡδέος καὶ λυπηροῦ Π¹   12 προ ἠλθενώστε αἰσθάνεσθαι τοῦ λυπηροῦ πᵃ

ἔχειν αἴσθησιν λυπηροῦ καὶ ἡδέος καὶ ταῦτα σημαίνειν
ἀλλήλοις), ὁ δὲ λόγος ἐπὶ τῷ δηλοῦν ἐστι τὸ συμφέρον καὶ
15 τὸ βλαβερόν, ὥστε καὶ τὸ δίκαιον καὶ τὸ ἄδικον· τοῦτο γὰρ
πρὸς τὰ ἄλλα ζῷα τοῖς ἀνθρώποις ἴδιον, τὸ μόνον ἀγαθοῦ
καὶ κακοῦ καὶ δικαίου καὶ ἀδίκου καὶ τῶν ἄλλων αἴσθησιν
ἔχειν· ἡ δὲ τούτων κοινωνία ποιεῖ οἰκίαν καὶ πόλιν. καὶ
πρότερον δὲ τῇ φύσει πόλις ἢ οἰκία καὶ ἕκαστος ἡμῶν ἐστιν.
20 τὸ γὰρ ὅλον πρότερον ἀναγκαῖον εἶναι τοῦ μέρους· ἀναιρου-
μένου γὰρ τοῦ ὅλου οὐκ ἔσται ποὺς οὐδὲ χείρ, εἰ μὴ ὁμ-
ωνύμως, ὥσπερ εἴ τις λέγοι τὴν λιθίνην (διαφθαρεῖσα γὰρ ἔσται
τοιαύτη), πάντα δὲ τῷ ἔργῳ ὥρισται καὶ τῇ δυνάμει, ὥστε
μηκέτι τοιαῦτα ὄντα οὐ λεκτέον τὰ αὐτὰ εἶναι ἀλλ' ὁμ-
25 ώνυμα. ὅτι μὲν οὖν ἡ πόλις καὶ φύσει καὶ πρότερον ἢ ἕκα-
στος, δῆλον· εἰ γὰρ μὴ αὐτάρκης ἕκαστος χωρισθείς, ὁμοίως
τοῖς ἄλλοις μέρεσιν ἕξει πρὸς τὸ ὅλον, ὁ δὲ μὴ δυνάμε-
νος κοινωνεῖν ἢ μηδὲν δεόμενος δι' αὐτάρκειαν οὐθὲν μέρος
29 πόλεως, ὥστε ἢ θηρίον ἢ θεός.

29   φύσει μὲν οὖν ἡ ὁρμὴ ἐν
30 πᾶσιν ἐπὶ τὴν τοιαύτην κοινωνίαν· ὁ δὲ πρῶτος συστήσας
μεγίστων ἀγαθῶν αἴτιος. ὥσπερ γὰρ καὶ τελεωθεὶς βέλτι-
στον τῶν ζῴων ἄνθρωπός ἐστιν, οὕτω καὶ χωρισθεὶς νόμου καὶ
δίκης χείριστον πάντων. χαλεπωτάτη γὰρ ἀδικία ἔχουσα
ὅπλα· ὁ δὲ ἄνθρωπος ὅπλα ἔχων φύεται φρονήσει καὶ
35 ἀρετῇ, οἷς ἐπὶ τἀναντία ἔστι χρῆσθαι μάλιστα. διὸ ἀνοσιώ-
τατον καὶ ἀγριώτατον ἄνευ ἀρετῆς, καὶ πρὸς ἀφροδίσια
καὶ ἐδωδὴν χείριστον. ἡ δὲ δικαιοσύνη πολιτικόν· ἡ γὰρ
δίκη πολιτικῆς κοινωνίας τάξις ἐστίν, ἡ δὲ δικαιοσύνη τοῦ
δικαίου κρίσις.

1253ᵇ Ἐπεὶ δὲ φανερὸν ἐξ ὧν μορίων ἡ πόλις συνέστηκεν, 3

19 δὲ Hᵃ: δὴ cet.   22 λέγοι HᵃP²Γ: λέγει Π¹P³π³   23 δὲ]
γὰρ Γ   25 καὶ¹ om. Π¹ καὶ² HᵃΠ¹P³π³: om. P² et ut vid. Γ προτέρα
π³Γ: προτέρῳ π³   28 οὐδὲ MᵃP¹   31–32 τελεωθεὶς . . . χωρι-
σθεὶς Spengel: τελεωθὲν . . . χωρισθὲν codd.   32 ὁ ἄνθρωπος MᵃP¹
37–38 τὸ γὰρ δίκαιον Richards   38 δικαιοσύνη Reiske: δίκη codd. Γ

ἀναγκαῖον πρῶτον περὶ οἰκονομίας εἰπεῖν· πᾶσα γὰρ σύγκειται πόλις ἐξ οἰκιῶν. οἰκονομίας δὲ μέρη ἐξ ὧν πάλιν οἰκία συνέστηκεν· οἰκία δὲ τέλειος ἐκ δούλων καὶ ἐλευθέρων. ἐπεὶ δ' ἐν τοῖς ἐλαχίστοις πρῶτον ἕκαστον ζητητέον, πρῶτα δὲ 5 καὶ ἐλάχιστα μέρη οἰκίας δεσπότης καὶ δοῦλος, καὶ πόσις καὶ ἄλοχος, καὶ πατὴρ καὶ τέκνα, περὶ τριῶν ἂν τούτων σκεπτέον εἴη τί ἕκαστον καὶ ποῖον δεῖ εἶναι. ταῦτα δ' ἐστὶ δεσποτικὴ καὶ γαμικὴ (ἀνώνυμον γὰρ ἡ γυναικὸς καὶ ἀνδρὸς σύζευξις) καὶ τρίτον τεκνοποιητικὴ (καὶ γὰρ αὕτη οὐκ 10 ὠνόμασται ἰδίῳ ὀνόματι). ἔστωσαν δὴ αὗται ⟨αἱ⟩ τρεῖς ἃς εἴπομεν. ἔστι δέ τι μέρος ὃ δοκεῖ τοῖς μὲν εἶναι οἰκονομία, τοῖς δὲ μέγιστον μέρος αὐτῆς· ὅπως δ' ἔχει, θεωρητέον· λέγω δὲ περὶ τῆς καλουμένης χρηματιστικῆς. πρῶτον δὲ περὶ δεσπότου καὶ δούλου εἴπωμεν, ἵνα τά τε πρὸς τὴν 15 ἀναγκαίαν χρείαν ἴδωμεν, κἂν εἴ τι πρὸς τὸ εἰδέναι περὶ αὐτῶν δυναίμεθα λαβεῖν βέλτιον τῶν νῦν ὑπολαμβανομένων. τοῖς μὲν γὰρ δοκεῖ ἐπιστήμη τέ τις εἶναι ἡ δεσποτεία, καὶ ἡ αὐτὴ οἰκονομία καὶ δεσποτεία καὶ πολιτικὴ καὶ βασιλική, καθάπερ εἴπομεν ἀρχόμενοι· τοῖς δὲ παρὰ φύσιν 20 τὸ δεσπόζειν (νόμῳ γὰρ τὸν μὲν δοῦλον εἶναι τὸν δ' ἐλεύθερον, φύσει δ' οὐθὲν διαφέρειν)· διόπερ οὐδὲ δίκαιον· βίαιον γάρ. 23

4 Ἐπεὶ οὖν ἡ κτῆσις μέρος τῆς οἰκίας ἐστὶ καὶ ἡ κτητικὴ 23 μέρος τῆς οἰκονομίας (ἄνευ γὰρ τῶν ἀναγκαίων ἀδύνατον καὶ ζῆν καὶ εὖ ζῆν), ὥσπερ δὴ ταῖς ὡρισμέναις τέχναις 25 ἀναγκαῖον ἂν εἴη ὑπάρχειν τὰ οἰκεῖα ὄργανα, εἰ μέλλει

1253ᵇ 2–4 ἀναγκαῖον ... συνέστηκεν om. π² 2 ἀναγκαῖον (vel ἀνάγκη) περὶ οἰκονομίας εἰπεῖν πρότερον· πᾶσα γὰρ πόλις ἐξ οἰκιῶν σύγκειται π² 3 οἰκονομίας] οἰκίας π²Γ πάλιν οἰκία Η²Ρ²Ρ³π³Γ: ἡ οἰκία πάλιν Μ³Ρ¹: αὖθις οἰκία π² 4 συνίσταται π² 7–8 τούτων σκεπτέον ἂν Π¹ 10 τεκνοποιητικὴ] πατρικὴ Aretinus 11 δὴ Susemihl: δὲ codd. Γ αἱ add. Jowett 17 δυναίμεθα Η²Ρ²Ρ³π³Γ: δυνάμεθα Μ³Ρ¹π² 19 ἢ om. Η², pr. Ρ³ 25 καὶ εὖ ζῆν om. Π¹ δὴ Susemihl: δὲ Η²Π¹Ρ²Ρ³: om. π²: δὲ ἐν π³

ἀποτελεσθήσεσθαι τὸ ἔργον, οὕτω καὶ τῷ οἰκονομικῷ. τῶν
δ' ὀργάνων τὰ μὲν ἄψυχα τὰ δὲ ἔμψυχα (οἷον τῷ κυ-
βερνήτῃ ὁ μὲν οἴαξ ἄψυχον ὁ δὲ πρῳρεὺς ἔμψυχον· ὁ
30 γὰρ ὑπηρέτης ἐν ὀργάνου εἴδει ταῖς τέχναις ἐστίν)· οὕτω καὶ
τὸ κτῆμα ὄργανον πρὸς ζωήν ἐστι, καὶ ἡ κτῆσις πλῆθος
ὀργάνων ἐστί, καὶ ὁ δοῦλος κτῆμά τι ἔμψυχον, καὶ ὥσπερ
ὄργανον πρὸ ὀργάνων πᾶς ὑπηρέτης. εἰ γὰρ ἠδύνατο
ἕκαστον τῶν ὀργάνων κελευσθὲν ἢ προαισθανόμενον ἀπο-
35 τελεῖν τὸ αὑτοῦ ἔργον, ⟨καὶ⟩ ὥσπερ τὰ Δαιδάλου φασὶν ἢ τοὺς
τοῦ Ἡφαίστου τρίποδας, οὕς φησιν ὁ ποιητὴς αὐτομάτους θεῖον
δύεσθαι ἀγῶνα, οὕτως αἱ κερκίδες ἐκέρκιζον αὐταὶ καὶ τὰ
πλῆκτρα ἐκιθάριζεν, οὐδὲν ἂν ἔδει οὔτε τοῖς ἀρχιτέκτοσιν
1254^a ὑπηρετῶν οὔτε τοῖς δεσπόταις δούλων. τὰ μὲν οὖν λεγόμενα
ὄργανα ποιητικὰ ὄργανά ἐστι, τὸ δὲ κτῆμα πρακτικόν· ἀπὸ
μὲν γὰρ τῆς κερκίδος ἕτερόν τι γίνεται παρὰ τὴν χρῆσιν
αὐτῆς, ἀπὸ δὲ τῆς ἐσθῆτος καὶ τῆς κλίνης ἡ χρῆσις μό-
5 νον. ἔτι δ' ἐπεὶ διαφέρει ἡ ποίησις εἴδει καὶ ἡ πρᾶξις,
καὶ δέονται ἀμφότεραι ὀργάνων, ἀνάγκη καὶ ταῦτα τὴν
αὐτὴν ἔχειν διαφοράν. ὁ δὲ βίος πρᾶξις, οὐ ποίησις, ἐστιν·
διὸ καὶ ὁ δοῦλος ὑπηρέτης τῶν πρὸς τὴν πρᾶξιν. τὸ δὲ
κτῆμα λέγεται ὥσπερ καὶ τὸ μόριον. τό τε γὰρ μόριον οὐ
10 μόνον ἄλλου ἐστὶ μόριον, ἀλλὰ καὶ ὅλως ἄλλου· ὁμοίως δὲ
καὶ τὸ κτῆμα. διὸ ὁ μὲν δεσπότης τοῦ δούλου δεσπότης μό-
νον, ἐκείνου δ' οὐκ ἔστιν· ὁ δὲ δοῦλος οὐ μόνον δεσπότου δοῦ-
13 λός ἐστιν, ἀλλὰ καὶ ὅλως ἐκείνου.

13　　　　　　　　　　τίς μὲν οὖν ἡ φύσις τοῦ
δούλου καὶ τίς ἡ δύναμις, ἐκ τούτων δῆλον· ὁ γὰρ μὴ αὑτοῦ φύ-
15 σει ἀλλ' ἄλλου ἄνθρωπος ὤν, οὗτος φύσει δοῦλός ἐστιν, ἄλλου

27 τῷ οἰκονομικῷ pr. H^a,Π¹π³: τῶν οἰκονομικῶν P²P³π³　　　33 πᾶς+ὁ
P¹Π²　　　35 αὑτοῦ Bekker: αὐτοῦ codd. Γ　καὶ addidi　　　36 Hom.
Il. 18. 376　　　37 ὑποδύεσθαι M²Γ　αἱ εἰ Γ　αὐταὶ rc. π³Γ: αὗται
cet.　　　1254^a 6 καὶ δέονται] δέονται δ' π³　　　10 ὅλως H^aΠ²:
ἁπλῶς Γ: ἁπλῶς ὅλως M²P¹　　　14 αὑτοῦ H^aM²π³　　　15 ὧν Π¹,
Alex. in Metaph.: δέ Π²　　　15–16 ἀλλ' οὐδ' P¹π³: ἀλλ' οὐδὲν M²

δ' ἐστὶν ἄνθρωπος ὃς ἂν κτῆμα ᾖ ἄνθρωπος ὤν, κτῆμα δὲ
ὄργανον πρακτικὸν καὶ χωριστόν.   17

5   Πότερον δ' ἔστι τις φύσει 17
τοιοῦτος ἢ οὔ, καὶ πότερον βέλτιον καὶ δίκαιόν τινι δουλεύειν
ἢ οὔ, ἀλλὰ πᾶσα δουλεία παρὰ φύσιν ἐστί, μετὰ ταῦτα
σκεπτέον. οὐ χαλεπὸν δὲ καὶ τῷ λόγῳ θεωρῆσαι καὶ ἐκ 20
τῶν γινομένων καταμαθεῖν. τὸ γὰρ ἄρχειν καὶ ἄρχεσθαι
οὐ μόνον τῶν ἀναγκαίων ἀλλὰ καὶ τῶν συμφερόντων ἐστί,
καὶ εὐθὺς ἐκ γενετῆς ἔνια διέστηκε τὰ μὲν ἐπὶ τὸ ἄρχεσθαι
τὰ δ' ἐπὶ τὸ ἄρχειν. καὶ εἴδη πολλὰ καὶ ἀρχόντων καὶ
ἀρχομένων ἔστιν (καὶ ἀεὶ βελτίων ἡ ἀρχὴ ἡ τῶν βελτιόνων 25
ἀρχομένων, οἷον ἀνθρώπου ἢ θηρίου· τὸ γὰρ ἀποτελούμενον
ὑπὸ τῶν βελτιόνων βέλτιον ἔργον· ὅπου δὲ τὸ μὲν ἄρχει
τὸ δ' ἄρχεται, ἔστι τι τούτων ἔργον)· ὅσα γὰρ ἐκ πλειόνων
συνέστηκε καὶ γίνεται ἕν τι κοινόν, εἴτε ἐκ συνεχῶν εἴτε ἐκ
διῃρημένων, ἐν ἅπασιν ἐμφαίνεται τὸ ἄρχον καὶ τὸ ἀρχό- 30
μενον, καὶ τοῦτο ἐκ τῆς ἁπάσης φύσεως ἐνυπάρχει τοῖς
ἐμψύχοις· καὶ γὰρ ἐν τοῖς μὴ μετέχουσι ζωῆς ἔστι τις
ἀρχή, οἷον ἁρμονίας. ἀλλὰ ταῦτα μὲν ἴσως ἐξωτερικωτέ-
ρας ἐστὶ σκέψεως· τὸ δὲ ζῷον πρῶτον συνέστηκεν ἐκ ψυχῆς
καὶ σώματος, ὧν τὸ μὲν ἄρχον ἐστὶ φύσει τὸ δ' ἀρχό- 35
μενον. δεῖ δὲ σκοπεῖν ἐν τοῖς κατὰ φύσιν ἔχουσι μᾶλλον
τὸ φύσει, καὶ μὴ ἐν τοῖς διεφθαρμένοις· διὸ καὶ τὸν βέλ-
τιστα διακείμενον καὶ κατὰ σῶμα καὶ κατὰ ψυχὴν ἄν-
θρωπον θεωρητέον, ἐν ᾧ τοῦτο δῆλον· τῶν γὰρ μοχθηρῶν ἢ
μοχθηρῶς ἐχόντων δόξειεν ἂν ἄρχειν πολλάκις τὸ σῶμα 1254ᵇ
τῆς ψυχῆς διὰ τὸ φαύλως καὶ παρὰ φύσιν ἔχειν.   2

                                                         ἔστι 2
δ' οὖν, ὥσπερ λέγομεν, πρῶτον ἐν ζῴῳ θεωρῆσαι καὶ δε-

16 ᾖ] ἢ MˢΓ   ἄνθρωπος ὤν π³: δοῦλος ὢν HᵃMˢP²Pᵃπ³: δοῦλος ᾖ Γ:
ἄνθρωπος ὢν δοῦλος ὢν π³   27 ὑπὸ Bekker: ἀπὸ codd. Γ   33 ἁρ-
μονίας] ἐν ἁρμονίᾳ Susemihl: ἀρμονίαις vel ἐν ἀρμονίαις Richards
39 μοχθηρῶν ἢ μοχθηρῶς] pestilentium et prave Guil.   1254ᵇ 2 καὶ
παρὰ φύσιν om. MˢP¹   περὶ Π²

σποτικὴν ἀρχὴν καὶ πολιτικήν· ἡ μὲν γὰρ ψυχὴ τοῦ σώ-
5 ματος ἄρχει δεσποτικὴν ἀρχήν, ὁ δὲ νοῦς τῆς ὀρέξεως πολι-
τικὴν ἢ βασιλικήν· ἐν οἷς φανερόν ἐστιν ὅτι κατὰ φύ-
σιν καὶ συμφέρον τὸ ἄρχεσθαι τῷ σώματι ὑπὸ τῆς ψυ-
χῆς, καὶ τῷ παθητικῷ μορίῳ ὑπὸ τοῦ νοῦ καὶ τοῦ μορίου τοῦ
λόγον ἔχοντος, τὸ δ' ἐξ ἴσου ἢ ἀνάπαλιν βλαβερὸν πᾶσιν.
10 πάλιν ἐν ἀνθρώπῳ καὶ τοῖς ἄλλοις ζῴοις ὡσαύτως· τὰ
μὲν γὰρ ἥμερα τῶν ἀγρίων βελτίω τὴν φύσιν, τούτοις δὲ
πᾶσι βέλτιον ἄρχεσθαι ὑπ' ἀνθρώπου· τυγχάνει γὰρ σω-
τηρίας οὕτως. ἔτι δὲ τὸ ἄρρεν πρὸς τὸ θῆλυ φύσει τὸ μὲν
κρεῖττον τὸ δὲ χεῖρον, καὶ τὸ μὲν ἄρχον τὸ δ' ἀρχόμενον. ˙τὸν
15 αὐτὸν δὲ τρόπον ἀναγκαῖον εἶναι καὶ ἐπὶ πάντων ἀνθρώ-
πων. ὅσοι μὲν οὖν τοσοῦτον διεστᾶσιν ὅσον ψυχὴ σώματος
καὶ ἄνθρωπος θηρίου (διάκεινται δὲ τοῦτον τὸν τρόπον ὅσων
ἐστὶν ἔργον ἡ τοῦ σώματος χρῆσις, καὶ τοῦτ' ἐστ' ἀπ' αὐτῶν
βέλτιστον), οὗτοι μέν εἰσι φύσει δοῦλοι, οἷς βέλτιόν ἐστιν
20 ἄρχεσθαι ταύτην τὴν ἀρχήν, εἴπερ καὶ τοῖς εἰρημένοις. ἔστι
γὰρ φύσει δοῦλος ὁ δυνάμενος ἄλλου εἶναι (διὸ καὶ ἄλλου
ἐστίν), καὶ ὁ κοινωνῶν λόγου τοσοῦτον ὅσον αἰσθάνεσθαι ἀλλὰ
μὴ ἔχειν. τὰ γὰρ ἄλλα ζῷα οὐ λόγῳ [αἰσθανόμενα] ἀλλὰ
παθήμασιν ὑπηρετεῖ. καὶ ἡ χρεία δὲ παραλλάττει μικρόν·
25 ἡ γὰρ πρὸς τἀναγκαῖα τῷ σώματι βοήθεια γίνεται παρ'
ἀμφοῖν, παρά τε τῶν δούλων καὶ παρὰ τῶν ἡμέρων ζῴων.
βούλεται μὲν οὖν ἡ φύσις καὶ τὰ σώματα διαφέροντα
ποιεῖν τὰ τῶν ἐλευθέρων καὶ τῶν δούλων, τὰ μὲν ἰσχυρὰ
πρὸς τὴν ἀναγκαίαν χρῆσιν, τὰ δ' ὀρθὰ καὶ ἄχρηστα πρὸς
30 τὰς τοιαύτας ἐργασίας, ἀλλὰ χρήσιμα πρὸς πολιτικὸν
βίον (οὗτος δὲ καὶ γίνεται διῃρημένος εἴς τε τὴν πολεμικὴν
χρείαν καὶ τὴν εἰρηνικήν), συμβαίνει δὲ πολλάκις καὶ τοὐ-
ναντίον, τοὺς μὲν τὰ σώματα ἔχειν ἐλευθέρων τοὺς δὲ τὰς

6 ἢ Richards: καὶ codd. Γ   14 καὶ om. Π²   16 διεστᾶσι τοσοῦτον
Mˢ: διεστᾶσι τοιοῦτον P¹   17 δὲ π³Γ: om. cet.   23 λόγου Π²
αἰσθανόμενα secl. Bender   28 ποιεῖ P²P³   31 καὶ om. π³

ψυχάς· ἐπεὶ τοῦτό γε φανερόν, ὡς εἰ τοσοῦτον γένοιντο διά-
φοροι τὸ σῶμα μόνον ὅσον αἱ τῶν θεῶν εἰκόνες, τοὺς ὑπο- 35
λειπομένους πάντες φαῖεν ἂν ἀξίους εἶναι τούτοις δουλεύειν.
εἰ δ' ἐπὶ τοῦ σώματος τοῦτ' ἀληθές, πολὺ δικαιότερον ἐπὶ
τῆς ψυχῆς τοῦτο διωρίσθαι· ἀλλ' οὐχ ὁμοίως ῥᾴδιον ἰδεῖν
τό τε τῆς ψυχῆς κάλλος καὶ τὸ τοῦ σώματος. ὅτι μὲν 1255^a
τοίνυν εἰσὶ φύσει τινὲς οἱ μὲν ἐλεύθεροι οἱ δὲ δοῦλοι, φα-
νερόν, οἷς καὶ συμφέρει τὸ δουλεύειν καὶ δίκαιόν ἐστιν.

6   Ὅτι δὲ καὶ οἱ τἀναντία φάσκοντες τρόπον τινὰ λέγουσιν
ὀρθῶς, οὐ χαλεπὸν ἰδεῖν. διχῶς γὰρ λέγεται τὸ δουλεύειν
καὶ ὁ δοῦλος. ἔστι γάρ τις καὶ κατὰ νόμον δοῦλος καὶ 5
δουλεύων· ὁ γὰρ νόμος ὁμολογία τίς ἐστιν ἐν ᾗ τὰ κατὰ
πόλεμον κρατούμενα τῶν κρατούντων εἶναί φασιν. τοῦτο δὴ
τὸ δίκαιον πολλοὶ τῶν ἐν τοῖς νόμοις ὥσπερ ῥήτορα γρά-
φονται παρανόμων, ὡς δεινὸν ⟨ὂν⟩ εἰ τοῦ βιάσασθαι δυναμένου
καὶ κατὰ δύναμιν κρείττονος ἔσται δοῦλον καὶ ἀρχόμενον 10
τὸ βιασθέν. καὶ τοῖς μὲν οὕτως δοκεῖ τοῖς δ' ἐκείνως, καὶ
τῶν σοφῶν. αἴτιον δὲ ταύτης τῆς ἀμφισβητήσεως, καὶ ὃ
ποιεῖ τοὺς λόγους ἐπαλλάττειν, ὅτι τρόπον τινὰ ἀρετὴ τυγ-
χάνουσα χορηγίας καὶ βιάζεσθαι δύναται μάλιστα, καὶ
ἔστιν ἀεὶ τὸ κρατοῦν ἐν ὑπεροχῇ ἀγαθοῦ τινος, ὥστε δοκεῖν 15
μὴ ἄνευ ἀρετῆς εἶναι τὴν βίαν, ἀλλὰ περὶ τοῦ δικαίου μό-
νον εἶναι τὴν ἀμφισβήτησιν (διὰ γὰρ τοῦτο τοῖς μὲν ἄνοια
δοκεῖ τὸ δίκαιον εἶναι, τοῖς δ' αὐτὸ τοῦτο δίκαιον, τὸ τὸν
κρείττονα ἄρχειν)· ἐπεὶ διαστάντων γε χωρὶς τούτων τῶν λό-
γων οὔτε ἰσχυρὸν οὐθὲν ἔχουσιν οὔτε πιθανὸν ἄτεροι λόγοι, ὡς 20
οὐ δεῖ τὸ βέλτιον κατ' ἀρετὴν ἄρχειν καὶ δεσπόζειν. ὅλως
δ' ἀντεχόμενοί τινες, ὡς οἴονται, δικαίου τινός (ὁ γὰρ νόμος
δίκαιόν τι) τὴν κατὰ πόλεμον δουλείαν τιθέασι δικαίαν,
ἅμα δ' οὔ φασιν· τήν τε γὰρ ἀρχὴν ἐνδέχεται μὴ δι-

1255^a 1–^b4 ὅτι . . .δύναται citat Ps.-Plut. Pro Nobil. 6   2 εἰσὶ om. in
lac. P¹   5 καὶ² om. H^aΠ¹P³π³   6 ᾗ Bas.³: ᾧ codd.   9 ὂν addidi
17 ἄνοια scripsi: εὔνοια codd. Γ: εὐήθεια Richards   24 ἅμα] ὅλως Π¹π³

9

25 καίαν εἶναι τῶν πολέμων, καὶ τὸν ἀνάξιον δουλεύειν οὐδα-
μῶς ἂν φαίη τις δοῦλον εἶναι· εἰ δὲ μή, συμβήσεται τοὺς
εὐγενεστάτους εἶναι δοκοῦντας δούλους εἶναι καὶ ἐκ δούλων, ἐὰν
συμβῇ πραθῆναι ληφθέντας. διόπερ αὐτοὺς οὐ βούλονται
λέγειν δούλους, ἀλλὰ τοὺς βαρβάρους. καίτοι ὅταν τοῦτο λέ-
30 γωσιν, οὐθὲν ἄλλο ζητοῦσιν ἢ τὸ φύσει δοῦλον ὅπερ ἐξ
ἀρχῆς εἴπομεν· ἀνάγκη γὰρ εἶναί τινας φάναι τοὺς μὲν
πανταχοῦ δούλους τοὺς δ' οὐδαμοῦ. τὸν αὐτὸν δὲ τρόπον καὶ
περὶ εὐγενείας· αὐτοὺς μὲν γὰρ οὐ μόνον παρ' αὐτοῖς εὐ-
γενεῖς ἀλλὰ πανταχοῦ νομίζουσιν, τοὺς δὲ βαρβάρους οἴκοι μό-
35 νον, ὡς ὄν τι τὸ μὲν ἁπλῶς εὐγενὲς καὶ ἐλεύθερον τὸ δ'
οὐχ ἁπλῶς, ὥσπερ καὶ ἡ Θεοδέκτου Ἑλένη φησὶ
   " θείων δ' ἀπ' ἀμφοῖν ἔκγονον ῥιζωμάτων
     τίς ἂν προσειπεῖν ἀξιώσειεν λάτριν; "
ὅταν δὲ τοῦτο λέγωσιν, οὐθενὶ ἀλλ' ἢ ἀρετῇ καὶ κακίᾳ δι-
40 ορίζουσι τὸ δοῦλον καὶ ἐλεύθερον, καὶ τοὺς εὐγενεῖς καὶ τοὺς
1255ᵇ δυσγενεῖς. ἀξιοῦσι γάρ, ὥσπερ ἐξ ἀνθρώπου ἄνθρωπον καὶ
ἐκ θηρίων γίνεσθαι θηρίον, οὕτω καὶ ἐξ ἀγαθῶν ἀγαθόν.
ἡ δὲ φύσις βούλεται μὲν τοῦτο ποιεῖν πολλάκις, οὐ μέντοι
4 δύναται.

4   ὅτι μὲν οὖν ἔχει τινὰ λόγον ἡ ἀμφισβήτησις,
5 καὶ οὐκ ⟨ἀεί⟩ εἰσιν οἱ μὲν φύσει δοῦλοι οἱ δ' ἐλεύθεροι, δῆλον,
καὶ ὅτι ἔν τισι διώρισται τὸ τοιοῦτον, ὧν συμφέρει τῷ μὲν τὸ
δουλεύειν τῷ δὲ τὸ δεσπόζειν [καὶ δίκαιον], καὶ δεῖ τὸ μὲν
ἄρχεσθαι τὸ δ' ἄρχειν ἣν πεφύκασιν ἀρχὴν ἄρχειν, ὥστε
καὶ δεσπόζειν, τὸ δὲ κακῶς ἀσυμφόρως ἐστὶν ἀμφοῖν (τὸ
10 γὰρ αὐτὸ συμφέρει τῷ μέρει καὶ τῷ ὅλῳ, καὶ σώματι καὶ

32 πανταχοῦ] ἐξ ἀρχῆς Π¹   33 αὐτοὺς Hᵃ Π¹ π³: αὐτοῖς pr. P², P³ π²
αὐτοῖς Hᵃ Π¹   35 καὶ om. Π²   36 ἐλελόγη Mᵃ Γ   37 Fr. 3
(Nauck³)   ἔκγουον corr.   P¹: ἐκγονοῖν pr. P¹: ἐκγόνοιν Mᵃ P³ π² Γ: ἐκ γόνοιν
P² π³: ἐκ γόνων Hᵃ: ἔκγονοι π³   38 ἀξιώσειε Mᵃ P¹ P², rec. P³ π³
39 οὐδὲν Π¹   1255ᵇ 2 γενέσθαι Mᵃ P¹ π³   3 ποιεῖν τοῦτο Mᵃ P¹   5 οὐκ
om. π³   ἀεὶ add. Susemihl   φύσει om. Mˢ, pr. P¹   7 τὸ om. Hᵃ Π²
καὶ δίκαιον seclusi   8 ἄρχειν τὸ δ' ἄρχεσθαι Mᵃ P¹   9 an ἀσύμφορον?

ψυχῇ, ὁ δὲ δοῦλος μέρος τι τοῦ δεσπότου, οἷον ἔμψυχόν τι
τοῦ σώματος κεχωρισμένον δὲ μέρος· διὸ καὶ συμφέρον
ἐστί τι καὶ φιλία δούλῳ καὶ δεσπότῃ πρὸς ἀλλήλους τοῖς
φύσει τούτων ἠξιωμένοις, τοῖς δὲ μὴ τοῦτον τὸν τρόπον,
ἀλλὰ κατὰ νόμον καὶ βιασθεῖσι, τοὐναντίον).   15

7 Φανερὸν δὲ καὶ ἐκ τούτων ὅτι οὐ ταὐτόν ἐστι δεσποτεία
καὶ πολιτική, οὐδὲ πᾶσαι ἀλλήλαις αἱ ἀρχαί, ὥσπερ τινές
φασιν. ἡ μὲν γὰρ ἐλευθέρων φύσει ἡ δὲ δούλων ἐστίν, καὶ
ἡ μὲν οἰκονομικὴ μοναρχία (μοναρχεῖται γὰρ πᾶς οἶκος),
ἡ δὲ πολιτικὴ ἐλευθέρων καὶ ἴσων ἀρχή. ὁ μὲν οὖν δεσπό- 20
της οὐ λέγεται κατ' ἐπιστήμην, ἀλλὰ τῷ τοιόσδ' εἶναι,
ὁμοίως δὲ καὶ ὁ δοῦλος καὶ ὁ ἐλεύθερος. ἐπιστήμη δ' ἂν
εἴη καὶ δεσποτικὴ καὶ δουλική, δουλικὴ μὲν οἵαν περ ὁ ἐν
Συρακούσαις ἐπαίδευεν· ἐκεῖ γὰρ λαμβάνων τις μισθὸν
ἐδίδασκε τὰ ἐγκύκλια διακονήματα τοὺς παῖδας· εἴη δ' 25
ἂν καὶ ἐπὶ πλεῖον τῶν τοιούτων μάθησις, οἷον ὀψοποιικὴ
καὶ τἆλλα τὰ τοιαῦτα γένη τῆς διακονίας. ἔστι γὰρ ἕτερα
ἑτέρων τὰ μὲν ἐντιμότερα ἔργα τὰ δ' ἀναγκαιότερα, καὶ
κατὰ τὴν παροιμίαν "δοῦλος πρὸ δούλου, δεσπότης πρὸ δε-
σπότου". αἱ μὲν οὖν τοιαῦται πᾶσαι δουλικαὶ ἐπιστῆμαί εἰσι· 30
δεσποτικὴ δ' ἐπιστήμη ἐστὶν ἡ χρηστικὴ δούλων. ὁ γὰρ δε-
σπότης οὐκ ἐν τῷ κτᾶσθαι τοὺς δούλους, ἀλλ' ἐν τῷ χρῆσθαι
δούλοις. ἔστι δ' αὕτη ἡ ἐπιστήμη οὐδὲν μέγα ἔχουσα οὐδὲ
σεμνόν· ἃ γὰρ τὸν δοῦλον ἐπίστασθαι δεῖ ποιεῖν, ἐκεῖνον δεῖ
ταῦτα ἐπίστασθαι ἐπιτάττειν. διὸ ὅσοις ἐξουσία μὴ αὐτοὺς 35
κακοπαθεῖν, ἐπίτροπός ⟨τις⟩ λαμβάνει ταύτην τὴν τιμήν, αὐτοὶ
δὲ πολιτεύονται ἢ φιλοσοφοῦσιν. ἡ δὲ κτητικὴ ἑτέρα ἀμφο-
τέρων τούτων, οἷον ἡ δικαία, πολεμική τις οὖσα ἢ θηρευ-

12 μέρος+τοῦ σώματος Π¹   14 τούτων] τοιούτοις Γ   23 ἐν+
ταῖς MᵃP¹   24 ἐπαίδευσεν MᵃP¹   26 τῶν τοιούτων] τούτων
MᵃP¹   ὀψοποιητικὴ pr. Hᵃ,Π¹   27 ἕτερα] ἔργα Π²   29 fr. 2. 492
Kock   36 τις addidi   38 οἷον δικαία Susemihl: ἡ δικαία, οἷον
Richards

τική. περὶ μὲν οὖν δούλου καὶ δεσπότου τοῦτον διωρίσθω τὸν
40 τρόπον.

1256ᵃ Ὅλως δὲ περὶ πάσης κτήσεως καὶ χρηματιστικῆς θεω- 8
ρήσωμεν κατὰ τὸν ὑφηγημένον τρόπον, ἐπείπερ καὶ ὁ δοῦ-
λος τῆς κτήσεως μέρος τι ἦν. πρῶτον μὲν οὖν ἀπορήσειεν
ἄν τις πότερον ἡ χρηματιστικὴ ἡ αὐτὴ τῇ οἰκονομικῇ ἐστιν
5 ἢ μέρος τι, ἢ ὑπηρετική, καὶ εἰ ὑπηρετική, πότερον ὡς ἡ
κερκιδοποιικὴ τῇ ὑφαντικῇ ἢ ὡς ἡ χαλκουργικὴ τῇ ἀνδρι-
αντοποιίᾳ (οὐ γὰρ ὡσαύτως ὑπηρετοῦσιν, ἀλλ᾽ ἡ μὲν ὄργανα
παρέχει, ἡ δὲ τὴν ὕλην· λέγω δὲ ὕλην τὸ ὑποκείμε-
νον ἐξ οὗ τι ἀποτελεῖται ἔργον, οἷον ὑφάντῃ μὲν ἔρια
10 ἀνδριαντοποιῷ δὲ χαλκόν). ὅτι μὲν οὖν οὐχ ἡ αὐτὴ ἡ οἰκο-
νομικὴ τῇ χρηματιστικῇ, δῆλον (τῆς μὲν γὰρ τὸ πορίσα-
σθαι, τῆς δὲ τὸ χρήσασθαι· τίς γὰρ ἔσται ἡ χρησομένη
τοῖς κατὰ τὴν οἰκίαν παρὰ τὴν οἰκονομικήν;)· πότερον δὲ
μέρος αὐτῆς ἐστί τι ἢ ἕτερον εἶδος, ἔχει διαμφισβήτησιν·
15 εἰ γάρ ἐστι τοῦ χρηματιστικοῦ θεωρῆσαι πόθεν χρήματα καὶ
κτῆσις ἔσται, ἥ γε κτῆσις πολλὰ περιείληφε μέρη καὶ ὁ
πλοῦτος, ὥστε πρῶτον ἡ γεωργικὴ πότερον μέρος τι τῆς χρη-
ματιστικῆς ἢ ἕτερόν τι γένος, καὶ καθόλου ἡ περὶ τὴν τρο-
φὴν ἐπιμέλεια καὶ κτῆσις; ἀλλὰ μὴν εἴδη γε πολλὰ τρο-
20 φῆς, διὸ καὶ βίοι πολλοὶ καὶ τῶν ζῴων καὶ τῶν ἀνθρώπων
εἰσίν· οὐ γὰρ οἷόν τε ζῆν ἄνευ τροφῆς, ὥστε αἱ διαφοραὶ
τῆς τροφῆς τοὺς βίους πεποιήκασι διαφέροντας τῶν ζῴων.
τῶν τε γὰρ θηρίων τὰ μὲν ἀγελαῖα τὰ δὲ σποραδικά ἐστιν,
ὁποτέρως συμφέρει πρὸς τὴν τροφὴν αὐτοῖς διὰ τὸ τὰ μὲν
25 ζῳοφάγα τὰ δὲ καρποφάγα τὰ δὲ παμφάγα αὐτῶν εἶναι,
ὥστε πρὸς τὰς ῥᾳστώνας καὶ τὴν αἵρεσιν τὴν τούτων ἡ φύσις τοὺς

1256ᵃ 1 θεωρήσομεν Π¹π³   6 κερκιδοποιητικὴ Μ⁸Ρ¹Π³   ἡ om.
Η⁸Ρ¹   9 ἔριον Ρ¹Γ   10 χαλκός Ρ¹Γ, ?Μ⁸: χαλκοῦν ut vid. Η⁸
ἡ³ corr. Ρ⁸: om. cet.   13 παρὰ] περὶ Μ⁸Ρ⁸π³   14 δι᾽ ἀμφισβήτησιν
Η⁸Ρ⁸   16 γε scripsi: δὲ codd. Γ   17 τῆς οἰκονομικῆς Garve
22 διαφέροντας πεποιήκασι Μ⁸Ρ¹   25 τὰ δὲ παμφάγα om. pr. Ρ¹: τὰ
δὲ om. Μ⁸

βίους αὐτῶν διώρισεν, ἐπεὶ δ' οὐ ταὐτὸ ἑκάστῳ ἡδὺ κατὰ φύσιν ἀλλὰ ἕτερα ἑτέροις, καὶ αὐτῶν τῶν ζῳοφάγων καὶ τῶν καρποφάγων οἱ βίοι πρὸς ἄλληλα διεστᾶσιν· ὁμοίως δὲ καὶ τῶν ἀνθρώπων. πολὺ γὰρ διαφέρουσιν οἱ τούτων βίοι. 30
οἱ μὲν οὖν ἀργότατοι νομάδες εἰσίν (ἡ γὰρ ἀπὸ τῶν ἡμέρων τροφὴ ζῴων ἄνευ πόνου γίνεται σχολάζουσιν· ἀναγκαίου δ' ὄντος μεταβάλλειν τοῖς κτήνεσι διὰ τὰς νομὰς καὶ αὐτοὶ ἀναγκάζονται συνακολουθεῖν, ὥσπερ γεωργίαν ζῶσαν γεωργοῦντες)· οἱ δ' ἀπὸ θήρας ζῶσι, καὶ θήρας ἕτεροι ἑ- 35 τέρας, οἷον οἱ μὲν ἀπὸ λῃστείας, οἱ δ' ἀφ' ἁλιείας, ὅσοι λίμνας καὶ ἕλη καὶ ποταμοὺς ἢ θάλατταν τοιαύτην προσοικοῦσιν, οἱ δ' ἀπ' ὀρνίθων ἢ θηρίων ἀγρίων· τὸ δὲ πλεῖστον γένος τῶν ἀνθρώπων ἀπὸ τῆς γῆς ζῇ καὶ τῶν ἡμέρων καρπῶν. 40
οἱ μὲν οὖν βίοι τοσοῦτοι σχεδόν εἰσιν, ὅσοι γε αὐτό- 40
φυτον ἔχουσι τὴν ἐργασίαν καὶ μὴ δι' ἀλλαγῆς καὶ καπηλείας πορίζονται τὴν τροφήν, νομαδικὸς λῃστρικὸς ἁλιευ- 1256ᵇ
τικὸς θηρευτικὸς γεωργικός. οἱ δὲ καὶ μιγνύντες ἐκ τούτων ἡδέως ζῶσι, προσαναπληροῦντες τὸν ἐνδεέστερον βίον, ᾗ τυγχάνει ἐλλείπων πρὸς τὸ αὐτάρκης εἶναι, οἷον οἱ μὲν νομαδικὸν ἅμα καὶ λῃστρικόν, οἱ δὲ γεωργικὸν καὶ θηρευ- 5
τικόν· ὁμοίως δὲ καὶ περὶ τοὺς ἄλλους· ὡς ἂν ἡ χρεία συναναγκάζῃ, τοῦτον τὸν τρόπον διάγουσιν. ἡ μὲν οὖν τοιαύτη κτῆσις ὑπ' αὐτῆς φαίνεται τῆς φύσεως διδομένη πᾶσιν, ὥσπερ κατὰ τὴν πρώτην γένεσιν εὐθύς, οὕτω καὶ τελειωθεῖσιν. καὶ γὰρ κατὰ τὴν ἐξ ἀρχῆς γένεσιν τὰ μὲν συνεκ- 10
τίκτει τῶν ζῴων τοσαύτην τροφὴν ὥσθ' ἱκανὴν εἶναι μέχρις οὗ ἂν δύνηται αὐτὸ αὑτῷ πορίζειν τὸ γεννηθέν, οἷον ὅσα σκωληκοτοκεῖ ἢ ᾠοτοκεῖ· ὅσα δὲ ζῳοτοκεῖ, τοῖς γεννωμένοις

30 πολλοῖς Γ   33 τοῖς κτήνεσι μεταβάλλειν MᵃP¹   1256ᵇ 1
πορίζονται Π²Π² : κομίζονται MᵃP¹ : ferunt Guil.   2 γεωργικός hoc
loco Spengel: l. 1 post νομαδικὸς P¹π² : om. MᵃΓ   3 ἐνδεέστερον
Bernays: ἐνδεέστατον codd. Γ   8 δεδομένη MᵃP¹   11 ὥσθ' scripsi:
ὡς codd. Γ   13 γενομένοις HᵃΠ²

ἔχει τροφὴν ἐν αὑτοῖς μέχρι τινός, τὴν τοῦ καλουμένου γά-
15 λακτος φύσιν. ὥστε ὁμοίως δῆλον ὅτι καὶ γενομένοις οἰη-
τέον τά τε φυτὰ τῶν ζῴων ἕνεκεν εἶναι καὶ τὰ ἄλλα ζῷα
τῶν ἀνθρώπων χάριν, τὰ μὲν ἥμερα καὶ διὰ τὴν χρῆσιν
καὶ διὰ τὴν τροφήν, τῶν δ' ἀγρίων, εἰ μὴ πάντα, ἀλλὰ
τά γε πλεῖστα τῆς τροφῆς καὶ ἄλλης βοηθείας ἕνεκεν, ἵνα
20 καὶ ἐσθὴς καὶ ἄλλα ὄργανα γίνηται ἐξ αὐτῶν. εἰ οὖν ἡ
φύσις μηθὲν μήτε ἀτελὲς ποιεῖ μήτε μάτην, ἀναγκαῖον
τῶν ἀνθρώπων ἕνεκεν αὐτὰ πάντα πεποιηκέναι τὴν φύσιν.
διὸ καὶ ἡ πολεμικὴ φύσει κτητική πως ἔσται (ἡ γὰρ θη-
ρευτικὴ μέρος αὐτῆς), ᾗ δεῖ χρῆσθαι πρός τε τὰ θηρία καὶ
25 τῶν ἀνθρώπων ὅσοι πεφυκότες ἄρχεσθαι μὴ θέλουσιν, ὡς
26 φύσει δίκαιον τοῦτον ὄντα τὸν πόλεμον.

26
                    ἐν μὲν οὖν εἶδος
κτητικῆς κατὰ φύσιν τῆς οἰκονομικῆς μέρος ἐστίν, ὅτι δεῖ
ἤτοι ὑπάρχειν ἢ πορίζειν αὐτὴν ὅπως ὑπάρχῃ ὧν ἔστι θη-
σαυρισμὸς χρημάτων πρὸς ζωὴν ἀναγκαίων, καὶ χρησίμων
30 εἰς κοινωνίαν πόλεως ἢ οἰκίας. καὶ ἔοικεν ὅ γ' ἀληθινὸς
πλοῦτος ἐκ τούτων εἶναι. ἡ γὰρ τῆς τοιαύτης κτήσεως
αὐτάρκεια πρὸς ἀγαθὴν ζωὴν οὐκ ἄπειρός ἐστιν, ὥσπερ Σό-
λων φησὶ ποιήσας " πλούτου δ' οὐθὲν τέρμα πεφασμένον ἀν-
δράσι κεῖται". κεῖται γὰρ ὥσπερ καὶ ταῖς ἄλλαις τέχναις·
35 οὐδὲν γὰρ ὄργανον ἄπειρον οὐδεμιᾶς ἐστι τέχνης οὔτε πλήθει
οὔτε μεγέθει, ὁ δὲ πλοῦτος ὀργάνων πλῆθός ἐστιν οἰκονο-
μικῶν καὶ πολιτικῶν. ὅτι μὲν τοίνυν ἔστι τις κτητικὴ
κατὰ φύσιν τοῖς οἰκονόμοις καὶ τοῖς πολιτικοῖς, καὶ δι'
ἣν αἰτίαν, δῆλον.

40   Ἔστι δὲ γένος ἄλλο κτητικῆς, ἣν μάλιστα καλοῦσι, καὶ 9

14 αὐτοῖς HᵃMᵃ   τὴν καλουμένην Γ   18 μὴ+τὰ ἄλλα MᵃΓ: +τ'
ἄλλα P¹   20 γένηται MᵃP¹   26 τοῦτον ... πόλεμον] ὄντα τοῦτον
τὸν (+θηρευτικὸν MᵃΓ) πόλεμον πρῶτον (? καὶ πρῶτον Γ) Π¹   27 κατὰ
φύσιν κτητικῆς MᵃP¹   ὅτι Richards: ὁ codd. Γ: καθὸ Bernays   32 ἀ-
γαθῶν HᵃP¹P² P³ₙ³   33 fr. 1371 (Bergk)   οὐδὲν MᵃP¹   34 κεῖ-
ται¹ om. Mᵃ   κεῖται γὰρ om. pr. P¹   36 οἰκονομικῷ καὶ πολιτικῷ Γ

δίκαιον αὐτὸ καλεῖν, χρηματιστικήν, δι᾽ ἣν οὐδὲν δοκεῖ
πέρας εἶναι πλούτου καὶ κτήσεως· ἦν ὡς μίαν καὶ τὴν **1257ᵃ**
αὐτὴν τῇ λεχθείσῃ πολλοὶ νομίζουσι διὰ τὴν γειτνίασιν·
ἔστι δ᾽ οὔτε ἡ αὐτὴ τῇ εἰρημένῃ οὔτε πόρρω ἐκείνης. ἔστι δ᾽
ἡ μὲν φύσει ἡ δ᾽ οὐ φύσει αὐτῶν, ἀλλὰ δι᾽ ἐμπειρίας
τινὸς καὶ τέχνης γίνεται μᾶλλον. λάβωμεν δὲ περὶ αὐτῆς 5
τὴν ἀρχὴν ἐντεῦθεν. ἑκάστου γὰρ κτήματος διττὴ ἡ χρῆσίς
ἐστιν, ἀμφότεραι δὲ καθ᾽ αὐτὸ μὲν ἀλλ᾽ οὐχ ὁμοίως καθ᾽
αὐτό, ἀλλ᾽ ἡ μὲν οἰκεία ἡ δ᾽ οὐκ οἰκεία τοῦ πράγματος,
οἷον ὑποδήματος ἥ τε ὑπόδεσις καὶ ἡ μεταβλητική. ἀμ-
φότεραι γὰρ ὑποδήματος χρήσεις· καὶ γὰρ ὁ ἀλλαττό- 10
μενος τῷ δεομένῳ ὑποδήματος ἀντὶ νομίσματος ἢ τροφῆς
χρῆται τῷ ὑποδήματι ᾗ ὑπόδημα, ἀλλ᾽ οὐ τὴν οἰκείαν
χρῆσιν· οὐ γὰρ ἀλλαγῆς ἕνεκεν γέγονε. τὸν αὐτὸν δὲ
τρόπον ἔχει καὶ περὶ τῶν ἄλλων κτημάτων. ἔστι γὰρ ἡ
μεταβλητικὴ πάντων, ἀρξαμένη τὸ μὲν πρῶτον ἐκ τοῦ 15
κατὰ φύσιν, τῷ τὰ μὲν πλείω τὰ δὲ ἐλάττω τῶν ἱκανῶν
ἔχειν τοὺς ἀνθρώπους (ᾗ καὶ δῆλον ὅτι οὐκ ἔστι φύσει τῆς
χρηματιστικῆς ἡ καπηλική· ὅσον γὰρ ἱκανὸν αὐτοῖς, ἀναγ-
καῖον ἦν ποιεῖσθαι τὴν ἀλλαγήν). ἐν μὲν οὖν τῇ πρώτῃ
κοινωνίᾳ (τοῦτο δ᾽ ἐστὶν οἰκία) φανερὸν ὅτι οὐδὲν ἔστιν ἔργον 20
αὐτῆς, ἀλλ᾽ ἤδη πλειόνων τῆς κοινωνίας οὔσης. οἱ μὲν γὰρ
τῶν αὐτῶν ἐκοινώνουν πάντων, οἱ δὲ κεχωρισμένοι πολλῶν
πάλιν καὶ ἑτέρων· ὧν κατὰ τὰς δεήσεις ἀναγκαῖον ποιεῖ-
σθαι τὰς μεταδόσεις, καθάπερ ἔτι πολλὰ ποιεῖ καὶ τῶν
βαρβαρικῶν ἐθνῶν, κατὰ τὴν ἀλλαγήν. αὐτὰ γὰρ τὰ 25
χρήσιμα πρὸς αὐτὰ καταλλάττονται, ἐπὶ πλέον δ᾽ οὐθέν,
οἷον οἶνον πρὸς σῖτον διδόντες καὶ λαμβάνοντες, καὶ τῶν
ἄλλων τῶν τοιούτων ἕκαστον. ἡ μὲν οὖν τοιαύτη μεταβλη-

1257ᵃ 3 ἐκείνης] κειμένη Γ   6 γὰρ χρήματος ΜᵃΓ   9 τε ὑπόδησις
ΜᵃΡ¹   21 πλειόνων Richards: πλείονος codd. Γ   22 τῶν om. Π¹
κεχωρισμένων ci. Immisch   23 καὶ+ἕτεροι Bernays   24 καὶ om. Γ
26 αὐτὰ scripsi: αὐτὰ codd. Γ

τικὴ οὔτε παρὰ φύσιν οὔτε χρηματιστικῆς ἐστιν εἶδος οὐδέν
30 (εἰς ἀναπλήρωσιν γὰρ τῆς κατὰ φύσιν αὐταρκείας ἦν)· ἐκ
μέντοι ταύτης ἐγένετ' ἐκείνη κατὰ λόγον. ξενικωτέρας γὰρ
γενομένης τῆς βοηθείας τῷ εἰσάγεσθαι ὧν ἐνδεεῖς ⟨ἦσαν⟩ καὶ
ἐκπέμπειν ὧν ἐπλεόναζον, ἐξ ἀνάγκης ἡ τοῦ νομίσματος ἐπο-
ρίσθη χρῆσις. οὐ γὰρ εὐβάστακτον ἕκαστον τῶν κατὰ φύσιν
35 ἀναγκαίων· διὸ πρὸς τὰς ἀλλαγὰς τοιοῦτόν τι συνέθεντο
πρὸς σφᾶς αὐτοὺς διδόναι καὶ λαμβάνειν, ὃ τῶν χρησίμων
αὐτὸ ὂν εἶχε τὴν χρείαν εὐμεταχείριστον πρὸς τὸ ζῆν, οἷον
σίδηρος καὶ ἄργυρος κἂν εἴ τι τοιοῦτον ἕτερον, τὸ μὲν πρῶ-
τον ἁπλῶς ὁρισθὲν μεγέθει καὶ σταθμῷ, τὸ δὲ τελευταῖον
40 καὶ χαρακτῆρα ἐπιβαλλόντων, ἵνα ἀπολύσῃ τῆς μετρή-
41 σεως αὐτούς· ὁ γὰρ χαρακτὴρ ἐτέθη τοῦ ποσοῦ σημεῖον.

41   πο-
1257ᵇ ρισθέντος οὖν ἤδη νομίσματος ἐκ τῆς ἀναγκαίας ἀλλαγῆς
θάτερον εἶδος τῆς χρηματιστικῆς ἐγένετο, τὸ καπηλικόν, τὸ
μὲν πρῶτον ἁπλῶς ἴσως γινόμενον, εἶτα δι' ἐμπειρίας ἤδη
τεχνικώτερον, πόθεν καὶ πῶς μεταβαλλόμενον πλεῖστον
5 ποιήσει κέρδος. διὸ δοκεῖ ἡ χρηματιστικὴ μάλιστα περὶ τὸ
νόμισμα εἶναι, καὶ ἔργον αὐτῆς τὸ δύνασθαι θεωρῆσαι πό-
θεν ἔσται πλῆθος χρημάτων· ποιητικὴ γάρ ἐστι πλούτου
καὶ χρημάτων. καὶ γὰρ τὸν πλοῦτον πολλάκις τιθέασι νο-
μίσματος πλῆθος, διὰ τὸ περὶ τοῦτ' εἶναι τὴν χρηματιστικὴν
10 καὶ τὴν καπηλικήν. ὁτὲ δὲ πάλιν λῆρος εἶναι δοκεῖ τὸ
νόμισμα καὶ νόμος παντάπασι, φύσει δ' οὐθέν, ὅτι μετα-
θεμένων τε τῶν χρωμένων οὐθενὸς ἄξιον οὐδὲ χρήσιμον πρὸς
οὐδὲν τῶν ἀναγκαίων ἐστί, καὶ νομίσματος πλουτῶν πολλά-
κις ἀπορήσει τῆς ἀναγκαίας τροφῆς· καίτοι ἄτοπον τοιοῦτον

32 γενομένης Coraes: γινομένης codd. Γ   ἦσαν addidi   37 πρὸς
τὸ ζῆν post ὂν posuit Pratt   38 κἂν] καὶ P¹   40 ἐπιβαλόντων P¹
41 αὐτούς scripsi: αὐτούς codd.   1257ᵇ 3 μὲν+οὖν P¹   7 ἐστι
scripsi: εἶναι Hᵃ Π²: om. Π¹   τοῦ πλούτου HᵃΠ²P¹   8 τιθέασι
πολλάκις MᵃP¹   11 ὅτι] an διότι?   12 οὐδὲ Bekker: οὔτε
Π¹Π²: ὄν τε Hᵃ

εἶναι πλοῦτον οὐ εὐπορῶν λιμῷ ἀπολεῖται, καθάπερ καὶ τὸν 15
Μίδαν ἐκεῖνον μυθολογοῦσι διὰ τὴν ἀπληστίαν τῆς εὐχῆς
πάντων αὐτῷ γιγνομένων τῶν παρατιθεμένων χρυσῶν. διὸ
ζητοῦσιν ἕτερόν τι τὸν πλοῦτον καὶ τὴν χρηματιστικήν, ὀρθῶς
ζητοῦντες. ἔστι γὰρ ἑτέρα ἡ χρηματιστικὴ καὶ ὁ πλοῦτος ὁ
κατὰ φύσιν, καὶ αὕτη μὲν οἰκονομική, ἡ δὲ καπηλικὴ 20
ποιητικὴ χρημάτων οὐ πάντως, ἀλλὰ διὰ χρημάτων μετα-
βολῆς. καὶ δοκεῖ περὶ τὸ νόμισμα αὕτη εἶναι· τὸ γὰρ
νόμισμα στοιχεῖον καὶ πέρας τῆς ἀλλαγῆς ἐστιν. καὶ ἄπει-
ρος δὴ οὗτος ὁ πλοῦτος, ὁ ἀπὸ ταύτης τῆς χρηματιστικῆς.
ὥσπερ γὰρ ἡ ἰατρικὴ τοῦ ὑγιαίνειν εἰς ἄπειρόν ἐστι, καὶ 25
ἑκάστη τῶν τεχνῶν τοῦ τέλους εἰς ἄπειρον (ὅτι μάλιστα γὰρ
ἐκεῖνο βούλονται ποιεῖν), τῶν δὲ πρὸς τὸ τέλος οὐκ εἰς ἄπει-
ρον (πέρας γὰρ τὸ τέλος πάσαις), οὕτω καὶ ταύτης τῆς
χρηματιστικῆς οὐκ ἔστι τοῦ τέλους πέρας, τέλος δὲ ὁ τοιοῦτος
πλοῦτος καὶ χρημάτων κτῆσις. τῆς δ' οἰκονομικῆς αὖ χρη- 30
ματιστικῆς ἔστι πέρας· οὐ γὰρ τοῦτο τῆς οἰκονομικῆς ἔργον.
διὸ τῇ μὲν φαίνεται ἀναγκαῖον εἶναι παντὸς πλούτου πέρας,
ἐπὶ δὲ τῶν γινομένων ὁρῶμεν συμβαῖνον τοὐναντίον· πάντες
γὰρ εἰς ἄπειρον αὔξουσιν οἱ χρηματιζόμενοι τὸ νόμισμα.
αἴτιον δὲ τὸ σύνεγγυς αὐτῶν. ἐπαλλάττει γὰρ ἡ χρῆσις, 35
τοῦ αὐτοῦ οὖσα, ἑκατέρας τῆς χρηματιστικῆς. τῆς γὰρ αὐτῆς
ἐστι κτήσεως χρῆσις, ἀλλ' οὐ κατὰ ταὐτόν, ἀλλὰ τῆς μὲν
ἕτερον τέλος, τῆς δ' ἡ αὔξησις. ὥστε δοκεῖ τισι τοῦτ' εἶναι
τῆς οἰκονομικῆς ἔργον, καὶ διατελοῦσιν ἢ σῴζειν οἰόμενοι
δεῖν ἢ αὔξειν τὴν τοῦ νομίσματος οὐσίαν εἰς ἄπειρον. αἴτιον 40
δὲ ταύτης τῆς διαθέσεως τὸ σπουδάζειν περὶ τὸ ζῆν, ἀλλὰ
μὴ τὸ εὖ ζῆν· εἰς ἄπειρον οὖν ἐκείνης τῆς ἐπιθυμίας οὔσης, 1258ᵃ

21 ἀλλὰ Γ: ἀλλ' ἢ codd.   24 οὗτος om. Π¹   30 αὖ χρημα-
τιστικῆς Bernays (cf. 1258ᵃ17): οὐ χρηματιστικῆς codd. Γ: οὔσης χρηματιστι-
κῆς Schmidt   31 πέρας] τέλος Hᵃ   33 ὁρῶμεν cod. unus Guilelmi:
ὁρῶ codd. Aristotelis   36 ἑκατέρας Aretinus et codd. Sepulvedae:
ἑκατέρα codd. Γ   37 κτήσεως χρῆσις Göttling: χρήσεως κτῆσις codd. Γ
39 οἰκονομίας Hᵃ¹π²

καὶ τῶν ποιητικῶν ἀπείρων ἐπιθυμοῦσιν. ὅσοι δὲ καὶ τοῦ εὖ
ζῆν ἐπιβάλλονται τὸ πρὸς τὰς ἀπολαύσεις τὰς σωματι-
κὰς ζητοῦσιν, ὥστ᾽ ἐπεὶ καὶ τοῦτ᾽ ἐν τῇ κτήσει φαίνεται ὑπάρ-
5 χειν, πᾶσα ἡ διατριβὴ περὶ τὸν χρηματισμόν ἐστι, καὶ τὸ
ἕτερον εἶδος τῆς χρηματιστικῆς διὰ τοῦτ᾽ ἐλήλυθεν. ἐν ὑπερ-
βολῇ γὰρ οὔσης τῆς ἀπολαύσεως, τὴν τῆς ἀπολαυστικῆς
ὑπερβολῆς ποιητικὴν ζητοῦσιν· κἂν μὴ διὰ τῆς χρηματιστι-
κῆς δύνωνται πορίζειν, δι᾽ ἄλλης αἰτίας τοῦτο πειρῶνται,
10 ἑκάστῃ χρώμενοι τῶν δυνάμεων οὐ κατὰ φύσιν. ἀνδρείας
γὰρ οὐ χρήματα ποιεῖν ἐστιν ἀλλὰ θάρσος, οὐδὲ στρατηγικῆς
καὶ ἰατρικῆς, ἀλλὰ τῆς μὲν νίκην τῆς δ᾽ ὑγίειαν. οἱ δὲ
πάσας ποιοῦσι χρηματιστικάς, ὡς τοῦτο τέλος ὄν, πρὸς δὲ
14 τὸ τέλος ἅπαντα δέον ἀπαντᾶν.

14   περὶ μὲν οὖν τῆς τε μὴ
15 ἀναγκαίας χρηματιστικῆς, καὶ τίς, καὶ δι᾽ αἰτίαν τίνα ἐν
χρείᾳ ἐσμὲν αὐτῆς, εἴρηται, καὶ περὶ τῆς ἀναγκαίας, ὅτι
ἑτέρα μὲν αὐτῆς οἰκονομικὴ δὲ κατὰ φύσιν ἡ περὶ τὴν
τροφήν, οὐχ ὥσπερ αὐτὴ ἄπειρος ἀλλὰ ἔχουσα ὅρον.

Δῆλον δὲ καὶ τὸ ἀπορούμενον ἐξ ἀρχῆς, πότερον τοῦ 10
20 οἰκονομικοῦ καὶ πολιτικοῦ ἐστιν ἡ χρηματιστικὴ ἢ οὔ, ἀλλὰ
δεῖ τοῦτο μὲν ὑπάρχειν (ὥσπερ γὰρ καὶ ἀνθρώπους οὐ ποιεῖ
ἡ πολιτική, ἀλλὰ λαβοῦσα παρὰ τῆς φύσεως χρῆται
αὐτοῖς, οὕτω καὶ ⟨πρὸς⟩ τροφὴν τὴν φύσιν δεῖ παραδοῦναι γῆν ἢ
θάλατταν ἢ ἄλλο τι), ἐκ δὲ τούτων, ὡς δεῖ ταῦτα δια-
25 θεῖναι προσήκει τὸν οἰκονόμον. οὐ γὰρ τῆς ὑφαντικῆς ἔρια
ποιῆσαι, ἀλλὰ χρήσασθαι αὐτοῖς, καὶ γνῶναι δὲ τὸ ποῖον
χρηστὸν καὶ ἐπιτήδειον, ἢ φαῦλον καὶ ἀνεπιτήδειον. καὶ γὰρ
ἀπορήσειεν ἄν τις διὰ τί ἡ μὲν χρηματιστικὴ μόριον τῆς
οἰκονομίας, ἡ δ᾽ ἰατρικὴ οὐ μόριον· καίτοι δεῖ ὑγιαίνειν τοὺς
30 κατὰ τὴν οἰκίαν, ὥσπερ ζῆν ἢ ἄλλο τι τῶν ἀναγκαίων.

1258ᵃ 23 πρὸς add. Richards: εἰς add. Schneider   29 ὑγιαίνειν δεῖ
MᵃP¹: δεῖν ὑγιαίνειν πᵃ

ἐπεὶ δὲ ἔστι μὲν ὡς τοῦ οἰκονόμου καὶ τοῦ ἄρχοντος καὶ περὶ
ὑγιείας ἰδεῖν, ἔστι δ' ὡς οὔ, ἀλλὰ τοῦ ἰατροῦ, οὕτω καὶ περὶ
τῶν χρημάτων ἔστι μὲν ὡς τοῦ οἰκονόμου, ἔστι δ' ὡς οὔ, ἀλλὰ
τῆς ὑπηρετικῆς· μάλιστα δέ, καθάπερ εἴρηται πρότερον, δεῖ
φύσει τοῦτο ὑπάρχειν. φύσεως γάρ ἐστιν ἔργον τροφὴν τῷ 35
γεννηθέντι παρέχειν· παντὶ γάρ, ἐξ οὗ γίνεται, τροφὴ τὸ
λειπόμενόν ἐστι. διὸ κατὰ φύσιν ἐστὶν ἡ χρηματιστικὴ
πᾶσιν ἀπὸ τῶν καρπῶν καὶ τῶν ζῴων. διπλῆς δ' οὔσης
αὐτῆς, ὥσπερ εἴπομεν, καὶ τῆς μὲν καπηλικῆς τῆς δ' οἰκο-
νομικῆς, καὶ ταύτης μὲν ἀναγκαίας καὶ ἐπαινουμένης, τῆς 40
δὲ μεταβλητικῆς ψεγομένης δικαίως (οὐ γὰρ κατὰ φύσιν 1258^b
ἀλλ' ἀπ' ἀλλήλων ἐστίν), εὐλογώτατα μισεῖται ἡ ὀβολο-
στατικὴ διὰ τὸ ἀπ' αὐτοῦ τοῦ νομίσματος εἶναι τὴν κτῆσιν
καὶ οὐκ ἐφ' ὅπερ ἐπορίσθη. μεταβολῆς γὰρ ἐγένετο χάριν,
ὁ δὲ τόκος αὐτὸ ποιεῖ πλέον (ὅθεν καὶ τοὔνομα τοῦτ' εἴληφεν· 5
ὅμοια γὰρ τὰ τικτόμενα τοῖς γεννῶσιν αὐτά ἐστιν, ὁ δὲ
τόκος γίνεται νόμισμα ἐκ νομίσματος)· ὥστε καὶ μάλιστα παρὰ
φύσιν οὗτος τῶν χρηματισμῶν ἐστιν.

11 Ἐπεὶ δὲ τὰ πρὸς τὴν γνῶσιν διωρίκαμεν ἱκανῶς, τὰ
πρὸς τὴν χρῆσιν δεῖ διελθεῖν. πάντα δὲ τὰ τοιαῦτα τὴν 10
μὲν θεωρίαν ἐλευθέραν ἔχει, τὴν δ' ἐμπειρίαν ἀναγκαίαν.
ἔστι δὲ χρηματιστικῆς μέρη χρήσιμα· τὸ περὶ τὰ κτήματα
ἔμπειρον εἶναι, ποῖα λυσιτελέστατα καὶ ποῦ καὶ πῶς, οἷον
ἵππων κτῆσις ποία τις ἢ βοῶν ἢ προβάτων, ὁμοίως δὲ καὶ
τῶν λοιπῶν ζῴων (δεῖ γὰρ ἔμπειρον εἶναι πρὸς ἄλληλά 15
τε τούτων τίνα λυσιτελέστατα, καὶ ποῖα ἐν ποίοις τόποις·
ἄλλα γὰρ ἐν ἄλλαις εὐθηνεῖ χώραις), εἶτα περὶ γεωργίας,
καὶ ταύτης ἤδη ψιλῆς τε καὶ πεφυτευμένης, καὶ μελιτ-
τουργίας, καὶ τῶν ἄλλων ζῴων τῶν πλωτῶν ἢ πτηνῶν, ἀφ'

31-32 καὶ¹ . . . ἰδεῖν om. Hᵃ   32-33 ἀλλὰ . . . οὔ om. Hᵃπ²
38 πᾶσαν Mᵃ   1258ᵇ 1 μεταβολικῆς Mᵃ, pr. P¹   4 ἐφ' ᾧπερ
ἐπορισάμεθα Π¹   7 ἐκ om. HᵃΠ²   11 ἐλευθέραν scripsi (cf.
1331ᵃ32): ἐλεύθερον codd.   12 δὲ+τῆς MᵃP¹   κτήνη Bernays

20 ὅσων ἔστι τυγχάνειν βοηθείας. τῆς μὲν οὖν οἰκειοτάτης χρη-
ματιστικῆς ταῦτα μόρια καὶ πρώτης, τῆς δὲ μεταβλητικῆς
μέγιστον μὲν ἐμπορία (καὶ ταύτης μέρη τρία, ναυκληρία
φορτηγία παράστασις· διαφέρει δὲ τούτων ἕτερα ἑτέρων τῷ
τὰ μὲν ἀσφαλέστερα εἶναι, τὰ δὲ πλείω πορίζειν τὴν ἐπι-
25 καρπίαν), δεύτερον δὲ τοκισμός, τρίτον δὲ μισθαρνία (ταύ-
της δ' ἡ μὲν τῶν βαναύσων τεχνιτῶν, ἡ δὲ τῶν ἀτέχνων
καὶ τῷ σώματι μόνῳ χρησίμων)· τρίτον δὲ εἶδος χρημα-
τιστικῆς μεταξὺ ταύτης καὶ τῆς πρώτης (ἔχει γὰρ καὶ τῆς
κατὰ φύσιν τι μέρος καὶ τῆς μεταβλητικῆς), ὅσα ἀπὸ γῆς
30 καὶ τῶν ἀπὸ γῆς γιγνομένων, ἀκάρπων μὲν χρησίμων δέ,
οἷον ὑλοτομία τε καὶ πᾶσα μεταλλευτική. αὕτη δὲ πολλὰ
ἤδη περιείληφε γένη· πολλὰ γὰρ εἴδη τῶν ἐκ γῆς μεταλ-
λευομένων ἔστιν. περὶ ἑκάστου δὲ τούτων καθόλου μὲν εἴρηται
καὶ νῦν, τὸ δὲ κατὰ μέρος ἀκριβολογεῖσθαι χρήσιμον μὲν
35 πρὸς τὰς ἐργασίας, φορτικὸν δὲ τὸ ἐνδιατρίβειν. εἰσὶ δὲ
τεχνικώταται μὲν τῶν ἐργασιῶν ὅπου ἐλάχιστον τύχης,
βαναυσόταται δ' ἐν αἷς τὰ σώματα λωβῶνται μάλιστα,
δουλικώταται δὲ ὅπου τοῦ σώματος πλεῖσται χρήσεις, ἀγεννέ-
39 σταται δὲ ὅπου ἐλάχιστον προσδεῖ ἀρετῆς.

39   ἐπεὶ δ' ἔστιν ἐνίοις
40 γεγραμμένα περὶ τούτων, οἷον Χαρητίδῃ τῷ Παρίῳ καὶ
1259ᵃ Ἀπολλοδώρῳ τῷ Λημνίῳ περὶ γεωργίας καὶ ψιλῆς καὶ
πεφυτευμένης, ὁμοίως δὲ καὶ ἄλλοις περὶ ἄλλων, ταῦτα
μὲν ἐκ τούτων θεωρείτω ὅτῳ ἐπιμελές· ἔτι δὲ καὶ τὰ λεγό-
μενα σποράδην, δι' ὧν ἐπιτετυχήκασιν ἔνιοι χρηματιζό-
5 μενοι, δεῖ συλλέγειν. πάντα γὰρ ὠφέλιμα ταῦτ' ἐστὶ τοῖς
τιμῶσι τὴν χρηματιστικήν, οἷον καὶ τὸ Θάλεω τοῦ Μιλησίου·
τοῦτο γάρ ἐστι κατανόημά τι χρηματιστικόν, ἀλλ' ἐκείνῳ

---

21 πρώτης Richards (cf. l. 28): πρῶτα codd. Γ   26 τεχνιτῶν Ver-
mehren: τεχνῶν codd. Γ   27 τέταρτον Π¹   29 ὅσα] οὖσα Bernays
36 τύχης] τῆς τύχης π³   38 ἀγενέσταται HᵃMᵉP¹π³   40 Χαρη-
τίδη Susemihl: χάρητι δὴ ΠᵃP¹: χάριτι δὴ MᵃΓ: χαρίτια δὴ Hᵃ

μὲν διὰ τὴν σοφίαν προσάπτουσι, τυγχάνει δὲ καθόλου τι
ὄν. ὀνειδιζόντων γὰρ αὐτῷ διὰ τὴν πενίαν ὡς ἀνωφελοῦς
τῆς φιλοσοφίας οὔσης, κατανοήσαντά φασιν αὐτὸν ἐλαιῶν 10
φορὰν ἐσομένην ἐκ τῆς ἀστρολογίας, ἔτι χειμῶνος ὄντος
εὐπορήσαντα χρημάτων ὀλίγων ἀρραβῶνας διαδοῦναι τῶν
ἐλαιουργίων τῶν τ' ἐν Μιλήτῳ καὶ Χίῳ πάντων, ὀλίγου μι-
σθωσάμενον ἅτ' οὐθενὸς ἐπιβάλλοντος· ἐπειδὴ δ' ὁ καιρὸς
ἧκε, πολλῶν ζητουμένων ἅμα καὶ ἐξαίφνης, ἐκμισθοῦντα ὃν 15
τρόπον ἠβούλετο, πολλὰ χρήματα συλλέξαντα ἐπιδεῖξαι
ὅτι ῥᾴδιόν ἐστι πλουτεῖν τοῖς φιλοσόφοις, ἂν βούλωνται, ἀλλ'
οὐ τοῦτ' ἐστὶ περὶ ὃ σπουδάζουσιν. Θαλῆς μὲν οὖν λέγεται τοῦτον
τὸν τρόπον ἐπίδειξιν ποιήσασθαι τῆς σοφίας· ἔστι δ', ὥσπερ
εἴπομεν, καθόλου τὸ τοιοῦτον χρηματιστικόν, ἐάν τις δύνηται 20
μονοπωλίαν αὐτῷ κατασκευάζειν. διὸ καὶ τῶν πόλεων ἔνιαι
τοῦτον ποιοῦνται τὸν πόρον, ὅταν ἀπορῶσι χρημάτων· μονο-
πωλίαν γὰρ τῶν ὠνίων ποιοῦσιν. ἐν Σικελίᾳ δέ τις τεθέντος
παρ' αὐτῷ νομίσματος συνεπρίατο πάντα τὸν σίδηρον ἐκ
τῶν σιδηρείων, μετὰ δὲ ταῦτα ὡς ἀφίκοντο . ἐκ τῶν ἐμ- 25
πορίων οἱ ἔμποροι, ἐπώλει μόνος, οὐ πολλὴν ποιήσας ὑπερ-
βολὴν τῆς τιμῆς· ἀλλ' ὅμως ἐπὶ τοῖς πεντήκοντα ταλάντοις
ἐπέλαβεν ἑκατόν. τοῦτο μὲν οὖν Διονύσιος αἰσθόμενος τὰ
μὲν χρήματα ἐκέλευσεν ἐκκομίσασθαι, μὴ μέντοι γε ἔτι
μένειν ἐν Συρακούσαις, ὡς πόρους εὑρίσκοντα τοῖς αὐτοῦ 30
πράγμασιν ἀσυμφόρους· τὸ μέντοι ὅραμα Θάλεω καὶ τοῦτο
ταὐτόν ἐστιν· ἀμφότεροι γὰρ ἑαυτοῖς ἐτέχνασαν γενέσθαι
μονοπωλίαν. χρήσιμον δὲ γνωρίζειν ταῦτα καὶ τοῖς πολι-
τικοῖς. πολλαῖς γὰρ πόλεσι δεῖ χρηματισμοῦ καὶ τοιούτων
πόρων, ὥσπερ οἰκίᾳ, μᾶλλον δέ· διόπερ τινὲς καὶ πολι- 35
τεύονται τῶν πολιτευομένων ταῦτα μόνον.

1259ᵃ 13 ἐλαιουργείων P¹, Hieronymus Rhodius ap. D.L. i. 26 : ἐλαιουρ-
γιῶν HᵃMᵉπ³ : ἐλεουργιῶν π³ : ἐλαιούργων π²Γ   25 ἐμποριῶν PᵉPᵉ :
πορίων Mᵉ   28 τοῦτον Π¹P¹P²   οὖν + ὁ Π²   30 αὐτοῦ codd.
Γ : αὐτοῦ Susemihl   31 εὕρημα Camerarius   Θάλῃ καὶ τούτῳ Γ

Ἐπεὶ δὲ τρία μέρη τῆς οἰκονομικῆς ἦν, ἓν μὲν δε- 12
σποτική, περὶ ἧς εἴρηται πρότερον, ἓν δὲ πατρική, τρίτον δὲ
γαμική (καὶ γὰρ γυναικὸς ἄρχει καὶ τέκνων, ὡς ἐλευθέ-
40 ρων μὲν ἀμφοῖν, οὐ τὸν αὐτὸν δὲ τρόπον τῆς ἀρχῆς, ἀλλὰ
1259ᵇ γυναικὸς μὲν πολιτικῶς τέκνων δὲ βασιλικῶς· τό τε γὰρ
ἄρρεν φύσει τοῦ θήλεος ἡγεμονικώτερον, εἰ μή που συν-
έστηκε παρὰ φύσιν, καὶ τὸ πρεσβύτερον καὶ τέλειον τοῦ νεω-
τέρου καὶ ἀτελοῦς)—ἐν μὲν οὖν ταῖς πολιτικαῖς ἀρχαῖς ταῖς
5 πλείσταις μεταβάλλει τὸ ἄρχον καὶ τὸ ἀρχόμενον (ἐξ ἴσου
γὰρ εἶναι βούλεται τὴν φύσιν καὶ διαφέρειν μηδέν), ὅμως
δέ, ὅταν τὸ μὲν ἄρχῃ τὸ δ' ἄρχηται, ζητεῖ διαφορὰν εἶναι
καὶ σχήμασι καὶ λόγοις καὶ τιμαῖς, ὥσπερ καὶ Ἄμασις
εἶπε τὸν περὶ τοῦ ποδανιπτῆρος λόγον· τὸ δ' ἄρρεν ἀεὶ πρὸς
10 τὸ θῆλυ τοῦτον ἔχει τὸν τρόπον. ἡ δὲ τῶν τέκνων ἀρχὴ
βασιλική· τὸ γὰρ γεννῆσαν καὶ κατὰ φιλίαν ἄρχον καὶ
κατὰ πρεσβείαν ἐστίν, ὅπερ ἐστὶ βασιλικῆς εἶδος ἀρχῆς. διὸ
καλῶς Ὅμηρος τὸν Δία προσηγόρευσεν εἰπὼν " πατὴρ ἀν-
δρῶν τε θεῶν τε " τὸν βασιλέα τούτων ἁπάντων. φύσει γὰρ
15 τὸν βασιλέα διαφέρειν μὲν δεῖ, τῷ γένει δ' εἶναι τὸν αὐτόν·
ὅπερ πέπονθε τὸ πρεσβύτερον πρὸς τὸ νεώτερον καὶ ὁ γεν-
νήσας πρὸς τὸ τέκνον.

Φανερὸν τοίνυν ὅτι πλείων ἡ σπουδὴ τῆς οἰκονομίας 13
περὶ τοὺς ἀνθρώπους ἢ περὶ τὴν τῶν ἀψύχων κτῆσιν, καὶ
20 περὶ τὴν ἀρετὴν τούτων ἢ περὶ τὴν τῆς κτήσεως, ὃν καλοῦμεν
πλοῦτον, καὶ τῶν ἐλευθέρων μᾶλλον ἢ δούλων. πρῶτον μὲν
οὖν περὶ δούλων ἀπορήσειεν ἄν τις, πότερον ἔστιν ἀρετή τις
δούλου παρὰ τὰς ὀργανικὰς καὶ διακονικὰς ἄλλη τιμιωτέρα
τούτων, οἷον σωφροσύνη καὶ ἀνδρεία καὶ δικαιοσύνη καὶ ⟨ἑκάστη⟩
25 τῶν ἄλλων τῶν τοιούτων ἕξεων, ἢ οὐκ ἔστιν οὐδεμία παρὰ τὰς

---

37 μέρη om. PᵃPᵌπᵃ   39 ἄρχει scripsi: ἄρχειν codd.: ἀρκτέον Bernays:
sed fortasse est lacuna post γαμική, ut Conring suspexit   1259ᵇ 2 πως Π¹
8 Hdt. 2. 172   14 ἁπάντων+πατέρα εἰπών MᵃΓ   24 ἑκάστη
add. Spengel

σωματικὰς ὑπηρεσίας (ἔχει γὰρ ἀπορίαν ἀμφοτέρως· εἴτε
γὰρ ἔστιν, τί διοίσουσι τῶν ἐλευθέρων; εἴτε μὴ ἔστιν, ὄντων
ἀνθρώπων καὶ λόγου κοινωνούντων ἄτοπον). σχεδὸν δὲ
ταὐτόν ἐστι τὸ ζητούμενον καὶ περὶ γυναικὸς καὶ παιδός,
πότερα καὶ τούτων εἰσὶν ἀρεταί, καὶ δεῖ τὴν γυναῖκα εἶναι 30
σώφρονα καὶ ἀνδρείαν καὶ δικαίαν, καὶ παῖς ἔστι καὶ ἀκό-
λαστος καὶ σώφρων, ἢ οὔ; καθόλου δὴ τοῦτ' ἐστὶν ἐπισκε-
πτέον περὶ ἀρχομένου φύσει καὶ ἄρχοντος, πότερον ἡ αὐτὴ
ἀρετὴ ἢ ἑτέρα. εἰ μὲν γὰρ δεῖ ἀμφοτέρους μετέχειν καλο-
καγαθίας, διὰ τί τὸν μὲν ἄρχειν δέοι ἂν τὸν δὲ ἄρχεσθαι 35
καθάπαξ; οὐδὲ γὰρ τῷ μᾶλλον καὶ ἧττον οἷόν τε δια-
φέρειν· τὸ μὲν γὰρ ἄρχεσθαι καὶ ἄρχειν εἴδει διαφέρει, τὸ
δὲ μᾶλλον καὶ ἧττον οὐδέν. εἰ δὲ τὸν μὲν δεῖ τὸν δὲ μή,
θαυμαστόν. εἴτε γὰρ ὁ ἄρχων μὴ ἔσται σώφρων καὶ δί-
καιος, πῶς ἄρξει καλῶς; εἴθ' ὁ ἀρχόμενος, πῶς ἀρχθή- 40
σεται καλῶς; ἀκόλαστος γὰρ ὢν καὶ δειλὸς οὐδὲν ποιήσει 1260ª
τῶν προσηκόντων. φανερὸν τοίνυν ὅτι ἀνάγκη μὲν μετέχειν
ἀμφοτέρους ἀρετῆς, ταύτης δ' εἶναι διαφοράς, ὥσπερ καὶ
τῶν φύσει ἀρχόντων. καὶ τοῦτο εὐθὺς ὑφήγηται ⟨τὰ⟩ περὶ τὴν
ψυχήν· ἐν ταύτῃ γάρ ἐστι φύσει τὸ μὲν ἄρχον τὸ δ' 5
ἀρχόμενον, ὧν ἑτέραν φαμὲν εἶναι ἀρετήν, οἷον τοῦ λόγον
ἔχοντος καὶ τοῦ ἀλόγου. δῆλον τοίνυν ὅτι τὸν αὐτὸν τρόπον
ἔχει καὶ ἐπὶ τῶν ἄλλων, ὥστε φύσει τὰ πλείω ἄρχοντα
καὶ ἀρχόμενα. ἄλλον γὰρ τρόπον τὸ ἐλεύθερον τοῦ δούλου
ἄρχει καὶ τὸ ἄρρεν τοῦ θήλεος καὶ ἀνὴρ παιδός, καὶ πᾶσιν 10
ἐνυπάρχει μὲν τὰ μόρια τῆς ψυχῆς, ἀλλ' ἐνυπάρχει δια-
φερόντως. ὁ μεν γὰρ δοῦλος ὅλως οὐκ ἔχει τὸ βουλευτικόν,
τὸ δὲ θῆλυ ἔχει μέν, ἀλλ' ἄκυρον, ὁ δὲ παῖς ἔχει μέν,
ἀλλ' ἀτελές. ὁμοίως τοίνυν ἀναγκαίως ἔχειν καὶ περὶ τὰς

28 δὲ pr. P²,Γ: δὴ HªMªP¹P³   30–31 σώφρονα εἶναι Π¹   31 καί⁴
om. Π¹   32 καθόλου MªΓ: καὶ καθόλου HªΠ²P¹π³   1260ª 3
διαφορᾶς Γ   4 ἀρχόντων καὶ aliqui codices Guilelmi: om. cet.
ὑφηγεῖται Π¹   τὰ add. Schütz   6 ἑτέραν+μὲν MªP¹   εἶναί φαμεν
MªP¹   14 ἀναγκαῖον Π¹Π²

15 ἠθικὰς ἀρετὰς ὑποληπτέον, δεῖν μὲν μετέχειν πάντας, ἀλλ' οὐ
τὸν αὐτὸν τρόπον, ἀλλ' ὅσον ⟨ἱκανὸν⟩ ἑκάστῳ πρὸς τὸ αὑτοῦ
ἔργον· διὸ τὸν μὲν ἄρχοντα τελέαν ἔχειν δεῖ τὴν ἠθικὴν
ἀρετήν (τὸ γὰρ ἔργον ἐστὶν ἁπλῶς τοῦ ἀρχιτέκτονος, ὁ δὲ
λόγος ἀρχιτέκτων), τῶν δ' ἄλλων ἕκαστον ὅσον ἐπιβάλλει
20 αὐτοῖς. ὥστε φανερὸν ὅτι ἔστιν ἠθικὴ ἀρετὴ τῶν εἰρημένων
πάντων, καὶ οὐχ ἡ αὐτὴ σωφροσύνη γυναικὸς καὶ ἀνδρός,
οὐδ' ἀνδρεία καὶ δικαιοσύνη, καθάπερ ᾤετο Σωκράτης, ἀλλ'
ἡ μὲν ἀρχικὴ ἀνδρεία ἡ δ' ὑπηρετική, ὁμοίως δ' ἔχει καὶ
24 περὶ τὰς ἄλλας.

24   δῆλον δὲ τοῦτο καὶ κατὰ μέρος μᾶλλον
25 ἐπισκοποῦσιν· καθόλου γὰρ οἱ λέγοντες ἐξαπατῶσιν ἑαυτοὺς
ὅτι τὸ εὖ ἔχειν τὴν ψυχὴν ἀρετή, ἢ τὸ ὀρθοπραγεῖν, ἤ τι
τῶν τοιούτων· πολὺ γὰρ ἄμεινον λέγουσιν οἱ ἐξαριθμοῦντες
τὰς ἀρετάς, ὥσπερ Γοργίας, τῶν οὕτως ὁριζομένων. διὸ δεῖ,
ὥσπερ ὁ ποιητὴς εἴρηκε περὶ γυναικός, οὕτω νομίζειν ἔχειν
30 περὶ πάντων· " γυναικὶ κόσμον ἡ σιγὴ φέρει", ἀλλ' ἀνδρὶ
οὐκέτι τοῦτο. ἐπεὶ δ' ὁ παῖς ἀτελής, δῆλον ὅτι τούτου μὲν καὶ
ἡ ἀρετὴ οὐκ αὐτοῦ πρὸς αὑτόν ἐστιν, ἀλλὰ πρὸς τὸ τέλος
καὶ τὸν ἡγούμενον· ὁμοίως δὲ καὶ δούλου πρὸς δεσπότην. ἔθε-
μεν δὲ πρὸς τἀναγκαῖα χρήσιμον εἶναι τὸν δοῦλον, ὥστε δῆ-
35 λον ὅτι καὶ ἀρετῆς δεῖται μικρᾶς, καὶ τοσαύτης ὅπως μήτε
δι' ἀκολασίαν μήτε διὰ δειλίαν ἐλλείψῃ τῶν ἔργων. ἀπορή-
σειε δ' ἄν τις, τὸ νῦν εἰρημένον εἰ ἀληθές, ἆρα καὶ τοὺς
τεχνίτας δεήσει ἔχειν ἀρετήν· πολλάκις γὰρ δι' ἀκολασίαν
ἐλλείπουσι τῶν ἔργων. ἢ διαφέρει τοῦτο πλεῖστον; ὁ μὲν γὰρ
40 δοῦλος κοινωνὸς ζωῆς, ὁ δὲ πορρώτερον, καὶ τοσοῦτον ἐπι-
βάλλει ἀρετῆς ὅσον περ καὶ δουλείας· ὁ γὰρ βάναυσος τε-
1260ᵇ χνίτης ἀφωρισμένην τινὰ ἔχει δουλείαν, καὶ ὁ μὲν δοῦλος

16 ἱκανὸν add. Richards   αὑτοῦ Bekker : αὐτοῦ codd. Γ   21 ἁπάντων
MᵃP¹π²   22 ὁ Σωκράτης π²   26 ἢ HᵃΠ¹π² : καὶ π² : om. P²P³π²
26–27 τι τοιοῦτον MᵃP¹   30 Soph. Aiax 293   31 δ' ὁ] δὲ MᵃP¹
32 αὐτόν Γ : αὑτόν codd.   τὸν τέλειον π²   36 ἐλλείψει pr. P², π² :
ἐλλείψειν Hᵃ   37 ἄρα HᵃΠ²Γ   39 τούτων Π¹

τῶν φύσει, σκυτοτόμος δ' οὐθείς, οὐδὲ τῶν ἄλλων τεχνιτῶν.
φανερὸν τοίνυν ὅτι τῆς τοιαύτης ἀρετῆς αἴτιον εἶναι δεῖ τῷ
δούλῳ τὸν δεσπότην, ἀλλ' οὐ ⟨τὸν⟩ τὴν διδασκαλικὴν ἔχοντα τῶν
ἔργων [δεσποτικήν]. διὸ λέγουσιν οὐ καλῶς οἱ λόγου τοὺς δούλους 5
ἀποστεροῦντες καὶ φάσκοντες ἐπιτάξει χρῆσθαι μόνον· νου-
θετητέον γὰρ μᾶλλον τοὺς δούλους ἢ τοὺς παῖδας.

ἀλλὰ περὶ μὲν τούτων διωρίσθω τὸν τρόπον τοῦτον· περὶ
δ' ἀνδρὸς καὶ γυναικός, καὶ τέκνων καὶ πατρός, τῆς τε περὶ
ἕκαστον αὐτῶν ἀρετῆς καὶ τῆς πρὸς σφᾶς αὐτοὺς ὁμιλίας, 10
τί τὸ καλῶς καὶ μὴ καλῶς ἐστι, καὶ πῶς δεῖ τὸ μὲν εὖ δι-
ώκειν τὸ δὲ κακῶς φεύγειν, ἐν τοῖς περὶ τὰς πολιτείας ἀναγ-
καῖον ἐπελθεῖν. ἐπεὶ γὰρ οἰκία μὲν πᾶσα μέρος πόλεως,
ταῦτα δ' οἰκίας, τὴν δὲ τοῦ μέρους πρὸς τὴν τοῦ ὅλου δεῖ βλέ-
πειν ἀρετήν, ἀναγκαῖον πρὸς τὴν πολιτείαν βλέποντας παι- 15
δεύειν καὶ τοὺς παῖδας καὶ τὰς γυναῖκας, εἴπερ τι διαφέρει πρὸς
τὸ τὴν πόλιν εἶναι σπουδαίαν καὶ ⟨τὸ⟩ τοὺς παῖδας εἶναι σπου-
δαίους καὶ τὰς γυναῖκας σπουδαίας. ἀναγκαῖον δὲ διαφέρειν· αἱ
μὲν γὰρ γυναῖκες ἥμισυ μέρος τῶν ἐλευθέρων, ἐκ δὲ τῶν παίδων οἱ
κοινωνοὶ γίνονται τῆς πολιτείας. ὥστ', ἐπεὶ περὶ μὲν τούτων 20
διώρισται, περὶ δὲ τῶν λοιπῶν ἐν ἄλλοις λεκτέον, ἀφέντες ὡς τέλος
ἔχοντας τοὺς νῦν λόγους, ἄλλην ἀρχὴν ποιησάμενοι λέγωμεν,
καὶ πρῶτον ἐπισκεψώμεθα περὶ τῶν ἀποφηναμένων περὶ τῆς
πολιτείας τῆς ἀρίστης.

Β

Ἐπεὶ δὲ προαιρούμεθα θεωρῆσαι περὶ τῆς κοινωνίας τῆς 27
πολιτικῆς, τίς κρατίστη πασῶν τοῖς δυναμένοις ζῆν ὅτι μάλι-
στα κατ' εὐχήν, δεῖ καὶ τὰς ἄλλας ἐπισκέψασθαι πολι-
τείας, αἷς τε χρῶνταί τινες τῶν πόλεων τῶν εὐνομεῖσθαι 30

1260ᵇ 4 οὐ τὸν Schneider: οὐ codd.: οὐχ ᾗ Richards   5 δεσποτικήν
secl. Gifanius   17 καὶ om. HᵃΠ¹   τὸ addidi   19 οἱ κοινωνοὶ]
οἰκονόμοι Γ   24 ἀρίστης πολιτείας Π¹   27 ἐπεὶ δὲ] ἐπειδὴ Hᵃ: ἐπεὶ
Π¹   28 τίς] ἢ HᵃΠ²

λεγομένων, κἂν εἴ τινες ἕτεραι τυγχάνουσιν ὑπὸ τινῶν εἰρη-
μέναι καὶ δοκοῦσαι καλῶς ἔχειν, ἵνα τό τ' ὀρθῶς ἔχον ὀφθῇ
καὶ τὸ χρήσιμον, ἔτι δὲ τὸ ζητεῖν τι παρ' αὐτὰς ἕτερον μὴ
δοκῇ πάντως εἶναι σοφίζεσθαι βουλομένων, ἀλλὰ διὰ τὸ μὴ
35 καλῶς ἔχειν ταύτας τὰς νῦν ὑπαρχούσας, διὰ τοῦτο ταύτην
δοκῶμεν ἐπιβαλέσθαι τὴν μέθοδον. ἀρχὴν δὲ πρῶτον ποιη-
τέον ἥπερ πέφυκεν ἀρχὴ ταύτης τῆς σκέψεως. ἀνάγκη
γὰρ ἤτοι πάντας πάντων κοινωνεῖν τοὺς πολίτας, ἢ μηδενός,
ἢ τινῶν μὲν τινῶν δὲ μή. τὸ μὲν οὖν μηδενὸς κοινωνεῖν φα-
40 νερὸν ὡς ἀδύνατον (ἡ γὰρ πολιτεία κοινωνία τίς ἐστι, καὶ
πρῶτον ἀνάγκη τοῦ τόπου κοινωνεῖν· ὁ μὲν γὰρ τόπος εἷς ὁ τῆς
1261ᵃ μιᾶς πόλεως, οἱ δὲ πολῖται κοινωνοὶ τῆς μιᾶς πόλεως)·
ἀλλὰ πότερον ὅσων ἐνδέχεται κοινωνῆσαι, πάντων βέλτιον
κοινωνεῖν τὴν μέλλουσαν οἰκήσεσθαι πόλιν καλῶς, ἢ τινῶν
μὲν τινῶν δ' οὒ βέλτιον; ἐνδέχεται γὰρ καὶ τέκνων καὶ γυ-
5 ναικῶν καὶ κτημάτων κοινωνεῖν τοὺς πολίτας ἀλλήλοις, ὥσ-
περ ἐν τῇ Πολιτείᾳ τῇ Πλάτωνος· ἐκεῖ γὰρ ὁ Σωκράτης
φησὶ δεῖν κοινὰ τὰ τέκνα καὶ τὰς γυναῖκας εἶναι καὶ τὰς
κτήσεις. τοῦτο δὴ πότερον ὡς νῦν οὕτω βέλτιον ἔχειν, ἢ κατὰ
τὸν ἐν τῇ Πολιτείᾳ γεγραμμένον νόμον;
10   Ἔχει δὴ δυσχερείας ἄλλας τε πολλὰς τὸ πάντων εἶναι τὰς 2
γυναῖκας κοινάς, καὶ δι' ἣν αἰτίαν φησὶ δεῖν νενομοθετῆσθαι τὸν
τρόπον τοῦτον ὁ Σωκράτης, οὐ φαίνεται συμβαῖνον ἐκ τῶν λόγων.
ἔτι δὲ πρός, τὸ τέλος ὅ φησι τῇ πόλει δεῖν ὑπάρχειν, ὡς μὲν
εἴρηται νῦν, ἀδύνατον, πῶς δὲ δεῖ διελεῖν, οὐδὲν διώρισται.
15 λέγω δὲ τὸ μίαν εἶναι' τὴν πόλιν ὡς ἄριστον ὂν ὅτι μάλιστα
πᾶσαν· λαμβάνει γὰρ ταύτην ⟨τὴν⟩ ὑπόθεσιν ὁ Σωκράτης. καίτοι

31 καὶ M   τυγχάνωσιν MˢΠ²P¹   32 τ' om. MˢP¹   33 τι om. MˢΓ
36 ἐπιβάλλεσθαι MˢP¹   41 κοινωνεῖν τοῦ τόπου MˢP¹   εἷς ὁ
τῆς Γ: ἰσότης codd.   1261ᵃ 2 ὅσον HᵃMˢπ³   πάντων om. Γ   6 πολι-
τείᾳ τοῦ Πλάτωνος π³: πλάτωνος πολιτείᾳ MˢP¹   10 δὴ] δὲ Mˢ
13 ἐστι Hᵃ   πρός, τὸ Bernays: πρὸς τὸ codd.   14 δεῖ διελεῖν π³:
δεῖ διελθεῖν MˢP²P³π³: διελεῖν HᵃP¹Γ   15 ὂν om. Π²   16 πᾶσαν
ante 15 ὡς Π²   τὴν addidi

φανερόν ἐστιν ὡς προϊοῦσα καὶ γινομένη μία μᾶλλον οὐδὲ πόλις
ἔσται· πλῆθος γάρ τι τὴν φύσιν ἐστὶν ἡ πόλις, γινομένη τε
μία μᾶλλον οἰκία μὲν ἐκ πόλεως ἄνθρωπος δ' ἐξ οἰκίας
ἔσται· μᾶλλον γὰρ μίαν τὴν οἰκίαν τῆς πόλεως φαίημεν ἄν, 20
καὶ τὸν ἕνα τῆς οἰκίας· ὥστ' εἰ καὶ δυνατός τις εἴη τοῦτο
δρᾶν, οὐ ποιητέον· ἀναιρήσει γὰρ τὴν πόλιν.   22

οὐ μόνον δ' ἐκ 22
πλειόνων ἀνθρώπων ἐστὶν ἡ πόλις, ἀλλὰ καὶ ἐξ εἴδει δια-
φερόντων. οὐ γὰρ γίνεται πόλις ἐξ ὁμοίων. ἕτερον γὰρ συμ-
μαχία καὶ πόλις· τὸ μὲν γὰρ τῷ ποσῷ χρήσιμον, κἂν ᾖ 25
τὸ αὐτὸ τῷ εἴδει (βοηθείας γὰρ χάριν ἡ συμμαχία πέφυ-
κεν), ὥσπερ ἂν εἰ σταθμὸς πλεῖον ἑλκύσειε (διοίσει δὲ τῷ
τοιούτῳ καὶ πόλις ἔθνους, ὅταν μὴ κατὰ κώμας ὦσι κεχωρι-
σμένοι τὸ πλῆθος, ἀλλ' οἷον Ἀρκάδες)· ἐξ ὧν δὲ δεῖ ἓν
γενέσθαι, εἴδει διαφέρει. διόπερ τὸ ἴσον τὸ ἀντιπεπονθὸς 30
σῴζει τὰς πόλεις, ὥσπερ ἐν τοῖς Ἠθικοῖς εἴρηται πρότερον·
ἐπεὶ καὶ ἐν τοῖς ἐλευθέροις καὶ ἴσοις ἀνάγκη τοῦτ' εἶναι· ἅμα
γὰρ οὐχ οἷόν τε πάντας ἄρχειν, ἀλλ' ἢ κατ' ἐνιαυτὸν ἢ
κατά τινα ἄλλην τάξιν [ἢ] χρόνου. καὶ συμβαίνει δὴ τὸν
τρόπον τοῦτον ὥστε πάντας ἄρχειν, ὥσπερ ἂν εἰ μετέβαλλον 35
οἱ σκυτεῖς καὶ οἱ τέκτονες καὶ μὴ ἀεὶ οἱ αὐτοὶ σκυτοτόμοι
καὶ τέκτονες ἦσαν. ἐπεὶ δὲ βέλτιον οὕτως ἔχει καὶ τὰ περὶ
τὴν κοινωνίαν τὴν πολιτικήν, δῆλον ὡς τοὺς αὐτοὺς ἀεὶ βέλ-
τιον ἄρχειν, εἰ δυνατόν, ἐν οἷς δὲ μὴ δυνατὸν διὰ τὸ τὴν
φύσιν ἴσους εἶναι πάντας, ἅμα δὲ καὶ δίκαιον, εἴτ' ἀγαθὸν 1261ᵇ
εἴτε φαῦλον τὸ ἄρχειν, πάντας αὐτοῦ μετέχειν, τοῦτό γε

17 οὐδὲ] οὐ MᵃP¹   18 ἢ om. MᵃP¹   21 καὶ² om. MᵃΓ   22 δ'
ἐκ] δὲ Π¹   25 an τῷ μὲν γὰρ τὸ ποσόν?   27 ἑλκύσειε Coraes:
ἑλκύσει P¹Γ: ἑλκύσῃ Π²: ἑλκύσῃ HᵃMˢ   28 ζῶσι Richards Γ   30 δια-
φέρειν Mˢ   31 E.N. 1132ᵇ31–3   33 γὰρ] δὲ MˢΓ   34 χρόνου
scripsi: ἢ χρόνον codd.   35 μετέβαλον MᵃP¹   36 οἱ αὐτοὶ ἀεὶ Pˢ:
οἱ αὐτοι pr. Pˢ: οἱ αὐτοὶ αὐτοὶ Hᵃ   37 ἔχει Richards: ἔχειν codd.
1261ᵇ 1 δὴ Susemihl   2 τοῦτο] ἐν τούτοις HᵃΠˢ   γε scripsi: δὲ
codd. Γ

μιμεῖται τὸ ἐν μέρει τοὺς ἴσους εἴκειν τό θ' ὁμοίους εἶναι
ἔξω ἀρχῆς· οἱ μὲν γὰρ ἄρχουσιν οἱ δ' ἄρχονται κατὰ μέρος
5 ὥσπερ ἂν ἄλλοι γενόμενοι. τὸν αὐτὸν δὴ τρόπον ἀρχόντων
ἕτεροι ἑτέρας ἄρχουσιν ἀρχάς. φανερὸν τοίνυν ἐκ τούτων ὡς
οὔτε πέφυκε μίαν οὕτως εἶναι τὴν πόλιν ὥσπερ λέγουσί τινες,
καὶ τὸ λεχθὲν ὡς μέγιστον ἀγαθὸν ἐν ταῖς πόλεσιν ὅτι τὰς
πόλεις ἀναιρεῖ· καίτοι τό γε ἑκάστου ἀγαθὸν σῴζει ἕκαστον.
10 ἔστι δὲ καὶ κατ' ἄλλον τρόπον φανερὸν ὅτι τὸ λίαν ἑνοῦν ζη-
τεῖν τὴν πόλιν οὐκ ἔστιν ἄμεινον. οἰκία μὲν γὰρ αὐταρκέστε-
ρον ἑνός, πόλις δ' οἰκίας, καὶ βούλεταί γ' ἤδη τότε εἶναι πόλις
ὅταν αὐτάρκη συμβαίνῃ τὴν κοινωνίαν εἶναι τοῦ πλήθους·
εἴπερ οὖν αἱρετώτερον τὸ αὐταρκέστερον, καὶ τὸ ἧττον ἓν τοῦ
15 μᾶλλον αἱρετώτερον.

Ἀλλὰ μὴν οὐδ' εἰ τοῦτο ἄριστόν ἐστι, τὸ μίαν ὅτι μά- 3
λιστ' εἶναι τὴν κοινωνίαν, οὐδὲ τοῦτο ἀποδείκνυσθαι φαίνεται
κατὰ τὸν λόγον, ἐὰν πάντες ἅμα λέγωσι τὸ ἐμὸν καὶ τὸ
μὴ ἐμόν· τοῦτο γὰρ οἴεται ὁ Σωκράτης σημεῖον εἶναι τοῦ τὴν
20 πόλιν τελέως εἶναι μίαν. τὸ γὰρ πάντες διττόν. εἰ μὲν οὖν
ὡς ἕκαστος, τάχ' ἂν εἴη μᾶλλον ὃ βούλεται ποιεῖν ὁ Σω-
κράτης (ἕκαστος γὰρ υἱὸν ἑαυτοῦ φήσει τὸν αὐτὸν καὶ γυ-
ναῖκα δὴ τὴν αὐτήν, καὶ περὶ τῆς οὐσίας καὶ περὶ ἑκάστου
δὴ τῶν συμβαινόντων ὡσαύτως)· νῦν δ' οὐχ οὕτως φήσουσιν οἱ
25 κοιναῖς χρώμενοι ταῖς γυναιξὶ καὶ τοῖς τέκνοις, ἀλλὰ πάν-
τες μέν, οὐχ ὡς ἕκαστος δ' αὐτῶν, ὁμοίως δὲ καὶ τὴν οὐσίαν
πάντες μέν, οὐχ ὡς ἕκαστος δ' αὐτῶν. ὅτι μὲν τοίνυν παρα-
λογισμός τίς ἐστι τὸ λέγειν πάντας, φανερόν (τὸ γὰρ πάν-

---

3 μιμεῖσθαι ΗᵃΠ²   εἴκειν om. pr. Pᵌ : οἰκεῖν ΗᵃP²πᵌ   τό
... εἶναι scripsi : τὸ δ' (τόδ' Γ) ὡς ὁμοίους εἶναι Π¹ : ὁμοίους τοῖς P²Pᵌ :
ὁμοίως τοῖς Ηᵃπᵌ : ὁμοίως τῆς πᵌ : τό θ' ὡς ὁμοίους εἶναι Immisch   4 ἔξω
Immisch : ἐξ codd.   κατὰ μέρος om. Π¹   5 τὸν] καὶ τὸν Π¹
7 οὐ Π¹   εἶναι οὕτως ΜᵃP¹   10 καὶ om. ΗᵃΜᵃ   19 τοῦτο
κτλ. : Pl. Rep. : 462b8-9   ὁ om. ΜᵃP¹   25 τοῖς om. ΜᵃP¹
26-27 ὁμοίως ... αὐτῶν om. Ηᵃπᵌ, om. in lac. Μᵃ   27 πάντες
om. P¹Γ   28 τίς om. ΜᵃP¹

28

τες καὶ ἀμφότεροι, καὶ περιττὰ καὶ ἄρτια, διὰ τὸ διττὸν καὶ
ἐν τοῖς λόγοις ἐριστικοὺς ποιεῖ συλλογισμούς· διό ἐστι τὸ πάν- 30
τας τὸ αὐτὸ λέγειν ὡδὶ μὲν καλὸν ἀλλ' οὐ δυνατόν, ὡδὶ
δ' οὐδὲν ὁμονοητικόν)· πρὸς δὲ τούτοις ἑτέραν ἔχει βλάβην τὸ
λεγόμενον. ἥκιστα γὰρ ἐπιμελείας τυγχάνει τὸ πλείστων
κοινόν· τῶν γὰρ ἰδίων μάλιστα φροντίζουσιν, τῶν δὲ κοινῶν
ἧττον, ἢ ὅσον ἑκάστῳ ἐπιβάλλει· πρὸς γὰρ τοῖς ἄλλοις ὡς 35
ἑτέρου φροντίζοντος ὀλιγωροῦσι μᾶλλον, ὥσπερ ἐν ταῖς οἰκε-
τικαῖς διακονίαις οἱ πολλοὶ θεράποντες ἐνίοτε χεῖρον ὑπηρε-
τοῦσι τῶν ἐλαττόνων. γίνονται δ' ἑκάστῳ χίλιοι τῶν πολιτῶν
υἱοί, καὶ οὗτοι οὐχ ὡς ἑκάστου, ἀλλὰ τοῦ τυχόντος ὁ τυχὼν
ὁμοίως ἐστὶν υἱός· ὥστε πάντες ὁμοίως ὀλιγωρήσουσιν. 40

ἔτι οὕτως 1262ᵃ
ἕκαστος " ἐμὸς " λέγει τὸν εὖ πράττοντα τῶν πολιτῶν ἢ κακῶς,
ὁπόστος τυγχάνει τὸν ἀριθμὸν ὤν, οἷον ἐμὸς ἢ τοῦ δεῖνος, τοῦ-
τον τὸν τρόπον λέγων καθ' ἕκαστον τῶν χιλίων, ἢ ὅσων ἡ
πόλις ἐστί, καὶ τοῦτο διστάζων· ἄδηλον γὰρ ᾧ συνέβη γενέ- 5
σθαι τέκνον καὶ σωθῆναι γενόμενον. καίτοι πότερον οὕτω
κρεῖττον τὸ ἐμὸν λέγειν ἕκαστον, τὸ αὐτὸ [μὲν] προσαγορεύον-
τας δισχιλίων καὶ μυρίων, ἢ μᾶλλον ὡς νῦν ἐν ταῖς πόλεσι
τὸ ἐμὸν λέγουσιν; ὁ μὲν γὰρ υἱὸν αὐτοῦ ὁ δὲ ἀδελφὸν αὐτοῦ
προσαγορεύει τὸν αὐτόν, ὁ δ' ἀνεψιόν, ἢ κατ' ἄλλην τινὰ 10
συγγένειαν [ἢ] πρὸς αἵματος ἢ κατ' οἰκειότητα καὶ κηδείαν
αὐτοῦ πρῶτον ἢ τῶν αὐτοῦ, πρὸς δὲ τούτοις ἕτερος φράτορα
φυλέτην. κρεῖττον γὰρ ἴδιον ἀνεψιὸν εἶναι ἢ τὸν τρόπον τοῦ-
τον υἱόν. οὐ μὴν ἀλλ' οὐδὲ διαφυγεῖν δυνατὸν τὸ μή τινας

29 ἀμφότεροι scripsi: ἀμφότερα codd.   30 ἔστη P²P³π³   35 πρὸς]
παρὰ Γ   1262ᵃ 1 ἔτι κτλ.: cf. Rep. 463e2–5   ἔτι] ἐπεὶ Buecheler:
ὅτι Susemihl   2 dicet Guil.   3 ὁπόσος M⁸H⁸π³ τῶν ἀριθμῶν
pr. P¹P²,P³π³   ὦν om. H⁸Π²   τοῦ δεῖνος] huius filius Guil.   7 ἕ-
καστον τὸ αὐτό, μηδὲν προσαγορεύοντα Bernays   μὲν seclusi: ὄνομα
Bonitz: μόνον Richards   8 καὶ] ἢ Γ   9 αὐτοῦ bis fontes paene
omnes   11 ἢ seclusi   12 αὐτοῦ fontes paene omnes   ἕτερος
Lindau: ἕτερον codd.: ἕτερος Bernays: ἑταῖρον Spengel   13 ἢ φυλέτην Γ

15 ὑπολαμβάνειν ἑαυτῶν ἀδελφούς τε καὶ παῖδας καὶ πατέρας
καὶ μητέρας· κατὰ γὰρ τὰς ὁμοιότητας αἳ γίνονται τοῖς
τέκνοις πρὸς τοὺς γεννήσαντας ἀναγκαῖον λαμβάνειν περὶ
ἀλλήλων τὰς πίστεις. ὅπερ φασὶ καὶ συμβαίνειν τινὲς τῶν
τὰς τῆς γῆς περιόδους πραγματευομένων· εἶναι γάρ τισι
20 τῶν ἄνω Λιβύων κοινὰς τὰς γυναῖκας, τὰ μέντοι γινόμενα
τέκνα διαιρεῖσθαι κατὰ τὰς ὁμοιότητας. εἰσὶ δέ τινες καὶ
γυναῖκες καὶ τῶν ἄλλων ζώων, οἷον ἵπποι καὶ βόες, αἳ
σφόδρα πεφύκασιν ὅμοια ἀποδιδόναι τὰ τέκνα τοῖς γονεῦ-
σιν, ὥσπερ ἡ ἐν Φαρσάλῳ κληθεῖσα Δικαία ἵππος.

25 Ἔτι δὲ καὶ τὰς τοιαύτας δυσχερείας οὐ ῥάδιον εὐλαβηθῆναι 4
τοῖς ταύτην κατασκευάζουσι τὴν κοινωνίαν, οἷον αἰκίας καὶ
φόνους ἀκουσίους τοὺς δὲ ἑκουσίους, καὶ μάχας καὶ λοιδορίας·
ὧν οὐδὲν ὅσιόν ἐστι γίνεσθαι πρὸς πατέρας καὶ μητέρας καὶ τοὺς
μὴ πόρρω τῆς συγγενείας ὄντας, ὥσπερ πρὸς τοὺς ἄπωθεν·
30 ἃ καὶ πλεῖον συμβαίνειν ἀναγκαῖον ἀγνοούντων ἢ γνω-
ριζόντων, καὶ γενομένων τῶν μὲν γνωριζομένων ἐνδέχεται τὰς
νομιζομένας γίνεσθαι λύσεις, τῶν δὲ μή, οὐδεμίαν. ἄτοπον δὲ
καὶ τὸ κοινοὺς ποιήσαντα τοὺς υἱοὺς τὸ συνεῖναι μόνον ἀφ-
ελεῖν τῶν ἐρώντων, τὸ δ' ἐρᾶν μὴ κωλῦσαι, μηδὲ τὰς χρή-
35 σεις τὰς ἄλλας ἃς πατρὶ πρὸς υἱὸν εἶναι πάντων ἐστὶν
ἀπρεπέστατον καὶ ἀδελφῷ πρὸς ἀδελφόν, ἐπεὶ καὶ τὸ ἐρᾶν
μόνον. ἄτοπον δὲ καὶ τὸ τὴν συνουσίαν ἀφελεῖν δι' ἄλλην
μὲν αἰτίαν μηδεμίαν, ὡς λίαν δὲ ἰσχυρᾶς τῆς ἡδονῆς γινο-
μένης, ὅτι δ' ὁ μὲν πατὴρ ἢ υἱός, οἱ δ' ἀδελφοὶ ἀλλήλων,
40 μηδὲν οἴεσθαι διαφέρειν.

40 ἔοικε δὲ μᾶλλον τοῖς γεωργοῖς
εἶναι χρήσιμον τὸ κοινὰς εἶναι τὰς γυναῖκας καὶ τοὺς παῖ-
1262ᵇ δας ἢ τοῖς φύλαξιν· ἧττον γὰρ ἔσται φιλία κοινῶν ὄντων

20 γινόμενα π² (cf. ᵇ25): γενόμενα Π¹Π²   24 cf. H.A. 586ª14-15
27 τοὺς δὲ ἑκουσίους om. P²   29 πρός] καὶ πρὸς Γ   ἄπωθεν Π¹
30 ἃ] ἀλλὰ Π²   31 γνωριζομένων scripsi : γνωριζόντων codd.   32 μή,
οὐδεμίαν Jackson : μηδεμίαν codd.   ἄτοπον κτλ.: Rep. 403a4-b3
33 ποιήσαντας pr. Mˢ, Γ   35 εἶναι om. Mˢ, pr. P¹

30

τῶν τέκνων καὶ τῶν γυναικῶν, δεῖ δὲ τοιούτους εἶναι τοὺς ἀρ
χομένους πρὸς τὸ πειθαρχεῖν καὶ μὴ νεωτερίζειν. ὅλως δὲ
συμβαίνειν ἀνάγκη τοὐναντίον διὰ τὸν τοιοῦτον νόμον ὧν προσ
ήκει τοὺς ὀρθῶς κειμένους νόμους αἰτίους γίνεσθαι, καὶ δι' ἣν 5
αἰτίαν ὁ Σωκράτης οὕτως οἴεται δεῖν τάττειν τὰ περὶ τὰ τέ
κνα καὶ τὰς γυναῖκας. φιλίαν τε γὰρ οἰόμεθα μέγιστον
εἶναι τῶν ἀγαθῶν ταῖς πόλεσιν (οὕτως γὰρ ἂν ἥκιστα στασιά
ζοιεν), καὶ τὸ μίαν εἶναι τὴν πόλιν ἐπαινεῖ μάλισθ' ὁ Σω
κράτης, ὃ καὶ δοκεῖ κἀκεῖνος εἶναί φησι τῆς φιλίας ἔργον, 10
καθάπερ ἐν τοῖς ἐρωτικοῖς λόγοις ἴσμεν λέγοντα τὸν Ἀριστο
φάνην ὡς τῶν ἐρώντων διὰ τὸ σφόδρα φιλεῖν ἐπιθυμούν
των συμφῦναι καὶ γενέσθαι ἐκ δύο ὄντων ἀμφοτέρους ἕνα·
ἐνταῦθα μὲν οὖν ἀνάγκη ἀμφοτέρους ἐφθάρθαι ἢ τὸν ἕνα,
ἐν δὲ τῇ πόλει τὴν φιλίαν ἀναγκαῖον ὑδαρῆ γίνεσθαι διὰ τὴν 15
κοινωνίαν τὴν τοιαύτην, καὶ ἥκιστα λέγειν τὸν ἐμὸν ἢ υἱὸν
πατέρα ἢ πατέρα υἱόν. ὥσπερ γὰρ μικρὸν γλυκὺ εἰς πολὺ
ὕδωρ μειχθὲν ἀναίσθητον ποιεῖ τὴν κρᾶσιν, οὕτω συμβαίνει
καὶ τὴν οἰκειότητα τὴν πρὸς ἀλλήλους τὴν ἀπὸ τῶν ὀνομά
των τούτων, διαφροντίζειν ἥκιστα ἀναγκαῖον ὂν ἐν τῇ πολιτείᾳ 20
τῇ τοιαύτῃ ἢ πατέρα ὡς υἱῶν ἢ υἱὸν ὡς πατρός, ἢ ὡς
ἀδελφοὺς ἀλλήλων. δύο γάρ ἐστιν ἃ μάλιστα ποιεῖ κήδεσθαι
τοὺς ἀνθρώπους καὶ φιλεῖν, τό τε ἴδιον καὶ τὸ ἀγαπητόν· ὧν
οὐδέτερον οἷόν τε ὑπάρχειν τοῖς οὕτω πολιτευομένοις. ἀλλὰ
μὴν καὶ περὶ τοῦ μεταφέρειν τὰ γινόμενα τέκνα, τὰ μὲν ἐκ 25
τῶν γεωργῶν καὶ τεχνιτῶν εἰς τοὺς φύλακας, τὰ δ' ἐκ τού
των εἰς ἐκείνους, πολλὴν ἔχει ταραχὴν τίνα ἔσται τρόπον·
καὶ γινώσκειν ἀναγκαῖον τοὺς διδόντας καὶ μεταφέροντας
τίσι τίνας διδόασιν. ἔτι δὲ καὶ τὰ πάλαι λεχθέντα μᾶλλον

1262ᵇ 6 οὕτως om. MᵃP¹   7 τε om. MᵃP¹: γε Γ   11 καθάπερ
κτλ.: Pl. Symp. 191a9–b5   13 συμφῦναι Π²π³: συμφῦναι HᵃMᵃP¹:
συμφῦσαι πᵃ   14 ἀναγκαῖον P¹   19 καί] κατὰ Lambinus: καὶ
κατὰ Bernays   21 υἱῶν PᵃPᵃπᵃ: υἱοῦ Π¹π³: υἱὸν ut vid. pr. Hᵃ
24 ἀλλὰ κτλ.: Rep. 415b3–e6, 423c6–d6   25 γενόμενα Susemihl
28 καί¹+γὰρ Bernays

30 ἐπὶ τούτων ἀναγκαῖον συμβαίνειν, οἷον αἰκίας ἔρωτας φόνους·
οὐ γὰρ ἔτι προσαγορεύσουσιν ἀδελφοὺς καὶ τέκνα καὶ πατέρας
καὶ μητέρας τοὺς φύλακας οἵ τε εἰς τοὺς ἄλλους πολίτας δο-
θέντες καὶ πάλιν οἱ παρὰ τοῖς φύλαξι τοὺς ἄλλους πολί-
τας, ὥστ' εὐλαβεῖσθαι τῶν τοιούτων τι πράττειν διὰ τὴν
35 συγγένειαν.

35　　　　περὶ μὲν οὖν τῆς περὶ τὰ τέκνα καὶ τὰς γυναῖκας
κοινωνίας διωρίσθω τὸν τρόπον τοῦτον.

Ἐχόμενον δὲ τούτων ἐστὶν ἐπισκέψασθαι περὶ τῆς κτή- 5
σεως, τίνα τρόπον δεῖ κατασκευάζεσθαι τοῖς μέλλουσι πολι-
τεύεσθαι τὴν ἀρίστην πολιτείαν, πότερον κοινὴν ἢ μὴ κοινὴν
40 εἶναι τὴν κτῆσιν. τοῦτο δ' ἄν τις καὶ χωρὶς σκέψαιτο ἀπὸ
τῶν περὶ τὰ τέκνα καὶ τὰς γυναῖκας νενομοθετημένων, λέγω
1263ᵃ δὲ τὰ περὶ τὴν κτῆσιν πότερον (κἂν ᾖ ἐκεῖνα χωρίς, καθ'
ὃν νῦν τρόπον ἔχει πᾶσι) τάς γε κτήσεις κοινὰς εἶναι βέλ-
τιον, ἢ τὰς χρήσεις, οἷον τὰ μὲν γήπεδα χωρίς, τοὺς δὲ
καρποὺς εἰς τὸ κοινὸν φέροντας ἀναλίσκειν (ὅπερ ἔνια ποιεῖ
5 τῶν ἐθνῶν), ἢ τοὐναντίον τὴν μὲν γῆν κοινὴν εἶναι καὶ γεωρ-
γεῖν κοινῇ, τοὺς δὲ καρποὺς διαιρεῖσθαι πρὸς τὰς ἰδίας χρή-
σεις (λέγονται δέ τινες καὶ τοῦτον τὸν τρόπον κοινωνεῖν τῶν
βαρβάρων), ἢ καὶ τὰ γήπεδα καὶ τοὺς καρποὺς κοινούς. ἑ-
τέρων μὲν οὖν ὄντων τῶν γεωργούντων ἄλλος ἂν εἴη τρόπος καὶ
10 ῥᾴων, αὐτῶν δ' αὐτοῖς διαπονούντων τὰ περὶ τὰς κτήσεις
πλείους ἂν παρέχοι δυσκολίας. καὶ γὰρ ἐν ταῖς ἀπολαύσεσι
καὶ ἐν τοῖς ἔργοις μὴ γινομένων ἴσων ἀλλ' ἀνίσων ἀναγκαῖον
ἐγκλήματα γίνεσθαι πρὸς τοὺς ἀπολαύοντας μὲν ἢ λαμβάνον-

31 προσαγορεύσουσιν Coraes: προσαγορεύουσιν codd. Γ　　32 τοὺς
φύλακας hoc loco Hᵃ Πᵃπ³: ante καὶ (l. 33) Γ: om. MᵃP¹　　33 φύλαξιν
εἰς τοὺς HᵃΠᵃ　　38 κατασκευάσασθαι P¹: κατασκευάσασι Hᵃ　　39–40 εἶ-
ναι ἢ μὴ κοινὴν MᵃP¹　　1263ᵃ 1 τὰ ... κτῆσιν secl. Susemihl　　2 ἔχειν
πᾶσιν Hᵃ: ἔχει πασῶν Mᵃ: ἔχει πάσας Γ　　γε Bernays: τε codd.
3 ἢ Coraes: καὶ codd. Γ　　12 ἀλλ' ἀνίσων om. Πᵃ　　13 ἀπο-
λάβοντας Hᵃ　　μὲν Π¹P¹P¹: om. Hᵃπ³　　ἢ λαμβάνοντας om. Hᵃπ³: εἰ
λαμβάνοντας μὲν Γ

τας πολλά, ὀλίγα δὲ πονοῦντας, τοῖς ἐλάττω μὲν λαμβάνουσι,
πλείω δὲ πονοῦσιν. ὅλως δὲ τὸ συζῆν καὶ κοινωνεῖν τῶν ἀν- 15
θρωπικῶν πάντων χαλεπόν, καὶ μάλιστα τῶν τοιούτων.
δηλοῦσι δ' αἱ τῶν συναποδήμων κοινωνίαι· σχεδὸν γὰρ οἱ
πλεῖστοι διαφέρονται, ἐκ τῶν ἐν ποσὶ καὶ ἐκ μικρῶν προσ-
κρούοντες ἀλλήλοις. ἔτι δὲ τῶν θεραπόντων τούτοις μάλιστα
προσκρούομεν οἷς πλεῖστα προσχρώμεθα πρὸς τὰς διακονίας 20
τὰς ἐγκυκλίους.   21

            τὸ μὲν οὖν κοινὰς εἶναι τὰς κτήσεις ταύτας 21
τε καὶ ἄλλας τοιαύτας ἔχει δυσχερείας· ὃν δὲ νῦν τρόπον
ἔχει, ἐπικοσμηθὲν ἔθεσι καὶ τάξει νόμων ὀρθῶν, οὐ μι-
κρὸν ἂν διενέγκαι. ἕξει γὰρ τὸ ἐξ ἀμφοτέρων ἀγαθόν·
λέγω δὲ τὸ ἐξ ἀμφοτέρων τὸ ἐκ τοῦ κοινὰς εἶναι τὰς κτή- 25
σεις καὶ τὸ ἐκ τοῦ ἰδίας. δεῖ γὰρ πὼς μὲν εἶναι κοινάς, ὅλως
δ' ἰδίας. αἱ μὲν γὰρ ἐπιμέλειαι διῃρημέναι τὰ ἐγκλήματα
πρὸς ἀλλήλους οὐ ποιήσουσιν, μᾶλλον δ' ἐπιδώσουσιν ὡς πρὸς
ἴδιον ἑκάστου προσεδρεύοντος· δι' ἀρετὴν δ' ἔσται πρὸς τὸ χρῆ-
σθαι, κατὰ τὴν παροιμίαν, κοινὰ τὰ φίλων. ἔστι δὲ καὶ νῦν 30
τὸν τρόπον τοῦτον ἐν ἐνίαις πόλεσιν οὕτως ὑπογεγραμμένον,
ὡς οὐκ ὂν ἀδύνατον, καὶ μάλιστα ἐν ταῖς καλῶς οἰκουμέναις
τὰ μὲν ἔστι τὰ δὲ γένοιτ' ἄν· ἰδίαν γὰρ ἕκαστος τὴν κτῆσιν
ἔχων τὰ μὲν χρήσιμα ποιεῖ τοῖς φίλοις, τοῖς δὲ χρῆται
κοινοῖς, οἷον καὶ ἐν Λακεδαίμονι τοῖς τε δούλοις χρῶνται 35
τοῖς ἀλλήλων ὡς εἰπεῖν ἰδίοις, ἔτι δ' ἵπποις καὶ κυσίν, κἂν
δεηθῶσιν ἐφοδίων, [ἐν] τοῖς ἀγροῖς κατὰ τὴν χώραν. φανερὸν
τοίνυν ὅτι βέλτιον εἶναι μὲν ἰδίας τὰς κτήσεις, τῇ δὲ χρή-
σει ποιεῖν κοινάς· ὅπως δὲ γίνωνται τοιοῦτοι, τοῦ νομοθέτου

18 διαφέρονται Coraes: διαφερόμενοι codd. Γ   προσκρούουσιν Con-
greve   22–23 τρόπον ἔχει νῦν ΜᵃΡ¹   23 ἔχει + καὶ Π²π³ ἔθεσι Π¹
(cf. ᵇ40): ἤθεσι cet.   24 ἀγαθῶν pr. Ηᵃ, pr. Μˢ   28 δ'] τε
ci. Susemihl   29 ἑκάστῳ προσεδρεύοντες ΜˢΓ   30 τὰ in ras. Ηᵃ:
τὰ τῶν Μˢ   35–36 κοινοῖς . . . ἰδίοις] ἰδίοις . . . κοινοῖς ci. Richards
34 χρῆται + ὡς Γ   37 ἐν ταῖς ἀγραῖς Busse   ἐν secl. Oncken: τοῖς ἐν
Susemihl   39 γίνονται ΗᵃΜˢ, pr. Ρˢ

33

40 τοῦτ᾽ ἔργον ἴδιόν ἐστιν. ἔτι δὲ καὶ πρὸς ἡδονὴν ἀμύθητον ὅσον
διαφέρει τὸ νομίζειν ἴδιόν τι. μὴ γὰρ οὐ μάτην τὴν πρὸς
1263ᵇ αὑτὸν αὐτὸς ἔχει φιλίαν ἕκαστος, ἀλλ᾽ ἔστι τοῦτο φυσικόν.
τὸ δὲ φίλαυτον εἶναι ψέγεται δικαίως· οὐκ ἔστι δὲ τοῦτο τὸ
φιλεῖν ἑαυτόν, ἀλλὰ τὸ μᾶλλον ἢ δεῖ φιλεῖν, καθάπερ
καὶ τὸ φιλοχρήματον, ἐπεὶ φιλοῦσί γε πάντες ὡς εἰπεῖν
5 ἕκαστον τῶν τοιούτων. ἀλλὰ μὴν καὶ τὸ χαρίσασθαι καὶ
βοηθῆσαι φίλοις ἢ ξένοις ἢ ἑταίροις ἥδιστον· ὃ γίνεται τῆς
κτήσεως ἰδίας οὔσης. ταῦτά τε δὴ οὐ συμβαίνει τοῖς λίαν ἓν
ποιοῦσι τὴν πόλιν, καὶ πρὸς τούτοις ἀναιροῦσιν ἔργα δυοῖν
ἀρεταῖν φανερῶς, σωφροσύνης μὲν τὸ περὶ τὰς γυναῖκας
10 (ἔργον γὰρ καλὸν ἀλλοτρίας οὔσης ἀπέχεσθαι διὰ σωφρο-
σύνην), ἐλευθεριότητος δὲ τὸ περὶ τὰς κτήσεις· οὔτε γὰρ ἔσται
φανερὸς ἐλευθέριος ὤν, οὔτε πράξει πρᾶξιν ἐλευθέριον οὐδε-
μίαν· ἐν τῇ γὰρ χρήσει τῶν κτημάτων τὸ τῆς ἐλευθεριότη-
τος ἔργον ἐστίν.

15 εὐπρόσωπος μὲν οὖν ἡ τοιαύτη νομοθεσία καὶ φιλάν-
θρωπος ἂν εἶναι δόξειεν· ὁ γὰρ ἀκροώμενος ἄσμενος ἀπο-
δέχεται, νομίζων ἔσεσθαι φιλίαν τινὰ θαυμαστὴν πᾶσι πρὸς
ἅπαντας, ἄλλως τε καὶ ὅταν κατηγορῇ τις τῶν νῦν ὑπαρχόν-
των ἐν ταῖς πολιτείαις κακῶν ὡς γινομένων διὰ τὸ μὴ
20 κοινὴν εἶναι τὴν οὐσίαν, λέγω δὲ δίκας τε πρὸς ἀλλήλους
περὶ συμβολαίων καὶ ψευδομαρτυριῶν κρίσεις καὶ πλουσίων
κολακείας· ὧν οὐδὲν γίνεται διὰ τὴν ἀκοινωνησίαν ἀλλὰ
διὰ τὴν μοχθηρίαν, ἐπεὶ καὶ τοὺς κοινὰ κεκτημένους καὶ κοι-
νωνοῦντας πολλῷ διαφερομένους μᾶλλον ὁρῶμεν ἢ τοὺς χωρὶς
25 τὰς οὐσίας ἔχοντας· ἀλλὰ θεωροῦμεν ὀλίγους τοὺς ἐκ τῶν κοι-
νωνιῶν διαφερομένους, πρὸς πολλοὺς συμβάλλοντες τοὺς κεκτη-
μένους ἰδίᾳ τὰς κτήσεις. ἔτι δὲ δίκαιον μὴ μόνον λέγειν

1263ᵇ 4 τὸν Ilᵃ𝛱²π³   5 ἕκαστος 𝛱ᵃ   6 ἑτέροις 𝛱¹   7 οὐ
om. 𝛱¹   9 τὸ om. Mˢ𝐏¹   11 ἐλευθεριότητα 𝐏¹: ἐλευθεριότατα Mˢ
τὸ om. 𝛱¹   13 γὰρ τῇ Hᵃπ³   κτήσει HᵃMˢ   16 εἶναι δόξειεν ἄν
Mˢ𝐏¹   17 τινα φιλίαν 𝐏¹

ὅσων στερήσονται κακῶν κοινωνήσαντες, ἀλλὰ καὶ ὅσων
ἀγαθῶν· φαίνεται δ' εἶναι πάμπαν ἀδύνατος ὁ βίος.   29
                                                                              αἴτιον 29
δὲ τῷ Σωκράτει τῆς παρακρούσεως χρὴ νομίζειν τὴν ὑπό- 30
θεσιν οὐκ οὖσαν ὀρθήν. δεῖ μὲν γὰρ εἶναί πως μίαν καὶ τὴν
οἰκίαν καὶ τὴν πόλιν, ἀλλ' οὐ πάντως. ἔστι μὲν γὰρ ὡς οὐκ
ἔσται προϊοῦσα πόλις, ἔστι δ' ὡς ἔσται μέν, ἐγγὺς δ' οὖσα
τοῦ μὴ πόλις εἶναι χείρων πόλις, ὥσπερ κἂν εἴ τις τὴν
συμφωνίαν ποιήσειεν ὁμοφωνίαν ἢ τὸν ῥυθμὸν βάσιν μίαν. 35
ἀλλὰ δεῖ πλῆθος ὄν, ὥσπερ εἴρηται πρότερον, διὰ τὴν παι-
δείαν κοινὴν καὶ μίαν ποιεῖν· καὶ τόν γε μέλλοντα παιδείαν
εἰσάγειν καὶ νομίζοντα διὰ ταύτης ἔσεσθαι τὴν πόλιν σπου-
δαίαν ἄτοπον τοῖς τοιούτοις οἴεσθαι διορθοῦν, ἀλλὰ μὴ τοῖς
ἔθεσι καὶ τῇ φιλοσοφίᾳ καὶ τοῖς νόμοις, ὥσπερ τὰ περὶ 40
τὰς κτήσεις ἐν Λακεδαίμονι καὶ Κρήτῃ τοῖς συσσιτίοις ὁ
νομοθέτης ἐκοίνωσε. δεῖ δὲ μηδὲ τοῦτο αὐτὸ ἀγνοεῖν, ὅτι χρὴ 1264ª
προσέχειν τῷ πολλῷ χρόνῳ καὶ τοῖς πολλοῖς ἔτεσιν, ἐν οἷς
οὐκ ἂν ἔλαθεν, εἰ ταῦτα καλῶς εἶχεν· πάντα γὰρ σχεδὸν
εὕρηται μέν, ἀλλὰ τὰ μὲν οὐ συνῆκται, τοῖς δ' οὐ χρῶνται
γινώσκοντες. μάλιστα δ' ἂν γένοιτο φανερὸν εἴ τις τοῖς ἔρ- 5
γοις ἴδοι τὴν τοιαύτην πολιτείαν κατασκευαζομένην· οὐ γὰρ
δυνήσεται μὴ μερίζων αὐτὰ καὶ χωρίζων ποιῆσαι τὴν πό-
λιν, τὰ μὲν εἰς συσσίτια τὰ δὲ εἰς φατρίας καὶ φυλάς.
ὥστε οὐδὲν ἄλλο συμβήσεται νενομοθετημένον πλὴν μὴ γεωρ-
γεῖν τοὺς φύλακας· ὅπερ καὶ νῦν Λακεδαιμόνιοι ποιεῖν ἐπι- 10
χειροῦσιν.   11
        οὐ μὴν ἀλλ' οὐδὲ ὁ τρόπος τῆς ὅλης πολιτείας τίς 11
ἔσται τοῖς κοινωνοῦσιν, οὔτ' εἴρηκεν ὁ Σωκράτης οὔτε ῥᾴδιον

---

28 στερήσωνται pr. P³: στερήσαντες pr. Hª   31 πως μίαν] πρὸς
μίαν Mª: περιμίαν Hª   32 πάντη Mª, pr. P¹   ἔσται pr. HªMª,
pr. P¹   34 εἶναι+ἔσται Victorius   36 τῆς παιδείας ci. Richards
41 συσσιτίοις pr. Hª, pr. P³   1264ª 1 ἐκοινώνησε Mª, pr. P¹   μὴ Π¹
αὐτὸν ci. Richards   2 ἔθεσιν Aretinus: ἔθνεσιν Bernays

εἰπεῖν. καίτοι σχεδὸν τό γε πλῆθος τῆς πόλεως τὸ τῶν ἄλ-
λων πολιτῶν γίνεται πλῆθος, περὶ ὧν οὐδὲν διώρισται, πότε-
15 ρον καὶ τοῖς γεωργοῖς κοινὰς εἶναι δεῖ τὰς κτήσεις ἢ
καθ' ἕκαστον ἰδίας, ἔτι δὲ καὶ γυναῖκας καὶ παῖδας ἰδίους
ἢ κοινούς. εἰ μὲν γὰρ τὸν αὐτὸν τρόπον κοινὰ πάντα πάν-
των, τί διοίσουσιν οὗτοι ἐκείνων τῶν φυλάκων; ἢ τί πλεῖον
τοῖς ὑπομένουσι τὴν ἀρχὴν αὐτῶν, ἢ τί μαθόντες ὑπομενοῦσι
20 τὴν ἀρχήν, ἐὰν μή τι σοφίζωνται τοιοῦτον οἷον Κρῆτες;
ἐκεῖνοι γὰρ τἆλλα ταὐτὰ τοῖς δούλοις ἐφέντες μόνον ἀπειρή-
κασι τὰ γυμνάσια καὶ τὴν τῶν ὅπλων κτῆσιν. εἰ δέ, καθ-
άπερ ἐν ταῖς ἄλλαις πόλεσι, καὶ παρ' ἐκείνοις ἔσται τὰ
τοιαῦτα, τίς ὁ τρόπος ἔσται τῆς κοινωνίας; ἐν μιᾷ γὰρ πό-
25 λει δύο πόλεις ἀναγκαῖον εἶναι, καὶ ταύτας ὑπεναντίας
ἀλλήλαις. ποιεῖ γὰρ τοὺς μὲν φύλακας οἷον φρουρούς, τοὺς δὲ
γεωργοὺς καὶ τοὺς τεχνίτας καὶ τοὺς ἄλλους πολίτας· ἐγκλή-
ματα δὲ καὶ δίκαι, καὶ ὅσα ἄλλα ταῖς πόλεσιν ὑπάρχειν
φησὶ κακά, πάνθ' ὑπάρξει καὶ τούτοις. καίτοι λέγει ὁ Σω-
30 κράτης ὡς οὐ πολλῶν δεήσονται νομίμων διὰ τὴν παιδείαν,
οἷον ἀστυνομικῶν καὶ ἀγορανομικῶν καὶ τῶν ἄλλων τῶν
τοιούτων, ἀποδιδοὺς μόνον τὴν παιδείαν τοῖς φύλαξιν. ἔτι δὲ
κυρίους ποιεῖ τῶν κτημάτων τοὺς γεωργοὺς ⟨τοὺς⟩ ἀποφορὰν
φέροντας· ἀλλὰ πολὺ μᾶλλον εἰκὸς εἶναι χαλεποὺς καὶ φρονη-
35 μάτων πλήρεις, ἢ τὰς παρ' ἐνίοις εἱλωτείας τε καὶ πενεστείας
καὶ δουλείας. ἀλλὰ γὰρ εἴτ' ἀναγκαῖα ταῦθ' ὁμοίως εἴτε
μή, νῦν γε οὐδὲν διώρισται, καὶ περὶ τῶν ἐχομένων τίς ἡ
τούτων τε πολιτεία καὶ παιδεία καὶ νόμοι τίνες. ἔστι δ' οὔθ'
εὑρεῖν ῥᾴδιον, οὔτε τὸ διαφέρον μικρὸν τὸ ποιούς τινας εἶναι

13 πλῆθος] πλήρωμα Richards (cf. 1267ᵇ16, 1284ª5, 1291ª17)   15 ἢ
Γ: ἢ καί cet.   16 καί¹ om. Hª Π¹   19 τοῖς] αὐτοῖς Richards
παθόντες Mˢ Γ   ὑπομενοῦσι Aretinus: ὑπομένουσι codd. Γ   21 ἀφ-
ῃρήκασι MˢP¹: negant Guil.   29 καίτοι, κτλ.: Rep. 425b10–e2
33 τοὺς addidi   35 ἡλωτείας Mª: εἱλωτίας Pª: εἱλωτίας HªPª   πενι-
στείας HªPªPªπª   39 ποίους τινὰς εἶναι δεῖ τούτους Scaliger   ποίους
HªΠ¹

36

τούτους πρὸς τὸ σῴζεσθαι τὴν τῶν φυλάκων κοινωνίαν. ἀλλὰ 40
μὴν εἴ γε τὰς μὲν γυναῖκας ποιήσει κοινὰς τὰς δὲ κτήσεις 1264ᵇ
ἰδίας, τίς οἰκονομήσει ὥσπερ τὰ ἐπὶ τῶν ἀγρῶν οἱ ἄνδρες
αὐτῶν—κἂν εἰ κοιναὶ αἱ κτήσεις καὶ αἱ τῶν γεωργῶν γυ-
ναῖκες; ἄτοπον δὲ καὶ τὸ ἐκ τῶν θηρίων ποιεῖσθαι τὴν παρα-
βολήν, ὅτι δεῖ τὰ αὐτὰ ἐπιτηδεύειν τὰς γυναῖκας τοῖς 5
ἀνδράσιν, οἷς οἰκονομίας οὐδὲν μέτεστιν. 6

ἐπισφαλὲς δὲ καὶ 6
τοὺς ἄρχοντας ὡς καθίστησιν ὁ Σωκράτης. ἀεὶ γὰρ ποιεῖ τοὺς
αὐτοὺς ἄρχοντας· τοῦτο δὲ στάσεως αἴτιον γίνεται καὶ παρὰ
τοῖς μηδὲν ἀξίωμα κεκτημένοις, ἦ που δῆθεν παρά γε θυμο-
ειδέσι καὶ πολεμικοῖς ἀνδράσιν. ὅτι δ' ἀναγκαῖον αὐτῷ 10
ποιεῖν τοὺς αὐτοὺς ἄρχοντας, φανερόν· οὐ γὰρ ὁτὲ μὲν ἄλλοις
ὁτὲ δὲ ἄλλοις μέμεικται ταῖς ψυχαῖς ὁ παρὰ τοῦ θεοῦ χρυ-
σός, ἀλλ' ἀεὶ τοῖς αὐτοῖς. φησὶ δὲ τοῖς μὲν εὐθὺς γινομέ-
νοις μεῖξαι χρυσόν, τοῖς δ' ἄργυρον, χαλκὸν δὲ καὶ σίδηρον
τοῖς τεχνίταις μέλλουσιν ἔσεσθαι καὶ γεωργοῖς. ἔτι δὲ καὶ 15
τὴν εὐδαιμονίαν ἀφαιρούμενος τῶν φυλάκων, ὅλην φησὶ δεῖν
εὐδαίμονα ποιεῖν τὴν πόλιν τὸν νομοθέτην. ἀδύνατον δὲ
εὐδαιμονεῖν ὅλην, μὴ πάντων ἢ μὴ τῶν πλείστων μερῶν ἢ
τινῶν ἐχόντων τὴν εὐδαιμονίαν. οὐ γὰρ τῶν αὐτῶν τὸ εὐδαι-
μονεῖν ὧνπερ τὸ ἄρτιον· τοῦτο μὲν γὰρ ἐνδέχεται τῷ ὅλῳ 20
ὑπάρχειν, τῶν δὲ μερῶν μηδετέρῳ, τὸ δὲ εὐδαιμονεῖν ἀδύ-
νατον. ἀλλὰ μὴν εἰ οἱ φύλακες μὴ εὐδαίμονες, τίνες ἕτε-
ροι; οὐ γὰρ δὴ οἵ γε τεχνῖται καὶ τὸ πλῆθος τὸ τῶν βαναύ-
σων. ἡ μὲν οὖν πολιτεία περὶ ἧς ὁ Σωκράτης εἴρηκεν ταύτας
τε τὰς ἀπορίας ἔχει καὶ τούτων οὐκ ἐλάττους ἑτέρας. 25

1264ᵇ 3 κἂν ... γυναῖκες ante 2 ὥσπερ HᵃΠ¹   αἱ¹] an καὶ αἱ? lac.
post. γυναῖκες Thurot   4 ἄτοπον κτλ.: cf. Rep. 451d1–452a5
9 ἦ που δῆθεν Göttling: ἤπουθεν δὴ P¹: ἢ πουθεν δὴ pr. P²: ἢ (ἢ π²)
πουθεν δὴ HᵃP³π²: εἴπουθεν δὴ M¹Γ   13 φησὶ κτλ.: Rep. 415a1–7
εὐθὺ Hᵃ, pr. P¹,P²   15 ἔτι κτλ.: Rep. 419a1–421a6   18 πάντων
... πλείστων Richards: τῶν πλείστων ἢ μὴ πάντων codd. Γ   19 τῶν
om. Γ   20 ὥσπερ Mᵃ, pr. P¹: ὧνπερ καὶ Γ

Σχεδὸν δὲ παραπλησίως καὶ τὰ περὶ τοὺς Νόμους ἔχει τοὺς 6
ὕστερον γραφέντας, διὸ καὶ περὶ τῆς ἐνταῦθα πολιτείας ἐπι-
σκέψασθαι μικρὰ βέλτιον. καὶ γὰρ ἐν τῇ Πολιτείᾳ περὶ
ὀλίγων πάμπαν διώρικεν ὁ Σωκράτης, περί τε γυναικῶν
30 καὶ τέκνων κοινωνίας, πῶς ἔχειν δεῖ, καὶ περὶ κτήσεως, καὶ
τῆς πολιτείας τὴν τάξιν (διαιρεῖται γὰρ εἰς δύο μέρη τὸ
πλῆθος τῶν οἰκούντων, τὸ μὲν εἰς τοὺς γεωργούς, τὸ δὲ εἰς τὸ
προπολεμοῦν μέρος· τρίτον δ' ἐκ τούτων τὸ βουλευόμενον καὶ
κύριον τῆς πόλεως), περὶ δὲ τῶν γεωργῶν καὶ τῶν τεχνιτῶν,
35 πότερον οὐδεμιᾶς μεθέξουσιν ἢ τινος ἀρχῆς, καὶ πότερον ὅπλα
δεῖ κεκτῆσθαι καὶ τούτους καὶ συμπολεμεῖν ἢ μή, περὶ τού-
των οὐδὲν διώρικεν ὁ Σωκράτης, ἀλλὰ τὰς μὲν γυναῖκας
οἴεται δεῖν συμπολεμεῖν καὶ παιδείας μετέχειν τῆς αὐτῆς
τοῖς φύλαξιν, τὰ δ' ἄλλα τοῖς ἔξωθεν πεπλήρωκε
40 τὸν λόγον καὶ περὶ τῆς παιδείας, ποίαν τινὰ δεῖ γίνεσθαι
1265ᵃ τῶν φυλάκων. τῶν δὲ Νόμων τὸ μὲν πλεῖστον μέρος νόμοι
τυγχάνουσιν ὄντες, ὀλίγα δὲ περὶ τῆς πολιτείας εἴρηκεν, καὶ
ταύτην βουλόμενος κοινοτέραν ποιεῖν ταῖς πόλεσι κατὰ μι-
κρὸν περιάγει πάλιν πρὸς τὴν ἑτέραν πολιτείαν. ἔξω γὰρ
5 τῆς τῶν γυναικῶν κοινωνίας καὶ τῆς κτήσεως, τὰ ἄλλα
ταὐτὰ ἀποδίδωσιν ἀμφοτέραις ταῖς πολιτείαις· καὶ γὰρ
παιδείαν τὴν αὐτήν, καὶ τὸ τῶν ἔργων τῶν ἀναγκαίων ἀπ-
εχομένους ζῆν, καὶ περὶ συσσιτίων ὡσαύτως· πλὴν ἐν ταύτῃ
φησὶ δεῖν εἶναι συσσίτια καὶ γυναικῶν, καὶ τὴν μὲν χιλίων
10 τῶν ὅπλα κεκτημένων, ταύτην δὲ πεντακισχιλίων.

10   τὸ μὲν
οὖν περιττὸν ἔχουσι πάντες οἱ τοῦ Σωκράτους λόγοι καὶ τὸ
κομψὸν καὶ τὸ καινοτόμον καὶ τὸ ζητητικόν, καλῶς δὲ

26 τὰ om. Π²   31 γὰρ] δὲ Π¹   35 μεθέξουσιν ἢ scripsi : ἢ μετ-
έχουσί codd.: ἢ μεθέξουσι Richards (cf. ᵇ1, 2, 1265ᵃ14)   39 ἔξωθεν
Μᵃᴾ¹: +λόγοις cet.   40 τὸν λόγον om. Γ   1265ᵃ4 πρὸς] εἰς
Μᵃᴾ¹   8 πλὴν κτλ.: Pl. Leg. 780d9–781d6   9 καὶ¹ om. pr. P¹
et ut vid. Γ   καὶ² κτλ.: Rep. 423a5–b2, Leg. 737e1   12 τὸ² om. Μᵃᴾ¹

ΠΟΛΙΤΙΚΩΝ Β 1265^a

πάντα ἴσως χαλεπόν, ἐπεὶ καὶ τὸ νῦν εἰρημένον πλῆθος δεῖ
μὴ λανθάνειν ὅτι χώρας δεήσει τοῖς τοσούτοις Βαβυλωνίας
ἤ τινος ἄλλης ἀπεράντου τὸ πλῆθος, ἐξ ἧς ἀργοὶ πεντακισ- 15
χίλιοι θρέψονται, καὶ περὶ τούτους γυναικῶν καὶ θεραπόν-
των ἕτερος ὄχλος πολλαπλάσιος. δεῖ μὲν οὖν ὑποτίθεσθαι
κατ᾽ εὐχήν, μηδὲν μέντοι ἀδύνατον. λέγεται δ᾽ ὡς δεῖ τὸν
νομοθέτην πρὸς δύο βλέποντα τιθέναι τοὺς νόμους, πρός τε
τὴν χώραν καὶ τοὺς ἀνθρώπους. ἔτι δὲ καλῶς ἔχει προσθεῖναι 20
καὶ πρὸς τοὺς γειτνιῶντας τόπους, πρῶτον μὲν εἰ δεῖ τὴν πόλιν
ζῆν βίον πολιτικόν, μὴ μονωτικόν (οὐ γὰρ μόνον ἀναγκαῖόν ἐστιν
αὐτὴν τοιούτοις χρῆσθαι πρὸς τὸν πόλεμον ὅπλοις ἃ
χρήσιμα κατὰ τὴν οἰκείαν χώραν ἐστίν, ἀλλὰ καὶ πρὸς τοὺς ἔξω
τόπους)· εἰ δέ τις μὴ τοιοῦτον ἀποδέχεται βίον, μήτε τὸν ἴδιον 25
μήτε τὸν κοινὸν τῆς πόλεως, ὅμως οὐδὲν ἧττον δεῖ φοβεροὺς
εἶναι τοῖς πολεμίοις, μὴ μόνον ἐλθοῦσιν εἰς τὴν χώραν ἀλλὰ καὶ
ἀπελθοῦσιν. 28

καὶ τὸ πλῆθος δὲ τῆς κτήσεως ὁρᾶν δεῖ, μή ποτε 28
βέλτιον ἑτέρως διορίσαι τῷ σαφῶς μᾶλλον. τοσαύτην γὰρ
εἶναί φησι δεῖν ὥστε ζῆν σωφρόνως, ὥσπερ ἂν εἴ τις εἶπεν 30
ὥστε ζῆν εὖ. τοῦτο γάρ ἐστι καθόλου μᾶλλον. ἔτι δ᾽ ἔστι σω-
φρόνως μὲν ταλαιπώρως δὲ ζῆν, ἀλλὰ βελτίων ὅρος τὸ
σωφρόνως καὶ ἐλευθερίως (χωρὶς γὰρ ἑκατέρῳ τῷ μὲν τὸ
τρυφᾶν ἀκολουθήσει, τῷ δὲ τὸ ἐπιπόνως), ἐπεὶ μόναι γ᾽
εἰσὶν ἕξεις αἱρεταὶ περὶ τὴν τῆς οὐσίας χρῆσιν αὗται, οἷον 35
οὐσίᾳ πράως μὲν ἢ ἀνδρείως χρῆσθαι οὐκ ἔστιν, σωφρόνως δὲ

14 δεήσει τοῖς τοσούτοις post 15 ἀπεράντου Γ 16 παρὰ Γ 18 μηδὲν
om. π³: μὴ MªP¹ λέγεται κτλ.: Leg. 704a1–708c2 19 τε τὴν om.
Mª: τὴν P¹ 21 πρῶτον μὲν om. P¹P², pr. π³ 22 μὴ μονωτικόν
HªP¹: μὴ μονωτικόν Γ: μὴ μονώτερον Mª: om. Π² 29 τοσαύτην
κτλ.: Leg. 737c6–d5 30 εἴ om. MªP¹ 33 ἑκατέρῳ Coraes:
ἑκάτερον codd. Γ τὸ μὲν τῷ HªΠ²Π³: τῶ μὲν τῶ pr. Mª 34 τὸ δὲ
τῷ Π²: τὸ δὲ τὸ π³ ἐπιπόνως+ζῆν Γ 35 ἕξεις αἱρεταὶ Victorius:
ἕξεις ἀρεταὶ codd.: ἀρεταὶ Susemihl χρῆσιν] ἕξιν Π¹ 36 μὲν
om. HªΠ²

καὶ ἐλευθερίως ἔστιν, ὥστε καὶ τὰς ἕξεις ἀναγκαῖον περὶ
αὐτὴν εἶναι ταύτας. ἄτοπον δὲ καὶ τὸ τὰς κτήσεις ἰσάζοντα τὸ
περὶ τὸ πλῆθος τῶν πολιτῶν μὴ κατασκευάζειν, ἀλλ' ἀφ-
40 εῖναι τὴν τεκνοποιίαν ἀόριστον ὡς ἱκανῶς ἀνομαλισθησομένην
εἰς τὸ αὐτὸ πλῆθος διὰ τὰς ἀτεκνίας ὁσωνοῦν γεννωμένων,
1265ᵇ ὅτι δοκεῖ τοῦτο καὶ νῦν συμβαίνειν περὶ τὰς πόλεις. δεῖ δὲ
τοῦτ' οὐχ ὁμοίως ἀκριβῶς ἔχειν περὶ τὰς πόλεις τότε καὶ νῦν·
νῦν μὲν γὰρ οὐδεὶς ἀπορεῖ, διὰ τὸ μερίζεσθαι τὰς οὐσίας εἰς
ὁποσονοῦν πλῆθος, τότε δὲ ἀδιαιρέτων οὐσῶν ἀνάγκη τοὺς παρά-
5 ζυγας μηδὲν ἔχειν, ἐάν τ' ἐλάττους ὦσι τὸ πλῆθος ἐάν τε
πλείους. μᾶλλον δὲ δεῖν ὑπολάβοι τις ἂν ὡρίσθαι τῆς οὐσίας
τὴν τεκνοποιίαν, ὥστε ἀριθμοῦ τινὸς μὴ πλείονα γεννᾶν, τοῦτο
δὲ τιθέναι τὸ πλῆθος ἀποβλέποντα πρὸς τὰς τύχας, ἂν
συμβαίνῃ τελευτᾶν τινας τῶν γεννηθέντων, καὶ πρὸς τὴν
10 τῶν ἄλλων ἀτεκνίαν. τὸ δ' ἀφεῖσθαι, καθάπερ ἐν ταῖς
πλείσταις πόλεσι, πενίας ἀναγκαῖον αἴτιον γίνεσθαι τοῖς πο-
λίταις, ἡ δὲ πενία στάσιν ἐμποιεῖ καὶ κακουργίαν. Φείδων
μὲν οὖν ὁ Κορίνθιος, ὢν νομοθέτης τῶν ἀρχαιοτάτων, τοὺς
οἴκους ἴσους ᾠήθη δεῖν διαμένειν καὶ τὸ πλῆθος τῶν πολιτῶν,
15 καὶ εἰ τὸ πρῶτον τοὺς κλήρους ἀνίσους εἶχον πάντες κατὰ μέ-
γεθος· ἐν δὲ τοῖς νόμοις τούτοις τοὐναντίον ἐστίν. ἀλλὰ περὶ
μὲν τούτων πῶς οἰόμεθα βέλτιον ἂν ἔχειν, λεκτέον ὕστερον·
ἐλλέλειπται δ' ἐν τοῖς νόμοις τούτοις καὶ τὰ περὶ τοὺς ἄρχον-
τας πῶς ἔσονται διαφέροντες τῶν ἀρχομένων. φησὶ γὰρ
20 δεῖν, ὥσπερ ἐξ ἑτέρου τὸ στημόνιον ἐρίου γίνεται τῆς κρόκης,
οὕτω καὶ τοὺς ἄρχοντας ἔχειν δεῖν πρὸς τοὺς ἀρχομένους. ἐπεὶ

---

37 ἕξεις Susemihl: χρήσεις codd. Γ: αἱρέσεις Madvig   37–38 εἶ-
ναι περὶ αὐτὴν ΜˢΡ¹   38 ἄτοπον κτλ.: Leg .737c1–d8, 740e1–741a5
40 ἀνομαλισθησομένην Madvig: ἂν ὁμαλισθησομένην codd.   1265ᵇ 2
περὶ τὰς πόλεις secl. Bender   4 περίζυγας ΗᵃΜˢΡ¹: iugarios vel
deiectos Guil.   11 πλείοταις] ἄλλαις ΜˢΓ   14 καὶ] κατὰ Bernays
15 ἀνίσους τοὺς κλήρους ΜˢΡ¹   17 ἂν post πῶς ΜˢΡ¹   18 δ' ἐν
scripsi: δὲ codd.   19 ὅπως Π²   φησὶ κτλ.: Leg. 734e3–735a6
21 δεῖ ΗᵃΠ¹π²   ἐπεὶ κτλ.: Leg. 744e3–5

δὲ τὴν πᾶσαν οὐσίαν ἐφίησι γίνεσθαι μείζονα μέχρι πεντα-
πλασίας, διὰ τί τοῦτ᾽ οὐκ ἂν εἴη ἐπὶ τῆς γῆς μέχρι τινός;
καὶ τὴν τῶν οἰκοπέδων δὲ διαίρεσιν δεῖ σκοπεῖν, μή ποτ᾽ οὐ
συμφέρει πρὸς οἰκονομίαν· δύο γὰρ οἰκόπεδα ἑκάστῳ ἔνειμε 25
διελὼν χωρίς, χαλεπὸν δὲ οἰκίας δύο οἰκεῖν.   26
                                        ἡ δὲ σύνταξις 26
ὅλη βούλεται μὲν εἶναι μήτε δημοκρατία μήτε ὀλιγαρχία,
μέση δὲ τούτων, ἣν καλοῦσι πολιτείαν· ἐκ γὰρ τῶν ὁπλι-
τευόντων ἐστίν. εἰ μὲν οὖν ὡς κοινοτάτην ταύτην κατασκευά-
ζει ταῖς πόλεσι τῶν ἄλλων πολιτειῶν, καλῶς εἴρηκεν ἴσως· 30
εἰ δ᾽ ὡς ἀρίστην μετὰ τὴν πρώτην πολιτείαν, οὐ καλῶς. τάχα
γὰρ τὴν τῶν Λακώνων ἄν τις ἐπαινέσειε μᾶλλον, ἢ κἂν
ἄλλην τινὰ ἀριστοκρατικωτέραν. ἔνιοι μὲν οὖν λέγουσιν ὡς δεῖ
τὴν ἀρίστην πολιτείαν ἐξ ἁπασῶν εἶναι τῶν πολιτειῶν μεμει-
γμένην, διὸ καὶ τὴν τῶν Λακεδαιμονίων ἐπαινοῦσιν (εἶναι 35
γὰρ αὐτὴν οἱ μὲν ἐξ ὀλιγαρχίας καὶ μοναρχίας καὶ δημο-
κρατίας φασίν, λέγοντες τὴν μὲν βασιλείαν μοναρχίαν, τὴν
δὲ τῶν γερόντων ἀρχὴν ὀλιγαρχίαν, δημοκρατεῖσθαι δὲ
κατὰ τὴν τῶν ἐφόρων ἀρχὴν διὰ τὸ ἐκ τοῦ δήμου εἶναι τοὺς
ἐφόρους· οἱ δὲ τὴν μὲν ἐφορείαν εἶναι τυραννίδα, δημοκρα- 40
τεῖσθαι δὲ κατά τε τὰ συσσίτια καὶ τὸν ἄλλον βίον τὸν
καθ᾽ ἡμέραν)· ἐν δὲ τοῖς νόμοις εἴρηται τούτοις ὡς δέον συγ- 1266ᵃ
κεῖσθαι τὴν ἀρίστην πολιτείαν ἐκ δημοκρατίας καὶ τυραννί-
δος, ἃς ἢ τὸ παράπαν οὐκ ἄν τις θείη πολιτείας ἢ χειρίστας
πασῶν. βέλτιον οὖν λέγουσιν οἱ πλείους μιγνύντες· ἡ γὰρ ἐκ
πλειόνων συγκειμένη πολιτεία βελτίων. ἔπειτ᾽ οὐδ᾽ ἔχουσα 5
φαίνεται μοναρχικὸν οὐδέν, ἀλλ᾽ ὀλιγαρχικὰ καὶ δημοκρα-
τικά· μᾶλλον δ᾽ ἐγκλίνειν βούλεται πρὸς τὴν ὀλιγαρχίαν.
δῆλον δὲ ἐκ τῆς τῶν ἀρχόντων καταστάσεως· τὸ μὲν γὰρ

25 συμφέρη πᵃ   δύο κτλ.: Leg. 745e4–6   27 μὲν βούλεται ΜᵃP¹
30 πολιτείαν Πᵃ   32 τις ἂν ΜᵃP¹   35 τὴν τῶν] τὴν P¹: τῶν Μᵃ
39 τῶν om. ΜᵃP¹   40 ἐφορίαν Hᵃ, pr. Pᵃπᵃ   1266ᵃ 1 ἐν κτλ.:
Leg. 693d2–694a1   3 χειρίστους Pᵃ, pr. Pᵃ   8 τὸ κτλ.: Leg.
756e2–8, 763e8–764a2, 765b3–5

ἐξ αἱρετῶν κληρωτοὺς κοινὸν ἀμφοῖν, τὸ δὲ τοῖς μὲν εὐπορω-
10 τέροις ἐπάναγκες ἐκκλησιάζειν εἶναι καὶ φέρειν ἄρχοντας
ἤ τι ποιεῖν ἄλλο τῶν πολιτικῶν, τοὺς δ' ἀφεῖσθαι, τοῦτο δ'
ὀλιγαρχικόν, καὶ τὸ πειρᾶσθαι πλείους ἐκ τῶν εὐπόρων εἶναι
τοὺς ἄρχοντας, καὶ τὰς μεγίστας ἐκ τῶν μεγίστων τιμημά-
των. ὀλιγαρχικὴν δὲ ποιεῖ καὶ τὴν τῆς βουλῆς αἵρεσιν.
15 ται μὲν γὰρ πάντες ἐπάναγκες ἀλλ' ἐκ τοῦ πρώτου τιμή-
ματος, εἶτα πάλιν ἴσους ἐκ τοῦ δευτέρου· εἶτ' ἐκ τῶν τρίτων,
πλὴν οὐ πᾶσιν ἐπάναγκες ἦν τοῖς ἐκ τῶν τρίτων ἢ τετάρτων,
ἐκ δὲ [τοῦ τετάρτου] τῶν τετάρτων μόνοις ἐπάναγκες τοῖς πρώ-
τοις καὶ τοῖς δευτέροις· εἶτ' ἐκ τούτων ἴσον ἀφ' ἑκάστου τιμή-
20 ματος ἀποδεῖξαί φησι δεῖν ἀριθμόν. ἔσονται δὴ πλείους οἱ
ἐκ τῶν μεγίστων τιμημάτων καὶ βελτίους διὰ τὸ ἐνίους μὴ
αἱρεῖσθαι τῶν δημοτικῶν διὰ τὸ μὴ ἐπάναγκες. ὡς μὲν οὖν
οὐκ ἐκ δημοκρατίας καὶ μοναρχίας δεῖ συνιστάναι τὴν τοι-
αύτην πολιτείαν, ἐκ τούτων φανερὸν καὶ τῶν ὕστερον ῥηθησομέ-
25 νων, ὅταν ἐπιβάλλῃ περὶ τῆς τοιαύτης πολιτείας ἡ σκέψις·
ἔχει δὲ καὶ περὶ τὴν αἵρεσιν τῶν ἀρχόντων τὸ ἐξ αἱρετῶν
αἱρετοὺς ἐπικίνδυνον. εἰ γάρ τινες συστῆναι θέλουσι καὶ μέτριοι
τὸ πλῆθος, αἰεὶ κατὰ τὴν τούτων αἱρεθήσονται βούλησιν. τὰ
μὲν οὖν περὶ τὴν πολιτείαν τὴν ἐν τοῖς Νόμοις τοῦτον ἔχει
30 τὸν τρόπον.

Εἰσὶ δέ τινες πολιτεῖαι καὶ ἄλλαι, αἱ μὲν ἰδιωτῶν αἱ 7
δὲ φιλοσόφων καὶ πολιτικῶν, πᾶσαι δὲ τῶν καθεστηκυιῶν
καὶ καθ' ἃς πολιτεύονται νῦν ἐγγύτερόν εἰσι τούτων ἀμφο-
τέρων. οὐδεὶς γὰρ οὔτε τὴν περὶ τὰ τέκνα κοινότητα καὶ τὰς
35 γυναῖκας ἄλλος κεκαινοτόμηκεν, οὔτε περὶ τὰ συσσίτια τῶν
γυναικῶν, ἀλλ' ἀπὸ τῶν ἀναγκαίων ἄρχονται μᾶλλον.
δοκεῖ γάρ τισι τὸ περὶ τὰς οὐσίας εἶναι μέγιστον τετάχθαι

9 τὸ κτλ.: Leg. 764a3–6, 765c4–5   14 αἱροῦνται κτλ.: Leg. 756b7–e8
18 τοῦ τετάρτου secl. Sylburg   τῶν τετάρτων secl. Engelhardt: τῶν
τεττάρων codd. Sepulvedae   20 δὲ Π¹   23 οὐκ om. Π¹   συν-
εστάναι Π¹, pr. Pᵃ   37 εἶναι+ἀναγκαῖον Π¹

καλῶς· περὶ γὰρ τούτων ποιεῖσθαί φασι τὰς στάσεις πάντας. διὸ Φαλέας ὁ Χαλκηδόνιος τοῦτ᾽ εἰσήνεγκε πρῶτος· φησὶ γὰρ δεῖν ἴσας εἶναι τὰς κτήσεις τῶν πολιτῶν. τοῦτο 40 δὲ κατοικιζομέναις μὲν εὐθὺς οὐ χαλεπὸν ᾤετο ποιεῖν, τὰς **1266ᵇ** δ᾽ ἤδη κατοικουμένας ἐργωδέστερον μέν, ὅμως δὲ τάχιστ᾽ ἂν ὁμαλισθῆναι τῷ τὰς προῖκας τοὺς μὲν πλουσίους διδόναι μὲν λαμβάνειν δὲ μή, τοὺς δὲ πένητας μὴ διδόναι μὲν λαμβάνειν δέ. Πλάτων δὲ τοὺς Νόμους γράφων μέχρι μέν τινος 5 ᤢετο δεῖν ἐᾶν, πλεῖον δὲ τοῦ πενταπλασίαν εἶναι τῆς ἐλαχίστης μηδενὶ τῶν πολιτῶν ἐξουσίαν εἶναι κτήσασθαι, καθάπερ εἴρηται καὶ πρότερον. δεῖ δὲ μηδὲ τοῦτο λανθάνειν τοὺς οὕτω νομοθετοῦντας, ὃ λανθάνει νῦν, ὅτι τὸ τῆς οὐσίας τάττοντας πλῆθος προσήκει καὶ τῶν τέκνων τὸ πλῆθος τάττειν· 10 ἐὰν γὰρ ὑπεραίρῃ τῆς οὐσίας τὸ μέγεθος ὁ τῶν τέκνων ἀριθμός, ἀνάγκη τόν γε νόμον λύεσθαι, καὶ χωρὶς τῆς λύσεως φαῦλον τὸ πολλοὺς ἐκ πλουσίων γίνεσθαι πένητας· ἔργον γὰρ μὴ νεωτεροποιοὺς εἶναι τοὺς τοιούτους. διότι μὲν οὖν ἔχει τινὰ δύναμιν εἰς τὴν πολιτικὴν κοινωνίαν ἡ τῆς οὐσίας ὁμα- 15 λότης, καὶ τῶν πάλαι τινὲς φαίνονται διεγνωκότες, οἷον καὶ Σόλων ἐνομοθέτησεν, καὶ παρ᾽ ἄλλοις ἔστι νόμος ὃς κωλύει κτᾶσθαι γῆν ὁπόσην ἂν βούληταί τις, ὁμοίως δὲ καὶ τὴν οὐσίαν πωλεῖν οἱ νόμοι κωλύουσιν, ὥσπερ ἐν Λοκροῖς νόμος ἐστὶ μὴ πωλεῖν ἐὰν μὴ φανερὰν ἀτυχίαν δείξῃ συμβεβη- 20 κυῖαν, ἔτι δὲ τοὺς παλαιοὺς κλήρους διασᾤζειν (τοῦτο δὲ λυθὲν καὶ περὶ Λευκάδα δημοτικὴν ἐποίησε λίαν τὴν πολιτείαν αὐτῶν· οὐ γὰρ ἔτι συνέβαινεν ἀπὸ τῶν ὡρισμένων τιμημάτων εἰς τὰς ἀρχὰς βαδίζειν)· ἀλλ᾽ ἔστι τὴν ἰσότητα μὲν ὑπάρχειν τῆς οὐσίας, ταύτην δ᾽ ἢ λίαν εἶναι πολλήν, ὥστε 25 τρυφᾶν, ἢ λίαν ὀλίγην, ὥστε ζῆν γλίσχρως. δῆλον οὖν ὡς

39 φαλλέας Π¹ et sic semper   πρῶτον π³   1266ᵇ 2 δ᾽ ἤδη Γ: δὴ HᵃP¹Π²: δὲ Mᵃ   3 τὰς om. MᵃP¹   6 ἐὰν om. Π¹   12 τὸν γενόμενον Mᵃπ³   14 an ὅτι?   18 ὁπόσην Hᵃπ³: ὁπόστην PᵃPᵃπ³: ὅσην MᵃP¹   24 ἔστι τὴν] εἰς τὸ τὴν Hᵃ, pr. Pᵃ,Pᵃπ³: εἰς τὴν πᵃ: ἐστιν Mᵃ

43

οὐχ ἱκανὸν τὸ τὰς οὐσίας ἴσας ποιῆσαι τὸν νομοθέτην, ἀλλὰ
τοῦ μέσου στοχαστέον. ἔτι δ' εἴ τις καὶ τὴν μετρίαν τάξειεν
οὐσίαν πᾶσιν, οὐδὲν ὄφελος· μᾶλλον γὰρ δεῖ τὰς ἐπιθυμίας
30 ὁμαλίζειν ἢ τὰς οὐσίας, τοῦτο δ' οὐκ ἔστι μὴ παιδευομένοις
ἱκανῶς ὑπὸ τῶν νόμων. ἀλλ' ἴσως ἂν εἴπειεν ὁ Φαλέας ὅτι
ταῦτα τυγχάνει λέγων αὐτός· οἴεται γὰρ δυοῖν τούτοιν ἰσό-
τητα δεῖν ὑπάρχειν ταῖς πόλεσιν, κτήσεως καὶ παιδείας.
ἀλλὰ τήν τε παιδείαν ἥτις ἔσται δεῖ λέγειν, καὶ τὸ μίαν
35 εἶναι καὶ τὴν αὐτὴν οὐδὲν ὄφελος· ἔστι γὰρ τὴν αὐτὴν μὲν
εἶναι καὶ μίαν, ἀλλὰ ταύτην εἶναι τοιαύτην ἐξ ἧς ἔσονται
προαιρετικοὶ τοῦ πλεονεκτεῖν ἢ χρημάτων ἢ τιμῆς ἢ συναμ-
38 φοτέρων.

38   ἔτι στασιάζουσιν οὐ μόνον διὰ τὴν ἀνισότητα τῆς
κτήσεως, ἀλλὰ καὶ διὰ τὴν τῶν τιμῶν, τοὐναντίον δὲ περὶ
40 ἑκάτερον· οἱ μὲν γὰρ πολλοὶ διὰ τὸ περὶ τὰς κτήσεις ἄν-
1267ᵃ ισον, οἱ δὲ χαρίεντες περὶ τῶν τιμῶν, ἐὰν ἴσαι· ὅθεν καὶ " ἐν
δὲ ἰῇ τιμῇ ἠμὲν κακὸς ἠδὲ καὶ ἐσθλός ". οὐ μόνον δ' οἱ
ἄνθρωποι διὰ τἀναγκαῖα ἀδικοῦσιν, ὧν ἄκος εἶναι νομίζει
τὴν ἰσότητα τῆς οὐσίας, ὥστε μὴ λωποδυτεῖν διὰ τὸ ῥιγοῦν ἢ
5 πεινῆν, ἀλλὰ καὶ ὅπως χαίρωσι καὶ μὴ ἐπιθυμῶσιν· ἐὰν
γὰρ μείζω ἔχωσιν ἐπιθυμίαν τῶν ἀναγκαίων, διὰ τὴν
ταύτης ἰατρείαν ἀδικήσουσιν· οὐ τοίνυν διὰ ταύτην μόνον,
ἀλλὰ καὶ ἄνευ ἐπιθυμιῶν, ἵνα χαίρωσι ταῖς ἄνευ λυπῶν
ἡδοναῖς. τί οὖν ἄκος τῶν τριῶν τούτων; τοῖς μὲν οὐσία βρα-
10 χεῖα καὶ ἐργασία, τοῖς δὲ σωφροσύνη· τρίτον δ', εἴ τινες
βούλοιντο δι' αὑτῶν χαίρειν, οὐκ ἂν ἐπιζητοῖεν εἰ μὴ παρὰ
φιλοσοφίας ἄκος. αἱ γὰρ ἄλλαι ἀνθρώπων δέονται· ἐπεὶ
ἀδικοῦσί γε τὰ μέγιστα διὰ τὰς ὑπερβολάς, ἀλλ' οὐ διὰ
τὰ ἀναγκαῖα (οἷον τυραννοῦσιν οὐχ ἵνα μὴ ῥιγῶσιν· διὸ καὶ

---

28 τάξει MᵃPⁱ   31 ἂν εἴποιεν Mᵃ: εἴποι ἂν HᵃP²π²: εἴποιεν pr. P²
φαλλέας HᵃPⁱ: ἐφαλλέας Mᵃ   39 διὰ τὴν om. Mᵃ: διὰ om. Pⁱ
1267ᵃ 1 Hom. Il, 9. 319   8 ἄνευ ἐπιθυμιῶν Bojesen: ἂν ἐπιθυμοῖεν
codd. Γ: secl. Bernays   11 βούλοιντο] δύναιντο MᵃΓ   αὐτῶν MᵃΠ²Γ

αἱ τιμαὶ μεγάλαι, ἂν ἀποκτείνῃ τις οὐ κλέπτην ἀλλὰ 15
τύραννον)· ὥστε πρὸς τὰς μικρὰς ἀδικίας βοηθητικὸς μόνον
ὁ τρόπος τῆς Φαλέου πολιτείας. ἔτι τὰ πολλὰ βούλεται
κατασκευάζειν ἐξ ὧν τὰ πρὸς αὑτοὺς πολιτεύσονται καλῶς,
δεῖ δὲ καὶ πρὸς τοὺς γειτνιῶντας καὶ τοὺς ἔξωθεν πάντας.
ἀναγκαῖον ἄρα τὴν πολιτείαν συντετάχθαι πρὸς τὴν πολε- 20
μικὴν ἰσχύν, περὶ ἧς ἐκεῖνος οὐδὲν εἴρηκεν. ὁμοίως δὲ καὶ
περὶ τῆς κτήσεως. δεῖ γὰρ οὐ μόνον πρὸς τὰς πολιτικὰς
χρήσεις ἱκανὴν ὑπάρχειν, ἀλλὰ καὶ πρὸς τοὺς ἔξωθεν κιν-
δύνους· διόπερ οὔτε τοσοῦτον δεῖ πλῆθος ὑπάρχειν ὅσου οἱ
πλησίον καὶ κρείττους ἐπιθυμήσουσιν, οἱ δὲ ἔχοντες ἀμύνειν 25
οὐ δυνήσονται τοὺς ἐπιόντας, οὔθ' οὕτως ὀλίγην ὥστε μὴ δύνα-
σθαι πόλεμον ὑπενεγκεῖν μηδὲ τῶν ἴσων καὶ τῶν ὁμοίων.
ἐκεῖνος μὲν οὖν οὐδὲν διώρικεν, δεῖ δὲ τοῦτο μὴ λανθάνειν, ὅ τι
συμφέρει πλῆθος οὐσίας. ἴσως οὖν ἄριστος ὅρος τὸ μὴ λυσι-
τελεῖν τοῖς κρείττοσι διὰ τὴν ὑπερβολὴν πολεμεῖν, ἀλλ' 30
οὕτως ὡς ἂν καὶ μὴ ἐχόντων τοσαύτην οὐσίαν. οἷον Εὔβου-
λος Αὐτοφραδάτου μέλλοντος Ἀταρνέα πολιορκεῖν ἐκέλευ-
σεν αὐτόν, σκεψάμενον ἐν πόσῳ χρόνῳ λήψεται τὸ χωρίον,
λογίσασθαι τοῦ χρόνου τούτου τὴν δαπάνην· ἐθέλειν γὰρ ἔλατ-
τον τούτου λαβὼν ἐκλιπεῖν ἤδη τὸν Ἀταρνέα· ταῦτα δ' 35
εἰπὼν ἐποίησε τὸν Αὐτοφραδάτην σύννουν γενόμενον παύσα-
σθαι τῆς πολιορκίας. 37

ἔστι μὲν οὖν τι τῶν συμφερόντων τὸ 37
τὰς οὐσίας ἴσας εἶναι τοῖς πολίταις πρὸς τὸ μὴ στασιάζειν
πρὸς ἀλλήλους, οὐ μὴν μέγα οὐδὲν ὡς εἰπεῖν. καὶ γὰρ [ἂν] οἱ
χαρίεντες ἀγανακτοῖεν ἂν ὡς οὐκ ἴσων ὄντες ἄξιοι, διὸ καὶ 40
φαίνονται πολλάκις ἐπιτιθέμενοι καὶ στασιάζοντες· ἔτι δ'
ἡ πονηρία τῶν ἀνθρώπων ἄπληστον, καὶ τὸ πρῶτον μὲν ἱκα- 1267ᵇ

18 κατασκευάζεσθαι Γ   18 αὐτοὺς HᵃPᵃ   24 ὅσου scripsi: οὐ Γ:
ὧν codd.   25 ἐπιθυμοῦσιν P¹: ἐπιθυμοῦ Mᵃ   28 ὅ τι Stahl: ὅτι
codd. Γ   32 αὐταρνέα pr. Hᵃ, pr. Pᵃ   34 ἐθέλειν] ὀφείλειν ut vid. Γ
35 ἐκλιπεῖν Hᵃ: ἐκλείπειν MᵃP¹   38 ἴσας εἶναι HᵃMᵃP¹: εἶναι ἴσας
Πᵃ   39 ἂν seclusi   40 ἂν om. MᵃP¹   1267ᵇ 1 ἄπληστος Γ

νὸν διωβελία μόνον, ὅταν δ' ἤδη τοῦτ' ᾖ πάτριον, ἀεὶ δέον-
ται τοῦ πλείονος, ἕως εἰς ἄπειρον ἔλθωσιν. ἄπειρος γὰρ ἡ
τῆς ἐπιθυμίας φύσις, ἧς πρὸς τὴν ἀναπλήρωσιν οἱ πολλοὶ
5 ζῶσιν. τῶν οὖν τοιούτων ἀρχή, μᾶλλον τοῦ τὰς οὐσίας ὁμα-
λίζειν, τὸ τοὺς μὲν ἐπιεικεῖς τῇ φύσει τοιούτους παρασκευά-
ζειν ὥστε μὴ βούλεσθαι πλεονεκτεῖν, τοὺς δὲ φαύλους ὥστε μὴ
δύνασθαι· τοῦτο δ' ἐστίν, ἂν ἥττους τε ὦσι καὶ μὴ ἀδικῶν-
ται. οὐ καλῶς δὲ οὐδὲ τὴν ἰσότητα τῆς οὐσίας εἴρηκεν. περὶ
10 γὰρ τὴν τῆς γῆς κτῆσιν ἰσάζει μόνον, ἔστι δὲ καὶ δούλων
καὶ βοσκημάτων πλοῦτος καὶ νομίσματος, καὶ κατασκευὴ
πολλὴ τῶν καλουμένων ἐπίπλων· ἢ πάντων οὖν τούτων ἰσό-
τητα ζητητέον ἢ τάξιν τινὰ μετρίαν, ἢ πάντα ἐατέον. φαί-
νεται δ' ἐκ τῆς νομοθεσίας κατασκευάζων τὴν πόλιν μι-
15 κράν, εἴ γ' οἱ τεχνῖται πάντες δημόσιοι ἔσονται καὶ μὴ
πλήρωμά τι παρέξονται τῆς πόλεως. ἀλλ' εἴπερ δεῖ δη-
μοσίους εἶναι τοὺς τὰ κοινὰ ἐργαζομένους, δεῖ (καθάπερ ἐν
Ἐπιδάμνῳ τε, καὶ Διόφαντός ποτε κατεσκεύαζεν Ἀθή-
νησι) τοῦτον ἔχειν τὸν τρόπον. περὶ μὲν οὖν τῆς Φαλέου πο-
20 λιτείας σχεδὸν ἐκ τούτων ἄν τις θεωρήσειεν, εἴ τι τυγχά-
νει καλῶς εἰρηκὼς ἢ μὴ καλῶς.

Ἱππόδαμος δὲ Εὐρυφῶντος Μιλήσιος (ὃς καὶ τὴν τῶν 8
πόλεων διαίρεσιν εὗρε καὶ τὸν Πειραιᾶ κατέτεμεν, γενόμενος
καὶ περὶ τὸν ἄλλον βίον περιττότερος διὰ φιλοτιμίαν οὕτως
25 ὥστε δοκεῖν ἐνίοις ζῆν περιεργότερον τριχῶν τε πλήθει καὶ
κόσμῳ πολυτελεῖ, ἔτι δὲ ἐσθῆτος εὐτελοῦς μὲν ἀλεεινῆς δέ,
οὐκ ἐν τῷ χειμῶνι μόνον ἀλλὰ καὶ περὶ τοὺς θερινοὺς χρό-
νους, λόγιος δὲ καὶ περὶ τὴν ὅλην φύσιν εἶναι βουλόμενος)
πρῶτος τῶν μὴ πολιτευομένων ἐνεχείρησέ τι περὶ πολιτείας
30 εἰπεῖν τῆς ἀρίστης. κατεσκεύαζε δὲ τὴν πόλιν τῷ πλήθει

2 διωβελία scripsi: διοβωλία Hᵃ: διοβολία cet.   5 ἀρχή] ἀλκή
Madvig: ἀρωγή Vermehren   16 παρέξωνται pr. Hᵃ,Mˢ, pr. Pˢ   δεῖ
om. Hᵃ: δὴ Πˢ   18 post τε nomen excidisse ci. Richards   20 τι]
τις HᵃΠˢ   23 πειρεᾶ PˢPˢπˢ   26 κόσμῳ πολυτελεῖ HᵃΠˢ: κό-
μης Π¹   ἔτι δὲ om. πˢ   28 λόγος HᵃPˢPˢπˢ: σπουδαῖος πˢ

μὲν μυρίανδρον, εἰς τρία δὲ μέρη διῃρημένην· ἐποίει γὰρ
ἓν μὲν μέρος τεχνίτας, ἓν δὲ γεωργούς, τρίτον δὲ τὸ προ-
πολεμοῦν καὶ τὰ ὅπλα ἔχον. διῄρει δ᾽ εἰς τρία μέρη τὴν
χώραν, τὴν μὲν ἱερὰν τὴν δὲ δημοσίαν τὴν δ᾽ ἰδίαν· ὅθεν
μὲν τὰ νομιζόμενα ποιήσουσι πρὸς τοὺς θεούς, ἱεράν, ἀφ᾽ ὧν 35
δ᾽ οἱ προπολεμοῦντες βιώσονται, κοινήν, τὴν δὲ τῶν γεωργῶν
ἰδίαν. ᾤετο δ᾽ εἴδη καὶ τῶν νόμων εἶναι τρία μόνον· περὶ
ὧν γὰρ αἱ δίκαι γίνονται, τρία ταῦτ᾽ εἶναι τὸν ἀριθμόν,
ὕβριν βλάβην θάνατον. ἐνομοθέτει δὲ καὶ δικαστήριον ἓν τὸ
κύριον, εἰς ὃ πάσας ἀνάγεσθαι δεῖν τὰς μὴ καλῶς κεκρί- 40
σθαι δοκούσας δίκας· τοῦτο δὲ κατεσκεύαζεν ἐκ τινῶν γε-
ρόντων αἱρετῶν. τὰς δὲ κρίσεις ἐν τοῖς δικαστηρίοις οὐ διὰ 1268ᵃ
ψηφοφορίας ᾤετο γίγνεσθαι δεῖν, ἀλλὰ φέρειν ἕκαστον πι-
νάκιον, ἐν ᾧ γράφειν, εἰ καταδικάζοι ἁπλῶς, τὴν δίκην, εἰ
δ᾽ ἀπολύοι ἁπλῶς, κενόν, εἰ δὲ τὸ μὲν τὸ δὲ μή, τοῦτο
διορίζειν. νῦν γὰρ οὐκ ᾤετο νενομοθετῆσθαι καλῶς· ἀναγκά- 5
ζειν γὰρ ἐπιορκεῖν ἢ ταῦτα ἢ ταῦτα δικάζοντας. ἔτι δὲ
νόμον ἐτίθει περὶ τῶν εὑρισκόντων τι τῇ πόλει συμφέρον, ὅπως
τυγχάνωσι τιμῆς, καὶ τοῖς παισὶ τῶν ἐν τῷ πολέμῳ τε-
λευτώντων ἐκ δημοσίου γίνεσθαι τὴν τροφήν, ὡς οὔπω τοῦτο
παρ᾽ ἄλλοις νενομοθετημένον (ἔστι δὲ καὶ ἐν Ἀθήναις οὗτος 10
ὁ νόμος νῦν καὶ ἐν ἑτέραις τῶν πόλεων)· τοὺς δ᾽ ἄρχοντας
αἱρετοὺς ὑπὸ τοῦ δήμου εἶναι πάντας. δῆμον δ᾽ ἐποίει τὰ
τρία μέρη τῆς πόλεως· τοὺς δ᾽ αἱρεθέντας ἐπιμελεῖσθαι κοι-
νῶν καὶ ξενικῶν καὶ ὀρφανικῶν. 14

τὰ μὲν οὖν πλεῖστα καὶ 14
τὰ μάλιστα ἀξιόλογα τῆς Ἱπποδάμου τάξεως ταῦτ᾽ ἐστίν· 15
ἀπορήσειε δ᾽ ἄν τις πρῶτον μὲν τὴν διαίρεσιν τοῦ πλήθους

33 τὰ cod. Lipsiensis, corr. π³: τὸ cet.   35 ἱερά Hᵃ, pr. P²,P³π³
37 καὶ εἴδη Γ   40 δεῖ Π¹   1268ᵃ 3 καταδικάζει P¹, pr. P²P³
τὴν δίκην om. Π¹   4 ἀπολύει MᵃP¹π³   κενόν+ἐὰν Meier   6 ἢ
. . . ταῦτα] ταῦτα ἢ ταῦτα MᵃΓ: ἢ ταῦτα pr. P¹,π³   ἔτι . . . 7 ἐτίθει]
ἐτίθει δὲ νόμον HᵃP²P³π³: ἔτι δὲ νόμον π³   11 ἑτέροις HᵃΠ²
12 αἱρετοὺς post δήμου Π¹   14 καὶ ξενικῶν HᵃΠ²γ: om. Mᵃ, pr. P¹

τῶν πολιτῶν. οἵ τε γὰρ τεχνῖται καὶ οἱ γεωργοὶ καὶ οἱ
τὰ ὅπλα ἔχοντες κοινωνοῦσι τῆς πολιτείας πάντες, οἱ μὲν
γεωργοὶ οὐκ ἔχοντες ὅπλα, οἱ δὲ τεχνῖται οὔτε γῆν οὔτε ὅπλα,
20 ὥστε γίνονται σχεδὸν δοῦλοι τῶν τὰ ὅπλα κεκτημένων. μετ-
έχειν μὲν οὖν πασῶν τῶν τιμῶν ἀδύνατον (ἀνάγκη γὰρ ἐκ
τῶν τὰ ὅπλα ἐχόντων καθίστασθαι καὶ στρατηγοὺς καὶ πο-
λιτοφύλακας καὶ τὰς κυριωτάτας ἀρχὰς ὡς εἰπεῖν)· μὴ
μετέχοντας δὲ τῆς πολιτείας πῶς οἷόν τε φιλικῶς ἔχειν
25 πρὸς τὴν πολιτείαν; " ἀλλὰ δεῖ καὶ κρείττους εἶναι τοὺς τὰ ὅπλα
γε κεκτημένους ἀμφοτέρων τῶν μερῶν". τοῦτο δ' οὐ ῥᾴδιον μὴ
πολλοὺς ὄντας· εἰ δὲ τοῦτ' ἔσται, τί δεῖ τοὺς ἄλλους μετέχειν
τῆς πολιτείας καὶ κυρίους εἶναι τῆς τῶν ἀρχόντων καταστά-
σεως; ἔτι οἱ γεωργοὶ τί χρήσιμοι τῇ πόλει; τεχνίτας μὲν
30 γὰρ ἀναγκαῖον εἶναι (πᾶσα γὰρ δεῖται πόλις τεχνιτῶν),
καὶ δύνανται διαγίνεσθαι καθάπερ ἐν ταῖς ἄλλαις πόλε-
σιν ἀπὸ τῆς τέχνης· οἱ δὲ γεωργοὶ πορίζοντες μὲν τοῖς τὰ
ὅπλα κεκτημένοις τὴν τροφὴν εὐλόγως ἂν ἦσάν τι τῆς
πόλεως μέρος, νῦν δ' ἰδίαν ἔχουσιν καὶ ταύτην ἰδίᾳ γεωρ-
35 γήσουσιν. ἔτι δὲ τὴν κοινήν, ἀφ' ἧς οἱ προπολεμοῦντες ἔξουσι
τὴν τροφήν, εἰ μὲν αὐτοὶ γεωργήσουσιν, οὐκ ἂν εἴη τὸ μά-
χιμον ἕτερον καὶ τὸ γεωργοῦν, βούλεται δ' ὁ νομοθέτης· εἰ
δ' ἕτεροί τινες ἔσονται τῶν τε τὰ ἴδια γεωργούντων καὶ τῶν
μαχίμων, τέταρτον αὖ μόριον ἔσται τοῦτο τῆς πόλεως, οὐδε-
40 νὸς μετέχον, ἀλλὰ ἀλλότριον τῆς πολιτείας· ἀλλὰ μὴν εἴ
τις τοὺς αὐτοὺς θήσει τούς τε τὴν ἰδίαν καὶ τοὺς τὴν κοινὴν
γεωργοῦντας, τό τε πλῆθος ἄπορον ἔσται τῶν καρπῶν ἐξ ὧν
1268ᵇ ἕκαστος γεωργήσει δύο οἰκίαις, καὶ τίνος ἕνεκεν οὐκ εὐθὺς ἀπὸ
τῆς ⟨αὐτῆς⟩ γῆς καὶ τῶν αὐτῶν κλήρων αὐτοῖς τε τὴν τροφὴν

17 καὶ γεωργοὶ Μᵃ Pˡ   20–26 μετέχειν ... κεκτημένους om. Hᵃ
25 καὶ om. Π²   26 γε om. Μᵃ Pˡ   34 ταύτην ἰδίαν Πˡ
37 γεωργεῖν Μᵃ Pˡ   νομοθέτης + ἕτερον εἶναι Μᵃ Γ   39 αὖ] οὖν Π³   τῆς
πόλεως τοῦτο Μᵃ Pˡ·   1268ᵇ 1 οἰκήσει δύο οἰκίας Richards   δύο
οἰκίαις scripsi : δύο οἰκίας Πˡ Π² : δύο οἰκείας Hᵃ : δυσὶν οἰκίαις Camerarius
2 αὐτῆς add. Boecker   αὐταῖς Hᵃ Μᵃ π³

λήψονται καὶ τοῖς μαχίμοις παρέξουσιν; ταῦτα δὴ πάντα
πολλὴν ἔχει ταραχήν. οὐ καλῶς δ' οὐδ' ὁ περὶ τῆς κρίσεως
ἔχει νόμος, τὸ κρίνειν ἀξιοῦν διαιροῦντα, τῆς δίκης ἁπλῶς 5
γεγραμμένης, καὶ γίνεσθαι τὸν δικαστὴν διαιτητήν. τοῦτο δὲ
ἐν μὲν τῇ διαίτῃ καὶ πλείοσιν ἐνδέχεται (κοινολογοῦνται
γὰρ ἀλλήλοις περὶ τῆς κρίσεως), ἐν δὲ τοῖς δικαστηρίοις οὐκ
ἔστιν, ἀλλὰ καὶ τοὐναντίον τούτου τῶν νομοθετῶν οἱ πολλοὶ
παρασκευάζουσιν ὅπως οἱ δικασταὶ μὴ κοινολογῶνται πρὸς 10
ἀλλήλους. ἔπειτα πῶς οὐκ ἔσται ταραχώδης ἡ κρίσις, ὅταν
ὀφείλειν μὲν ὁ δικαστὴς οἴηται, μὴ τοσοῦτον δ' ὅσον ὁ δικα-
ζόμενος; ὁ μὲν γὰρ εἴκοσι μνᾶς, ὁ δὲ δικαστὴς κρινεῖ
δέκα μνᾶς (ἢ ὁ μὲν πλέον ὁ δ' ἔλασσον), ἄλλος δὲ πέντε,
ὁ δὲ τέτταρας, καὶ τοῦτον δὴ τὸν τρόπον δῆλον ὅτι μεριοῦ- 15
σιν· οἱ δὲ πάντα καταδικάσουσιν, οἱ δ' οὐδέν. τίς οὖν ὁ τρό-
πος ἔσται τῆς διαλογῆς τῶν ψήφων; ἔτι δ' οὐδὲν ἐπιορκεῖν
ἀναγκάζει τὸν ἁπλῶς ἀποδικάσαντα ἢ καταδικάσαντα,
εἴπερ ἁπλῶς τὸ ἔγκλημα γέγραπται, δικαίως· οὐ γὰρ μη-
δὲν ὀφείλειν ὁ ἀποδικάσας κρίνει, ἀλλὰ τὰς εἴκοσι μνᾶς· 20
ἀλλ' ἐκεῖνος ἤδη ἐπιορκεῖ, ὁ καταδικάσας, μὴ νομίζων ὀφεί-
λειν τὰς εἴκοσι μνᾶς.   22

      περὶ δὲ τοῦ τοῖς εὑρίσκουσί τι τῇ πό- 22
λει συμφέρον ὡς δεῖ γίνεσθαί τινα τιμήν, οὐκ ἔστιν ἀσφα-
λὲς τὸ νομοθετεῖν, ἀλλ' εὐόφθαλμον ἀκοῦσαι μόνον· ἔχει
γὰρ συκοφαντίας καὶ κινήσεις, ἂν τύχῃ, πολιτείας. ἐμ- 25
πίπτει δ' εἰς ἄλλο πρόβλημα καὶ σκέψιν ἑτέραν· ἀποροῦσι
γάρ τινες πότερον βλαβερὸν ἢ συμφέρον ταῖς πόλεσι τὸ
κινεῖν τοὺς πατρίους νόμους, ἂν ᾖ τις ἄλλος βελτίων. διόπερ
οὐ ῥάδιον τῷ λεχθέντι ταχὺ συγχωρεῖν, εἴπερ μὴ συμ-

---

5 διαιροῦντας Π¹π²   δίκης] κρίσεως ΗᵃΠ²   6 δὲ] γὰρ Aretinus
9 καὶ om. ΜᵃΓ   τούτου τῶν ΗᵃΡᵃΡᵃπ²Γ: τούτων π²   12 δ' om.
ΜᵃΓ   ὁ μὲν ΗᵃΠ²   13 κρινεῖ Bekker: κρίνει codd. Γ   16 οὐδέν]
οὔ Π¹   δ' om. Π¹   17 οὐδὲν scripsi: οὐδεὶς codd.   21–22 ἀλλ'
. . . μνᾶς om. Μᵃ   21 ἤδη om. Ρ¹Γ   23 γενέσθαι ΜᵃΡ¹

30 φέρει κινεῖν, ἐνδέχεται δ' εἰσηγεῖσθαί τινας νόμων λύσιν ἢ
πολιτείας ὡς κοινὸν ἀγαθόν. ἐπεὶ δὲ πεποιήμεθα μνείαν,
ἔτι μικρὰ περὶ αὐτοῦ διαστείλασθαι βέλτιον. ἔχει γάρ,
ὥσπερ εἴπομεν, ἀπορίαν, καὶ δόξειεν ἂν βέλτιον εἶναι τὸ
κινεῖν. ἐπὶ γοῦν τῶν ἄλλων ἐπιστημῶν τοῦτο συνενήνοχεν,
35 οἷον ἰατρικὴ κινηθεῖσα παρὰ τὰ πάτρια καὶ γυμναστικὴ
καὶ ὅλως αἱ τέχναι πᾶσαι καὶ αἱ δυνάμεις, ὥστ' ἐπεὶ μίαν
τούτων θετέον καὶ τὴν πολιτικήν, δῆλον ὅτι καὶ περὶ ταύτην
ἀναγκαῖον ὁμοίως ἔχειν. σημεῖον δ' ἂν γεγονέναι φαίη τις
ἐπ' αὐτῶν τῶν ἔργων· τοὺς γὰρ ἀρχαίους νόμους λίαν ἁπλοῦς
40 εἶναι καὶ βαρβαρικούς. ἐσιδηροφοροῦντό τε γὰρ οἱ Ἕλλη-
νες, καὶ τὰς γυναῖκας ἐωνοῦντο παρ' ἀλλήλων, ὅσα τε
λοιπὰ τῶν ἀρχαίων ἐστί που νομίμων εὐήθη πάμπαν ἐστίν,
1269ᵃ οἷον ἐν Κύμῃ περὶ τὰ φονικὰ νόμος ἔστιν, ἂν πλῆθός τι
παράσχηται μαρτύρων ὁ διώκων τὸν φόνον τῶν αὑτοῦ συγ-
γενῶν, ἔνοχον εἶναι τῷ φόνῳ τὸν φεύγοντα. ζητοῦσι δ'
ὅλως οὐ τὸ πάτριον ἀλλὰ τἀγαθὸν πάντες· εἰκός τε τοὺς
5 πρώτους, εἴτε γηγενεῖς ἦσαν εἴτ' ἐκ φθορᾶς τινος ἐσώθησαν,
ὁμοίους εἶναι καὶ τοὺς τυχόντας καὶ τοὺς ἀνοήτους, ὥσπερ καὶ
λέγεται κατὰ τῶν γηγενῶν, ὥστε ἄτοπον τὸ μένειν ἐν τοῖς
τούτων δόγμασιν. πρὸς δὲ τούτοις οὐδὲ τοὺς γεγραμμένους ἐᾶν
ἀκινήτους βέλτιον. ὥσπερ γὰρ καὶ περὶ τὰς ἄλλας τέχνας,
10 καὶ τὴν πολιτικὴν τάξιν ἀδύνατον ἀκριβῶς πάντα γραφῆ-
ναι· καθόλου γὰρ ἀναγκαῖον γράφειν, αἱ δὲ πράξεις περὶ
12 τῶν καθ' ἕκαστόν εἰσιν.

12   ἐκ μὲν οὖν τούτων φανερὸν ὅτι κινη-
τέοι καὶ τινὲς καὶ ποτὲ τῶν νόμων εἰσίν· ἄλλον δὲ τρόπον
ἐπισκοποῦσιν εὐλαβείας ἂν δόξειεν εἶναι πολλῆς. ὅταν γὰρ
15 ᾖ τὸ μὲν βέλτιον μικρόν, τὸ δ' ἐθίζειν εὐχερῶς λύειν τοὺς
νόμους φαῦλον, φανερὸν ὡς ἐατέον ἐνίας ἁμαρτίας καὶ τῶν

30 δ'] γὰρ Spengel   32 μίκρον Π¹   40 ἐσιδηροφόρουν τότε Γ
1269ᵃ 1 κόμη MᵃΓ   6 ὁμοίως Π¹   11 γραφῆναι HᵃΠ²   12–13 ἐκ
· . . . εἰσίν om. pr.P¹   12 κινητέον Hᵃ, pr. P³

50

νομοθετῶν καὶ τῶν ἀρχόντων· οὐ γὰρ τοσοῦτον ὠφελήσεται κινήσας ὅσον βλαβήσεται τοῖς ἄρχουσιν ἀπειθεῖν ἐθισθείς. ψεῦδος δὲ καὶ τὸ παράδειγμα τὸ περὶ τῶν τεχνῶν· οὐ γὰρ ὅμοιον τὸ κινεῖν τέχνην καὶ νόμον· ὁ γὰρ νόμος ἰσχὺν 20 οὐδεμίαν ἔχει πρὸς τὸ πείθεσθαι παρὰ τὸ ἔθος, τοῦτο δ' οὐ γίνεται εἰ μὴ διὰ χρόνου πλῆθος, ὥστε τὸ ῥᾳδίως μεταβάλλειν ἐκ τῶν ὑπαρχόντων νόμων εἰς ἑτέρους νόμους καινοὺς ἀσθενῆ ποιεῖν ἐστι τὴν τοῦ νόμου δύναμιν. ἔτι δ' εἰ καὶ κινητέοι, πότερον πάντες καὶ ἐν πάσῃ πολιτείᾳ, ἢ 25 οὔ; καὶ πότερον τῷ τυχόντι ἢ τισίν; ταῦτα γὰρ ἔχει μεγάλην διαφοράν. διὸ νῦν μὲν ἀφῶμεν ταύτην τὴν σκέψιν· ἄλλων γάρ ἐστι καιρῶν.

9   Περὶ δὲ τῆς Λακεδαιμονίων πολιτείας καὶ τῆς Κρητικῆς, σχεδὸν δὲ καὶ περὶ τῶν ἄλλων πολιτειῶν, δύο εἰσὶν 30 αἱ σκέψεις, μία μὲν εἴ τι καλῶς ἢ μὴ καλῶς πρὸς τὴν ἀρίστην νενομοθέτηται τάξιν, ἑτέρα δ' εἴ τι πρὸς τὴν ὑπόθεσιν καὶ τὸν τρόπον ὑπεναντίως τῆς προκειμένης αὐτοῖς πολιτείας. ὅτι μὲν οὖν δεῖ τῇ μελλούσῃ καλῶς πολιτεύεσθαι τὴν τῶν ἀναγκαίων ὑπάρχειν σχολήν, ὁμολογούμενόν 35 ἐστιν· τίνα δὲ τρόπον ὑπάρχειν, οὐ ῥᾴδιον λαβεῖν. ἥ τε γὰρ Θετταλῶν πενεστεία πολλάκις ἐπέθετο τοῖς Θετταλοῖς, ὁμοίως δὲ καὶ τοῖς Λάκωσιν οἱ εἵλωτες (ὥσπερ γὰρ ἐφεδρεύοντες τοῖς ἀτυχήμασι διατελοῦσιν)· περὶ δὲ τοὺς Κρῆτας οὐδέν πω τοιοῦτον συμβέβηκεν. αἴτιον δ' ἴσως τὸ τὰς γειτνιώ- 40 σας πόλεις, καίπερ πολεμούσας ἀλλήλαις, μηδεμίαν εἶναι 1269^b σύμμαχον τοῖς ἀφισταμένοις διὰ τὸ μὴ συμφέρειν ⟨ταῖς⟩ καὶ αὐταῖς κεκτημέναις περιοίκους, τοῖς δὲ Λάκωσιν οἱ γειτνιῶντες ἐχθροὶ πάντες ἦσαν, Ἀργεῖοι καὶ Μεσήνιοι καὶ Ἀρκάδες· ἐπεὶ καὶ τοῖς Θετταλοῖς κατ' ἀρχὰς ἀφίσταντο διὰ 5

18 κινήσας] τις κινήσας Μ^sΡ¹: ὁ κινήσας Γ   19 παρὰ Γ   21 παρὰ Π¹ et superscr. πλὴν Ρ²Ρ³: πλὴν παρὰ Η^aΠ³   23 νόμων] νόμον pr. Ρ²,Ρ³π³   25 καὶ κινητέοι] καὶ κινητέον Π³: κινητέοι Μ^sΓ   ποτερον+καὶ π³   33 αὐτῆς Μ^sπ³: αὐτῶ Ρ¹   38 οἱ om. Μ^sΡ¹π³
1269^b 2 ταῖς addidi   3 περὶ οἴκους Μ^sΓ

51

τὸ πολεμεῖν ἔτι τοῖς προσχώροις, Ἀχαιοῖς καὶ Περραιβοῖς
καὶ Μάγνησιν. ἔοικε δὲ καὶ εἰ μηδὲν ἕτερον, ἀλλὰ τό γε
τῆς ἐπιμελείας ἐργῶδες εἶναι, τίνα δεῖ πρὸς αὐτοὺς ὁμιλῆ-
σαι τρόπον· ἀνιέμενοί τε γὰρ ὑβρίζουσι καὶ τῶν ἴσων ἀξιοῦ-
10 σιν ἑαυτοὺς τοῖς κυρίοις, καὶ κακοπαθῶς ζῶντες ἐπιβουλεύουσι
καὶ μισοῦσιν. δῆλον οὖν ὡς οὐκ ἐξευρίσκουσι τὸν βέλτιστον
12 τρόπον οἷς τοῦτο συμβαίνει περὶ τὴν εἰλωτείαν.

12   ἔτι δ' ἡ
περὶ τὰς γυναῖκας ἄνεσις καὶ πρὸς τὴν προαίρεσιν τῆς πολι-
τείας βλαβερὰ καὶ πρὸς εὐδαιμονίαν πόλεως. ὥσπερ γὰρ
15 οἰκίας μέρος ἀνὴρ καὶ γυνή, δῆλον ὅτι καὶ πόλιν ἐγγὺς
τοῦ δίχα διῃρῆσθαι δεῖ νομίζειν εἴς τε τὸ τῶν ἀνδρῶν πλῆ-
θος καὶ τὸ τῶν γυναικῶν, ὥστ' ἐν ὅσαις πολιτείαις φαύλως
ἔχει τὸ περὶ τὰς γυναῖκας, τὸ ἥμισυ τῆς πόλεως εἶναι δεῖ
νομίζειν ἀνομοθέτητον. ὅπερ ἐκεῖ συμβέβηκεν· ὅλην γὰρ
20 τὴν πόλιν ὁ νομοθέτης εἶναι βουλόμενος καρτερικήν, κατὰ
μὲν τοὺς ἄνδρας φανερός ἐστι τοιοῦτος ὤν, ἐπὶ δὲ τῶν γυναι-
κῶν ἐξημέληκεν· ζῶσι γὰρ ἀκολάστως πρὸς ἅπασαν ἀκολα-
σίαν καὶ τρυφερῶς. ὥστ' ἀναγκαῖον ἐν τῇ τοιαύτῃ πολι-
τείᾳ τιμᾶσθαι τὸν πλοῦτον, ἄλλως τε κἂν τύχωσι γυναικο-
25 κρατούμενοι, καθάπερ τὰ πολλὰ τῶν στρατιωτικῶν καὶ
πολεμικῶν γενῶν, ἔξω Κελτῶν ἢ κἂν εἴ τινες ἕτεροι φανε-
ρῶς τετιμήκασι τὴν πρὸς τοὺς ἄρρενας συνουσίαν. ἔοικε
γὰρ ὁ μυθολογήσας πρῶτος οὐκ ἀλόγως συζεῦξαι τὸν Ἄρην
πρὸς τὴν Ἀφροδίτην· ἢ γὰρ πρὸς τὴν τῶν ἀρρένων ὁμιλίαν
30 ἢ πρὸς τὴν τῶν γυναικῶν φαίνονται κατοκώχιμοι πάντες
οἱ τοιοῦτοι. διὸ παρὰ τοῖς Λάκωσι τοῦθ' ὑπῆρχεν, καὶ πολλὰ
διῳκεῖτο ὑπὸ τῶν γυναικῶν ἐπὶ τῆς ἀρχῆς αὐτῶν. καίτοι

6 περαιβοῖς Π¹   10 κακοπαθοῦντες ἐπιβουλεύουσι P¹   12 εἰλω-
τείαν HᵃMˢ   14 εὐνομίαν πˢ   16 εἴς τε] ὥστε Mˢ: ut ad Guil.
18–19 νομίζειν εἶναι δεῖ MˢΓ   21 φανερός ... ὤν] τοιοῦτός ἐστιν Π¹
24 τυγχάνωσι Hᵃπˢ: τύχωσι καὶ Mˢ   26 φανερῶς om. Π¹
28 πρώτως MˢP¹   ἄρη PˢPˢπˢ   30 κατοκώχιμοι scripsi: κατακώχι-
μοι codd.   32 διῴκητο MˢP¹

τί διαφέρει γυναῖκας ἄρχειν ἢ τοὺς ἄρχοντας ὑπὸ τῶν
γυναικῶν ἄρχεσθαι; ταὐτὸ γὰρ συμβαίνει. χρησίμου δ'
οὔσης τῆς θρασύτητος πρὸς οὐδὲν τῶν ἐγκυκλίων, ἀλλ' εἴπερ, 35
πρὸς τὸν πόλεμον, βλαβερώταται καὶ πρὸς ταῦθ' αἱ τῶν
Λακώνων ἦσαν. ἐδήλωσαν δ' ἐπὶ τῆς Θηβαίων ἐμβολῆς·
χρήσιμοι μὲν γὰρ οὐδὲν ἦσαν, ὥσπερ ἐν ἑτέραις πόλεσιν,
θόρυβον δὲ παρεῖχον πλείω τῶν πολεμίων. ἐξ ἀρχῆς μὲν
οὖν ἔοικε συμβεβηκέναι τοῖς Λάκωσιν εὐλόγως ἡ τῶν γυ- 40
ναικῶν ἄνεσις. ἔξω γὰρ τῆς οἰκείας διὰ τὰς στρατείας **1270ᵇ**
ἀπεξενοῦντο πολὺν χρόνον, πολεμοῦντες τόν τε πρὸς Ἀργείους
πόλεμον καὶ πάλιν τὸν πρὸς Ἀρκάδας καὶ Μεσηνίους·
σχολάσαντες δὲ αὑτοὺς μὲν παρεῖχον τῷ νομοθέτῃ προωδο-
πεποιημένους διὰ τὸν στρατιωτικὸν βίον (πολλὰ γὰρ ἔχει 5
μέρη τῆς ἀρετῆς), τὰς δὲ γυναῖκάς φασι μὲν ἄγειν ἐπι-
χειρῆσαι τὸν Λυκοῦργον ὑπὸ τοὺς νόμους, ὡς δ' ἀντέκρουον,
ἀποστῆναι πάλιν. αἴτιαι μὲν οὖν εἰσιν αὗται τῶν γενομέ-
νων, ὥστε δῆλον ὅτι καὶ ταύτης τῆς ἁμαρτίας· ἀλλ' ἡμεῖς
οὐ τοῦτο σκοποῦμεν, τίνι δεῖ συγγνώμην ἔχειν ἢ μὴ ἔχειν, 10
ἀλλὰ περὶ τοῦ ὀρθῶς καὶ μὴ ὀρθῶς. τὰ δὲ περὶ τὰς γυ-
ναῖκας ἔχοντα μὴ καλῶς ἔοικεν, ὥσπερ ἐλέχθη καὶ πρό-
τερον, οὐ μόνον ἀπρέπειάν τινα ποιεῖν τῆς πολιτείας αὐτῆς
καθ' αὑτήν, ἀλλὰ συμβάλλεσθαί τι πρὸς τὴν φιλοχρη-
ματίαν. μετὰ γὰρ τὰ νῦν ῥηθέντα τοῖς περὶ τὴν ἀνωμα- 15
λίαν τῆς κτήσεως ἐπιτιμήσειεν ἄν τις. τοῖς μὲν γὰρ αὐτῶν
συμβέβηκε κεκτῆσθαι πολλὴν λίαν οὐσίαν, τοῖς δὲ πάμ-
παν μικράν· διόπερ εἰς ὀλίγους ἧκεν ἡ χώρα. τοῦτο δὲ καὶ
διὰ τῶν νόμων τέτακται φαύλως· ὠνεῖσθαι μὲν γάρ, ἢ
πωλεῖν τὴν ὑπάρχουσαν, ἐποίησεν οὐ καλόν, ὀρθῶς ποιήσας, 20
διδόναι δὲ καὶ καταλείπειν ἐξουσίαν ἔδωκε τοῖς βουλομένοις·

37 τῆς+τῶν HᵃMˢ   1270ᵃ 1 τῆς οἰκείας om. MˢP¹   4 αὐτοὺς
HᵃMˢ   7 ὑπὸ] ἐπὶ Π¹Π²   8 γινομένων MˢP¹   12 ἔοικεν
om. MˢΓ   13 αὐτὴν HᵃMˢΠ²   15 γὰρ] δὲ Zwinger
17 λίαν om. MˢP¹   τῶν P¹: τὸν Mˢ   20 ἐποίησεν οὐ] οὐκ ἐποίη-
σεν P¹Γ: οὐκ ἐποίει Mˢ   21 καταλιπεῖν MˢP¹

καίτοι ταὐτὸ συμβαίνειν ἀναγκαῖον ἐκείνως τε καὶ οὕτως.
ἔστι δὲ καὶ τῶν γυναικῶν σχεδὸν τῆς πάσης χώρας τῶν
πέντε μερῶν τὰ δύο, τῶν τ' ἐπικλήρων πολλῶν γινομένων,
25 καὶ διὰ τὸ προῖκας διδόναι μεγάλας. καίτοι βέλτιον ἦν
μηδεμίαν ἢ ὀλίγην ἢ καὶ μετρίαν τετάχθαι. νῦν δ' ἔξεστι
δοῦναί τε τὴν ἐπίκληρον ὅτῳ ἂν βούληται, κἂν ἀποθάνῃ
μὴ διαθέμενος, ὃν ἂν καταλίπῃ κληρονόμον, οὗτος ᾧ ἂν
θέλῃ δίδωσιν. τοιγαροῦν δυναμένης τῆς χώρας χιλίους ἱπ-
30 πεῖς τρέφειν καὶ πεντακοσίους, καὶ ὁπλίτας τρισμυρίους, οὐδὲ
χίλιοι τὸ πλῆθος ἦσαν. γέγονε δὲ διὰ τῶν ἔργων αὐτῶν
δῆλον ὅτι φαύλως αὐτοῖς εἶχε τὰ περὶ τὴν τάξιν ταύτην·
μίαν γὰρ πληγὴν οὐχ ὑπήνεγκεν ἡ πόλις, ἀλλ' ἀπώλετο
διὰ τὴν ὀλιγανθρωπίαν. λέγουσι δ' ὡς ἐπὶ μὲν τῶν προ-
35 τέρων βασιλέων μετεδίδοσαν τῆς πολιτείας, ὥστ' οὐ γίνεσθαι
τότε ὀλιγανθρωπίαν, πολεμούντων πολὺν χρόνον, καί φασιν
εἶναί ποτε τοῖς Σπαρτιάταις καὶ μυρίους· οὐ μὴν ἀλλ', εἴτ'
ἐστὶν ἀληθῆ ταῦτα εἴτε μή, βέλτιον τὸ διὰ τῆς κτήσεως
ὡμαλισμένης πληθύειν ἀνδρῶν τὴν πόλιν. ὑπεναντίος δὲ
40 καὶ ὁ περὶ τὴν τεκνοποιίαν νόμος πρὸς ταύτην τὴν διόρθω-
1270ᵇ σιν. βουλόμενος γὰρ ὁ νομοθέτης ὡς πλείστους εἶναι τοὺς
Σπαρτιάτας, προάγεται τοὺς πολίτας ὅτι πλείστους ποιεῖσθαι
παῖδας· ἔστι γὰρ αὐτοῖς νόμος τὸν μὲν γεννήσαντα τρεῖς
υἱοὺς ἄφρουρον εἶναι, τὸν δὲ τέτταρας ἀτελῆ πάντων. καίτοι
5 φανερὸν ὅτι πολλῶν γινομένων, τῆς δὲ χώρας οὕτω διῃρη-
6 μένης, ἀναγκαῖον πολλοὺς γίνεσθαι πένητας.

6   ἀλλὰ μὴν
καὶ τὰ περὶ τὴν ἐφορείαν ἔχει φαύλως. ἡ γὰρ ἀρχὴ κυ-
ρία μὲν αὐτὴ τῶν μεγίστων αὐτοῖς ἐστιν, γίνονται δ' ἐκ τοῦ

22 τοῦτο HᵃΠ²   23 καὶ om. HᵃΠ¹   25 ἦν om. Π¹   26 an-
te νῦν lacunam esse putavit Buecheler   27 τε om. MˢP¹   34 μὲν
om. Π¹   37 τοὺς Σπαρτιάτας Buecheler   1270ᵇ 2 προάγει
Spengel   τοὺς πολίτας om. MˢP¹   3 γὰρ] δὲ Γ   5 an γενομέ-
νων?   7 ἐφορίαν HᵃMˢ, pr. P³   8 αὐτὴ om. MˢΓ   ἐστιν
om. MˢP¹

54

δήμου παντός, ὥστε πολλάκις ἐμπίπτουσιν ἄνθρωποι σφόδρα
πένητες εἰς τὸ ἀρχεῖον, οἳ διὰ τὴν ἀπορίαν ὤνιοι ἦσαν. 10
ἐδήλωσαν δὲ πολλάκις μὲν καὶ πρότερον, καὶ νῦν δὲ ἐν
τοῖς Ἀνδρίοις· διαφθαρέντες γὰρ ἀργυρίῳ τινές, ὅσον ἐφ᾽
ἑαυτοῖς, ὅλην τὴν πόλιν ἀπώλεσαν, καὶ διὰ τὸ τὴν ἀρ-
χὴν εἶναι λίαν μεγάλην καὶ ἰσοτύραννον δημαγωγεῖν
αὐτοὺς ἠναγκάζοντο καὶ οἱ βασιλεῖς, ὥστε καὶ ταύτῃ συν- 15
επιβλάπτεσθαι τὴν πολιτείαν· δημοκρατία γὰρ ἐξ ἀριστο-
κρατίας συνέβαινεν. συνέχει μὲν οὖν τὴν πολιτείαν τὸ ἀρ-
χεῖον τοῦτο—ἡσυχάζει γὰρ ὁ δῆμος διὰ τὸ μετέχειν τῆς
μεγίστης ἀρχῆς, ὥστ᾽ εἴτε διὰ τὸν νομοθέτην εἴτε διὰ
τύχην τοῦτο συμπέπτωκεν, συμφερόντως ἔχει τοῖς πράγμασιν· 20
δεῖ γὰρ τὴν πολιτείαν τὴν μέλλουσαν σῴζεσθαι πάντα βού-
λεσθαι τὰ μέρη τῆς πόλεως εἶναι καὶ διαμένειν ταὐτά·
οἱ μὲν οὖν βασιλεῖς διὰ τὴν αὑτῶν τιμὴν οὕτως ἔχουσιν, οἱ
δὲ καλοὶ κἀγαθοὶ διὰ τὴν γερουσίαν (ἆθλον γὰρ ἡ ἀρχὴ
αὕτη τῆς ἀρετῆς ἐστιν), ὁ δὲ δῆμος διὰ τὴν ἐφορείαν (καθ- 25
ίσταται γὰρ ἐξ ἁπάντων)—ἀλλ᾽ αἱρετὴν ἔδει τὴν ἀρχὴν
εἶναι ταύτην ἐξ ἁπάντων μέν, μὴ τὸν τρόπον δὲ τοῦτον ὃν
νῦν (παιδαριώδης γάρ ἐστι λίαν). ἔτι δὲ καὶ κρίσεών εἰσι μεγά-
λων κύριοι, ὄντες οἱ τυχόντες, διόπερ οὐκ αὐτογνώμο-
νας βέλτιον κρίνειν ἀλλὰ κατὰ γράμματα καὶ τοὺς 30
νόμους. ἔστι δὲ καὶ ἡ δίαιτα τῶν ἐφόρων οὐχ ὁμολογουμένη
τῷ βουλήματι τῆς πόλεως· αὐτὴ μὲν γὰρ ἀνειμένη λίαν
ἐστίν, ἐν δὲ τοῖς ἄλλοις μᾶλλον ὑπερβάλλει ἐπὶ τὸ σκλη-
ρόν, ὥστε μὴ δύνασθαι καρτερεῖν ἀλλὰ λάθρᾳ τὸν νόμον
ἀποδιδράσκοντας ἀπολαύειν τῶν σωματικῶν ἡδονῶν. 35

ἔχει 35
δὲ καὶ τὰ περὶ τὴν τῶν γερόντων ἀρχὴν οὐ καλῶς αὐτοῖς.

9 παντός Sauppe (cf. ᵇ26, 1272ᵃ32): πάντες codd. Γ   10 εἰσίν
Richards   12 Ἀνδρίοις Victorius: ἀνδρίοις HᵃP²: ἀνδρείοις pr. P³: ἀν-
τρείοις Mˢ: ἀνρείοις P¹: ἀντρίοις Γ   20 τὴν τύχην MˢP¹   22 ταῦ-
τα πˢΓ: αὐτά Hᵃ   23 αὑτῶν HᵃMˢP³: ipsorum Guil.   26 ἔδει]
ἤδη MˢP¹   28 μεγάλων εἰσὶ Π¹   30 κατὰ+τὰ Πˢ   32 αὕτη HᵃΠ¹

55

ἐπιεικῶν μὲν γὰρ ὄντων καὶ πεπαιδευμένων ἱκανῶς πρὸς
ἀνδραγαθίαν τάχ᾽ ἂν εἴπειέ τις συμφέρειν τῇ πόλει, καί-
τοι τό γε διὰ βίου κυρίους εἶναι κρίσεων μεγάλων ἀμφισ-
40 βητήσιμον (ἔστι γάρ, ὥσπερ καὶ σώματος, καὶ διανοίας
1271ᵃ γῆρας)· τὸν τρόπον δὲ τοῦτον πεπαιδευμένων ὥστε καὶ τὸν
νομοθέτην αὐτὸν ἀπιστεῖν ὡς οὐκ ἀγαθοῖς ἀνδράσιν, οὐκ
ἀσφαλές. φαίνονται δὲ καὶ καταδωροδοκούμενοι καὶ κατα-
χαριζόμενοι πολλὰ τῶν κοινῶν οἱ κεκοινωνηκότες τῆς
5 ἀρχῆς ταύτης. διόπερ βέλτιον αὐτοὺς μὴ ἀνευθύνους εἶναι·
νῦν δ᾽ εἰσίν. δόξειε δ᾽ ἂν ἡ τῶν ἐφόρων ἀρχὴ πάσας εὐθύ-
νειν τὰς ἀρχάς· τοῦτο δὲ τῇ ἐφορείᾳ μέγα λίαν τὸ δῶρον,
καὶ τὸν τρόπον οὐ τοῦτον λέγομεν διδόναι δεῖν τὰς εὐθύνας.
ἔτι δὲ καὶ τὴν αἵρεσιν ἣν ποιοῦνται τῶν γερόντων κατά τε
10 τὴν κρίσιν ἐστὶ παιδαριώδης, καὶ τὸ αὐτὸν αἰτεῖσθαι τὸν
ἀξιωθησόμενον τῆς ἀρχῆς οὐκ ὀρθῶς ἔχει· δεῖ γὰρ καὶ βου-
λόμενον καὶ μὴ βουλόμενον ἄρχειν τὸν ἄξιον τῆς ἀρχῆς.
νῦν δ᾽ ὅπερ καὶ περὶ τὴν ἄλλην πολιτείαν ὁ νομοθέτης
φαίνεται ποιῶν· φιλοτίμους γὰρ κατασκευάζων τοὺς πολί-
15 τας τούτῳ κέχρηται πρὸς τὴν αἵρεσιν τῶν γερόντων· οὐδεὶς
γὰρ ἂν ἄρχειν αἰτήσαιτο μὴ φιλότιμος ὤν. καίτοι τῶν
γ᾽ ἀδικημάτων τῶν ἑκουσίων τὰ πλεῖστα συμβαίνει σχεδὸν διὰ
18 φιλοτιμίαν καὶ διὰ φιλοχρηματίαν τοῖς ἀνθρώποις.

18   περὶ
δὲ βασιλείας, εἰ μὲν βέλτιόν ἐστιν ὑπάρχειν ταῖς πόλε-
20 σιν ἢ μὴ βέλτιον, ἄλλος ἔστω λόγος· ἀλλὰ μὴν βέλτιόν
γε μὴ καθάπερ νῦν, ἀλλὰ κατὰ τὸν αὐτοῦ βίον ἕκαστον
κρίνεσθαι τῶν βασιλέων. ὅτι δ᾽ ὁ νομοθέτης οὐδ᾽ αὐτὸς οἴεται
δύνασθαι ποιεῖν καλοὺς κἀγαθούς, δῆλον· ἀπιστεῖ γοῦν ὡς οὐκ
οὖσιν ἱκανῶς ἀγαθοῖς ἀνδράσιν· διόπερ ἐξέπεμπον συμπρε-

---

38 εἴποιέ pr. P³,π³: εἴποιέν Hᵃ: εἴποι P¹: εἴπῃ Mᵃ   1271ᵃ 3 κατα-
δωροκοῦντες Richards   15 τούτοις Π²   16 ἂν om. MᵃP¹   17 τῶν
om. HᵃΠ²   18 διὰ om. MᵃΓ   19 μὲν+μὴ HᵃΠ²Π²   20 μὴ
om. HᵃΠ²π³   20 μὴν] κἂν ut vid. Γ   21 αὐτοῦ Bekker: αὐτοῦ
codd.: ipsius Guil.   22 κρίνειν Γ

σβευτὰς τοὺς ἐχθρούς, καὶ σωτηρίαν ἐνόμιζον τῇ πόλει εἶναι 25
τὸ στασιάζειν τοὺς βασιλεῖς. οὐ καλῶς δ' οὐδὲ περὶ τὰ συσ-
σίτια τὰ καλούμενα φιδίτια νενομοθέτηται τῷ καταστήσαντι
πρῶτον. ἔδει γὰρ ἀπὸ κοινοῦ μᾶλλον εἶναι τὴν σύνοδον,
καθάπερ ἐν Κρήτῃ· παρὰ δὲ τοῖς Λάκωσιν ἕκαστον δεῖ
φέρειν, καὶ σφόδρα πενήτων ἐνίων ὄντων καὶ τοῦτο τὸ ἀν- 30
άλωμα οὐ δυναμένων δαπανᾶν, ὥστε συμβαίνει τοὐναντίον
τῷ νομοθέτῃ τῆς προαιρέσεως. βούλεται μὲν γὰρ δημοκρα-
τικὸν εἶναι τὸ κατασκεύασμα τῶν συσσιτίων, γίνεται δ'
ἥκιστα δημοκρατικὸν οὕτω νενομοθετημένον. μετέχειν μὲν
γὰρ οὐ ῥᾴδιον τοῖς λίαν πένησιν, ὅρος δὲ τῆς πολιτείας 35
οὗτός ἐστιν αὐτοῖς ὁ πάτριος, τὸν μὴ δυνάμενον τοῦτο τὸ
τέλος φέρειν μὴ μετέχειν αὐτῆς· τῷ δὲ περὶ τοὺς ναυάρ-
χους νόμῳ καὶ ἕτεροί τινες ἐπιτετιμήκασιν, ὀρθῶς ἐπιτιμῶν-
τες. στάσεως γὰρ γίνεται αἴτιος· ἐπὶ γὰρ τοῖς βασιλεῦσιν,
οὖσι στρατηγοῖς ἀϊδίοις, ἡ ναυαρχία σχεδὸν ἑτέρα βασιλεία 40
καθέστηκεν. καὶ ὡδὶ δὲ τῇ ὑποθέσει τοῦ νομοθέτου ἐπιτιμή-
σειεν ἄν τις, ὅπερ καὶ Πλάτων ἐν τοῖς Νόμοις ἐπιτετίμηκεν· 1271^b
πρὸς γὰρ μέρος ἀρετῆς ἡ πᾶσα σύνταξις τῶν νόμων ἐστί,
τὴν πολεμικήν· αὕτη γὰρ χρησίμη πρὸς τὸ κρατεῖν. τοι-
γαροῦν ἐσῴζοντο μὲν πολεμοῦντες, ἀπώλλυντο δὲ ἄρξαντες
διὰ τὸ μὴ ἐπίστασθαι σχολάζειν μηδὲ ἠσκηκέναι μηδε- 5
μίαν ἄσκησιν ἑτέραν κυριωτέραν τῆς πολεμικῆς. τούτου δὲ
ἁμάρτημα οὐκ ἔλαττον· νομίζουσι μὲν γὰρ γίνεσθαι τἀ-
γαθὰ τὰ περιμάχητα δι' ἀρετῆς μᾶλλον ἢ κακίας, καὶ
τοῦτο μὲν καλῶς, ὅτι μέντοι ταῦτα κρείττω τῆς ἀρετῆς
ὑπολαμβάνουσιν, οὐ καλῶς. φαύλως δ' ἔχει καὶ περὶ τὰ 10
κοινὰ χρήματα τοῖς Σπαρτιάταις. οὔτε γὰρ ἐν τῷ κοινῷ

27 φιλίτια Π¹   31 συμβαίνειν π³   36 ἐστιν (ἔστιν M²) οὗτος M²,
pr. P¹   37 αὐτῶν P²: αὐτοῦ pr. P³: αὐτοῖς Π³   40 ἀΐδιος Π²
41 ὡδὶ] hoc Guil.   1271^b 1 ὅπερ κτλ.: cf. Leg. 625a9–638b9,
maxime 630d9–631b1   3 αὐτὴ M²P¹   5 ἠσκηκέναι] ad virtutem
exercitari Guil.   6 τοῦτο pr. P²,π²Γ: τούτο P¹   7 μὲν om. H²M²Γ
τἀγαθὰ γίνεσθαι M²P¹

τῆς πόλεως ἔστιν οὐδὲν πολέμους μεγάλους ἀναγκαζομένοις
πολεμεῖν, εἰσφέρουσί τε κακῶς· διὰ γὰρ τὸ τῶν Σπαρ-
τιατῶν εἶναι τὴν πλείστην γῆν οὐκ ἐξετάζουσιν ἀλλήλων τὰς
15 εἰσφοράς. ἀποβέβηκέ τε τοὐναντίον τῷ νομοθέτῃ τοῦ συμ-
φέροντος· τὴν μὲν γὰρ πόλιν πεποίηκεν ἀχρήματον, τοὺς
δ᾿ ἰδιώτας φιλοχρημάτους. περὶ μὲν οὖν τῆς Λακεδαιμονίων
πολιτείας ἐπὶ τοσοῦτον εἰρήσθω· ταῦτα γάρ ἐστιν ἃ μάλιστ᾿
ἄν τις ἐπιτιμήσειεν.
20 Ἡ δὲ Κρητικὴ πολιτεία πάρεγγυς μέν ἐστι ταύτης, 10
ἔχει δὲ μικρὰ μὲν οὐ χεῖρον, τὸ δὲ πλεῖον ἧττον γλαφυ-
ρῶς. καὶ γὰρ ἔοικε καὶ λέγεταί γε τὰ πλεῖστα μεμιμῆ-
σθαι τὴν Κρητικὴν πολιτείαν ἡ τῶν Λακώνων· τὰ δὲ πλεῖ-
στα τῶν ἀρχαίων ἧττον διήρθρωται τῶν νεωτέρων. φασὶ
25 γὰρ τὸν Λυκοῦργον, ὅτε τὴν ἐπιτροπείαν τὴν Χαρίλλου τοῦ
βασιλέως καταλιπὼν ἀπεδήμησεν, τότε τὸν πλεῖστον δια-
τρῖψαι χρόνον περὶ Κρήτην διὰ τὴν συγγένειαν· ἄπ-
οικοι γὰρ οἱ Λύκτιοι τῶν Λακώνων ἦσαν, κατέλαβον δ᾿ οἱ
πρὸς τὴν ἀποικίαν ἐλθόντες τὴν τάξιν τῶν νόμων ὑπάρχου-
30 σαν ἐν τοῖς τότε κατοικοῦσιν. διὸ καὶ νῦν οἱ περίοικοι τὸν
αὐτὸν τρόπον χρῶνται αὐτοῖς, ὡς κατασκευάσαντος Μίνω
πρώτου τὴν τάξιν τῶν νόμων. δοκεῖ δ᾿ ἡ νῆσος καὶ πρὸς
τὴν ἀρχὴν τὴν Ἑλληνικὴν πεφυκέναι καὶ κεῖσθαι καλῶς·
πάσῃ γὰρ ἐπίκειται τῇ θαλάττῃ, σχεδὸν τῶν Ἑλλήνων
35 ἱδρυμένων περὶ τὴν θάλατταν πάντων· ἀπέχει γὰρ τῇ μὲν
τῆς Πελοποννήσου μικρόν, τῇ δὲ τῆς Ἀσίας τοῦ περὶ Τριόπιον
τόπου καὶ Ῥόδου. διὸ καὶ τὴν τῆς θαλάττης ἀρχὴν κατ-
έσχεν ὁ Μίνως, καὶ τὰς νήσους τὰς μὲν ἐχειρώσατο τὰς

12 ἀναγκαζομένους HᵃP²Pᵃπ³   22 γε HᵃΓ: τε MᵃP¹: δὲ Π²
25 ἐπιτροπίαν Hᵃ, pr. M², P¹, pr. P³   26 τότε om. M³   27 περὶ+
τὴν Π³   28 ῾Λύκτιοι] κρῆτες Π¹   34 ἐπίκειται] ὑπόκειται Γ
θαλάττῃ scripsi (cf. 1258ᵃ24, etc.): θαλάσσῃ codd.   35 θάλατταν
scripsi: θάλασσαν codd.   μὲν τῆς] τῆς μὲν MᵃΓ   37 ῥόδου Π¹ et ut
vid. Hᵃ: ῥόδον Π²   θαλάττης scripsi: θαλάσσης codd.

δ' ᾤκισεν, τέλος δὲ ἐπιθέμενος τῇ Σικελίᾳ τὸν βίον ἐτελεύ-
τησεν ἐκεῖ περὶ Καμικόν.   40

ἔχει δ' ἀνάλογον ἡ Κρητικὴ τά- 40
ξις πρὸς τὴν Λακωνικήν. γεωργοῦσί τε γὰρ τοῖς μὲν εἴλω-
τες τοῖς δὲ Κρησὶν οἱ περίοικοι, καὶ συσσίτια παρ' ἀμφο- 1272ᵃ
τέροις ἔστιν, καὶ τό γε ἀρχαῖον ἐκάλουν οἱ Λάκωνες οὐ φι-
δίτια ἀλλὰ ἀνδρεῖα, καθάπερ οἱ Κρῆτες, ᾗ καὶ δῆλον ὅτι
ἐκεῖθεν ἐλήλυθεν. ἔτι δὲ τῆς πολιτείας ἡ τάξις. οἱ μὲν
γὰρ ἔφοροι τὴν αὐτὴν ἔχουσι δύναμιν τοῖς ἐν τῇ Κρήτῃ 5
καλουμένοις κόσμοις, πλὴν οἱ μὲν ἔφοροι πέντε τὸν ἀρι-
θμὸν οἱ δὲ κόσμοι δέκα εἰσίν· οἱ δὲ γέροντες τοῖς γέρουσιν,
οὓς καλοῦσιν οἱ Κρῆτες βουλήν, ἴσοι· βασιλεία δὲ πρότερον
μὲν ἦν, εἶτα κατέλυσαν οἱ Κρῆτες, καὶ τὴν ἡγεμονίαν οἱ
κόσμοι τὴν κατὰ πόλεμον ἔχουσιν· ἐκκλησίας δὲ μετέχουσι 10
πάντες, κυρία δ' οὐδενός ἐστιν ἀλλ' ἢ συνεπιψηφίσαι τὰ δό-
ξαντα τοῖς γέρουσι καὶ τοῖς κόσμοις.   12

τὰ μὲν οὖν τῶν συσ- 12
σιτίων ἔχει βέλτιον τοῖς Κρησὶν ἢ τοῖς Λάκωσιν. ἐν μὲν
γὰρ Λακεδαίμονι κατὰ κεφαλὴν ἕκαστος εἰσφέρει τὸ τε-
ταγμένον, εἰ δὲ μή, μετέχειν νόμος κωλύει τῆς πολιτείας, 15
καθάπερ εἴρηται καὶ πρότερον, ἐν δὲ Κρήτῃ κοινοτέρως·
ἀπὸ πάντων γὰρ τῶν γινομένων καρπῶν τε καὶ βοσκημά-
των δημοσίων, καὶ ἐκ τῶν φόρων οὓς φέρουσιν οἱ περί-
οικοι, τέτακται μέρος τὸ μὲν πρὸς τοὺς θεοὺς καὶ τὰς κοι-
νὰς λειτουργίας, τὸ δὲ τοῖς συσσιτίοις, ὥστ' ἐκ κοινοῦ τρέ- 20
φεσθαι πάντας, καὶ γυναῖκας καὶ παῖδας καὶ ἄνδρας·
πρὸς δὲ τὴν ὀλιγοσιτίαν ὡς ὠφέλιμον πολλὰ πεφιλο-
σόφηκεν ὁ νομοθέτης, καὶ πρὸς τὴν διάζευξιν τῶν γυναι-

---

40 Καμικόν mg. Bas.¹: κάμινον Π¹Ρ²Ρ²: κάμεινον π² κριτικὴ Hᵃ,
pr. Mᵃ   41 τε om. MᵃΡ¹   an μὲν οἱ εἴλωτες?   1272ᵃ 2 φι-
λίτια Π¹   3 ἀνδρεῖα Ρ¹Γ: ἄνδρια HᵃΠ²: ἀντρεῖα Mᵃ   18 ἐκ]
τῶν ἐκ π³   δημοσίων . . . τῶν Richards: ἐκ τῶν (ὧν Hᵃ) δημοσίων καὶ
HᵃΠ¹Π²: καὶ ἐκ τῶν δημοσίων καὶ π³

κῶν, ἵνα μὴ πολυτεκνῶσι, τὴν πρὸς τοὺς ἄρρενας ποιήσας
25 ὁμιλίαν, περὶ ἧς εἰ φαύλως ἢ μὴ φαύλως, ἕτερος ἔσται
τοῦ διασκέψασθαι καιρός. ὅτι δὴ τὰ περὶ τὰ συσσίτια βέλ-
τιον τέτακται τοῖς Κρησὶν ἢ τοῖς Λάκωσι, φανερόν· τὰ
δὲ περὶ τοὺς κόσμους ἔτι χεῖρον τῶν ἐφόρων. ὃ μὲν γὰρ
ἔχει κακὸν τὸ τῶν ἐφόρων ἀρχεῖον, ὑπάρχει καὶ τούτοις
30 (γίνονται γὰρ οἱ τυχόντες), ὃ δ' ἐκεῖ συμφέρει πρὸς τὴν
πολιτείαν, ἐνταῦθ' οὐκ ἔστιν. ἐκεῖ μὲν γάρ, διὰ τὸ τὴν αἵρε-
σιν ἐκ πάντων εἶναι, μετέχων ὁ δῆμος τῆς μεγίστης ἀρχῆς
βούλεται μένειν τὴν πολιτείαν· ἐνταῦθα δ' οὐκ ἐξ ἁπάντων
αἱροῦνται τοὺς κόσμους ἀλλ' ἐκ τινῶν γενῶν, καὶ τοὺς γέρον-
35 τας ἐκ τῶν κεκοσμηκότων, περὶ ὧν τοὺς αὐτοὺς ἄν τις εἴ-
πειε λόγους καὶ περὶ τῶν ἐν Λακεδαίμονι γινομένων (τὸ
γὰρ ἀνυπεύθυνον καὶ τὸ διὰ βίου μεῖζόν ἐστι γέρας τῆς
ἀξίας αὐτοῖς, καὶ τὸ μὴ κατὰ γράμματα ἄρχειν ἀλλ'
αὐτογνώμονας ἐπισφαλές). τὸ δ' ἡσυχάζειν μὴ μετέχοντα
40 τὸν δῆμον οὐδὲν σημεῖον τοῦ τετάχθαι καλῶς. οὐδὲν γὰρ
λῆμμα ἔστι τοῖς κόσμοις ὥσπερ τοῖς ἐφόροις, πόρρω γ'
1272ᵇ ἀποικοῦσιν ἐν νήσῳ τῶν διαφθερούντων.

1   ἣν δὲ ποιοῦνται τῆς
ἁμαρτίας ταύτης ἰατρείαν, ἄτοπος καὶ οὐ πολιτικὴ ἀλλὰ
δυναστευτική. πολλάκις γὰρ ἐκβάλλουσι συστάντες τινὲς τοὺς
κόσμους ἢ τῶν συναρχόντων αὐτῶν ἢ τῶν ἰδιωτῶν· ἔξεστι
5 δὲ καὶ μεταξὺ τοῖς κόσμοις ἀπειπεῖν τὴν ἀρχήν. ταῦτα
δὴ πάντα βέλτιον γίνεσθαι κατὰ νόμον ἢ κατ' ἀνθρώπων
βούλησιν· οὐ γὰρ ἀσφαλὴς ὁ κανών. πάντων δὲ φαυλότα-
τον τὸ τῆς ἀκοσμίας τῶν δυνατῶν, ἣν καθιστᾶσι πολλά-
κις ὅταν μὴ δίκας βούλωνται δοῦναι· ᾗ καὶ δῆλον ὡς ἔχει τι
10 πολιτείας ἡ τάξις, ἀλλ' οὐ πολιτεία ἐστὶν ἀλλὰ δυναστεία

26 δὴ Lambinus : δὲ codd.   29 τούτων HᵃΠ²   36 γενο-
μένων π²   40 οὐδὲ γὰρ Γ   41 λῆμμα ἔστι scripsi : λήμματός τι
codd. Γ   γ'] δ' Hᵃ : γὰρ Γ   1272ᵇ 1 διαφερούντων pr. π² : διαφε-
ρόντων MᵃΓ   8 τῶν δυνατῶν om. HᵃΠ¹   9 δοῦναι + τῶν δυναστῶν
Π¹ : + τῶν δικαστῶν Hᵃ   ἢ καὶ MᵃΓ   ὡς] ὅτι MᵃΓ : ὅτι ὡς P¹

μᾶλλον. εἰώθασι δὲ διαλαμβάνοντες τὸν δῆμον καὶ τοὺς
φίλους ἀναρχίαν ποιεῖν καὶ στασιάζειν καὶ μάχεσθαι πρὸς
ἀλλήλους· καίτοι τί διαφέρει τὸ τοιοῦτον ἢ διά τινος χρόνου
μηκέτι πόλιν εἶναι τὴν τοιαύτην, ἀλλὰ λύεσθαι τὴν πολι-
τικὴν κοινωνίαν; ἔστι δ᾽ ἐπικίνδυνος οὕτως ἔχουσα πόλις, 15
τῶν βουλομένων ἐπιτίθεσθαι καὶ δυναμένων. ἀλλά, καθ-
άπερ εἴρηται, σώζεται διὰ τὸν τόπον· ξενηλασίας γὰρ τὸ
πόρρω πεποίηκεν. διὸ καὶ τὸ τῶν περιοίκων μένει τοῖς Κρη-
σίν, οἱ δ᾽ εἴλωτες ἀφίστανται πολλάκις. οὔτε γὰρ ἐξωτερι-
κῆς ἀρχῆς κοινωνοῦσιν οἱ Κρῆτες, νεωστί τε πόλεμος ξενικὸς 20
διαβέβηκεν εἰς τὴν νῆσον, ὃς πεποίηκε φανερὰν τὴν ἀσθέ-
νειαν τῶν ἐκεῖ νόμων. περὶ μὲν οὖν ταύτης εἰρήσθω τοσαῦθ᾽
ἡμῖν τῆς πολιτείας.

11   Πολιτεύεσθαι δὲ δοκοῦσι καὶ Καρχηδόνιοι καλῶς καὶ
πολλὰ περιττῶς πρὸς τοὺς ἄλλους, μάλιστα δ᾽ ἔνια παρα- 25
πλησίως τοῖς Λάκωσιν. αὗται γὰρ αἱ τρεῖς πολιτεῖαι ἀλλή-
λαις τε σύνεγγύς πώς εἰσι καὶ τῶν ἄλλων πολὺ δια-
φέρουσιν, ἥ τε Κρητικὴ καὶ ἡ Λακωνικὴ καὶ τρίτη τούτων
ἡ τῶν Καρχηδονίων. καὶ πολλὰ τῶν τεταγμένων ἔχει παρ᾽
αὐτοῖς καλῶς· σημεῖον δὲ πολιτείας συντεταγμένης τὸ τὸν 30
δῆμον διαμένειν ἐν τῇ τάξει τῆς πολιτείας, καὶ μήτε
στάσιν, ὅ τι καὶ ἄξιον εἰπεῖν, γεγενῆσθαι μήτε τύ-
ραννον. ἔχει δὲ παραπλήσια τῇ Λακωνικῇ πολιτείᾳ τὰ
μὲν συσσίτια τῶν ἑταιριῶν τοῖς φιδιτίοις, τὴν δὲ τῶν ἑ-
κατὸν καὶ τεττάρων ἀρχὴν τοῖς ἐφόροις (πλὴν οὐ χεῖρον· οἱ 35
μὲν γὰρ ἐκ τῶν τυχόντων εἰσί, ταύτην δ᾽ αἱροῦνται τὴν ἀρχὴν
ἀριστίνδην), τοὺς δὲ βασιλεῖς καὶ τὴν γερουσίαν ἀνάλογον
τοῖς ἐκεῖ βασιλεῦσι καὶ γέρουσιν· καὶ βέλτιον δὲ τοὺς βασι-

12 ἀναρχίαν Bernays: μοναρχίαν codd. Γ   16 τοῖς βουλομένοις . . .
δυναμένοις Π¹   22–23 τοσαῦθ᾽ ἡμῖν εἰρήσθω ΜᵃΓ   24 καλῶς
καὶ Καρχηδόνιοι ΜᵃΡ¹   26 τρεῖς πολιτεῖαι scripsi: πολιτεῖαι τρεῖς
codd. Γ   28 ἡ om. Π¹   31 δῆμον + ἔχουσαν Π²Γ: + ἑκούσιον
Spengel   ἐν om. ΜᵃΡ¹   34 φιλιτίοις Π¹   35 πλήν, ὃ οὐ χεῖρον,
οἱ μὲν ἐκ Bernays   36 γὰρ om. Ρ²Ρᵃπ²

λεῖς μήτε καθ' αὑτὸ εἶναι γένος μήτε τοῦτο τὸ τυχόν,
40 εἰ δέ τι διαφέρει, ἐκ τούτων αἱρετοὺς μᾶλλον ἢ καθ' ἡλι-
κίαν. μεγάλων γὰρ κύριοι καθεστῶτες, ἂν εὐτελεῖς ὦσι
1273ᵃ μεγάλα βλάπτουσι, καὶ ἔβλαψαν ἤδη τὴν πόλιν τὴν τῶν
2 Λακεδαιμονίων.

2   τὰ μὲν οὖν πλεῖστα τῶν ἐπιτιμηθέντων ἂν
διὰ τὰς παρεκβάσεις κοινὰ τυγχάνει πάσαις ὄντα ταῖς
εἰρημέναις πολιτείαις· τῶν δὲ παρὰ τὴν ὑπόθεσιν τῆς ἀριστό-
5 κρατίας καὶ τῆς πολιτείας τὰ μὲν εἰς δῆμον ἐκκλίνει
μᾶλλον, τὰ δ' εἰς ὀλιγαρχίαν. τοῦ μὲν γὰρ τὰ μὲν προσ-
άγειν τὰ δὲ μὴ προσάγειν πρὸς τὸν δῆμον οἱ βασιλεῖς
κύριοι μετὰ τῶν γερόντων, ἂν ὁμογνωμονῶσι πάντες, εἰ
δὲ μή, καὶ τούτων ὁ δῆμος. ἃ δ' ἂν εἰσφέρωσιν οὗτοι, οὐ
10 διακοῦσαι μόνον ἀποδιδόασι τῷ δήμῳ τὰ δόξαντα τοῖς ἄρ-
χουσιν, ἀλλὰ κύριοι κρίνειν εἰσὶ καὶ τῷ βουλομένῳ τοῖς
εἰσφερομένοις ἀντειπεῖν ἔξεστιν, ὅπερ ἐν ταῖς ἑτέραις πολι-
τείαις οὐκ ἔστιν. τὸ δὲ τὰς πενταρχίας κυρίας οὔσας πολλῶν
καὶ μεγάλων ὑφ' αὑτῶν αἱρετὰς εἶναι, καὶ τὴν τῶν ἑ-
15 κατὸν ταύτας αἱρεῖσθαι, τὴν μεγίστην ἀρχήν, ἔτι δὲ ταύτας
πλείονα ἄρχειν χρόνον τῶν ἄλλων (καὶ γὰρ ἐξεληλυθότες
ἄρχουσι καὶ μέλλοντες) ὀλιγαρχικόν, τὸ δὲ ἀμίσθους καὶ
μὴ κληρωτὰς ἀριστοκρατικὸν θετέον, καὶ εἴ τι τοιοῦτον ἕ-
τερον, καὶ τὸ τὰς δίκας ὑπὸ τῶν ἀρχείων δικάζεσθαι πά-
20 σας (καὶ μὴ ἄλλας ὑπ' ἄλλων, καθάπερ ἐν Λακεδαίμονι).
παρεκβαίνει δὲ τῆς ἀριστοκρατίας ἡ τάξις τῶν Καρχηδο-
νίων μάλιστα πρὸς τὴν ὀλιγαρχίαν κατά τινα διάνοιαν ἣ
συνδοκεῖ τοῖς πολλοῖς· οὐ γὰρ μόνον ἀριστίνδην ἀλλὰ καὶ

39 καθ' αὑτὸ Γ: κατ' αὐτὸ pr. P¹: καταντὸ Hᵃ: καυταυτὸ pr. Mˢ   μήτε
Schneider: μήδε codd.   40 εἰ δέ τι Victorius: εἴ τε HᵃMˢΠ²: ἢ pr. P¹
διαφέρει scripsi: διαφέρον codd. Γ   1273ᵃ 4 παρὰ scripsi: πρὸς
codd.   7 τὰ HᵃΠ¹π³: τὸ PˢPˢπ³   9 εἰσφέρουσιν HᵃΠ² οὗτοι om. Π¹
10 τὰ δόξαντα] τάξαντα Π¹   12 ἀντιπεῖν HᵃMˢπ³   15 τούτους
bis Γ   16 πλέονα P¹: πλέον Mˢ: πλείονας pr. Pˢ   19 ἀρχείων+
πάντων πˢ   22 ᾗ Γ

πλουτίνδην οἴονται δεῖν αἱρεῖσθαι τοὺς ἄρχοντας· ἀδύνατον
γὰρ τὸν ἀποροῦντα καλῶς ἄρχειν καὶ σχολάζειν. εἴπερ οὖν 25
τὸ μὲν αἱρεῖσθαι πλουτίνδην ὀλιγαρχικὸν τὸ δὲ κατ' ἀρε-
τὴν ἀριστοκρατικόν, αὕτη τις ἂν εἴη τάξις τρίτη, καθ' ἥν-
περ συντέτακται [καὶ] τοῖς Καρχηδονίοις τὰ περὶ τὴν πολι-
τείαν· αἱροῦνται γὰρ εἰς δύο ταῦτα βλέποντες, καὶ μά-
λιστα τὰς μεγίστας, τούς τε βασιλεῖς καὶ τοὺς στρατηγούς. 30
δεῖ δὲ νομίζειν ἁμάρτημα νομοθέτου τὴν παρέκβασιν εἶναι
τῆς ἀριστοκρατίας ταύτην. ἐξ ἀρχῆς γὰρ τοῦθ' ὁρᾶν ἐστι
τῶν ἀναγκαιοτάτων, ὅπως οἱ βέλτιστοι δύνωνται σχολάζειν
καὶ μηδὲν ἀσχημονεῖν, μὴ μόνον ἄρχοντες ἀλλὰ μηδ'
ἰδιωτεύοντες. εἰ δὲ δεῖ βλέπειν καὶ πρὸς εὐπορίαν χάριν 35
σχολῆς, φαῦλον τὸ τὰς μεγίστας ὠνητὰς εἶναι τῶν ἀρχῶν,
τήν τε βασιλείαν καὶ τὴν στρατηγίαν. ἔντιμον γὰρ ὁ νόμος
οὗτος ποιεῖ τὸν πλοῦτον μᾶλλον τῆς ἀρετῆς, καὶ τὴν πόλιν
ὅλην φιλοχρήματον. ὅ τι δ' ἂν ὑπολάβῃ τίμιον εἶναι τὸ
κύριον, ἀνάγκη καὶ τὴν τῶν ἄλλων πολιτῶν δόξαν ἀκολου- 40
θεῖν τούτοις. ὅπου δὲ μὴ μάλιστα ἀρετὴ τιμᾶται, ταύτην
οὐχ οἷόν τε βεβαίως ἀριστοκρατεῖσθαι τὴν πολιτείαν. ἐθίζε- 1273b
σθαι δ' εὔλογον κερδαίνειν τοὺς ὠνουμένους, ὅταν δαπανήσαν-
τες ἄρχωσιν· ἄτοπον γὰρ εἰ πένης μὲν ὢν ἐπιεικὴς δὲ
βουλήσεται κερδαίνειν, φαυλότερος δ' ὢν οὐ βουλήσεται δαπα-
νήσας. διὸ δεῖ τοὺς δυναμένους ἄριστ' ἀργεῖν, τούτους ἄρχειν. 5
βέλτιον δ', εἰ καὶ προεῖτο τὴν εὐπορίαν τῶν ἐπιεικῶν ὁ νομο-
θέτης, ἀλλὰ ἀρχόντων γε ἐπιμελεῖσθαι τῆς σχολῆς.
φαῦλον δ' ἂν δόξειεν εἶναι καὶ τὸ πλείους ἀρχὰς τὸν αὐτὸν
ἄρχειν· ὅπερ εὐδοκιμεῖ παρὰ τοῖς Καρχηδονίοις· ἓν γὰρ
ὑφ' ἑνὸς ἔργον ἄριστ' ἀποτελεῖται. δεῖ δ' ὅπως γίνηται τοῦθ' 10

28 καὶ om. Aretinus   33 βέλτιστον P²P³   35 δεῖ] δὴ Hᵃπ²:
δὴ δεῖ P²P³   39 δ'] γὰρ Aretinus   40 πολιτειῶν MᵃΓ   1273b
1 οἷόν τε εἶναι βεβαίως ἀριστοκρατικὴν HᵃΠ²   2 τοὺς] τοῦτ' Π¹
3 γὰρ] μὲν γὰρ Π¹   4 ὢν] ἂν MᵃΓ   5 ἄριστ' ἀργεῖν scripsi : ἀρι-
σταρχεῖν codd. Γ: ἄριστ' ἄρχειν Spengel : ἄριστα σχολάζειν Richards (cf.
1271b5, 1273ᵃ25, 33, ᵇ7)   6 ἀπορίαν MᵃΓ   7 γε] τε Γ

ὁρᾶν τὸν νομοθέτην, καὶ μὴ προστάττειν τὸν αὐτὸν αὐλεῖν
καὶ σκυτοτομεῖν. ὥσθ᾽ ὅπου μὴ μικρὰ ⟨ἡ⟩ πόλις, πολιτικώτερον
πλείονας μετέχειν τῶν ἀρχῶν, καὶ δημοτικώτερον· κοινό-
τερόν τε γὰρ καθάπερ εἴπομεν καὶ κάλλιον ἕκαστον ἀπο-
15 τελεῖται τῶν αὐτῶν καὶ θᾶττον. δῆλον δὲ τοῦτο ἐπὶ τῶν
πολεμικῶν καὶ τῶν ναυτικῶν· ἐν τούτοις γὰρ ἀμφοτέροις
διὰ πάντων ὡς εἰπεῖν διελήλυθε τὸ ἄρχειν καὶ τὸ ἄρχεσθαι.
ὀλιγαρχικῆς δ᾽ οὔσης τῆς πολιτείας ἄριστα ⟨στάσιν⟩ ἐκφεύ-
γουσι τῷ πλουτεῖν αἰεί τι τοῦ δήμου μέρος, ἐκπέμποντες ἐπὶ
20 τὰς πόλεις. τούτῳ γὰρ ἰῶνται καὶ ποιοῦσι μόνιμον τὴν πολι-
τείαν. ἀλλὰ τουτί ἐστι τύχης ἔργον, δεῖ δὲ ἀστασιάστους
εἶναι διὰ τὸν νομοθέτην. νῦν δέ, ἂν ἀτυχία γένηταί τις
καὶ τὸ πλῆθος ἀποστῇ τῶν ἀρχομένων, οὐδὲν ἔστι φάρμακον
διὰ τῶν νόμων τῆς ἡσυχίας. περὶ μὲν οὖν τῆς Λακεδαιμο-
25 νίων πολιτείας καὶ Κρητικῆς καὶ τῆς Καρχηδονίων, αἵπερ
δικαίως εὐδοκιμοῦσι, τοῦτον ἔχει τὸν τρόπον.

Τῶν δὲ ἀποφηναμένων τι περὶ πολιτείας ἔνιοι μὲν οὐκ 12
ἐκοινώνησαν πράξεων πολιτικῶν οὐδ᾽ ὡντινωνοῦν, ἀλλὰ δι-
ετέλεσαν ἰδιωτεύοντες τὸν βίον, περὶ ὧν εἴ τι ἀξιόλογον, εἴ-
30 ρηται σχεδὸν περὶ πάντων, ἔνιοι δὲ νομοθέται γεγόνασιν, οἱ
μὲν ταῖς οἰκείαις πόλεσιν οἱ δὲ καὶ τῶν ὀθνείων τισί, πολι-
τευθέντες αὐτοί· καὶ τούτων οἱ μὲν νόμων ἐγένοντο δημι-
ουργοὶ μόνον, οἱ δὲ καὶ πολιτείας, οἷον καὶ Λυκοῦργος καὶ
Σόλων· οὗτοι γὰρ καὶ νόμους καὶ πολιτείας κατέστησαν.
35 περὶ μὲν οὖν τῆς Λακεδαιμονίων εἴρηται, Σόλωνα δ᾽ ἔνιοι
μὲν οἴονται νομοθέτην γενέσθαι σπουδαῖον· ὀλιγαρχίαν τε
γὰρ καταλῦσαι λίαν ἄκρατον οὖσαν, καὶ δουλεύοντα τὸν
δῆμον παῦσαι, καὶ δημοκρατίαν καταστῆσαι τὴν πάτριον,

11 προστάττειν μὴ Richards   12 ἡ addidi   15 τῶν αὐτῶν] ὑπὸ
τῶν αὐτῶν Γ: τῶν ἔργων Bernays   18 τῆς] καὶ τῆς π³   στάσιν add.
Bernays   19 πλουτίζειν Schneider: *inditando* Guil.   25 κρήτης
Μ*Ρ¹: Κρήτων Γ   27 τι om. Π¹   32–33 νόμων . . . μόνον] ἐγένοντο
δημιουργοὶ νόμων Π¹   36 γενέσθαι νομοθέτην Π¹   37 γὰρ om.
Μ*Ρ¹

μείξαντα καλῶς τὴν πολιτείαν· εἶναι γὰρ τὴν μὲν ἐν Ἀρείῳ
πάγῳ βουλὴν ὀλιγαρχικόν, τὸ δὲ τὰς ἀρχὰς αἱρετὰς ἀριστο- 40
κρατικόν, τὰ δὲ δικαστήρια δημοτικόν. ἔοικε δὲ Σόλων
ἐκεῖνα μὲν ὑπάρχοντα πρότερον οὐ καταλῦσαι, τήν τε βου- 1274ᵃ
λὴν καὶ τὴν τῶν ἀρχῶν αἵρεσιν, τὸν δὲ δῆμον καταστῆσαι,
τὰ δικαστήρια ποιήσας ἐκ πάντων. διὸ καὶ μέμφονταί
τινες αὐτῷ· λῦσαι γὰρ θάτερα, κύριον ποιήσαντα τὸ δικα-
στήριον πάντων, κληρωτὸν ὄν. ἐπεὶ γὰρ τοῦτ᾽ ἴσχυσεν, ὥσπερ 5
τυράννῳ τῷ δήμῳ χαριζόμενοι τὴν πολιτείαν εἰς τὴν νῦν
δημοκρατίαν μετέστησαν· καὶ τὴν μὲν ἐν Ἀρείῳ πάγῳ βου-
λὴν Ἐφιάλτης ἐκόλουσε καὶ Περικλῆς, τὰ δὲ δικαστήρια
μισθοφόρα κατέστησε Περικλῆς, καὶ τοῦτον δὴ τὸν τρόπον
ἕκαστος τῶν δημαγωγῶν προήγαγεν αὔξων εἰς τὴν νῦν δημο- 10
κρατίαν. φαίνεται δ᾽ οὐ κατὰ τὴν Σόλωνος γενέσθαι τοῦτο
προαίρεσιν, ἀλλὰ μᾶλλον ἀπὸ συμπτώματος (τῆς ναυαρ-
χίας γὰρ ἐν τοῖς Μηδικοῖς ὁ δῆμος αἴτιος γενόμενος ἐφρονη-
ματίσθη καὶ δημαγωγοὺς ἔλαβε φαύλους ἀντιπολιτευο-
μένων τῶν ἐπιεικῶν), ἐπεὶ Σόλων γε ἔοικε τὴν ἀναγκαιο- 15
τάτην ἀποδιδόναι τῷ δήμῳ δύναμιν, τὸ τὰς ἀρχὰς αἱρεῖ-
σθαι καὶ εὐθύνειν (μηδὲ γὰρ τούτου κύριος ὢν ὁ δῆμος
δοῦλος ἂν εἴη καὶ πολέμιος), τὰς δ᾽ ἀρχὰς ἐκ τῶν γνωρί-
μων καὶ τῶν εὐπόρων κατέστησε πάσας, ἐκ τῶν πεντακοσιο-
μεδίμνων καὶ ζευγιτῶν καὶ τρίτου τέλους τῆς καλουμένης 20
ἱππάδος· τὸ δὲ τέταρτον τὸ θητικόν, οἷς οὐδεμιᾶς ἀρχῆς μετῆν.

νομοθέται δ᾽ ἐγένοντο Ζάλευκός τε Λοκροῖς τοῖς ἐπιζεφυ-
ρίοις, καὶ Χαρώνδας ὁ Καταναῖος τοῖς αὑτοῦ πολίταις καὶ
ταῖς ἄλλαις ταῖς Χαλκιδικαῖς πόλεσι ταῖς περὶ Ἰταλίαν

40 αἱρετὰς] αἱρετὰς ἔχειν Richards   41 τὸ δὲ δικαστήριον δημοτι-
κόν Π¹: om. pr. Hᵃ   1274ᵃ 2 τὴν τῶν ἀρχόντων π²: τῶν ἀρχαίων Hᵃ
4 θάτερα Coraes: θατέραν Π¹: θάτερον Π²Π³   5 ἴσχυεν Π²
7 μετέστησαν Tegge: κατέστησαν codd. Γ   8 ἐκόλουσε HᵃΓ: ἐκόλυσε π³
τὰ . . . 9 Περικλῆς om. MᵃΓ   14 ἀντὶ πολιτευομένων P²Γ   15 τε Γ
17 ὢν ὁ δῆμος κύριος MᵃP¹   19 ἐμπόρων P²P³ₚ₃   πεντακοσίων
μεδίμνων HᵃMᵃΓ   21 τὸ² om. Π²   23 αὑτοῦ HᵃMᵃΠ²

25 καὶ Σικελίαν. πειρῶνται δέ τινες καὶ συνάγειν ὡς Ὀνομα-
κρίτου μὲν γενομένου πρώτου δεινοῦ περὶ νομοθεσίαν, γυμνα-
σθῆναι δ' αὐτὸν ἐν Κρήτῃ, Λοκρὸν ὄντα καὶ ἐπιδημοῦντα,
κατὰ τέχνην μαντικήν· τούτου δὲ γενέσθαι Θάλητα ἑταῖρον,
Θάλητος δ' ἀκροατὴν Λυκοῦργον καὶ Ζάλευκον, Ζαλεύκου
30 δὲ Χαρώνδαν. ἀλλὰ ταῦτα μὲν λέγουσιν ἀσκεπτότερον τῶν
χρόνων λέγοντες. ἐγένετο δὲ καὶ Φιλόλαος ὁ Κορίνθιος νομο-
θέτης Θηβαίοις. ἦν δ' ὁ Φιλόλαος τὸ μὲν γένος τῶν
Βακχιαδῶν, ἐραστὴς δὲ γενόμενος Διοκλέους τοῦ νικήσαντος
Ὀλυμπίασιν, ὡς ἐκεῖνος τὴν πόλιν ἔλιπε διαμισήσας τὸν
35 ἔρωτα τὸν τῆς μητρὸς Ἀλκυόνης, ἀπῆλθεν εἰς Θήβας· κἀκεῖ
τὸν βίον ἐτελεύτησαν ἀμφότεροι. καὶ νῦν ἔτι δεικνύουσι τοὺς
τάφους αὐτῶν ἀλλήλοις μὲν εὐσυνόπτους ὄντας, πρὸς δὲ τὴν
τῶν Κορινθίων χώραν τὸν μὲν σύνοπτον τὸν δ' οὐ σύνοπτον·
μυθολογοῦσι γὰρ αὐτοὺς οὕτω τάξασθαι τὴν ταφήν, τὸν μὲν
40 Διοκλέα διὰ τὴν ἀπέχθειαν τοῦ πάθους, ὅπως μὴ ἄποπτος
ἔσται ἡ Κορινθία ἀπὸ τοῦ χώματος, τὸν δὲ Φιλόλαον ὅπως
1274ᵇ ἄποπτος. ᾤκησαν μὲν οὖν διὰ τὴν τοιαύτην αἰτίαν παρὰ
τοῖς Θηβαίοις, νομοθέτης δ' αὐτοῖς ἐγένετο Φιλόλαος περὶ
τ' ἄλλων τινῶν καὶ περὶ τῆς παιδοποιίας, οὓς καλοῦσιν
ἐκεῖνοι νόμους θετικούς· καὶ τοῦτ' ἐστὶν ἰδίως ὑπ' ἐκείνου νενομο-
5 θετημένον, ὅπως ὁ ἀριθμὸς σώζηται τῶν κλήρων. Χα-
ρώνδου δ' ἴδιον μὲν οὐδέν ἐστι πλὴν αἱ δίκαι τῶν ψευδομαρ-
τυριῶν (πρῶτος γὰρ ἐποίησε τὴν ἐπίσκηψιν), τῇ δ' ἀκριβείᾳ
τῶν νόμων ἐστὶ γλαφυρώτερος καὶ τῶν νῦν νομοθετῶν.
Φαλέου δ' ἴδιον ἡ τῶν οὐσιῶν ἀνομάλωσις, Πλάτωνος δ' ἢ

25 δὲ+καί Π²   28 μαντικήν om. MᵃΓ   28–29 θέλητα . . . Θέ-
λητος MᵃΓ   30 τῶν χρόνων Schneider : τῷ χρόνῳ codd. Γ   33 βακ-
χιδῶν MᵃΓ   34 διαμισήσας] recordatus Guil.   38 τὸν¹ . . .
σύνοπτον Richards : τοῦ μὲν συνόπτου τοῦ δ' οὐ συνόπτου codd. Γ
39 γραφήν Π²   1274ᵇ 1 τὴν om. HᵃP²P³   6 ἴδιον οὐδέν ἐστι π³ :
οὐδέν ἐστιν ἴδιον Π¹   ψευδομαρτυριῶν . . . 7 ἐπίσκηψιν Scaliger : ψευδο-
μαρτύρων . . . ἐπίσκεψιν codd. Γ   8 τῶν νόμων om. Π¹
9–15 Φαλέου . . . ἄχρηστον secl. Newman   9 Φαλέου corr. PᵃP³ : Φιλο-
λάου HᵃΠ¹π³   ἀνομάλωσις Bekker : ἀνωμάλωσις codd.

τε τῶν γυναικῶν καὶ παίδων καὶ τῆς οὐσίας κοινότης καὶ 10
τὰ συσσίτια τῶν γυναικῶν, ἔτι δ' ὁ περὶ τὴν μέθην νόμος,
τὸ τοὺς νήφοντας συμποσιαρχεῖν, καὶ τὴν ἐν τοῖς πολεμι-
κοῖς ἄσκησιν ὅπως ἀμφιδέξιοι γίνωνται κατὰ τὴν μελέτην,
ὡς δέον μὴ τὴν μὲν χρήσιμον εἶναι τοῖν χεροῖν τὴν δὲ
ἄχρηστον. Δράκοντος δὲ νόμοι μὲν εἰσί, πολιτείᾳ δ' ὑπαρ- 15
χούσῃ τοὺς νόμους ἔθηκεν· ἴδιον δ' ἐν τοῖς νόμοις οὐδὲν ἔστιν ὅ
τι καὶ μνείας ἄξιον, πλὴν ἡ χαλεπότης διὰ τὸ τῆς ζημίας
μέγεθος. ἐγένετο δὲ καὶ Πιττακὸς νόμων δημιουργὸς ἀλλ'
οὐ πολιτείας· νόμος δ' ἴδιος αὐτοῦ τὸ τοὺς μεθύοντας, ἄν
τι πταίσωσι, πλείω ζημίαν ἀποτίνειν τῶν νηφόντων· διὰ γὰρ 20
τὸ πλείους ὑβρίζειν μεθύοντας ἢ νήφοντας οὐ πρὸς τὴν συγ-
γνώμην ἀπέβλεψεν, ὅτι δεῖ μεθύουσιν ἔχειν μᾶλλον, ἀλλὰ
πρὸς τὸ συμφέρον. ἐγένετο δὲ καὶ Ἀνδροδάμας Ῥηγῖνος
νομοθέτης Χαλκιδεῦσι τοῖς ἐπὶ Θρᾴκης, οὗ τὰ περί τε τὰ φο-
νικὰ καὶ τὰς ἐπικλήρους ἐστίν· οὐ μὴν ἀλλὰ ἴδιόν γε οὐδὲν 25
αὐτοῦ λέγειν ἔχοι τις ἄν. τὰ μὲν οὖν περὶ τὰς πολιτείας,
τάς τε κυρίας καὶ τὰς ὑπὸ τινῶν εἰρημένας, ἔστω τεθεωρη-
μένα τὸν τρόπον τοῦτον.

Γ

1   Τῷ περὶ πολιτείας ἐπισκοποῦντι, καὶ τίς ἑκάστη καὶ
ποία τις, σχεδὸν πρώτη σκέψις περὶ πόλεως ἰδεῖν, τί ποτέ
ἐστιν ἡ πόλις. νῦν γὰρ ἀμφισβητοῦσιν, οἱ μὲν φάσκοντες
τὴν πόλιν πεπραχέναι τὴν πρᾶξιν, οἱ δ' οὐ τὴν πόλιν ἀλλὰ 35
τὴν ὀλιγαρχίαν ἢ τὸν τύραννον· τοῦ δὲ πολιτικοῦ καὶ τοῦ
νομοθέτου πᾶσαν ὁρῶμεν τὴν πραγματείαν οὖσαν περὶ πόλιν,
ἡ δὲ πολιτεία τῶν τὴν πόλιν οἰκούντων ἐστὶ τάξις τις. ἐπεὶ

13 γίνονται HᵃPᵃPᵃπᵃ   14 τοῖν] ταῖν P¹π²: τὴν Mᵉˡ   20 τί πταίσωσι
cod. Lips. 1335: τι πταίωσι cod. Camerarii: τυπτήσωσι HᵃP¹PᵃPᵃπᵃΓ:
τυπήσωσι Mᵃ: τυπτέσωσι πᵃ   ἀποτείνειν HᵃMᵉP¹Pᵃπᵃ: ἀποτίννειν Pᵃ
24 τὰ Hᵃ: om. cet.   32 τῷ] an τῷ δὲ?: cf. ᵇ26 μὲν   38 τάξις
τίς ἐστιν MᵉP¹

δ' ἡ πόλις τῶν συγκειμένων, καθάπερ ἄλλο τι τῶν ὅλων
40 μὲν συνεστώτων δ' ἐκ πολλῶν μορίων, δῆλον ὅτι πρότερον
ὁ πολίτης ζητητέος· ἡ γὰρ πόλις πολιτῶν τι πλῆθός ἐστιν.
1275ᵃ ὥστε τίνα χρὴ καλεῖν πολίτην καὶ τίς ὁ πολίτης ἐστὶ σκε-
πτέον. καὶ γὰρ ὁ πολίτης ἀμφισβητεῖται πολλάκις· οὐ
γὰρ τὸν αὐτὸν ὁμολογοῦσι πάντες εἶναι πολίτην· ἔστι γάρ
τις ὃς ἐν δημοκρατίᾳ πολίτης ὢν ἐν ὀλιγαρχίᾳ πολλάκις
5 οὐκ ἔστι πολίτης. τοὺς μὲν οὖν ἄλλως πως τυγχάνοντας
ταύτης τῆς προσηγορίας, οἷον τοὺς ποιητοὺς πολίτας, ἀφετέον·
ὁ δὲ πολίτης οὐ τῷ οἰκεῖν που πολίτης ἐστίν (καὶ γὰρ μέτ-
οικοι καὶ δοῦλοι κοινωνοῦσι τῆς οἰκήσεως), οὐδ' οἱ τῶν
δικαίων μετέχοντες οὕτως ὥστε καὶ δίκην ὑπέχειν καὶ δικά-
10 ζεσθαι (τοῦτο γὰρ ὑπάρχει καὶ τοῖς ἀπὸ συμβόλων κοινω-
νοῦσιν [καὶ γὰρ ταῦτα τούτοις ὑπάρχει]· πολλαχοῦ μὲν οὖν
οὐδὲ τούτων τελέως οἱ μέτοικοι μετέχουσιν, ἀλλὰ νέμειν
ἀνάγκη προστάτην, ὥστε ἀτελῶς πως μετέχουσι τῆς τοιαύτης
κοινωνίας), ἀλλὰ καθάπερ καὶ παῖδας τοὺς μήπω δι' ἡλι-
15 κίαν ἐγγεγραμμένους καὶ τοὺς γέροντας τοὺς ἀφειμένους
φατέον εἶναι μέν πως πολίτας, οὐχ ἁπλῶς δὲ λίαν ἀλλὰ
προστιθέντας τοὺς μὲν ἀτελεῖς τοὺς δὲ παρηκμακότας ἤ τι
τοιοῦτον ἕτερον (οὐδὲν γὰρ διαφέρει· δῆλον γὰρ τὸ λεγόμε-
νον). ζητοῦμεν γὰρ τὸν ἁπλῶς πολίτην καὶ μηδὲν ἔχοντα
20 τοιοῦτον ἔγκλημα διορθώσεως δεόμενον, ἐπεὶ καὶ περὶ τῶν
ἀτίμων καὶ φυγάδων ἔστι τὰ τοιαῦτα καὶ διαπορεῖν καὶ
λύειν. πολίτης δ' ἁπλῶς οὐδενὶ τῶν ἄλλων ὁρίζεται μᾶλ-
λον ἢ τῷ μετέχειν κρίσεως καὶ ἀρχῆς. τῶν δ' ἀρχῶν αἱ
μέν εἰσι διῃρημέναι κατὰ χρόνον, ὥστ' ἐνίας μὲν ὅλως δὶς
25 τὸν αὐτὸν οὐκ ἔξεστιν ἄρχειν, ἢ διὰ τινῶν ὡρισμένων χρό-
νων· ὁ δ' ἀόριστος, οἷον ὁ δικαστὴς καὶ ⟨ὁ⟩ ἐκκλησιαστής. τάχα

1275ᵃ 11 καὶ . . . ὑπάρχει om. Π¹   12 μετέχουσιν + τῆς τοιαύτης κοινω-
νίας (in ll. 13–14 repetita) Hᵃ   ἀλλὰ . . . 13 μετέχουσι om. π³
15 ἐνγεγραμμένοις Vᵐ   16 λίαν secl. Coraes   17 ἀτελεῖν Pᵃpᵃπ³
19 τὸν om. Vᵐ   22 μαλον Vᵐ   23 κρίσεως καὶ] πολιτικῆς Stobaeus
26 ὁ addidi

68

μὲν οὖν ἂν φαίη τις οὐδ' ἄρχοντας εἶναι τοὺς τοιούτους, οὐδὲ
μετέχειν διὰ ταῦτ' ἀρχῆς· καίτοι γελοῖον τοὺς κυριωτάτους
ἀποστερεῖν ἀρχῆς. ἀλλὰ διαφερέτω μηδέν· περὶ ὀνόματος
γὰρ ὁ λόγος· ἀνώνυμον γὰρ τὸ κοινὸν ἐπὶ δικαστοῦ καὶ 30
ἐκκλησιαστοῦ, τί δεῖ ταῦτ' ἄμφω καλεῖν. ἔστω δὴ διορισμοῦ
χάριν ἀόριστος ἀρχή. τίθεμεν δὴ πολίτας τοὺς οὕτω μετ-
έχοντας. 33

ὁ μὲν οὖν μάλιστ' ἂν ἐφαρμόσας ὁρισμὸς ἐπὶ πάν- 33
τας τοὺς λεγομένους πολίτας σχεδὸν τοιοῦτός ἐστιν· δεῖ δὲ
μὴ λανθάνειν ὅτι τῶν πραγμάτων ἐν οἷς τὰ ὑποκείμενα 35
διαφέρει τῷ εἴδει, καὶ τὸ μὲν αὐτῶν ἐστι πρῶτον τὸ δὲ
δεύτερον τὸ δ' ἐχόμενον, ἢ τὸ παράπαν οὐδὲν ἔστιν, ᾗ
τοιαῦτα, τὸ κοινόν, ἢ γλίσχρως. τὰς δὲ πολιτείας ὁρῶμεν
εἴδει διαφερούσας ἀλλήλων, καὶ τὰς μὲν ὑστέρας τὰς δὲ
προτέρας οὔσας· τὰς γὰρ ἡμαρτημένας καὶ παρεκβεβηκυίας 1275ᵇ
ἀναγκαῖον ὑστέρας εἶναι τῶν ἀναμαρτήτων (τὰς δὲ παρεκ-
βεβηκυίας πῶς λέγομεν, ὕστερον ἔσται φανερόν). ὥστε καὶ
τὸν πολίτην ἕτερον ἀναγκαῖον εἶναι τὸν καθ' ἑκάστην πολι-
τείαν. διόπερ ὁ λεχθεὶς ἐν μὲν δημοκρατίᾳ μάλιστ' ἐστὶ 5
πολίτης, ἐν δὲ ταῖς ἄλλαις ἐνδέχεται μέν, οὐ μὴν ἀναγ-
καῖον. ⟨ἐν⟩ ἐνίαις γὰρ οὐκ ἔστι δῆμος, οὐδ' ἐκκλησίαν νομί-
ζουσιν ἀλλὰ συγκλήτους, καὶ τὰς δίκας δικάζουσι κατὰ μέρος,
οἷον ἐν Λακεδαίμονι τὰς τῶν συμβολαίων δικάζει τῶν
ἐφόρων ἄλλος ἄλλας, οἱ δὲ γέροντες τὰς φονικάς, ἑτέρα 10
δ' ἴσως ἀρχή τις ἑτέρας. τὸν αὐτὸν δὲ τρόπον καὶ περὶ
Καρχηδόνα· πάσας γὰρ ἀρχαί τινες κρίνουσι τὰς δίκας.
ἀλλ' ἔχει διόρθωσιν ὁ τοῦ πολίτου διορισμός. ἐν γὰρ
ταῖς ἄλλαις πολιτείαις οὐχ ὁ ἀόριστος ἄρχων ἐκκλησιαστής

27 ἂν φαίη VᵐP¹π²Γ: ἀντιφαίη HᵃP²P³π²: φαίη Mᵃ   28–29 καίτοι
... ἀρχῆς om. Π¹   33 ὁρισμὸς Richards: πολίτης codd. Γ   37 οὐδ'
ἔνεστιν Madvig   ἢ Hᵃπ²   39 τὰς δὲ προτέρας om. ut vid. Vᵐ
1275ᵇ 2 ἀναγκαῖον ... παρεκβεβηκυίας om. HᵃMᵃ   7 ἐν add. Coraes
8 ἀλλὰ] ἀλλ' ἢ Richards   10 αλλοις αλλας Vᵐ   11 τις] της Vᵐ
τὸν] οὐ τὸν Schneider   13 ἔχει+γὰρ Π²VᵐHᵃMᶜΓ

15 ἐστι καὶ δικαστής, ἀλλὰ ὁ κατὰ τὴν ἀρχὴν ὡρισμένος·
τούτων γὰρ ἢ πᾶσιν ἢ τισὶν ἀποδέδοται τὸ βουλεύεσθαι καὶ
δικάζειν ἢ περὶ πάντων ἢ περὶ τινῶν. τίς μὲν οὖν ἐστιν ὁ
πολίτης, ἐκ τούτων φανερόν· ᾧ γὰρ ἐξουσία κοινωνεῖν ἀρχῆς
βουλευτικῆς καὶ κριτικῆς, πολίτην ἤδη λέγομεν εἶναι ταύτης
20 τῆς πόλεως, πόλιν δὲ τὸ τῶν τοιούτων πλῆθος ἱκανὸν πρὸς
αὐτάρκειαν ζωῆς, ὡς ἁπλῶς εἰπεῖν.

Ὁρίζονται δὲ πρὸς τὴν χρῆσιν πολίτην τὸν ἐξ ἀμφοτέρων 2
πολιτῶν καὶ μὴ θατέρου μόνον, οἷον πατρὸς ἢ μητρός, οἱ δὲ καὶ
τοῦτ᾽ ἐπὶ πλέον ζητοῦσιν, οἷον ἐπὶ πάππους δύο ἢ τρεῖς ἢ πλείους.
25 οὕτω δὲ ὁριζομένων πολιτικῶς καὶ παχέως, ἀποροῦσί τινες τὸν
τρίτον ἐκεῖνον ἢ τέταρτον, πῶς ἔσται πολίτης. Γοργίας μὲν
οὖν ὁ Λεοντῖνος, τὰ μὲν ἴσως ἀπορῶν τὰ δ᾽ εἰρωνευόμενος,
ἔφη, καθάπερ ὅλμους εἶναι τοὺς ὑπὸ τῶν ὁλμοποιῶν πεποιη-
μένους, οὕτω καὶ Λαρισαίους τοὺς ὑπὸ τῶν δημιουργῶν πε-
30 ποιημένους· εἶναι γάρ τινας λαρισοποιούς. ἔστι δ᾽ ἁπλοῦν.
εἰ γὰρ μετεῖχον κατὰ τὸν ῥηθέντα διορισμὸν τῆς πολιτείας,
ἦσαν πολῖται· καὶ γὰρ οὐδὲ δυνατὸν ἐφαρμόττειν τὸ ἐκ
πολίτου ἢ ἐκ πολίτιδος ἐπὶ τῶν πρώτων οἰκησάντων ἢ κτι-
34 σάντων.

34   ἀλλ᾽ ἴσως ἐκεῖνο μᾶλλον ἔχει ἀπορίαν, ὅσοι
35 μετέσχον μεταβολῆς γενομένης πολιτείας, οἷον ⟨ἃ⟩ Ἀθήνησιν
ἐποίησε Κλεισθένης μετὰ τὴν τῶν τυράννων ἐκβολήν· πολ-
λοὺς γὰρ ἐφυλέτευσε ξένους καὶ δούλους μετοίκους. τὸ δ᾽ ἀμφισ-

16–17 τούτων . . . πάντων om. Hᵃ   16 βούλεσθαι Π²Vᵐ   17 περὶ²
om. MᵃP¹   19 καὶ Aretinus: ἢ codd.   22 δὲ Γ (codd. aliqui): δὴ
codd. Graeci   τὸν] τῶν HᵃMˢ   24 ἐππάππους P²: ἔτι πάππους
Camerarius   25 δὴ Π³ P³   παχέως Camerarius: ταχέως codd. Γ   27 ει-
ρωνευομονος Vᵐ   29 λαρισαιους Vᵐ: λαρισσαίους cet.   υπο των bis Vᵐ
30 λαρισοποιούς Bekkerᵃ: λαρισσοποιούς codd. Γ   31 διορισμος Vᵐ
32 ἦσαν Π¹Vᵐ: +ἂν HᵃP²P³π²: ἦ. ἂν π³   οὐδὲν Hᵃ: οὐ π²   33 ἦ] καὶ
Richards   ἐκ om. P¹, fort. Γ   34 ἐκεῖνο Victorius: ἐκείνην codd.:
ἐκεῖνοι Γ   ἔχουσι Γ   35 ἃ add. Chandler, οὓς Richards
37 δούλους καὶ ξένους pr. Mˢ

βήτημα πρὸς τούτους ἐστὶν οὐ τίς πολίτης, ἀλλὰ πότερον
ἀδίκως ἢ δικαίως. καίτοι κἂν τοῦτό τις ἔτι προσαπορήσειεν,
ἆρ' εἰ μὴ δικαίως πολίτης, οὐ πολίτης, ὡς ταὐτὸ δυναμένου 1276ᵃ
τοῦ τ' ἀδίκου καὶ τοῦ ψευδοῦς. ἐπεὶ δ' ὁρῶμεν καὶ ἄρχον-
τάς τινας ἀδίκως, οὓς ἄρχειν μὲν φήσομεν ἀλλ' οὐ δικαίως, ὁ
δὲ πολίτης ἀρχῇ τινὶ διωρισμένος ἐστίν (ὁ γὰρ κοινωνῶν τῆς
τοιᾶσδε ἀρχῆς πολίτης ἐστίν, ὡς ἔφαμεν), δῆλον ὅτι πολίτας 5
3μὲν εἶναι φατέον καὶ τούτους· περὶ δὲ τοῦ δικαίως ἢ
μὴ δικαίως συνάπτει πρὸς τὴν εἰρημένην πρότερον ἀμφισ-
βήτησιν. ἀποροῦσι γάρ τινες πόθ' ἡ πόλις ἔπραξε καὶ πότε
οὐχ ἡ πόλις, οἷον ὅταν ἐξ ὀλιγαρχίας ἢ τυραννίδος γένηται
δημοκρατία (τότε γὰρ οὔτε τὰ συμβόλαια ἔνιοι βούλονται 10
διαλύειν, ὡς οὐ τῆς πόλεως ἀλλὰ τοῦ τυράννου λαβόντος,
οὔτ' ἄλλα πολλὰ τῶν τοιούτων, ὡς ἐνίας τῶν πολιτειῶν τῷ
κρατεῖν οὔσας, ἀλλὰ οὐ διὰ τὸ κοινῇ συμφέρον)· εἴπερ οὖν
καὶ δημοκρατοῦνταί τινες κατὰ τὸν τρόπον τοῦτον, ὁμοίως
τῆς πόλεως φατέον εἶναι ταύτης τὰς τῆς πολιτείας ταύτης 15
πράξεις καὶ τὰς ἐκ τῆς ὀλιγαρχίας καὶ τῆς τυραννίδος.
ἔοικε δ' οἰκεῖος ὁ λόγος εἶναι τῆς ἀπορίας ταύτης πως,
πότε χρὴ λέγειν τὴν πόλιν εἶναι τὴν αὐτὴν ἢ μὴ τὴν
αὐτὴν ἀλλ' ἑτέραν. ἡ μὲν οὖν ἐπιπολαιοτάτη τῆς ἀπορίας
ζήτησις περὶ τὸν τόπον καὶ τοὺς ἀνθρώπους ἐστίν· ἐνδέχεται 20
γὰρ διαζευχθῆναι τὸν τόπον καὶ τοὺς ἀνθρώπους, καὶ τοὺς
μὲν ἕτερον τοὺς δ' ἕτερον οἰκῆσαι τόπον.   22

                                    ταύτην μὲν οὖν 22
πραοτέραν θετέον τὴν ἀπορίαν (πολλαχῶς γὰρ τῆς πόλεως
λεγομένης, ἐστί πως εὐμάρεια τῆς τοιαύτης ζητήσεως)· ὁμοίως

39 κἂν Bekker: καὶ codd. Γ   τοῦτο pr. Mˢ, π³: τούτων ut vid. Hᵃ:
τούτω cet.   1276ᵃ 4 τῆς om. MˢP¹   5 φαμέν MˢΓ   14 καὶ
δημοκρατοῦνται] in democratiam versae fuerunt (vel fuerint) Guil.   15 οὐ
τῆς Hayduck   φατέον] οὐ φατέον vel φατέον ἢ οὐ φατέον Richards
17 ὁ λόγος οἰκεῖος MˢΓ   πως, πότε scripsi: πῶς ποτὲ codd.: πότε Spengel:
πῶς καὶ πότε Richards   18 πότε Spengel (cf. ᵃ25): ποτε codd. Γ
23 προτέραν Hᵃ: πρωτέραν π³

25 δὲ καὶ τῶν τὸν αὐτὸν κατοικούντων ἀνθρώπων πότε
δεῖ νομίζειν μίαν εἶναι τὴν πόλιν; οὐ γὰρ δὴ τοῖς τείχε-
σιν· εἴη γὰρ ἂν Πελοποννήσῳ περιβαλεῖν ἓν τεῖχος. τοιαύτη
δ' ἴσως ἐστὶ καὶ Βαβυλὼν καὶ πᾶσα ἥτις ἔχει περιγραφὴν
μᾶλλον ἔθνους ἢ πόλεως· ἧς γέ φασιν ἑαλωκυίας τρίτην
30 ἡμέραν οὐκ αἰσθέσθαι τι μέρος τῆς πόλεως.

30   ἀλλὰ περὶ
μὲν ταύτης τῆς ἀπορίας εἰς ἄλλον καιρὸν χρήσιμος ἡ σκέ-
ψις (περὶ γὰρ μεγέθους τῆς πόλεως, τό τε πόσον καὶ πό-
τερον ἔθνος ἓν ἢ πλείω συμφέρει, δεῖ μὴ λανθάνειν ·τὸν
πολιτικόν)· ἀλλὰ τῶν αὐτῶν κατοικούντων τὸν αὐτὸν τόπον,
35 πότερον ἕως ἂν ᾖ τὸ γένος ταὐτὸ τῶν κατοικούντων, τὴν
αὐτὴν εἶναι φατέον πόλιν, καίπερ αἰεὶ τῶν μὲν φθειρομέ-
νων τῶν δὲ γινομένων, ὥσπερ καὶ ποταμοὺς εἰώθαμεν λέγειν
τοὺς αὐτοὺς καὶ κρήνας τὰς αὐτάς, καίπερ αἰεὶ τοῦ μὲν ἐπι-
γινομένου νάματος τοῦ δ' ὑπεξιόντος, ἢ τοὺς μὲν ἀνθρώπους
40 φατέον εἶναι τοὺς αὐτοὺς διὰ τὴν τοιαύτην αἰτίαν, τὴν δὲ
1276ᵇ πόλιν ἑτέραν; εἴπερ γάρ ἐστι κοινωνία τις ἡ πόλις, ἔστι δὲ
κοινωνία πολιτῶν πολιτείας, γινομένης ἑτέρας τῷ εἴδει
καὶ διαφερούσης τῆς πολιτείας ἀναγκαῖον εἶναι δόξειεν ἂν
καὶ τὴν πόλιν εἶναι μὴ τὴν αὐτήν, ὥσπερ γε καὶ χορὸν
5 ὁτὲ μὲν κωμικὸν ὁτὲ δὲ τραγικὸν ἕτερον εἶναί φαμεν, τῶν
αὐτῶν πολλάκις ἀνθρώπων ὄντων, ὁμοίως δὲ καὶ πᾶσαν
ἄλλην κοινωνίαν καὶ σύνθεσιν ἑτέραν, ἂν εἶδος ἕτερον ᾖ τῆς
συνθέσεως, οἷον ἁρμονίαν τῶν αὐτῶν φθόγγων ἑτέραν εἶναι
λέγομεν, ἂν ὁτὲ μὲν ᾖ Δώριος ὁτὲ δὲ Φρύγιος. εἰ δὴ τοῦ-
10 τον ἔχει τὸν τρόπον, φανερὸν ὅτι μάλιστα λεκτέον τὴν
αὐτὴν πόλιν εἰς τὴν πολιτείαν βλέποντας· ὄνομα δὲ κα-
λεῖν ἕτερον ἢ ταὐτὸν ἔξεστι καὶ τῶν αὐτῶν κατοικούντων

25 τῶν τῶν αὐτῶν· Hᵃ : τῶν τὸν αὐτὸν τόπον π³ : τὸν αὐτὸν τόπον πᵃ Γ: τὸν
τόπον πᵃ   26 εἶναι μίαν MᵃP¹   27 πελοποννήσω HᵃMᵃP³Γ   32 πο-
σὸν MᵃP¹   33 ἔθνος ἕν] ὃν ἔθνος Mᵃ: ἐν Π²Hᵃ et cum lacuna maiore
P¹   1276ᵇ 2 πολιτεία Congreve   3 ἂν om. MᵃP¹   7–8 τῆς
συνθέσεως ᾖ Π¹   9 λέγομεν Albertus: λέγοιμεν codd. Γ   ᾖ om. Hᵃ

αὐτὴν καὶ πάμπαν ἑτέρων ἀνθρώπων. εἰ δὲ δίκαιον δια-
λύειν ἢ μὴ διαλύειν, ὅταν εἰς ἑτέραν μεταβάλῃ πολι-
τείαν ἡ πόλις, λόγος ἕτερος.   15

4 Τῶν δὲ νῦν εἰρημένων ἐχόμενόν ἐστιν ἐπισκέψασθαι
πότερον τὴν αὐτὴν ἀρετὴν ἀνδρὸς ἀγαθοῦ καὶ πολίτου σπου-
δαίου θετέον, ἢ μὴ τὴν αὐτήν. ἀλλὰ μὴν εἴ γε τοῦτο τυ-
χεῖν δεῖ ζητήσεως, τὴν τοῦ πολίτου τύπῳ τινὶ πρῶτον λη-
πτέον. ὥσπερ οὖν ὁ πλωτὴρ εἷς τις τῶν κοινωνῶν ἐστιν, οὕτω 20
καὶ τὸν πολίτην φαμέν. τῶν δὲ πλωτήρων καίπερ ἀν-
ομοίων ὄντων τὴν δύναμιν (ὁ μὲν γάρ ἐστιν ἐρέτης, ὁ δὲ
κυβερνήτης, ὁ δὲ πρῳρεύς, ὁ δ' ἄλλην τιν' ἔχων τοιαύτην
ἐπωνυμίαν) δῆλον ὡς ὁ μὲν ἀκριβέστατος ἑκάστου λόγος
ἴδιος ἔσται τῆς ἀρετῆς, ὁμοίως δὲ καὶ κοινός τις ἐφαρμόσει 25
πᾶσιν. ἡ γὰρ σωτηρία τῆς ναυτιλίας ἔργον ἐστὶν αὐτῶν
πάντων· τούτου γὰρ ἕκαστος ὀρέγεται τῶν πλωτήρων. ὁμοίως
τοίνυν καὶ τῶν πολιτῶν, καίπερ ἀνομοίων ὄντων, ἡ σωτη-
ρία τῆς κοινωνίας ἔργον ἐστί, κοινωνία δ' ἐστὶν ἡ πολιτεία·
διὸ τὴν ἀρετὴν ἀναγκαῖον εἶναι τοῦ πολίτου πρὸς τὴν πολι- 30
τείαν. εἴπερ οὖν ἔστι πλείω πολιτείας εἴδη, δῆλον ὡς οὐκ
ἐνδέχεται τοῦ σπουδαίου πολίτου μίαν ἀρετὴν εἶναι, τὴν τε-
λείαν· τὸν δ' ἀγαθὸν ἄνδρα φαμὲν κατὰ μίαν ἀρετὴν εἶναι,
τὴν τελείαν.   34

ὅτι μὲν οὖν ἐνδέχεται πολίτην ὄντα σπουδαῖον μὴ 34
κεκτῆσθαι τὴν ἀρετὴν καθ' ἣν σπουδαῖος ἀνήρ, φανερόν· οὐ 35
μὴν ἀλλὰ καὶ κατ' ἄλλον τρόπον ἔστι διαποροῦντας ἐπελ-
θεῖν τὸν αὐτὸν λόγον περὶ τῆς ἀρίστης πολιτείας. εἰ γὰρ
ἀδύνατον ἐξ ἁπάντων σπουδαίων ὄντων εἶναι πόλιν, δεῖ γ'

14 μεταβάλλῃ πολιτείαν Π³ : πολιτείαν μεταβάλῃ Π¹   17 ἀνδρὸς et hoc
loco et ante τὴν Hᵃ, post ἀγαθοῦ Mˢ et fort. Γ   18 ἢ μὴ] ημιν Vᵐ
19 πρῶτον om. pr. P¹ : πρώτω Hᵃ   20 κοινῶν VᵐHᵃΠ¹   21 τῶν
δε] τωδε Vᵐ   23 εχων+την Vᵐ   25 ὅμως Victorius   28 καὶ
om. MˢΓ   29 κοινωνία δ' ἐστὶν om. Vᵐ   30 διόπερ MˢΓ
33 τὸν ... 34 τελείαν P¹Γ : om. cet.   34 τὴν om. pr. P¹   35 οὐ μὴν
ἀλλὰ Π²Γ : οὐ μὴν MˢVᵐ, pr. P¹ : ἀλλὰ Hᵃ   38 γ' scripsi : δ' codd. Γ

ἕκαστον τὸ καθ' αὑτὸν ἔργον εὖ ποιεῖν, τοῦτο δὲ ἀπ' ἀρετῆς·
40 ἐπεὶ δὲ ἀδύνατον ὁμοίους εἶναι πάντας τοὺς πολίτας, οὐκ ἂν
1277ᵃ εἴη μία ἀρετὴ πολίτου καὶ ἀνδρὸς ἀγαθοῦ. τὴν μὲν γὰρ τοῦ
σπουδαίου πολίτου δεῖ πᾶσιν ὑπάρχειν (οὕτω γὰρ ἀρίστην
ἀναγκαῖον εἶναι τὴν πόλιν), τὴν δὲ τοῦ ἀνδρὸς τοῦ ἀγαθοῦ
ἀδύνατον, εἰ μὴ πάντας ἀναγκαῖον ἀγαθοὺς εἶναι τοὺς ἐν
5 τῇ σπουδαίᾳ πόλει πολίτας. ἔτι ἐπεὶ ἐξ ἀνομοίων ἡ πόλις,
ὥσπερ ζῷον εὐθὺς ἐκ ψυχῆς καὶ σώματος, καὶ ψυχὴ ἐκ
λόγου καὶ ὀρέξεως, καὶ οἰκία ἐξ ἀνδρὸς καὶ γυναικός, καὶ
κτῆσις ἐκ δεσπότου καὶ δούλου, τὸν αὐτὸν τρόπον καὶ πόλις
ἐξ ἁπάντων τε τούτων καὶ πρὸς τούτοις ἐξ ἄλλων ἀνομοίων
10 συνέστηκεν εἰδῶν, ἀνάγκη μὴ μίαν εἶναι τὴν τῶν πολιτῶν
πάντων ἀρετήν, ὥσπερ οὐδὲ τῶν χορευτῶν κορυφαίου καὶ
12 παραστάτου.

12   διότι μὲν τοίνυν ἁπλῶς οὐχ ἡ αὐτή, φανερὸν
ἐκ τούτων· ἀλλ' ἆρα ἔσται τινὸς ἡ αὐτὴ ἀρετὴ πολίτου τε
σπουδαίου καὶ ἀνδρὸς σπουδαίου; φαμὲν δὴ τὸν ἄρχοντα τὸν
15 σπουδαῖον ἀγαθὸν εἶναι καὶ φρόνιμον, τὸν δὲ πολίτην οὐκ
ἀναγκαῖον εἶναι φρόνιμον. καὶ τὴν παιδείαν δ' εὐθὺς ἑ-
τέραν εἶναι λέγουσί τινες ἄρχοντος, ὥσπερ καὶ φαίνονται
οἱ τῶν βασιλέων υἱεῖς ἱππικὴν καὶ πολεμικὴν παιδευόμενοι,
καὶ Εὐριπίδης φησὶ " μή μοι τὰ κομψ' . . . ἀλλ' ὧν πόλει
20 δεῖ", ὡς οὖσάν τινα ἄρχοντος παιδείαν. εἰ δὲ ἡ αὐτὴ ἀρετὴ
ἄρχοντός τε ἀγαθοῦ καὶ ἀνδρὸς ἀγαθοῦ, πολίτης δ' ἐστὶ καὶ
ὁ ἀρχόμενος, οὐχ ἡ αὐτὴ ἁπλῶς ἂν εἴη πολίτου καὶ ἀνδρός,
τινὸς μέντοι πολίτου· οὐ γὰρ ἡ αὐτὴ ἄρχοντος καὶ πολίτου,

39 αὐτὸν Γ   40 ἐπειδὴ δὲ P¹: ἐπείδη MˢΓ   ὁμοίως Hᵃπ²
1277ᵃ 1 ἀρετὴ μία Π¹   3 πολιτην Vᵐ: πολιτείαν pr. P¹   τὴν om.
Vᵐ   8 κτῆσις secl. Bernays: κτησεις Vᵐ   9 ανοποιων Vᵐ   12 δι-
ότι] an ὅτι?   ἁπλῶς om. Π¹   15 εἶναι ἀγαθὸν Π¹   πολίτην οὐκ
Congreve: πολιτικὸν codd. Γ   16 φρονημου Vᵐ   17 τινες + τοῦ
Π²   19 ευρηπιδης Vᵐ   μὴ . . . 20 δεῖ: Aeolus fr. 16 (Nauck²)
20 δὲ] δὴ Π¹   ἡ om. Vᵐ   ἀρετὴ om. Π¹   22 ἂν εἴη ἁπλῶς Π¹
23 μέντοι + τοῦ δυναμένου ἄρχειν μόνον (μόνου supercsr. P¹) Π¹

74

καὶ διὰ τοῦτ' ἴσως 'Ιάσων ἔφη πεινῆν ὅτε μὴ τυραννοῖ, ὡς
οὐκ ἐπιστάμενος ἰδιώτης εἶναι. 25

ἀλλὰ μὴν ἐπαινεῖταί γε τὸ 25
δύνασθαι ἄρχειν καὶ ἄρχεσθαι, καὶ πολίτου ⟨δοκεῖ⟩ δοκίμου ἡ
ἀρετὴ εἶναι τὸ δύνασθαι καὶ ἄρχειν καὶ ἄρχεσθαι καλῶς. εἰ οὖν
τὴν μὲν τοῦ ἀγαθοῦ ἀνδρὸς τίθεμεν ἀρχικήν, τὴν δὲ τοῦ πο-
λίτου ἄμφω, οὐκ ἂν εἴη ἄμφω ἐπαινετὰ ὁμοίως. ἐπεὶ οὖν
ποτε δοκεῖ ἕτερα, καὶ οὐ ταὐτὰ δεῖν τὸν ἄρχοντα μαν- 30
θάνειν καὶ τὸν ἀρχόμενον, τὸν δὲ πολίτην ἀμφότερ' ἐπί-
ίστασθαι καὶ μετέχειν ἀμφοῖν, τοὐντεῦθεν ἂν κατίδοι τις.
ἔστι γὰρ ἀρχὴ δεσποτική· ταύτην δὲ τὴν περὶ τὰ ἀναγκαῖα
λέγομεν, ἃ ποιεῖν ἐπίστασθαι τὸν ἄρχοντα οὐκ ἀναγκαῖον,
ἀλλὰ χρῆσθαι μᾶλλον· θάτερον δὲ καὶ ἀνδραποδῶδες. 35
λέγω δὲ θάτερον τὸ δύνασθαι καὶ ὑπηρετεῖν τὰς διακονι-
κὰς πράξεις. δούλου δ' εἴδη πλείω λέγομεν· αἱ γὰρ ἐργα-
σίαι πλείους. ὧν ἓν μέρος κατέχουσιν οἱ χερνῆτες· οὗτοι δ'
εἰσίν, ὥσπερ σημαίνει καὶ τοὔνομ' αὐτό, οἱ ζῶντες ἀπὸ
τῶν χειρῶν, ἐν οἷς ὁ βάναυσος τεχνίτης ἐστίν. διὸ παρ' 1277ᵇ
ἐνίοις οὐ μετεῖχον οἱ δημιουργοὶ τὸ παλαιὸν ἀρχῶν, πρὶν
δῆμον γενέσθαι τὸν ἔσχατον. τὰ μὲν οὖν ἔργα τῶν ἀρχο-
μένων οὕτως οὐ δεῖ τὸν ἀγαθὸν [οὐδὲ τὸν] πολιτικὸν οὐδὲ τὸν
πολίτην τὸν ἀγαθὸν μανθάνειν, εἰ μή ποτε χρείας χάριν 5
αὐτῷ πρὸς αὑτόν· οὐ γὰρ ἔτι συμβαίνει γίνεσθαι τὸν μὲν
δεσπότην τὸν δὲ δοῦλον. 7

ἀλλ' ἔστι τις ἀρχὴ καθ' ἣν ἄρχει 7
τῶν ὁμοίων τῷ γένει καὶ τῶν ἐλευθέρων. ταύτην γὰρ λέ-
γομεν εἶναι τὴν πολιτικὴν ἀρχήν, ἣν δεῖ τὸν ἄρχοντα ἀρ-

24 ἴσως om. Π¹   πινην Vᵐ   τυραννεῖ HᵃΠ¹, pr. P²   26 δο-
κεῖ δοκίμου Bernays: δοκίμου codd. Γ: δοκεῖ που Jackson   29 νετὰ
ὁμοίως ἐπεὶ om. Vᵐ   30 ἕτερα Coraes: ἀμφότερα codd. Γ: ἄμφω
ἕτερα Bernays   32 κἀντεῦθεν P¹Γ: κατένθεν Mᵃ   34 λέγομεν,
ἃ Lambinus: λεγόμενα HᵃΠ¹Π²Π³ et ut vid. Vᵐ·   39 αὐτό Monte-
catinus: αὐτούς codd. Γ: αὐτοῖς Richards   1277ᵇ 4 οὐδὲ τὸν seclusi
6 αὑτόν HᵃMᵃ

10 χόμενον μαθεῖν, οἷον ἱππαρχεῖν ἱππαρχηθέντα, στρατηγεῖν
στρατηγηθέντα καὶ ταξιαρχήσαντα καὶ λοχαγήσαντα. διὸ
λέγεται καὶ τοῦτο καλῶς, ὡς οὐκ ἔστιν εὖ ἄρξαι μὴ
ἀρχθέντα. τούτων δὲ ἀρετὴ μὲν ἑτέρα, δεῖ δὲ τὸν πολίτην
τὸν ἀγαθὸν ἐπίστασθαι καὶ δύνασθαι καὶ ἄρχεσθαι καὶ
15 ἄρχειν, καὶ αὕτη ἀρετὴ πολίτου, τὸ τὴν τῶν ἐλευθέρων
ἀρχὴν ἐπίστασθαι ἐπ' ἀμφότερα. καὶ ἀνδρὸς δὴ ἀγαθοῦ
ἄμφω, καὶ εἰ ἕτερον εἶδος σωφροσύνης καὶ δικαιοσύνης
ἀρχικῆς. καὶ γὰρ ἀρχομένου μὲν ἐλευθέρου δὲ δῆλον ὅτι οὐ
μία ἂν εἴη τοῦ ἀγαθοῦ ἀρετή, οἷον δικαιοσύνη, ἀλλ' εἴδη
20 ἔχουσα καθ' ἃ ἄρξει καὶ ἄρξεται, ὥσπερ ἀνδρὸς καὶ γυ-
ναικὸς ἑτέρα σωφροσύνη καὶ ἀνδρεία (δόξαι γὰρ ἂν εἶναι
δειλὸς ἀνήρ, εἰ οὕτως ἀνδρεῖος εἴη ὥσπερ γυνὴ ἀνδρεία, καὶ
γυνὴ λάλος, εἰ οὕτω κοσμία εἴη ὥσπερ ὁ ἀνὴρ ὁ ἀγαθός·
ἐπεὶ καὶ οἰκονομία ἑτέρα ἀνδρὸς καὶ γυναικός· τοῦ μὲν
25 γὰρ κτᾶσθαι τῆς δὲ φυλάττειν ἔργον ἐστίν). ἡ δὲ φρόνησις
ἄρχοντος ἴδιος ἀρετὴ μόνη. τὰς γὰρ ἄλλας ἔοικεν ἀναγ-
καῖον εἶναι κοινὰς καὶ τῶν ἀρχομένων καὶ τῶν ἀρχόντων,
ἀρχομένου δέ γε οὐκ ἔστιν ἀρετὴ φρόνησις, ἀλλὰ δόξα
ἀληθής· ὥσπερ αὐλοποιὸς γὰρ ὁ ἀρχόμενος, ὁ δ' ἄρχων
30 αὐλητὴς ὁ χρώμενος. πότερον μὲν οὖν ἡ αὐτὴ ἀρετὴ ἀν-
δρὸς ἀγαθοῦ καὶ πολίτου σπουδαίου ἢ ἑτέρα, καὶ πῶς ἡ αὐτὴ
καὶ πῶς ἑτέρα, φανερὸν ἐκ τούτων.

Περὶ δὲ τὸν πολίτην ἔτι λείπεταί τις τῶν ἀποριῶν. 5
ὡς ἀληθῶς γὰρ πότερον πολίτης ἐστὶν ᾧ κοινωνεῖν ἔξεστιν
35 ἀρχῆς, ἢ καὶ τοὺς βαναύσους πολίτας θετέον; εἰ μὲν οὖν
καὶ τούτους θετέον οἷς μὴ μέτεστιν ἀρχῶν, οὐχ οἷόν τε παν-
τὸς εἶναι πολίτου τὴν τοιαύτην ἀρετήν (οὗτος γὰρ πολίτης)·
εἰ δὲ μηδεὶς τῶν τοιούτων πολίτης, ἐν τίνι μέρει θετέος ἕκα-
στος; οὐδὲ γὰρ μέτοικος οὐδὲ ξένος. ἢ διά γε τοῦτον τὸν λό-

---

10 στρατηγεῖν] καὶ στρατηγεῖν Γ　　11 διὸ+καὶ π³　　14–15 ἄρχειν
καὶ ἄρχεσθαι Π¹　　19 ἀγαθοῦ] ἤθους Susemihl　　20 ὥσπερ] ὡς γὰρ
Π¹　　23 ἄλαλος π³: ἄλλος P²P³π³: ἄλλως π³　　29 γὰρ αὐλοποιὸς Π¹

γον οὐδὲν φήσομεν συμβαίνειν ἄτοπον; οὐδὲ γὰρ οἱ δοῦλοι 1278ᵃ
τῶν εἰρημένων οὐδέν, οὐδ' οἱ ἀπελεύθεροι. τοῦτο γὰρ ἀληθές,
ὡς οὐ πάντας θετέον πολίτας ὧν ἄνευ οὐκ ἂν εἴη πόλις,
ἐπεὶ οὐδ' οἱ παῖδες ὡσαύτως πολῖται καὶ οἱ ἄνδρες, ἀλλ'
οἱ μὲν ἁπλῶς οἱ δ' ἐξ ὑποθέσεως· πολῖται μὲν γάρ εἰσιν, 5
ἀλλ' ἀτελεῖς. ἐν μὲν οὖν τοῖς ἀρχαίοις χρόνοις παρ' ἐνίοις
ἦν δοῦλον τὸ βάναυσον ἢ ξενικόν, διόπερ οἱ πολλοὶ τοιοῦτοι
καὶ νῦν· ἡ δὲ βελτίστη πόλις οὐ ποιήσει βάναυσον πολίτην.
εἰ δὲ καὶ οὗτος πολίτης, ἀλλὰ πολίτου ἀρετὴν ἣν εἴπομεν
λεκτέον οὐ παντός, οὐδ' ἐλευθέρου μόνον, ἀλλ' ὅσοι τῶν ἔργων 10
εἰσὶν ἀφειμένοι τῶν ἀναγκαίων. τῶν δ' ἀναγκαίων οἱ μὲν
ἑνὶ λειτουργοῦντες τὰ τοιαῦτα δοῦλοι, οἱ δὲ κοινοὶ βάναυσοι
καὶ θῆτες. φανερὸν δ' ἐντεῦθεν μικρὸν ἐπισκεψαμένοις
πῶς ἔχει περὶ αὐτῶν· αὐτὸ γὰρ [φανὲν] τὸ λεχθὲν ποιεῖ
δῆλον. ἐπεὶ γὰρ πλείους εἰσὶν αἱ πολιτεῖαι, καὶ εἴδη πολί- 15
του ἀναγκαῖον εἶναι πλείω, καὶ μάλιστα τοῦ ἀρχομένου
πολίτου, ὥστ' ἐν μὲν τινὶ πολιτείᾳ τὸν βάναυσον ἀναγκαῖον
εἶναι καὶ τὸν θῆτα πολίτας, ἐν τισὶ δ' ἀδύνατον, οἷον εἴ
τίς ἐστιν ἣν καλοῦσιν ἀριστοκρατικὴν καὶ ἐν ᾗ κατ' ἀρετὴν
αἱ τιμαὶ δίδονται καὶ κατ' ἀξίαν· οὐ γὰρ οἷόν τ' ἐπιτηδεῦ- 20
σαι τὰ τῆς ἀρετῆς ζῶντα βίον βάναυσον ἢ θητικόν. ἐν δὲ
ταῖς ὀλιγαρχίαις θῆτα μὲν οὐκ ἐνδέχεται εἶναι πολίτην
(ἀπὸ τιμημάτων γὰρ μακρῶν αἱ μεθέξεις τῶν ἀρχῶν),
βάναυσον δὲ ἐνδέχεται· πλουτοῦσι γὰρ καὶ οἱ πολλοὶ τῶν
τεχνιτῶν. ἐν Θήβαις δὲ νόμος ἦν τὸν δέκα ἐτῶν μὴ ἀπ- 25
εσχημένον τῆς ἀγορᾶς μὴ μετέχειν ἀρχῆς. ἐν πολλαῖς δὲ
πολιτείαις προσεφέλκει τινὰς καὶ τῶν ξένων ὁ νόμος· ὁ γὰρ
ἐκ πολίτιδος ἔν τισι δημοκρατίαις πολίτης ἐστίν, τὸν αὐτὸν
δὲ τρόπον ἔχει καὶ τὰ περὶ τοὺς νόθους παρὰ πολλοῖς. οὐ

1278ᵃ 11 ἀναγκαίων codd. Γ: ἄλλων Bernays   12 κοινῇ Π¹Π²
14 φανὲν non vertit Aretinus, secl. Richards   24 οἱ secl. Schneider
25 τὸν] τῶν pr. P², π³: τὸν διὰ ci. Newman   26 ἀρχῆς] ἀρετῆς MᵃΓ
27 προσέλκει τινὰς Riese: προσέλκεται codd. Γ   τοὺς ξένους π³
29 τοὺς] του Vᵐ

30 μὴν ἀλλ' ἐπεὶ δι' ἔνδειαν τῶν γνησίων πολιτῶν ποιοῦνται
πολίτας τοὺς τοιούτους (διὰ γὰρ ὀλιγανθρωπίαν οὕτω χρῶνται
τοῖς νόμοις), εὐποροῦντες δὴ ὄχλου κατὰ μικρὸν παραιροῦν-
ται τοὺς ἐκ δούλου πρῶτον ἢ δούλης, εἶτα τοὺς ἀπὸ γυναικῶν,
34 τέλος δὲ μόνον τοὺς ἐξ ἀμφοῖν ἀστῶν πολίτας ποιοῦσιν.

34   ὅτι
35 μὲν οὖν εἴδη πλείω πολίτου, φανερὸν ἐκ τούτων, καὶ ὅτι λέ-
γεται μάλιστα πολίτης ὁ μετέχων τῶν τιμῶν, ὥσπερ καὶ
Ὅμηρος ἐποίησεν " ὡς εἴ τιν' ἀτίμητον μετανάστην "· ὥσπερ
μέτοικος γάρ ἐστιν ὁ τῶν τιμῶν μὴ μετέχων. ἀλλ' ὅπου
τὸ τοιοῦτον ἐπικεκρυμμένον ἐστίν, ἀπάτης χάριν τῶν συν-
40 οικούντων ἐστίν. πότερον μὲν οὖν ἑτέραν ἢ τὴν αὐτὴν θετέον,
1278ᵇ καθ' ἣν ἀνὴρ ἀγαθός ἐστι καὶ πολίτης σπουδαῖος, δῆλον ἐκ
τῶν εἰρημένων, ὅτι τινὸς μὲν πόλεως ὁ αὐτὸς τινὸς δ' ἕ-
τερος, κἀκεῖνος οὐ πᾶς ἀλλ' ὁ πολιτικὸς καὶ κύριος ἢ δυνά-
μενος εἶναι κύριος, ἢ καθ' αὑτὸν ἢ μετ' ἄλλων, τῆς τῶν
5 κοινῶν ἐπιμελείας.

Ἐπεὶ δὲ ταῦτα διώρισται, τὸ μετὰ ταῦτα σκεπτέον, 6
πότερον μίαν θετέον πολιτείαν ἢ πλείους, κἂν εἰ πλείους, τί-
νες καὶ πόσαι, καὶ διαφοραὶ τίνες αὐτῶν εἰσιν. ἔστι δὲ πολι-
τεία πόλεως τάξις τῶν τε ἄλλων ἀρχῶν καὶ μάλιστα
10 τῆς κυρίας πάντων. κύριον μὲν γὰρ πανταχοῦ τὸ πολί-
τευμα τῆς πόλεως, πολίτευμα δ' ἐστὶν ἡ πολιτεία. λέγω
δ' οἷον ἐν μὲν ταῖς δημοκρατίαις κύριος ὁ δῆμος, οἱ δ'
ὀλίγοι τοὐναντίον ἐν ταῖς ὀλιγαρχίαις, φαμὲν δὲ καὶ πολι-
τείαν ἑτέραν εἶναι τούτων. τὸν αὐτὸν δὲ τοῦτον ἐροῦμεν λό-
15 γον καὶ περὶ τῶν ἄλλων. ὑποθετέον δὴ πρῶτον τίνος χάριν

32 ἀποροῦντες MᵃΓ   δὴ Susemihl: δ' codd.: om. Γ   34 αὐτῶν
ΠΠ²¹   36–38 ὥσπερ . . . μετέχων hoc loco corr. P¹, post 40 ἐστίν
VᵐHᵃP¹ (sed 36 ὡς που καὶ et 37 om. ὥσπερ Hᵃ)   37–38 ὡς . . .
μετέχων post 40   ἐστίν Πᵃ: ὥσπερ . . . μετέχων post 40 ἐστίν MᵃΓ
1278ᵇ 1 ἐκ τῶν εἰρημένων om. Π¹   3 οὐ] δ' οὐ Π¹   3–4 ἢ . . .
κύριος om. pr. P³, π³   7 καὶ εἰ πλείους P¹: om. Mᵃ   10 της κυριος Vᵐ
12 δημοκρατίαις π³: δημοκρατικαῖς cet.   13 δὴ Spengel   15 δὲ π³

συνέστηκε πόλις, καὶ τῆς ἀρχῆς εἴδη πόσα τῆς περὶ ἄνθρωπον καὶ τὴν κοινωνίαν τῆς ζωῆς. εἴρηται δὴ κατὰ τοὺς πρώτους λόγους, ἐν οἷς περὶ οἰκονομίας διωρίσθη καὶ δεσποτείας, καὶ ὅτι φύσει μέν ἐστιν ἄνθρωπος ζῷον πολιτικόν. διὸ καὶ μηδὲν δεόμενοι τῆς παρὰ ἀλλήλων βοηθείας οὐκ 20 ἔλαττον ὀρέγονται τοῦ συζῆν· οὐ μὴν ἀλλὰ καὶ τὸ κοινῇ συμφέρον συνάγει, καθ' ὅσον ἐπιβάλλει μέρος ἑκάστῳ τοῦ ζῆν καλῶς. μάλιστα μὲν οὖν τοῦτ' ἐστὶ τέλος, καὶ κοινῇ πᾶσι καὶ χωρίς· συνέρχονται δὲ καὶ τοῦ ζῆν ἕνεκεν αὐτοῦ καὶ συνέχουσι τὴν πολιτικὴν κοινωνίαν. ἴσως γὰρ ἔνεστί τι τοῦ κα- 25 λοῦ μόριον καὶ κατὰ τὸ ζῆν αὐτὸ μόνον, ἂν μὴ τοῖς χαλεποῖς κατὰ τὸν βίον ὑπερβάλῃ λίαν. δῆλον δ' ὡς καρτεροῦσι πολλὴν κακοπάθειαν οἱ πολλοὶ τῶν ἀνθρώπων γλιχόμενοι τοῦ ζῆν, ὡς ἐνούσης τινὸς εὐημερίας ἐν αὐτῷ καὶ γλυκύτητος φυσικῆς. 30

ἀλλὰ μὴν καὶ τῆς ἀρχῆς γε τοὺς λεγο- 30 μένους τρόπους ῥᾴδιον διελεῖν· καὶ γὰρ ἐν τοῖς ἐξωτερικοῖς λόγοις διοριζόμεθα περὶ αὐτῶν πολλάκις. ἡ μὲν γὰρ δεσποτεία, καίπερ ὄντος κατ' ἀλήθειαν τῷ τε φύσει δούλῳ καὶ τῷ φύσει δεσπότῃ ταὐτοῦ συμφέροντος, ὅμως ἄρχει πρὸς τὸ τοῦ δεσπότου συμφέρον οὐδὲν ἧττον, πρὸς δὲ τὸ τοῦ 35 δούλου κατὰ συμβεβηκός (οὐ γὰρ ἐνδέχεται φθειρομένου τοῦ δούλου σῴζεσθαι τὴν δεσποτείαν)· ἡ δὲ τέκνων ἀρχὴ καὶ γυναικὸς καὶ τῆς οἰκίας πάσης, ἣν δὴ καλοῦμεν οἰκονομικήν, ἤτοι τῶν ἀρχομένων χάριν ἐστὶν ἢ κοινοῦ τινος ἀμφοῖν, καθ' αὐτὸ μὲν τῶν ἀρχομένων, ὥσπερ ὁρῶμεν καὶ τὰς ἄλλας 40 τέχνας, οἷον ἰατρικὴν καὶ γυμναστικήν, κατὰ συμβεβηκὸς 1279ᵃ

17 δὲ Πⁱπ³ καὶ κατὰ Pⁱπ³ „ 19 καὶ om. Γ ἐστιν ὁ ἄνθρωπος MᵃPⁱ 20 παρὰ Γ: περὶ cet. πολιτείας VᵐMᵃΓ οὐκ ἔλαττον om. VᵐΠⁱ 23 τέλος] τερος Vᵐ 24–25 καὶ³ . . : κοινωνίαν post 26 μόριον Πᵃ 27 ὑπερβάλῃ scripsi: ὑπερβάλη VᵐHᵃPᵃPᵃπᵃ: ὑπερβάλλῃ Mᵃ: ὑπερβάλλει Pⁱπ³ 28 κακοπαθιαν Vᵐ 30 γε om. Πⁱπ³ 39 ἢ om. Vᵐ 40 ὡς MᵃPⁱ

δὲ κἂν αὐτῶν εἶεν. οὐδὲν γὰρ κωλύει τὸν παιδοτρίβην ἕνα
τῶν γυμναζομένων ἐνίοτ᾿ εἶναι καὶ αὐτόν, ὥσπερ ὁ κυβερ-
νήτης εἷς ἐστιν ἀεὶ τῶν πλωτήρων· ὁ μὲν οὖν παιδοτρίβης
5 ἢ κυβερνήτης σκοπεῖ τὸ τῶν ἀρχομένων ἀγαθόν, ὅταν δὲ
τούτων εἷς γένηται καὶ αὐτός, κατὰ συμβεβηκὸς μετέχει
τῆς ὠφελείας. ὁ μὲν γὰρ πλωτήρ, ὁ δὲ τῶν γυμναζομέ-
νων εἷς γίνεται, παιδοτρίβης ὤν. διὸ καὶ τὰς πολιτικὰς
ἀρχάς, ὅταν ᾖ κατ᾿ ἰσότητα τῶν πολιτῶν συνεστηκυῖα καὶ
10 καθ᾿ ὁμοιότητα, κατὰ μέρος ἀξιοῦσιν ἄρχειν, πρότερον μέν,
ᾗ πέφυκεν, ἀξιοῦντες ἐν μέρει λειτουργεῖν, καὶ σκοπεῖν τινα
πάλιν τὸ αὑτοῦ ἀγαθόν, ὥσπερ πρότερον αὐτὸς ἄρχων ἐσκό-
πει τὸ ἐκείνου συμφέρον· νῦν δὲ διὰ τὰς ὠφελείας τὰς
ἀπὸ τῶν κοινῶν καὶ τὰς ἐκ τῆς ἀρχῆς βούλονται συνεχῶς
15 ἄρχειν, οἷον εἰ συνέβαινεν ὑγιαίνειν ἀεὶ τοῖς ἄρχουσι νοσακε-
ροῖς οὖσιν. καὶ γὰρ ἂν οὕτως ἴσως ἐδίωκον τὰς ἀρχάς.
φανερὸν τοίνυν ὡς ὅσαι μὲν πολιτεῖαι τὸ κοινῇ συμφέρον
σκοποῦσιν, αὗται μὲν ὀρθαὶ τυγχάνουσιν οὖσαι κατὰ τὸ
ἁπλῶς δίκαιον, ὅσαι δὲ τὸ σφέτερον μόνον τῶν ἀρχόντων,
20 ἡμαρτημέναι πᾶσαι καὶ παρεκβάσεις τῶν ὀρθῶν πολιτειῶν·
δεσποτικαὶ γάρ, ἡ δὲ πόλις κοινωνία τῶν ἐλευθέρων ἐστίν.

Διωρισμένων δὲ τούτων ἐχόμενόν ἐστι τὰς πολιτείας 7
ἐπισκέψασθαι, πόσαι τὸν ἀριθμὸν καὶ τίνες εἰσί, καὶ πρῶ-
τον τὰς ὀρθὰς αὐτῶν· καὶ γὰρ αἱ παρεκβάσεις ἔσονται
25 φανεραὶ τούτων διορισθεισῶν. ἐπεὶ δὲ πολιτεία μὲν καὶ
πολίτευμα σημαίνει ταὐτόν, πολίτευμα δ᾿ ἐστὶ τὸ κύριον τῶν
πόλεων, ἀνάγκη δ᾿ εἶναι κύριον ἢ ἕνα ἢ ὀλίγους ἢ τοὺς πολ-
λούς, ὅταν μὲν ὁ εἷς ἢ οἱ ὀλίγοι ἢ οἱ πολλοὶ πρὸς τὸ κοι-
νὸν συμφέρον ἄρχωσι, ταύτας μὲν ὀρθὰς ἀναγκαῖον εἶναι

1279ᵃ 2 παιδοτρειβην Vᵐ　　　ἕνα . . . 3 εἶναι] εἶναι τῶν γυμναζομένων
ἐνίοτε Π¹　　　12 αὐτοῦ VᵐHᵃΠ²MˢΓ　　　13 κεινου Vᵐ　　　18 αὐταὶ
MˢΓ　　　20 πᾶσαι καὶ Π³: καὶ πᾶσαι Π¹Π²　　　25 διωρισθεισων Vᵐ
HᵃMˢPˢ　　　καὶ+τὸ Π¹Π³　　　26 σημαίνει . . . πολίτευμα om. Vᵐ
27 ὀλίγον Mˢ et ut vid. Γ

τὰς πολιτείας, τὰς δὲ πρὸς τὸ ἴδιον ἢ τοῦ ἑνὸς ἢ τῶν ὀλί- 30
γων ἢ τοῦ πλήθους παρεκβάσεις. ἢ γὰρ οὐ πολίτας φατέον
εἶναι τοὺς ⟨μὴ⟩ μετέχοντας, ἢ δεῖ κοινωνεῖν τοῦ συμφέροντος.
καλεῖν δ' εἰώθαμεν τῶν μὲν μοναρχιῶν τὴν πρὸς τὸ κοινὸν
ἀποβλέπουσαν συμφέρον βασιλείαν, τὴν δὲ τῶν ὀλίγων μὲν
πλειόνων δ' ἑνὸς ἀριστοκρατίαν (ἢ διὰ τὸ τοὺς ἀρίστους ἄρχειν, 35
ἢ διὰ τὸ πρὸς τὸ ἄριστον τῇ πόλει καὶ τοῖς κοινωνοῦσιν
αὐτῆς), ὅταν δὲ τὸ πλῆθος πρὸς τὸ κοινὸν πολιτεύηται συμ-
φέρον, καλεῖται τὸ κοινὸν ὄνομα πασῶν τῶν πολιτειῶν,
πολιτεία. (συμβαίνει δ' εὐλόγως· ἕνα μὲν γὰρ διαφέρειν
κατ' ἀρετὴν ἢ ὀλίγους ἐνδέχεται, πλείους δ' ἤδη χαλεπὸν 40
ἠκριβῶσθαι πρὸς πᾶσαν ἀρετήν, ἀλλὰ μάλιστα τὴν πολε- 1279ᵇ
μικήν· αὕτη γὰρ ἐν πλήθει γίγνεται· διόπερ κατὰ ταύτην
τὴν πολιτείαν κυριώτατον τὸ προπολεμοῦν καὶ μετέχουσιν·
αὐτῆς οἱ κεκτημένοι τὰ ὅπλα.) παρεκβάσεις δὲ τῶν εἰρη-
μένων τυραννὶς μὲν βασιλείας, ὀλιγαρχία δὲ ἀριστοκρατίας, 5
δημοκρατία δὲ πολιτείας. ἡ μὲν γὰρ τυραννίς ἐστι μοναρ-
χία πρὸς τὸ συμφέρον τὸ τοῦ μοναρχοῦντος, ἡ δ' ὀλιγαρ-
χία πρὸς τὸ τῶν εὐπόρων, ἡ δὲ δημοκρατία πρὸς τὸ συμ-
φέρον τὸ τῶν ἀπόρων· πρὸς δὲ ·τὸ τῷ κοινῷ λυσιτελοῦν
οὐδεμία αὐτῶν.   10

8   Δεῖ δὲ μικρῷ διὰ μακροτέρων εἰπεῖν τίς ἑκάστη τούτων
τῶν πολιτειῶν ἐστιν· καὶ γὰρ ἔχει τινὰς ἀπορίας, τῷ δὲ
περὶ ἑκάστην μέθοδον φιλοσοφοῦντι καὶ μὴ μόνον ἀποβλέ-
ποντι πρὸς τὸ πράττειν οἰκεῖόν ἐστι τὸ μὴ παρορᾶν μηδέ
τι καταλείπειν, ἀλλὰ δηλοῦν τὴν περὶ ἕκαστον ἀλήθειαν. 15
ἔστι δὲ τυραννὶς μὲν μοναρχία, καθάπερ εἴρηται, δεσπο-
τικὴ τῆς πολιτικῆς κοινωνίας, ὀλιγαρχία δ' ὅταν ὦσι κύ-
ριοι τῆς πολιτείας οἱ τὰς οὐσίας ἔχοντες, δημοκρατία δὲ
τοὐναντίον ὅταν οἱ μὴ κεκτημένοι πλῆθος οὐσίας ἀλλ' ἄποροι.

32 μὴ add. Bernays   34 ἀποβλεπούσης Hª   τῶν om. MªP¹
ὀλίγων] οντων Vᵐ   39 μὲν om. Vᵐ   1279ᵇ 6 γὰρ] igitur Guil.
15 τι om. Π¹

20 πρώτη δ' ἀπορία πρὸς τὸν διορισμόν ἐστιν. εἰ γὰρ ειεν οἱ
πλείους, ὄντες εὔποροι, κύριοι τῆς πόλεως, δημοκρατία δ' ἐστὶν
ὅταν ᾖ κύριον τὸ πλῆθος—ὁμοίως δὲ πάλιν κἂν εἴ που συμ-
βαίνει τοὺς ἀπόρους ἐλάττους μὲν εἶναι τῶν εὐπόρων, κρείττους
δ' ὄντας κυρίους εἶναι τῆς πολιτείας, ὅπου δ' ὀλίγον κύριον
25 πλῆθος, ὀλιγαρχίαν εἶναί φασιν—οὐκ ἂν καλῶς δόξειεν
26 διωρίσθαι περὶ τῶν πολιτειῶν
26   ἀλλὰ μὴν κἄν τις συνθεὶς
τῇ μὲν εὐπορίᾳ τὴν ὀλιγότητα τῇ δ' ἀπορίᾳ τὸ πλῆθος
οὕτω προσαγορεύῃ τὰς πολιτείας, ὀλιγαρχίαν μὲν ἐν ᾗ τὰς
ἀρχὰς ἔχουσιν οἱ εὔποροι, ὀλίγοι τὸ πλῆθος ὄντες, δημο-
30 κρατίαν δὲ ἐν ᾗ οἱ ἄποροι, πολλοὶ τὸ πλῆθος ὄντες, ἄλλην
ἀπορίαν ἔχει. τίνας γὰρ ἐροῦμεν τὰς ἄρτι λεχθείσας πολι-
τείας, τὴν ἐν ᾗ πλείους ⟨οἱ⟩ εὔποροι καὶ ἐν ᾗ ἐλάττους οἱ
ἄποροι, κύριοι δ' ἑκάτεροι τῶν πολιτειῶν, εἴπερ μηδεμία
ἄλλη πολιτεία παρὰ τὰς εἰρημένας ἔστιν; ἔοικε τοίνυν ὁ
35 λόγος ποιεῖν δῆλον ὅτι τὸ μὲν ὀλίγους ἢ πολλοὺς εἶναι κυ-
ρίους συμβεβηκός ἐστιν, τὸ μὲν ταῖς ὀλιγαρχίαις τὸ δὲ ταῖς
δημοκρατίαις, διὰ τὸ τοὺς μὲν εὐπόρους ὀλίγους, πολλοὺς δ'
εἶναι τοὺς ἀπόρους πανταχοῦ (διὸ καὶ οὐ συμβαίνει τὰς ῥη-
θείσας αἰτίας ⟨αἰτίας⟩ γίνεσθαι διαφορᾶς), ᾧ δὲ διαφέρουσιν ἥ τε
40 δημοκρατία καὶ ἡ ὀλιγαρχία ἀλλήλων πενία καὶ πλοῦτός
1280ᵃ ἐστιν, καὶ ἀναγκαῖον μέν, ὅπου ἂν ἄρχωσι διὰ πλοῦτον, ἄν
τ' ἐλάττους ἄν τε πλείους, εἶναι ταύτην ὀλιγαρχίαν, ὅπου δ'
οἱ ἄποροι, δημοκρατίαν, ἀλλὰ συμβαίνει, καθάπερ εἴπο-
μεν, τοὺς μὲν ὀλίγους εἶναι τοὺς δὲ πολλούς. εὐποροῦσι
5 μὲν γὰρ ὀλίγοι, τῆς δὲ ἐλευθερίας μετέχουσι πάντες· δι' ἃς
αἰτίας ἀμφισβητοῦσιν ἀμφότεροι τῆς πολιτείας.

Ληπτέον δὲ πρῶτον τίνας ὅρους λέγουσι τῆς ὀλιγαρχίας 9

22 ᾖ] εἴη MᵃP¹   συμβαίνει P¹π³: συμβαίνῃ cet.   26 κἂν] ἐάν Mˢ
28 προσαγορεύῃ Morel: προσαγορεύει Vᵐπ³: προσαγορεύοι HᵃΠ¹Π²
32 οἱ¹ add. Sylburg   34 ποτεια Vᵐ   39 αἰτίας addidi   διαφορὰς
HᵃP¹P²π³   ὧδε HᵃMˢ   40 δημοκρατεια Vᵐ

καὶ δημοκρατίας, καὶ τί τὸ δίκαιον τό τε ὀλιγαρχικὸν
καὶ δημοκρατικόν. πάντες γὰρ ἅπτονται δικαίου τινός, ἀλλὰ
μέχρι τινὸς προέρχονται, καὶ λέγουσιν οὐ πᾶν τὸ κυρίως 10
δίκαιον. οἷον δοκεῖ ἴσον τὸ δίκαιον εἶναι, καὶ ἔστιν, ἀλλ'
οὐ πᾶσιν ἀλλὰ τοῖς ἴσοις· καὶ τὸ ἄνισον δοκεῖ δίκαιον
εἶναι, καὶ γὰρ ἔστιν, ἀλλ' οὐ πᾶσιν ἀλλὰ τοῖς ἀνίσοις· οἱ
δὲ τοῦτ' ἀφαιροῦσι, τὸ οἷς, καὶ κρίνουσι κακῶς. τὸ δ' αἴτιον
ὅτι περὶ αὑτῶν ἡ κρίσις· σχεδὸν δ' οἱ πλεῖστοι φαῦλοι κρι- 15
ταὶ περὶ τῶν οἰκείων. ὥστ' ἐπεὶ τὸ δίκαιον τισίν, καὶ διῄρη-
ται τὸν αὐτὸν τρόπον ἐπί τε τῶν πραγμάτων καὶ οἷς, καθ-
άπερ εἴρηται πρότερον ἐν τοῖς Ἠθικοῖς, τὴν μὲν τοῦ πρά-
γματος ἰσότητα ὁμολογοῦσι, τὴν δὲ οἷς ἀμφισβητοῦσι, μά-
λιστα μὲν διὰ τὸ λεχθὲν ἄρτι, διότι κρίνουσι τὰ περὶ αὑτοὺς 20
κακῶς, ἔπειτα δὲ καὶ διὰ τὸ λέγειν μέχρι τινὸς ἑκατέρους
δίκαιόν τι νομίζουσι δίκαιον λέγειν ἁπλῶς. οἱ μὲν γὰρ
ἂν κατά τι ἄνισοι ὦσιν, οἷον χρήμασιν, ὅλως οἴονται ἄν-
ισοι εἶναι, οἱ δ' ἂν κατά τι ἴσοι, οἷον ἐλευθερίᾳ, ὅλως
ἴσοι.   25

    τὸ δὲ κυριώτατον οὐ λέγουσιν. εἰ μὲν γὰρ τῶν κτη- 25
μάτων χάριν ἐκοινώνησαν καὶ συνῆλθον, τοσοῦτον μετέχουσι
τῆς πόλεως ὅσον περ καὶ τῆς κτήσεως, ὥσθ' ὁ τῶν ὀλιγαρ-
χικῶν λόγος δόξειεν ἂν ἰσχύειν (οὐ γὰρ εἶναι δίκαιον ἴσον
μετέχειν τῶν ἑκατὸν μνῶν τὸν εἰσενέγκαντα μίαν μνᾶν τῷ
δόντι τὸ λοιπὸν πᾶν, οὔτε τῶν ἐξ ἀρχῆς οὔτε τῶν ἐπιγινο- 30
μένων)· εἰ δὲ μήτε τοῦ ζῆν μόνον ἕνεκεν ἀλλὰ μᾶλλον τοῦ
εὖ ζῆν (καὶ γὰρ ἂν δούλων καὶ τῶν ἄλλων ζῴων ἦν πό-
λις· νῦν δ' οὐκ ἔστι, διὰ τὸ μὴ μετέχειν εὐδαιμονίας μηδὲ
τοῦ ζῆν κατὰ προαίρεσιν), μήτε συμμαχίας ἕνεκεν, ὅπως

1280ᵃ 10 πᾶν τό] παντα Vᵐ   11 ἴσον τό] τὸ ἴσον Victorius   12–
13 καὶ . . . ἀνίσοις om. MˢΓ   14 αφερουσιν Vᵐ   15 κριταὶ
φαῦλοι Π¹   20 μεν διελεχθεν Vᵐ   24 ἐλευθερίᾳ Γ: ἐλευθερίῃ Mˢ:
ἐλευθέριοι ΠˢHᵃVᵐ: ἐλεύθεροι P¹   25–40 εἰ . . . συμμαχίας, sententia
non completa   29 εἰσενεγκόντα MˢP¹   31 ἕνεκεν μόνον MˢΓ:
μόνον pr. P¹   34 ἕνεκα MˢP¹

35 ὑπὸ μηδενὸς ἀδικῶνται, μήτε διὰ τὰς ἀλλαγὰς καὶ τὴν
χρῆσιν τὴν πρὸς ἀλλήλους—καὶ γὰρ ἂν Τυρρηνοὶ καὶ Καρχη-
δόνιοι, καὶ πάντες οἷς ἔστι σύμβολα πρὸς ἀλλήλους, ὡς
μιᾶς ἂν πολῖται πόλεως ἦσαν· εἰσὶ γοῦν αὐτοῖς συνθῆκαι
περὶ τῶν εἰσαγωγίμων καὶ σύμβολα περὶ τοῦ μὴ ἀδικεῖν
40 καὶ γραφαὶ περὶ συμμαχίας. ἀλλ' οὔτ' ἀρχαὶ πᾶσιν ἐπὶ
1280ᵇ τούτοις κοιναὶ καθεστᾶσιν, ἀλλ' ἕτεραι παρ' ἑκατέροις, οὔτε τοῦ
ποίους τινὰς εἶναι δεῖ φροντίζουσιν ἅτεροι τοὺς ἑτέρους, οὐδ'
ὅπως μηδεὶς ἄδικος ἔσται τῶν ὑπὸ τὰς συνθήκας μηδὲ μο-
χθηρίαν ἕξει μηδεμίαν, ἀλλὰ μόνον ὅπως μηδὲν ἀδική-
5 σουσιν ἀλλήλους. περὶ δ' ἀρετῆς καὶ κακίας πολιτικῆς δια-
σκοποῦσιν ὅσοι φροντίζουσιν εὐνομίας. ᾗ καὶ φανερὸν ὅτι
δεῖ περὶ ἀρετῆς ἐπιμελὲς εἶναι τῇ γ' ὡς ἀληθῶς ὀνομαζο-
μένῃ πόλει, μὴ λόγου χάριν. γίγνεται γὰρ ἡ κοινωνία συμ-
μαχία τῶν ἄλλων τόπῳ διαφέρουσα μόνον, τῶν ἄπωθεν
10 συμμαχιῶν, καὶ ὁ νόμος συνθήκη καί, καθάπερ ἔφη Λυκό-
φρων ὁ σοφιστής, ἐγγυητὴς ἀλλήλοις τῶν δικαίων, ἀλλ'
οὐχ οἷος ποιεῖν ἀγαθοὺς καὶ δικαίους τοὺς πολίτας. ὅτι δὲ
τοῦτον ἔχει τὸν τρόπον, φανερόν. εἰ γάρ τις καὶ συναγάγοι
τοὺς τόπους εἰς ἕν, ὥστε ἅπτεσθαι τὴν Μεγαρέων πόλιν καὶ
15 Κορινθίων τοῖς τείχεσιν, ὅμως οὐ μία πόλις· οὐδ' εἰ πρὸς
ἀλλήλους ἐπιγαμίας ποιήσαιντο· καίτοι τοῦτο τῶν ἰδίων ταῖς
πόλεσι κοινωνημάτων ἐστίν. ὁμοίως δ' οὐδ' εἴ τινες οἰκοῖεν
χωρὶς μέν, μὴ μέντοι τοσοῦτον ἄπωθεν ὥστε μὴ κοινωνεῖν,
ἀλλ' εἴησαν αὐτοῖς νόμοι τοῦ μὴ σφᾶς αὐτοὺς ἀδικεῖν περὶ

36 τυρηννοὶ Vᵐπ³: τύραννοι HᵃP²P³ₚπ³   38 συνθῆκαι] σωθῆναι. P²π³
1280ᵇ 1 καθεστῶσιν Hᵃ   ἑκατέρων Hᵃ: ἑτέροις Aretinus   τοῦ om.
VᵐΠ¹: τὸ Hᵃ   2 ποιούς τινας HᵃMˢ   ἕτεροι MˢP¹   4 ἕξειν
HᵃP²P³π³   ἀδικήσουσιν Morel: ἀδικήσωσιν codd. Γ   5 πολιτικῆς
om. Π¹   διακοποῦσιν pr. P¹: διακονοῦσιν VᵐMˢΓ   7 ἐπιμελ Mˢ.
ἐπιμέλειαν P¹   9 ἄπωθεν pr. P²: απωθε Vᵐ: ἄποθεν cet.   10 συμ-
μαχιῶν Conring: συμμάχων codd. Γ   Λυκοφρον Vᵐ   13 συνάγοι
Π³   18 ἄποθεν HᵃMˢP¹Π²   19 εἴησαν P¹ (Vᵐ?): εἰ ἦσαν
cet.

τὰς μεταδόσεις, οἷον εἰ ὁ μὲν εἴη τέκτων ὁ δὲ γεωργὸς 20
ὁ δὲ σκυτοτόμος ὁ δ' ἄλλο τι τοιοῦτον, καὶ τὸ πλῆθος εἶεν
μύριοι, μὴ μέντοι κοινωνοῖεν ἄλλου μηδενὸς ἢ τῶν τοιούτων,
οἷον ἀλλαγῆς καὶ συμμαχίας, οὐδ' οὕτω πω πόλις.   23
διὰ 23
τίνα δή ποτ' αἰτίαν; οὐ γὰρ δὴ διὰ τὸ μὴ σύνεγγυς τῆς
κοινωνίας. εἰ γὰρ καὶ συνέλθοιεν οὕτω κοινωνοῦντες (ἕκαστος 25
μέντοι χρῷτο τῇ ἰδίᾳ οἰκίᾳ ὥσπερ πόλει) καὶ σφίσιν αὐτοῖς
ὡς ἐπιμαχίας οὔσης βοηθοῦντες ἐπὶ τοὺς ἀδικοῦντας μόνον,
οὐδ' οὕτως ἂν εἶναι δόξειεν πόλις τοῖς ἀκριβῶς θεωροῦσιν, εἴπερ
ὁμοίως ὁμιλοῖεν συνελθόντες καὶ χωρίς. φανερὸν τοίνυν ὅτι
ἡ πόλις οὐκ ἔστι κοινωνία τόπου, καὶ τοῦ μὴ ἀδικεῖν σφᾶς 30
αὐτοὺς καὶ τῆς μεταδόσεως χάριν· ἀλλὰ ταῦτα μὲν ἀναγ-
καῖον ὑπάρχειν, εἴπερ ἔσται πόλις, οὐ μὴν οὐδ' ὑπαρχόντων
τούτων ἁπάντων ἤδη πόλις, ἀλλ' ἡ τοῦ εὖ ζῆν κοινωνία καὶ
ταῖς οἰκίαις καὶ τοῖς γένεσι, ζωῆς τελείας χάριν καὶ αὐτάρ-
κους. οὐκ ἔσται μέντοι τοῦτο μὴ τὸν αὐτὸν καὶ ἕνα κατοικούν- 35
των τόπον καὶ χρωμένων ἐπιγαμίαις. διὸ κηδεῖαί τ' ἐγέ-
νοντο κατὰ τὰς πόλεις καὶ φατρίαι καὶ θυσίαι καὶ δια-
γωγαὶ τοῦ συζῆν. τὸ δὲ τοιοῦτον φιλίας ἔργον· ἡ γὰρ τοῦ
συζῆν προαίρεσις φιλία. τέλος μὲν οὖν πόλεως τὸ εὖ ζῆν,
ταῦτα δὲ τοῦ τέλους χάριν. πόλις δὲ ἡ γενῶν καὶ κωμῶν 40
κοινωνία ζωῆς τελείας καὶ αὐτάρκους. τοῦτο δ' ἐστίν, ὡς 1281ᵃ
φαμέν, τὸ ζῆν εὐδαιμόνως καὶ καλῶς. τῶν καλῶν ἄρα
πράξεων χάριν θετέον εἶναι τὴν πολιτικὴν κοινωνίαν ἀλλ'
οὐ τοῦ συζῆν. διόπερ ὅσοι συμβάλλονται πλεῖστον εἰς τὴν
τοιαύτην κοινωνίαν, τούτοις τῆς πόλεως μέτεστι πλεῖον ἢ 5
τοῖς κατὰ μὲν ἐλευθερίαν καὶ γένος ἴσοις ἢ μείζοσι κατὰ
δὲ τὴν πολιτικὴν ἀρετὴν ἀνίσοις, ἢ τοῖς κατὰ πλοῦτον ὑπερ-
έχουσι κατ' ἀρετὴν δ' ὑπερεχομένοις. ὅτι μὲν οὖν πάντες

22 μυρίοι Hᵃπ³   23 πω Aretinus: που codd.: sic quidem Guil.
26 οικειαι Vᵐ   30 οὐκ ἔστιν ἡ πόλις Π¹   34 τελέας VᵐMˢP¹
35 καὶ] η Vᵐ   1281ᵃ 3 χάριν om. Π¹

οἱ περὶ τῶν πολιτειῶν ἀμφισβητοῦντες μέρος τι τοῦ δικαίου
10 λέγουσι, φανερὸν ἐκ τῶν εἰρημένων.

Ἔχει δ' ἀπορίαν τί δεῖ τὸ κύριον εἶναι τῆς πόλεως. 10
ἢ γάρ τοι τὸ πλῆθος, ἢ τοὺς πλουσίους, ἢ τοὺς ἐπιεικεῖς, ἢ
τὸν βέλτιστον ἕνα πάντων, ἢ τύραννον. ἀλλὰ ταῦτα πάντα
ἔχειν φαίνεται δυσκολίαν. τί γάρ; ἂν οἱ πένητες διὰ τὸ
15 πλείους εἶναι διανέμωνται τὰ τῶν πλουσίων, τοῦτ' οὐκ ἄδικόν
ἐστιν; " ἔδοξε γὰρ νὴ Δία τῷ κυρίῳ δικαίως." τὴν οὖν ἀδικίαν
τί χρὴ λέγειν τὴν ἐσχάτην; πάλιν τε πάντων ληφθέντων,
οἱ πλείους τὰ τῶν ἐλαττόνων ἂν διανέμωνται, φανερὸν ὅτι
φθείρουσι τὴν πόλιν. ἀλλὰ μὴν οὐχ ἥ γ' ἀρετὴ φθείρει τὸ
20 ἔχον αὐτήν, οὐδὲ τὸ δίκαιον πόλεως φθαρτικόν· ὥστε δῆλον
ὅτι καὶ τὸν νόμον τοῦτον οὐχ οἷόν τ' εἶναι δίκαιον. ἔτι καὶ
τὰς πράξεις ὅσας ὁ τύραννος ἔπραξεν ἀναγκαῖον εἶναι πά-
σας δικαίας· βιάζεται γὰρ ὢν κρείττων, ὥσπερ καὶ τὸ
πλῆθος τοὺς πλουσίους. ἀλλ' ἆρα τοὺς ἐλάττους δίκαιον ἄρχειν
25 καὶ τοὺς πλουσίους; ἂν οὖν κἀκεῖνοι ταῦτα ποιῶσι καὶ διαρπά-
ζωσι καὶ τὰ κτήματα ἀφαιρῶνται τοῦ πλήθους, τοῦτ' ἐστὶ
δίκαιον· καὶ θάτερον ἄρα. ταῦτα μὲν τοίνυν ὅτι πάντα
φαῦλα καὶ οὐ δίκαια, φανερόν· ἀλλὰ τοὺς ἐπιεικεῖς ἄρ-
χειν δεῖ καὶ κυρίους εἶναι πάντων; οὐκοῦν ἀνάγκη τοὺς ἄλλους
30 ἀτίμους εἶναι πάντας, μὴ τιμωμένους ταῖς πολιτικαῖς ἀρ-
χαῖς· τιμὰς γὰρ λέγομεν εἶναι τὰς ἀρχάς, ἀρχόντων δ'
αἰεὶ τῶν αὐτῶν ἀναγκαῖον εἶναι τοὺς ἄλλους ἀτίμους. ἀλλ'
ἕνα τὸν σπουδαιότατον ἄρχειν βέλτιον; ἀλλ' ἔτι τοῦτο ὀλι-
γαρχικώτερον· οἱ γὰρ ἄτιμοι πλείους. ἀλλ' ἴσως φαίη τις
35 ἂν τὸ κύριον ὅλως ἄνθρωπον εἶναι ἀλλὰ μὴ νόμον φαῦλον,
ἔχοντά γε τὰ συμβαίνοντα πάθη περὶ τὴν ψυχήν. ἂν οὖν
ᾖ νόμος μὲν ὀλιγαρχικὸς δὲ ἢ δημοκρατικός, τί διοίσει

16 γὰρ+ἂν ΜˢΓ   17 χρὴ] δεῖ ΜˢΡ¹   παλι Vᵐ   λειφθεντων Vᵐ
21 τουτων Vᵐ   24 ἄρα ΗªΠ², pr. Μˢ,Γ   ἄρχειν δίκαιον Π¹
26 ἀφαιρῶνται τὰ κτήματα Richards   27–28 φαῦλα πάντα Π¹
28 δίκαια] σπουδαῖα Π¹   35 ἀλλὰ ... φαῦλον post 36 ψυχήν ΜˢΓ

περὶ τῶν ἠπορημένων; συμβήσεται γὰρ ὁμοίως τὰ λεχθέντα
11 πρότερον. Περὶ μὲν οὖν τῶν ἄλλων ἔστω τις ἕτερος λόγος·
ὅτι δὲ δεῖ κύριον εἶναι μᾶλλον τὸ πλῆθος ἢ τοὺς ἀρίστους 40
μὲν ὀλίγους δέ, δόξειεν ἂν λέγεσθαι καί τιν' ἔχειν ἀπορίαν
τάχα δὲ κἂν ἀλήθειαν. τοὺς γὰρ πολλούς, ὧν ἕκαστός ἐστιν
οὐ σπουδαῖος ἀνήρ, ὅμως ἐνδέχεται συνελθόντας εἶναι βελ- 1281ᵇ
τίους ἐκείνων, οὐχ ὡς ἕκαστον ἀλλ' ὡς σύμπαντας, οἷον τὰ
συμφορητὰ δεῖπνα τῶν ἐκ μιᾶς δαπάνης χορηγηθέντων·
πολλῶν γὰρ ὄντων ἕκαστον μόριον ἔχειν ἀρετῆς καὶ φρο-
νήσεως, καὶ γίνεσθαι συνελθόντων, ὥσπερ ἕνα ἄνθρωπον τὸ 5
πλῆθος, πολύποδα καὶ πολύχειρα καὶ πολλὰς ἔχοντ'
αἰσθήσεις, οὕτω καὶ περὶ τὰ ἤθη καὶ τὴν διάνοιαν. διὸ καὶ
κρίνουσιν ἄμεινον οἱ πολλοὶ καὶ τὰ τῆς μουσικῆς ἔργα καὶ
τὰ τῶν ποιητῶν· ἄλλοι γὰρ ἄλλο τι μόριον, πάντα δὲ
πάντες. ἀλλὰ τούτῳ διαφέρουσιν οἱ σπουδαῖοι τῶν ἀνδρῶν 10
ἑκάστου τῶν πολλῶν, ὥσπερ καὶ τῶν μὴ καλῶν τοὺς καλούς
φασι, καὶ τὰ γεγραμμένα διὰ τέχνης τῶν ἀληθινῶν, τῷ
συνῆχθαι τὰ διεσπαρμένα χωρὶς εἰς ἕν, ἐπεὶ κεχωρισμέ-
νων γε κάλλιον ἔχειν τοῦ γεγραμμένου τουδὶ μὲν τὸν ὀφθαλ-
μὸν ἑτέρου δέ τινος ἕτερον μόριον.   15

εἰ μὲν οὖν περὶ πάντα 15
δῆμον καὶ περὶ πᾶν πλῆθος ἐνδέχεται ταύτην εἶναι τὴν
διαφορὰν τῶν πολλῶν πρὸς τοὺς ὀλίγους σπουδαίους, ἄδηλον,
ἴσως δὲ νὴ Δία δῆλον ὅτι περὶ ἐνίων ἀδύνατον (ὁ γὰρ
αὐτὸς κἂν ἐπὶ τῶν θηρίων ἁρμόσειε λόγος· καίτοι τί δια-
φέρουσιν ἔνιοι τῶν θηρίων ὡς ἔπος εἰπεῖν;)· ἀλλὰ περὶ τὶ 20
πλῆθος οὐδὲν εἶναι κωλύει τὸ λεχθὲν ἀληθές. διὸ καὶ τὴν
πρότερον εἰρημένην ἀπορίαν λύσειεν ἄν τις διὰ τούτων καὶ

41 λέγεσθαι (vel εὖ λέγεσθαι) Richards: λύεσθαι codd. Γ: λείπεσθαι
Newman   τινος MˢΓ   ἔχει pr. Mˢ   ἀπορίαν codd. Γ: ἀπολογίαν
Wilamowitz   1281ᵇ 1 οὖ] ὁ P²P³π³   5 συνελθόντας Π²
ὥσπερ+οἷον Richards   7 καὶ¹+τὰ Γ   καὶ²+περὶ Mˢ, ?Γ
8 κρίνουσιν] κρίῃς MˢΓ   13 κεχωρισμένον Γ: καὶ χωρισμένον Mˢ
19 καίτοι] καὶ Wilamowitz

τὴν ἐχομένην αὐτῆς, τίνων δεῖ κυρίους εἶναι τοὺς ἐλευθέρους
καὶ τὸ πλῆθος τῶν πολιτῶν. τοιοῦτοι δ' εἰσὶν ὅσοι μήτε
25 πλούσιοι μήτε ἀξίωμα ἔχουσιν ἀρετῆς μηδὲ ἕν. τὸ μὲν γὰρ
μετέχειν αὐτοὺς τῶν ἀρχῶν τῶν μεγίστων οὐκ ἀσφαλές (διά
τε γὰρ ἀδικίαν καὶ δι' ἀφροσύνην τὰ μὲν ἀδικεῖν ἀνάγκη τὰ
δ' ἁμαρτάνειν αὐτούς)· τὸ δὲ μὴ μεταδιδόναι μηδὲ μετ-
έχειν φοβερόν (ὅταν γὰρ ἄτιμοι πολλοὶ καὶ πένητες ὑπάρ-
30 χωσι, πολεμίων ἀναγκαῖον εἶναι πλήρη τὴν πόλιν ταύτην).
λείπεται δὴ τοῦ βουλεύεσθαι καὶ κρίνειν μετέχειν αὐτούς.
διόπερ καὶ Σόλων καὶ τῶν ἄλλων τινὲς νομοθετῶν τάττου-
σιν ἐπί τε τὰς ἀρχαιρεσίας καὶ τὰς εὐθύνας τῶν ἀρχόν-
των, ἄρχειν δὲ κατὰ μόνας οὐκ ἐῶσιν. πάντες μὲν γὰρ
35 ἔχουσι συνελθόντες ἱκανὴν αἴσθησιν, καὶ μιγνύμενοι τοῖς
βελτίοσι τὰς πόλεις ὠφελοῦσιν, καθάπερ ἡ μὴ καθαρὰ τροφὴ
μετὰ τῆς καθαρᾶς τὴν πᾶσαν ποιεῖ χρησιμωτέραν τῆς
38 ὀλίγης· χωρὶς δ' ἕκαστος ἀτελὴς περὶ τὸ κρίνειν ἐστίν.

38   ἔχει
δ' ἡ τάξις αὕτη τῆς πολιτείας ἀπορίαν πρώτην μὲν ὅτι
40 δόξειεν ἂν τοῦ αὐτοῦ εἶναι τὸ κρῖναι τίς ὀρθῶς ἰάτρευκεν,
οὗπερ καὶ τὸ ἰατρεῦσαι καὶ ποιῆσαι ὑγιᾶ τὸν κάμνοντα τῆς
νόσου τῆς παρούσης· οὗτος δ' ἐστὶν ὁ ἰατρός. ὁμοίως δὲ τοῦτο καὶ
1282ᵃ περὶ τὰς ἄλλας ἐμπειρίας καὶ τέχνας. ὥσπερ οὖν ἰατρὸν
δεῖ διδόναι τὰς εὐθύνας ἐν ἰατροῖς, οὕτω καὶ τοὺς ἄλλους ἐν
τοῖς ὁμοίοις. ἰατρὸς δ' ὅ τε δημιουργὸς καὶ ὁ ἀρχιτεκτονι-
κὸς καὶ τρίτος ὁ πεπαιδευμένος περὶ τὴν τέχνην (εἰσὶ γάρ
5 τινες τοιοῦτοι καὶ περὶ πάσας ὡς εἰπεῖν τὰς τέχνας)· ἀπο-
δίδομεν δὲ τὸ κρίνειν οὐδὲν ἧττον τοῖς πεπαιδευμένοις ἢ
τοῖς εἰδόσιν. ἔπειτα καὶ περὶ τὴν αἵρεσιν τὸν αὐτὸν ἂν
δόξειεν ἔχειν τρόπον. καὶ γὰρ τὸ ἑλέσθαι ὀρθῶς τῶν εἰδό-
των ἔργον ἐστίν, οἷον γεωμέτρην τε τῶν γεωμετρικῶν καὶ

24 μήτε πλούσιοι om. MᵃΓ   27 ἀνάγκη Rassow: ἂν codd. Γ
38 περὶ τὸ κρίνειν ἀτελής Π¹   42 ὁ om. Π²   δὲ+καὶ MᵃΓ   1282ᵃ
5 καὶ τοιοῦτοι MᵃP¹: τοιοῦτοι Γ   7 καὶ om. Π¹   9 τε om. HᵃΠ¹π³

κυβερνήτην τῶν κυβερνητικῶν. εἰ γὰρ καὶ περὶ ἐνίων ἔργων 10
καὶ τεχνῶν μετέχουσι καὶ τῶν ἰδιωτῶν τινες, ἀλλ᾽ οὔ τι τῶν
εἰδότων γε μᾶλλον. ὥστε κατὰ μὲν τοῦτον τὸν λόγον οὐκ
ἂν εἴη τὸ πλῆθος ποιητέον κύριον οὔτε τῶν ἀρχαιρεσιῶν οὔτε
τῶν εὐθυνῶν. ἀλλ᾽ ἴσως οὐ πάντα ταῦτα λέγεται καλῶς
διά τε τὸν πάλαι λόγον, ἂν ᾖ τὸ πλῆθος μὴ λίαν ἀνδρα- 15
ποδῶδες (ἔσται γὰρ ἕκαστος μὲν χείρων κριτὴς τῶν εἰδότων,
ἅπαντες δὲ συνελθόντες ἢ βελτίους ἢ οὐ χείρους), καὶ ὅτι
περὶ ἐνίων οὔτε μόνον ὁ ποιήσας οὔτ᾽ ἄριστ᾽ ἂν κρίνειεν, ὅσων
τἄργα γινώσκουσι καὶ οἱ μὴ ἔχοντες τὴν τέχνην, οἶον
οἰκίαν οὐ μόνον ἐστὶ γνῶναι τοῦ ποιήσαντος, ἀλλὰ καὶ βέλ- 20
τιον ὁ χρώμενος αὐτῇ κρινεῖ (χρῆται δ᾽ ὁ οἰκονόμος), καὶ
πηδάλιον κυβερνήτης τέκτονος, καὶ θοίνην ὁ δαιτυμὼν ἀλλ᾽
οὐχ ὁ μάγειρος. 23

ταύτην μὲν οὖν τὴν ἀπορίαν τάχα δόξειέ 23
τις ἂν οὕτω λύειν ἱκανῶς· ἄλλη δ᾽ ἐστὶν ἐχομένη ταύτης.
δοκεῖ γὰρ ἄτοπον εἶναι τὸ μειζόνων εἶναι κυρίους τοὺς φαύ- 25
λους τῶν ἐπιεικῶν, αἱ δ᾽ εὔθυναι καὶ αἱ τῶν ἀρχῶν αἱρέ-
σεις εἰσὶ μέγιστον· ἃς ἐν ἐνίαις πολιτείαις, ὥσπερ εἴρηται,
τοῖς δήμοις ἀποδιδόασιν· ἡ γὰρ ἐκκλησία κυρία πάντων
τῶν τοιούτων ἐστίν. καίτοι τῆς μὲν ἐκκλησίας μετέχουσι καὶ
βουλεύουσι καὶ δικάζουσιν ἀπὸ μικρῶν τιμημάτων καὶ τῆς 30
τυχούσης ἡλικίας, ταμιεύουσι δὲ καὶ στρατηγοῦσι καὶ τὰς
μεγίστας ἀρχὰς ἄρχουσιν ἀπὸ μεγάλων. ὁμοίως δή τις ἂν
λύσειε καὶ ταύτην τὴν ἀπορίαν. ἴσως γὰρ ἔχει καὶ ταῦτ᾽
ὀρθῶς. οὐ γὰρ ὁ δικαστὴς οὐδ᾽ ὁ βουλευτὴς οὐδ᾽ ὁ ἐκκλησιαστὴς
ἄρχων ἐστίν, ἀλλὰ τὸ δικαστήριον καὶ ἡ βουλὴ καὶ ὁ δῆ- 35
μος· τῶν δὲ ῥηθέντων ἕκαστος μόριόν ἐστι τούτων (λέγω δὲ
[μόριον] τὸν βουλευτὴν καὶ τὸν ἐκκλησιαστὴν καὶ τὸν δικαστήν)·

17 ᾖ¹ om. Π¹   18 μόνος Γ   21 αὐτοῦ Hᵃ (o ut vid. ex corr.),
PᵃPᵃπᵃ   κρίνει Π¹   26 εὐθύναι HᵃMᵉπ³: εὐθῦναι cet.   27 μέγιστα
Γ: μέγισται P¹π²: μέγιστοι Mᵃ   32 ἄρχουσιν (ἄρχωσιν Mᵃ) ἀπὸ
μειζόνων Π¹: ἔχουσιν ἀπὸ μεγάλων Π²   33 ταῦτ᾽] ταῦθ᾽ HᵃMᵃ
37 μόριον secl. Richards

ὥστε δικαίως κύριον μειζόνων τὸ πλῆθος· ἐκ γὰρ πολλῶν
ὁ δῆμος καὶ ἡ βουλὴ καὶ τὸ δικαστήριον. καὶ τὸ τίμημα
40 δὲ πλεῖον τὸ πάντων τούτων ἢ τὸ τῶν καθ᾽ ἕνα καὶ κατ᾽
ὀλίγους μεγάλας ἀρχὰς ἀρχόντων. ταῦτα μὲν οὖν διωρίσθω
1282ᵇ τοῦτον τὸν τρόπον· ἡ δὲ πρώτη λεχθεῖσα ἀπορία ποιεῖ φανε-
ρὸν οὐδὲν οὕτως ἕτερον ὡς ὅτι δεῖ τοὺς νόμους εἶναι κυρίους
κειμένους ὀρθῶς, τὸν ἄρχοντα δέ, ἄν τε εἷς ἄν τε πλείους
ὦσι, περὶ τούτων εἶναι κυρίους περὶ ὅσων ἐξαδυνατοῦσιν οἱ νό-
5 μοι λέγειν ἀκριβῶς διὰ τὸ μὴ ῥᾴδιον εἶναι καθόλου διορί-
σαι περὶ πάντων. ὁποίους μέντοι τινὰς εἶναι δεῖ τοὺς ὀρθῶς
κειμένους νόμους, οὐδέν πω δῆλον, ἀλλ᾽ ἔτι μένει τὸ πάλαι
διαπορηθέν. ἅμα γὰρ καὶ ὁμοίως ταῖς πολιτείαις ἀνάγκη
καὶ τοὺς νόμους φαύλους ἢ σπουδαίους εἶναι, καὶ δικαίους ἢ ἀ-
10 δίκους. πλὴν τοῦτό γε φανερόν, ὅτι δεῖ πρὸς τὴν πολιτείαν
κεῖσθαι τοὺς νόμους. ἀλλὰ μὴν εἰ τοῦτο, δῆλον ὅτι τοὺς μὲν
κατὰ τὰς ὀρθὰς πολιτείας ἀναγκαῖον εἶναι δικαίους τοὺς δὲ
κατὰ τὰς παρεκβεβηκυίας οὐ δικαίους.

Ἐπεὶ δ᾽ ἐν πάσαις μὲν ταῖς ἐπιστήμαις καὶ τέχναις 12
15 ἀγαθὸν τὸ τέλος, μέγιστον δὲ καὶ μάλιστα ἐν τῇ κυριω-
τάτῃ πασῶν, αὕτη δ᾽ ἐστὶν ἡ πολιτικὴ δύναμις, ἔστι δὲ
πολιτικὸν ἀγαθὸν τὸ δίκαιον, τοῦτο δ᾽ ἐστὶ τὸ κοινῇ συμ-
φέρον, δοκεῖ δὲ πᾶσιν ἴσον τι τό δίκαιον εἶναι, καὶ μέχρι
γέ τινος ὁμολογοῦσι τοῖς κατὰ φιλοσοφίαν λόγοις, ἐν οἷς
20 διώρισται περὶ τῶν ἠθικῶν (τὶ γὰρ καὶ τισὶ τὸ δίκαιον, καὶ
δεῖν τοῖς ἴσοις ἴσον εἶναι φασιν), ποίων δὴ ἰσότης ἐστὶ καὶ
ποίων ἀνισότης, δεῖ μὴ λανθάνειν. ἔχει γὰρ τοῦτ᾽ ἀπορίαν
καὶ φιλοσοφίαν πολιτικήν. ἴσως γὰρ ἂν φαίη τις κατὰ
παντὸς ὑπεροχὴν ἀγαθοῦ δεῖν ἀνίσως νενεμῆσθαι τὰς ἀρ-
25 χάς, εἰ πάντα τὰ λοιπὰ μηδὲν διαφέροιεν ἀλλ᾽ ὅμοιοι

40 πλεῖον τούτων πάντων Π¹   41 ἐχόντων HªΠ²   1282ᵇ 1 τὸν
τρόπον τοῦτον MªP¹   5 διορίσαι] δηλῶσαι HªΠ²   6 δεῖ εἶναι Π¹
8 ἅμα Bernays: ἀλλὰ codd. Γ   γὰρ καὶ HªΠ²: γὰρ κἂν MªP¹ et fort. Γ
15 δὴ Π¹   18 δὴ Immisch   21 δὴ ci. Bonitz: δ᾽ HªΠ¹Π²Γ:
om. πª   23–1283ᵇ 32 ἴσως ... δίκαιον citat ps.-Plut. Pro Nobil. c. 8

90

τυγχάνοιεν ὄντες· τοῖς γὰρ διαφέρουσιν ἕτερον εἶναι τὸ δίκαιον καὶ τὸ κατ' ἀξίαν. ἀλλὰ μὴν εἰ τοῦτ' ἀληθές, ἔσται καὶ κατὰ χρῶμα καὶ κατὰ μέγεθος καὶ καθ' ὁτιοῦν τῶν ἀγαθῶν πλεονεξία τις τῶν πολιτικῶν δικαίων τοῖς ὑπερέχουσιν. ἢ τοῦτο ἐπιπόλαιον τὸ ψεῦδος; φανερὸν δ' ἐπὶ τῶν 30 ἄλλων ἐπιστημῶν καὶ δυνάμεων· τῶν γὰρ ὁμοίων αὐλητῶν τὴν τέχνην οὐ δοτέον πλεονεξίαν τῶν αὐλῶν τοῖς εὐγενεστέροις (οὐδὲν γὰρ αὐλήσουσι βέλτιον), δεῖ δὲ τῷ κατὰ τὸ ἔργον ὑπερέχοντι διδόναι καὶ τῶν ὀργάνων τὴν ὑπεροχήν. εἰ δὲ μήπω δῆλον τὸ λεγόμενον, ἔτι μᾶλλον αὐτὸ προαγα- 35 γοῦσιν ἔσται φανερόν. εἰ γὰρ εἴη τις ὑπερέχων μὲν κατὰ τὴν αὐλητικήν, πολὺ δ' ἐλλείπων κατ' εὐγένειαν ἢ κάλλος, εἰ καὶ μεῖζον ἕκαστον ἐκείνων ἀγαθόν ἐστι τῆς αὐλητικῆς (λέγω δὲ τήν τ' εὐγένειαν καὶ τὸ κάλλος), καὶ κατὰ τὴν ἀναλογίαν ὑπερέχουσι πλέον τῆς αὐλητικῆς ἢ ἐκεῖνος 40 κατὰ τὴν αὐλητικήν, ὅμως τούτῳ δοτέον τοὺς διαφέροντας τῶν αὐλῶν. δεῖ γὰρ εἰς τὸ ἔργον συμβάλλεσθαι τὴν ὑπερ- **1283ᵇ** οχὴν καὶ τοῦ πλούτου καὶ τῆς εὐγενείας, συμβάλλονται δ' οὐδέν. 3

ἔτι κατά γε τοῦτον τὸν λόγον πᾶν ἀγαθὸν πρὸς πᾶν 3 ἂν εἴη συμβλητόν. εἰ γὰρ ἐνάμιλλον τὸ τὶ μέγεθος, καὶ ὅλως ἂν τὸ μέγεθος ἐνάμιλλον εἴη καὶ πρὸς πλοῦτον καὶ 5 πρὸς ἐλευθερίαν· ὥστ' εἰ πλεῖον ὁδὶ διαφέρει κατὰ μέγεθος ἢ ὁδὶ κατ' ἀρετήν, ⟨εἰ⟩ καὶ [πλεῖον] ὑπερέχει ὅλως ἀρετὴ μεγέθους, εἴη ἂν συμβλητὰ πάντα. τοσόνδε γὰρ [μέγεθος] εἰ κρεῖττον τοσοῦδε, τοσόνδε δῆλον ὡς ἴσον. ἐπεὶ δὲ τοῦτ' ἀδύνα-

33 οὐδὲ MˢΓ   1283ᵃ 4 ἐνάμιλλον Bywater: μᾶλλον codd.   7 ἢ . . . μεγέθους om. π³   εἰ add. Bernays (cf. 1282ᵇ38)   καὶ . . . μεγέθους scripsi (cf.1282ᵇ38): καὶ πλεῖον ἀρετῆς μέγεθος ὅλως ὑπερέχειν (ὑπερέχει corr. P¹, fort. Γ) Π¹: καὶ πλεῖον ὑπερέχειν (ὑπερέχει Plut.) ὅλως ἀρετῆς μέγεθος HᵃPᵃPᵃπᵃ Plut.: καὶ πλεῖον ὑπερέχει ὅλως ἀρετὴ μεγέθους Bernays   8 πάντα τοσόνδε γὰρ] τοσόνδε γὰρ Bernays   μέγεθος secl. Susemihl: ἀγαθὸν Newman   9 τοσοῦδε+πλούτου Richards (retento μέγεθος in l. 8)

10 τον, δῆλον ὡς καὶ ἐπὶ τῶν πολιτικῶν εὐλόγως οὐ κατὰ
πᾶσαν ἀνισότητ᾽ ἀμφισβητοῦσι τῶν ἀρχῶν (εἰ γὰρ οἱ μὲν
βραδεῖς οἱ δὲ ταχεῖς, οὐδὲν διὰ τοῦτο δεῖ τοὺς μὲν πλεῖον
τοὺς δ᾽ ἔλαττον ἔχειν, ἀλλ᾽ ἐν τοῖς γυμνικοῖς ἀγῶσιν ἡ τού-
των διαφορὰ λαμβάνει τὴν τιμήν)· ἀλλ᾽ ἐξ ὧν πόλις συν-
15 έστηκεν, ἐν τούτοις ἀναγκαῖον ποιεῖσθαι τὴν ἀμφισβήτησιν.
διόπερ εὐλόγως ἀντιποιοῦνται τῆς τιμῆς οἱ εὐγενεῖς καὶ ἐλεύ-
θεροι καὶ πλούσιοι. δεῖ γὰρ ἐλευθέρους τ᾽ εἶναι καὶ τίμημα
φέροντας (οὐ γὰρ ἂν εἴη πόλις ἐξ ἀπόρων πάντων, ὥσπερ
οὐδ᾽ ἐκ δούλων)· ἀλλὰ μὴν εἰ δεῖ τούτων, δῆλον ὅτι καὶ
20 δικαιοσύνης καὶ τῆς πολιτικῆς ἀρετῆς. οὐδὲ γὰρ ἄνευ
τούτων οἰκεῖσθαι πόλιν δυνατόν· πλὴν ἄνευ μὲν τῶν προ-
τέρων ἀδύνατον εἶναι πόλιν, ἄνευ δὲ τούτων οἰκεῖσθαι καλῶς.

Πρὸς μὲν οὖν τὸ πόλιν εἶναι δόξειεν ἂν ἢ πάντα ἢ 13
ἔνιά γε τούτων ὀρθῶς ἀμφισβητεῖν, πρὸς μέντοι ζωὴν ἀγα-
25 θὴν ἡ παιδεία καὶ ἡ ἀρετὴ μάλιστα δικαίως ἂν ἀμφισ-
βητοίησαν, καθάπερ εἴρηται καὶ πρότερον. ἐπεὶ δ᾽ οὔτε
πάντων ἴσον ἔχειν δεῖ τοὺς ἴσους ἕν τι μόνον ὄντας, οὔτε
ἄνισον τοὺς ἀνίσους καθ᾽ ἕν, ἀνάγκη πάσας εἶναι τὰς
τοιαύτας πολιτείας περεκβάσεις. εἴρηται μὲν οὖν καὶ πρό-
30 τερον ὅτι διαμφισβητοῦσι τρόπον τινὰ δικαίως πάντες,
ἁπλῶς δ᾽ οὐ πάντες δικαίως· οἱ πλούσιοι μὲν ὅτι πλεῖον
μέτεστι τῆς χώρας αὐτοῖς, ἡ δὲ χώρα κοινόν, ἔτι πρὸς τὰ
συμβόλαια πιστοὶ μᾶλλον ὡς ἐπὶ τὸ πλέον· οἱ δὲ ἐλεύ-
θεροι καὶ εὐγενεῖς ὡς ἐγγὺς ἀλλήλων (πολῖται γὰρ μᾶλ-
35 λον οἱ γενναιότεροι τῶν ἀγεννῶν, ἡ δ᾽ εὐγένεια παρ᾽ ἑκάστοις
οἴκοι τίμιος)· ἔτι διότι βελτίους εἰκὸς τοὺς ἐκ βελτιόνων,
εὐγένεια γάρ ἐστιν ἀρετὴ γένους· ὁμοίως δὴ φήσομεν δι-

---

10 καὶ om. Π¹   11 ἰσότητ᾽ ΗᵃᴨΓ   16 συγγενεῖς πᵃ   16–17 καὶ
πλούσιοι καὶ ἐλεύθεροι Π¹   17 τ᾽ om. Π¹   20 πολιτικῆς pr. Ηᵃ, πᵃ,
ps.-Plut.: πολεμικῆς cet.   21 πρότερον Ρ¹ et ut vid. ΗᵃΡᵃ
27 ἴσον] ἴσων ut vid. Ρᵃ   31 οὐ πάντες] οὐ vel πάντες οὐ Richards
32 τὰ om. ΜᵃΡ¹   35 ἀγεννῶν ΗᵃΡᵃ   36 οἴκοι] ἔχεται Γ   37 δὴ]
δὲ ps.-Plut., δὲ vel δὴ Γ

ΠΟΛΙΤΙΚΩΝ Γ 1283ᵇ

καίως καὶ τὴν ἀρετὴν ἀμφισβητεῖν, κοινωνικὴν γὰρ ἀρετὴν
εἶναί φαμεν τὴν δικαιοσύνην, ᾗ πάσας ἀναγκαῖον ἀκολου-
θεῖν τὰς ἄλλας· ἀλλὰ μὴν καὶ οἱ πλείους πρὸς τοὺς ἐλάτ- 40
τους, καὶ γὰρ κρείττους καὶ πλουσιώτεροι καὶ βελτίους εἰσίν,
ὡς λαμβανομένων τῶν πλειόνων πρὸς τοὺς ἐλάττους.   42

ἆρ' οὖν 42
εἰ πάντες εἶεν ἐν μιᾷ πόλει, λέγω δ' οἷον οἵ τ' ἀγαθοὶ 1283ᵇ
καὶ οἱ πλούσιοι καὶ ⟨οἱ⟩ εὐγενεῖς, ἔτι δὲ πλῆθος ἄλλο τι πολι-
τικόν, πότερον ἀμφισβήτησις ἔσται τίνας ἄρχειν δεῖ, ἢ οὐκ
ἔσται; καθ' ἑκάστην μὲν οὖν πολιτείαν τῶν εἰρημένων ἀν-
αμφισβήτητος ἡ κρίσις τίνας ἄρχειν δεῖ (τοῖς γὰρ κυρίοις δια- 5
φέρουσιν ἀλλήλων, οἷον ἡ μὲν τῷ διὰ πλουσίων ἡ δὲ τῷ
διὰ τῶν σπουδαίων ἀνδρῶν εἶναι, καὶ τῶν ἄλλων ἑκάστη
τὸν αὐτὸν τρόπον)· ἀλλ' ὅμως σκοπῶμεν, ὅταν περὶ τὸν
αὐτὸν ταῦθ' ὑπάρχῃ χρόνον, πῶς διοριστέον. εἰ δὴ τὸν
ἀριθμὸν εἶεν ὀλίγοι πάμπαν οἱ τὴν ἀρετὴν ἔχοντες, τίνα 10
δεῖ διελεῖν τρόπον; ἢ τὸ 'ὀλίγοι' πρὸς τὸ ἔργον δεῖ σκο-
πεῖν, εἰ δυνατοὶ διοικεῖν τὴν πόλιν ἢ τοσοῦτοι τὸ πλῆθος
ὥστ' εἶναι πόλιν ἐξ αὐτῶν; ἔστι δὲ ἀπορία τις πρὸς ἅπαν-
τας τοὺς διαμφισβητοῦντας περὶ τῶν πολιτικῶν τιμῶν. δό-
ξαιεν γὰρ ⟨ἂν⟩ οὐδὲν λέγειν δίκαιον οἱ διὰ τὸν πλοῦτον ἀξι- 15
οῦντες ἄρχειν, ὁμοίως δὲ καὶ οἱ κατὰ γένος· δῆλον γὰρ ὡς εἴ
τις πάλιν εἷς πλουσιώτερος ἁπάντων ἐστί, δηλονότι κατὰ
τὸ αὐτὸ δίκαιον τοῦτον ἄρχειν τὸν ἕνα ἁπάντων δεήσει,
ὁμοίως δὲ καὶ τὸν εὐγενείᾳ διαφέροντα τῶν ἀμφισβητούν-
των δι' ἐλευθερίαν. ταὐτὸ δὲ τοῦτο ἴσως συμβήσεται καὶ 20
περὶ τὰς ἀριστοκρατίας ἐπὶ τῆς ἀρετῆς· εἰ γάρ τις εἷς ἀμεί-
νων ἀνὴρ εἴη τῶν ἄλλων τῶν ἐν τῷ πολιτεύματι σπουδαίων

42 ὡς+συμπάντων Richards (cf. 1281ᵇ2)   1283ᵇ 2 οἱ addidi   τι
om. Π¹   5 τοὺς γὰρ κυρίους Hᵃ, pr. P³   8 σκοπῶμεν mg. Bas.³:
σκοποῦμεν codd.   9 ὑπάρχει P¹   11 τρόπον] τὸν τρόπον ps.-Plut.
14 δόξειαν P¹: δόξειε Mˢ: δόξειεν π³   15 ἂν ps.-Plut.: om. codd.
17 δηλονότι Vahlen: δῆλον ὅτι codd.   20 τοῦτο ἴσως Π², ps.-Plut.:
τούτοις Π¹: τοῦτο Hᵃ

93

ὄντων, τοῦτον εἶναι δεῖ κύριον κατὰ ταὐτὸ δίκαιον. οὐκοῦν εἰ
καὶ τὸ πλῆθος εἶναί γε δεῖ κύριον διότι κρείττους εἰσὶ τῶν
25 ὀλίγων, κἂν εἷς ἢ πλείους μὲν τοῦ ἑνὸς ἐλάττους δὲ τῶν
πολλῶν κρείττους ὦσι τῶν ἄλλων, τούτους ἂν δέοι κυρίους
εἶναι μᾶλλον ἢ τὸ πλῆθος. πάντα δὴ ταῦτ' ἔοικε φανε-
ρὸν ποιεῖν ὅτι τούτων τῶν ὅρων οὐδεὶς ὀρθός ἐστι, καθ' ὃν
ἀξιοῦσιν αὐτοὶ μὲν ἄρχειν τοὺς δ' ἄλλους ὑπὸ σφῶν ἄρχε-
30 σθαι πάντας. καὶ γὰρ δὴ καὶ πρὸς τοὺς κατ' ἀρετὴν
ἀξιοῦντας κυρίους εἶναι τοῦ πολιτεύματος, ὁμοίως δὲ καὶ τοὺς
κατὰ πλοῦτον, ἔχοιεν ἂν λέγειν τὰ πλήθη λόγον τινὰ δί-
καιον· οὐδὲν γὰρ κωλύει ποτὲ τὸ πλῆθος εἶναι βέλτιον· τῶν
ὀλίγων καὶ πλουσιώτερον, οὐχ ὡς καθ' ἕκαστον ἀλλ' ὡς
35 ἀθρόους. διὸ καὶ πρὸς τὴν ἀπορίαν ἣν ζητοῦσι καὶ προβάλ-
λουσί τινες ἐνδέχεται τοῦτον τὸν τρόπον ἀπαντᾶν. ἀποροῦσι
γάρ τινες πότερον τῷ νομοθέτῃ νομοθετητέον, βουλομένῳ
τίθεσθαι τοὺς ὀρθοτάτους νόμους, πρὸς τὸ τῶν βελτιόνων συμ-
φέρον ἢ πρὸς τὸ τῶν πλειόνων, ὅταν συμβαίνῃ τὸ λεχθέν·
40 τὸ δ' ὀρθὸν ληπτέον ἴσως· τὸ δ' ἴσως ὀρθὸν πρὸς τὸ τῆς
πόλεως ὅλης συμφέρον καὶ πρὸς τὸ κοινὸν τὸ τῶν πολι-
τῶν· πολίτης δὲ κοινῇ μὲν ὁ μετέχων τοῦ ἄρχειν καὶ ἄρ-
1284^a χεσθαί ἐστι, καθ' ἑκάστην δὲ πολιτείαν ἕτερος, πρὸς δὲ τὴν
ἀρίστην ὁ δυνάμενος καὶ προαιρούμενος ἄρχεσθαι καὶ ἄρχειν
3 πρὸς τὸν βίον τὸν κατ' ἀρετήν.

3   εἰ δέ τις ἔστιν εἷς τοσοῦτον
διαφέρων κατ' ἀρετῆς ὑπερβολήν, ἢ πλείους μὲν ἑνὸς μὴ
5 μέντοι δυνατοὶ πλήρωμα παρασχέσθαι πόλεως, ὥστε μὴ
συμβλητὴν εἶναι τὴν τῶν ἄλλων ἀρετὴν πάντων μηδὲ τὴν
δύναμιν αὐτῶν τὴν πολιτικὴν πρὸς τὴν ἐκείνων, εἰ πλείους,
εἰ δ' εἷς, τὴν ἐκείνου μόνον, οὐκέτι θετέον τούτους μέρος πόλεως·
ἀδικήσονται γὰρ ἀξιούμενοι τῶν ἴσων, ἄνισοι τοσοῦτον κατ'

24 εἶναί γε] γε εἶναι ci. Richards   27-28 ποιεῖν φανερὸν Π¹
34 ἄλλως Η^a, pr. Ρ³   37 νομοθετέον Η^a: νομοθητέον Μ^s   1284^a 5
δυνατὸν Μ^sΓ   παραχεσθαι Η^a: παρέχεσθαι Μ^sΡ¹

ἀρετὴν ὄντες καὶ τὴν πολιτικὴν δύναμιν· ὥσπερ γὰρ θεὸν 10
ἐν ἀνθρώποις εἰκὸς εἶναι τὸν τοιοῦτον. ὅθεν δῆλον ὅτι καὶ
τὴν νομοθεσίαν ἀναγκαῖον εἶναι περὶ τοὺς ἴσους καὶ τῷ γένει
καὶ τῇ δυνάμει, κατὰ δὲ τῶν τοιούτων οὐκ ἔστι νόμος· αὐτοὶ
γάρ εἰσι νόμος. καὶ γὰρ γελοῖος ἂν εἴη νομοθετεῖν τις
πειρώμενος κατ᾽ αὐτῶν. λέγοιεν γὰρ ἂν ἴσως ἅπερ Ἀντι- 15
σθένης ἔφη τοὺς λέοντας δημηγορούντων τῶν δασυπόδων καὶ
τὸ ἴσον ἀξιούντων πάντας ἔχειν. διὸ καὶ τίθενται τὸν ὀστρα-
κισμὸν αἱ δημοκρατούμεναι πόλεις, διὰ τὴν τοιαύτην αἰτίαν·
αὗται γὰρ δὴ δοκοῦσι διώκειν τὴν ἰσότητα μάλιστα πάντων,
ὥστε τοὺς δοκοῦντας ὑπερέχειν δυνάμει διὰ πλοῦτον ἢ πολυ- 20
φιλίαν ἤ τινα ἄλλην πολιτικὴν ἰσχὺν ὠστράκιζον καὶ μεθ-
ίστασαν ἐκ τῆς πόλεως χρόνους ὡρισμένους. μυθολογεῖται
δὲ καὶ τοὺς Ἀργοναύτας τὸν Ἡρακλέα καταλιπεῖν διὰ
τοιαύτην αἰτίαν· οὐ γὰρ ἐθέλειν αὐτὸν ἄγειν τὴν Ἀργὼ
μετὰ τῶν ἄλλων, ὡς ὑπερβάλλοντα πολὺ τῶν πλωτήρων. 25
διὸ καὶ τοὺς ψέγοντας τὴν τυραννίδα καὶ τὴν Περιάνδρου
Θρασυβούλῳ συμβουλίαν οὐχ ἁπλῶς οἰητέον ὀρθῶς ἐπιτιμᾶν
(φασὶ γὰρ τὸν Περίανδρον εἰπεῖν μὲν οὐδὲν πρὸς τὸν πεμ-
φθέντα κήρυκα περὶ τῆς συμβουλίας, ἀφαιροῦντα δὲ τοὺς
ὑπερέχοντας τῶν σταχύων ὁμαλῦναι τὴν ἄρουραν· ὅθεν 30
ἀγνοοῦντος μὲν τοῦ κήρυκος τοῦ γιγνομένου τὴν αἰτίαν, ἀπαγ-
γείλαντος δὲ τὸ συμπεσόν, συννοῆσαι τὸν Θρασύβουλον ὅτι
δεῖ τοὺς ὑπερέχοντας ἄνδρας ἀναιρεῖν). τοῦτο γὰρ οὐ μόνον
συμφέρει τοῖς τυράννοις, οὐδὲ μόνον οἱ τύραννοι ποιοῦσιν,
ἀλλ᾽ ὁμοίως ἔχει καὶ περὶ τὰς ὀλιγαρχίας καὶ τὰς δημο- 35
κρατίας· ὁ γὰρ ὀστρακισμὸς τὴν αὐτὴν ἔχει δύναμιν
τρόπον τινὰ τῷ κολούειν τοὺς ὑπερέχοντας καὶ φυγαδεύειν.
τὸ δ᾽ αὐτὸ καὶ περὶ τὰς πόλεις καὶ τὰ ἔθνη ποιοῦσιν οἱ
κύριοι τῆς δυνάμεως, οἷον Ἀθηναῖοι μὲν περὶ Σαμίους καὶ
Χίους καὶ Λεσβίους (ἐπεὶ γὰρ θᾶττον ἐγκρατῶς ἔσχον τὴν 40

19 ταύτας γὰρ δεῖ P¹   δοκοῦσι διώκειν] διώκειν Π¹ : διώκουσι Γ   37 τῷ]
τὸ Π²Μ⁸Γ   κωλύειν Ηª Π²Μ⁸Γ

ἀρχήν, ἐταπείνωσαν αὐτοὺς παρὰ τὰς συνθήκας), ὁ δὲ Περ-
1284ᵇ σῶν βασιλεὺς Μήδους καὶ Βαβυλωνίους καὶ τῶν ἄλλων τοὺς
πεφρονηματισμένους διὰ τὸ γενέσθαι ποτ' ἐπ' ἀρχῆς ἐπ-
3 έκοπτε πολλάκις.

3　　　　　　τὸ δὲ πρόβλημα καθόλου περὶ πάσας
ἐστὶ τὰς πολιτείας, καὶ τὰς ὀρθάς· αἱ μὲν γὰρ παρεκ-
5 βεβηκυῖαι πρὸς τὸ ἴδιον ἀποσκοποῦσαι τοῦτο δρῶσιν, οὐ μὴν
ἀλλὰ περὶ τὰς τὸ κοινὸν ἀγαθὸν ἐπισκοπούσας τὸν αὐτὸν
ἔχει τρόπον. δῆλον δὲ τοῦτο καὶ ἐπὶ τῶν ἄλλων τεχνῶν
καὶ ἐπιστημῶν· οὔτε γὰρ γραφεὺς ἐάσειεν ἂν τὸν ὑπερ-
βάλλοντα πόδα τῆς συμμετρίας ἔχειν τὸ ζῷον, οὐδ' εἰ
10 διαφέροι τὸ κάλλος, οὔτε ναυπηγὸς πρύμναν ἢ τῶν ἄλλων
τι μορίων τῶν τῆς νεώς, οὐδὲ δὴ χοροδιδάσκαλος τὸν μεῖ-
ζον καὶ κάλλιον τοῦ παντὸς χοροῦ φθεγγόμενον ἐάσει συγ-
χορεύειν. ὥστε διὰ τοῦτο μὲν οὐδὲν κωλύει τοὺς μονάρχους
συμφωνεῖν ταῖς πόλεσιν, εἰ τῆς οἰκείας ἀρχῆς ὠφελίμου
15 ταῖς πόλεσιν οὔσης τοῦτο δρῶσιν. διὸ κατὰ τὰς ὁμολογουμέ-
νας ὑπεροχὰς ἔχει τι δίκαιον πολιτικὸν ὁ λόγος ὁ περὶ
τὸν ὀστρακισμόν. βέλτιον μὲν οὖν τὸν νομοθέτην ἐξ ἀρχῆς
οὕτω συστῆσαι τὴν πολιτείαν ὥστε μὴ δεῖσθαι τοιαύτης
ἰατρείας· δεύτερος δὲ πλοῦς, ἂν συμβῇ, πειρᾶσθαι τοιούτῳ
20 τινὶ διορθώματι διορθοῦν. ὅπερ οὐκ ἐγίγνετο περὶ τὰς πόλεις·
οὐ γὰρ ἔβλεπον πρὸς τὸ τῆς πολιτείας τῆς οἰκείας συμ-
φέρον, ἀλλὰ στασιαστικῶς ἐχρῶντο τοῖς ὀστρακισμοῖς. ἐν
μὲν οὖν ταῖς παρεκβεβηκυίαις πολιτείαις ὅτι μὲν ἰδίᾳ συμ-
φέρει καὶ δίκαιόν ἐστι, φανερόν, ἴσως δὲ καὶ ὅτι οὐχ ἁπλῶς
25 δίκαιον, καὶ τοῦτο φανερόν· ἀλλ' ἐπὶ τῆς ἀρίστης πολιτείας
ἔχει πολλὴν ἀπορίαν, οὐ κατὰ τῶν ἄλλων ἀγαθῶν τὴν
ὑπεροχήν, οἷον ἰσχύος καὶ πλούτου καὶ πολυφιλίας, ἀλλὰ
ἄν τις γένηται διαφέρων κατ' ἀρετήν, τί χρὴ ποιεῖν; οὐ

41 περὶ P²P³π³　　　1284ᵇ 2 ἐπέσκωπτε P²　　　10 πρύμναν
ναυπηγὸς Π　　11 τι om. Π¹　　13 μονάρχας Π¹　　25 ἐπεὶ
P²P³

96

γὰρ δὴ φαῖεν ἂν δεῖν ἐκβάλλειν καὶ μεθιστάναι τὸν τοι-
οῦτον· ἀλλὰ μὴν οὐδ' ἄρχειν γε τοῦ τοιούτου· παραπλήσιον 30
γὰρ κἂν εἰ τοῦ Διὸς ἄρχειν ἀξιοῖεν, μερίζοντες τὰς ἀρχάς.
λείπεται τοίνυν, ὅπερ ἔοικε πεφυκέναι, πείθεσθαι τῷ τοιούτῳ
πάντας ἀσμένως, ὥστε βασιλέας εἶναι τοὺς τοιούτους ἀιδίους
ἐν ταῖς πόλεσιν.

14 Ἴσως δὲ καλῶς ἔχει μετὰ τοὺς εἰρημένους λόγους μετα- 35
βῆναι καὶ σκέψασθαι περὶ βασιλείας· φαμὲν γὰρ τῶν
ὀρθῶν πολιτειῶν μίαν εἶναι ταύτην. σκεπτέον δὲ πότερον
συμφέρει τῇ μελλούσῃ καλῶς οἰκήσεσθαι καὶ πόλει καὶ
χώρᾳ βασιλεύεσθαι, ἢ οὔ, ἀλλ' ἄλλη τις πολιτεία μᾶλ-
λον, ἢ τισὶ μὲν συμφέρει τισὶ δ' οὐ συμφέρει. δεῖ δὴ 40
πρῶτον διελέσθαι πότερον ἕν τι γένος ἔστιν αὐτῆς ἢ πλείους
ἔχει διαφοράς. ῥάδιον δὴ τοῦτό γε καταμαθεῖν, ὅτι πλείω 1285ᵇ
τε γένη περιέχει καὶ τῆς ἀρχῆς ὁ τρόπος ἐστὶν οὐχ εἷς
πασῶν. ἡ γὰρ ἐν τῇ Λακωνικῇ πολιτείᾳ δοκεῖ μὲν εἶναι
βασιλεία μάλιστα τῶν κατὰ νόμον, οὐκ ἔστι δὲ κυρία πάν-
των, ἀλλ' ὅταν ἐξέλθῃ τὴν χώραν ἡγεμών ἐστι τῶν πρὸς 5
τὸν πόλεμον· ἔτι δὲ τὰ πρὸς τοὺς θεοὺς ἀποδέδοται τοῖς
βασιλεῦσιν. αὕτη μὲν οὖν ἡ βασιλεία οἷον στρατηγία τις
αὐτοκρατόρων καὶ ἀίδιός ἐστιν· κτεῖναι γὰρ οὐ κύριος, εἰ
μὴ ἕνεκα δειλίας, καθάπερ ἐπὶ τῶν ἀρχαίων ἐν ταῖς
πολεμικαῖς ἐξόδοις, ἐν χειρὸς νόμῳ. δηλοῖ δ' Ὅμηρος· ὁ 10
γὰρ Ἀγαμέμνων κακῶς μὲν ἀκούων ἠνείχετο ἐν ταῖς ἐκ-
κλησίαις, ἐξελθόντων δὲ καὶ κτεῖναι κύριος ἦν· λέγει γοῦν
" ὃν δέ κ' ἐγὼν ἀπάνευθε μάχης . ., οὔ οἱ ἄρκιον ἔσσεται
φυγέειν κύνας ἠδ' οἰωνούς· πὰρ γὰρ ἐμοὶ θάνατος ". 14

29 δὴ om. ut vid. Γ   31 ἀξιοῖ μὲν Mˢ: ἀξίοιμεν Γ   32 ὅπερ+
καὶ Γ   33 βασιλείας HªP²P³π³   35 ὡρισμένους MˢΓ   40 δὴ] δὲ Πˢ
41 τι] τὸ HªΠ²   αὐτῶν Π²   1285ª 1 ῥᾷον MˢP¹   6 τοὺς om.
MˢP¹   8 αὐτοκράτωρ Γ   9 ἕνεκα δειλίας Bywater (cf. l. 13): ἔν
τινι βασιλείᾳ codd. Γ: ἔν τινι ἐλάσει Immisch: ἔν τινι καιρῷ vel ἔν τινι
ἀνάγκῃ Richards   10 ἔγχειρος Γ (?)   ὁ γὰρ Ἀγαμέμνων] Ἀγα-
μέμνων γὰρ MˢP¹   12 λέγει γοῦν om. Hª: λέγει γὰρ Π¹: λέγει οὖν πˢ
13 ὃν κτλ.: cf. Il. 2. 391   μάχης] νοήσω pr. P¹   ἔσσεται HªMˢP³πˢ

97

14   ἐν μὲν

15 οὖν τοῦτ' εἶδος βασιλείας, στρατηγία διὰ βίου, τούτων δ' αἱ
μὲν κατὰ γένος εἰσὶν αἱ δ' αἱρεταί· παρὰ ταύτην δ' ἄλλο
μοναρχίας εἶδος, οἶαι παρ' ἐνίοις εἰσὶ βασιλεῖαι τῶν βαρ-
βάρων. ἔχουσι δ' αὗται τὴν δύναμιν πᾶσαι παραπλησίαν
τυραννίσιν, εἰσὶ δὲ κατὰ νόμον καὶ πάτρια· διὰ
20 γὰρ τὸ δουλικώτεροι εἶναι τὰ ἤθη φύσει οἱ μὲν βάρβαροι
τῶν Ἑλλήνων, οἱ δὲ περὶ τὴν Ἀσίαν τῶν περὶ τὴν Εὐρώ-
πην, ὑπομένουσι τὴν δεσποτικὴν ἀρχὴν οὐδὲν δυσχεραίνοντες.
τυραννικαὶ μὲν οὖν διὰ τὸ τοιοῦτόν εἰσιν, ἀσφαλεῖς δὲ διὰ
τὸ πάτριαι καὶ κατὰ νόμον εἶναι. καὶ ἡ φυλακὴ δὲ βασι-
25 λικὴ καὶ οὐ τυραννικὴ διὰ τὴν αὐτὴν αἰτίαν. οἱ γὰρ πολῖ-
ται φυλάττουσιν ὅπλοις τοὺς βασιλεῖς, τοὺς δὲ τυράννους
ξενικόν· οἱ μὲν γὰρ κατὰ νόμον καὶ ἑκόντων οἱ δ' ἀκόν-
των ἄρχουσιν, ὥσθ' οἱ μὲν παρὰ τῶν πολιτῶν οἱ δ' ἐπὶ
29 τοὺς πολίτας ἔχουσι τὴν φυλακήν.

29   δύο μὲν οὖν εἴδη ταῦτα
30 μοναρχίας, ἕτερον δ' ὅπερ ἦν ἐν τοῖς ἀρχαίοις Ἕλλησιν,
οὓς καλοῦσιν αἰσυμνήτας. ἔστι δὲ τοῦθ' ὡς ἁπλῶς εἰπεῖν αἱρετὴ
τυραννίς, διαφέρουσα δὲ τῆς βαρβαρικῆς οὐ τῷ μὴ κατὰ
νόμον ἀλλὰ τῷ μὴ πάτριος εἶναι μόνον. ἦρχον δ' οἱ μὲν
διὰ βίου τὴν ἀρχὴν ταύτην, οἱ δὲ μέχρι τινῶν ὡρισμένων
35 χρόνων ἢ πράξεων, οἷον εἵλοντό ποτε Μυτιληναῖοι Πιττα-
κὸν πρὸς τοὺς φυγάδας ὧν προειστήκεσαν Ἀντιμενίδης καὶ
Ἀλκαῖος ὁ ποιητής. δηλοῖ δ' Ἀλκαῖος ὅτι τύραννον εἵλοντο

---

16 αἱρεταί in ras. P³: ἀρεταί HªM³π³   18 παραπλησίαν Π¹HªP²π³:
παραπλησίως pr. P² π³   19 τυραννίσιν . . . κατὰ scripsi: τυραννικῇ (vel
τυραννικὴν) εἰσὶ δ' ὅμως κατὰ π³: τυραννίσι (+καὶ MªΓ) κατὰ Π¹: τυραννι
et post lacunam κατὰ P²P³π³: τυραννὶς καὶ Hª: τυραννικῇ π³: τυραννικ π³
πάτριαι scripsi (cf. ᵃ24, 33, ᵇ5, 9): πατρικαὶ Π²HªP¹: πατρικὰς MªΓ: πα-
τρικά π³   20 δουλικώτερον π³   τὰ ἤθη εἶναι Π¹: εἶναι τὰ ἔθνη Π²
24 πάτριοι MªP¹   25 τὴν τοιαύτην (vel τοιαύτην) Γ   35 οἷαν
HªMªP¹: οἷαν π³   Μυτιληναῖοι Immisch (cf. Rbet. 1398ᵇ12: Μιτυληναῖοι
codd.)   Φιττακὸν Π¹   36 προειστέκεσαν pr. Mª: προιστήκεισαν Hª
37 Fr. 37 ᴀ (Bergk)

τὸν Πιττακὸν ἔν τινι τῶν σκολιῶν μελῶν· ἐπιτιμᾷ γὰρ
ὅτι " τὸν κακοπάτριδα Πίττακον πόλιος τᾶς ἀχόλω καὶ
βαρυδαίμονος ἐστάσαντο τύραννον μέγ' ἐπαινέοντες ἀόλλεες". 1285^b
αὗται μὲν οὖν εἰσί τε καὶ ἦσαν διὰ μὲν τὸ δεσποτικαὶ εἶναι
τυραννικαί, διὰ δὲ τὸ αἱρεταὶ καὶ ἑκόντων βασιλικαί· τέ-
ταρτον δ' εἶδος μοναρχίας βασιλικῆς αἱ κατὰ τοὺς ἡρωι-
κοὺς χρόνους ἑκούσιαί τε καὶ πάτριαι γιγνόμεναι κατὰ νόμον. 5
διὰ γὰρ τὸ τοὺς πρώτους γενέσθαι τοῦ πλήθους εὐεργέτας
κατὰ τέχνας ἢ πόλεμον, ἢ διὰ τὸ συναγαγεῖν ἢ πορίσαι
χώραν, ἐγίγνοντο βασιλεῖς ἑκόντων καὶ τοῖς παραλαμβά-
νουσι πάτριοι. κύριοι δ' ἦσαν τῆς τε κατὰ πόλεμον ἡγε-
μονίας καὶ τῶν θυσιῶν, ὅσαι μὴ ἱερατικαί, καὶ πρὸς τού- 10
τοις τὰς δίκας ἔκρινον. τοῦτο δ' ἐποίουν οἱ μὲν οὐκ ὀμνύον-
τες οἱ δ' ὀμνύοντες· ὁ δ' ὅρκος ἦν τοῦ σκήπτρου ἐπανάτασις.
οἱ μὲν οὖν ἐ: ὶ τῶν ἀρχαίων χρόνων καὶ τὰ κατὰ πόλιν
καὶ τὰ ἔνδημα καὶ τὰ ὑπερόρια συνεχῶς ἦρχον· ὕστερον
δὲ τὰ μὲν αὐτῶν παριέντων τῶν βασιλέων, τὰ δὲ τῶν 15
ὄχλων παραιρουμένων, ἐν μὲν ταῖς ἄλλαις πόλεσιν αἱ θυσίαι
κατελείφθησαν τοῖς βασιλεῦσι μόνον, ὅπου δ' ἄξιον εἰπεῖν
εἶναι βασιλείαν, ἐν τοῖς ὑπερορίοις τῶν πολεμικῶν τὴν ἡγε-
μονίαν μόνον εἶχον.

βασιλείας μὲν οὖν εἴδη ταῦτα, τέτταρα τὸν ἀριθμόν, 20
μία μὲν ἡ περὶ τοὺς ἡρωικοὺς χρόνους (αὕτη δ' ἦν ἑκόντων
μέν, ἐπὶ τισὶ δ' ὡρισμένοις· στρατηγός τε γὰρ ἦν καὶ δικα-
στὴς ὁ βασιλεύς, καὶ τῶν πρὸς τοὺς θεοὺς κύριος), δευτέρα
δ' ἡ βαρβαρική (αὕτη δ' ἐστὶν ἐκ γένους ἀρχὴ δεσποτικὴ
κατὰ νόμον), τρίτη δὲ ἦν αἰσυμνητείαν προσαγορεύουσιν 25

39 πόλιος Schneidewin: πόλεως codd. τῆς Η^aΜ^a 1285^b 1 μέγ']
μὲν Π¹ 2 δεσποτικαὶ εἶναι τυραννικαί Sepulveda (cf. ^a23, 1295^a16):
τυραννικαὶ (τυραννικὸν Η^a) εἶναι δεσποτικαί (δεσποτικόν Η^a) codd. Γ
5 ἑκούσιοί τε καὶ πάτριοι Μ^aΡ¹ 10 οὐσιῶν Π¹ 12 ἐπανάστασις
Μ^aΡ¹, pr. Ρ³, π³: ἐπανάστησις pr. Η^a: elevatio Guil. 16 αἱ θυσίαι]
θυσίαι Π^a: αἱ πάτριοι (πάτριαι Μ^a) οὐσίαι Π¹ 22 ὡρισμένων Μ^aΠ^a
τε γὰρ] δ' Η^a: γὰρ Π^a

(αὕτη δ' ἐστὶν αἱρετὴ τυραννίς), τετάρτη δ' ἡ Λακωνικὴ
τούτων (αὕτη δ' ἐστὶν ὡς εἰπεῖν ἁπλῶς στρατηγία κατὰ
γένος ἀΐδιος). αὗται μὲν οὖν τοῦτον τὸν τρόπον διαφέρουσιν
ἀλλήλων· πέμπτον δ' εἶδος βασιλείας, ὅταν ᾖ πάντων
30 κύριος εἷς ὤν, ὥσπερ ἕκαστον ἔθνος καὶ πόλις ἑκάστη τῶν
κοινῶν, τεταγμένη κατὰ τὴν οἰκονομικήν. ὥσπερ γὰρ ἡ
οἰκονομικὴ βασιλεία τις οἰκίας ἐστίν, οὕτως ἡ βασιλεία πό-
λεως καὶ ἔθνους ἑνὸς ἢ πλειόνων οἰκονομία. Σχεδὸν δὴ δύο 15
ἐστὶν ὡς εἰπεῖν εἴδη βασιλείας περὶ ὧν σκεπτέον, αὕτη τε
35 καὶ ἡ Λακωνική· τῶν γὰρ ἄλλων αἱ πολλαὶ μεταξὺ τού-
των εἰσίν· ἐλαττόνων μὲν γὰρ κύριοι τῆς παμβασιλείας,
πλειόνων δ' εἰσὶ τῆς Λακωνικῆς. ὥστε τὸ σκέμμα σχεδὸν
περὶ δυοῖν ἐστιν, ἓν μὲν πότερον συμφέρει ταῖς πόλεσι στρα-
τηγὸν ἀΐδιον εἶναι, καὶ τοῦτον ἢ κατὰ γένος ἢ κατὰ μέρος,
1286ᵃ ἢ οὐ συμφέρει, ἓν δὲ πότερον ἕνα συμφέρει κύριον εἶναι
πάντων, ἢ οὐ συμφέρει. τὸ μὲν οὖν περὶ τῆς τοιαύτης στρα-
τηγίας ἐπισκοπεῖν νόμων ἔχει μᾶλλον εἶδος ἢ πολιτείας
(ἐν ἁπάσαις γὰρ ἐνδέχεται γίγνεσθαι τοῦτο ταῖς πολιτείαις),
5 ὥστ' ἀφείσθω τὴν πρώτην· ὁ δὲ λοιπὸς τρόπος τῆς βασι-
λείας πολιτείας εἶδός ἐστιν, ὥστε περὶ τούτου δεῖ θεωρῆσαι
καὶ τὰς ἀπορίας ἐπιδραμεῖν τὰς ἐνούσας. ἀρχὴ δ' ἐστὶ τῆς
ζητήσεως αὕτη, πότερον συμφέρει μᾶλλον ὑπὸ τοῦ ἀρίστου
9 ἀνδρὸς ἄρχεσθαι ἢ ὑπὸ τῶν ἀρίστων νόμων.

9   δοκοῦσι δὴ τοῖς
10 νομίζουσι συμφέρειν βασιλεύεσθαι τὸ καθόλου μόνον οἱ νόμοι
λέγειν, ἀλλ' οὐ πρὸς τὰ προσπίπτοντα ἐπιτάττειν, ὥστ' ἐν
ὁποιᾳοῦν τέχνῃ τὸ κατὰ γράμματ' ἄρχειν ἠλίθιον· καὶ ⟨εὖ⟩ πως ἐν
Αἰγύπτῳ μετὰ τὴν τετρήμερον κινεῖν ἔξεστι τοῖς ἰατροῖς
(ἐὰν δὲ πρότερον, ἐπὶ τῷ αὑτοῦ κινδύνῳ). φανερὸν τοίνυν ὡς

27 ἁπλῶς εἰπεῖν Π¹   30 εἷς om. MᵃP³Γ   32 ἡ παμβασιλεία Susemihl
33 καὶ] ἢ Mᵃ   πλείονος οἰκονομίας pr. P²P³, Π³   36 βασιλείας Π¹
39 μέρος] αἵρεσιν π³   1286ᵃ 1 ἕνα] ποτε ἕνα Π¹   9 δοκοῦσι Bas.³:
δοκεῖ codd. Γ   12 εὖ πως scripsi: πως P¹Γ: πῶς Mᵃ: ὡς Hᵃ: om.
P²P³π³   13 τριήμερον MᵃΓ   14 αὐτοῦ Γ: αὑτοῦ P¹Π²: αὑτῷ HᵃMᵃ

οὐκ ἔστιν ἡ κατὰ γράμματα καὶ νόμους ἀρίστη πολιτεία, 15
διὰ τὴν αὐτὴν αἰτίαν. ἀλλὰ μὴν κἀκεῖνον δεῖ ὑπάρχειν
τὸν λόγον, τὸν καθόλου, τοῖς ἄρχουσιν. κρεῖττον δ᾽ ᾧ μὴ
πρόσεστι τὸ παθητικὸν ὅλως ἢ ᾧ συμφυές· τῷ μὲν οὖν
νόμῳ τοῦτο οὐχ ὑπάρχει, ψυχὴν δ᾽ ἀνθρωπίνην ἀνάγκη τοῦτ᾽
ἔχειν πᾶσαν. ἀλλ᾽ ἴσως ἂν φαίη τις ὡς ἀντὶ τούτου βου- 20
λεύσεται περὶ τῶν καθ᾽ ἕκαστα κάλλιον. ὅτι μὲν τοίνυν
ἀνάγκη νομοθέτην αὐτὸν εἶναι, δῆλον, καὶ κεῖσθαι νόμους,
ἀλλὰ μὴ κυρίους ᾗ παρεκβαίνουσιν, ἐπεὶ περὶ τῶν γ᾽ ἄλλων
εἶναι δεῖ κυρίους· ὅσα δὲ μὴ δυνατὸν τὸν νόμον κρίνειν ἢ
ὅλως ἢ εὖ, πότερον ἕνα τὸν ἄριστον δεῖ ἄρχειν ἢ πάντας; 25
καὶ γὰρ νῦν συνιόντες δικάζουσι καὶ βουλεύονται καὶ κρί-
νουσιν, αὗται δ᾽ αἱ κρίσεις εἰσὶ πᾶσαι περὶ τῶν καθ᾽ ἕκα-
στον. καθ᾽ ἕνα μὲν οὖν συμβαλλόμενος ὁστισοῦν ἴσως χείρων·
ἀλλ᾽ ἐστὶν ἡ πόλις ἐκ πολλῶν, ὥσπερ ἑστίασις συμφορητὸς
καλλίων μιᾶς καὶ ἁπλῆς· διὰ τοῦτο καὶ κρίνει ἄμεινον 30
ὄχλος πολλὰ ἢ εἷς ὁστισοῦν.   31
                  ἔτι μᾶλλον ἀδιάφθορον τὸ 31
πολύ—καθάπερ ὕδωρ τὸ πλεῖον, οὕτω καὶ τὸ πλῆθος τῶν
ὀλίγων ἀδιαφθορώτερον· τοῦ δ᾽ ἑνὸς ὑπ᾽ ὀργῆς κρατηθέντος
ἤ τινος ἑτέρου πάθους τοιούτου ἀναγκαῖον διεφθάρθαι τὴν κρί-
σιν, ἐκεῖ δ᾽ ἔργον ἅμα πάντας ὀργισθῆναι καὶ ἁμαρτεῖν. 35
ἔστω δὲ τὸ πλῆθος οἱ ἐλεύθεροι, μηδὲν παρὰ τὸν νόμον
πράττοντες ἀλλ᾽ ἢ περὶ ὧν ἐκλείπειν ἀναγκαῖον αὐτόν.
εἰ δὲ δὴ τοῦτο μὴ ῥάδιον ἐν πολλοῖς, ἀλλ᾽ εἰ πλείους εἶεν
ἀγαθοὶ καὶ ἄνδρες καὶ πολῖται, πότερον ὁ εἷς ἀδιαφθορώ-
τερος ἄρχων, ἢ μᾶλλον οἱ πλείους μὲν τὸν ἀριθμὸν ἀγαθοὶ 40
δὲ πάντες; ἢ δῆλον ὡς οἱ πλείους; "ἀλλ᾽ οἱ μὲν στασιάσουσιν 1286ᵇ
ὁ δὲ εἷς ἀστασίαστος." ἀλλὰ πρὸς τοῦτ᾽ ἀντιθετέον ἴσως ὅτι

17 λόγον Π²Π³(cf. ᵃ10–11): νόμον Hᵃ   19 τούτῳ οὐχ Hᵃ, pr. P², P³π³
25 πάντας] πάνυ P²P³π³   27 εἰσὶν αἱ κρίσεις Π¹   29 ἑστίασας
HᵃMᵃ   30 κρίνειν MᵃΠ³   32 ὕδωρ] γὰρ ὕδωρ Bekker
37 ὧν] ὃν P²P³π³ : ὃν π³   38 μὴ τοῦτο Π¹   1286ᵇ 1 δ᾽ ἄνδρες MᵃΓ

σπουδαῖοι τὴν ψυχήν, ὥσπερ κἀκεῖνος ὁ εἷς. εἰ δὴ τὴν μὲν
τῶν πλειόνων ἀρχὴν ἀγαθῶν δ᾽ ἀνδρῶν πάντων ἀριστοκρα-
5 τίαν θετέον, τὴν δὲ τοῦ ἑνὸς βασιλείαν, αἱρετώτερον ἂν εἴη ταῖς
πόλεσιν ἀριστοκρατία βασιλείας, καὶ μετὰ δυνάμεως καὶ
χωρὶς δυνάμεως οὔσης τῆς ἀρχῆς, ἂν ᾖ λαβεῖν πλείους ὁμοίους.
καὶ διὰ τοῦτ᾽ ἴσως ἐβασιλεύοντο πρότερον, ὅτι σπάνιον ἦν εὑρεῖν
ἄνδρας πολὺ διαφέροντας κατ᾽ ἀρετήν, ἄλλως τε καὶ τότε
10 μικρὰς οἰκοῦντας πόλεις. ἔτι δ᾽ ἀπ᾽ εὐεργεσίας καθίστασαν
τοὺς βασιλεῖς, ὅπερ ἐστὶν ἔργον τῶν ἀγαθῶν ἀνδρῶν. ἐπεὶ
δὲ συνέβαινε γίγνεσθαι πολλοὺς ὁμοίους πρὸς ἀρετήν, οὐκέτι
ὑπέμενον ἀλλ᾽ ἐζήτουν κοινόν τι καὶ πολιτείαν καθίστασαν.
ἐπεὶ δὲ χείρους γιγνόμενοι ἐχρηματίζοντο ἀπὸ τῶν κοινῶν,
15 ἐντεῦθέν ποθεν εὔλογον γενέσθαι τὰς ὀλιγαρχίας· ἔντιμον
γὰρ ἐποίησαν τὸν πλοῦτον. ἐκ δὲ τούτων πρῶτον εἰς τυραν-
νίδας μετέβαλλον, ἐκ δὲ τῶν τυραννίδων εἰς δημοκρατίαν·
αἰεὶ γὰρ εἰς ἐλάττους ἄγοντες δι᾽ αἰσχροκέρδειαν ἰσχυρότε-
ρον τὸ πλῆθος κατέστησαν, ὥστ᾽ ἐπιθέσθαι καὶ γενέσθαι δημο-
20 κρατίας. ἐπεὶ δὲ καὶ μείζους εἶναι συμβέβηκε τὰς πό-
λεις, ἴσως οὐδὲ ῥᾴδιον ἔτι γίγνεσθαι πολιτείαν ἑτέραν παρὰ
22 δημοκρατίαν.

22   εἰ δὲ δή τις ἄριστον θείη τὸ βασιλεύεσθαι
ταῖς πόλεσιν, πῶς ἕξει τὰ περὶ τῶν τέκνων; πότερον καὶ
τὸ γένος δεῖ βασιλεύειν; ἀλλὰ γιγνομένων ὁποῖοί τινες
25 ἔτυχον, βλαβερόν. " ἀλλ᾽ οὐ παραδώσει κύριος ὢν τοῖς
τέκνοις." ἀλλ᾽ οὐκ ἔτι τοῦτο ῥᾴδιον πιστεῦσαι· χαλεπὸν γάρ,
καὶ μείζονος ἀρετῆς ἢ κατ᾽ ἀνθρωπίνην φύσιν. ἔχει δ᾽
ἀπορίαν καὶ περὶ τῆς δυνάμεως, πότερον ἔχειν δεῖ τὸν

7 ὁμοίως Π³Η³Γ   12 ὁμοίως Η³π³   14 γενόμενοι Μ³Ρ¹
15 ποθεν om. Γ   17 μετέβαλον Ρ¹   18 αἰσχροκερδίαν Η³Μ³Vᵐ
21 ἔτι] iam (? ἤδη) Γ   22–27 εἰ . . . φύσιν citat Iuliani ep. ad
Them. 260 d sqq.   24 ὁποῖον pr. Ρ², Ρ³π³: ὁποίων π³
25–26 ἀλλ᾽ . . . τέκνοις] ἀλλ᾽ οὐ καταλείψει τοὺς υἱεῖς διαδόχους ὁ βασι-
λεὺς ἐπ᾽ ἐξουσίας ἔχων τοῦτο ποιῆσαι π³: om. π³   25 τοῖς om. Iul.
26 ῥᾴδιον τοῦτο Iul.

μέλλοντα βασιλεύειν ἰσχύν τινα περὶ αὑτόν, ᾗ δυνήσεται
βιάζεσθαι τοὺς μὴ βουλομένους πειθαρχεῖν, ἢ πῶς ἐνδέχεται 30
τὴν ἀρχὴν διοικεῖν; εἰ γὰρ καὶ κατὰ νόμον εἴη κύριος, μη-
δὲν πράττων κατὰ τὴν αὑτοῦ βούλησιν παρὰ τὸν νόμον, ὅμως
ἀναγκαῖον ὑπάρχειν αὐτῷ δύναμιν ᾗ φυλάξει τοὺς νόμους.
τάχα μὲν οὖν τὰ περὶ τὸν βασιλέα τὸν τοιοῦτον οὐ χαλεπὸν
διορίσαι· δεῖ γὰρ αὐτὸν μὲν ἔχειν ἰσχύν, εἶναι δὲ τοσαύτην τὴν 35
ἰσχὺν ὥστε ἑκάστου μὲν καὶ ἑνὸς καὶ συμπλειόνων κρείττω τοῦ
δὲ πλήθους ἥττω ‹καθεστάναι›, καθάπερ οἵ τ' ἀρχαῖοι τὰς φυλακὰς
ἐδίδοσαν, ὅτε καθισταῖέν τινα τῆς πόλεως ὃν ἐκάλουν αἰσυμνή-
την ἢ τύραννον, καὶ Διονυσίῳ τις, ὅτ' ᾔτει τοὺς φύλακας, συν-
εβούλευε τοῖς Συρακουσίοις διδόναι τοσούτους τοὺς φύλακας. 40

16   Περὶ δὲ τοῦ βασιλέως τοῦ κατὰ τὴν αὑτοῦ βούλησιν 1287ª
πάντα πράττοντος ὅ τε λόγος ἐφέστηκε νῦν καὶ ποιητέον τὴν
σκέψιν. ὁ μὲν γὰρ κατὰ νόμον λεγόμενος βασιλεὺς οὐκ ἔστιν
εἶδος, καθάπερ εἴπομεν, πολιτείας (ἐν πάσαις γὰρ ὑπ-
άρχειν ἐνδέχεται στρατηγίαν ἀΐδιον, οἷον ἐν δημοκρατίᾳ καὶ 5
ἀριστοκρατίᾳ, καὶ πολλοὶ ποιοῦσιν ἕνα κύριον τῆς διοικήσεως·
τοιαύτη γὰρ ἀρχή τις ἔστι καὶ περὶ Ἐπίδαμνον, καὶ περὶ
Ὀποῦντα δὲ κατά τι μέρος ἔλαττον)· περὶ δὲ τῆς παμβασι-
λείας καλουμένης (αὕτη δ' ἐστὶ καθ' ἣν ἄρχει πάντα κατὰ
τὴν ἑαυτοῦ βούλησιν ὁ βασιλεύς) δοκεῖ [δέ] τισιν οὐδὲ κατὰ 10
φύσιν εἶναι τὸ κύριον ἕνα πάντων εἶναι τῶν πολιτῶν, ὅπου
συνέστηκεν ἐξ ὁμοίων ἡ πόλις· τοῖς γὰρ ὁμοίοις φύσει τὸ
αὐτὸ δίκαιον ἀναγκαῖον καὶ τὴν αὐτὴν ἀξίαν κατὰ φύσιν
εἶναι, ὥστ' εἴπερ καὶ τὸ ἴσην ἔχειν τοὺς ἀνίσους τροφὴν ἢ

29 αὑτόν Bas.³: αὐτὸν codd. Γ   η Vᵐ: ᾗ MˢP²P³   31 καὶ Π²Hª:
om. Π¹Vᵐ   32 αὑτοῦ Γ: αὐτου codd.   33 φυλάξει π³: φυλάξαι
HªVᵐP²P³π³: φυλάξεται MˢP¹   34 βασιλέα τὸν τοιοῦτον om. Vᵐ
35 ἔχειν μὲν Richards   36 ἑκάστων Γ   37 καθεστάναι addidi   40 συρα-
κοσιοις Vᵐ   1287ª 4 πολιτείας Victorius: βασιλείας codd. Γ: om. Iul.
261ª   5 οἷον] οτον Vᵐ   8–14 περὶ ... εἶναι citat Iul. 261ᵇ   9 πάντων
Γ Iul.   10 αὑτοῦ Iul.   βασιλεὺς+λεκτέον Γ   δέ om. Iul.
οὐδὲ+τὸ Iul.   11 κύριον εἶναι πάντων τῶν πολιτῶν ἕνα MˢΓ   ὅπου
... 12 πόλις et 13 καὶ ... φύσιν om. Iul.

15 ἐσθῆτα βλαβερὸν τοῖς σώμασιν, οὕτως ἔχει καὶ τὰ περὶ τὰς
τιμάς· ὁμοίως τοίνυν καὶ τὸ ἄνισον τοὺς ἴσους· διόπερ οὐδὲν
μᾶλλον ἄρχειν ἢ ἄρχεσθαι δίκαιον, καὶ τὸ ἀνὰ μέρος τοί-
νυν ὡσαύτως. τοῦτο δ' ἤδη νόμος· ἡ γὰρ τάξις νόμος. τὸν
ἄρα νόμον ἄρχειν αἱρετώτερον μᾶλλον ἢ τῶν πολιτῶν ἕνα
20 τινά, κατὰ τὸν αὐτὸν δὲ λόγον τοῦτον, κἂν εἴ τινας ἄρχειν
βέλτιον, τούτους καταστατέον νομοφύλακας καὶ ὑπηρέτας τοῖς
νόμοις· ἀναγκαῖον γὰρ εἶναί τινας ἀρχάς, ἀλλ' οὐχ ἕνα τοῦ-
τον εἶναί φασι δίκαιον, ὁμοίων γε ὄντων πάντων. ἀλλὰ μὴν
ὅσα γε μὴ δοκεῖ δύνασθαι διορίζειν ὁ νόμος, οὐδ' ἄνθρωπος
25 ἂν δύναιτο γνωρίζειν. ἀλλ' ἐπίτηδες παιδεύσας ὁ νόμος
ἐφίστησι τὰ λοιπὰ τῇ δικαιοτάτῃ γνώμῃ κρίνειν καὶ διοικεῖν
τοὺς ἄρχοντας. ἔτι δ' ἐπανορθοῦσθαι δίδωσιν ὅ τι ἂν δόξῃ
πειρωμένοις ἄμεινον εἶναι τῶν κειμένων. ὁ μὲν οὖν τὸν νό-
μον κελεύων ἄρχειν δοκεῖ κελεύειν ἄρχειν τὸν θεὸν καὶ τὸν νοῦν
30 μόνους, ὁ δ' ἄνθρωπον κελεύων προστίθησι καὶ θηρίον· ἥ τε γὰρ
ἐπιθυμία τοιοῦτον, καὶ ὁ θυμὸς ἄρχοντας διαστρέφει καὶ τοὺς
ἀρίστους ἄνδρας. διόπερ ἄνευ ὀρέξεως νοῦς ὁ νόμος ἐστίν. τὸ
δὲ τῶν τεχνῶν εἶναι δοκεῖ παράδειγμα ψεῦδος, ὅτι τὸ κατὰ
γράμματα ἰατρεύεσθαι φαῦλον, ἀλλὰ αἱρετώτερον χρῆ-
35 σθαι τοῖς ἔχουσι τὰς τέχνας. οἱ μὲν γὰρ οὐδὲν διὰ φιλίαν
παρὰ τὸν λόγον ποιοῦσιν, ἀλλ' ἄρνυνται τὸν μισθὸν τοὺς
κάμνοντας ὑγιάσαντες· οἱ δ' ἐν ταῖς πολιτικαῖς ἀρχαῖς
πολλὰ πρὸς ἐπήρειαν καὶ χάριν εἰώθασι πράττειν, ἐπεὶ καὶ

15 τὰ] τὸ πᵃ   16 οὐδένα Bernays   23 ὁμοίως Πᵃ   25 ἐπί-
τηδες παιδεύσας] ἐπιτηδὲς MᵃP¹: universale Guil.   27 δ'] δὲ
πάντα Γ   28–32 ὁ . . . ἐστίν citat Iul. 261 bc   28 οὖν om. Γ
νόμον] νοῦν Γ, plerique codd. Iuliani   29 τὸν νοῦν μόνους cod. Voss.
Iuliani: τοὺς νόμους codd. Γ, ceteri codd. Iuliani   30 θηρία cod. Voss.
Iuliani   ἥ τε] ὅ τε Mᵃ: ὅτε Γ   31 τοῦτον cod. Voss. Iuliani   ἄρχον-
τας om. Iul.: ἄρχον, τέλος Γ   διαστρέφει (φθείρει P¹, interimet
Guil.) post 32 ἄνδρας Π¹   32 ὁ νοῦς νόμος MᵃVᵐ, pr. P¹: ὁ νοῦς
μόνος cod. Voss. Iuliani   34 γράμμα MᵃP¹Vᵐ   ἀλλὰ+καὶ Π¹Πᵃ
35 διὰ φιλίαν (φιλίας Γ) οὐδὲν HᵃΓ   36 ἀρνοῦνται Mᵃ et ut vid. pr.
P¹   38 επηριαν Vᵐ

τοὺς ἰατροὺς ὅταν ὑποπτεύωσι πεισθέντας τοῖς ἐχθροῖς δια- 40
φθείρειν διὰ κέρδος, τότε τὴν ἐκ τῶν γραμμάτων θεραπείαν
ζητήσαιεν ἂν μᾶλλον. ἀλλὰ μὴν εἰσάγονταί γ' ἐφ' ἑαυτοὺς
οἱ ἰατροὶ κάμνοντες ἄλλους ἰατροὺς καὶ οἱ παιδοτρίβαι γυ- 1287ᵇ
μναζόμενοι παιδοτρίβας, ὡς οὐ δυνάμενοι κρίνειν τὸ ἀληθὲς
διὰ τὸ κρίνειν περί τε οἰκείων καὶ ἐν πάθει ὄντες. ὥστε δῆλον
ὅτι τὸ δίκαιον ζητοῦντες τὸ μέσον ζητοῦσιν· ὁ γὰρ νόμος τὸ
μέσον. ἔτι κυριώτεροι καὶ περὶ κυριωτέρων τῶν κατὰ γράμ- 5
ματα νόμων οἱ κατὰ τὰ ἔθη εἰσίν, ὥστ' εἰ τῶν κατὰ γράμ-
ματα ἄνθρωπος ἄρχων ἀσφαλέστερος, ἀλλ' οὐ τῶν κατὰ τὸ
ἔθος.   8

ἀλλὰ μὴν οὐδὲ ῥάδιον ἐφορᾶν πολλὰ τὸν ἕνα· δεήσει 8
ἄρα πλείονας εἶναι τοὺς ὑπ' αὐτοῦ καθισταμένους ἄρχοντας,
ὥστε τί διαφέρει τοῦτο ἐξ ἀρχῆς εὐθὺς ὑπάρχειν ἢ τὸν ἕνα 10
καταστῆσαι τοῦτον τὸν τρόπον; ἔτι, ὃ καὶ πρότερον εἰρημένον
ἐστίν, εἴπερ ὁ ἀνὴρ ὁ σπουδαῖος, διότι βελτίων, ἄρχειν δί-
καιος, τοῦ γε ἑνὸς οἱ δύο ἀγαθοὶ βελτίους· τοῦτο γάρ ἐστι τὸ
" σύν τε δύ' ἐρχομένω " καὶ ἡ εὐχὴ τοῦ Ἀγαμέμνονος " τοι-
οῦτοι δέκα μοι συμφράδμονες ". εἰσὶ δὲ καὶ νῦν περὶ ἐνίων αἱ 15
ἀρχαὶ κύριαι κρίνειν, ὥσπερ ὁ δικαστής, περὶ ὧν ὁ νόμος
ἀδυνατεῖ διορίζειν, ἐπεὶ περὶ ὧν γε δυνατός, οὐδεὶς ἀμφισ-
βητεῖ περὶ τούτων ὡς οὐκ ἂν ἄριστα ὁ νόμος ἄρξειε καὶ κρίνειεν.
ἀλλ' ἐπειδὴ τὰ μὲν ἐνδέχεται περιληφθῆναι τοῖς νόμοις τὰ
δὲ ἀδύνατα, ταῦτ' ἐστὶν ἃ ποιεῖ διαπορεῖν καὶ ζητεῖν πότερον 20
τὸν ἄριστον νόμον ἄρχειν αἱρετώτερον ἢ τὸν ἄνδρα τὸν ἄρι-

---

39 πεισθέντας Γ: πιστευθέντες Hᵃ: πιστευθέντας cet.   40 θεραπιαν
Vᵐ   1287ᵇ 2–3 τό ... κρίνειν om. Hᵃπᵃ   5 τωκατα Vᵐ
6 εἰ om. Π²Hᵃ   τωκατα Vᵐ   8 πολλὰ om. Πᵃ, pr. Pᵃ   9 υφ-
αυτου Vᵐ   11 καταστησει Vᵐ   ποτερον Vᵐ: πρῶτον Hᵃ et ut vid.
pr. Pᵃ   13 γε scripsi: δὲ codd. Γ   14 Hom. Il. 10. 224   δι'
Hᵃπᵃ   ἐρχομένων MᵃVᵐΓ   Hom. Il. 2. 372   15 δέκα om. Γ:
δέ Mᵃ   συμφράδμονες+εἶεν Hᵃ: +ὡς οὐχ ἵνα λοιπὸν ἄρχειν δίκαιον Mᵃ:
+ut non iam principari iustum Guil.   17 ὧν γε MᵃP¹Vᵐ: τῶν γε Hᵃ:
ὧν Pᵃ: ὃν pr. Pᵃ   18 ὡς ... κρίνειεν ante 17 ἐπεὶ Π²   αρξει Vᵐ
καὶ om. pr. P¹, Γ   19 ἐπεὶ MᵃP¹   περιλιφθηναι Vᵐ: παραληφθηναι P¹

στον· περὶ ὧν γὰρ βουλεύονται νομοθετῆσαι τῶν ἀδυνάτων
ἐστίν. οὐ τοίνυν τοῦτό γ' ἀντιλέγουσιν, ὡς οὐκ ἀναγκαῖον ἄν-
θρωπον εἶναι τὸν κρινοῦντα περὶ τῶν τοιούτων, ἀλλ' ὅτι οὐχ
25 ἕνα μόνον ἀλλὰ πολλούς.

25 κρίνει γὰρ ἕκαστος ἄρχων πεπαι-
δευμένος ὑπὸ τοῦ νόμου καλῶς, ἄτοπον τ' ἴσως ἂν εἶναι δό-
ξειεν εἰ βέλτιον ἴδοι τις δυοῖν ὄμμασι καὶ δυσὶν ἀκοαῖς
κρίνων, καὶ πράττων δυσὶ ποσὶ καὶ χερσίν, ἢ πολλοὶ πολ-
λοῖς· ἐπεὶ καὶ νῦν ὀφθαλμοὺς πολλοὺς οἱ μόναρχοι ποιοῦσιν
30 αὑτῶν καὶ ὦτα καὶ χεῖρας καὶ πόδας· τοὺς γὰρ τῇ ἀρχῇ
καὶ αὑτοῖς φίλους ποιοῦνται συνάρχους. μὴ φίλοι μὲν οὖν ὄντες
οὐ ποιήσουσι κατὰ τὴν τοῦ μονάρχου προαίρεσιν· εἰ δὲ φίλοι
κἀκείνου καὶ τῆς ἀρχῆς, ὅ γε φίλος ἴσος καὶ ὅμοιος, ὥστ' εἰ
τούτους οἴεται δεῖν ἄρχειν, τοὺς ἴσους καὶ ὁμοίους ἄρχειν οἴεται
35 δεῖν ὁμοίως. ἃ μὲν οὖν οἱ διαμφισβητοῦντες πρὸς τὴν βασι-
λείαν λέγουσι, σχεδὸν ταῦτ' ἐστίν. Ἀλλ' ἴσως ταῦτ' ἐπὶ 17
μὲν τινῶν ἔχει τὸν τρόπον τοῦτον, ἐπὶ δὲ τινῶν οὐχ οὕτως. ἔστι
γάρ τι φύσει δεσποτικὸν καὶ ἄλλο βασιλευτικὸν καὶ ἄλλο πολι-
τικὸν καὶ δίκαιον καὶ συμφέρον· τυραννικὸν δ' οὐκ ἔστι κατὰ
40 φύσιν, οὐδὲ τῶν ἄλλων πολιτειῶν ὅσαι παρεκβάσεις εἰσί·
ταῦτα γὰρ γίνεται παρὰ φύσιν. ἀλλ' ἐκ τῶν εἰρημένων
1288ᵃ γε φανερὸν ὡς ἐν μὲν τοῖς ὁμοίοις καὶ ἴσοις οὔτε συμφέρον
ἐστὶν οὔτε δίκαιον ἕνα κύριον εἶναι πάντων, οὔτε μὴ νόμων ὄν-
των, ἀλλ' ὡς αὐτὸν ὄντα νόμον, οὔτε νόμων ὄντων, οὔτε ἀγαθὸν
ἀγαθῶν οὔτε μὴ ἀγαθῶν μὴ ἀγαθόν, οὐδ' ἂν κατ' ἀρετὴν

22 νενομοθετῆσθαι Γ   26–31 ἄτοπον . . . συνάρχους citat
Musurus in schol. Aristoph. Ach. 92   26 τ'] δ' Π²Hᵃ
28 πράττοι Conring   30 αὑτῶν Morel: αὐτῶν codd.: sibi Guil.
31 αὑτοῖς Musurus: αὐτοῖς Bekker: αὐτοῦς Hᵃ: αὐτοῦ fort.P¹: αὑτοῦ
cett.   32 δὲ om. Vᵐ   38 δεσπωτικὸν Hᵃ: δεσποτὸν Π²Vᵐ
καὶ ἄλλο βασιλευτικὸν om. Π¹: καὶ ἄλλο βασιλευτὸν Π²Vᵐ
39 συμφέρον+ἄλλο ἄλλοις Richards   41 παρὰ] τὰ παρὰ Π¹Vᵐ
1288ᵃ 3 ἀλλ' . . . νόμον om. π³ (fort. Π³)   ὡς αὐτὸν Richards: αὐτὸν
ὡς codd.

ἀμείνων ᾖ, εἰ μὴ τρόπον τινά. τίς δ' ὁ τρόπος, λεκτέον· 5
εἴρηται δέ πως ἤδη καὶ πρότερον. 6

πρῶτον δὲ διοριστέον τί τὸ 6
βασιλευτὸν καὶ τί τὸ ἀριστοκρατικὸν καὶ τί τὸ πολιτικόν.
βασιλευτὸν μὲν οὖν τὸ τοιοῦτόν ἐστι πλῆθος ὃ πέφυκε φέρειν
γένος ὑπερέχον κατ' ἀρετὴν πρὸς ἡγεμονίαν πολιτικήν, ἀρι-
στοκρατικὸν δὲ πλῆθος ὃ πέφυκε φέρειν γένος ἄρχεσθαι 10
δυνάμενον τὴν τῶν ἐλευθέρων ἀρχὴν ὑπὸ τῶν κατ' ἀρετὴν
ἡγεμονικῶν πρὸς πολιτικὴν ἀρχήν, πολιτικὸν δὲ πλῆθος ἐν
ᾧ πέφυκε ἐγγίνεσθαι γένος πολιτικὸν δυνάμενον ἄρχε-
σθαι καὶ ἄρχειν κατὰ νόμον τὸν κατ' ἀξίαν διανέμοντα
τοῖς εὐπόροις τὰς ἀρχάς. ὅταν οὖν ἢ γένος ὅλον ἢ καὶ τῶν 15
ἄλλων ἕνα τινὰ συμβῇ διαφέροντα γενέσθαι κατ' ἀρετὴν
τοσοῦτον ὥσθ' ὑπερέχειν τὴν ἐκείνου τῆς τῶν ἄλλων πάντων,
τότε δίκαιον τὸ γένος εἶναι τοῦτο βασιλικὸν καὶ κύριον πάν-
των, καὶ βασιλέα τὸν ἕνα τοῦτον. καθάπερ γὰρ εἴρηται πρό-
τερον, οὐ μόνον οὕτως ἔχει κατὰ τὸ δίκαιον ὃ προφέρειν εἰώ- 20
θασιν οἱ τὰς πολιτείας καθιστάντες, οἵ τε τὰς ἀριστοκρατικὰς
καὶ οἱ τὰς ὀλιγαρχικὰς καὶ πάλιν οἱ τὰς δημοκρατικάς
(πάντες γὰρ καθ' ὑπεροχὴν ἀξιοῦσιν, ἀλλὰ ὑπεροχὴν οὐ τὴν
αὐτήν), ἀλλὰ καὶ κατὰ τὸ πρότερον λεχθέν. οὔτε γὰρ κτείνειν ἢ
φυγαδεύειν οὐδ' ὀστρακίζειν δή που τὸν τοιοῦτον πρέπον ἐστίν, 25
οὔτ' ἀξιοῦν ἄρχεσθαι κατὰ μέρος· οὐ γὰρ πέφυκε τὸ μέρος
ὑπερέχειν τοῦ παντός, τῷ δὲ τὴν τηλικαύτην ὑπερβολὴν ἔχοντι

5 εἰ om. Vᵐ   6 ἤδη om. Π¹   ποτερον Vᵐ   10 ὃ . . . ἄρχεσθαι]
ἄρχεσθαι Victorius   γένος scripsi (cf. l. 9): πλῆθος codd. Γ   11 ἀρ-
χὴν om. MᵃP¹   12–13 ἐν . . . πολιτικὸν secl. Hercher: ἐν . . . γένος
secl. Spengel   13 πέφυκε+καὶ ἐν Π²Hᵃ   εγγιγνεσθαι Vᵐ   γένος
scripsi (cf. l. 9): πλῆθος codd. Γ   πολιτικὸν Π¹Vᵐ: πολεμικὸν Π²Hᵃ
ἄρχειν ⟨καὶ ἄρχειν Mᵃ⟩ καὶ ἄρχεσθαι Π¹   14 καταξιανδιανεμοντον-
καταξιανδιανεμοντα Vᵐ   15 τοῖς εὐπόροις an omittendum?: τοῖς
ἀπόροις Π²HᵃVᵐ   ᾖ¹] ἦ MᵃΓ: de Vᵐ non constat   16 τινὰ
om. Π¹   18 βασιλεικον Vᵐ   21 οἵ] ει Vᵐ   21–22 ἀρι-
στοκρατίας . . . ὀλιγαρχίας . . . δημοκρατίας MᵃΓ   23 πάντη Π¹Vᵐ
24 καὶ ut vid. Γ: om. cet.   27 τὴν om. Mᵃπᵃ, fort. Γ

τοῦτο συμβέβηκεν. ὥστε λείπεται μόνον τὸ πείθεσθαι τῷ τοιούτῳ καὶ κύριον εἶναι μὴ κατὰ μέρος τοῦτον ἀλλ' ἁπλῶς.

30 περὶ μὲν οὖν βασιλείας, τίνας ἔχει διαφοράς, καὶ πότερον οὐ συμφέρει ταῖς πόλεσιν ἢ συμφέρει, καὶ τίσι, καὶ πῶς, διωρίσθω τὸν τρόπον τοῦτον. Ἐπεὶ δὲ τρεῖς φαμὲν εἶναι τὰς 18 ὀρθὰς πολιτείας, τούτων δ' ἀναγκαῖον ἀρίστην εἶναι τὴν ὑπὸ τῶν ἀρίστων οἰκονομουμένην, τοιαύτη δ' ἐστὶν ἐν ᾗ συμβέβη-

35 κεν ἢ ἕνα τινὰ συμπάντων ἢ γένος ὅλον ἢ πλῆθος ὑπερέχον εἶναι κατ' ἀρετήν, τῶν μὲν ἄρχεσθαι δυναμένων τῶν δ' ἄρχειν πρὸς τὴν αἱρετωτάτην ζωήν, ἐν δὲ τοῖς πρώτοις ᾽ἐδείχθη λόγοις ὅτι τὴν αὐτὴν ἀναγκαῖον ἀνδρὸς ἀρετὴν εἶναι καὶ πολίτου τῆς πόλεως τῆς ἀρίστης, φανερὸν ὅτι τὸν αὐτὸν τρόπον

40 καὶ διὰ τῶν αὐτῶν ἀνήρ τε γίνεται σπουδαῖος καὶ πόλιν συστήσειεν ἄν τις ἀριστοκρατουμένην ἢ βασιλευομένην, ὥστ' ἔσται

1288ᵇ καὶ παιδεία καὶ ἔθη ταὐτὰ σχεδὸν τὰ ποιοῦντα σπουδαῖον ἄνδρα καὶ τὰ ποιοῦντα πολιτικὸν καὶ βασιλικόν. διωρισμένων δὲ τούτων περὶ τῆς πολιτείας ἤδη πειρατέον λέγειν τῆς ἀρίστης, τίνα πέφυκε γίγνεσθαι τρόπον καὶ καθίστασθαι πῶς.

5 [ἀνάγκη δὴ τὸν μέλλοντα περὶ αὐτῆς ποιήσασθαι τὴν προσήκουσαν σκέψιν.]

Δ

10 Ἐν ἁπάσαις ταῖς τέχναις καὶ ταῖς ἐπιστήμαις ταῖς Ι μὴ κατὰ μόριον γινομέναις, ἀλλὰ περὶ γένος ἕν τι τελείαις οὔσαις, μιᾶς ἐστι θεωρῆσαι τὸ περὶ ἕκαστον γένος ἁρμόττον, οἶον ἄσκησις σώματι ποία τε ποίῳ συμφέρει, καὶ τίς ἀρίστη

29 τοῦτον om. Π¹: ειναι τουτον Vᵐ   30 προτερον Vᵐ   31 ταις
... συμφερει bis Vᵐ   34 οικονομυμενηις Vᵐ   35 τιν Vᵐ   39 τῆς
ἀρίστης πόλεως Π¹   40 τὸν αὐτὸν Hᵃ, pr. Mᵃ: τὴν αὐτὴν Γ(?)
1288ᵇ 1 παιδια Vᵐ   σχεδὸν+γὰρ Hᵃ: om. Mᵃ   3 δὲ] δη Vᵐ
4 καθίστασθαί πως Π²Hᵃ   5–6 ἀνάγκη ... σκέψιν secl. Spengel:
cf. 1323ᵃ14–16   5 δὴ] γὰρ π²: δὴ γὰρ Hᵃ   τὸν μέλλοντα om. π²
13 σώματος HᵃMᵃ

(τῷ γὰρ κάλλιστα πεφυκότι καὶ κεχορηγημένῳ τὴν ἀρίστην
ἀναγκαῖον ἁρμόττειν), καὶ τίς τοῖς πλείστοις μία πᾶσιν (καὶ 15
γὰρ τοῦτο τῆς γυμναστικῆς ἔργον ἐστίν), ἔτι δ᾽ ἐάν τις μὴ τῆς
ἱκνουμένης ἐπιθυμῇ μήθ᾽ ἕξεως μήτ᾽ ἐπιστήμης τῶν περὶ τὴν
ἀγωνίαν, οὐθὲν ἧττον τοῦ παιδοτρίβου καὶ τοῦ γυμναστικοῦ παρα-
σκευάσαι γε καὶ ταύτην ἐστὶ τὴν δύναμιν. ὁμοίως δὲ τοῦτο
καὶ περὶ ἰατρικὴν καὶ περὶ ναυπηγίαν καὶ ἐσθῆτα καὶ περὶ 20
πᾶσαν ἄλλην τέχνην ὁρῶμεν συμβαῖνον. ὥστε δῆλον ὅτι
καὶ πολιτείαν τῆς αὐτῆς ἐστιν ἐπιστήμης τὴν ἀρίστην θεωρῆσαι
τίς ἐστι καὶ ποία τις ἂν οὖσα μάλιστ᾽ εἴη κατ᾽ εὐχὴν μηδε-
νὸς ἐμποδίζοντος τῶν ἐκτός, καὶ τίς τίσιν ἁρμόττουσα (πολ-
λοῖς γὰρ τῆς ἀρίστης τυχεῖν ἴσως ἀδύνατον, ὥστε τὴν κρατί- 25
στην τε ἁπλῶς καὶ τὴν ἐκ τῶν ὑποκειμένων ἀρίστην οὐ δεῖ
λεληθέναι τὸν ἀγαθὸν νομοθέτην καὶ τὸν ὡς ἀληθῶς πολιτικόν),
ἔτι δὲ τρίτην τὴν ἐξ ὑποθέσεως (δεῖ γὰρ καὶ τὴν δοθεῖσαν δύ-
νασθαι θεωρεῖν, ἐξ ἀρχῆς τε πῶς ἂν γένοιτο, καὶ γενομένη
τίνα τρόπον ἂν σῴζοιτο πλεῖστον χρόνον· λέγω δὲ οἷον εἴ τινι 30
πόλει συμβέβηκε μήτε τὴν ἀρίστην πολιτεύεσθαι πολιτείαν,
ἀχορήγητον δὲ εἶναι καὶ τῶν ἀναγκαίων, μήτε τὴν ἐνδεχο-
μένην ἐκ τῶν ὑπαρχόντων, ἀλλά τινα φαυλοτέραν), παρὰ
πάντα δὲ ταῦτα τὴν μάλιστα πάσαις ταῖς πόλεσιν ἁρμότ-
τουσαν δεῖ γνωρίζειν, ὥσθ᾽ οἱ πλεῖστοι τῶν ἀποφαινομένων περὶ 35
πολιτείας, καὶ εἰ τἆλλα λέγουσι καλῶς, τῶν γε χρησίμων
διαμαρτάνουσιν. οὐ γὰρ μόνον τὴν ἀρίστην δεῖ θεωρεῖν, ἀλλὰ
καὶ τὴν δυνατήν, ὁμοίως δὲ καὶ τὴν ῥᾴω καὶ κοινοτέραν
ἁπάσαις· νῦν δ᾽ οἱ μὲν τὴν ἀκροτάτην καὶ δεομένην πολ-
λῆς χορηγίας ζητοῦσι μόνον, οἱ δὲ μᾶλλον κοινήν τινα λέ- 40
γοντες, τὰς ὑπαρχούσας ἀναιροῦντες πολιτείας, τὴν Λακωνικὴν

14 κάλιστα Vᵐ   κεχορημενωι Vᵐ   16 ἔργον om. Πᵃ   18 οὐ-
θεν scripsi: οὐδὲν Bekkerᵃ: μηθὲν codd.   19 γε καὶ Coraes: τε καὶ
codd.: et Γ   ἔτι Π¹   24 ἁρμόζουσα MᵃP¹   26 τε ... τὴν
om. Vᵐ   27 ἀγαθὸν om. Πᵃ   32 δὲ Richards: τε codd. Γ   καὶ
om. pr. P¹   35 ὥσθ᾽ Susemihl: ὡς Π¹ΠᵃVᵐ: καὶ ὡς Hᵃ   36 κα-
λῶς + δὲ Γ   38 κοινοτέραν HᵃMᵃP¹

1289ᵃ ἤ τινα ἄλλην ἐπαινοῦσι· χρὴ δὲ τοιαύτην εἰσηγεῖσθαι τάξιν
ἣν ῥᾳδίως ἐκ τῶν ὑπαρχουσῶν καὶ πεισθήσονται καὶ δυνή-
σονται καινίζειν, ὥστ᾽ ἔστιν οὐκ ἔλαττον ἔργον τὸ ἐπανορθῶσαι
πολιτείαν ἢ κατασκευάζειν ἐξ ἀρχῆς, ὥσπερ καὶ τὸ μετα-
5 μανθάνειν ἢ μανθάνειν ἐξ ἀρχῆς· διὸ πρὸς τοῖς εἰρημένοις
καὶ ταῖς ὑπαρχούσαις πολιτείαις δεῖ δύνασθαι βοηθεῖν τὸν
πολιτικόν, καθάπερ ἐλέχθη καὶ πρότερον. τοῦτο δὲ ἀδύνατον
ἀγνοοῦντα πόσα πολιτείας ἔστιν εἴδη. νῦν δὲ μίαν δημοκρα-
τίαν οἴονταί τινες εἶναι καὶ μίαν ὀλιγαρχίαν· οὐκ ἔστι δὲ
10 τοῦτ᾽ ἀληθές. ὥστε δεῖ τὰς διαφορὰς μὴ λανθάνειν τὰς τῶν
πολιτειῶν, πόσαι, καὶ συντίθενται ποσαχῶς, ἔστι δὲ τῆς
αὐτῆς φρονήσεως ταύτης καὶ νόμους τοὺς ἀρίστους ἰδεῖν καὶ τοὺς
ἑκάστῃ τῶν πολιτειῶν ἁρμόττοντας. πρὸς γὰρ τὰς πολιτείας
τοὺς νόμους δεῖ τίθεσθαι καὶ τίθενται πάντες, ἀλλ᾽ οὐ τὰς πολι-
15 τείας πρὸς τοὺς νόμους. πολιτεία μὲν γάρ ἐστι τάξις ταῖς
πόλεσιν ἡ περὶ τὰς ἀρχάς, τίνα τρόπον νενέμηνται, καὶ τί
τὸ κύριον τῆς πολιτείας καὶ τί τὸ τέλος ἑκάστης τῆς κοινω-
νίας ἐστίν· νόμοι δ᾽ οἱ κεχωρισμένοι τῶν δηλούντων τὴν πολι-
τείαν, καθ᾽ οὓς δεῖ τοὺς ἄρχοντας ἄρχειν καὶ φυλάττειν τοὺς
20 παραβαίνοντας αὐτούς. ὥστε δῆλον ὅτι τὰς διαφορὰς ἀναγ-
καῖον καὶ τὸν ὁρισμὸν ἔχειν τῆς πολιτείας ἑκάστης καὶ πρὸς
τὰς τῶν νόμων θέσεις· οὐ γὰρ οἷόν τε τοὺς αὐτοὺς νόμους συμ-
φέρειν ταῖς ὀλιγαρχίαις οὐδὲ ταῖς δημοκρατίαις πάσαις,
εἴπερ δὴ πλείους καὶ μὴ μία δημοκρατία μηδὲ ὀλιγαρχία
25 μόνον ἔστιν.

Ἐπεὶ δ᾽ ἐν τῇ πρώτῃ μεθόδῳ περὶ τῶν πολιτειῶν δι- 2
ειλόμεθα τρεῖς μὲν τὰς ὀρθὰς πολιτείας, βασιλείαν ἀριστο-

1289ᵃ 1 ἐπαινοῦμεν Π¹   3 καινίζειν scripsi: κινεῖν Mˢ, pr. P¹:
κοινωνεῖν Π²Hᵃ: prosequi Guil.: καινοῦν vel καινοτομεῖν Madvig   ὥστ᾽
scripsi: ὡς codd.   5 ἢ μανθάνειν om. Hᵃ: τοῦ μανθάνειν Πᵃ   8 δὲ]
γὰρ MˢΓ: δὲ γὰρ Hᵃ: γὰρ δὴ P¹   11 ἔστι scripsi (cf. 1288ᵇ22):
μετὰ codd. Γ   17 ἑκάστοις P¹Γ   18 δ᾽ οἱ scripsi: δὲ codd.
21 ὁρισμὸν scripsi: ἀριθμὸν codd. Γ   24 δὴ πλείω HᵃΠᵃΠᵃ: πλείους
Γ: εἴδη πλείω Spengel   26 περὶ om. Π¹

κρατίαν πολιτείαν, τρεῖς δὲ τὰς τούτων παρεκβάσεις, τυραν-
νίδα μὲν βασιλείας ὀλιγαρχίαν δὲ ἀριστοκρατίας δημοκρα-
τίαν δὲ πολιτείας, καὶ περὶ μὲν ἀριστοκρατίας καὶ βασιλείας 30
εἴρηται (τὸ γὰρ περὶ τῆς ἀρίστης πολιτείας θεωρῆσαι ταὐτὸ
καὶ περὶ τούτων ἐστὶν εἰπεῖν τῶν ὀνομάτων· βούλεται γὰρ
ἑκατέρα κατ᾽ ἀρετὴν συνεστάναι κεχορηγημένην), ἔτι δὲ τί
διαφέρουσιν ἀλλήλων ἀριστοκρατία καὶ βασιλεία, καὶ πότε
δεῖ βασιλείαν νομίζειν, διώρισται πρότερον, λοιπὸν περὶ πολι- 35
τείας διελθεῖν τῆς τῷ κοινῷ προσαγορευομένης ὀνόματι,
καὶ περὶ τῶν ἄλλων πολιτειῶν, ὀλιγαρχίας τε καὶ δημο-
κρατίας καὶ τυραννίδος. φανερὸν μὲν οὖν καὶ τούτων τῶν
παρεκβάσεων τίς χειρίστη καὶ δευτέρα τίς. ἀνάγκη γὰρ
τὴν μὲν τῆς πρώτης καὶ θειοτάτης παρέκβασιν εἶναι χειρί- 40
στην, τὴν δὲ βασιλείαν ἀναγκαῖον ἢ τοὔνομα μόνον ἔχειν οὐκ
οὖσαν, ἢ διὰ πολλὴν ὑπεροχὴν εἶναι τὴν τοῦ βασιλεύοντος· **1289^b**
ὥστε τὴν τυραννίδα χειρίστην οὖσαν πλεῖστον ἀπέχειν πολι-
τείας, δεύτερον δὲ τὴν ὀλιγαρχίαν (ἡ γὰρ ἀριστοκρατία δι-
έστηκεν ἀπὸ ταύτης πολὺ τῆς πολιτείας), μετριωτάτην δὲ
τὴν δημοκρατίαν. ἤδη μὲν οὖν τις ἀπεφήνατο καὶ τῶν πρό- 5
τερον οὕτως, οὐ μὴν εἰς ταὐτὸ βλέψας ἡμῖν. ἐκεῖνος μὲν γὰρ
ἔκρινε πασῶν μὲν οὐσῶν ἐπιεικῶν, οἷον ὀλιγαρχίας τε χρη-
στῆς καὶ τῶν ἄλλων, χειρίστην δημοκρατίαν, φαύλων δὲ
ἀρίστην· ἡμεῖς δὲ ὅλως ταύτας ἐξημαρτημένας εἶναί φαμεν,
καὶ βελτίω μὲν ὀλιγαρχίαν ἄλλην ἄλλης οὐ καλῶς ἔχειν 10
λέγειν, ἧττον δὲ φαύλην. ἀλλὰ περὶ μὲν τῆς τοιαύτης κρί-
σεως ἀφείσθω τὰ νῦν· ἡμῖν δὲ πρῶτον μὲν διαιρετέον πόσαι
διαφοραὶ τῶν πολιτειῶν, εἴπερ ἔστιν εἴδη πλείονα τῆς τε δημο-
κρατίας καὶ τῆς ὀλιγαρχίας, ἔπειτα τίς κοινοτάτη καὶ
τίς αἱρετωτάτη μετὰ τὴν ἀρίστην πολιτείαν, κἂν εἴ τις ἄλλη 15
τετύχηκεν ἀριστοκρατικὴ καὶ συνεστῶσα καλῶς, ἅμα δὲ ταῖς

29–30 δημοκρατίαν...ἀριστοκρατίας om. pr. P³   1289^b 5 cf. Pl. *Pol.*
302e10–303b5   10 ἔχειν Richards: ἔχει codd. Γ   12 μὲν om. M³Γ
13 πολιτειῶν+εἰσιν Π¹   16 ἅμα δὲ Richards: ἀλλὰ codd. Γ: ἀλλ᾽ οὐ Coraes

πλείσταις ἁρμόττουσα πόλεσι, τίς ἐστιν, ἔπειτα καὶ τῶν ἄλ-
λων τίς τίσιν αἱρετή (τάχα γὰρ τοῖς μὲν ἀναγκαία δημο-
κρατία μᾶλλον ὀλιγαρχίας, τοῖς δ' αὕτη μᾶλλον ἐκείνης),
20 μετὰ δὲ ταῦτα τίνα τρόπον δεῖ καθιστάναι τὸν βουλόμενον
ταύτας τὰς πολιτείας, λέγω δὲ δημοκρατίας τε καθ' ἕκα-
στον εἶδος καὶ πάλιν ὀλιγαρχίας· τέλος δέ, πάντων τούτων
ὅταν ποιησώμεθα συντόμως τὴν ἐνδεχομένην μνείαν, πειρα-
τέον ἐπελθεῖν τίνες φθοραὶ καὶ τίνες σωτηρίαι τῶν πολιτειῶν
25 καὶ κοινῇ καὶ χωρὶς ἑκάστης, καὶ διὰ τίνας αἰτίας ταῦτα
μάλιστα γίνεσθαι πέφυκεν.

Τοῦ μὲν οὖν εἶναι πλείους πολιτείας αἴτιον ὅτι πάσης ἔστι 3
μέρη πλείω πόλεως τὸν ἀριθμόν. πρῶτον μὲν γὰρ ἐξ οἰκιῶν
συγκειμένας πάσας ὁρῶμεν τὰς πόλεις, ἔπειτα πάλιν τούτου
30 τοῦ πλήθους τοὺς μὲν εὐπόρους ἀναγκαῖον εἶναι τοὺς δ' ἀπόρους
τοὺς δὲ μέσους, καὶ τῶν εὐπόρων δὲ καὶ τῶν ἀπόρων τὸ μὲν
ὁπλιτικὸν τὸ δὲ ἄνοπλον. καὶ τὸν μὲν γεωργικὸν δῆμον ὁρῶ-
μεν ὄντα, τὸν δ' ἀγοραῖον, τὸν δὲ βάναυσον. καὶ τῶν γνωρί-
μων εἰσὶ διαφοραὶ καὶ κατὰ τὸν πλοῦτον καὶ τὰ μεγέθη
35 τῆς οὐσίας, οἷον ἱπποτροφίας (τοῦτο γὰρ οὐ ῥᾴδιον μὴ πλου-
τοῦντας ποιεῖν· διόπερ ἐπὶ τῶν ἀρχαίων χρόνων ὅσαις πόλε-
σιν ἐν τοῖς ἵπποις ἡ δύναμις ἦν, ὀλιγαρχίαι παρὰ τούτοις
ἦσαν· ἐχρῶντο δὲ πρὸς τοὺς πολέμους ἵπποις πρὸς τοὺς ἀστυ-
γείτονας, οἷον Ἐρετριεῖς καὶ Χαλκιδεῖς καὶ Μάγνητες οἱ ἐπὶ
40 Μαιάνδρῳ καὶ τῶν ἄλλων πολλοὶ περὶ τὴν Ἀσίαν)· ἔτι πρὸς
ταῖς κατὰ πλοῦτον διαφοραῖς ἐστιν ἡ μὲν κατὰ γένος ἡ δὲ
1290ᵃ κατ' ἀρετήν, κἂν εἴ τι δὴ τοιοῦτον ἕτερον εἴρηται πόλεως εἶναι
μέρος ἐν τοῖς περὶ τὴν ἀριστοκρατίαν· ἐκεῖ γὰρ διείλομεν
ἐκ πόσων μερῶν ἀναγκαίων ἐστὶ πᾶσα πόλις· τούτων γὰρ

25 ἑκάστου Π²   ταύτας Π²   29 ὁρῶμεν πάσας Π¹   32 δ' ἄοπλον
Mᵃ P¹   34 τὸν πλοῦτον καὶ om. P¹: τὸν οιπ. Hᵃ   38 πρός] κατὰ
Richards   πολέμους Γ: πολεμίους cet.   39 μάγνητες HᵃMᵃΓ
1290ᵃ 1 κἂν] καὶ MᵃP¹   δὴ] δεῖ Π³Mᵃ   2 διείλομεν Göttling:
διειλόμην Π³Mᵃ: διειλόμεθα P¹: κατὰ γένος διειλόμην Hᵃ: divisimus Guil.

τῶν μερῶν ὁτὲ μὲν πάντα μετέχει τῆς πολιτείας ὁτὲ δ'
ἐλάττω ὁτὲ δὲ πλείω. φανερὸν τοίνυν ὅτι πλείους ἀναγκαῖον 5
εἶναι πολιτείας, εἴδει διαφερούσας ἀλλήλων· καὶ γὰρ ταῦτ'
εἴδει διαφέρει τὰ μέρη σφῶν αὐτῶν. πολιτεία μὲν γὰρ ἡ
τῶν ἀρχῶν τάξις ἐστί, ταύτας δὲ διανέμονται πάντες ἢ κατὰ
τὴν δύναμιν τῶν μετεχόντων ἢ κατά τιν' αὐτῶν ἰσότητα
κοινήν, λέγω δ' οἷον τῶν ἀπόρων ἢ τῶν εὐπόρων ἢ κοινήν 10
τιν' ἀμφοῖν. ἀναγκαῖον ἄρα πολιτείας εἶναι τοσαύτας ὅσαι
περ τάξεις κατὰ τὰς ὑπεροχάς εἰσι καὶ κατὰ τὰς δια-
φορὰς τῶν μορίων.

13

μάλιστα δὲ δοκοῦσιν εἶναι δύο, καθάπερ 13
ἐπὶ τῶν πνευμάτων λέγεται τὰ μὲν βόρεια τὰ δὲ νότια, τὰ
δ' ἄλλα τούτων παρεκβάσεις, οὕτω καὶ τῶν πολιτειῶν δύο, 15
δῆμος καὶ ὀλιγαρχία. τὴν γὰρ ἀριστοκρατίαν τῆς ὀλιγαρ-
χίας εἶδος τιθέασιν ὡς οὖσαν ὀλιγαρχίαν τινά, καὶ τὴν κα-
λουμένην πολιτείαν δημοκρατίας, ὥσπερ ἐν τοῖς πνεύμασι
τὸν μὲν ζέφυρον τοῦ βορέου, τοῦ δὲ νότου τὸν εὖρον. ὁμοίως
δ' ἔχει καὶ περὶ τὰς ἁρμονίας, ὥς φασί τινες· καὶ γὰρ ἐκεῖ 20
τίθενται εἴδη δύο, τὴν δωριστὶ καὶ τὴν φρυγιστί, τὰ δ' ἄλλα
συντάγματα τὰ μὲν Δώρια τὰ δὲ Φρύγια καλοῦσιν. μά-
λιστα μὲν οὖν εἰώθασιν οὕτως ὑπολαμβάνειν περὶ τῶν πολι-
τειῶν· ἀληθέστερον δὲ καὶ βέλτιον ὡς ἡμεῖς διείλομεν, δυοῖν
ἢ μιᾶς οὔσης τῆς καλῶς συνεστηκυίας τὰς ἄλλας εἶναι παρ- 25
εκβάσεις, τὰς μὲν τῆς εὖ κεκραμένης ἁρμονίας τὰς δὲ
τῆς ἀρίστης πολιτείας, ὀλιγαρχικὰς μὲν τὰς συντονωτέρας
καὶ δεσποτικωτέρας, τὰς δ' ἀνειμένας καὶ μαλακὰς δημο-
τικάς.

4 Οὐ δεῖ δὲ τιθέναι δημοκρατίαν, καθάπερ εἰώθασί τινες 30
νῦν, ἁπλῶς οὕτως, ὅπου κύριον τὸ πλῆθος (καὶ γὰρ ἐν ταῖς

6 εἴδη Μ^a: εἰδὲ Η^a 8 ταύτας Richards: ταύτην codd. Γ 10 λέ-
γω... εὐπορῶν post 9 μετεχόντων transp. Richards ἢ²... 11 ἀμφοῖν
secl. Ramus 18 δημοκρατίας Richards: δημοκρατίαν codd. Γ
21 δύο ante εἴδη Μ²Γ, ante τίθενται Ρ¹ τὴν² π²: om. Η^aΠ¹Π²

ὀλιγαρχίαις καὶ πανταχοῦ τὸ πλέον μέρος κύριον), οὐδ' ὀλι-
γαρχίαν, ὅπου κύριοι ὀλίγοι τῆς πολιτείας. εἰ γὰρ εἶησαν
οἱ πάντες χίλιοι καὶ τριακόσιοι, καὶ τούτων οἱ χίλιοι πλού-
35 σιοι, καὶ μὴ μεταδιδοῖεν ἀρχῆς τοῖς τριακοσίοις καὶ πένησιν
ἐλευθέροις οὖσι καὶ τἆλλα ὁμοίοις, οὐθεὶς ἂν φαίη δημοκρα-
τεῖσθαι τούτους· ὁμοίως δὲ καὶ εἰ πένητες ὀλίγοι μὲν εἶεν,
κρείττους δὲ τῶν εὐπόρων πλειόνων ὄντων, οὐδεὶς ἂν ὀλιγαρ-
χίαν προσαγορεύσειεν οὐδὲ τὴν τοιαύτην, εἰ τοῖς ἄλλοις οὖσι
40 πλουσίοις μὴ μετείη τῶν τιμῶν. μᾶλλον τοίνυν λεκτέον ὅτι
1290ᵇ δῆμος μέν ἐστιν ὅταν οἱ ἐλεύθεροι κύριοι ὦσιν, ὀλιγαρχία
δ' ὅταν οἱ πλούσιοι, ἀλλὰ συμβαίνει τοὺς μὲν πολλοὺς εἶναι
τοὺς δ' ὀλίγους· ἐλεύθεροι μὲν γὰρ πολλοί, πλούσιοι δ' ὀλίγοι.
καὶ γὰρ ἂν εἰ κατὰ μέγεθος διενέμοντο τὰς ἀρχάς, ὥσπερ
5 ἐν Αἰθιοπίᾳ φασί τινες, ἢ κατὰ κάλλος, ὀλιγαρχία ἦν ἄν·
ὀλίγον γὰρ τὸ πλῆθος καὶ τὸ τῶν καλῶν καὶ τὸ τῶν μεγά-
λων. οὐ μὴν ἀλλ' οὐδὲ τούτοις μόνον ἱκανῶς ἔχει διωρίσθαι
τὰς πολιτείας ταύτας· ἀλλ' ἐπεὶ πλείονα μόρια καὶ τοῦ
δήμου καὶ τῆς ὀλιγαρχίας εἰσίν, ἔτι διαληπτέον ὡς οὔτ' ἂν οἱ
10 ἐλεύθεροι ὀλίγοι ὄντες πλειόνων καὶ μὴ ἐλευθέρων ἄρχωσι,
δῆμος, οἷον ἐν Ἀπολλωνίᾳ τῇ ἐν τῷ Ἰονίῳ καὶ ἐν Θήρᾳ (ἐν
τούτων γὰρ ἑκατέρᾳ τῶν πόλεων ἐν ταῖς τιμαῖς ἦσαν οἱ
διαφέροντες κατ' εὐγένειαν καὶ πρῶτοι κατασχόντες τὰς
ἀποικίας, ὀλίγοι ὄντες, πολλῶν), οὔτε ἂν οἱ πλούσιοι διὰ τὸ
15 κατὰ πλῆθος ὑπερέχειν, ὀλιγαρχία, οἷον ἐν Κολοφῶνι τὸ πα-
λαιόν (ἐκεῖ γὰρ ἐκέκτηντο μακρὰν οὐσίαν οἱ πλείους πρὶν
γενέσθαι τὸν πόλεμον τὸν πρὸς Λυδούς), ἀλλ' ἔστι δημοκρα-
τία μὲν ὅταν οἱ ἐλεύθεροι καὶ ἄποροι πλείους ὄντες κύριοι

32-33 οὐδ' . . . ὀλίγοι τῆς πολιτείας (τῆς πολιτείας ὀλίγοι MᵃΓ) hoc loco
HᵃVᵐΠ¹, post 37 τούτους Pᵃπᵃ, post 39 προσαγορεύσειεν in ras. pr. Pᵃ
35 μεταδοῖεν HᵃMᵃ   37 εἰ] οἱ HᵃMᵃπᵃ   ὀλίγοι μὲν Richards: μὲν
ὀλίγοι codd.   39 πολλοῖς Richards   1290ᵇ 2 μὲν πλείους Π¹
5 τινας ci. Susemihl   8 ἐπεὶ] ετι Vᵐ   μόρια πλείονα Π¹: πλείονα
μέτρια Hᵃ   12 τουτωι Vᵐ   τημαις Vᵐ   15 ὀλιγαρχία Bojesen:
δημοσι Vᵐ: δῆμος cet.   οἷον+ἂν ΠᵃHᵃVᵐ

τῆς ἀρχῆς ὦσιν, ὀλιγαρχία δ' ὅταν οἱ πλούσιοι καὶ εὐγενέστεροι ὀλίγοι ὄντες. 20

ὅτι μὲν οὖν πολιτεῖαι πλείους, καὶ δι' ἣν αἰτίαν, εἴρηται· διότι δὲ πλείους τῶν εἰρημένων, καὶ τίνες καὶ διὰ τί, λέγωμεν ἀρχὴν λαβόντες τὴν εἰρημένην πρότερον. ὁμολογοῦμεν γὰρ οὐχ ἓν μέρος ἀλλὰ πλείω πᾶσαν ἔχειν πόλιν. ὥσπερ οὖν εἰ ζῴου προῃρούμεθα λαβεῖν εἴδη, πρῶτον ἂν ἀπο- 25 διωρίζομεν ἅπερ ἀναγκαῖον πᾶν ἔχειν ζῷον (οἷον ἔνιά τε τῶν αἰσθητηρίων καὶ τὸ τῆς τροφῆς ἐργαστικὸν καὶ δεκτικόν, οἷον στόμα καὶ κοιλίαν, πρὸς δὲ τούτοις, οἷς κινεῖται μορίοις ἕκαστον αὐτῶν)· εἰ δὴ τοσαῦτα εἴη μόνον, τούτων δ' εἶεν διαφοραί (λέγω δ' οἷον στόματός τινα πλείω γένη καὶ κοι- 30 λίας καὶ τῶν αἰσθητηρίων, ἔτι δὲ καὶ τῶν κινητικῶν μορίων), ὁ τῆς συζεύξεως τῆς τούτων ἀριθμὸς ἐξ ἀνάγκης ποιήσει πλείω γένη ζῴων (οὐ γὰρ οἷόν τε ταὐτὸν ζῷον ἔχειν πλείους στόματος διαφοράς, ὁμοίως δὲ οὐδ' ὤτων), ὥσθ' ὅταν ληφθῶσι τούτων πάντες οἱ ἐνδεχόμενοι συνδυασμοί, ποιήσουσιν 35 εἴδη ζῴου, καὶ τοσαῦτ' εἴδη τοῦ ζῴου ὅσαι περ αἱ συζεύξεις τῶν ἀναγκαίων μορίων εἰσίν—τὸν αὐτὸν δὴ τρόπον καὶ τῶν εἰρημένων πολιτειῶν. καὶ γὰρ αἱ πόλεις οὐκ ἐξ ἑνὸς ἀλλ' ἐκ πολλῶν σύγκεινται μερῶν, ὥσπερ εἴρηται πολλάκις. ἓν μὲν οὖν ἐστι τὸ περὶ τὴν τροφὴν πλῆθος, οἱ καλούμενοι γεωρ- 40 γοί, δεύτερον δὲ τὸ καλούμενον βάναυσον (ἔστι δὲ τοῦτο τὸ περὶ 1291ᵃ τὰς τέχνας ὧν ἄνευ πόλιν ἀδύνατον οἰκεῖσθαι· τούτων δὲ τῶν τεχνῶν τὰς μὲν ἐξ ἀνάγκης ὑπάρχειν δεῖ, τὰς δὲ εἰς τρυφὴν ἢ τὸ καλῶς ζῆν), τρίτον δὲ ⟨τὸ⟩ ἀγοραῖον (λέγω δ' ἀγο-

19 ὀλιγαρχίαι Π²Hᵃ 21 πλείους ... αἰτίαν om. Vᵐ καὶ ...
22 πλείους om. Mˢ 23 λέγομεν MˢΓ 24 ἔχειν πᾶσαν Π¹
25 προῃρούμεθα P¹: προῃρήμεθα Mˢ: vellemus Guil. πρῶτον+μὲν Π¹
26 ἅπερ Spengel: ὅπερ codd. Γ 29 δὴ] δεῖ pr. Mˢ εἴη Newman:
εἴδη codd. Γ: εἶναι δεῖ Bonitz μόνων (μόνον P¹) δ' εἶεν διαφοραὶ τουτων
Π¹ 33 πλείω] πλει Vᵐ 37 δὴ Coraes: δὲ codd. Γ
39 συγκεῖται pr. HᵃMˢ: συγκητε Vᵐ μορίων MˢP¹ 40 καλού-
μενοι Vᵐ 1291ᵃ 1 τὸ² om. Πˢ 4 δὲ τὸ ut vid. Γ: δ' codd.

5 ραῖον τὸ περὶ τὰς πράσεις καὶ τὰς ὠνὰς καὶ τὰς ἐμπορίας καὶ
καπηλείας διατρῖβον), τέταρτον δὲ τὸ θητικόν, πέμπτον δὲ
γένος τὸ προπολεμῆσον, ὃ τούτων οὐθὲν ἧττόν ἐστιν ἀναγκαῖον
ὑπάρχειν, εἰ μέλλουσι μὴ δουλεύσειν τοῖς ἐπιοῦσιν. μὴ γὰρ ἐν
τῶν ἀδυνάτων ᾖ πόλιν ἄξιον εἶναι καλεῖν τὴν φύσει δούλην·
10 αὐτάρκης γὰρ ἡ πόλις, τὸ δὲ δοῦλον οὐκ αὔταρκες. διόπερ
ἐν τῇ Πολιτείᾳ κομψῶς τοῦτο, οὐχ ἱκανῶς δὲ εἴρηται. φησὶ
γὰρ ὁ Σωκράτης ἐκ τεττάρων τῶν ἀναγκαιοτάτων πόλιν
συγκεῖσθαι, λέγει δὲ τούτους ὑφάντην καὶ γεωργὸν καὶ σκυτο-
τόμον καὶ οἰκοδόμον· πάλιν δὲ προστίθησιν, ὡς οὐκ αὐτάρ-
15 κων τούτων, χαλκέα καὶ τοὺς ἐπὶ τοῖς ἀναγκαίοις βοσκήμα-
σιν, ἔτι δ' ἔμπορόν τε καὶ κάπηλον· καὶ ταῦτα πάντα γί-
νεται πλήρωμα τῆς πρώτης πόλεως, ὡς τῶν ἀναγκαίων τε
χάριν πᾶσαν πόλιν συνεστηκυῖαν, ἀλλ' οὐ τοῦ καλοῦ μᾶλλον,
ἴσον τε δεομένην σκυτέων τε καὶ γεωργῶν. τὸ δὲ προπολε-
20 μοῦν οὐ πρότερον ἀποδίδωσι μέρος πρὶν ἢ τῆς χώρας αὐξο-
μένης καὶ τῆς τῶν πλησίον ἁπτομένης εἰς πόλεμον κατα-
στῶσιν. ἀλλὰ μὴν καὶ ἐν τοῖς τέτταρσι καὶ τοῖς ὁποσοισοῦν
κοινωνοῖς ἀναγκαῖον εἶναί τινα τὸν ἀποδώσοντα καὶ κρινοῦντα
τὸ δίκαιον. εἴπερ οὖν καὶ ψυχὴν ἄν τις θείη ζῴου μόριον
25 μᾶλλον ἢ σῶμα, καὶ πόλεων τὰ τοιαῦτα μᾶλλον θετέον
τῶν εἰς τὴν ἀναγκαίαν χρῆσιν συντεινόντων, τὸ πολεμικὸν
καὶ τὸ μετέχον δικαιοσύνης δικαστικῆς, πρὸς δὲ τούτοις τὸ
βουλευόμενον, ὅπερ ἐστὶ συνέσεως πολιτικῆς ἔργον. καὶ ταῦτ'
εἴτε κεχωρισμένως ὑπάρχει τισὶν εἴτε τοῖς αὐτοῖς, οὐθὲν δια-
30 φέρει πρὸς τὸν λόγον· καὶ γὰρ ὁπλιτεύειν καὶ γεωργεῖν
συμβαίνει τοῖς αὐτοῖς πολλάκις. ὥστε εἴπερ καὶ ταῦτα καὶ

5 καὶ τὰς ὠνὰς om. Vᵐ   6 καπηλίας Vᵐ   7 ἀναγκαῖόν ἐστιν Π¹
8–9 μὴ² . . . ᾖ] nihil enim minus impossibilium quam Guil.   9 ᾖ π²: ἢ
MᵃΓ: ᾖ Hᵃ: ἡ pr. Pᵃ   11 κούφως ut vid. Γ   12 cf. Pl. Rep.
369d9–e1   13 τουτοτους Vᵐ   14 οὐκ ἀναγκαίων Γ   17 τε]
γε Π²: τὸ Mᵃ   18 μαλον Vᵐ   19 ἴσων MᵃΓ   δεομένων Mᵃ
21 τῆς om. Γ   ἁπτομένων Π²HᵃVᵐ   29 κεχωρισμένοις Richards
οὐδὲν MᵃP¹   διαφέρει] γὰρ διαφέρει Π¹Vᵐ

ἐκεῖνα θετέα μόρια τῆς πόλεως, φανερὸν ὅτι τό γε ὁπλιτικὸν ἀναγκαῖόν ἐστι μόριον τῆς πόλεως. 33

ἕβδομον δὲ τὸ ταῖς 33 οὐσίαις λειτουργοῦν, ὃ καλοῦμεν εὐπόρους. ὄγδοον δὲ τὸ δημιουργικὸν καὶ τὸ περὶ τὰς ἀρχὰς λειτουργοῦν, εἴπερ ἄνευ ἀρχόν- 35 των ἀδύνατον εἶναι πόλιν. ἀναγκαῖον οὖν εἶναί τινας τοὺς δυναμένους ἄρχειν καὶ λειτουργοῦντας ἢ συνεχῶς ἢ κατὰ μέρος τῇ πόλει ταύτην τὴν λειτουργίαν. λοιπὰ δὲ περὶ ὧν τυγχάνομεν διωρικότες ἀρτίως, τὸ βουλευόμενον καὶ κρῖνον περὶ τῶν δικαίων τοῖς ἀμφισβητοῦσιν. εἴπερ οὖν ταῦτα δεῖ 40 γενέσθαι ταῖς πόλεσι, καὶ καλῶς γενέσθαι καὶ δικαίως, ἀναγκαῖον καὶ μετέχοντας εἶναί τινας ἀρετῆς τῶν πολι- 1291ᵇ τῶν. τὰς μὲν οὖν ἄλλας δυνάμεις τοῖς αὐτοῖς ὑπάρχειν ἐνδέχεσθαι δοκεῖ πολλοῖς, οἷον τοὺς αὐτοὺς εἶναι τοὺς προπολεμοῦντας καὶ γεωργοῦντας καὶ τεχνίτας, ἔτι δὲ τοὺς βουλευομένους τε καὶ κρίνοντας· ἀντιποιοῦνται δὲ καὶ τῆς ἀρετῆς 5 πάντες, καὶ τὰς πλείστας ἀρχὰς ἄρχειν οἴονται δύνασθαι· ἀλλὰ πένεσθαι καὶ πλουτεῖν τοὺς αὐτοὺς ἀδύνατον. διὸ ταῦτα μέρη μάλιστα εἶναι δοκεῖ πόλεως, οἱ εὔποροι καὶ οἱ ἄποροι. ἔτι δὲ διὰ τὸ ὡς ἐπὶ τὸ πολὺ τοὺς μὲν ὀλίγους εἶναι τοὺς δὲ πολλούς, ταῦτα ἐναντία μέρη φαίνεται τῶν τῆς πόλεως 10 μορίων. ὥστε καὶ τὰς πολιτείας κατὰ τὰς ὑπεροχὰς τούτων καθιστᾶσι, καὶ δύο πολιτεῖαι δοκοῦσιν εἶναι, δημοκρατία καὶ ὀλιγαρχία.

ὅτι μὲν οὖν εἰσί πολιτεῖαι πλείους, καὶ διὰ τίνας αἰτίας, εἴρηται πρότερον· ὅτι δὲ ἔστι καὶ δημοκρατίας εἴδη 15

33 ἀναγκαῖόν ἐστι] αναγκαιων Vᵐ   τῆς πόλεως μόριον Π¹   34 ὅ-περ MᵃP¹   ογδον Vᵐ   39 βουλευσόμενον Π¹   κρῖνον π²: κρίνον HᵃP²P³: κρινοῦν P¹Vᵐ: κινοῦν Mˢ: κοινοῦν aut κοινωνοῦν ut vid. Γ
41 γενέσθαι² Schneider: γίνεσθαι codd.   δικαιος Vᵐ   1291ᵇ 1 πολιτῶν Richards: πολιτικῶν codd. Γ   3 τοὺς² om. Π³   4 και τεχνικας bis Vᵐ   ἑλομένους Mˢ   6 ἀρχὰς om. Π²   8 οἱ² om. pr. P¹P²
10 μέρη] μόνα Wilamowitz   12 και ... δοκουσιν bis ut vid. Vᵐ
15 δημοκρατειας Vᵐ

πλείω καὶ ὀλιγαρχίας, λέγωμεν. φανερὸν δὲ τοῦτο καὶ ἐκ
τῶν εἰρημένων. εἴδη γὰρ πλείω τοῦ τε δήμου καὶ τῶν λεγο-
μένων γνωρίμων ἔστιν, οἷον δήμου μὲν εἴδη ἓν μὲν οἱ γεωργοί,
ἕτερον δὲ τὸ περὶ τὰς τέχνας, ἄλλο δὲ τὸ ἀγοραῖον τὸ περὶ
20 ὠνὴν καὶ πρᾶσιν διατρῖβον, ἄλλο δὲ τὸ περὶ τὴν θάλατταν, καὶ
τούτου τὸ μὲν πολεμικὸν τὸ δὲ χρηματιστικὸν τὸ δὲ πορ-
θμευτικὸν τὸ δ' ἁλιευτικόν (πολλαχοῦ γὰρ ἕκαστα τούτων
πολύοχλα, οἷον ἁλιεῖς μὲν ἐν Τάραντι καὶ Βυζαντίῳ, τρι-
ηρικὸν δὲ Ἀθήνησιν, ἐμπορικὸν δὲ ἐν Αἰγίνῃ καὶ Χίῳ, πορ-
25 θμικὸν ⟨δ'⟩ ἐν Τενέδῳ), πρὸς δὲ τούτοις τὸ χερνητικὸν καὶ τὸ
μικρὰν ἔχον οὐσίαν ὥστε μὴ δύνασθαι σχολάζειν, ἔτι τὸ
μὴ ἐξ ἀμφοτέρων [πολιτῶν] ἐλεύθερον, κἂν εἴ τι τοιοῦτον
ἕτερον πλήθους εἶδος· τῶν δὲ γνωρίμων πλοῦτος εὐγένεια
ἀρετὴ παιδεία καὶ τὰ τούτοις λεγόμενα κατὰ τὴν αὐτὴν
30 διαφοράν.

30 δημοκρατία μὲν οὖν ἐστι πρώτη μὲν ἡ λεγομένη
μάλιστα κατὰ τὸ ἴσον. ἴσον γάρ φησιν ὁ νόμος ὁ τῆς
τοιαύτης δημοκρατίας τὸ μηδὲν μᾶλλον ὑπερέχειν τοὺς ἀπό-
ρους ἢ τοὺς εὐπόρους, μηδὲ κυρίους εἶναι ὁποτερουσοῦν, ἀλλ'
ὁμοίους ἀμφοτέρους. εἴπερ γὰρ ἐλευθερία μάλιστ' ἔστιν ἐν δημο-
35 κρατίᾳ, καθάπερ ὑπολαμβάνουσί τινες, καὶ ἰσότης, οὕτως
ἂν εἴη μάλιστα, κοινωνούντων ἁπάντων μάλιστα τῆς πολι-
τείας ὁμοίως. ἐπεὶ δὲ πλείων ὁ δῆμος, κύριον δὲ τὸ δόξαν
τοῖς πλείοσιν, ἀνάγκη δημοκρατίαν εἶναι ταύτην. ἓν μὲν οὖν
εἶδος δημοκρατίας τοῦτο· ἄλλο δὲ τὸ τὰς ἀρχὰς ἀπὸ τιμη-
40 μάτων εἶναι, βραχέων δὲ τούτων ὄντων· δεῖ δὲ τῷ κτωμένῳ
ἐξουσίαν εἶναι μετέχειν καὶ τὸν ἀποβάλλοντα μὴ μετέχειν·
1292ᵃ ἕτερον εἶδος δημοκρατίας τὸ μετέχειν ἅπαντας τοὺς πολίτας

16 καὶ² om. M⁸P¹   17 λεγωμενων Vᵐ   20 τὴν om. π³   25 δ'
Γ: om. codd.   27 μὴ] μὲν Π¹   αμφοτερον Vᵐ   πολιτῶν seclusi
28 ἕτερον Aretinus: ἑτέρου codd. Γ   29 τούτοις+ὅμοια Γ   30 δη-
μοκρατεια Vᵐ   32 ὑπερέχειν P¹π³: ὑπάρχειν cet.: ἄρχειν Victorius
τοῖς ἀπόροις ἢ τοῖς εὐπόροις Γ   1292ᵃ 1 ἕτερον . . . μετέχειν om.
pr. P²   ἕτερον+δὲ P¹   τὸ . . . 4 δημοκρατίας om. M⁸

ὅσοι ἀνυπεύθυνοι, ἄρχειν δὲ τὸν νόμον· ἕτερον δὲ εἶδος δημο-
κρατίας τὸ παντὶ μετεῖναι τῶν ἀρχῶν, ἐὰν μόνον ᾖ πολί-
της, ἄρχειν δὲ τὸν νόμον· ἕτερον δὲ εἶδος δημοκρατίας τἆλλα
μὲν εἶναι ταὐτά, κύριον δ' εἶναι τὸ πλῆθος καὶ μὴ τὸν νό- 5
μον. τοῦτο δὲ γίνεται ὅταν τὰ ψηφίσματα κύρια ᾖ ἀλλὰ
μὴ ὁ νόμος· συμβαίνει δὲ τοῦτο διὰ τοὺς δημαγωγούς. ἐν
μὲν γὰρ ταῖς κατὰ νόμον δημοκρατουμέναις οὐ γίνεται δημα-
γωγός, ἀλλ' οἱ βέλτιστοι τῶν πολιτῶν εἰσιν ἐν προεδρίᾳ·
ὅπου δ' οἱ νόμοι μή εἰσι κύριοι, ἐνταῦθα γίνονται δημαγω- 10
γοί. μόναρχος γὰρ ὁ δῆμος γίνεται, σύνθετος εἷς ἐκ πολ-
λῶν· οἱ γὰρ πολλοὶ κύριοί εἰσιν οὐχ ὡς ἕκαστος ἀλλὰ πάν-
τες. Ὅμηρος δὲ ποίαν λέγει οὐκ ἀγαθὸν εἶναι πολυκοιρανίην,
πότερον ταύτην ἢ ὅταν πλείους ὦσιν οἱ ἄρχοντες ὡς ἕκαστος,
ἄδηλον. ὁ δ' οὖν τοιοῦτος δῆμος, ἅτε μόναρχος ὤν, ζητεῖ μον- 15
αρχεῖν διὰ τὸ μὴ ἄρχεσθαι ὑπὸ νόμου, καὶ γίνεται δεσπο-
τικός, ὥστε οἱ κόλακες ἔντιμοι, καὶ ἔστιν ὁ τοιοῦτος δῆμος
ἀνάλογον τῶν μοναρχιῶν τῇ τυραννίδι. διὸ καὶ τὸ ἦθος τὸ
αὐτό, καὶ ἄμφω δεσποτικὰ τῶν βελτιόνων, καὶ τὰ ψηφί-
σματα ὥσπερ ἐκεῖ τὰ ἐπιτάγματα, καὶ ὁ δημαγωγὸς 20
καὶ ὁ κόλαξ οἱ αὐτοὶ καὶ ἀνάλογον. καὶ μάλιστα δ' ἑκάτε-
ροι παρ' ἑκατέροις ἰσχύουσιν, οἱ μὲν κόλακες παρὰ τοῖς τυράν-
νοις, οἱ δὲ δημαγωγοὶ παρὰ τοῖς δήμοις τοῖς τοιούτοις. αἴτιοι
δέ εἰσι τοῦ εἶναι τὰ ψηφίσματα κύρια ἀλλὰ μὴ τοὺς νόμους
οὗτοι, πάντα ἀνάγοντες εἰς τὸν δῆμον· συμβαίνει γὰρ αὐτοῖς 25
γίνεσθαι μεγάλοις διὰ τὸ τὸν μὲν δῆμον πάντων εἶναι κύ-
ριον, τῆς δὲ τοῦ δήμου δόξης τούτους· πείθεται γὰρ τὸ πλῆθος
τούτοις. ἔτι δ' οἱ ταῖς ἀρχαῖς ἐγκαλοῦντες τὸν δῆμόν φασι

2 ἂν ὑπεύθυνοι Hᵃπ²Γ   δὲ² om. P³   3 τὸ παντὶ μετεῖναι scripsi:
τὸ πᾶσι μετεῖναι HᵃΠ¹Π² (τὸ πᾶσι in ras. et μετ' supra versum P¹): ταλλα
μεν ειναι Vᵐ: alia quidem esse vel alia quidem esse eadem Guil.   4 δὲ²
π²Γ: om. HᵃΠ¹Π²   6 ταῦτα ut vid. Γ   13 Il. 2. 204   ἀγα-
θὴν VᵐΠ¹, pr. P²P³   17 ὥστε+καὶ fort. Γ   τοιοῦτος δῆμος] δῆμος οὗτος
Π¹   22 παρ' Γ: om. codd.   τοῖς om. Π²   23 δειμαγωγοι Vᵐ
παρὰ Γ: om. codd.

δεῖν κρίνειν, ὁ δὲ ἀσμένως δέχεται τὴν πρόκλησιν· ὥστε κατα-
30 λύονται πᾶσαι αἱ ἀρχαί. εὐλόγως δὲ ἂν δόξειεν ἐπιτιμᾶν
ὁ φάσκων τὴν τοιαύτην εἶναι δημοκρατίαν οὐ πολιτείαν.
ὅπου γὰρ μὴ νόμοι ἄρχουσιν, οὐκ ἔστι πολιτεία. δεῖ γὰρ τὸν
μὲν νόμον ἄρχειν πάντων ⟨τῶν καθόλου⟩, τῶν δὲ καθ' ἕκαστα τὰς
ἀρχάς, καὶ ταύτην πολιτείαν κρίνειν. ὥστ' εἴπερ ἐστὶ δημοκρατία
35 μία τῶν πολιτειῶν, φανερὸν ὡς ἡ τοιαύτη κατάστασις, ἐν ᾗ ψηφί-
σμασι πάντα διοικεῖται, οὐδὲ δημοκρατία κυρίως· οὐθὲν
γὰρ ἐνδέχεται ψήφισμα εἶναι καθόλου. τὰ μὲν οὖν τῆς δημο-
κρατίας εἴδη διωρίσθω τὸν τρόπον τοῦτον.

Ὀλιγαρχίας δὲ εἴδη ἓν μὲν τὸ ἀπὸ τιμημάτων εἶναι 5
40 τὰς ἀρχὰς τηλικούτων ὥστε τοὺς ἀπόρους μὴ μετέχειν, πλείους
ὄντας, ἐξεῖναι δὲ τῷ κτωμένῳ μετέχειν τῆς πολιτείας, ἄλλο
1292ᵇ δέ, ὅταν ἀπὸ τιμημάτων μακρῶν ὦσιν αἱ ἀρχαὶ καὶ αἱρῶν-
ται αὐτοὶ τοὺς ἐλλείποντας (ἂν μὲν οὖν ἐκ πάντων τούτων
τοῦτο ποιῶσι, δοκεῖ τοῦτ' εἶναι μᾶλλον ἀριστοκρατικόν, ἐὰν δὲ
ἐκ τινῶν ἀφωρισμένων, ὀλιγαρχικόν)· ἕτερον εἶδος ὀλιγαρ-
5 χίας, ὅταν παῖς ἀντὶ πατρὸς εἰσίῃ, τέταρτον δ', ὅταν
ὑπάρχῃ τε τὸ νῦν λεχθὲν καὶ ἄρχῃ μὴ ὁ νόμος ἀλλ' οἱ
ἄρχοντες. καὶ ἔστιν ἀντίστροφος αὕτη ἐν ταῖς ὀλιγαρχίαις
ὥσπερ ἡ τυραννὶς ἐν ταῖς μοναρχίαις, καὶ περὶ ἧς τελευ-
ταίας εἴπαμεν δημοκρατίας ἐν ταῖς δημοκρατίαις· καὶ κα-
10 λοῦσι δὴ τὴν τοιαύτην ὀλιγαρχίαν δυναστείαν.

ὀλιγαρχίας μὲν οὖν εἴδη τοσαῦτα καὶ δημοκρατίας· οὐ
δεῖ δὲ λανθάνειν ὅτι πολλαχοῦ συμβέβηκεν ὥστε τὴν μὲν
πολιτείαν τὴν κατὰ τοὺς νόμους μὴ δημοτικὴν εἶναι, διὰ δὲ
τὸ ἔθος καὶ τὴν ἀγωγὴν πολιτεύεσθαι δημοτικῶς, ὁμοίως

29 πρόσκλησιν VᵐΠ¹   30 αρχε Vᵐ   33 τῶν καθόλου add.
Richards   εκαστον(?) Vᵐ   34 ταύτην Madvig: τὴν codd. Γ
35 ψηφίσματα Γ et fort. P¹   36 διοικεῖται] dispensant Guil.
1292ᵇ 1 μακρῶν VᵐΠ¹, pr. π³: μικρῶν HᵃP²P³π³   αἱρῶνται Hᵃ, pr. P³
2 ἐλλίποντας Hᵃ, pr. P³   5 εἰς εἴη Π¹   6 τε τὸ scripsi: τό τε
codd.   8 τελευτεας Vᵐ   9 εἴπομεν MᵃP¹   δημοκρατίας ἐν
ταῖς om. Vᵐ   13 δὲ ante 14 δημοτικῶς Vᵐ   14 ἦθος Π²

120

δὲ πάλιν παρ' ἄλλοις τὴν μὲν κατὰ τοὺς νόμους εἶναι πολι- 15
τείαν δημοτικωτέραν, τῇ δ' ἀγωγῇ καὶ τοῖς ἔθεσιν ὀλιγαρ-
χεῖσθαι μᾶλλον. συμβαίνει δὲ τοῦτο μάλιστα μετὰ τὰς
μεταβολὰς τῶν πολιτειῶν· οὐ γὰρ εὐθὺς μεταβαίνουσιν,
ἀλλὰ ἀγαπῶσι τὰ πρῶτα μικρὰ πλεονεκτοῦντες παρ' ἀλλή-
λων, ὥσθ' οἱ μὲν νόμοι διαμένουσιν οἱ προϋπάρχοντες, κρα- 20
τοῦσι δ' οἱ μεταβαλόντες τὴν πολιτείαν.

6 Ὅτι δ' ἔστι τοσαῦτα εἴδη δημοκρατίας καὶ ὀλιγαρχίας,
ἐξ αὐτῶν τῶν εἰρημένων φανερόν ἐστιν. ἀνάγκη γὰρ ἢ
πάντα τὰ εἰρημένα μέρη τοῦ δήμου κοινωνεῖν τῆς πολιτείας,
ἢ τὰ μὲν τὰ δὲ μή. ὅταν μὲν οὖν τὸ γεωργικὸν καὶ τὸ κε- 25
κτημένον μετρίαν οὐσίαν κύριον ᾖ τῆς πολιτείας, πολιτεύον-
ται κατὰ νόμους (ἔχουσι γὰρ ἐργαζόμενοι ζῆν, οὐ δύνανται
δὲ σχολάζειν, ὥστε τὸν νόμον ἐπιστήσαντες ἐκκλησιάζουσι τὰς
ἀναγκαίας ἐκκλησίας), τοῖς δὲ ἄλλοις μετέχειν ἔξεστιν ὅταν
κτήσωνται τὸ τίμημα τὸ διωρισμένον ὑπὸ τῶν νόμων· διὸ 30
πᾶσι τοῖς κτησαμένοις ἔξεστι μετέχειν· ὅλως μὲν γὰρ τὸ μὲν
μὴ ἐξεῖναι πᾶσιν ὀλιγαρχικόν, †τὸ δὲ δὴ ἐξεῖναι σχολάζειν
ἀδύνατον μὴ προσόδων οὐσῶν.† τοῦτο μὲν οὖν εἶδος ἓν δημο-
κρατίας διὰ ταύτας τὰς αἰτίας· ἕτερον δὲ εἶδος διὰ τὴν
ἐχομένην διαίρεσιν· ἔστι γὰρ καὶ πᾶσιν ἐξεῖναι τοῖς ἀνυπευθύ- 35
νοις κατὰ τὸ γένος, μετέχειν μέντοι ⟨τοὺς⟩ δυναμένους σχολά-
ζειν· διόπερ ἐν τῇ τοιαύτῃ δημοκρατίᾳ οἱ νόμοι ἄρχουσι,
διὰ τὸ μὴ εἶναι πρόσοδον. τρίτον δ' εἶδος τὸ πᾶσιν ἐξεῖναι,
ὅσοι ἂν ἐλεύθεροι ὦσι, μετέχειν τῆς πολιτείας, μὴ μέντοι
μετέχειν διὰ τὴν προειρημένην αἰτίαν, ὥστ' ἀναγκαῖον καὶ 40
ἐν ταύτῃ ἄρχειν τὸν νόμον. τέταρτον δὲ εἶδος δημοκρατίας

15 κατὰ νόμους HᵃP¹π³ : κατὰ νόμον Mˢ   17 τουτο δε Vᵐ   21 οἱ]
οὐ et superscr. οἱ Mˢ, in ras. P¹   μεταβαλόντες Richards : μεταβάλ-
λοντες codd.   29 ἀναγκαιότατας Γ   30–31 διὸ . . . μετέχειν
om. Π²Hᵃ   31 μὲν om. Π¹   32–33 τὸ . . . οὐσῶν corrupta : an
τὸ δὲ ἐξεῖναι, σχολάζειν δ' ἀδυνατεῖν, προσόδων μὴ οὐσῶν, οὔ ?   33 ἓν
εἶδος Π¹   35 διαίρεσιν Spengel : αἵρεσιν codd. Γ   36 τοὺς add.
Richards   δυναμένοις Π¹π³

1293ᵃ ἡ τελευταία τοῖς χρόνοις ἐν ταῖς πόλεσι γεγενημένη. διὰ
γὰρ τὸ μείζους γεγονέναι πολὺ τὰς πόλεις τῶν ἐξ ὑπαρχῆς
καὶ προσόδων ὑπάρχειν εὐπορίας, μετέχουσι μὲν πάντες τῆς
πολιτείας διὰ τὴν ὑπεροχὴν τοῦ πλήθους, κοινωνοῦσι δὲ καὶ
5 πολιτεύονται διὰ τὸ δύνασθαι σχολάζειν καὶ τοὺς ἀπόρους,
λαμβάνοντας μισθόν. καὶ μάλιστα δὲ σχολάζει τὸ τοιοῦτον
πλῆθος· οὐ γὰρ ἐμποδίζει αὐτοὺς οὐθὲν ἡ τῶν ἰδίων ἐπιμέ-
λεια, τοὺς δὲ πλουσίους ἐμποδίζει, ὥστε πολλάκις οὐ κοινωνοῦσι
τῆς ἐκκλησίας οὐδὲ τοῦ δικάζειν. διὸ γίνεται τὸ τῶν ἀπόρων
10 πλῆθος κύριον τῆς πολιτείας, ἀλλ' οὐχ οἱ νόμοι.

10   τὰ μὲν οὖν
τῆς δημοκρατίας εἴδη τοσαῦτα καὶ τοιαῦτα διὰ ταύτας τὰς
ἀνάγκας ἐστίν, τάδε δὲ τῆς ὀλιγαρχίας· ὅταν μὲν πλείους
ἔχωσιν οὐσίαν, ἐλάττω δὲ καὶ μὴ πολλὴν λίαν, τὸ τῆς
πρώτης ὀλιγαρχίας εἶδός ἐστιν· ποιοῦσι γὰρ ἐξουσίαν μετέχειν
15 τῷ κτωμένῳ, καὶ διὰ τὸ πλῆθος εἶναι τῶν μετεχόντων τοῦ
πολιτεύματος ἀνάγκη μὴ τοὺς ἀνθρώπους ἀλλὰ τὸν νόμον
εἶναι κύριον (ὅσῳ γὰρ ἂν πλεῖον ἀπέχωσι τῆς μοναρχίας,
καὶ μήτε τοσαύτην ἔχωσιν οὐσίαν ὥστε σχολάζειν ἀμελοῦν-
τες, μήθ' οὕτως ὀλίγην ὥστε τρέφεσθαι ἀπὸ τῆς πόλεως,
20 ἀνάγκη τὸν νόμον ἀξιοῦν αὐτοῖς ἄρχειν, ἀλλὰ μὴ αὐτούς)·
ἐὰν δὲ δὴ ἐλάττους ὦσιν οἱ τὰς οὐσίας ἔχοντες ἢ οἱ τὸ πρό-
τερον, πλείω δέ, τὸ τῆς δευτέρας ὀλιγαρχίας γίνεται εἶδος·
μᾶλλον γὰρ ἰσχύοντες πλεονεκτεῖν ἀξιοῦσιν, διὸ αὐτοὶ μὲν
αἱροῦνται ἐκ τῶν ἄλλων τοὺς εἰς τὸ πολίτευμα βαδίζοντας,
25 διὰ δὲ τὸ μήπω οὕτως ἰσχυροὶ εἶναι ὥστ' ἄνευ νόμου ἄρχειν
τὸν νόμον τίθενται τοιοῦτον. ἐὰν δ' ἐπιτείνωσι τῷ ἐλάττονες
ὄντες μείζονας οὐσίας ἔχειν, ἡ τρίτη ἐπίδοσις γίνεται τῆς

1293ᵃ 3 πρόσοδον Π¹Hᵃ   ὑπάρχειν+καὶ Π¹   6 σχολάζειν pr.
Hᵃ, Mˢ   7 ουδ pr. Hᵃ: οὐδὲ Π¹   οὐθὲν Π²Hᵃ: οὐδὲν P¹: οὐδὲ MˢΓ
9 οὐδὲ Bekker: οὔτε codd.   εὐπόρων HᵃMˢ   12 τάδε Bojesen: τὰ
codd. Γ   18 ἀμελοῦντες Spengel: ἀμελοῦντας codd.   21 ἢ οἱ τὸ]
ἢ οἱ MˢP¹: ἢ οἱ τὸ vel ἢ οἱ Γ: εἰ μὲν τὸ Π²   22 δέ] an δ' ἔχωσιν?
24 πολλῶν Π¹   25 δὲ τὸ] τὸ Π²: τό γέ δε Hᵃ   26 τῷ] τὸ Π¹

ὀλιγαρχίας, τὸ δι' αὐτῶν μὲν τὰς ἀρχὰς ἔχειν, κατὰ νόμον δὲ τὸν κελεύοντα τῶν τελευτώντων διαδέχεσθαι τοὺς υἱεῖς. ὅταν δὲ ἤδη πολὺ ὑπερτείνωσι ταῖς οὐσίαις καὶ ταῖς 30 πολυφιλίαις, ἐγγὺς ἡ τοιαύτη δυναστεία μοναρχίας ἐστίν, καὶ κύριοι γίνονται οἱ ἄνθρωποι, ἀλλ' οὐχ ὁ νόμος· καὶ τὸ τέταρτον εἶδος τῆς ὀλιγαρχίας τοῦτ' ἐστίν, ἀντίστροφον τῷ τελευταίῳ τῆς δημοκρατίας.

7 Ἔτι δ' εἰσὶ δύο πολιτεῖαι παρὰ δημοκρατίαν τε καὶ 35 ὀλιγαρχίαν, ὧν τὴν μὲν ἑτέραν λέγουσί τε πάντες καὶ εἴρηται τῶν τεττάρων πολιτειῶν εἶδος ἕν (λέγουσι δὲ τέτταρας μοναρχίαν ὀλιγαρχίαν δημοκρατίαν, τέταρτον δὲ τὴν καλουμένην ἀριστοκρατίαν)· πέμπτη δ' ἐστὶν ἣ προσαγορεύεται τὸ κοινὸν ὄνομα πασῶν (πολιτείαν γὰρ καλοῦσιν), ἀλλὰ διὰ 40 τὸ μὴ πολλάκις γίνεσθαι λανθάνει τοὺς πειρωμένους ἀριθμεῖν τὰ τῶν πολιτειῶν εἴδη, καὶ χρῶνται ταῖς τέτταρσι μόνον (ὥσπερ Πλάτων) ἐν ταῖς πολιτείαις. ἀριστοκρατίαν μὲν οὖν 1293ᵇ καλῶς ἔχει καλεῖν περὶ ἧς διήλθομεν ἐν τοῖς πρώτοις λόγοις (τὴν γὰρ ἐκ τῶν ἀρίστων ἁπλῶς κατ' ἀρετὴν πολιτείαν καὶ μὴ πρὸς ὑπόθεσίν τινα ἀγαθῶν ἀνδρῶν μόνην δίκαιον προσαγορεύειν ἀριστοκρατίαν· ἐν μόνῃ γὰρ ἁπλῶς ὁ αὐτὸς 5 ἀνὴρ καὶ πολίτης ἀγαθός ἐστιν, οἱ δ' ἐν ταῖς ἄλλαις ἀγαθοὶ πρὸς τὴν πολιτείαν εἰσὶ τὴν αὐτῶν)· οὐ μὴν ἀλλ' εἰσί τινες αἳ πρός τε τὰς ὀλιγαρχουμένας ἔχουσι διαφορὰς καὶ καλοῦνται ἀριστοκρατίαι καὶ πρὸς τὴν καλουμένην πολιτείαν. ὅπου γὰρ μὴ μόνον πλουτίνδην ἀλλὰ καὶ ἀριστίνδην αἱροῦνται 10 τὰς ἀρχάς, αὕτη ἡ πολιτεία διαφέρει τε ἀμφοῖν καὶ ἀριστοκρατικὴ καλεῖται. καὶ γὰρ ἐν ταῖς μὴ ποιουμέναις κοινὴν ἐπιμέλειαν ἀρετῆς εἰσὶν ὅμως τινὲς οἱ εὐδοκιμοῦντες καὶ δοκοῦντες εἶναι ἐπιεικεῖς. ὅπου οὖν ἡ πολιτεία βλέπει εἴς τε πλοῦτον καὶ ἀρετὴν καὶ δῆμον, οἷον ἐν Καρχηδόνι, αὕτη ἀρι- 15

28 αὐτῶν P¹Γ: αὐτῶν cet. μὲν om. HᵃΠ¹ 36 τε πάντες om. in lac. Hᵃ: τε om. pr. P¹ 37 τέτταρα MᵃP¹ 1293ᵇ 3 πολιτείαν κατ' ἀρετὴν Π¹ 7 αὐτῶν P¹: αὐτῶν cet. 10 γὰρ Mᵃ: vero Guil.: γε cet.

στοκρατική ἐστιν, καὶ ἐν αἷς εἰς τὰ δύο μόνον, οἷον ἡ Λακε-
δαιμονίων, εἴς τε ἀρετὴν καὶ δῆμον, καὶ ἔστι μίξις τῶν δύο
τούτων, δημοκρατίας τε καὶ ἀρετῆς. ἀριστοκρατίας μὲν οὖν
παρὰ τὴν πρώτην τὴν ἀρίστην πολιτείαν ταῦτα δύο εἴδη,
20 καὶ τρίτον ὅσαι τῆς καλουμένης πολιτείας ῥέπουσι πρὸς τὴν
ὀλιγαρχίαν μᾶλλον.

Λοιπὸν δ' ἐστὶν ἡμῖν περί τε τῆς ὀνομαζομένης πολιτείας 8
εἰπεῖν καὶ περὶ τυραννίδος. ἐτάξαμεν δ' οὕτως οὐκ οὖσαν οὔτε
ταύτην παρέκβασιν οὔτε τὰς ἄρτι ῥηθείσας ἀριστοκρατίας, ὅτι
25 τὸ μὲν ἀληθὲς πᾶσαι διημαρτήκασι τῆς ὀρθοτάτης πολι-
τείας, ἔπειτα καταριθμοῦνται μετὰ τούτων εἰσί τ' αὐτῶν
αὗται παρεκβάσεις ἅσπερ ἐν τοῖς κατ' ἀρχὴν εἴπομεν. τελευ-
ταῖον δὲ περὶ τυραννίδος εὔλογόν ἐστι ποιήσασθαι μνείαν
διὰ τὸ πασῶν ἥκιστα ταύτην εἶναι πολιτείαν, ἡμῖν δὲ τὴν
30 μέθοδον εἶναι περὶ πολιτείας. δι' ἣν μὲν οὖν αἰτίαν τέτακται
τὸν τρόπον τοῦτον, εἴρηται· νῦν δὲ δεικτέον ἡμῖν περὶ πολι-
τείας. φανερωτέρα γὰρ ἡ δύναμις αὐτῆς διωρισμένων τῶν
περὶ ὀλιγαρχίας καὶ δημοκρατίας. ἔστι γὰρ ἡ πολιτεία ὡς
ἁπλῶς εἰπεῖν μίξις ὀλιγαρχίας καὶ δημοκρατίας. εἰώθασι
35 δὲ καλεῖν τὰς μὲν ἀποκλινούσας [ὡς] πρὸς τὴν δημοκρατίαν
πολιτείας, τὰς δὲ πρὸς τὴν ὀλιγαρχίαν μᾶλλον ἀριστοκρα-
τίας διὰ τὸ μᾶλλον ἀκολουθεῖν παιδείαν καὶ εὐγένειαν τοῖς
εὐπορωτέροις. ἔτι δὲ δοκοῦσιν ἔχειν οἱ εὔποροι ὧν ἕνεκεν οἱ
ἀδικοῦντες ἀδικοῦσιν· ὅθεν καὶ καλοὺς κἀγαθοὺς καὶ γνωρίμους
40 τούτους προσαγορεύουσιν. ἐπεὶ οὖν ἡ ἀριστοκρατία βούλεται τὴν
ὑπεροχὴν ἀπονέμειν τοῖς ἀρίστοις τῶν πολιτῶν, καὶ τὰς ὀλι-
γαρχίας εἶναί φασιν ἐκ τῶν καλῶν κἀγαθῶν μᾶλλον. δο-
1294ᵃ κεῖ δ' εἶναι τῶν ἀδυνάτων τὸ εὐνομεῖσθαι τὴν μὴ ἀριστοκρα-
τουμένην πόλιν ἀλλὰ πονηροκρατουμένην, ὁμοίως δὲ καὶ ἀρι-

17 ἀρετήν τε Π²   22 νομιζομένης Π²   24 τὰς ἀποδοθείσας Π¹
27 ἅσπερ Diebitsch: ὥσπερ codd.   31 λεκτέον Coraes   32 φανε-
ρωτάτη Π¹   35 ὡς seclusi   39 καὶ ἀγαθοὺς Mᵃₚ¹
1294ᵃ 1 εὐνομεῖσθαι τὴν μὴ Thurot: μὴ εὐνομεῖσθαι τὴν codd Γ.

στοκρατεῖσθαι τὴν μὴ εὐνομουμένην. οὐκ ἔστι δὲ εὐνομία τὸ εὖ
κεῖσθαι τοὺς νόμους, μὴ πείθεσθαι δέ. διὸ μίαν μὲν εὐνομίαν
ὑποληπτέον εἶναι τὸ πείθεσθαι τοῖς κειμένοις νόμοις, ἑτέραν 5
δὲ τὸ καλῶς κεῖσθαι τοὺς νόμους οἷς ἐμμένουσιν (ἔστι γὰρ πεί-
θεσθαι καὶ κακῶς κειμένοις). τοῦτο δὲ ἐνδέχεται διχῶς· ἢ
γὰρ τοῖς ἀρίστοις τῶν ἐνδεχομένων αὐτοῖς, ἢ τοῖς ἁπλῶς
ἀρίστοις.   9

δοκεῖ δὲ ἀριστοκρατία μὲν εἶναι μάλιστα τὸ τὰς 9
τιμὰς νενεμῆσθαι κατ' ἀρετήν (ἀριστοκρατίας μὲν γὰρ ὅρος 10
ἀρετή, ὀλιγαρχίας δὲ πλοῦτος, δήμου δ' ἐλευθερία)· τὸ δ' ὅ τι
ἂν δόξῃ τοῖς πλείοσιν, ἐν πάσαις ὑπάρχει· καὶ γὰρ ἐν ὀλι-
γαρχίᾳ καὶ ἐν ἀριστοκρατίᾳ καὶ ἐν δήμοις, ὅ τι ἂν δόξῃ τῷ
πλείονι μέρει τῶν μετεχόντων τῆς πολιτείας, τοῦτ' ἐστὶ κύριον.
ἐν μὲν οὖν ταῖς πλείσταις πόλεσι τὸ τῆς πολιτείας εἶδος ⟨κακῶς⟩ 15
καλεῖται· μόνον γὰρ ἡ μίξις στοχάζεται τῶν εὐπόρων καὶ
τῶν ἀπόρων, πλούτου καὶ ἐλευθερίας· σχεδὸν γὰρ παρὰ τοῖς
πλείστοις οἱ εὔποροι τῶν καλῶν κἀγαθῶν δοκοῦσι κατ-
έχειν χώραν· ἐπεὶ δὲ τρία ἐστὶ τὰ ἀμφισβητοῦντα τῆς ἰσότητος
τῆς πολιτείας, ἐλευθερία πλοῦτος ἀρετή (τὸ γὰρ τέταρτον, ὃ 20
καλοῦσιν εὐγένειαν, ἀκολουθεῖ τοῖς δυσίν· ἡ γὰρ εὐγένειά ἐστιν
ἀρχαῖος πλοῦτος καὶ ἀρετή), φανερὸν ὅτι τὴν μὲν τοῖν δυοῖν
μίξιν, τῶν εὐπόρων καὶ τῶν ἀπόρων, πολιτείαν λεκτέον, τὴν
δὲ τῶν τριῶν ἀριστοκρατίαν μάλιστα τῶν ἄλλων παρὰ τὴν
ἀληθινὴν καὶ πρώτην. ὅτι μὲν οὖν ἔστι καὶ ἕτερα πολιτείας 25
εἴδη παρὰ μοναρχίαν τε καὶ δημοκρατίαν καὶ ὀλιγαρχίαν,
εἴρηται, καὶ ποῖα ταῦτα, καὶ τί διαφέρουσιν ἀλλήλων αἵ τ'
ἀριστοκρατίαι καὶ αἱ πολιτεῖαι τῆς ἀριστοκρατίας, καὶ ὅτι οὐ
πόρρω αὗται ἀλλήλων, φανερόν.

9   Τίνα δὲ τρόπον γίνεται παρὰ δημοκρατίαν καὶ ὀλιγαρ- 30
χίαν ἡ καλουμένη πολιτεία, καὶ πῶς αὐτὴν δεῖ καθιστά-
ναι, λέγωμεν ἐφεξῆς τοῖς εἰρημένοις. ἅμα δὲ δῆλον ἔσται
καὶ οἷς ὁρίζονται τὴν δημοκρατίαν καὶ τὴν ὀλιγαρχίαν· λη-

7 καλῶς Π¹   15 κακῶς addidi   22 ἀρετὴ καὶ πλοῦτος ἀρχαῖος Π¹

πτέον γὰρ τὴν τούτων διαίρεσιν, εἶτα ἐκ τούτων ἀφ' ἑκατέρας
35 ὥσπερ σύμβολον λαμβάνοντας συνθετέον. εἰσὶ δὲ ὅροι τρεῖς
τῆς συνθέσεως καὶ μίξεως. ἢ γὰρ ἀμφότερα ληπτέον ἃ
ἑκάτεροι νομοθετοῦσιν, οἷον περὶ τοῦ δικάζειν (ἐν μὲν γὰρ
ταῖς ὀλιγαρχίαις τοῖς εὐπόροις ζημίαν τάττουσιν ἂν μὴ δικά-
ζωσι, τοῖς δ' ἀπόροις οὐδένα μισθόν, ἐν δὲ ταῖς δημοκρα-
40 τίαις τοῖς μὲν ἀπόροις μισθόν, τοῖς δ' εὐπόροις οὐδεμίαν ζη-
μίαν· κοινὸν δὲ καὶ μέσον τούτων ἀμφότερα ταῦτα, διὸ καὶ
1294ᵇ πολιτικόν, μέμεικται γὰρ ἐξ ἀμφοῖν)· εἷς μὲν οὖν οὗτος τοῦ
συνδυασμοῦ τρόπος, ἕτερος δὲ τὸ ⟨τὸ⟩ μέσον λαμβάνειν ὧν ἑκά-
τεροι τάττουσιν, οἷον ἐκκλησιάζειν οἱ μὲν ἀπὸ τιμήματος
οὐθενὸς ἢ μικροῦ πάμπαν, οἱ δ' ἀπὸ μακροῦ τιμήματος, κοι-
5 νὸν δέ γε οὐδέτερον, ἀλλὰ τὸ μέσον ἑκατέρου τίμημα τού-
των. τρίτον δ' ἐκ δυοῖν ταγμάτοιν, τὰ μὲν ἐκ τοῦ ὀλιγαρ-
χικοῦ νόμου τὰ δ' ἐκ τοῦ δημοκρατικοῦ. λέγω δ' οἷον δοκεῖ
δημοκρατικὸν μὲν εἶναι τὸ κληρωτὰς εἶναι τὰς ἀρχάς, τὸ
δ' αἱρετὰς ὀλιγαρχικόν, καὶ δημοκρατικὸν μὲν τὸ μὴ ἀπὸ
10 τιμήματος, ὀλιγαρχικὸν δὲ τὸ ἀπὸ τιμήματος· ἀριστοκρα-
τικὸν τοίνυν καὶ πολιτικὸν τὸ ἐξ ἑκατέρας ἑκάτερον λαβεῖν,
ἐκ μὲν τῆς ὀλιγαρχίας τὸ αἱρετὰς ποιεῖν τὰς ἀρχάς, ἐκ δὲ
13 τῆς δημοκρατίας τὸ μὴ ἀπὸ τιμήματος.

13   ὁ μὲν οὖν τρόπος τῆς
μίξεως οὗτος· τοῦ δ' εὖ μεμεῖχθαι δημοκρατίαν καὶ ὀλιγαρχίαν
15 ὅρος, ὅταν ἐνδέχηται λέγειν τὴν αὐτὴν πολιτείαν δημοκρα-
τίαν καὶ ὀλιγαρχίαν. δῆλον γὰρ ὅτι τοῦτο πάσχουσιν οἱ λέ-
γοντες διὰ τὸ μεμεῖχθαι καλῶς· πέπονθε δὲ τοῦτο καὶ τὸ
μέσον, ἐμφαίνεται γὰρ ἑκάτερον ἐν αὐτῷ τῶν ἄκρων· ὅπερ
συμβαίνει περὶ τὴν Λακεδαιμονίων πολιτείαν. πολλοὶ γὰρ
20 ἐγχειροῦσι λέγειν ὡς δημοκρατίας οὔσης διὰ τὸ δημοκρατικὰ
πολλὰ τὴν τάξιν ἔχειν, οἷον πρῶτον τὸ περὶ τὴν τροφὴν τῶν

36–37 ἃ ἑκάτεροι Π¹: ὧν ἑκάτεραι cet.   1294ᵇ 1 οὖν om. Hᵃπ³   2 ἕ-
τερον Γ   τὸ addidi   5 τίμημα P¹π³Γ: τιμήματος HᵃMᵃP²P³   8 τὸ¹
om. MᵃP²   17 ταὐτὸ Richards

παίδων (ὁμοίως γὰρ οἱ τῶν πλουσίων τρέφονται τοῖς τῶν
πενήτων, καὶ παιδεύονται τὸν τρόπον τοῦτον ὃν ἂν δύναιντο
καὶ τῶν πενήτων οἱ παῖδες), ὁμοίως δὲ καὶ ἐπὶ τῆς ἐχομέ-
νης ἡλικίας, καὶ ὅταν ἄνδρες γένωνται, τὸν αὐτὸν τρόπον 25
(οὐθὲν γὰρ διάδηλος ὁ πλούσιος καὶ ὁ πένης οὕτω) τὰ περὶ τὴν
τροφὴν ταὐτὰ πᾶσιν ἐν τοῖς συσσιτίοις, καὶ τὴν ἐσθῆτα οἱ
πλούσιοι τοιαύτην οἵαν ἄν τις παρασκευάσαι δύναιτο καὶ
τῶν πενήτων ὁστισοῦν· ἔτι τὸ δύο τὰς μεγίστας ἀρχὰς τὴν
μὲν αἱρεῖσθαι τὸν δῆμον, τῆς δὲ μετέχειν (τοὺς μὲν γὰρ 30
γέροντας αἱροῦνται, τῆς δ' ἐφορείας μετέχουσιν)· οἱ δ' ὀλιγαρ-
χίαν διὰ τὸ πολλὰ ἔχειν ὀλιγαρχικά, οἷον τὸ πάσας αἱρε-
τὰς εἶναι καὶ μηδεμίαν κληρωτήν, καὶ ὀλίγους εἶναι κυρίους
θανάτου καὶ φυγῆς, καὶ ἄλλα τοιαῦτα πολλά. δεῖ δ' ἐν
τῇ πολιτείᾳ τῇ μεμειγμένῃ καλῶς ἀμφότερα δοκεῖν εἶναι 35
καὶ μηδέτερον, καὶ· σῴζεσθαι δι' αὐτῆς καὶ μὴ ἔξωθεν, καὶ
δι' αὐτῆς μὴ τῷ πλείους [ἔξωθεν] εἶναι τοὺς βουλομένους (εἴη γὰρ
ἂν καὶ πονηρᾷ πολιτείᾳ τοῦθ' ὑπάρχον) ἀλλὰ τῷ μηδ' ἂν
βούλεσθαι πολιτείαν ἑτέραν μηθὲν τῶν τῆς πόλεως μορίων
ὅλως. τίνα μὲν οὖν τρόπον δεῖ καθιστάναι πολιτείαν, ὁμοίως 40
δὲ καὶ τὰς ὀνομαζομένας ἀριστοκρατίας, νῦν εἴρηται.

10   Περὶ δὲ τυραννίδος ἦν ἡμῖν λοιπὸν εἰπεῖν, οὐχ ὡς ἐν- 1295ᵇ
ούσης πολυλογίας περὶ αὐτήν, ἀλλ' ὅπως λάβῃ τῆς μεθόδου
τὸ μέρος, ἐπειδὴ καὶ ταύτην τίθεμεν τῶν πολιτειῶν τι μέ-
ρος. περὶ μὲν οὖν βασιλείας διωρίσαμεν ἐν τοῖς πρώτοις λό-
γοις, ἐν οἷς περὶ τῆς μάλιστα λεγομένης βασιλείας ἐποιού- 5
μεθα τὴν σκέψιν, πότερον ἀσύμφορος ἢ συμφέρει ταῖς πό-
λεσιν, καὶ τίνα καὶ πόθεν δεῖ καθιστάναι, καὶ πῶς· τυραν-
νίδος δ' εἴδη δύο μὲν διείλομεν ἐν οἷς περὶ βασιλείας ἐπ-

26 ἄδηλος Πᵃ   29 τὸ scripsi: τῷ P¹Γ: τῶν HᵃMᵃΠᵃ   34 δεῖ
δὴ Susemihl   36 μὴ θάτερον Boltenstern   αὐτῆς PᵃΓ: αὐτῆς
HᵃMᵃP¹: αὐτοῦ pr. Pᵃ   37 αὐτῆς HᵃMᵇ   ἔξωθεν secl. Thurot
38 πονηρὰ πολιτείᾳ Mᵇπᵇ   τῷ] τὸ Πᵃ   39 πολιτείας Π¹   40 δεῖ]
δοκεῖ MᵃΓ   41 νομιζομένας MᵃΓ   1295ᵇ 1 λοιπὸν ἡμῖν Π¹
6 ἀσύμφορον Πᵃ

127

εσκοποῦμεν, διὰ τὸ τὴν δύναμιν ἐπαλλάττειν πως αὐτῶν καὶ
10 πρὸς τὴν βασιλείαν, διὰ τὸ κατὰ νόμον εἶναι ἀμφοτέρας
ταύτας τὰς ἀρχάς (ἔν τε γὰρ τῶν βαρβάρων τισὶν αἱροῦν-
ται αὐτοκράτορας μονάρχους, καὶ τὸ παλαιὸν ἐν τοῖς ἀρ-
χαίοις Ἕλλησιν ἐγίγνοντό τινες μόναρχοι τὸν τρόπον τοῦτον,
οὓς ἐκάλουν αἰσυμνήτας), ἔχουσι δέ τινας πρὸς ἀλλήλας αὗται
15 διαφοράς, ἦσαν δὲ διὰ μὲν τὸ κατὰ νόμον βασιλικαὶ καὶ
διὰ τὸ μοναρχεῖν ἑκόντων, τυραννικαὶ δὲ διὰ τὸ δεσποτικῶς
ἄρχειν κατὰ τὴν αὑτῶν γνώμην· τρίτον δὲ εἶδος τυραννίδος,
ἥπερ μάλιστ᾽ εἶναι δοκεῖ τυραννίς, ἀντίστροφος οὖσα τῇ παμ-
βασιλείᾳ. τοιαύτην δ᾽ ἀναγκαῖον εἶναι τυραννίδα τὴν μονάρ-
20 χίαν ἥτις ἀνυπεύθυνος ἄρχει τῶν ὁμοίων καὶ βελτιόνων
πάντων πρὸς τὸ σφέτερον αὐτῆς συμφέρον, ἀλλὰ μὴ πρὸς
τὸ τῶν ἀρχομένων. διόπερ ἀκούσιος· οὐθεὶς γὰρ ἑκὼν ὑπο-
μένει τῶν ἐλευθέρων τὴν τοιαύτην ἀρχήν. τυραννίδος μὲν οὖν
εἴδη ταῦτα καὶ τοσαῦτα διὰ τὰς εἰρημένας αἰτίας.

25 Τίς δ᾽ ἀρίστη πολιτεία καὶ τίς ἄριστος βίος ταῖς πλεί- 11
σταις πόλεσι καὶ τοῖς πλείστοις τῶν ἀνθρώπων, μήτε πρὸς
ἀρετὴν συγκρίνουσι τὴν ὑπὲρ τοὺς ἰδιώτας, μήτε πρὸς παιδείαν
ἢ φύσεως δεῖται καὶ χορηγίας τυχηρᾶς, μήτε πρὸς πολι-
τείαν τὴν κατ᾽ εὐχὴν γινομένην, ἀλλὰ βίον τε τὸν τοῖς
30 πλείστοις κοινωνῆσαι δυνατὸν καὶ πολιτείαν ἧς τὰς πλείστας
πόλεις ἐνδέχεται μετασχεῖν; καὶ γὰρ ἃς καλοῦσιν ἀριστο-
κρατίας, περὶ ὧν νῦν εἴπομεν, τὰ μὲν ἐξωτέρω πίπτουσι ταῖς
πλείσταις τῶν πόλεων, τὰ δὲ γειτνιῶσι τῇ καλουμένῃ πολι-
τείᾳ (διὸ περὶ ἀμφοῖν ὡς μιᾶς λεκτέον). ἡ δὲ δὴ κρίσις περὶ
35 ἁπάντων τούτων ἐκ τῶν αὐτῶν στοιχείων ἐστίν. εἰ γὰρ καλῶς
ἐν τοῖς Ἠθικοῖς εἴρηται τὸ τὸν εὐδαίμονα βίον εἶναι τὸν κατ᾽
ἀρετὴν ἀνεμπόδιστον, μεσότητα δὲ τὴν ἀρετήν, τὸν μέσον

12 μονάρχας MˢP¹· 13 μονάρχαι Γ: μοναρχοιῶν πᵌ 17 ἄρχειν+
καὶ Γ αὑτῶν Γ: αὐτῶν codd. 20 ἀρχὴ Π¹: ἄρχη Hᵃ, pr. Pᵌ, πᵌ
27 συντείνουσι Richards 28 ἢ πᵌ: ἃ cet. 36 cf. Eth. Nic. 1101ᵃ14–
16, 1153ᵇ9–21

ἀναγκαῖον εἶναι βίον βέλτιστον, ⟨τὸ⟩ τῆς ἑκάστοις ἐνδεχομένης
τυχεῖν μεσότητος· τοὺς δὲ αὐτοὺς τούτους ὅρους ἀναγκαῖον εἶναι
καὶ πόλεως ἀρετῆς καὶ κακίας καὶ πολιτείας· ἡ γὰρ πολι- 40
τεία βίος τίς ἐστι πόλεως. ἐν ἁπάσαις δὴ ταῖς πόλεσιν ἔστι 1295ᵇ
τρία μέρη τῆς πόλεως, οἱ μὲν εὔποροι σφόδρα, οἱ δὲ ἄποροι
σφόδρα, οἱ δὲ τρίτοι οἱ μέσοι τούτων. ἐπεὶ τοίνυν ὁμολο-
γεῖται τὸ μέτριον ἄριστον καὶ τὸ μέσον, φανερὸν ὅτι καὶ τῶν
εὐτυχημάτων ἡ κτῆσις ἡ μέση βελτίστη πάντων. ῥᾴστη γὰρ 5
τῷ λόγῳ πειθαρχεῖν, ὑπέρκαλον δὲ ἢ ὑπερίσχυρον ἢ ὑπερευ-
γενῆ ἢ ὑπερπλούσιον ⟨ὄντα⟩, ἢ τἀναντία τούτοις, ὑπέρπτωχον ἢ
ὑπερασθενῆ ἢ σφόδρα ἄτιμον, χαλεπὸν τῷ λόγῳ ἀκολου-
θεῖν· γίγνονται γὰρ οἱ μὲν ὑβρισταὶ καὶ μεγαλοπόνηροι
μᾶλλον, οἱ δὲ κακοῦργοι καὶ μικροπόνηροι λίαν, τῶν δ᾽ ἀδικη- 10
μάτων τὰ μὲν γίγνεται δι᾽ ὕβριν τὰ δὲ διὰ κακουργίαν.
ἔτι δὲ ἥκισθ᾽ οὗτοι φυγαρχοῦσι καὶ σπουδαρχιῶσι· ταῦτα δ᾽
ἀμφότερα βλαβερὰ ταῖς πόλεσιν. πρὸς δὲ τούτοις οἱ μὲν ἐν
ὑπεροχαῖς εὐτυχημάτων ὄντες, ἰσχύος καὶ πλούτου καὶ φί-
λων καὶ τῶν ἄλλων τῶν τοιούτων, ἄρχεσθαι οὔτε βούλονται 15
οὔτε ἐπίστανται (καὶ τοῦτ᾽ εὐθὺς οἴκοθεν ὑπάρχει παισὶν οὖσιν·
διὰ γὰρ τὴν τρυφὴν οὐδ᾽ ἐν τοῖς διδασκαλείοις ἄρχεσθαι σύν-
ηθες αὐτοῖς), οἱ δὲ καθ᾽ ὑπερβολὴν ἐν ἐνδείᾳ τούτων ταπει-
νοὶ λίαν. ὥσθ᾽ οἱ μὲν ἄρχειν οὐκ ἐπίστανται, ἀλλ᾽ ἄρχεσθαι
δουλικὴν ἀρχήν, οἱ δ᾽ ἄρχεσθαι μὲν οὐδεμίαν ἀρχήν, ἄρχειν 20
δὲ δεσποτικὴν ἀρχήν. γίνεται οὖν δούλων καὶ δεσποτῶν
πόλις, ἀλλ᾽ οὐκ ἐλευθέρων, καὶ τῶν μὲν φθονούντων τῶν δὲ
καταφρονούντων· ἃ πλεῖστον ἀπέχει φιλίας καὶ κοινωνίας
πολιτικῆς· ἡ γὰρ κοινωνία φιλικόν· οὐδὲ γὰρ ὁδοῦ βούλονται
κοινωνεῖν τοῖς ἐχθροῖς. βούλεται δέ γε ἡ πόλις ἐξ ἴσων εἶναι 25

38 βίον εἶναι Pᵃ   τὸ addidi   τῆς+δὲ Π¹   1295ᵇ 2 τῆς om. MᵃP¹
7 ὄντα addidi   8 ἢ Γ: καὶ codd.   12 φυγαρχοῦσι Ber-
nays: φυλαρχοῦσι P¹π²: φιλαρχοῦσι MᵃΠ²   σπουδαρχιῶσι scripsi (cf.
1305ᵃ31): βουλαρχοῦσι codd. Γ: σπουδαρχοῦσι Coraes   17 τρυφὴν Hᵃπᵃ
οὐδὲ τοῖς διδασκάλοις Π¹   20 οὐδεμίαν ἀρχήν Spengel: οὐδεμίᾳ ἀρχῇ
codd. Γ   ἄρχεσθαι MᵃΓ   21 οὖν+καὶ HᵃΠ²

καὶ ὁμοίων ὅτι μάλιστα, τοῦτο δ' ὑπάρχει μάλιστα τοῖς μέ-
σοις. ὥστ' ἀναγκαῖον ἄριστα πολιτεύεσθαι ταύτην τὴν πόλιν
⟨ἢ⟩ ἐστιν ἐξ ὧν φαμεν φύσει τὴν σύστασιν εἶναι τῆς πόλεως. καὶ
σῴζονται δ' ἐν ταῖς πόλεσιν οὗτοι μάλιστα τῶν πολιτῶν. οὔτε
30 γὰρ αὐτοὶ τῶν ἀλλοτρίων, ὥσπερ οἱ πένητες, ἐπιθυμοῦσιν, οὔτε
τῆς τούτων ἕτεροι, καθάπερ τῆς τῶν πλουσίων οἱ πένητες ἐπι-
θυμοῦσιν· καὶ διὰ τὸ μήτ' ἐπιβουλεύεσθαι μήτ' ἐπιβουλεύειν
ἀκινδύνως διάγουσιν. διὰ τοῦτο καλῶς ηὔξατο Φωκυλίδης
34 '' πολλὰ μέσοισιν ἄριστα· μέσος θέλω ἐν πόλει εἶναι.''

34   δῆλον
35 ἄρα ὅτι καὶ ἡ κοινωνία ἡ πολιτικὴ ἀρίστη ἡ διὰ τῶν μέσων,
καὶ τὰς τοιαύτας ἐνδέχεται εὖ πολιτεύεσθαι πόλεις ἐν αἷς
δὴ πολὺ τὸ μέσον καὶ κρεῖττον, μάλιστα μὲν ἀμφοῖν, εἰ
δὲ μή, θατέρου μέρους· προστιθέμενον γὰρ ποιεῖ ῥοπὴν καὶ
κωλύει γίνεσθαι τὰς ἐναντίας ὑπερβολάς. διόπερ εὐτυχία
40 μεγίστη τοὺς πολιτευομένους οὐσίαν ἔχειν μέσην καὶ ἱκανήν,
1296ᵃ ὡς ὅπου οἱ μὲν πολλὰ σφόδρα κέκτηνται οἱ δὲ μηθέν, ἢ δῆ-
μος ἔσχατος γίγνεται ἢ ὀλιγαρχία ἄκρατος, ἢ τυραννὶς δι'
ἀμφοτέρας τὰς ὑπερβολάς· καὶ γὰρ ἐκ δημοκρατίας τῆς
νεανικωτάτης καὶ ἐξ ὀλιγαρχίας γίγνεται τυραννίς, ἐκ δὲ
5 τῶν μέσων καὶ τῶν σύνεγγυς πολὺ ἧττον. τὴν δ' αἰτίαν
ὕστερον ἐν τοῖς περὶ τὰς μεταβολὰς τῶν πολιτειῶν ἐροῦμεν.
ὅτι δ' ἡ μέση βελτίστη, φανερόν· μόνη γὰρ ἀστασίαστος·
ὅπου γὰρ πολὺ τὸ διὰ μέσου, ἥκιστα στάσεις καὶ διαστάσεις
γίγνονται τῶν πολιτῶν. καὶ αἱ μεγάλαι πόλεις ἀστασια-
10 στότεραι διὰ τὴν αὐτὴν αἰτίαν, ὅτι πολὺ τὸ μέσον· ἐν δὲ
ταῖς μικραῖς ῥᾴδιόν τε διαλαβεῖν εἰς δύο πάντας, ὥστε μη-
θὲν καταλιπεῖν μέσον, καὶ πάντες σχεδὸν ἄποροι ἢ εὔποροί

27 μάλιστα Hᵃ, pr. Mˢ   28 ἢ ἐστιν scripsi: ἐστιν HᵃΠˢP¹:
om. MˢΓ: ἢ συνέστη Lambino duce Schneider   31 οἱ πένητες τῆς
τῶν πλουσίων Π¹   34 fr. 12 (Bergk⁴)   θέλων HᵃΠˢMˢπ³   36 ἐν-
δέχεσθαι Mˢ, pr. Hᵃ   39–40 en fortunium maximum (? εὐτύχημα
μέγιστον) Γ   40 τοὺς om. MˢP¹   1296ᵃ 9 πολιτῶν ut vid.
Aretinus: πολιτειῶν codd. Γ

εἰσι. καὶ αἱ δημοκρατίαι δὲ ἀσφαλέστεραι τῶν ὀλιγαρχιῶν
εἰσι καὶ πολυχρονιώτεραι διὰ τοὺς μέσους (πλείους τε γάρ
εἰσι καὶ μᾶλλον μετέχουσι τῶν τιμῶν ἐν ταῖς δημοκρατίαις 15
ἢ ταῖς ὀλιγαρχίαις), ἐπεὶ ὅταν ἄνευ τούτων τῷ πλήθει ὑπερ-
τείνωσιν οἱ ἄποροι, κακοπραγία γίνεται καὶ ἀπόλλυνται
ταχέως. σημεῖον δὲ δεῖ νομίζειν καὶ τὸ τοὺς βελτίστους νομο-
θέτας εἶναι τῶν μέσων πολιτῶν· Σόλων τε γὰρ ἦν τούτων
(δηλοῖ δ' ἐκ τῆς ποιήσεως) καὶ Λυκοῦργος (οὐ γὰρ ἦν βασι- 20
λεύς) καὶ Χαρώνδας καὶ σχεδὸν οἱ πλεῖστοι τῶν ἄλλων.
φανερὸν δ' ἐκ τούτων καὶ διότι αἱ πλεῖσται πολιτεῖαι αἱ μὲν
δημοκρατικαί εἰσιν αἱ δ' ὀλιγαρχικαί. διὰ γὰρ τὸ ἐν ταύ-
ταις πολλάκις ὀλίγον εἶναι τὸ μέσον, αἰεὶ ὁπότεροι ἂν ὑπερ-
έχωσιν, εἴθ' οἱ τὰς οὐσίας ἔχοντες εἴθ' ὁ δῆμος, οἱ τὸ μέσον 25
ἐκβαίνοντες καθ' αὑτοὺς ἄγουσι τὴν πολιτείαν, ὥστε ἢ δῆμος
γίγνεται ἢ ὀλιγαρχία. πρὸς δὲ τούτοις διὰ τὸ στάσεις γίγνε-
σθαι καὶ μάχας πρὸς ἀλλήλους τῷ δήμῳ καὶ τοῖς εὐπόροις,
ὁποτέροις ἂν μᾶλλον συμβῇ κρατῆσαι τῶν ἐναντίων, οὐ καθ-
ιστᾶσι κοινὴν πολιτείαν οὐδ' ἴσην, ἀλλὰ τῆς νίκης ἆθλον τὴν 30
ὑπεροχὴν τῆς πολιτείας λαμβάνουσιν, καὶ οἱ μὲν δημοκρα-
τίαν οἱ δ' ὀλιγαρχίαν ποιοῦσιν. ἔτι δὲ καὶ τῶν ἐν ἡγεμονίᾳ
γενομένων τῆς Ἑλλάδος πρὸς τὴν παρ' αὑτοῖς ἑκάτεροι πολι-
τείαν ἀποβλέποντες οἱ μὲν δημοκρατίας ἐν ταῖς πόλεσι
καθίστασαν οἱ δ' ὀλιγαρχίας, οὐ πρὸς τὸ τῶν πόλεων συμ- 35
φέρον σκοποῦντες ἀλλὰ πρὸς τὸ σφέτερον αὑτῶν, ὥστε διὰ
ταύτας τὰς αἰτίας ἢ μηδέποτε τὴν μέσην γίνεσθαι πολι-
τείαν ἢ ὀλιγάκις καὶ παρ' ὀλίγοις· εἷς γὰρ ἀνὴρ συνεπεί-
σθη μόνος τῶν πρότερον ἐφ' ἡγεμονίᾳ γενομένων ταύτην
ἀποδοῦναι τὴν τάξιν, ἤδη δὲ καὶ τοῖς ἐν ταῖς πόλεσιν ἔθος 40
καθέστηκε μηδὲ βούλεσθαι τὸ ἴσον, ἀλλ' ἢ ἄρχειν ζητεῖν ἢ 1296ᵇ

17 οἱ ἄνθρωποι ΜᵃΓ   ἀπώλλυνται ΗᵃΡᵃ   28 καὶ¹+τὰς ΜᵃΡ¹
32 ἔστι δὲ Πᵃ   33 αὐτοῖς Ρ¹: αὐτοῖς cet.   35 καθίστασαν ΡᵃΓ:
καθίστασιν Ηᵃ, pr. Ρᵃ, πᵃ: καθιστᾶσιν Ρ¹πᵃ: καθιστῶσιν Μᵃ   τῆς πόλεως
ΜᵃΓ

131

1296ᵇ ΠΟΛΙΤΙΚΩΝ Δ

κρατουμένους ὑπομένειν. τίς μὲν οὖν ἀρίστη πολιτεία, καὶ διὰ
τίν᾽ αἰτίαν, ἐκ τούτων φανερόν· τῶν δ᾽ ἄλλων πολιτειῶν,
ἐπειδὴ πλείους δημοκρατίας καὶ πλείους ὀλιγαρχίας φαμὲν
5 εἶναι, ποίαν πρώτην θετέον καὶ δευτέραν καὶ τοῦτον δὴ τὸν
τρόπον ἐχομένην τῷ τὴν μὲν εἶναι βελτίω τὴν δὲ χείρω,
διωρισμένης τῆς ἀρίστης οὐ χαλεπὸν ἰδεῖν. ἀεὶ γὰρ ἀναγκαῖον
εἶναι βελτίω τὴν ἐγγύτατα ταύτης, χείρω δὲ τὴν ἀφεστη-
κυῖαν τοῦ μέσου πλεῖον, ἂν μὴ πρὸς ὑπόθεσιν κρίνῃ τις. λέγω
10 δὲ τὸ πρὸς ὑπόθεσιν, ὅτι πολλάκις, οὔσης ἄλλης πολιτείας
αἱρετωτέρας, ἐνίοις οὐδὲν κωλύει συμφέρειν ἑτέραν μᾶλλον
εἶναι πολιτείαν.

Τίς δὲ πολιτεία τίσι καὶ ποία συμφέρει ποίοις, ἐχό- 12
μενόν ἐστι τῶν εἰρημένων διελθεῖν. ληπτέον δὴ πρῶτον περὶ
15 πασῶν καθόλου ταὐτόν· δεῖ γὰρ κρεῖττον εἶναι τὸ βουλόμενον
μέρος τῆς πόλεως τοῦ μὴ βουλομένου μένειν τὴν πολιτείαν.
ἔστι δὲ πᾶσα πόλις ἔκ τε τοῦ ποιοῦ καὶ ποσοῦ. λέγω δὲ
ποιὸν μὲν ἐλευθερίαν πλοῦτον παιδείαν εὐγένειαν, ποσὸν
δὲ τὴν τοῦ πλήθους ὑπεροχήν. ἐνδέχεται δὲ τὸ μὲν ποιὸν
20 ὑπάρχειν ἑτέρῳ μέρει τῆς πόλεως, ἐξ ὧν συνέστηκε μερῶν
ἡ πόλις, ἄλλῳ δὲ μέρει τὸ ποσόν, οἷον πλείους τὸν ἀρι-
θμὸν εἶναι τῶν γενναίων τοὺς ἀγεννεῖς ἢ τῶν πλουσίων τοὺς
ἀπόρους, μὴ μέντοι τοσοῦτον ὑπερέχειν τῷ ποσῷ ὅσον λεί-
πεται τῷ ποιῷ. διὸ ταῦτα πρὸς ἄλληλα συγκριτέον. ὅπου
25 μὲν οὖν ὑπερέχει τὸ τῶν ἀπόρων πλῆθος τὴν εἰρημένην ἀνα-
λογίαν, ἐνταῦθα πέφυκεν εἶναι δημοκρατίαν, καὶ ἕκαστον
εἶδος δημοκρατίας κατὰ τὴν ὑπεροχὴν τοῦ δήμου ἑκάστου,
οἷον ἐὰν μὲν τὸ τῶν γεωργῶν ὑπερτείνῃ πλῆθος, τὴν πρώ-
την δημοκρατίαν, ἐὰν δὲ τὸ τῶν βαναύσων καὶ μισθαρ-

1296ᵇ 4 ἔφαμεν Π¹π³   7 ἀεὶ Spengel: δεῖ codd. Γ   ἀναγκαίως P¹
8 ἐγγύτητα Hª   11 κωλύσει Π³   13 συμφέρει post ποίοις Π¹
22 ἀγενεῖς Hª¹Mˢ   23 λείπεται scripsi: λείπεσθαι codd. Γ
24 ἄλλα MˢΓ   26 ἐνταῦθα om. Mªπ³   δημοκρατίαν+εἰ μὲν γὰρ
οἱ γεωργοὶ ὑπερέχουσι, γίνεται ἡ τῶν γεωργῶν δημοκρατία MˢΓ

132

νούντων, τὴν τελευταίαν, ὁμοίως δὲ καὶ τὰς ἄλλας τὰς 30
μεταξὺ τούτων· ὅπου δὲ τὸ τῶν εὐπόρων καὶ γνωρίμων μᾶλ-
λον ὑπερτείνει τῷ ποιῷ ἢ λείπεται τῷ ποσῷ, ἐνταῦθα
ὀλιγαρχίαν, καὶ τῆς ὀλιγαρχίας τὸν αὐτὸν τρόπον ἕκαστον
εἶδος κατὰ τὴν ὑπεροχὴν τοῦ ὀλιγαρχικοῦ πλήθους.   34

δεῖ δ' 34
ἀεὶ τὸν νομοθέτην ἐν τῇ πολιτείᾳ προσλαμβάνειν τοὺς μέ- 35
σους· ἄν τε γὰρ ὀλιγαρχικοὺς τοὺς νόμους τιθῇ, στοχάζεσθαι
χρὴ τῶν μέσων, ἐάν τε δημοκρατικούς, προσάγεσθαι τοῖς
νόμοις τούτους. ὅπου δὲ τὸ τῶν μέσων ὑπερτείνει πλῆθος ἢ
συναμφοτέρων τῶν ἄκρων ἢ καὶ θατέρου μόνον, ἐνταῦθ' ἐν-
δέχεται πολιτείαν εἶναι μόνιμον. οὐθὲν γὰρ φοβερὸν μή 40
ποτε συμφωνήσωσιν οἱ πλούσιοι τοῖς πένησιν ἐπὶ τούτους· 1297ᵃ
οὐδέποτε γὰρ ἅτεροι βουλήσονται δουλεύειν τοῖς ἑτέροις, κοι-
νοτέραν δ', ἂν ζητῶσιν, οὐδεμίαν εὑρήσουσιν ἄλλην ταύτης.
ἐν μέρει γὰρ ἄρχειν οὐκ ἂν ὑπομείνειαν διὰ τὴν ἀπιστίαν
τὴν πρὸς ἀλλήλους· πανταχοῦ δὲ πιστότατος ὁ διαιτητής, 5
διαιτητὴς δ' ὁ μέσος. ὅσῳ δ' ἂν ἄμεινον ἡ᾽ πολιτεία μει-
χθῇ, τοσούτῳ μονιμωτέρα. διαμαρτάνουσι δὲ πολλοὶ καὶ
τῶν τὰς ἀριστοκρατικὰς βουλομένων ποιεῖν πολιτείας, οὐ
μόνον ἐν τῷ πλεῖον νέμειν τοῖς εὐπόροις, ἀλλὰ καὶ ἐν τῷ
παρακρούεσθαι τὸν δῆμον. ἀνάγκη γὰρ χρόνῳ ποτὲ ἐκ τῶν 10
ψευδῶν ἀγαθῶν ἀληθὲς συμβῆναι κακόν· αἱ γὰρ πλεονε-
ξίαι τῶν πλουσίων ἀπολλύασι μᾶλλον τὴν πολιτείαν ἢ αἱ
τοῦ δήμου.

13   Ἔστι δ' ὅσα προφάσεως χάριν ἐν ταῖς πολιτείαις σοφί-
ζονται πρὸς τὸν δῆμον πέντε τὸν ἀριθμόν, περὶ ἐκκλη- 15
σίαν, περὶ τὰς ἀρχάς, περὶ δικαστήρια, περὶ ὅπλισιν, περὶ

31 μᾶλλον π³: om. cet.   32 ἐνταῦθα+δὲ HᵃΠ²Π³   36 τοὺς
om. MˢP¹   38 πλήθει ut vid. Γ   40 νόμιμον Π¹   1297ᵃ 1
τούτω (incerto compendio Mˢ) Π¹   2 τοῖς ἑτέροις om. Π¹   9 ἐν᾽
om. MˢP¹   10 παρακούεσθαι MˢΓ   11 ψευδῶν ?Aretinus,
Victorius: ψευσθῶν Hᵃ: ψευδῶς cet.   12 ἀπολλύασι Hᵃ: ἀπολ-
λύουσι cet.   14 ὅσα+τε MˢP¹   16 περὶ²+τὰ Mˢ

γυμνασίαν· περὶ ἐκκλησίαν μὲν τὸ ἐξεῖναι ἐκκλησιάζειν πᾶσι,
ζημίαν δὲ ἐπικεῖσθαι τοῖς εὐπόροις ἐὰν μὴ ἐκκλησι-
άζωσιν, ἢ μόνοις ἢ μείζω πολλῷ, περὶ δὲ τὰς ἀρχὰς
20 τὸ τοῖς μὲν ἔχουσι τίμημα μὴ ἐξεῖναι ἐξόμνυσθαι, τοῖς δ'
ἀπόροις ἐξεῖναι, καὶ περὶ τὰ δικαστήρια τοῖς μὲν εὐπόροις
εἶναι ζημίαν ἂν μὴ δικάζωσι, τοῖς δ' ἀπόροις ἄδειαν, ἢ
τοῖς μὲν μεγάλην τοῖς δὲ μικράν, ὥσπερ ἐν τοῖς Χαρών-
δου νόμοις. ἐνιαχοῦ δ' ἔξεστι μὲν πᾶσιν ἀπογραψαμένοις
25 ἐκκλησιάζειν καὶ δικάζειν, ἐὰν δὲ ἀπογραψάμενοι μήτ'
ἐκκλησιάζωσι μήτε δικάζωσιν, ἐπίκεινται μεγάλαι ζημίαι
τούτοις, ἵνα διὰ μὲν τὴν ζημίαν φεύγωσι τὸ ἀπογράφεσθαι,
διὰ δὲ τὸ μὴ ἀπογράφεσθαι μὴ δικάζωσι μηδ' ἐκκλησιά-
ζωσιν. τὸν αὐτὸν δὲ τρόπον καὶ περὶ τοῦ ὅπλα κεκτῆσθαι
30 καὶ τοῦ γυμνάζεσθαι νομοθετοῦσιν. τοῖς μὲν γὰρ ἀπόροις
ἔξεστι μὴ κεκτῆσθαι, τοῖς δ' εὐπόροις ἐπιζήμιον μὴ κεκτη-
μένοις, κἂν μὴ γυμνάζωνται, τοῖς μὲν οὐδεμία ζημία, τοῖς
δ' εὐπόροις ἐπιζήμιον, ὅπως οἱ μὲν διὰ τὴν ζημίαν μετ-
έχωσιν, οἱ δὲ διὰ τὸ μὴ φοβεῖσθαι μὴ μετέχωσιν. ταῦτα
35 μὲν οὖν ὀλιγαρχικὰ σοφίσματα τῆς νομοθεσίας· ἐν δὲ ταῖς
δημοκρατίαις πρὸς ταῦτ' ἀντισοφίζονται. τοῖς μὲν γὰρ
ἀπόροις μισθὸν πορίζουσιν ἐκκλησιάζουσι καὶ δικάζουσιν, τοῖς
δ' εὐπόροις οὐδεμίαν τάττουσι ζημίαν. ὥστε φανερὸν ὅτι εἴ
τις βούλεται μιγνύναι δικαίως, δεῖ τὰ παρ' ἑκατέροις συν-
40 άγειν καὶ τοῖς μὲν μισθὸν πορίζειν τοῖς δὲ ζημίαν· οὕτω
γὰρ ἂν κοινωνοῖεν ἅπαντες, ἐκείνως δ' ἡ πολιτεία γίγνεται
1297ᵇ τῶν ἑτέρων μόνον. δεῖ δὲ τὴν πολιτείαν εἶναι μὲν ἐκ τῶν
τὰ ὅπλα ἐχόντων μόνον· τοῦ δὲ τιμήματος τὸ πλῆθος ἁπλῶς
μὲν ὁρισαμένους οὐκ ἔστιν εἰπεῖν τοσοῦτον ⟨δεῖν⟩ ὑπάρχειν,

---

17 γυμνάσια Π¹ · .. . πᾶσιν ἐκκλησιάζειν Π¹: ἐξουσιάζειν πᾶσι Hª
19 μόνον Mª, Γ (plerique codd.)   24 ἀπογραψαμένοις+δ' ἔξεστιν Π¹π³
35 ὀλιγαρχικὰ Π³: +τὰ cet.   40 δὲ+μὴ HªΠ¹   41 ἂν om. Π¹
1297ᵇ 1 μόνων MªΓ   2 μόνων Π¹   3 ὁρισαμένους Hª: ὡρισαμένου
Mª: ὡρισμένου ut vid. Γ   δεῖν addidi

ἀλλὰ σκεψαμένους τὸ πόσον ἐπιβάλλει μακρότατον ὥστε
τοὺς μετέχοντας τῆς πολιτείας εἶναι πλείους τῶν μὴ μετ- 5
εχόντων, τοῦτο τάττειν. ἐθέλουσι γὰρ οἱ πένητες καὶ μὴ μετ-
έχοντες τῶν τιμῶν ἡσυχίαν ἔχειν, ἐὰν μήτε ὑβρίζῃ τις
αὐτοὺς μήτε ἀφαιρῆται μηθὲν τῆς οὐσίας. ἀλλὰ τοῦτο οὐ
ῥᾴδιον· οὐ γὰρ ἀεὶ συμβαίνει χαρίεντας εἶναι τοὺς μετέχον-
τας τοῦ πολιτεύματος. καὶ εἰώθασι δέ, ὅταν πόλεμος ᾖ, 10
ὀκνεῖν, ἂν μὴ λαμβάνωσι τροφήν, ἄποροι δὲ ὦσιν· ἐὰν
δὲ πορίζῃ τις τροφήν, βούλονται πολεμεῖν.   12

                                       ἔστι δὲ ἡ 12
πολιτεία παρ' ἐνίοις οὐ μόνον ἐκ τῶν ὁπλιτευόντων ἀλλὰ
καὶ ἐκ τῶν ὡπλιτευκότων· ἐν Μαλιεῦσι δὲ ἡ μὲν πολι-
τεία ἦν ἐκ τούτων, τὰς δὲ ἀρχὰς ᾑροῦντο ἐκ τῶν στρατευο- 15
μένων. καὶ ἡ πρώτη δὲ πολιτεία ἐν τοῖς Ἕλλησιν ἐγένετο
μετὰ τὰς βασιλείας ἐκ τῶν πολεμούντων, ἡ μὲν ἐξ ἀρχῆς
ἐκ τῶν ἱππέων (τὴν γὰρ ἰσχὺν καὶ τὴν ὑπεροχὴν ἐν τοῖς
ἱππεῦσιν ὁ πόλεμος εἶχεν· ἄνευ μὲν γὰρ συντάξεως ἄχρη-
στον τὸ ὁπλιτικόν, αἱ δὲ περὶ τῶν τοιούτων ἐμπειρίαι καὶ 20
τάξεις ἐν τοῖς ἀρχαίοις οὐχ ὑπῆρχον, ὥστ' ἐν τοῖς ἱππεῦσιν
εἶναι τὴν ἰσχύν), αὐξανομένων δὲ τῶν πόλεων καὶ τῶν ἐν
τοῖς ὅπλοις ἰσχυσάντων μᾶλλον πλείους μετεῖχον τῆς πολι-
τείας· διόπερ ἃς νῦν καλοῦμεν πολιτείας, οἱ πρότερον ἐκά-
λουν δημοκρατίας· ἦσαν δὲ αἱ ἀρχαῖαι πολιτεῖαι εὐλόγως 25
ὀλιγαρχικαὶ καὶ βασιλικαί. δι' ὀλιγανθρωπίαν γὰρ οὐκ
εἶχον πολὺ τὸ μέσον, ὥστ' ὀλίγοι τε ὄντες τὸ πλῆθος καὶ
κατὰ τὴν σύνταξιν φαῦλοι ὑπέμενον τὸ ἄρχεσθαι. διὰ
τίνα μὲν οὖν εἰσιν αἰτίαν αἱ πολιτεῖαι πλείους, καὶ διὰ τί
παρὰ τὰς λεγομένας ἕτεραι (δημοκρατία τε γὰρ οὐ μία 30
τὸν ἀριθμόν ἐστι, καὶ τῶν ἄλλων ὁμοίως), ἔτι δὲ τίνες αἱ

4 πόσον Lindau: ποῖον codd. Γ   7 μὴ Π²   9 συμβαίνει ἀεὶ ΜᵃΓ
11 ὀκνεῖν] κινεῖν Π¹   25 αἱ] καὶ Π¹: καὶ αἱ ΜᵃΓ   28 φαῦλοι
Madvig: μᾶλλον codd. Γ   29 αἰτίαν εἰσὶν Π¹   30 ἑτέρας Π²:
ἑτέρας vel ἑτέρα Π³: ἑτέρα Ηᵃπᵌ

διαφοραὶ καὶ διὰ τίνα αἰτίαν συμβαίνει, πρὸς δὲ τούτοις
τίς ἀρίστη τῶν πολιτειῶν ὡς ἐπὶ τὸ πλεῖστον εἰπεῖν, καὶ
τῶν ἄλλων ποία ποίοις ἁρμόττει τῶν πολιτειῶν, εἴρηται.

35 Πάλιν δὲ καὶ κοινῇ καὶ χωρὶς περὶ ἑκάστης λέγωμεν 14
περὶ τῶν ἐφεξῆς, λαβόντες ἀρχὴν τὴν προσήκουσαν αὐτῶν.
ἔστι δὴ τρία μόρια τῶν πολιτειῶν πασῶν, περὶ ὧν δεῖ θε-
ωρεῖν τὸν σπουδαῖον νομοθέτην ἑκάστῃ τὸ συμφέρον· ὧν ἐχόν-
των καλῶς ἀνάγκη τὴν πολιτείαν ἔχειν καλῶς, καὶ τὰς
40 πολιτείας ἀλλήλων διαφέρειν ἐν τῷ διαφέρειν ἕκαστον τού-
των. ἔστι δὲ τῶν τριῶν τούτων ἓν μὲν τί τὸ βουλευόμενον
1298ᵃ περὶ τῶν κοινῶν, δεύτερον δὲ τὸ περὶ τὰς ἀρχάς (τοῦτο δ' ἐστὶ
τίνας δεῖ καὶ τίνων εἶναι κυρίας, καὶ ποίαν τινὰ δεῖ γίνε-
σθαι τὴν αἵρεσιν αὐτῶν), τρίτον δέ τί τὸ δικάζον. κύριον
δ' ἐστὶ τὸ βουλευόμενον περὶ πολέμου καὶ εἰρήνης, καὶ συμ-
5 μαχίας καὶ διαλύσεως, καὶ περὶ νόμων, καὶ περὶ θανάτου
καὶ φυγῆς καὶ δημεύσεως, καὶ περὶ ἀρχῶν αἱρέσεως καὶ τῶν εὐθυ-
νῶν. ἀναγκαῖον δ' ἤτοι πᾶσι τοῖς πολίταις ἀποδίδοσθαι πάσας
ταύτας τὰς κρίσεις ἢ τισὶ πάσας (οἷον ἀρχῇ τινὶ μιᾷ ἢ πλείοσιν,
9 ἢ ἑτέραις ἑτέρας) ἢ τινὰς μὲν αὐτῶν πᾶσι τινὰς δὲ τισίν.

9   τὸ
10 μὲν οὖν πάντας καὶ περὶ ἁπάντων δημοτικόν· τὴν τοιαύτην
γὰρ ἰσότητα ζητεῖ ὁ δῆμος. εἰσὶ δὲ οἱ τρόποι τοῦ πάντας
πλείους, εἷς μὲν τὸ κατὰ μέρος ἀλλὰ μὴ πάντας ἀθρόους
(ὥσπερ ἐν τῇ πολιτείᾳ τῇ Τηλεκλέους ἐστὶ τοῦ Μιλησίου· καὶ
ἐν ἄλλαις δὲ πολιτείαις βουλεύονται αἱ συναρχίαι συνιοῦ-
15 σαι, εἰς δὲ τὰς ἀρχὰς βαδίζουσι πάντες κατὰ μέρος ἐκ
τῶν φυλῶν καὶ τῶν μορίων τῶν ἐλαχίστων παντελῶς, ἕως

33-34 ὡς . . . πολιτειῶν om. MᵃΓ   35 δὲ + cum dixerimus Guil.
λέγωμεν pr. P², π²Γ: λέγομεν cet.   37 δὴ] δὲ HᵃMᵃ   41 μὲν τί
Congreve: μέν τι Π¹: μέν τοι Hᵃ, pr. P², P²π²   1298ᵃ 1 ἐστὶ τίνας
Wilson: ἐστὶν ᾶς codd.   2 γενέσθαι Mᵃ   3 τί MᵃP¹π²: τι P²P²Γ
6 καὶ² . . . αἱρέσεως om. HᵃΠ²   7 ἀποδεδόσθαι HᵃΠ²P¹   8 οἷον]
ἢ π²   9 ἑτέροις cod. Camerarii   13 Τηλεκλέους om. Γ et in lac.
Mᵃ

ἂν διεξέλθῃ διὰ πάντων), συνιέναι δὲ μόνον περί τε νόμων
θέσεως καὶ τῶν περὶ τῆς πολιτείας, καὶ τὰ παραγγελλό-
μενα ἀκουσομένους ὑπὸ τῶν ἀρχόντων· ἄλλος δὲ τρόπος τὸ
πάντας ἀθρόους, συνιέναι δὲ μόνον πρός τε τὰς ἀρχαιρε- 20
σίας [αἱρησομένους] καὶ πρὸς τὰς νομοθεσίας καὶ περὶ πολέ-
μου καὶ εἰρήνης καὶ πρὸς εὐθύνας, τὰ δ' ἄλλα τὰς ἀρ-
χὰς βουλεύεσθαι τὰς ἐφ' ἑκάστοις τεταγμένας, αἱρετὰς
οὔσας ἐξ ἁπάντων ἢ κληρωτάς· ἄλλος δὲ τρόπος τὸ περὶ
τὰς ἀρχὰς καὶ τὰς εὐθύνας ἀπαντᾶν τοὺς πολίτας, καὶ 25
περὶ πολέμου βουλευσομένους καὶ συμμαχίας, τὰ δ' ἄλλα
τὰς ἀρχὰς διοικεῖν αἱρετὰς οὔσας, ὅσας ἐνδέχεται, τοιαῦ-
ται δ' εἰσὶν ὅσας ἄρχειν ἀναγκαῖον τοὺς ἐπισταμένους· τέ-
ταρτος δὲ τρόπος τὸ πάντας περὶ πάντων βουλεύεσθαι συν-
ιόντας, τὰς δ' ἀρχὰς περὶ μηθενὸς κρίνειν ἀλλὰ μόνον 30
προανακρίνειν, ὅνπερ ἡ τελευταία δημοκρατία νῦν διοικεῖ-
ται τρόπον, ἣν ἀνάλογόν φαμεν εἶναι ὀλιγαρχίᾳ τε δυνα-
στευτικῇ καὶ μοναρχίᾳ τυραννικῇ. οὗτοι μὲν οὖν οἱ τρόποι
δημοκρατικοὶ πάντες, τὸ δὲ τινὰς περὶ πάντων ὀλιγαρχι-
κόν. ἔχει δὲ καὶ τοῦτο διαφορὰς πλείους. ὅταν μὲν γὰρ 35
ἀπὸ τιμημάτων μετριωτέρων αἱρετοί τε ὦσι καὶ πλείους
διὰ τὴν μετριότητα τοῦ τιμήματος, καὶ περὶ ὧν ὁ νόμος
ἀπαγορεύει μὴ κινῶσιν ἀλλ' ἀκολουθῶσι, καὶ ἐξῇ κτωμένῳ
τὸ τίμημα μετέχειν, ὀλιγαρχία μὲν πολιτικὴ δέ ἐστιν ἡ
τοιαύτη διὰ τὸ μετριάζειν· ὅταν δὲ μὴ πάντες τοῦ βουλεύε- 40
σθαι μετέχωσιν ἀλλ' αἱρετοί, κατὰ νόμον δ' ἄρχωσιν ὥσ- 1298ᵇ
περ καὶ πρότερον, ὀλιγαρχικόν· ὅταν δὲ καὶ αἱρῶνται
αὐτοὶ αὑτοὺς οἱ κύριοι τοῦ βουλεύεσθαι, καὶ ὅταν παῖς ἀντὶ
πατρὸς εἰσίῃ καὶ κύριοι τῶν νόμων ὦσιν, ὀλιγαρχικωτάτην ἀναγ-
καῖον εἶναι τὴν τάξιν ταύτην. ὅταν δὲ τινῶν τινές, οἷον 5

17 διέλθῃ (ελ in ras. Pᵃ) Π²: ἐξέλθῃ Mˢ
Susemihl   26 περὶ] ἐπὶ Bekker
Guil.   1298ᵇ 3 αὐτοὺς HᵃMˢπᵃΓ
ὀλιγαρχικὴν codd.: ὀλιγαρχικωτεραν Garve
Guilelmi

21 αἱρησομένους secl.
31 ἀνακρίνειν MˢP¹: referre
4 ὀλιγαρχικωτάτην Coraes:
5 τινές om. codd. plerique

137

πολέμου μὲν καὶ εἰρήνης καὶ εὐθυνῶν πάντες, τῶν δὲ ἄλ-
λων ἄρχοντες, καὶ οὗτοι αἱρετοί, μὴ κληρωτοί, ἀριστοκρατία
ἡ πολιτεία. ἐὰν δ᾽ ἐνίων μὲν αἱρετοὶ ἐνίων δὲ κληρωτοί,
καὶ κληρωτοὶ ἢ ἁπλῶς ἢ ἐκ προκρίτων, ἢ κοινῇ αἱρετοὶ
10 καὶ κληρωτοί, τὰ μὲν πολιτείας ἀριστοκρατικῆς ἐστι τούτων,
11 τὰ δὲ πολιτείας αὐτῆς.

11   διῄρηται μὲν οὖν τὸ βουλευόμενον
πρὸς τὰς πολιτείας τοῦτον τὸν τρόπον, καὶ διοικεῖ ἑκάστη
πολιτεία κατὰ τὸν εἰρημένον διορισμόν· συμφέρει δὲ δημο-
κρατίᾳ [τε] τῇ μάλιστ᾽ εἶναι δοκούσῃ δημοκρατίᾳ νῦν (λέγω
15 δὲ τοιαύτην ἐν ᾗ κύριος ὁ δῆμος καὶ τῶν νόμων ἐστίν) πρὸς
τὸ βουλεύεσθαι βέλτιον τὸ αὐτὸ ποιεῖν ὅπερ ἐπὶ τῶν δικα-
στηρίων ἐν ταῖς ὀλιγαρχίαις (τάττουσι γὰρ ζημίαν τούτοις
οὓς βούλονται δικάζειν, ἵνα δικάζωσιν, οἱ δὲ δημοτικοὶ μι-
σθὸν τοῖς ἀπόροις), τοῦτο δὴ καὶ περὶ τὰς ἐκκλησίας ποιεῖν
20 (βουλεύσονται γὰρ βέλτιον κοινῇ βουλευόμενοι πάντες, ὁ μὲν
δῆμος μετὰ τῶν γνωρίμων, οὗτοι δὲ μετὰ τοῦ πλήθους), συμ-
φέρει δὲ καὶ τὸ αἱρετοὺς εἶναι τοὺς βουλευομένους, ἢ κληρωτοὺς
ἴσους ἐκ τῶν μορίων, συμφέρει δέ, κἂν ὑπερβάλλωσι πολὺ
κατὰ τὸ πλῆθος οἱ δημοτικοὶ τῶν πολιτῶν, ἢ μὴ πᾶσι
25 διδόναι μισθόν, ἀλλ᾽ ὅσοι σύμμετροι πρὸς τὸ τῶν γνωρί-
μων πλῆθος, ἢ ἀποκληροῦν τοὺς πλείους· ἐν δὲ ταῖς ὀλιγαρ-
χίαις ἢ προσαιρεῖσθαί τινας ἐκ τοῦ πλήθους, ἢ κατασκευά-
σαντας ἀρχεῖον οἷον ἐν ἐνίαις πολιτείαις ἐστὶν οὓς καλοῦσι
προβούλους καὶ νομοφύλακας, [καὶ] περὶ τούτων χρηματίζειν
30 περὶ ὧν ἂν οὗτοι προβουλεύσωσιν (οὕτω γὰρ μεθέξει ὁ δῆμος

6 καὶ¹ Victorius: ὑπὲρ P²: καὶ ὑπὲρ HᵃP¹P³π³: καὶ ὥσπερ Mˢ: ὥσπερ
καὶ Γ   7 μὴ κληρωτοί Newman: ἢ κληρωτοί codd. Γ: secl. Brandis
8 ἡ] ἢ HᵃP²P³π³: μὲν ἢ π³   11 αὐτῆς om. π³: αὐτοῖς Mˢπ³   12 δι-
οικεῖται ut vid. Γ   13 διορισμόν om. pr. P¹: τρόπον MˢP²Γ   δημο-
κρατίᾳ + τρόπον pr. P¹   14 τε secl. Coraes   νῦν] ἡ νῦν
Π¹Hᵃ   16 τὸ² Aretinus: τε codd. Γ   19 δὴ Richards: δὲ codd. Γ
20 βουλεύονται Π¹   23 ἴσως Π²π³   24 πολιτῶν Richards: πολιτικῶν
codd. Γ   27 προσαιρεῖσθαί Susemihl: προαιρεῖσθαί codd. Γ
28 ἐν om. Π²   29 καὶ secl. Coraes

τοῦ βουλεύεσθαι, καὶ λύειν οὐθὲν δυνήσεται τῶν περὶ τὴν πολιτείαν), ἔτι ἢ ταὐτὰ ψηφίζεσθαι τὸν δῆμον ἢ μηθὲν ἐναντίον τοῖς εἰσφερομένοις, ἢ τῆς συμβουλῆς μὲν μεταδιδόναι πᾶσι, βουλεύεσθαι δὲ τοὺς ἄρχοντας. καὶ τὸ ἀντικείμενον δὲ τοῦ ἐν ταῖς πολιτείαις γιγνομένου δεῖ ποιεῖν. ἀπο- 35
ψηφιζόμενον μὲν γὰρ κύριον δεῖ ποιεῖν τὸ πλῆθος, καταψηφιζόμενον δὲ μὴ κύριον, ἀλλ᾽ ἐπαναγέσθω πάλιν ἐπὶ τοὺς ἄρχοντας. ἐν γὰρ ταῖς πολιτείαις ἀνεστραμμένως ποιοῦσιν· οἱ γὰρ ὀλίγοι ἀποψηφισάμενοι μὲν κύριοι, καταψηφισάμενοι δὲ οὐ κύριοι, ἀλλ᾽ ἐπανάγεται εἰς τοὺς πλεί- 40
ους ἀεί. περὶ μὲν οὖν τοῦ βουλευομένου καὶ τοῦ κυρίου **1299ᵃ**
[δεῖ] τῆς πολιτείας τοῦτον διωρίσθω τὸν τρόπον.

15 Ἐχομένη δὲ τούτων ἐστὶν ἡ περὶ τὰς ἀρχὰς διαίρεσις. ἔχει γὰρ καὶ τοῦτο τὸ μόριον τῆς πολιτείας πολλὰς διαφοράς, πόσαι τε ἀρχαί, καὶ κύριαι τίνων, καὶ περὶ χρόνου, 5 πόσος ἑκάστης ἀρχῆς (οἱ μὲν γὰρ ἑξαμήνους, οἱ δὲ δι᾽ ἐλάττονος, οἱ δ᾽ ἐνιαυσίας, οἱ δὲ πολυχρονιωτέρας ποιοῦσι τὰς ἀρχάς), καὶ πότερον εἶναι δεῖ τὰς ἀρχὰς ἀιδίους ἢ πολυχρονίους ἢ μηδέτερον ἀλλὰ πλεονάκις τοὺς αὐτούς, ἢ μὴ τὸν αὐτὸν δὶς ἀλλ᾽ ἅπαξ μόνον, ἔτι δὲ περὶ τὴν κατά- 10
στασιν τῶν ἀρχῶν, ἐκ τίνων δεῖ γίνεσθαι καὶ ὑπὸ τίνων καὶ πῶς. περὶ πάντων γὰρ τούτων δεῖ δύνασθαι διελεῖν κατὰ πόσους ἐνδέχεται γενέσθαι τρόπους, κἄπειτα προσαρμόσαι ὁποίαις ⟨αἱ⟩ ποιαὶ πολιτείαις συμφέρουσιν. ἔστι δὲ οὐδὲ τοῦτο διορίσαι ῥάδιον, ποίας δεῖ καλεῖν ἀρχάς· πολλῶν γὰρ ἐπι- 15
στατῶν ἡ πολιτικὴ κοινωνία δεῖται, διόπερ ⟨οὐ⟩ πάντας οὔτε τοὺς

32 ἢ¹ om. Π¹   33 τοῖς συμβούλοις Γ   35 ἀποψηφιζόμενον hoc loco Π¹: om. Hᵃ, pr. P³, Π³: ἀποψηφιζόμενον γὰρ δεῖ κύριον εἶναι ποιεῖν post 36 πλῆθος P²   38 ἀνεστραμμένους Hᵃ: ἀντεστραμμένως π³
40 πλείους MˢΓ: πλείστους cet.   1299ᵃ 2 δεῖ seclusi: δὴ π³Γ
τοῦτον ... 4 πολιτείας om. Mˢ   διωρίσθω Γπ³: διωρίσθαι cet.
8 καὶ ... ἀρχὰς om. Mˢ, pr. P¹, Γ   9 πολλάκις ut vid. Γ   13 ἐνδέχεσθαι Hᵃ et ut vid. P¹   14 ὁποίαις αἱ ποιαὶ scripsi: ποῖαι Π³: ποίαις ποῖαι cet.   πολιτείαις Aretinus: πολιτεῖαι codd. Γ   16 οὐ add. Rassow

αἱρετοὺς οὔτε τοὺς κληρωτοὺς ἄρχοντας θετέον, οἷον τοὺς ἱερεῖς
πρῶτον (τοῦτο γὰρ ἕτερόν τι παρὰ τὰς πολιτικὰς ἀρχὰς
θετέον)· ἔτι δὲ καὶ χορηγοὶ καὶ κήρυκες [δ'] αἱροῦνται καὶ πρε-
20 σβευταί. εἰσὶ δὲ αἱ μὲν πολιτικαὶ τῶν ἐπιμελειῶν, ἢ πάν-
των τῶν πολιτῶν πρός τινα πρᾶξιν, οἷον στρατηγὸς στρα-
τευομένων, ἢ κατὰ μέρος, οἷον ὁ γυναικονόμος ἢ παιδο-
νόμος· αἱ δ' οἰκονομικαί (πολλάκις γὰρ αἱροῦνται σιτομέτρας)·
αἱ δ' ὑπηρετικαὶ καὶ πρὸς ἅς, ἂν εὐπορῶσι, τάττουσι δούλους.
25 μάλιστα δ' ὡς ἁπλῶς εἰπεῖν ἀρχὰς λεκτέον ταύτας ὅσαις
ἀποδέδοται βουλεύσασθαί τε περὶ τινῶν καὶ κρῖναι καὶ ἐπι-
τάξαι, καὶ μάλιστα τοῦτο· τὸ γὰρ ἐπιτάττειν ἀρχικώτερόν
ἐστιν. ἀλλὰ ταῦτα διαφέρει πρὸς μὲν τὰς χρήσεις οὐδὲν
ὡς εἰπεῖν (οὐ γάρ πω κρίσις γέγονεν ἀμφισβητούντων περὶ
30 τοῦ ὀνόματος), ἔχει δέ τιν' ἄλλην διανοητικὴν πραγματείαν.

ποῖαι δ' ἀρχαὶ καὶ πόσαι ἀναγκαῖαι εἰ ἔσται πόλις, καὶ
ποῖαι ἀναγκαῖαι μὲν οὔ, χρήσιμοι δὲ πρὸς σπουδαίαν πολι-
τείαν, μᾶλλον ἄν τις ἀπορήσειε πρὸς ἅπασάν τε δὴ πολι-
τείαν καὶ δὴ καὶ τὰς μικρὰς πόλεις. ἐν μὲν γὰρ δὴ
35 ταῖς μεγάλαις ἐνδέχεταί τε καὶ δεῖ μίαν τετάχθαι πρὸς
ἓν ἔργον (πολλούς τε γὰρ εἰς τὰ ἀρχεῖα ἐνδέχεται βαδί-
ζειν διὰ τὸ πολλοὺς εἶναι τοὺς πολίτας, ὥστε τὰς μὲν δια-
λείπειν πολὺν χρόνον τὰς δ' ἅπαξ ἄρχειν, καὶ βέλτιον
ἕκαστον ἔργον τυγχάνει τῆς ἐπιμελείας μονοπραγματούσης
1299ᵇ ἢ πολυπραγματούσης)· ἐν δὲ ταῖς μικραῖς ἀνάγκη συνάγειν
εἰς ὀλίγους πολλὰς ἀρχάς (διὰ γὰρ ὀλιγανθρωπίαν οὐ
ῥᾴδιόν ἐστι πολλοὺς ἐν ταῖς ἀρχαῖς εἶναι· τίνες γὰρ οἱ
τούτοις ἔσονται διαδεξόμενοι πάλιν;). δέονται δ' ἐνίοτε τῶν
5 αὐτῶν ἀρχῶν καὶ νόμων αἱ μικραὶ ταῖς μεγάλαις· πλὴν

19 καὶ¹ om. Π²Π³   δ' seclusi   26 ἀπεδίδοται ut vid. Hᵃ: ἀπο-
δίδοται Γ   30 τοῦ om. P¹: τὸν pr. Pᵃ   31 δ'+αἱ Π²
33 τε δὴ om. ut vid. Γ: τε om. Hᵃ   34 μὲν om. MᵃΓ
37 διαλείποντας Richards   1299ᵇ 3 ἐστιν ἐν ταῖς ἀρχαῖς πολλοὺς Π¹
4 τούτοις scripsi (cf. Hist. An. 564ᵃ8): τούτους codd.

αἱ μὲν δέονται πολλάκις τῶν αὐτῶν, ταῖς δ' ἐν πολλῷ
χρόνῳ τοῦτο συμβαίνει, διόπερ οὐθὲν κωλύει πολλὰς ἐπι-
μελείας ἅμα προστάττειν (οὐ γὰρ ἐμποδιοῦσιν ἀλλήλαις),
καὶ πρὸς τὴν ὀλιγανθρωπίαν ἀναγκαῖον τὰ ἀρχεῖα οἷον
ὀβελισκολύχνια ποιεῖν. ἐὰν οὖν ἔχωμεν λέγειν πόσας 10
ἀναγκαῖον ὑπάρχειν πάσῃ πόλει, καὶ πόσας οὐκ ἀναγ-
καῖον μὲν δεῖ δ' ὑπάρχειν, ῥᾶον ἄν τις εἰδὼς ταῦτα συν-
άγοι ποίας ἁρμόττει συνάγειν ἀρχὰς εἰς μίαν ἀρχήν.
ἁρμόττει δὲ καὶ τοῦτο μὴ λεληθέναι, ποίων δεῖ κατὰ τόπον
ἀρχεῖα πολλὰ ἐπιμελεῖσθαι καὶ ποίων πανταχοῦ μίαν 15
ἀρχὴν εἶναι κυρίαν, οἷον εὐκοσμίας πότερον ἐν ἀγορᾷ μὲν
ἀγορανόμον, ἄλλον δὲ κατ' ἄλλον τόπον, ἢ πανταχοῦ τὸν
αὐτόν· καὶ πότερον κατὰ τὸ πρᾶγμα δεῖ διαιρεῖν ἢ κατὰ
τοὺς ἀνθρώπους, λέγω δ' οἷον ἕνα τῆς εὐκοσμίας, ἢ παίδων
ἄλλον καὶ γυναικῶν· καὶ κατὰ τὰς πολιτείας δέ, πότερον 20
διαφέρει καθ' ἑκάστην καὶ τὸ τῶν ἀρχῶν γένος ἢ οὐθέν, οἷον
ἐν δημοκρατίᾳ καὶ ὀλιγαρχίᾳ καὶ ἀριστοκρατίᾳ καὶ μοναρ-
χίᾳ πότερον αἱ αὐταὶ μέν εἰσιν ἀρχαὶ κύριαι, οὐκ ἐξ
ἴσων δ' οὐδ' ἐξ ὁμοίων, ἀλλ' ἑτέρων ἐν ἑτέραις, οἷον ἐν μὲν
ταῖς ἀριστοκρατίαις ἐκ πεπαιδευμένων, ἐν δὲ ταῖς ὀλιγαρ- 25
χίαις ἐκ τῶν πλουσίων, ἐν δὲ ταῖς δημοκρατίαις ἐκ τῶν
ἐλευθέρων, ἢ τυγχάνουσι μέν τινες οὖσαι καὶ κατ' αὐτὰς
τὰς διαφορὰς τῶν ἀρχῶν, ἔστι δ' ὅπου συμφέρουσιν αἱ αὐταὶ
καὶ ὅπου διαφέρουσαι (ἔνθα μὲν γὰρ ἁρμόττει μεγάλας
ἔνθα δ' εἶναι μικρὰς τὰς αὐτάς).   30

 οὐ μὴν ἀλλὰ καὶ ἴδιαί 30

---

12 συνάγῃ Mˢ, pr. P¹: συνάγει π³, codd. plerique Guilelmi   14 ἁρ-
μόττει... δεῖ] δεῖ... ἁρμόττει Aretinus   ποίων... 15 πολλὰ Thurot:
ποῖα... πολλῶν codd. Γ   20 ἄλλων Hªπ³   24 δ' οὐδ' π³: δ'
οὐδὲ P¹: δ' οὐκ P²P³π³: οὐδ' HªMªπ³Γ   ἑτέρων pr. P¹: ἕτεραι cet.
27 κατὰ ταύτας τὰς διαφορὰς Π¹: κατ' αὐτὰς διαφοραὶ Victorius: κατὰ
ταύτας τὰς διαφορὰς διαφοραὶ ci. Newman   29 διαφέρουσαι Immisch:
διαφέρουσιν HªΠ¹: διαφέρουσι διὰ ταύτας Mˢ, pr. P¹: idem vel διαφέρουσι
διὰ τοῦτο Γ

τινες εἰσίν, οἷον ἡ τῶν προβούλων· αὕτη γὰρ οὐ δημοκρα-
τική. βουλὴ δὲ δημοτικόν· δεῖ μὲν γὰρ εἶναί τι τοιοῦτον ᾧ
ἐπιμελὲς ἔσται τοῦ δήμου προβουλεύειν, ὅπως ἀσχολῶν ἔσται,
τοῦτο δ᾽, ἐὰν ὀλίγοι τὸν ἀριθμὸν ὦσιν, ὀλιγαρχικόν· τοὺς
35 δὲ προβούλους ὀλίγους ἀναγκαῖον εἶναι τὸ πλῆθος, ὥστ᾽ ὀλι-
γαρχικόν. ἀλλ᾽ ὅπου ἄμφω αὗται αἱ ἀρχαί, οἱ πρόβουλοι
καθεστᾶσιν ἐπὶ τοῖς βουλευταῖς· ὁ μὲν γὰρ βουλευτὴς δημο-
τικόν, ὁ δὲ πρόβουλος ὀλιγαρχικόν. καταλύεται δὲ καὶ
τῆς βουλῆς ἡ δύναμις ἐν ταῖς τοιαύταις δημοκρατίαις ἐν
1300ᵃ αἷς αὐτὸς συνιὼν ὁ δῆμος χρηματίζει περὶ πάντων. τοῦτο
δὲ συμβαίνειν εἴωθεν ὅταν εὐπορία τις ᾖ [ἡ] μισθοῦ τοῖς
ἐκκλησιάζουσιν· σχολάζοντες γὰρ συλλέγονταί τε πολλάκις
καὶ ἅπαντα αὐτοὶ κρίνουσιν. παιδονόμος δὲ καὶ γυναικο-
5 νόμος, καὶ εἴ τις ἄλλος ἄρχων κύριός ἐστι τοιαύτης ἐπι-
μελείας, ἀριστοκρατικόν, δημοκρατικὸν δ᾽ οὔ (πῶς γὰρ οἷόν τε
κωλύειν ἐξιέναι τὰς τῶν ἀπόρων;), οὐδ᾽ ὀλιγαρχικόν (τρυ-
8 φῶσι γὰρ αἱ τῶν ὀλιγαρχούντων).

8   ἀλλὰ περὶ μὲν τούτων
ἐπὶ τοσοῦτον εἰρήσθω νῦν, περὶ δὲ τὰς τῶν ἀρχῶν κατα-
10 στάσεις πειρατέον ἐξ ἀρχῆς διελθεῖν. εἰσὶ δ᾽ αἱ διαφοραὶ
ἐν τρισὶν ὅροις, ὧν συντιθεμένων ἀναγκαῖον πάντας εἰλῆ-
φθαι τοὺς τρόπους. ἔστι δὲ τῶν τριῶν τούτων ἓν μὲν τίνες οἱ
καθιστάντες τὰς ἀρχάς, δεύτερον δὲ ἐκ τίνων, λοιπὸν δὲ
τίνα τρόπον. ἑκάστου δὲ τῶν τριῶν τούτων διαφοραὶ τρεῖς
15 εἰσιν. ἢ γὰρ πάντες οἱ πολῖται καθιστᾶσιν ἢ τινές, καὶ ἢ
ἐκ πάντων ἢ ἐκ τινῶν ἀφωρισμένων (οἷον ἢ τιμήματι ἢ
γένει ἢ ἀρετῇ ἤ τινι τοιούτῳ ἄλλῳ, ὥσπερ ἐν Μεγάροις ἐκ
τῶν συγκατελθόντων καὶ συμμαχεσαμένων πρὸς τὸν δῆ-
μον)· καὶ ταῦτα ἢ αἱρέσει ἢ κλήρῳ (πάλιν ταῦτα συν-
20 δυαζόμενα, λέγω δὲ τὰς μὲν τινὲς τὰς δὲ πάντες, καὶ

---

33 ἀσχόλων π²: ἄσχολον Μ°Ρ¹Γ   34 δὲ ἐπὰν Μ³Γ   36 αὗται
αἱ Aretinus: αὐταὶ αἱ Π²: αἱ αὐταὶ Η°Π¹   1300ᵃ 2 ἀπορία Μ³Γ   ἡ
secl. Spengel   μισθοῦ Spengel: μισθὸς codd. Γ

τὰς μὲν ἐκ πάντων τὰς δ' ἐκ τινῶν, καὶ τὰς μὲν αἱρέσει
τὰς δὲ κλήρῳ).   22
    τούτων δ' ἑκάστης ἔσονται τῆς διαφορᾶς 22
τρόποι ἕξ. ἢ γὰρ πάντες ἐκ πάντων αἱρέσει, ἢ πάν-
τες ἐκ πάντων κλήρῳ ⟨ἢ πάντες ἐκ τινῶν αἱρέσει ἢ πάντες 24
ἐκ τινῶν κλήρῳ⟩ (καί, εἰ ἐξ ἁπάντων, ἢ ὡς ἀνὰ με- 24ᵃ
ρος, οἷον κατὰ φυλὰς καὶ δήμους καὶ φατρίας, ἕως ἂν 25
διέλθῃ διὰ πάντων τῶν πολιτῶν, ἢ ἀεὶ ἐξ ἁπάντων), ἢ καὶ
τὰ μὲν οὕτως τὰ δὲ ἐκείνως· πάλιν εἰ τινὲς οἱ καθιστάντες,
ἢ ἐκ πάντων αἱρέσει ἢ ἐκ πάντων κλήρῳ, ἢ ἐκ τινῶν αἱρέ-
σει ἢ ἐκ τινῶν κλήρῳ, ἢ τὰ μὲν οὕτως τὰ δὲ ἐκείνως, λέγω
δὲ τὰ μὲν ἐκ πάντων αἱρέσει τὰ δὲ κλήρῳ ⟨καὶ τὰ 30
μὲν ἐκ τινῶν αἱρέσει τὰ δὲ κλήρῳ⟩· ὥστε δώδεκα 30a
οἱ τρόποι γίνονται χωρὶς τῶν δύο συνδυασμῶν. τούτων δ'
αἱ μὲν τρεῖς καταστάσεις δημοτικαί, τὸ πάντας ἐκ πάντων
αἱρέσει ἢ κλήρῳ [γίνεσθαι] ἢ ἀμφοῖν, τὰς μὲν κλήρῳ τὰς
δ' αἱρέσει τῶν ἀρχῶν· τὸ δὲ μὴ πάντας ἅμα μὲν καθ-
ιστάναι, ἐξ ἁπάντων δ' ἢ ἐκ τινῶν ἢ κλήρῳ ἢ αἱρέσει ἢ 35
ἀμφοῖν, ἢ τὰς μὲν ἐκ πάντων τὰς δ' ἐκ τινῶν, ⟨ἢ κλήρῳ
ἢ αἱρέσει ἢ⟩ ἀμφοῖν   36a
(τὸ δὲ ἀμφοῖν λέγω τὰς μὲν κλήρῳ τὰς δ' αἱρέσει) πολι-
τικόν, καὶ τὸ τινὰς ἐκ πάντων ἢ αἱρέσει καθιστά-
ναι ἢ κλήρῳ ἢ ἀμφοῖν) τὰς μὲν κλήρῳ τὰς δ' αἱρέ-
σει ὀλιγαρχικόν (ὀλιγαρχικώτερον δὲ [καὶ] τὸ ἐξ ἀμφοῖν). 40

22–ᵇ3 locus valde corruptus: cf. adnotationem in translatione Jowetti
(1921)   23 ἕξ scripsi (cf. l. 30ᵃ δώδεκα): τέτταρες HᵃMˢP¹: τέσσα-
ρες Π²   24–24ᵃ ἢ . . . κλήρῳ hoc loco addidi (cf. ᵃ27–30ᵃ): post
24ᵃ ἁπάντων add. Conring   26 πολιτῶν Aretinus: πολιτικῶν codd.
Γ ἢ καὶ Rabe: καὶ ἢ HᵃΠ¹: καὶ Π²   30–30ᵃ καὶ . . . κλήρῳ add.
Nickes·   32 τρεῖς scripsi: om. pr. P¹: δύο cet.   τὲ πάντα Π¹
33 γίνεσθαι   secl. Thurot   34 καθεστᾶναι P¹: καθεστᾶναι Mˢ
35 δ' om. Π¹   36–37 ἢ¹ . . . ἀμφοῖν om. πˢ: ἢ¹ . . . 36ᵃ ἀμφοῖν om. πˢ
36–36ᵃ ἢ² . . . ἢˢ addidi   37–39 πολιτικόν . . . αἱρέσει om. Hᵃ, pr. P¹
38 ἢ Immisch: τὰς μὲν codd. Γ   39 ἢ¹ Γ: τε ἢ Mˢ: τὰς δὲ cet.
40 καὶ seclusi

τὸ δὲ τὰς μὲν ἐκ πάντων τὰς δ' ἐκ τινῶν πολιτικὸν ἀρι-
1300ᵇ στοκρατικῶς, ἢ τὰς μὲν αἱρέσει τὰς δὲ κλήρῳ, τὸ δὲ τινὰς
ἐκ τινῶν ⟨αἱρέσει⟩ ὀλιγαρχικὸν καὶ τὸ τινὰς ἐκ τινῶν κλήρῳ
(μὴ γινομένου δ', ὁμοίως), καὶ τὸ τινὰς ἐκ τινῶν ἀμφοῖν.
τὸ δὲ τινὰς ἐξ ἁπάντων τό τε ἐκ τινῶν αἱρέσει πάντας
5 ἀριστοκρατικόν. οἱ μὲν οὖν τρόποι τῶν περὶ τὰς ἀρχὰς το-
σοῦτοι τὸν ἀριθμόν εἰσι, καὶ διῄρηνται κατὰ τὰς πολιτείας
οὕτως· τίνα δὲ τίσι συμφέρει καὶ πῶς δεῖ γίνεσθαι τὰς κατα-
στάσεις, ἅμα ταῖς δυνάμεσι τῶν ἀρχῶν καὶ τίνες εἰσὶν
ἔσται φανερόν. λέγω δὲ δύναμιν ἀρχῆς οἷον τὴν κυρίαν
10 τῶν προσόδων καὶ τὴν κυρίαν τῆς φυλακῆς· ἄλλο γὰρ
εἶδος δυνάμεως οἷον στρατηγίας καὶ τῆς τῶν περὶ τὴν ἀγο-
ρὰν συμβολαίων κυρίας.

Λοιπὸν δὲ τῶν τριῶν τὸ δικαστικὸν εἰπεῖν. ληπτέον 16
δὲ καὶ τούτων τοὺς τρόπους κατὰ τὴν αὐτὴν ὑπόθεσιν. ἔστι
15 δὲ διαφορὰ τῶν δικαστηρίων ἐν τρισὶν ὅροις, ἐξ ὧν τε καὶ
περὶ ὧν καὶ πῶς. λέγω δὲ ἐξ ὧν μέν, πότερον ἐκ πάν-
των ἢ ἐκ τινῶν· περὶ ὧν δέ, πόσα εἴδη δικαστηρίων· τὸ δὲ
πῶς, πότερον κλήρῳ ἢ αἱρέσει. πρῶτον οὖν διαιρείσθω πόσα
εἴδη δικαστηρίων. ἔστι δὲ τὸν ἀριθμὸν ὀκτώ, ἓν μὲν εὐθυν-
20 τικόν, ἄλλο δὲ εἴ τίς τι τῶν κοινῶν ἀδικεῖ, ἕτερον ὅσα εἰς
τὴν πολιτείαν φέρει, τέταρτον καὶ ἄρχουσι καὶ ἰδιώταις ὅσα
περὶ ζημιώσεως ἀμφισβητοῦσιν, πέμπτον τὸ περὶ τῶν ἰδίων
συναλλαγμάτων καὶ ἐχόντων μέγεθος, καὶ παρὰ ταῦτα
τό τε φονικὸν καὶ τὸ ξενικόν (φονικοῦ μὲν οὖν εἴδη, ἄν τ'
25 ἐν τοῖς αὐτοῖς δικασταῖς ἄν τ' ἐν ἄλλοις, περί τε τῶν ἐκ
προνοίας καὶ περὶ τῶν ἀκουσίων, καὶ ὅσα ὁμολογεῖται μέν,

---

41 τὰς²] τὸ δὲ τὰς Hᵃ Π²Π³   1300ᵇ 2 αἱρέσει add. Lambinus   3 γι-
νομένου scripsi (cf. ᵇ37, 1322ᵃ6–7): γενόμενον Π²: γιγνόμενον Hᵃ: γινό-
μενον cet.   4 ἁπάντων+non aristocraticum Guil.   τό τε Aretinus:
τὸ δὲ Π¹π³: τότε δὲ HᵃP²P³π³   8 καὶ om. Π¹   11 τῆς om. pr.
Hᵃ, Mˢ   13 τό . . . εἰπεῖν] εἰπεῖν τὸ δικαστικὸν περὶ δικαστηρίων
(δικαστηρίας P¹) Π¹   17 περὶ+δὲ Mˢ, pr. P¹   21 καὶ¹ secl.
Sauppe   23 καὶ¹] τῶν καὶ Richards

ἀμφισβητεῖται δὲ περὶ τοῦ δικαίου, τέταρτον δὲ ὅσα τοῖς
φεύγουσι φόνου ἐπὶ καθόδῳ ἐπιφέρεται, οἷον Ἀθήνησι λέγε-
ται καὶ τὸ ἐν Φρεαττοῖ δικαστήριον· συμβαίνει δὲ τὰ τοιαῦτα
ἐν τῷ παντὶ χρόνῳ ὀλίγα καὶ ἐν ταῖς μεγάλαις πόλεσιν· 30
τοῦ δὲ ξενικοῦ ἓν μὲν ξένοις πρὸς ξένους, ἄλλο ⟨δὲ⟩ ξένοις πρὸς
ἀστούς), ἔτι δὲ παρὰ πάντα ταῦτα περὶ τῶν μικρῶν συν-
αλλαγμάτων, ὅσα δραχμιαῖα καὶ πεντάδραχμα καὶ μικρῷ
πλείονος. δεῖ μὲν γὰρ καὶ περὶ τούτων γίνεσθαι κρίσιν, οὐκ
ἐμπίπτει δὲ εἰς δικαστῶν πλῆθος.   35

ἀλλὰ περὶ μὲν τούτων 35
ἀφείσθω καὶ τῶν φονικῶν καὶ τῶν ξενικῶν, περὶ δὲ τῶν
πολιτικῶν λέγωμεν, περὶ ὧν μὴ γινομένων καλῶς διαστά-
σεις γίνονται καὶ τῶν πολιτειῶν αἱ κινήσεις. ἀνάγκη δ'
ἤτοι πάντας περὶ πάντων κρίνειν τῶν διῃρημένων αἱρέσει
ἢ κλήρῳ, ἢ πάντας περὶ πάντων τὰ μὲν κλήρῳ τὰ δ' 40
αἱρέσει, ἢ περὶ ἐνίων τῶν αὐτῶν τοὺς μὲν κλήρῳ τοὺς δ'
αἱρετούς. οὗτοι μὲν οὖν οἱ τρόποι τέτταρες τὸν ἀριθμόν· το- 1301ᵇ
σοῦτοι δ' ἕτεροι καὶ οἱ κατὰ μέρος. πάλιν γὰρ ἐκ τινῶν
καὶ οἱ δικάζοντες περὶ πάντων αἱρέσει, ἢ ἐκ τινῶν περὶ
πάντων κλήρῳ, ἢ τὰ μὲν κλήρῳ τὰ δὲ αἱρέσει, ἢ ἔνια δικα-
στήρια περὶ τῶν αὐτῶν ἐκ κληρωτῶν καὶ αἱρετῶν. οὗτοι μὲν 5
οὖν, ὥσπερ ἐλέχθησαν, οἱ τρόποι ⟨οἱ ἀντίστροφοι⟩ τοῖς εἰρημένοις·
ἔτι δὲ τὰ αὐτὰ συνδυαζόμενα, λέγω δ' οἷον τὰ μὲν ἐκ πάν-
των τὰ δ' ἐκ τινῶν τὰ δ' ἐξ ἀμφοῖν (οἷον εἰ τοῦ αὐτοῦ
δικαστηρίου εἶεν οἱ μὲν ἐκ πάντων οἱ δ' ἐκ τινῶν), καὶ ἢ
κλήρῳ ἢ αἱρέσει ἢ ἀμφοῖν. ὅσους μὲν οὖν ἐνδέχεται τρόπους 10
εἶναι τὰ δικαστήρια, εἴρηται· τούτων δὲ τὰ μὲν πρῶτα δημο-
τικά, ὅσα ἐκ πάντων [ἢ] περὶ πάντων, τὰ δὲ δεύτερα

28 ἐπὶ καθόδῳ φέρεται φόνου Π¹   29 καὶ secl. Spengel   φρεατοῖ Mˢ
30 παντὶ] παρόντι Π¹   31 δὲ add. Richards   32 ἀστούς Π²: ἀστούς
(στ in ras.) P¹: ἀοστούς Hᵃ: αὐτούς MˢΓ   παρὰ om. Mˢ: περὶ Hᵃ
41 κλήρῳ] κληρωτούς Lambinus   1301ᵃ6 οἱ ἀντίστροφοι addidi: ἀντίστροφοι
add. Newman: οἱ αὐτοί εἰσι add. Victorius   εἰρημένοις+ἴσοι Schneider
8 αὐτοῦ om. Π¹   12 ἢ secl. aut καὶ scribendum censet Susemihl

ὀλιγαρχικά, ὅσα ἐκ τινῶν περὶ πάντων, τὰ δὲ τρίτα ἀρι-
στοκρατικὰ καὶ πολιτικά, ὅσα τὰ μὲν ἐκ πάντων τὰ δ'
15 ἐκ τινῶν.

Ε

Περὶ μὲν οὖν τῶν ἄλλων ὧν προειλόμεθα σχεδὸν 1
20 εἴρηται περὶ πάντων· ἐκ τίνων δὲ μεταβάλλουσιν αἱ πολι-
τεῖαι καὶ πόσων καὶ ποίων, καὶ τίνες ἑκάστης πολιτείας
φθοραί, καὶ ἐκ ποίων εἰς ποίας μάλιστα μεθίστανται, ἔτι
δὲ σωτηρίαι τίνες καὶ κοινῇ καὶ χωρὶς ἑκάστης εἰσίν, ἔτι δὲ
διὰ τίνων ἂν μάλιστα σῴζοιτο τῶν πολιτειῶν ἑκάστη, σκε-
25 πτέον ἐφεξῆς τοῖς εἰρημένοις.

25   δεῖ δὲ πρῶτον ὑπολαβεῖν
τὴν ἀρχήν, ὅτι πολλαὶ γεγένηνται πολιτεῖαι πάντων μὲν
ὁμολογούντων τὸ δίκαιον καὶ τὸ κατ' ἀναλογίαν ἴσον, τούτου
δ' ἁμαρτανόντων, ὥσπερ εἴρηται καὶ πρότερον. δῆμος μὲν
γὰρ ἐγένετο ἐκ τοῦ ἴσους ὁτιοῦν ὄντας οἴεσθαι ἁπλῶς ἴσους
30 εἶναι (ὅτι γὰρ ἐλεύθεροι πάντες ὁμοίως, ἁπλῶς ἴσοι εἶναι
νομίζουσιν), ὀλιγαρχία δὲ ἐκ τοῦ ἀνίσους ἔν τι ὄντας ὅλως
εἶναι ἀνίσους ὑπολαμβάνειν (κατ' οὐσίαν γὰρ ἄνισοι ὄντες
ἁπλῶς ἄνισοι ὑπολαμβάνουσιν εἶναι). εἶτα οἱ μὲν ὡς ἴσοι
ὄντες πάντων τῶν ἴσων ἀξιοῦσι μετέχειν· οἱ δ' ὡς ἄνισοι
35 ὄντες πλεονεκτεῖν ζητοῦσιν, τὸ γὰρ πλεῖον ἄνισον. ἔχουσι
μὲν οὖν τι πᾶσαι δίκαιον, ἡμαρτημέναι δ' ἁπλῶς εἰσιν.
καὶ διὰ ταύτην τὴν αἰτίαν, ὅταν μὴ κατὰ τὴν ὑπόληψιν
ἣν ἑκάτεροι τυγχάνουσιν ἔχοντες μετέχωσι τῆς πολιτείας,

22 ἐφ' ὁποίας MᵃP¹ et fort. Γ   23–24 ἔτι... ἑκάστη secl. Gifanius
27 καὶ secl. Bonitz: εἶναι Spengel   28 μὲν om. pr. Hᵃ, π³   30 εἶ-
ναι... εἶναι om. π³   ὅτι... 31 νομίζουσιν om. π³   ὅτι... εἶναι
om. HᵃPᵃPᵃ π³   31 ἔν τι] ἔτι Mˢ: ἓ et post litterae lacunam τι pr.
P¹: in quocumque (fort. ὁτιοῦν) Guil.   36 τι om. Mˢ: τί αἱ πολι-
τεῖαι MᵃΓ   38 ἣν ἑκάτεροι Hᵃ et ut vid. Γ: ἑκάτεροι ἣν MᵃP¹:
ἑκάτεροι Π²   τυγχάνωσιν Π²MᵃP¹

στασιάζουσιν. πάντων δὲ δικαιότατα μὲν ἂν στασιάζοιεν, ἥκιστα δὲ τοῦτο πράττουσιν, οἱ κατ' ἀρετὴν διαφέροντες· μά- 40 λιστα γὰρ εὔλογον ἀνίσους ἁπλῶς εἶναι τούτους μόνον. εἰσὶ **1301ᵇ** δέ τινες οἱ κατὰ γένος ὑπερέχοντες οὐκ ἀξιοῦσι τῶν ἴσων αὑτοὺς διὰ τὴν ἀνισότητα ταύτην· εὐγενεῖς γὰρ εἶναι δοκοῦσιν οἷς ὑπάρχει προγόνων ἀρετὴ καὶ πλοῦτος. 4

ἀρχαὶ 4
μὲν οὖν ὡς εἰπεῖν αὗται καὶ πηγαὶ τῶν στάσεών εἰσιν, ὅθεν 5
στασιάζουσιν· διὸ καὶ αἱ μεταβολαὶ γίνονται διχῶς· ὁτὲ
μὲν γὰρ πρὸς τὴν πολιτείαν, ὅπως ἐκ τῆς καθεστηκυίας
ἄλλην μεταστήσωσιν, οἷον ἐκ δημοκρατίας ὀλιγαρχίαν ἢ
δημοκρατίαν ἐξ ὀλιγαρχίας, ἢ πολιτείαν καὶ ἀριστοκρατίαν
ἐκ τούτων, ἢ ταύτας ἐξ ἐκείνων, ὁτὲ δ' οὐ πρὸς τὴν καθ- 10
εστηκυῖαν πολιτείαν, ἀλλὰ τὴν μὲν κατάστασιν προαιροῦνται
τὴν αὐτήν, δι' αὑτῶν δ' εἶναι βούλονται ταύτην, οἷον τὴν
ὀλιγαρχίαν ἢ τὴν μοναρχίαν. ἔτι περὶ τοῦ μᾶλλον καὶ
ἧττον, οἷον ἢ ὀλιγαρχίαν οὖσαν εἰς τὸ μᾶλλον ὀλιγαρχεῖ-
σθαι ἢ εἰς τὸ ἧττον, ἢ δημοκρατίαν οὖσαν εἰς τὸ μᾶλλον 15
δημοκρατεῖσθαι ἢ εἰς τὸ ἧττον, ὁμοίως δὲ καὶ ἐπὶ τῶν
λοιπῶν πολιτειῶν, ἢ ἵνα ἐπιταθῶσιν ἢ ἀνεθῶσιν· ἔτι πρὸς
τὸ μέρος τι κινῆσαι τῆς πολιτείας, οἷον ἀρχήν τινα κατα-
στῆσαι ἢ ἀνελεῖν, ὥσπερ ἐν Λακεδαίμονί φασι Λύσανδρόν
τινες ἐπιχειρῆσαι καταλῦσαι τὴν βασιλείαν καὶ Παυσα- 20
νίαν τὸν βασιλέα τὴν ἐφορείαν, καὶ ἐν Ἐπιδάμνῳ δὲ μετ-
έβαλεν ἡ πολιτεία κατὰ μόριον (ἀντὶ γὰρ τῶν φυλάρ-
χων βουλὴν ἐποίησαν, εἰς δὲ τὴν ἡλιαίαν ἐπάναγκές ἐστιν
ἔτι τῶν ἐν τῷ πολιτεύματι βαδίζειν τὰς ἀρχάς, ὅταν
ἐπιψηφίζηται ἀρχή τις, ὀλιγαρχικὸν δὲ καὶ ὁ ἄρχων ὁ 25
εἷς ἦν ἐν τῇ πολιτείᾳ ταύτῃ). πανταχοῦ γὰρ διὰ τὸ ἄνισον

1301ᵇ 3 αὑτοὺς HᵃMˢP², ?P³, π³   6 δικαίως Π²Hᵃ   8 κατα-
στήσωσιν π³   10 δ' οὐδὲ MˢΓ   12 αὑτῶν Π²HᵃMˢπ³: αἱ
τῶν π²   16 δὲ] δὴ P¹   17 ἵνα ᾖ ut vid. Γ   26 ἦν om. Π¹
ταύτῃ τῇ πολιτείᾳ Π¹   πάντων P⁸π³

ἡ στάσις, οὐ μὴν εἰ τοῖς ἀνίσοις ὑπάρχει ἀνάλογον (ἀΐδιος
γὰρ βασιλεία ἄνισος, ἐὰν ᾖ ἐν ἴσοις)· ὅλως γὰρ τὸ ἴσον
ζητοῦντες στασιάζουσιν. ἔστι δὲ διττὸν τὸ ἴσον· τὸ μὲν γὰρ
30 ἀριθμῷ τὸ δὲ κατ' ἀξίαν ἐστίν. λέγω δὲ ἀριθμῷ μὲν τὸ
πλήθει ἢ μεγέθει ταὐτὸ καὶ ἴσον, κατ' ἀξίαν δὲ τὸ τῷ
λόγῳ, οἷον ὑπερέχει κατ' ἀριθμὸν μὲν ἴσῳ τὰ τρία τοῖν
δυοῖν καὶ ταῦτα τοῦ ἑνός, λόγῳ δὲ τὰ τέτταρα τοῖν δυοῖν καὶ
ταῦτα τοῦ ἑνός· ἴσον γὰρ μέρος τὰ δύο τῶν τεττάρων καὶ
35 τὸ ἓν τοῖν δυοῖν· ἄμφω γὰρ ἡμίση. ὁμολογοῦντες δὲ τὸ
ἁπλῶς εἶναι δίκαιον τὸ κατ' ἀξίαν, διαφέρονται, καθάπερ
ἐλέχθη πρότερον, οἱ μὲν ὅτι, ἐὰν κατὰ τὶ ἴσοι ὦσιν, ὅλως ἴσοι
νομίζουσιν εἶναι, οἱ δ' ὅτι, ἐὰν κατὰ τὶ ἄνισοι, πάν-
των ἀνίσων ἀξιοῦσιν ἑαυτούς. διὸ καὶ μάλιστα δύο γίνονται
40 πολιτεῖαι, δῆμος καὶ ὀλιγαρχία· εὐγένεια γὰρ καὶ ἀρετὴ
1302ᵃ ἐν ὀλίγοις, ταῦτα δ' ἐν πλείοσιν· εὐγενεῖς γὰρ καὶ ἀγαθοὶ
οὐδαμοῦ ἑκατόν, εὔποροι δὲ ⟨καὶ ἄποροι⟩ πολλοὶ πολλαχοῦ. τὸ δὲ
ἁπλῶς πάντῃ καθ' ἑκατέραν τετάχθαι τὴν ἰσότητα φαῦ-
λον. φανερὸν δ' ἐκ τοῦ συμβαίνοντος· οὐδεμία γὰρ μόνιμος
5 ἐκ τῶν τοιούτων πολιτειῶν. τούτου δ' αἴτιον ὅτι ἀδύνατον ἀπὸ
τοῦ πρώτου καὶ τοῦ ἐν ἀρχῇ ἡμαρτημένου μὴ ἀπαντᾶν εἰς τὸ
τέλος κακόν τι. διὸ δεῖ τὰ μὲν ἀριθμητικῇ ἰσότητι χρῆ-
8 σθαι, τὰ δὲ τῇ κατ' ἀξίαν.

8   ὅμως δὲ ἀσφαλεστέρα καὶ
ἀστασίαστος μᾶλλον ἡ δημοκρατία τῆς ὀλιγαρχίας. ἐν μὲν
γὰρ ταῖς ὀλιγαρχίαις ἐγγίνονται δύο, ἥ τε πρὸς ἀλλήλους
στάσις καὶ ἔτι ἡ πρὸς τὸν δῆμον, ἐν δὲ ταῖς δημοκρατίαις

27 οὐ μὴν εἰ Newman : οὐ μὴ Schneider : aut hoc aut οὐ μὴν εἰ schol. Hᵃ :
οὐ μὴν HᵃΠᵃΜˢΓπ³ : οὐ μὴν δὲ P¹   28 ἄνισον Π¹ et schol.   32 ἴσον Πᵃ
33–34 λόγῳ . . . ἑνός om. Hᵃπ³   33 λόγῳ δὲ] κατ' ἀξίαν δὲ λέγω ἴσον
ὑπερέχειν π³   λέγω pr. P¹ (?), pr. P³,π³   τὰ om. PᵃP³π³   τῶν δύο
pr. Pᵃ, π³   35 τοῖν corr. P¹ : τῶν cet.   δυεῖν PᵃP³ : δύω Μˢ   ἥμισυ Γ
37–38 ἴσοι ὅλως εἶναι νομίζουσιν Π¹   1302ᵃ 1 λόγοις PᵃP³π³   2 εὔ-
ποροι . . . πολλοὶ Stahr : εὔποροι δὲ πολλοὶ π³ : εὔποροι δὲ HᵃΜˢP¹Π² :
ἄποροι δὲ Γ   3 ἑτέραν HᵃΜˢ   9 μᾶλλον om. Μˢ, ante 8 καὶ
Γ P¹

ἡ πρὸς τὴν ὀλιγαρχίαν μόνον, αὐτῷ δὲ πρὸς αὑτόν, ὅ τι
καὶ ἄξιον εἰπεῖν, οὐκ ἐγγίνεται τῷ δήμῳ στάσις· ἔτι δὲ
ἡ ἐκ τῶν μέσων πολιτεία ἐγγυτέρω τοῦ δήμου ἢ ἡ τῶν ὀλί-
γων· ἥπερ ἐστὶν ἀσφαλεστάτη τῶν τοιούτων πολιτειῶν. 15

2 Ἐπεὶ δὲ σκοποῦμεν ἐκ τίνων αἵ τε στάσεις γίνονται
καὶ αἱ μεταβολαὶ περὶ τὰς πολιτείας, ληπτέον καθόλου
πρῶτον τὰς ἀρχὰς καὶ τὰς αἰτίας αὐτῶν. εἰσὶ δὴ σχεδὸν
ὡς εἰπεῖν τρεῖς τὸν ἀριθμόν, ἃς διοριστέον καθ' αὑτὰς τύπῳ
πρῶτον. δεῖ γὰρ λαβεῖν πῶς τε ἔχοντες στασιάζουσι καὶ 20
τίνων ἕνεκεν, καὶ τρίτον τίνες ἀρχαὶ γίνονται τῶν πολι-
τικῶν ταραχῶν καὶ τῶν πρὸς ἀλλήλους στάσεων. τοῦ μὲν οὖν
αὐτοὺς ἔχειν πως πρὸς τὴν μεταβολὴν αἰτίαν καθόλου μά-
λιστα θετέον περὶ ἧς ἤδη τυγχάνομεν εἰρηκότες. οἱ μὲν
γὰρ ἰσότητος ἐφιέμενοι στασιάζουσιν ἂν νομίζωσιν ἔλαττον 25
ἔχειν ὄντες ἴσοι τοῖς πλεονεκτοῦσιν, οἱ δὲ τῆς ἀνισότητος
καὶ τῆς ὑπεροχῆς ἂν ὑπολαμβάνωσιν ὄντες ἄνισοι μὴ
πλέον ἔχειν ἀλλ' ἴσον ἢ ἔλαττον (τούτων δ' ἔστι μὲν ὀρέ-
γεσθαι δικαίως, ἔστι δὲ καὶ ἀδίκως)· ἐλάττους τε γὰρ ὄν-
τες ὅπως ἴσοι ὦσι στασιάζουσι, καὶ ἴσοι ὄντες ὅπως μεί- 30
ζους. πῶς μὲν οὖν ἔχοντες στασιάζουσιν, εἴρηται· περὶ ὧν δὲ
στασιάζουσιν ἐστὶ κέρδος καὶ τιμὴ καὶ τἀναντία τούτοις. καὶ
γὰρ ἀτιμίαν φεύγοντες καὶ ζημίαν, ἢ ὑπὲρ αὑτῶν ἢ τῶν
φίλων, στασιάζουσιν ἐν ταῖς πόλεσιν. αἱ δ' αἰτίαι καὶ ἀρ-
χαὶ τῶν κινήσεων, ὅθεν αὐτοί τε διατίθενται τὸν εἰρημένον 35
τρόπον καὶ περὶ τῶν λεχθέντων, ἔστι μὲν ὡς τὸν ἀριθμὸν
ἑπτὰ τυγχάνουσιν οὖσαι, ἔστι δ' ὡς πλείους. ὧν δύο μέν ἐστι
ταὐτὰ τοῖς εἰρημένοις, ἀλλ' οὐχ ὡσαύτως· διὰ κέρδος γὰρ
καὶ διὰ τιμὴν παροξύνονται πρὸς ἀλλήλους οὐχ ἵνα κτή-
σωνται σφίσιν αὐτοῖς, ὥσπερ εἴρηται πρότερον, ἀλλ' ἑτέ- 40
ρους ὁρῶντες τοὺς μὲν δικαίως τοὺς δ' ἀδίκως πλεονεκτοῦντας 1302[b]

14 ἐγγυτέρα Γ   ἡ om. π³ : τῆς Victorius   15 τοιούτων om. P¹π³
18 ἔστι M²P¹   δὴ P²P³π³ : δὲ H²Π¹π³   31 δὲ ὧν M²P¹   33 αὐ-
τῶν P¹Γ : αὐτῶν H²M²Π²   37 τυγχάνουσιν ἑπτὰ P¹ : ἑπτὰ M²Γ

τούτων· ἔτι διὰ ὕβριν, διὰ φόβον, διὰ ὑπεροχήν, διὰ κατα-
φρόνησιν, διὰ αὔξησιν τὴν παρὰ τὸ ἀνάλογον· ἔτι δὲ
ἄλλον τρόπον δι᾽ ἐριθείαν, δι᾽ ὀλιγωρίαν, διὰ μικρότητα,
5 διὰ ἀνομοιότητα. Τούτων δὲ ὕβρις μὲν καὶ κέρδος τίνα ἔχου- 3
σι δύναμιν καὶ πῶς αἴτια, σχεδόν ἐστι φανερόν· ὑβριζόντων
τε γὰρ τῶν ἐν ταῖς ἀρχαῖς καὶ πλεονεκτούντων στασιάζουσι
καὶ πρὸς ἀλλήλους καὶ πρὸς τὰς πολιτείας τὰς διδούσας
τὴν ἐξουσίαν· ἡ δὲ πλεονεξία γίνεται ὁτὲ μὲν ἀπὸ τῶν
10 ἰδίων ὁτὲ δὲ ἀπὸ τῶν κοινῶν.—δῆλον δὲ καὶ ἡ τιμή, καὶ
τί δύναται καὶ πῶς αἰτία στάσεως· καὶ γὰρ αὐτοὶ ἀτιμαζό-
μενοι καὶ ἄλλους ὁρῶντες τιμωμένους στασιάζουσιν· ταῦτα
δὲ ἀδίκως μὲν γίνεται ὅταν παρὰ τὴν ἀξίαν ἢ τιμῶνταί
τινες ἢ ἀτιμάζωνται, δικαίως δὲ ὅταν κατὰ τὴν ἀξίαν.
15 —δι᾽ ὑπεροχὴν δέ, ὅταν τις ᾖ τῇ δυνάμει μείζων (ἢ εἷς ἢ
πλείους) ἢ κατὰ τὴν πόλιν καὶ τὴν δύναμιν τοῦ πολιτεύ-
ματος· γίνεσθαι γὰρ εἴωθεν ἐκ τῶν τοιούτων μοναρχία ἢ
δυναστεία· διὸ ἐνιαχοῦ εἰώθασιν ὀστρακίζειν, οἷον ἐν Ἄργει
καὶ Ἀθήνησιν· καίτοι βέλτιον ἐξ ἀρχῆς ὁρᾶν ὅπως μὴ ἐν-
20 έσονται τοσοῦτον ὑπερέχοντες, ἢ ἐάσαντας γενέσθαι ἰᾶσθαι
ὕστερον.—διὰ δὲ φόβον στασιάζουσιν οἵ τε ἠδικηκότες, δεδιό-
τες μὴ δῶσι δίκην, καὶ οἱ μέλλοντες ἀδικεῖσθαι, βουλόμε-
νοι φθάσαι πρὶν ἀδικηθῆναι, ὥσπερ ἐν Ῥόδῳ συνέστησαν
οἱ γνώριμοι ἐπὶ τὸν δῆμον διὰ τὰς ἐπιφερομένας δίκας.
25 —διὰ καταφρόνησιν δὲ καὶ στασιάζουσι καὶ ἐπιτίθενται, οἷον
ἔν τε ταῖς ὀλιγαρχίαις, ὅταν πλείους ὦσιν οἱ μὴ μετέχον-
τες τῆς πολιτείας (κρείττους γὰρ οἴονται εἶναι), καὶ ἐν ταῖς
δημοκρατίαις οἱ εὔποροι καταφρονήσαντες τῆς ἀταξίας καὶ
ἀναρχίας, οἷον καὶ ἐν Θήβαις μετὰ τὴν ἐν Οἰνοφύτοις
30 μάχην κακῶς πολιτευομένων ἡ δημοκρατία διεφθάρη, καὶ

1302ᵇ 3 περὶ Mˢ, pr. P¹   4 σμικρότητα MˢP¹   6 πῶς αἰτία Hᵃ,
+σχεδόν ἐστι Γ: πόσ᾽ αἴτια Π²π³   13 περὶ HᵃMˢ   14 ἀτιμάζονται
HᵃMˢπ³   17 εἴωθε post τοιούτων MˢP¹   19 ἔσονται HᵃP¹:
ἐν ἔσονται pr. Pᵃ   30 πολιτευομένοις HᵃΠπ³

ἡ Μεγαρέων δι' ἀταξίαν καὶ ἀναρχίαν ἡττηθέντων, καὶ ἐν
Συρακούσαις πρὸ τῆς Γέλωνος τυραννίδος, καὶ ἐν Ῥόδῳ ὁ
δῆμος πρὸ τῆς ἐπαναστάσεως. 33

γίνονται δὲ καὶ δι' αὔξησιν 33
τὴν παρὰ τὸ ἀνάλογον μεταβολαὶ τῶν πολιτειῶν. ὥσπερ
γὰρ σῶμα ἐκ μερῶν σύγκειται καὶ δεῖ αὐξάνεσθαι ἀνά- 35
λογον ἵνα μένῃ ἡ συμμετρία, εἰ δὲ μή, φθείρεται, ὅταν ὁ
μὲν ποὺς τεττάρων πηχῶν ᾖ τὸ δ' ἄλλο σῶμα δυοῖν σπι-
θαμαῖν, ἐνίοτε δὲ κἂν εἰς ἄλλου ζῴου μεταβάλοι μορφήν,
εἰ μὴ μόνον κατὰ τὸ ποσὸν ἀλλὰ καὶ κατὰ τὸ ποιὸν
αὐξάνοιτο παρὰ τὸ ἀνάλογον, οὕτω καὶ πόλις σύγκειται 40
ἐκ μερῶν, ὧν πολλάκις λανθάνει τι αὐξανόμενον, οἷον τὸ 1303ᵃ
τῶν ἀπόρων πλῆθος ἐν ταῖς δημοκρατίαις καὶ πολιτείαις.
συμβαίνει δ' ἐνίοτε τοῦτο καὶ διὰ τύχας, οἷον ἐν Τάραντι
ἡττηθέντων καὶ ἀπολομένων πολλῶν γνωρίμων ὑπὸ τῶν
Ἰαπύγων μικρὸν ὕστερον τῶν Μηδικῶν δημοκρατία ἐγένετο 5
ἐκ πολιτείας, καὶ ἐν Ἄργει τῶν ἐν τῇ ἑβδόμῃ ἀπολομέ-
νων ὑπὸ Κλεομένους τοῦ Λάκωνος ἠναγκάσθησαν παρα-
δέξασθαι τῶν περιοίκων τινάς, καὶ ἐν Ἀθήναις ἀτυχούντων
πεζῇ οἱ γνώριμοι ἐλάττους ἐγένοντο διὰ τὸ ἐκ καταλόγου
στρατεύεσθαι ὑπὸ τὸν Λακωνικὸν πόλεμον. συμβαίνει δὲ 10
τοῦτο καὶ ἐν ταῖς δημοκρατίαις, ἧττον δέ· πλειόνων γὰρ
τῶν εὐπόρων γινομένων ἢ τῶν οὐσιῶν αὐξανομένων μετα-
βάλλουσιν εἰς ὀλιγαρχίας καὶ δυναστείας.—μεταβάλλουσι
δ' αἱ πολιτεῖαι καὶ ἄνευ στάσεως διά τε τὰς ἐριθείας, ὥσ-
περ ἐν Ἡραίᾳ (ἐξ αἱρετῶν γὰρ διὰ τοῦτο ἐποίησαν κληρω- 15
τάς, ὅτι ᾑροῦντο τοὺς ἐριθευομένους), καὶ δι' ὀλιγωρίαν, ὅταν
ἐάσωσιν εἰς τὰς ἀρχὰς τὰς κυρίας παριέναι τοὺς μὴ τῇ

---

31 ἀναρχίαν καὶ ἀταξίαν MˢP¹ 34 παρὰ] περὶ HᵃP²P³π³ 36 ἡ
om. HᵃΠ² 37 σπιθαμῶν MˢP¹π³: σπιθαμαῖον π³ 38 μεταβάλλοι
HᵃMˢ: μεταβάλλῃ P¹ 39 τὸ¹ π³: om. cet. 1303ᵃ 2 ταῖς om.
MˢP¹ 6 ἀπολλομένων HᵃP¹ 9 κατὰ λόγον HᵃMˢ 11 γὰρ+δὴ
Π¹ 12 ἀπόρων MˢΓ 15 ἡραία HᵃMˢ, pars codd. Guilelmi
17 τῇ πολιτείᾳ scripsi (cf. 1287ᵇ30, 1309ᵇ1): τῆς πολιτείας codd. Γ˙

πολιτείᾳ φίλους, ὥσπερ ἐν Ὠρεῷ κατελύθη ἡ ὀλιγαρχία
τῶν ἀρχόντων γενομένου Ἡρακλεοδώρου, ὃς ἐξ ὀλιγαρχίας
20 πολιτείαν καὶ δημοκρατίαν κατεσκεύασεν.—ἔτι διὰ τὸ παρὰ
μικρόν. λέγω δὲ παρὰ μικρόν, ὅτι πολλάκις λανθάνει μεγά-
λη γινομένη μετάβασις τῶν νομίμων, ὅταν παρορῶσι
τὸ μικρόν, ὥσπερ ἐν Ἀμβρακίᾳ μικρὸν ἦν τὸ τίμημα, τέ-
λος δ' ⟨ἀπ'⟩ οὐθενὸς ἦρχον, ὡς ἐγγίζον ἢ μηθὲν διαφέρον τοῦ
25 μηθὲν τὸ μικρόν.

25   στασιωτικὸν δὲ καὶ τὸ μὴ ὁμόφυλον, ἕως ἂν
συμπνεύσῃ· ὥσπερ γὰρ οὐδ' ἐκ τοῦ τυχόντος πλήθους πόλις
γίγνεται, οὕτως οὐδ' ἐν τῷ τυχόντι χρόνῳ· διὸ ὅσοι ἤδη
συνοίκους ἐδέξαντο ἢ ἐποίκους, οἱ πλεῖστοι διεστασίασαν· οἷον
Τροιζηνίοις Ἀχαιοὶ συνῴκησαν Σύβαριν, εἶτα πλείους οἱ
30 Ἀχαιοὶ γενόμενοι ἐξέβαλον τοὺς Τροιζηνίους, ὅθεν τὸ ἄγος
συνέβη τοῖς Συβαρίταις· καὶ ἐν Θουρίοις Συβαρῖται τοῖς
συνοικήσασιν (πλεονεκτεῖν γὰρ ἀξιοῦντες ὡς σφετέρας τῆς
χώρας ἐξέπεσον)· καὶ Βυζαντίοις οἱ ἔποικοι ἐπιβουλεύοντες
φωραθέντες ἐξέπεσον διὰ μάχης· καὶ Ἀντισσαῖοι τοὺς Χίων
35 φυγάδας εἰσδεξάμενοι διὰ μάχης ἐξέβαλον· Ζαγκλαῖοι
δὲ Σαμίους ὑποδεξάμενοι ἐξέπεσον αὐτοί· καὶ Ἀπολ-
λωνιᾶται οἱ ἐν τῷ Εὐξείνῳ πόντῳ ἐποίκους ἐπαγαγόμενοι
ἐστασίασαν· καὶ Συρακούσιοι μετὰ τὰ τυραννικὰ τοὺς ξένους
1303ᵇ καὶ τοὺς μισθοφόρους πολίτας ποιησάμενοι ἐστασίασαν καὶ
εἰς μάχην ἦλθον· καὶ Ἀμφιπολῖται δεξάμενοι Χαλκιδέων
ἐποίκους ἐξέπεσον ὑπὸ τούτων οἱ πλεῖστοι αὐτῶν. στασιάζουσι
δ' ἐν μὲν ταῖς ὀλιγαρχίαις οἱ πολλοὶ ὡς ἀδικούμενοι, ὅτι

22 γενομένη Mˢ, fort. Γ   23 ἢ Hᵃπ³: ὃν P¹   24 ἀπ' add. Aretinus
ἐγγίζον (vel ἐγγὺς ὂν) ci. Immisch: ἔγγιον codd.   28 ἐστασίασαν π³
33 ἐξέπεσον om. π³: δὲ ἐξέπεσον Hᵃ   35 ζαγλαῖοι Π¹: ζακχαῖοι π³
36 αὐτοί] καὶ αὐτοί. π³   ἀπολλωνιᾶται Mˢ: ἀπολλωνοιᾶται Hᵃ: ἀπολ-
λωνειᾶται P²P³π³: ἀπολλωνεῖαται π³   37 ἐπαγόμενοι HᵃMˢ   1303ᵇ
2 χαλκιδαίων HᵃMˢ: χαλκίδων π³   3 ἐποίκους Spengel (cf. 1306ᵃ3):
ἀποίκους codd. Γ   στασιάζουσι . . . 7 ὄντες ad 1301ᵃ39 traicienda censet
Newman

οὐ μετέχουσι τῶν ἴσων, καθάπερ εἴρηται πρότερον, ἴσοι ὄντες, 5
ἐν δὲ ταῖς δημοκρατίαις οἱ γνώριμοι, ὅτι μετέχουσι τῶν
ἴσων οὐκ ἴσοι ὄντες. στασιάζουσι δὲ ἐνίοτε αἱ πόλεις καὶ διὰ
τοὺς τόπους, ὅταν μὴ εὐφυῶς ἔχῃ ἡ χώρα πρὸς τὸ μίαν
εἶναι πόλιν, οἷον ἐν Κλαζομεναῖς οἱ ἐπὶ Χυτῷ πρὸς τοὺς
ἐν νήσῳ, καὶ Κολοφώνιοι καὶ Νοτιεῖς· καὶ Ἀθήνησιν οὐχ 10
ὁμοίως εἰσὶν ἀλλὰ μᾶλλον δημοτικοὶ οἱ τὸν Πειραιᾶ οἰκοῦν-
τες τῶν τὸ ἄστυ. ὥσπερ γὰρ ἐν τοῖς πολέμοις αἱ δια-
βάσεις τῶν ὀχετῶν, καὶ τῶν πάνυ σμικρῶν, διασπῶσι τὰς
φάλαγγας, οὕτως ἔοικε πᾶσα διαφορὰ ποιεῖν διάστασιν.
μεγίστη μὲν οὖν ἴσως διάστασις ἀρετὴ καὶ μοχθηρία, εἶτα 15
πλοῦτος καὶ πενία, καὶ οὕτως δὴ ἑτέρα ἑτέρας μᾶλλον, ὧν
4 μία καὶ ἡ εἰρημένη ἐστί. Γίγνονται μὲν οὖν αἱ στάσεις
οὐ περὶ μικρῶν ἀλλ' ἐκ μικρῶν, στασιάζουσι δὲ περὶ μεγά-
λων. μάλιστα δὲ καὶ αἱ μικραὶ ἰσχύουσιν, ὅταν ἐν τοῖς κυρίοις
γένωνται, οἷον συνέβη καὶ ἐν Συρακούσαις ἐν τοῖς ἀρχαίοις 20
χρόνοις. μετέβαλε γὰρ ἡ πολιτεία ἐκ δύο νεανίσκων στασι-
ασάντων ⟨τῶν⟩ ἐν ταῖς ἀρχαῖς ὄντων, περὶ ἐρωτικὴν αἰτίαν.
θατέρου γὰρ ἀποδημοῦντος ἑταῖρος ὢν τις τὸν ἐρώμενον αὐτοῦ
ὑπεποιήσατο, πάλιν δ' ἐκεῖνος τούτῳ χαλεπήνας τὴν γυ-
ναῖκα αὐτοῦ ἀνέπεισεν ὡς αὐτὸν ἐλθεῖν· ὅθεν προσλαμβά- 25
νοντες τοὺς ἐν τῷ πολιτεύματι διεστασίασαν πάντας. διόπερ
ἀρχομένων εὐλαβεῖσθαι δεῖ τῶν τοιούτων, καὶ διαλύειν τὰς
τῶν ἡγεμόνων καὶ δυναμένων στάσεις· ἐν ἀρχῇ γὰρ γίνε-
ται τὸ ἁμάρτημα, ἡ δ' ἀρχὴ λέγεται ἥμισυ εἶναι παντός,
ὥστε καὶ τὸ ἐν αὐτῇ μικρὸν ἁμάρτημα ἀνάλογόν ἐστι πρὸς 30
τὰ ἐν τοῖς ἄλλοις μέρεσιν. ὅλως δὲ αἱ τῶν γνωρίμων στά-
σεις συναπολαύειν ποιοῦσι καὶ τὴν ὅλην πόλιν, οἷον ἐν
Ἑστιαίᾳ συνέβη μετὰ τὰ Μηδικά, δύο ἀδελφῶν περὶ τῆς

9 Χυτῷ Sylburg: χύτρῳ codd. Γ   20 καὶ om. P²Γ   22 τῶν
add. Richards (cf. 1300ᵇ23)   25 αὐτὸν P¹: αὑτὸν cet.   31 τὰ
π²Γ: τὰς cet.   33 ἑστίαι Mˢ: ἑστιαία pr. P³   midica Guil.: δημο-
τικά P²P⁸π³

πατρώας νομῆς διενεχθέντων· ὁ μὲν γὰρ ἀπορώτερος,
35 ὡς οὐκ ἀποφαίνοντος τὴν οὐσίαν οὐδὲ τὸν θησαυρὸν ὃν
εὗρεν ὁ πατήρ, προσήγετο τοὺς δημοτικούς, ὁ δ' ἕτερος ἔχων
οὐσίαν πολλὴν τοὺς εὐπόρους. καὶ ἐν Δελφοῖς ἐκ κηδείας γε-
νομένης διαφορᾶς ἀρχὴ πασῶν ἐγένετο τῶν στάσεων τῶν
1304ᵃ ὕστερον· ὁ μὲν γὰρ οἰωνισάμενός τι σύμπτωμα, ὡς ἦλθεν
ἐπὶ τὴν νύμφην, οὐ λαβὼν ἀπῆλθεν, οἱ δ' ὡς ὑβρισθέντες
ἐνέβαλον τῶν ἱερῶν χρημάτων θύοντος, κἄπειτα ὡς ἱερό-
συλον ἀπέκτειναν. καὶ περὶ Μυτιλήνην δὲ ἐξ ἐπικλήρων
5 στάσεως γενομένης πολλῶν ἐγένετο ἀρχὴ κακῶν καὶ τοῦ
πολέμου τοῦ πρὸς Ἀθηναίους, ἐν ᾧ Πάχης ἔλαβε τὴν πόλιν
αὐτῶν· Τιμοφάνους γὰρ τῶν εὐπόρων τινὸς καταλιπόντος
δύο θυγατέρας, ὁ περιωσθεὶς καὶ οὐ λαβὼν τοῖς υἱέσιν αὐτοῦ
Δέξανδρος ἦρξε τῆς στάσεως καὶ τοὺς Ἀθηναίους παρώξυνε,
10 πρόξενος ὢν τῆς πόλεως. καὶ ἐν Φωκεῦσιν ἐξ ἐπικλήρου
στάσεω.; γενομένης περὶ Μνασέαν τὸν Μνάσωνος πατέρα καὶ
Εὐθυκράτη τὸν Ὀνομάρχου, ἡ στάσις αὕτη ἀρχὴ τοῦ ἱεροῦ
πολέμου κατέστη τοῖς Φωκεῦσιν. μετέβαλε δὲ καὶ ἐν Ἐπι-
δάμνῳ ἡ πολιτεία ἐκ γαμικῶν· ὑπομνηστευσάμενος
15 γάρ τις, ὡς ἐζημίωσεν αὐτὸν ὁ τοῦ ὑπομνηστευθέντος
πατήρ, γενόμενος τῶν ἀρχόντων, ἅτερος συμπαρέλαβε τοὺς
17 ἐκτὸς τῆς πολιτείας ὡς ἐπηρεασθείς.

17   μεταβάλλουσι δὲ καὶ
εἰς ὀλιγαρχίαν καὶ εἰς δῆμον καὶ εἰς πολιτείαν ἐκ τοῦ
εὐδοκιμῆσαί τι ἢ αὐξηθῆναι ἢ ἀρχεῖον ἢ μόριον τῆς πό-
20 λεως, οἷον ἡ ἐν Ἀρείῳ πάγῳ βουλὴ εὐδοκιμήσασα ἐν τοῖς
Μηδικοῖς ἔδοξε συντονωτέραν ποιῆσαι τὴν πολιτείαν, καὶ

34 πατρώων HᵃΠ² 35 τὴν] θατέρου τὴν π³ 1304ᵃ 3 θύον-
τες P¹ : θύοντα Γ 4 μυτιλήνην pr. P³ (cf. Rhet. 1398ᵇ12): μιτυλήνην
cet. 7 αὐτοῦ P²P³ ἀπόρων MˢΓ 8 περιωσθεὶς π³ : περιωρισθεὶς
MˢπˢΓ αὐτοῦ HᵃP¹π³ 9 δόξανδρος P³P³ 11 μνασίαν
Π¹ Μνάσωνος Alb. et Thom.: μνήσωνος HᵃP¹Π² : μνήσορος MˢΓ
15 τις+θυγατέρα π³ 17 πόλεως P¹ : πολ sequente lac. pr. Mˢ
18 ἐκ] καὶ ἐκ Π¹

πάλιν ὁ ναυτικὸς ὄχλος γενόμενος αἴτιος τῆς περὶ Σαλα-
μῖνα νίκης καὶ διὰ ταύτης τῆς ἡγεμονίας διὰ τὴν κατὰ
θάλατταν δύναμιν τὴν δημοκρατίαν ἰσχυροτέραν ἐποίησεν,
καὶ ἐν Ἄργει οἱ γνώριμοι εὐδοκιμήσαντες περὶ τὴν ἐν 25
Μαντινείᾳ μάχην τὴν πρὸς Λακεδαιμονίους ἐπεχείρησαν
καταλύειν τὸν δῆμον, καὶ ἐν Συρακούσαις ὁ δῆμος αἴτιος
γενόμενος τῆς νίκης τοῦ πολέμου τοῦ πρὸς Ἀθηναίους ἐκ πολι-
τείας εἰς δημοκρατίαν μετέβαλεν, καὶ ἐν Χαλκίδι Φόξον
τὸν τύραννον μετὰ τῶν γνωρίμων ὁ δῆμος ἀνελὼν εὐθὺς 30
εἴχετο τῆς πολιτείας, καὶ ἐν Ἀμβρακίᾳ πάλιν ὡσαύτως
Περίανδρον συνεκβαλὼν τοῖς ἐπιθεμένοις ὁ δῆμος τὸν τύ-
ραννον εἰς ἑαυτὸν περιέστησε τὴν πολιτείαν. καὶ ὅλως δὴ
δεῖ τοῦτο μὴ λανθάνειν, ὡς οἱ δυνάμεως αἴτιοι γενόμενοι,
καὶ ἰδιῶται καὶ ἀρχαὶ καὶ φυλαὶ καὶ ὅλως μέρος καὶ πλῆθος 35
ὁποιονοῦν, στάσιν κινοῦσιν· ἢ γὰρ οἱ τούτοις φθονοῦντες
τιμωμένοις ἄρχουσι τῆς στάσεως, ἢ οὗτοι διὰ τὴν ὑπεροχὴν
οὐ θέλουσι μένειν ἐπὶ τῶν ἴσων. κινοῦνται δ' αἱ πολιτεῖαι
καὶ ὅταν τἀναντία εἶναι δοκοῦντα μέρη τῆς πόλεως ἰσάζῃ
ἀλλήλοις, οἷον οἱ πλούσιοι καὶ ὁ δῆμος, μέσον δ' ᾖ μηθὲν 1304^b
ἢ μικρὸν πάμπαν· ἂν γὰρ πολὺ ὑπερέχῃ ὁποτερονοῦν τῶν
μερῶν, πρὸς τὸ φανερῶς κρεῖττον τὸ λοιπὸν οὐ θέλει κινδυ-
νεύειν. διὸ καὶ οἱ κατ' ἀρετὴν διαφέροντες οὐ ποιοῦσι στάσιν
ὡς εἰπεῖν· ὀλίγοι γὰρ γίγνονται πρὸς πολλούς. καθόλου μὲν 5
οὖν περὶ πάσας τὰς πολιτείας αἱ ἀρχαὶ καὶ αἰτίαι τῶν
στάσεων καὶ τῶν μεταβολῶν τοῦτον ἔχουσι τὸν τρόπον· κι-
νοῦσι δὲ τὰς πολιτείας ὁτὲ μὲν διὰ βίας ὁτὲ δὲ δι' ἀπάτης,
διὰ βίας μὲν ἢ εὐθὺς ἐξ ἀρχῆς ἢ ὕστερον ἀναγκάζοντες.
καὶ γὰρ ἡ ἀπάτη διττή. ὁτὲ μὲν γὰρ ἐξαπατήσαντες τὸ 10
πρῶτον ἑκόντωι μεταβάλλουσι τὴν πολιτείαν, εἶθ' ὕστερον

35 πλῆθος ὁποιονοῦν Richards: ὁποιονοῦν (ὁποιοῦν οὖν Hª) πλῆθος codd. Γ
39 δοκοῦντα εἶναι Π¹   1304ᵇ 1 ᾖ μηδὲν ἢ μικρὸν Π¹: ᾖ μικρὸν ἢ μη-
θὲν Π²   4 στάσι pr. Pˢ   6 αἰτίαι] αι Hª: αἱ Π²   8 διὰ
πάτης pr. Mˢ, P¹

155

βίᾳ κατέχουσιν ἀκόντων, οἷον ἐπὶ τῶν Τετρακοσίων τὸν δῆ-
μον ἐξηπάτησαν φάσκοντες τὸν βασιλέα χρήματα παρ-
έξειν πρὸς τὸν πόλεμον τὸν πρὸς Λακεδαιμονίους, ψευσά-
15 μενοι δὲ κατέχειν ἐπειρῶντο τὴν πολιτείαν· ὁτὲ δὲ ἐξ ἀρχῆς
τε πείσαντες καὶ ὕστερον πάλιν πεισθέντων ἑκόντων ἄρχου-
σιν αὐτῶν. ἁπλῶς μὲν οὖν περὶ πάσας τὰς πολιτείας ἐκ
τῶν εἰρημένων συμβέβηκε γίνεσθαι τὰς μεταβολάς.

Καθ' ἕκαστον δ' εἶδος πολιτείας ἐκ τούτων μερίζοντας 5
20 τὰ συμβαίνοντα δεῖ θεωρεῖν. αἱ μὲν οὖν δημοκρατίαι μά-
λιστα μεταβάλλουσι διὰ τὴν τῶν δημαγωγῶν ἀσέλγειαν·
τὰ μὲν γὰρ ἰδίᾳ συκοφαντοῦντες τοὺς τὰς οὐσίας ἔχοντας
συστρέφουσιν αὐτούς (συνάγει γὰρ καὶ τοὺς ἐχθίστους ὁ κοινὸς
φόβος), τὰ δὲ κοινῇ τὸ πλῆθος ἐπάγοντες. καὶ τοῦτο ἐπὶ
25 πολλῶν ἄν τις ἴδοι γιγνόμενον οὕτω. καὶ γὰρ ἐν Κῷ ἡ
δημοκρατία μετέβαλε πονηρῶν ἐγγενομένων δημαγωγῶν
(οἱ γὰρ γνώριμοι συνέστησαν)· καὶ ἐν Ῥόδῳ μισθοφορὰν
τε γὰρ οἱ δημαγωγοὶ ἐπόριζον, καὶ ἐκώλυον ἀποδιδόναι
τὰ ὀφειλόμενα τοῖς τριηράρχοις, οἱ δὲ διὰ τὰς ἐπιφερο-
30 μένας δίκας ἠναγκάσθησαν συστάντες καταλῦσαι τὸν δῆ-
μον. κατελύθη δὲ καὶ ἐν Ἡρακλείᾳ ὁ δῆμος μετὰ τὸν
ἀποικισμὸν εὐθὺς διὰ τοὺς δημαγωγούς· ἀδικούμενοι γὰρ
ὑπ' αὐτῶν οἱ γνώριμοι ἐξέπιπτον, ἔπειτα ἀθροισθέντες οἱ
ἐκπίπτοντες καὶ κατελθόντες κατέλυσαν τὸν δῆμον. παρα-
35 πλησίως δὲ καὶ ἡ ἐν Μεγάροις κατελύθη δημοκρατία· οἱ
γὰρ δημαγωγοί, ἵνα χρήματα ἔχωσι δημεύειν, ἐξέβαλον
πολλοὺς τῶν γνωρίμων, ἕως πολλοὺς ἐποίησαν τοὺς φεύγον-
τας, οἱ δὲ κατιόντες ἐνίκησαν μαχόμενοι τὸν δῆμον καὶ
κατέστησαν τὴν ὀλιγαρχίαν. συνέβη δὲ ταὐτὸν καὶ περὶ
1305ᵃ Κύμην ἐπὶ τῆς δημοκρατίας ἣν κατέλυσε Θρασύμαχος.
σχεδὸν δὲ καὶ ἐπὶ τῶν ἄλλων ἄν τις ἴδοι θεωρῶν τὰς μετα-

---

12 τριακοσίων Π¹, +οἱ Γ   23 αὑτούς om. Γ   25 οὕτω om.
Π¹   27 μισθοφορᾶν MˢΓ   28 τε γὰρ om. Π¹π³: γὰο om. pr. P²
36 ἐξέβαλον Mˢπ³

βολὰς τοῦτον ἐχούσας τὸν τρόπον. ὁτὲ μὲν γάρ, ἵνα
χαρίζωνται, ἀδικοῦντες τοὺς γνωρίμους συνιστᾶσιν, ἢ τὰς οὐσίας
ἀναδάστους ποιοῦντες ἢ τὰς προσόδους ταῖς λειτουργίαις, ὁτὲ δὲ 5
διαβάλλοντες, ἵν᾽ ἔχωσι δημεύειν τὰ κτήματα τῶν πλου-
σίων.   7

ἐπὶ δὲ τῶν ἀρχαίων, ὅτε γένοιτο ὁ αὐτὸς δημαγω- 7
γὸς καὶ στρατηγός, εἰς τυραννίδα μετέβαλλον· σχεδὸν γὰρ
οἱ πλεῖστοι τῶν ἀρχαίων τυράννων ἐκ δημαγωγῶν γεγόνα-
σιν. αἴτιον δὲ τοῦ τότε μὲν γίγνεσθαι νῦν δὲ μή, ὅτι τότε 10
μὲν οἱ δημαγωγοὶ ἦσαν ἐκ τῶν στρατηγούντων (οὐ γάρ
πω δεινοὶ ἦσαν λέγειν), νῦν δὲ τῆς ῥητορικῆς ηὐξημένης οἱ
δυνάμενοι λέγειν δημαγωγοῦσι μέν, δι᾽ ἀπειρίαν δὲ τῶν
πολεμικῶν οὐκ ἐπιτίθενται, πλὴν εἴ που βραχύ τι γέγονε
τοιοῦτον. ἐγίγνοντο δὲ τυραννίδες πρότερον μᾶλλον ἢ νῦν 15
καὶ διὰ τὸ μεγάλας ἀρχὰς ἐγχειρίζεσθαί τισιν, ὥσπερ
ἐν Μιλήτῳ ἐκ τῆς πρυτανείας (πολλῶν γὰρ ἦν καὶ με-
γάλων κύριος ὁ πρύτανις). ἔτι δὲ διὰ τὸ μὴ μεγάλας
εἶναι τότε τὰς πόλεις, ἀλλ᾽ ἐπὶ τῶν ἀγρῶν οἰκεῖν τὸν
δῆμον ἄσχολον ὄντα πρὸς τοῖς ἔργοις, οἱ προστάται τοῦ 20
δήμου, ὅτε πολεμικοὶ γένοιντο, τυραννίδι ἐπετίθεντο. πάντες
δὲ τοῦτο ἔδρων ὑπὸ τοῦ δήμου πιστευθέντες, ἡ δὲ πίστις ἦν ἡ
ἀπέχθεια ἡ πρὸς τοὺς πλουσίους, οἷον Ἀθήνησί τε Πεισίστρα-
τος στασιάσας πρὸς τοὺς πεδιακούς, καὶ Θεαγένης ἐν Μεγά-
ροις τῶν εὐπόρων τὰ κτήνη ἀποσφάξας, λαβὼν παρὰ τὸν 25
ποταμὸν ἐπινέμοντας, καὶ Διονύσιος κατηγορῶν Δαφναίου
καὶ τῶν πλουσίων ἠξιώθη τῆς τυραννίδος, διὰ τὴν ἔχθραν
πιστευθεὶς ὡς δημοτικὸς ὤν. μεταβάλλουσι δὲ καὶ ἐκ τῆς
πατρίας δημοκρατίας εἰς τὴν νεωτάτην· ὅπου γὰρ αἱρεταὶ
μὲν αἱ ἀρχαί, μὴ ἀπὸ τιμημάτων δέ, αἱρεῖται δὲ ὁ δῆ- 30
μος, δημαγωγοῦντες οἱ σπουδαρχιῶντες εἰς τοῦτο καθιστᾶσιν
ὥστε κύριον εἶναι τὸν δῆμον καὶ τῶν νόμων. ἄκος δὲ τοῦ

1305ᵃ 3 τοτὲ P¹ : τότε Mˢ   14 τί που βράχυ MˢP¹ : πού τι βραχὺ ut vid. Γ
19 τὸν ἀγρὸν HᵃMˢ, pr. P¹   32 ὥστε scripsi : ὡς codd. Γ   τοῦ+ἢ HᵃΠˢ

157

μὴ γίγνεσθαι ἢ τοῦ γίγνεσθαι ἧττον τὸ τὰς φυλὰς φέρειν τοὺς
ἄρχοντας, ἀλλὰ μὴ πάντα τὸν δῆμον. τῶν μὲν οὖν δημο-
35 κρατιῶν αἱ μεταβολαὶ γίγνονται πᾶσαι σχεδὸν διὰ ταύ-
τας τὰς αἰτίας.

Αἱ δ' ὀλιγαρχίαι μεταβάλλουσι [διὰ] δύο μάλιστα τρό- 6
πους τοὺς φανερωτάτους. ἕνα μὲν ἐὰν ἀδικῶσι τὸ πλῆθος·
πᾶς γὰρ ἱκανὸς γίνεται προστάτης, μάλιστα δ' ὅταν ἐξ
40 αὐτῆς συμβῇ τῆς ὀλιγαρχίας γίνεσθαι τὸν ἡγεμόνα, καθ-
άπερ ἐν Νάξῳ Λύγδαμις, ὃς καὶ ἐτυράννησεν ὕστερον τῶν
1305ᵇ Ναξίων. ἔχει δὲ καὶ ἡ ἐξ ἄλλων ἀρχὴ στάσεως δια-
φοράς. ὁτὲ μὲν γὰρ ἐξ αὐτῶν τῶν εὐπόρων, οὐ τῶν ὄντων
δ' ἐν ταῖς ἀρχαῖς, γίνεται κατάλυσις, ὅταν ὀλίγοι σφό-
δρα ὦσιν οἱ ἐν ταῖς τιμαῖς, οἷον ἐν Μασσαλίᾳ καὶ ἐν
5 Ἴστρῳ καὶ ἐν Ἡρακλείᾳ καὶ ἐν ἄλλαις πόλεσι συμβέβη-
κεν· οἱ γὰρ μὴ μετέχοντες τῶν ἀρχῶν ἐκίνουν, ἕως μετ-
έλαβον οἱ πρεσβύτεροι πρότερον τῶν ἀδελφῶν, ὕστερον δ'
οἱ νεώτεροι πάλιν· οὐ γὰρ ἄρχουσιν ἐνιαχοῦ μὲν ἅμα πα-
τήρ τε καὶ υἱός, ἐνιαχοῦ δὲ ὁ πρεσβύτερος καὶ ὁ νεώτερος
10 ἀδελφός· καὶ ἔνθα μὲν πολιτικωτέρα ἐγένετο ἡ ὀλιγαρχία,
ἐν Ἴστρῳ δ' εἰς δῆμον ἀπετελεύτησεν, ἐν Ἡρακλείᾳ δ' ἐξ
ἐλαττόνων εἰς ἑξακοσίους ἦλθεν· μετέβαλε δὲ καὶ ἐν Κνίδῳ
ἡ ὀλιγαρχία στασιασάντων τῶν γνωρίμων αὐτῶν πρὸς αὐτοὺς
διὰ τὸ ὀλίγους μετέχειν καί, καθάπερ εἴρηται, εἰ πατήρ,
15 υἱὸν μὴ μετέχειν, μηδ' εἰ πλείους ἀδελφοί, ἀλλ' ἢ τὸν
πρεσβύτατον· ἐπιλαβόμενος γὰρ στασιαζόντων ὁ δῆμος, καὶ
λαβὼν προστάτην ἐκ τῶν γνωρίμων, ἐπιθέμενος ἐκράτησεν,
ἀσθενὲς γὰρ τὸ στασιάζον· καὶ ἐν Ἐρυθραῖς δὲ ἐπὶ τῆς
τῶν Βασιλιδῶν ὀλιγαρχίας ἐν τοῖς ἀρχαίοις χρόνοις, καί-

---

37 διὰ seclusi   41 ναξύλω Γ: ἀξύλω Mˢ   ἐτυράννευσεν HᵃMˢ
1305ᵇ 1 ναξύλων ut vid. Γ: ἀξίων Hᵃπ³: ἐξιῶν Mˢ   ἀλλήλων Spengel
4 μασαλία MˢΓ   6 ἐκένουν MˢΓ   μετέβαλον pr. P¹: μετέβαλλον
Mᵃπ³: transmutarent Guil.   10 ἡ om. π³   13 πρὸς αὐτοὺς
HᵃMˢP²P³π³   18 ρύθραις MˢΓ   19 Βασιλιδῶν Camerarius:
βασιλίδων codd. Γ

158

περ καλῶς ἐπιμελομένων τῶν ἐν τῇ πολιτείᾳ, ὅμως διὰ 20
τὸ ὑπ᾽ ὀλίγων ἄρχεσθαι ἀγανακτῶν ὁ δῆμος μετέβαλε
τὴν πολιτείαν. 22

κινοῦνται δ᾽ αἱ ὀλιγαρχίαι ἐξ αὐτῶν καὶ 22
διὰ φιλονεικίαν δημαγωγούντων (ἡ δημαγωγία δὲ διττή,
ἡ μὲν ἐν αὐτοῖς τοῖς ὀλίγοις—ἐγγίγνεται γὰρ δημαγωγὸς
κἂν πάνυ ὀλίγοι ὦσιν, οἷον ἐν τοῖς Τριάκοντα Ἀθήνησιν οἱ 25
περὶ Χαρικλέα ἴσχυσαν τοὺς Τριάκοντα δημαγωγοῦντες, καὶ
ἐν τοῖς Τετρακοσίοις οἱ περὶ Φρύνιχον τὸν αὐτὸν τρόπον—
ἢ ὅταν τὸν ὄχλον δημαγωγῶσιν οἱ ἐν τῇ ὀλιγαρχίᾳ ὄντες,
οἷον ἐν Λαρίσῃ οἱ πολιτοφύλακες διὰ τὸ αἱρεῖσθαι αὐτοὺς
τὸν ὄχλον ἐδημαγώγουν, καὶ ἐν ὅσαις ὀλιγαρχίαις οὐχ οὗτοι 30
αἱροῦνται τὰς ἀρχὰς ἐξ ὧν οἱ ἄρχοντές εἰσιν, ἀλλ᾽ αἱ μὲν
ἀρχαὶ ἐκ τιμημάτων μεγάλων εἰσὶν ἢ ἑταιριῶν, αἱροῦνται
δ᾽ οἱ ὁπλῖται ἢ ὁ δῆμος, ὅπερ ἐν Ἀβύδῳ συνέβαινεν, καὶ
ὅπου τὰ δικαστήρια μὴ ἐκ τοῦ πολιτεύματός ἐστι—δημαγω-
γοῦντες γὰρ πρὸς τὰς κρίσεις μεταβάλλουσι τὴν πολιτείαν, 35
ὅπερ καὶ ἐν Ἡρακλείᾳ ἐγένετο τῇ ἐν τῷ Πόντῳ—ἔτι δ᾽
ὅταν ἔνιοι εἰς ἐλάττους ἕλκωσι τὴν ὀλιγαρχίαν· οἱ γὰρ τὸ
ἴσον ζητοῦντες ἀναγκάζονται βοηθὸν ἐπαγαγέσθαι τὸν δῆ-
μον). γίνονται δὲ μεταβολαὶ τῆς ὀλιγαρχίας καὶ ὅταν
ἀναλώσωσι τὰ ἴδια ζῶντες ἀσελγῶς· καὶ γὰρ οἱ τοιοῦτοι 40
καινοτομεῖν ζητοῦσι, καὶ ἢ τυραννίδι ἐπιτίθενται αὐτοὶ ἢ
κατασκευάζουσιν ἕτερον (ὥσπερ Ἱππαρῖνος Διονύσιον ἐν Συ- **1306ᵇ**
ρακούσαις, καὶ ἐν Ἀμφιπόλει ᾧ ὄνομα ἦν Κλεότιμος τοὺς
ἐποίκους τοὺς Χαλκιδέων ἤγαγε, καὶ ἐλθόντων διεστασίασεν
αὐτοὺς πρὸς τοὺς εὐπόρους, καὶ ἐν Αἰγίνῃ ὁ τὴν πρᾶξιν τὴν
πρὸς Χάρητα πράξας ἐνεχείρησε μεταβαλεῖν τὴν πολιτείαν 5

22 αὐτῶν Mˢ : αὑτῶν HᵃΠ²   23 φιλονεικείαν πˢ   24 ἡ om.
PˢPˢπˢ   25 ἀλήνησιν Γ : ἀλκύησιν Mˢ   27 τετρακοσίοις HᵃΠ²
(cf. 1304ᵇ12) : τριακοσίοις Π¹   29 Λαρίσῃ Bekker : λαρίσσῃ codd. Γ
32 ἑταιριῶν Hᵃ, pr. MˢP¹Pˢ   34 εἰσὶ Mˢ : εἰσι P¹   1306ᵇ 3 ἀπ-
οίκους Coraes   τῶν MˢP¹

διὰ τοιαύτην αἰτίαν)· ὁτὲ μὲν οὖν εὐθὺς ἐπιχειροῦσί τι κινεῖν,
ὁτὲ δὲ κλέπτουσι τὰ κοινά, ὅθεν στασιάζουσιν ἢ οὗτοι πρὸς
αὑτοὺς ἢ οἱ πρὸς τούτους μαχόμενοι κλέπτοντας, ὅπερ ἐν
Ἀπολλωνίᾳ συνέβη τῇ ἐν τῷ Πόντῳ. ὁμονοοῦσα δὲ ὀλιγαρ-
10 χία οὐκ εὐδιάφθορος ἐξ αὑτῆς. σημεῖον δὲ ἡ ἐν Φαρσά-
λῳ πολιτεία· ἐκεῖνοι γὰρ ὀλίγοι ὄντες πολλῶν κύριοί εἰσι
12 διὰ τὸ χρῆσθαι σφίσιν αὐτοῖς καλῶς.

12   καταλύονται δὲ
καὶ ὅταν ἐν τῇ ὀλιγαρχίᾳ ἑτέραν ὀλιγαρχίαν ἐμποιῶσιν.
τοῦτο δ᾽ ἐστὶν ὅταν τοῦ παντὸς πολιτεύματος ὀλίγου ὄντος τῶν
15 μεγίστων ἀρχῶν μὴ μετέχωσιν οἱ ὀλίγοι πάντες, ὅπερ ἐν
Ἤλιδι συνέβη ποτέ· τῆς πολιτείας γὰρ δι᾽ ὀλίγων οὔσης
τῶν γερόντων ὀλίγοι πάμπαν ἐγίνοντο διὰ τὸ ἀιδίους εἶναι
ἐνενήκοντα ὄντας, τὴν δ᾽ αἵρεσιν δυναστευτικὴν εἶναι καὶ
ὁμοίαν τῇ τῶν ἐν Λακεδαίμονι γερόντων. γίγνεται δὲ μετα-
20 βολὴ τῶν ὀλιγαρχιῶν καὶ ἐν πολέμῳ καὶ ἐν εἰρήνῃ,
ἐν μὲν πολέμῳ διὰ τὴν πρὸς τὸν δῆμον ἀπιστίαν στρατιώ-
ταις ἀναγκαζομένων χρῆσθαι (ᾧ γὰρ ἂν ἐγχειρίσωσιν,
οὗτος πολλάκις γίνεται τύραννος, ὥσπερ ἐν Κορίνθῳ Τιμο-
φάνης· ἂν δὲ πλείους, οὗτοι αὑτοῖς περιποιοῦνται δυνα-
25 στείαν· ὁτὲ δὲ ταῦτα δεδιότες μεταδιδόασι τῷ πλήθει τῆς
πολιτείας διὰ τὸ ἀναγκάζεσθαι τῷ δήμῳ χρῆσθαι)· ἐν δὲ
τῇ εἰρήνῃ διὰ τὴν ἀπιστίαν τὴν πρὸς ἀλλήλους ἐγχειρί-
ζουσι τὴν φυλακὴν στρατιώταις καὶ ἄρχοντι μεσιδίῳ, ὃς
ἐνίοτε γίνεται κύριος ἀμφοτέρων, ὅπερ συνέβη ἐν Λαρίσῃ
30 ἐπὶ τῆς τῶν Ἀλευαδῶν ἀρχῆς τῶν περὶ Σῖμον, καὶ ἐν
31 Ἀβύδῳ ἐπὶ τῶν ἑταιριῶν ὧν ἦν μία ἡ Ἰφιάδου.

6 εὐθὺς om. Π²   κινεῖν τι Π¹   7-8 στασιάζουσιν ... αὑτοὺς scripsi :
πρὸς αὑτοὺς στασιάζουσιν ἢ οὗτοι codd. Γ: ἢ αὐτοὶ πρὸς αὑτοὺς στασιάζουσιν
Richards   8 κλέποντες Hᵃπ²   10 αὑτῆς HᵃM³Π²   16 ἤλιδι
P¹P²P³π³ : ἴλιδι π³   18 ἐννενήκοντα P²   19 λακεδαίμοσι M³   20 ὀλι-
γαρχικῶν pr. π³   22 ἐγχειρήσωσιν HᵃM³   24 αὐτοῖς HᵃM³P²P³π³
29 Λαρίσῃ Bekker: λαρίσσῃ HᵃΠ¹P²P³: λαρίσαι π³   30 ἀλωαδῶν Π¹
Σῖμον Schlosser: σάμον codd. Γ   31 ἑταιρειῶν cet.

γίνονται 31

δὲ στάσεις καὶ ἐκ τοῦ περιωθεῖσθαι ἑτέρους ὑφ' ἑτέρων τῶν
ἐν τῇ ὀλιγαρχίᾳ αὐτῶν καὶ καταστασιάζεσθαι κατὰ γά-
μους ἢ δίκας, οἷον ἐκ γαμικῆς μὲν αἰτίας αἱ εἰρημέναι
πρότερον (καὶ τὴν ἐν Ἐρετρίᾳ δ' ὀλιγαρχίαν τὴν τῶν ἱπ- 35
πέων Διαγόρας κατέλυσεν ἀδικηθεὶς περὶ γάμον), ἐκ
δὲ δικαστηρίου κρίσεως ἡ ἐν Ἡρακλείᾳ στάσις ἐγένετο καὶ ⟨ἡ⟩ ἐν
Θήβαις, ἐπ' αἰτίᾳ μοιχείας δικαίως μὲν στασιαστικῶς δὲ
ποιησαμένων τὴν κόλασιν τῶν μὲν ἐν Ἡρακλείᾳ κατ' Εὐρυ-
τίωνος, τῶν δ' ἐν Θήβαις κατ' Ἀρχίου (ἐφιλονείκησαν γὰρ 1306ᵇ
αὐτοῖς οἱ ἐχθροὶ ὥστε δεθῆναι ἐν ἀγορᾷ ἐν τῷ κύφωνι).
πολλαὶ δὲ καὶ διὰ τὸ ἄγαν δεσποτικὰς εἶναι τὰς ὀλιγαρ-
χίας ὑπὸ τῶν ἐν τῇ πολιτείᾳ τινῶν δυσχερανάντων κατ-
ελύθησαν, ὥσπερ ἡ ἐν Κνίδῳ καὶ ἡ ἐν Χίῳ ὀλιγαρχία. 5
γίγνονται δὲ καὶ ἀπὸ συμπτώματος μεταβολαὶ καὶ τῆς
καλουμένης πολιτείας καὶ τῶν ὀλιγαρχιῶν ἐν ὅσαις ἀπὸ
τιμήματος βουλεύουσι καὶ δικάζουσι καὶ τὰς ἄλλας ἀρχὰς
ἄρχουσιν. πολλάκις γὰρ ὅταν ταχθῇ πρῶτον τίμημα πρὸς
τοὺς παρόντας καιρούς, ὥστε μετέχειν ἐν μὲν τῇ ὀλιγαρχίᾳ 10
ὀλίγους ἐν δὲ τῇ πολιτείᾳ τοὺς μέσους, εὐετηρίας γιγνομένης
δι' εἰρήνην ἢ δι' ἄλλην τιν' εὐτυχίαν συμβαίνει πολλαπλα-
σίου γίγνεσθαι τιμήματος ἀξίας τὰς αὐτὰς κτήσεις, ὥστε
πάντας πάντων μετέχειν, ὁτὲ μὲν ἐκ προσαγωγῆς καὶ
κατὰ μικρὸν γινομένης τῆς μεταβολῆς καὶ λανθανούσης, 15
ὁτὲ δὲ καὶ θᾶττον. αἱ μὲν οὖν ὀλιγαρχίαι μεταβάλλουσι
καὶ στασιάζουσι διὰ τοιαύτας αἰτίας (ὅλως δὲ καὶ αἱ δημο-
κρατίαι καὶ αἱ ὀλιγαρχίαι ἐξίστανται ἐνίοτε οὐκ εἰς τὰς

32 δὲ+καὶ ΜˢΓ   36 Διαγόρας+δὲ Π²   37 ἡ² add. New-
man   38 στασιωτικῶς Π²: στρατιωτικῶς Ηᵃ   39 εὐρυτίωνος π³:
εὐετίωνος ΜˢΡ¹: εὐαιτίωνος ΗαΡˢ: εὐριτίωνος Ρ²π³: εὐτίωνος π³: εὐεκτίω-
νος Γ   1306ᵇ 1 ἐφιλονίκησαν pr. Ρ³   2 αὐτοῖς Richards: αὐτοὺς codd.
2 κύφωνι Victorius: κυφῶνι Π²Η²Ρ¹: κοφῶνι ΜˢΓ   4 τινῶν om. Γ
8 ἄλλας om. Π¹   9 ὅταν ... τίμημα scripsi: τὸ ταχθὲν πρῶτον τίμημα
codd. Γ: ταχθέντος πρῶτον τιμήματος Spengel   18 αἱ om. Π²Ηᵃ

ἐναντίας πολιτείας ἀλλ' εἰς τὰς ἐν τῷ αὐτῷ γένει, οἷον
20 ἐκ τῶν ἐννόμων δημοκρατιῶν καὶ ὀλιγαρχιῶν εἰς τὰς κυ-
ρίους καὶ ἐκ τούτων εἰς ἐκείνας).

Ἐν δὲ ταῖς ἀριστοκρατίαις γίνονται αἱ στάσεις αἱ μὲν 7
διὰ τὸ ὀλίγους τῶν τιμῶν μετέχειν, ὅπερ εἴρηται κινεῖν καὶ
τὰς ὀλιγαρχίας, διὰ τὸ καὶ τὴν ἀριστοκρατίαν ὀλιγαρχίαν
25 εἶναί πως (ἐν ἀμφοτέραις γὰρ ὀλίγοι οἱ ἄρχοντες, οὐ μέν-
τοι διὰ ταὐτὸν ὀλίγοι)· ἐπεὶ δοκεῖ γε διὰ ταῦτα καὶ ἡ
ἀριστοκρατία ὀλιγαρχία εἶναι. μάλιστα δὲ τοῦτο συμβαίνειν
ἀναγκαῖον ὅταν ᾖ τι πλῆθος τῶν πεφρονηματισμένων ὡς
ὁμοίων κατ' ἀρετήν, οἷον ἐν Λακεδαίμονι οἱ λεγόμενοι Παρ-
30 θενίαι (ἐκ τῶν ὁμοίων γὰρ ἦσαν), οὓς φωράσαντες ἐπιβου-
λεύσαντας ἀπέστειλαν Τάραντος οἰκιστάς, ἢ ὅταν τινὲς ἀτιμά-
ζωνται μεγάλοι ὄντες καὶ μηθενὸς ἥττους κατ' ἀρετὴν
ὑπό τινων ἐντιμοτέρων, οἷον Λύσανδρος ὑπὸ τῶν βασιλέων,
ἢ ὅταν ἀνδρώδης τις ὢν μὴ μετέχῃ τῶν τιμῶν, οἷον Κι-
35 νάδων ὁ τὴν ἐπ' Ἀγησιλάου συστήσας ἐπίθεσιν ἐπὶ τοὺς
Σπαρτιάτας· ἔτι ὅταν οἱ μὲν ἀπορῶσι λίαν οἱ δ' εὐ-
πορῶσιν (καὶ μάλιστα ἐν τοῖς πολέμοις τοῦτο γίνεται· συνέβη
δὲ καὶ τοῦτο ἐν Λακεδαίμονι ὑπὸ τὸν Μεσηνιακὸν πόλε-
μον· δῆλον δὲ [καὶ] τοῦτο ἐκ τῆς Τυρταίου ποιήσεως τῆς κα-
1307ᵃ λουμένης Εὐνομίας· θλιβόμενοι γάρ τινες διὰ τὸν πόλεμον
ἠξίουν ἀνάδαστον ποιεῖν τὴν χώραν)· ἔτι ἐάν τις μέγας ᾖ
καὶ δυνάμενος ἔτι μείζων εἶναι, ἵνα μοναρχῇ, ὥσπερ ἐν
Λακεδαίμονι δοκεῖ Παυσανίας ὁ στρατηγήσας κατὰ τὸν Μη-
5 δικὸν πόλεμον, καὶ ἐν Καρχηδόνι Ἄννων.

5   λύονται δὲ μά-
λιστα αἵ τε πολιτεῖαι καὶ αἱ ἀριστοκρατίαι διὰ τὴν ἐν αὐτῇ
τῇ πολιτείᾳ τοῦ δικαίου παρέκβασιν. ἀρχὴ γὰρ τὸ μὴ με-

---

20 νόμων MˢΓ   δημοκρατικῶν καὶ ὀλιγαρχικῶν Γ   τοὺς MˢπˢΓ
28 τι Congreve : τὸ codd. Γ   29 ὁμοίων Lambinus : ὁμοῖον codd. Γ
35 Ἀγησιλάου Schneider : ἀγησιλάω codd. Γ   38 τοῦτο καὶ Γ   μεσ-
σηνιακὸν PˢPˢπˢ   39 καὶ τοῦτο secl. Verrall : καὶ om. Γ

μεῖχθαι καλῶς ἐν μὲν τῇ πολιτείᾳ δημοκρατίαν καὶ ὀλι-
γαρχίαν, ἐν δὲ τῇ ἀριστοκρατίᾳ ταῦτά τε καὶ τὴν ἀρετήν,
μάλιστα δὲ τὰ δύο· λέγω δὲ τὰ δύο δῆμον καὶ ὀλιγαρ- 10
χίαν. ταῦτα γὰρ αἱ πολιτεῖαί τε πειρῶνται μιγνύναι καὶ
αἱ πολλαὶ τῶν καλουμένων ἀριστοκρατιῶν. διαφέρουσι γὰρ
τῶν ὀνομαζομένων πολιτειῶν αἱ ἀριστοκρατίαι τούτῳ, καὶ
διὰ τοῦτ' εἰσὶν αἱ μὲν ἧττον αἱ δὲ μᾶλλον μόνιμοι αὐτῶν·
τὰς γὰρ ἀποκλινούσας μᾶλλον πρὸς τὴν ὀλιγαρχίαν ἀρι- 15
στοκρατίας καλοῦσιν, τὰς δὲ πρὸς τὸ πλῆθος πολιτείας· δι-
όπερ ἀσφαλέστεραι αἱ τοιαῦται τῶν ἑτέρων εἰσίν· κρεῖττόν
τε γὰρ τὸ πλεῖον, καὶ μᾶλλον ἀγαπῶσιν ἴσον ἔχοντες,
οἱ δ' ἐν ταῖς εὐπορίαις, ἂν ἡ πολιτεία διδῷ τὴν ὑπεροχήν,
ὑβρίζειν ζητοῦσι καὶ πλεονεκτεῖν. ὅλως δ' ἐφ' ὁπότερον ἂν 20
ἐγκλίνῃ ἡ πολιτεία, ἐπὶ ταῦτα μεθίσταται ἑκατέρων τὸ
σφέτερον αὐξανόντων, οἷον ἡ μὲν πολιτεία εἰς δῆμον, ἀρι-
στοκρατία δ' εἰς ὀλιγαρχίαν· ἢ εἰς τἀναντία, οἷον ἡ μὲν
ἀριστοκρατία εἰς δῆμον (ὡς ἀδικούμενοι γὰρ περισπῶσιν εἰς
τοὐναντίον οἱ ἀπορώτεροι), αἱ δὲ πολιτεῖαι εἰς ὀλιγαρχίαν 25
(μόνον γὰρ μόνιμον τὸ κατ' ἀξίαν ἴσον καὶ τὸ ἔχειν τὰ
αὑτῶν)· συνέβη δὲ τὸ εἰρημένον ἐν Θουρίοις. διὰ μὲν γὰρ
τὸ ἀπὸ πλείονος τιμήματος εἶναι τὰς ἀρχὰς εἰς ἔλαττον
μετέβη καὶ εἰς ἀρχεῖα πλείω, διὰ δὲ τὸ τὴν χώραν ὅλην
τοὺς γνωρίμους συγκτήσασθαι παρὰ τὸν νόμον (ἡ γὰρ πολι- 30
τεία ὀλιγαρχικωτέρα ἦν, ὥστε ἐδύναντο πλεονεκτεῖν) ὁ [δὲ]
δῆμος γυμνασθεὶς ἐν τῷ πολέμῳ τῶν φρουρῶν ἐγένετο κρείτ-
των, ἕως ἀφεῖσαν τῆς χώρας ὅσοι πλείω ἦσαν ἔχοντες.

ἔτι διὰ τὸ πάσας τὰς ἀριστοκρατικὰς πολιτείας ὀλιγαρχι-
κὰς εἶναι μᾶλλον πλεονεκτοῦσιν οἱ γνώριμοι, οἷον καὶ ἐν 35
Λακεδαίμονι εἰς ὀλίγους αἱ οὐσίαι ἔρχονται· καὶ ἔξεστι ποιεῖν

1307^a 20 ὁπότερα vel 21 τοῦτο Spengel   27 αὐτῶν Μ^sP³π³Γ
31 ἠδύναντο Μ^sP¹   post πλεονεκτεῖν de lacuna vel errore monuit
Schneider: δὲ secl. Coraes   32 τῶν φρουρῶν om. Π¹   33 τὴν
χώραν Μ^sP²π³

ὅ τι ἂν θέλωσι τοῖς γνωρίμοις μᾶλλον, καὶ κηδεύειν ὅτῳ
θέλουσιν, διὸ καὶ ἡ Λοκρῶν πόλις ἀπώλετο ἐκ τῆς πρὸς
Διονύσιον κηδείας, ὃ ἐν δημοκρατίᾳ οὐκ ἂν ἐγένετο, οὐδ' ἂν
40 ἐν ἀριστοκρατίᾳ εὖ μεμειγμένῃ. μάλιστα δὲ λανθάνουσιν αἱ
1307ᵇ ἀριστοκρατίαι μεταβάλλουσαι τῷ λύεσθαι κατὰ μικρόν,
ὅπερ εἴρηται ἐν τοῖς πρότερον καθόλου κατὰ πασῶν τῶν
πολιτειῶν, ὅτι αἴτιον τῶν μεταβολῶν καὶ τὸ μικρόν ἐστιν·
ὅταν γάρ τι προῶνται τῶν πρὸς τὴν πολιτείαν, μετὰ τοῦτο
5 καὶ ἄλλο μικρῷ μεῖζον εὐχερέστερον κινοῦσιν, ἕως ἂν πάντα
κινήσωσι τὸν κόσμον. συνέβη δὲ τοῦτο καὶ ἐπὶ τῆς Θουρίων
πολιτείας. νόμου γὰρ ὄντος διὰ πέντε ἐτῶν στρατηγεῖν, γε-
νόμενοί τινες πολεμικοὶ τῶν νεωτέρων καὶ παρὰ τῷ πλήθει
τῶν φρουρῶν εὐδοκιμοῦντες, καταφρονήσαντες τῶν ἐν τοῖς
10 πράγμασι καὶ νομίζοντες ῥᾳδίως κατασχήσειν, τοῦτον τὸν
νόμον λύειν ἐπεχείρησαν πρῶτον, ὥστ' ἐξεῖναι τοὺς αὐτοὺς
συνεχῶς στρατηγεῖν, ὁρῶντες τὸν δῆμον αὐτοὺς χειροτονή-
σοντα προθύμως. οἱ δ' ἐπὶ τούτῳ τεταγμένοι τῶν ἀρχόν-
των, οἱ καλούμενοι σύμβουλοι, ὁρμήσαντες τὸ πρῶτον ἐναν-
15 τιοῦσθαι συνεπείσθησαν, ὑπολαμβάνοντες τοῦτον κινήσαντας
τὸν νόμον ἐάσειν τὴν ἄλλην πολιτείαν, ὕστερον δὲ βουλόμε-
νοι κωλύειν ἄλλων κινουμένων οὐκέτι πλέον ἐποίουν οὐθέν,
ἀλλὰ μετέβαλεν ἡ τάξις πᾶσα τῆς πολιτείας εἰς δυνα-
στείαν τῶν ἐπιχειρησάντων νεωτερίζειν.

πᾶσαι δ' αἱ πολι-
20 τεῖαι λύονται ὁτὲ μὲν ἐξ αὑτῶν ὁτὲ δ' ἔξωθεν, ὅταν ἐναν-
τία πολιτεία ᾖ ἢ πλησίον ἢ πόρρω μὲν ἔχουσα δὲ δύναμιν.
ὅπερ συνέβαινεν ἐπ' Ἀθηναίων καὶ Λακεδαιμονίων· οἱ μὲν
γὰρ Ἀθηναῖοι πανταχοῦ τὰς ὀλιγαρχίας, οἱ δὲ Λάκωνες

37 ἐθέλωσι HᵃMˢ   38 θέλωσι Π²   1307ᵇ 4 προῶνται MˢP¹π³
6 δὲ] καὶ π³: δὲ καὶ Hᵃ   8 παρὰ om. Hᵃπ³   11–12 συνεχῶς
τοὺς αὐτοὺς Π¹   12 χειροτονήσαντα HᵃMˢ: χειροτονήσαντας P¹
18 μετέβαλλεν pr. Mˢ, π³: μετέβαλλον HᵃP²P³π³   20 αὑτῶν
ΠᵇHᵃMˢ

τοὺς δήμους κατέλυον. ὅθεν μὲν οὖν αἱ μεταβολαὶ γίγνονται
τῶν πολιτειῶν καὶ αἱ στάσεις, εἴρηται σχεδόν.   25

8   Περὶ δὲ σωτηρίας καὶ κοινῇ καὶ χωρὶς ἑκάστης πολι-
τείας ἐχόμενόν ἐστιν εἰπεῖν. πρῶτον μὲν οὖν δῆλον ὅτι, εἴπερ
ἔχομεν δι' ὧν φθείρονται αἱ πολιτεῖαι, ἔχομεν καὶ δι' ὧν
σῴζονται· τῶν γὰρ ἐναντίων τἀναντία ποιητικά, φθορὰ δὲ
σωτηρίᾳ ἐναντίον. ἐν μὲν οὖν ταῖς εὖ κεκραμέναις πολι- 30
τείαις ὥσπερ ἄλλο τι δεῖ τηρεῖν ὅπως μηθὲν παρανομῶσι,
καὶ μάλιστα τὸ μικρὸν φυλάττειν· λανθάνει γὰρ παρα-
δυομένη ἡ παρανομία, ὥσπερ τὰς οὐσίας τὸ μικρὸν δαπάνημα
ἀναιρεῖ πολλάκις γινόμενον. λανθάνει δὲ ἡ δαπάνη
διὰ τὸ μὴ ἀθρόα γίγνεσθαι· παραλογίζεται γὰρ ἡ διά- 35
νοια ὑπ' αὐτῶν, ὥσπερ ὁ σοφιστικὸς λόγος "εἰ ἕκαστον μι-
κρόν, καὶ πάντα"· τοῦτο δ' ἔστι μὲν ὥς, ἔστι δ' ὡς οὔ· τὸ
γὰρ ὅλον καὶ τὰ πάντα οὐ μικρόν, ἀλλὰ σύγκειται ἐκ
μικρῶν.   39

    μίαν μὲν οὖν φυλακὴν ταύτην πρὸς τὴν ἀρχὴν 39
δεῖ ποιεῖσθαι· ἔπειτα μὴ πιστεύειν τοῖς σοφίσματος χάριν 40
πρὸς τὸ πλῆθος συγκειμένοις, ἐξελέγχεται γὰρ ὑπὸ τῶν 1308ᵃ
ἔργων (ποῖα δὲ λέγομεν τῶν πολιτειῶν σοφίσματα, πρό-
τερον εἴρηται). ἔτι δ' ὁρᾶν ὅτι ἔνιαι μένουσιν οὐ μόνον ἀρι-
στοκρατίαι ἀλλὰ καὶ ὀλιγαρχίαι οὐ διὰ τὸ ἀσφαλεῖς εἶναι
τὰς πολιτείας, ἀλλὰ διὰ τὸ εὖ χρῆσθαι τοὺς ἐν ταῖς ἀρ- 5
χαῖς γινομένους καὶ τοῖς ἔξω τῆς πολιτείας καὶ τοῖς ἐν τῷ
πολιτεύματι, τοὺς μὲν μὴ μετέχοντας τῷ μὴ ἀδικεῖν καὶ
τῷ τοὺς ἡγεμονικοὺς αὐτῶν εἰσάγειν εἰς τὴν πολιτείαν καὶ
τοὺς μὲν φιλοτίμους μὴ ἀδικεῖν εἰς ἀτιμίαν τοὺς δὲ πολλοὺς
εἰς κέρδος, πρὸς αὐτοὺς δὲ καὶ τοὺς μετέχοντας τῷ χρῆσθαι 10
ἀλλήλοις δημοτικῶς. ὃ γὰρ ἐπὶ τοῦ πλήθους ζητοῦσιν οἱ δημο-

31 ὥσπερ] εἴπερ Richards   32–34 παραδυομένη . . . δὲ om. Π²Hᵃ
34 δὲ] γὰρ P¹   ἀπάτη MˢΓ   36 ὁ om. Mˢ, pr. P¹   39 ταύτην
πρὸς ci. Immisch: πρὸς ταύτην codd. Γ   1308ᵃ 3 ἔστι δ' Π²
10 αὐτοὺς Π²HᵃMˢ

τικοί, το ἴσον, τοῦτ' ἐπὶ τῶν ὁμοίων οὐ μόνον δίκαιον
ἀλλὰ καὶ συμφέρον ἐστίν. διὸ ἐὰν πλείους ὦσιν ἐν τῷ πολι-
τεύματι, πολλὰ συμφέρει τῶν δημοτικῶν νομοθετημά-
15 των, οἷον τὸ ἑξαμήνους τὰς ἀρχὰς εἶναι, ἵνα πάντες οἱ
ὅμοιοι μετέχωσιν· ἔστι γὰρ ὥσπερ δῆμος ἤδη οἱ ὅμοιοι
(διὸ καὶ ἐν τούτοις ἐγγίγνονται δημαγωγοὶ πολλάκις, ὥσπερ
εἴρηται πρότερον), ἔπειθ' ἧττον εἰς δυναστείας ἐμπίπτουσιν αἱ
ὀλιγαρχίαι καὶ ἀριστοκρατίαι (οὐ γὰρ ὁμοίως ῥᾴδιον κα-
20 κουργῆσαι ὀλίγον χρόνον ἄρχοντας καὶ πολύν, ἐπεὶ διὰ
τοῦτο ἐν ταῖς ὀλιγαρχίαις καὶ δημοκρατίαις γίγνονται τυ-
ραννίδες· ἢ γὰρ οἱ μέγιστοι ἐν ἑκατέρᾳ ἐπιτίθενται τυραν-
νίδι, ἔνθα μὲν οἱ δημαγωγοὶ ἔνθα δ' οἱ δυνάσται, ἢ οἱ τὰς
24 μεγίστας ἔχοντες ἀρχάς, ὅταν πολὺν χρόνον ἄρχωσιν).

24   σώ-
25 ζονται δ' αἱ πολιτεῖαι οὐ μόνον διὰ τὸ πόρρω εἶναι τῶν
διαφθειρόντων, ἀλλ' ἐνίοτε καὶ διὰ τὸ ἐγγύς· φοβούμενοι
γὰρ διὰ χειρῶν ἔχουσι μᾶλλον τὴν πολιτείαν. ὥστε δεῖ
τοὺς τῆς πολιτείας φροντίζοντας φόβους παρασκευάζειν, ἵνα
φυλάττωσι καὶ μὴ καταλύσωσιν ὥσπερ νυκτερινὴν φυλα-
30 κὴν τὴν τῆς πολιτείας τήρησιν, καὶ τὸ πόρρω ἐγγὺς ποιεῖν.
ἔτι τὰς τῶν γνωρίμων φιλονεικίας καὶ στάσεις καὶ διὰ τῶν
νόμων πειρᾶσθαι δεῖ φυλάττειν, καὶ τοὺς ἔξω τῆς φιλο-
νεικίας ὄντας πρὶν παρειληφέναι καὶ αὐτούς, ὡς τὸ ἐν
ἀρχῇ γινόμενον κακὸν γνῶναι οὐ τοῦ τυχόντος ἀλλὰ πολι-
35 τικοῦ ἀνδρός. πρὸς δὲ τὴν διὰ τὰ τιμήματα γιγνομένην
μεταβολὴν ἐξ ὀλιγαρχίας καὶ πολιτείας, ὅταν συμβαίνῃ
τοῦτο μενόντων μὲν τῶν αὐτῶν τιμημάτων εὐπορίας δὲ
νομίσματος γιγνομένης, συμφέρει τοῦ τιμήματος ἐπισκο-
πεῖν τοῦ κοινοῦ τὸ πλῆθος πρὸς τὸ παρελθόν, ἐν ὅσαις μὲν
40 πόλεσι τιμῶνται κατ' ἐνιαυτόν, κατὰ τοῦτον τὸν χρόνον,

31 et 32 φιλονεικίας π³   35 τὰ om. Mˢπ³Γ   τιμήματος Mˢπ³Γ
39 καινοῦ Coraes   40 κατὰ τοῦτον (τοῦτο Hᵃ) τὸν χρόνον hoc loco
Π¹Hᵃ, ante 39 ἐν Π²

166

ἐν δὲ ταῖς μείζοσι διὰ τριετηρίδος ἢ πενταετηρίδος, κἂν ᾖ 1308ᵇ
πολλαπλάσιον ἢ πολλοστημόριον τοῦ πρότερον, ἐν ᾧ αἱ τι-
μήσεις κατέστησαν τῆς πολιτείας, νόμον εἶναι καὶ τὰ τιμή-
ματα ἐπιτείνειν ἢ ἀνιέναι, ἐὰν μὲν ὑπερβάλλῃ, ἐπιτείνον-
τας κατὰ τὴν πολλαπλασίωσιν, ἐὰν δ' ἐλλείπῃ, ἀνιέντας 5
καὶ ἐλάττω ποιοῦντας τὴν τίμησιν. ἐν μὲν γὰρ ταῖς ὀλιγαρ-
χίαις καὶ ταῖς πολιτείαις, μὴ ποιούντων [μὲν] οὕτως ἔνθα
μὲν ὀλιγαρχίαν ἔνθα δὲ δυναστείαν γίνεσθαι συμβαίνει,
ἐκείνως δὲ ἐκ μὲν πολιτείας δημοκρατίαν, ἐκ δ' ὀλιγαρ-
χίας πολιτείαν ἢ δῆμον.   10

        κοινὸν δὲ καὶ ἐν δήμῳ καὶ ὀλιγαρ- 10
χίᾳ καὶ ἐν μοναρχίᾳ καὶ πάσῃ πολιτείᾳ μήτ' αὐξάνειν
λίαν μηθένα παρὰ τὴν συμμετρίαν, ἀλλὰ μᾶλλον πει-
ρᾶσθαι μικρὰς καὶ πολυχρονίους διδόναι τιμὰς ἢ βραχὺ
μεγάλας (διαφθείρονται γάρ, καὶ φέρειν οὐ παντὸς ἀνδρὸς
εὐτυχίαν), εἰ δὲ μή, μή τοί γ' ἀθρόας δόντας ἀφαιρεῖσθαι 15
πάλιν ἀθρόας, ἀλλ' ἐκ προσαγωγῆς· καὶ μάλιστα μὲν
πειρᾶσθαι τοῖς νόμοις οὕτω ῥυθμίζειν ὥστε μηδένα ἐγγίγνεσθαι
πολὺ ὑπερέχοντα δυνάμει μήτε φίλων μήτε χρημάτων,
εἰ δὲ μή, ἀποδημητικὰς ποιεῖσθαι τὰς παραστάσεις αὐτῶν.
ἐπεὶ δὲ καὶ διὰ τοὺς ἰδίους βίους νεωτερίζουσιν, δεῖ ἐμποιεῖν 20
ἀρχήν τινα τὴν ἐποψομένην τοὺς ζῶντας ἀσυμφόρως πρὸς
τὴν πολιτείαν, ἐν μὲν δημοκρατίᾳ πρὸς τὴν δημοκρατίαν,
ἐν δὲ ὀλιγαρχίᾳ πρὸς τὴν ὀλιγαρχίαν, ὁμοίως δὲ καὶ τῶν
ἄλλων πολιτειῶν ἑκάστῃ· καὶ τὸ εὐημεροῦν δὲ τῆς πόλεως
ἀνὰ μέρος φυλάττεσθαι διὰ τὰς αὐτὰς αἰτίας· τούτου δ' 25
ἄκος τὸ ἀεὶ τοῖς ἀντικειμένοις μορίοις ἐγχειρίζειν τὰς
πράξεις καὶ τὰς ἀρχάς (λέγω δ' ἀντικεῖσθαι τοὺς ἐπι-
εικεῖς τῷ πλήθει, καὶ τοὺς ἀπόρους τοῖς εὐπόροις), καὶ τὸ πει-

1308ᵇ 7 μὲν seclüsi   10 καὶ²+ἐν Π¹   11 καὶ ἐν μοναρχίᾳ
om. HᵃΠ²   13 βραχὺ ut vid. Γ: ταχὺ codd.   15 τι γ' HᵃP²P³πᵖ:
τ' Π¹   16 καὶ om. Π²   17 οὕτως ἄγειν HᵃΠ²   22 τὴνᵃ
om. MᵖP¹   25 τοῦτο Π¹   26 τὸ om. MᵖP¹   28 καὶ τοὺς
ἀπόρους] τοὺς ἀπόρους MᵖP¹: egenos autem Guil.

ρᾶσθαι ἢ συμμιγνύναι τὸ τῶν ἀπόρων πλῆθος καὶ τὸ τῶν
30 εὐπόρων ἢ τὸ μέσον αὔξειν (τοῦτο γὰρ διαλύει τὰς διὰ
τὴν ἀνισότητα στάσεις). μέγιστον δὲ ἐν πάσῃ πολιτείᾳ τὸ
καὶ τοῖς νόμοις καὶ τῇ ἄλλῃ οἰκονομίᾳ οὕτω τετάχθαι ὥστε
33 μὴ εἶναι τὰς ἀρχὰς κερδαίνειν.
33   τοῦτο δὲ μάλιστα ἐν ταῖς
ὀλιγαρχικαῖς δεῖ τηρεῖν. οὐ γὰρ οὕτως ἀγανακτοῦσιν εἰργό-
35 μενοι τοῦ ἄρχειν οἱ πολλοί, ἀλλὰ καὶ χαίρουσιν ἐάν τις
ἐᾷ πρὸς τοῖς ἰδίοις σχολάζειν, ὥστ' ἐὰν οἴωνται τὰ κοινὰ
κλέπτειν τοὺς ἄρχοντας, τότε γ' ἀμφότερα λυπεῖ, τό τε
τῶν τιμῶν μὴ μετέχειν καὶ τὸ τῶν κερδῶν· μοναχῶς δὲ
καὶ ἐνδέχεται ἅμα εἶναι δημοκρατίαν καὶ ἀριστοκρατίαν,
40 εἰ τοῦτο κατασκευάσειέ τις. ἐνδέχοιτο γὰρ ἂν καὶ τοὺς
1309ᵃ γνωρίμους καὶ τὸ πλῆθος ἔχειν ἃ βούλονται ἀμφοτέρους.
τὸ μὲν γὰρ ἐξεῖναι πᾶσιν ἄρχειν δημοκρατικόν, τὸ δὲ τοὺς
γνωρίμους εἶναι ἐν ταῖς ἀρχαῖς ἀριστοκρατικόν, τοῦτο δ'
ἔσται ὅταν μὴ ᾖ κερδαίνειν ἀπὸ τῶν ἀρχῶν· οἱ γὰρ ἄποροι
5 οὐ βουλήσονται ἄρχειν τῷ μηδὲν κερδαίνειν, ἀλλὰ πρὸς
τοῖς ἰδίοις εἶναι μᾶλλον, οἱ δὲ εὔποροι δυνήσονται διὰ τὸ
μηδενὸς προσδεῖσθαι τῶν κοινῶν· ὥστε συμβήσεται τοῖς μὲν
ἀπόροις γίγνεσθαι εὐπόροις διὰ τὸ διατρίβειν πρὸς τοῖς
ἔργοις, τοῖς δὲ γνωρίμοις μὴ ἄρχεσθαι ὑπὸ τῶν τυχόντων.
10 τοῦ μὲν οὖν μὴ κλέπτεσθαι τὰ κοινὰ ἡ παράδοσις γιγνέσθω
τῶν χρημάτων παρόντων πάντων τῶν πολιτῶν, καὶ ἀντί-
γραφα κατὰ φατρίας καὶ λόχους καὶ φυλὰς τιθέσθωσαν·
τοῦ δὲ ἀκερδῶς ἄρχειν τιμὰς εἶναι δεῖ νενομοθετημένας
τοῖς εὐδοκιμοῦσιν. δεῖ δ' ἐν μὲν ταῖς δημοκρατίαις τῶν
15 εὐπόρων φείδεσθαι, μὴ μόνον τῷ τὰς κτήσεις μὴ ποιεῖν ἀνα-
δάστους, ἀλλὰ μηδὲ τοὺς καρπούς, ὃ ἐν ἐνίαις τῶν πολιτειῶν

36 ὥστ' scripsi : ὥστε Mˢ : quare Guil. : ὡς cet.   37 γ' scripsi : δ'
codd. : om. ut vid. Γ   1309ᵃ 7 μηδὲν P²   10 τοῦ μὲν οὖν] τοῦ
μὲν Mˢ : καὶ τοῦ Γ   12 λόχους πˢΓ : λόγους cet.   15 τῷ om.
Π²: τοῦ P¹   μὴ om. HᵃP¹

λανθάνει γιγνόμενον, βέλτιον δὲ καὶ βουλομένους κωλύειν
λειτουργεῖν τὰς δαπανηρὰς μὲν μὴ χρησίμους δὲ λειτουργίας,
οἷον χορηγίας καὶ λαμπαδαρχίας καὶ ὅσαι ἄλλαι τοι-
αῦται· ἐν δ᾽ ὀλιγαρχίᾳ τῶν ἀπόρων ἐπιμέλειαν ποιεῖσθαι 20
πολλήν, καὶ τὰς ἀρχὰς ἀφ᾽ ὧν λήμματα ⟨ἔστι⟩ τούτοις ἀπο-
νέμειν, κἄν τις ὑβρίσῃ τῶν εὐπόρων εἰς τούτους, μείζω τὰ
ἐπιτίμια εἶναι ἢ ἂν σφῶν αὐτῶν, καὶ τὰς κληρονομίας μὴ
κατὰ δόσιν εἶναι ἀλλὰ κατὰ γένος, μηδὲ πλειόνων ἢ μιᾶς
τὸν αὐτὸν κληρονομεῖν. οὕτω γὰρ ἂν ὁμαλώτεραι αἱ οὐσίαι 25
εἶεν καὶ τῶν ἀπόρων εἰς εὐπορίαν ἂν καθίσταιντο πλείους.
συμφέρει δὲ καὶ ἐν δημοκρατίᾳ καὶ ἐν ὀλιγαρχίᾳ τῶν
ἄλλων ἢ ἰσότητα ἢ προεδρίαν νέμειν τοῖς ἧττον κοινωνοῦσι
τῆς πολιτείας, ἐν μὲν δήμῳ τοῖς εὐπόροις, ἐν δ᾽ ὀλιγαρ-
χίᾳ τοῖς ἀπόροις, πλὴν ὅσαι ἀρχαὶ κύριαι τῆς πολιτείας, 30
ταύτας δὲ τοῖς ἐκ τῆς πολιτείας ἐγχειρίζειν μόνοις ἢ
πλείοσιν.

9 Τρία δέ τινα χρὴ ἔχειν τοὺς μέλλοντας ἄρξειν τὰς
κυρίας ἀρχάς, πρῶτον μὲν φιλίαν πρὸς τὴν καθεστῶσαν
πολιτείαν, ἔπειτα δύναμιν μεγίστην τῶν ἔργων τῆς ἀρχῆς, 35
τρίτον δ᾽ ἀρετὴν καὶ δικαιοσύνην ἐν ἑκάστῃ πολιτείᾳ τὴν
πρὸς τὴν πολιτείαν (εἰ γὰρ μὴ ταὐτὸν τὸ δίκαιον κατὰ
πάσας τὰς πολιτείας, ἀνάγκη καὶ τῆς δικαιοσύνης εἶναι
διαφοράς). ἔχει δ᾽ ἀπορίαν, ὅταν μὴ συμβαίνῃ ταῦτα
πάντα περὶ τὸν αὐτόν, πῶς χρὴ ποιεῖσθαι τὴν αἵρεσιν· 40
οἷον εἰ στρατηγικὸς μέν τις εἴη, πονηρὸς δὲ καὶ μὴ τῇ πολι- 1309ᵇ
τείᾳ φίλος, ὁ δὲ δίκαιος καὶ φίλος, πῶς δεῖ ποιεῖσθαι
τὴν αἵρεσιν; ἔοικε δὲ δεῖν βλέπειν εἰς δύο, τίνος πλεῖον
μετέχουσι πάντες καὶ τίνος ἔλαττον· διὸ ἐν στρατηγίᾳ μὲν
εἰς τὴν ἐμπειρίαν μᾶλλον τῆς ἀρετῆς (ἔλαττον γὰρ στρα- 5
τηγίας μετέχουσι, τῆς δ᾽ ἐπιεικείας πλεῖον), ἐν δὲ φυλακῇ

21 ἔστι addidi   29 πολιτείας+ταύτης Π¹   31 ταύτας ... πολι-
τείας om. P²   ταῦτα Π¹   40 αἵρεσιν corr. π³ (cf. ᵇ3): διαίρεσιν cet.
1309ᵇ 2 φιλός²+μὴ στρατηγικὸς δέ π²

καὶ ταμιείᾳ τἀναντία (πλείονος γὰρ ἀρετῆς δεῖται ἢ ὅσην
8 οἱ πολλοὶ ἔχουσιν, ἡ δὲ ἐπιστήμη κοινὴ πᾶσιν).

8   ἀπορήσειε
δ' ἄν τις, ἂν δύναμις ὑπάρχῃ καὶ τῇ πολιτείᾳ φιλία,
10 τί δεῖ τῆς ἀρετῆς; ποιήσει γὰρ τὰ συμφέροντα καὶ τὰ δύο.
ἢ ὅτι ἐνδέχεται τοὺς τὰ δύο ταῦτα ἔχοντας ἀκρατεῖς εἶναι,
ὥστε καθάπερ καὶ αὑτοῖς οὐχ ὑπηρετοῦσιν εἰδότες καὶ φι-
λοῦντες αὑτούς, οὕτω καὶ πρὸς τὸ κοινὸν οὐθὲν κωλύει ἔχειν
ἐνίους; ἁπλῶς δέ, ὅσα ἐν τοῖς νόμοις ὡς συμφέροντα λέ-
15 γομεν ταῖς πολιτείαις, ἅπαντα ταῦτα σῴζει τὰς πολιτείας,
καὶ τὸ πολλάκις εἰρημένον μέγιστον στοιχεῖον, τὸ τηρεῖν
ὅπως κρεῖττον ἔσται τὸ βουλόμενον τὴν πολιτείαν πλῆθος τοῦ
μὴ βουλομένου. παρὰ πάντα δὲ ταῦτα δεῖ μὴ λανθάνειν,
ὃ νῦν λανθάνει τὰς παρεκβεβηκυίας πολιτείας, τὸ μέσον·
20 πολλὰ γὰρ τῶν δοκούντων δημοτικῶν λύει τὰς δημο-
κρατίας καὶ τῶν ὀλιγαρχικῶν τὰς ὀλιγαρχίας. οἱ δ' οἰόμενοι
ταύτην εἶναι μίαν ἀρετὴν ἕλκουσιν εἰς τὴν ὑπερβολήν,
ἀγνοοῦντες ὅτι, καθάπερ ῥὶς ἔστι παρεκβεβηκυῖα μὲν τὴν
εὐθύτητα τὴν καλλίστην πρὸς τὸ γρυπὸν ἢ τὸ σιμόν, ἀλλ'
25 ὅμως ἔτι καλὴ καὶ χάριν ἔχουσα πρὸς τὴν ὄψιν, οὐ μὴν
ἀλλ' ἐὰν ἐπιτείνῃ τις ἔτι μᾶλλον εἰς τὴν ὑπερβολήν, πρῶ-
τον μὲν ἀποβαλεῖ τὴν μετριότητα τοῦ μορίου, τέλος δ' οὕτως
ὥστε μηδὲ ῥῖνα ποιήσει φαίνεσθαι διὰ τὴν ὑπεροχὴν καὶ
τὴν ἔλλειψιν τῶν ἐναντίων, τὸν αὐτὸν δὲ τρόπον ἔχει καὶ
30 περὶ τῶν ἄλλων μορίων, συμβαίνει δὴ τοῦτο καὶ περὶ τὰς
[ἄλλας] πολιτείας. καὶ γὰρ ὀλιγαρχίαν καὶ δημοκρατίαν
ἔστιν ὥστ' ἔχειν ἱκανῶς, καίπερ ἐξεστηκυίας τῆς βελτίστης

---

7 τοὐναντίον ΜˢΓ   8 κοινῇ HᵃP¹P²P³π³   9 ἂν Γ: κἂν codd.
καὶ τῇ πολιτείᾳ scripsi (cf. 1287ᵇ30, 1309ᵇ1): καὶ τῆς πολιτείας Stahr:
τῆς πολιτείας καὶ codd. Γ   10 καὶ τὰ] κατὰ HᵃΠ²   12 αὑτοῖς
HᵃMˢP³Γ   13 αὑτούς HᵃMˢP²Γ   14 ἐνίοις Π²   19 νῦν]
δὴ MˢΓ   27 ἀποβάλῃ Hᵃ, pr. P², P³: ἀποβάλλῃ π³: ὑπερβαλεῖ π²
28 ποιήσῃ Mˢ, pr. P²: ποιη et σ superscr. P³   31 ἄλλας susp. Victo-
rius, secl. Schneider

τάξεως· ἐὰν δέ τις ἐπιτείνῃ μᾶλλον ἑκατέραν αὐτῶν, πρῶ-
τον μὲν χείρω ποιήσει τὴν πολιτείαν, τέλος δ᾽ οὐδὲ πολι-
τείαν. διὸ δεῖ τοῦτο μὴ ἀγνοεῖν τὸν νομοθέτην καὶ τὸν πολι- 35
τικόν, ποῖα σώζει τῶν δημοτικῶν καὶ ποῖα φθείρει τὴν
δημοκρατίαν, καὶ ποῖα τῶν ὀλιγαρχικῶν τὴν ὀλιγαρχίαν.
οὐδετέραν μὲν γὰρ ἐνδέχεται αὐτῶν εἶναι καὶ διαμένειν
ἄνευ τῶν εὐπόρων καὶ τοῦ πλήθους, ἀλλ᾽ ὅταν ὁμαλότης
γένηται τῆς οὐσίας ἄλλην ἀνάγκη εἶναι ταύτην τὴν πολι- 40
τείαν, ὥστε φθείροντες τοῖς καθ᾽ ὑπεροχὴν νόμοις φθείρουσι **1310ᵃ**
τὰς πολιτείας. 2

ἁμαρτάνουσι δὲ καὶ ἐν ταῖς δημοκρατίαις 2
καὶ ἐν ταῖς ὀλιγαρχίαις, ἐν μὲν ταῖς δημοκρατίαις οἱ δημα-
γωγοί, ὅπου τὸ πλῆθος κύριον τῶν νόμων (δύο γὰρ
ποιοῦσιν ἀεὶ τὴν πόλιν, μαχόμενοι τοῖς εὐπόροις, δεῖ δὲ 5
τοὐναντίον αἰεὶ δοκεῖν λέγειν ὑπὲρ τῶν εὐπόρων), ἐν δὲ ταῖς ὀλι-
γαρχίαις ὑπὲρ τοῦ δήμου τοὺς ὀλιγαρχικούς, καὶ τοὺς ὅρκους
ἐναντίους ἢ νῦν ὀμνύναι τοὺς ὀλιγαρχικούς· νῦν μὲν γὰρ ἐν
ἐνίαις ὀμνύουσι " καὶ τῷ δήμῳ κακόνους ἔσομαι καὶ βουλεύσω
ὅ τι ἂν ἔχω κακόν", χρὴ δὲ καὶ ὑπολαμβάνειν καὶ ὑπο- 10
κρίνεσθαι τοὐναντίον, ἐπισημαινομένους ἐν τοῖς ὅρκοις ὅτι " οὐκ
ἀδικήσω τὸν δῆμον". 12

μέγιστον δὲ πάντων τῶν εἰρημένων 12
πρὸς τὸ διαμένειν τὰς πολιτείας, οὗ νῦν ὀλιγωροῦσι πάντες,
τὸ παιδεύεσθαι πρὸς τὰς πολιτείας. ὄφελος γὰρ οὐθὲν τῶν
ὠφελιμωτάτων νόμων καὶ συνδεδοξασμένων ὑπὸ πάντων 15
τῶν πολιτευομένων, εἰ μὴ ἔσονται εἰθισμένοι καὶ πεπαιδευ-
μένοι ἐν τῇ πολιτείᾳ, εἰ μὲν οἱ νόμοι δημοτικοί, δημοτι-
κῶς, εἰ δ᾽ ὀλιγαρχικοί, ὀλιγαρχικῶς. εἴπερ γὰρ ἔστιν ἐφ᾽
ἑνὸς ἀκρασία, ἔστι καὶ ἐπὶ πόλεως. ἔστι δὲ τὸ πεπαιδεῦ-
σθαι πρὸς τὴν πολιτείαν οὐ τοῦτο, τὸ ποιεῖν οἷς χαίρουσιν οἱ 20

37 ποῖαι P²P³π²   38 μὲν om. Π¹Hᵃπ³   αὐτῶν ἐνδέχεται Π¹
1310ᵃ 6 τῶν Pˢ: om. cet.   9 κακόννους Mˢ   10 ἔχῃ MˢΓ
18 ἤπερ Π¹

171

ὀλιγαρχοῦντες ἢ οἱ δημοκρατίαν βουλόμενοι, ἀλλ' οἷς δυνή-
σονται οἱ μὲν ὀλιγαρχεῖν οἱ δὲ δημοκρατεῖσθαι. νῦν δ' ἐν
μὲν ταῖς ὀλιγαρχίαις οἱ τῶν ἀρχόντων υἱοὶ τρυφῶσιν, οἱ
δὲ τῶν ἀπόρων γίγνονται γεγυμνασμένοι καὶ πεπονηκότες,
25 ὥστε καὶ βούλονται μᾶλλον καὶ δύνανται νεωτερίζειν· ἐν δὲ
ταῖς δημοκρατίαις ταῖς μάλιστα εἶναι δοκούσαις δημοκρατι-
καῖς τοὐναντίον τοῦ συμφέροντος καθέστηκεν, αἴτιον δὲ τούτου
ὅτι κακῶς ὁρίζονται τὸ ἐλεύθερον. δύο γάρ ἐστιν οἷς ἡ δημο-
κρατία δοκεῖ ὡρίσθαι, τῷ τὸ πλεῖον εἶναι κύριον καὶ τῇ
30 ἐλευθερίᾳ· τὸ μὲν γὰρ ἴσον δίκαιον δοκεῖ εἶναι, ἴσον δ' ὅ τι
ἂν δόξῃ τῷ πλήθει, τοῦτ' εἶναι κύριον, ἐλεύθερον δὲ [καὶ
ἴσον] τὸ ὅ τι ἂν βούληταί τις ποιεῖν· ὥστε ζῇ ἐν ταῖς τοι-
αύταις δημοκρατίαις ἕκαστος ὡς βούλεται, καὶ εἰς ὃ χρῄζων,
ὡς φησὶν Εὐριπίδης· τοῦτο δ' ἐστὶ φαῦλον· οὐ γὰρ δεῖ
35 οἴεσθαι δουλείαν εἶναι τὸ ζῆν πρὸς τὴν πολιτείαν, ἀλλὰ
σωτηρίαν. ἐξ ὧν μὲν οὖν αἱ πολιτεῖαι μεταβάλλουσι καὶ
φθείρονται, καὶ διὰ τίνων σῴζονται καὶ διαμένουσιν, ὡς
ἁπλῶς εἰπεῖν τοσαῦτά ἐστιν.

Λείπεται δ' ἐπελθεῖν καὶ περὶ μοναρχίας, ἐξ ὧν τε 10
40 φθείρεται καὶ δι' ὧν σῴζεσθαι πέφυκεν. σχεδὸν δὲ παρα-
1310ᵇ πλήσια τοῖς εἰρημένοις περὶ τὰς πολιτείας ἐστὶ καὶ τὰ συμ-
βαίνοντα περὶ τὰς βασιλείας καὶ τὰς τυραννίδας. ἡ μὲν
γὰρ βασιλεία κατὰ τὴν ἀριστοκρατίαν ἐστίν, ἡ δὲ τυραννὶς
ἐξ ὀλιγαρχίας τῆς ὑστάτης σύγκειται καὶ δημοκρατίας·
5 διὸ δὴ καὶ βλαβερωτάτη τοῖς ἀρχομένοις ἐστίν, ἅτε ἐκ δυοῖν
συγκειμένη κακῶν καὶ τὰς παρεκβάσεις καὶ τὰς ἁμαρ-
τίας ἔχουσα τὰς παρ' ἀμφοτέρων τῶν πολιτειῶν. ὑπάρχει
δ' ἡ γένεσις εὐθὺς ἐξ ἐναντίων ἑκατέρᾳ τῶν μοναρχιῶν·
ἡ μὲν γὰρ βασιλεία πρὸς βοήθειαν τὴν ἐπὶ τὸν δῆμον τοῖς

---

21 ἢ] καὶ P¹Γ   30 ἴσον δίκαιον Richards: δίκαιον ἴσον codd.
31 καὶ ἴσον secl. Spengel   32 ζῆν Hᵃπ³   33 χρῄζειν π³: abundat
Guil.   34 Eur. fr. 891 (Nauck²)   39 καὶ om. Π¹   1310ᵇ 5
δυεῖν P², pr. P³   9 ἐπὶ τὸν δῆμον Rassow: ἀπὸ τοῦ δήμου codd. Γ

ἐπιεικέσι γέγονεν, καὶ καθίσταται βασιλεὺς ἐκ τῶν ἐπιεικῶν 10
καθ᾽ ὑπεροχὴν ἀρετῆς ἢ πράξεων τῶν ἀπὸ τῆς ἀρετῆς, ἢ
καθ᾽ ὑπεροχὴν τοιούτου γένους, ὁ δὲ τύραννος ἐκ τοῦ δήμου καὶ
τοῦ πλήθους ἐπὶ τοὺς γνωρίμους, ὅπως ὁ δῆμος ἀδικῆται μη-
δὲν ὑπ᾽ αὐτῶν. φανερὸν δ᾽ ἐκ τῶν συμβεβηκότων. σχεδὸν
γὰρ οἱ πλεῖστοι τῶν τυράννων γεγόνασιν ἐκ δημαγωγῶν 15
ὡς εἰπεῖν, πιστευθέντες ἐκ τοῦ διαβάλλειν τοὺς γνωρίμους.
αἱ μὲν γὰρ τοῦτον τὸν τρόπον κατέστησαν τῶν τυραννίδων, ἤδη
τῶν πόλεων ηὐξημένων, αἱ δὲ πρὸ τούτων ἐκ τῶν βασι-
λέων παρεκβαινόντων τὰ πάτρια καὶ δεσποτικωτέρας ἀρχῆς
ὀρεγομένων, αἱ δὲ ἐκ τῶν αἱρετῶν ἐπὶ τὰς κυρίας ἀρχάς 20
(τὸ γὰρ ἀρχαῖον οἱ δῆμοι καθίστασαν πολυχρονίους τὰς
δημιουργίας καὶ τὰς θεωρίας), αἱ δ᾽ ἐκ τῶν ὀλιγαρχιῶν,
αἱρουμένων ἕνα τινὰ κύριον ἐπὶ τὰς μεγίστας ἀρχάς. πᾶσι
γὰρ ὑπῆρχε τοῖς τρόποις τούτοις τὸ κατεργάζεσθαι ῥᾳδίως,
εἰ μόνον βουληθεῖεν, διὰ τὸ δύναμιν προϋπάρχειν τοῖς μὲν 25
βασιλικῆς ἀρχῆς τοῖς δὲ τὴν τῆς τιμῆς· οἷον Φείδων μὲν
περὶ Ἄργος καὶ ἕτεροι τύραννοι κατέστησαν βασιλείας
ὑπαρχούσης, οἱ δὲ περὶ τὴν Ἰωνίαν καὶ Φάλαρις ἐκ τῶν
τιμῶν, Παναίτιος δ᾽ ἐν Λεοντίνοις καὶ Κύψελος ἐν Κορίνθῳ
καὶ Πεισίστρατος Ἀθήνησι καὶ Διονύσιος ἐν Συρακούσαις 30
καὶ ἕτεροι τὸν αὐτὸν τρόπον ἐκ δημαγωγίας. καθάπερ οὖν
εἴπομεν, ἡ βασιλεία τέτακται κατὰ τὴν ἀριστοκρατίαν.
κατ᾽ ἀξίαν γάρ ἐστιν, ἢ κατ᾽ ἰδίαν ἀρετὴν ἢ κατὰ γένος,
ἢ κατ᾽ εὐεργεσίας, ἢ κατὰ ταῦτά τε καὶ δύναμιν. ἅπαν-
τες γὰρ εὐεργετήσαντες ἢ δυνάμενοι τὰς πόλεις ἢ τὰ ἔθνη 35
εὐεργετεῖν ἐτύγχανον τῆς τιμῆς ταύτης, οἱ μὲν κατὰ πόλε-
μον κωλύσαντες δουλεύειν, ὥσπερ Κόδρος, οἱ δ᾽ ἐλευθε-
ρώσαντες, ὥσπερ Κῦρος, ἢ κτίσαντες ἢ κτησάμενοι χώραν,

10 ἐκ om. Π¹   15 δημαγωγοῦ Ρ²Ρ³   17 τῶν τυράννων π³:
αἱ τυραννίδες Π¹   18 ἔκ τε π³   24 τοῦτο εἰς τὸ Π¹
29 κύψελλος Ρ¹π³   33 γένους ΗᵃΠ²   37 κέδρος Ρ²Ρ³π³   38 κτή-
σαι τες Ηᵃ et ut vid. pr. Ρ¹

ὥσπερ οἱ Λακεδαιμονίων βασιλεῖς καὶ Μακεδόνων καὶ
40 Μολοττῶν. βούλεται δ' ὁ βασιλεὺς εἶναι φύλαξ, ὅπως οἱ
1311ᵃ μὲν κεκτημένοι τὰς οὐσίας μηθὲν ἄδικον πάσχωσιν, ὁ δὲ
δῆμος μὴ ὑβρίζηται μηθέν· ἡ δὲ τυραννίς, ὥσπερ εἴρηται
πολλάκις, πρὸς οὐδὲν ἀποβλέπει κοινόν, εἰ μὴ τῆς ἰδίας
ὠφελείας χάριν. ἔστι δὲ σκοπὸς τυραννικὸς μὲν τὸ ἡδύ,
5 βασιλικὸς δὲ τὸ καλόν. διὸ καὶ τῶν πλεονεκτημάτων τὰ
μὲν χρημάτων τυραννικά, τὰ δ' εἰς τιμὴν βασιλικὰ μᾶλ-
λον· καὶ φυλακὴ βασιλικὴ μὲν πολιτική, τυραννικὴ δὲ
8 διὰ ξένων.

8   ὅτι δ' ἡ τυραννὶς ἔχει κακὰ καὶ τὰ τῆς δημο-
κρατίας καὶ τὰ τῆς ὀλιγαρχίας, φανερόν· ἐκ μὲν ὀλιγαρ-
10 χίας τὸ τὸ τέλος εἶναι πλοῦτον (οὕτω γὰρ καὶ δια-
μένειν ἀναγκαῖον μόνως τήν τε φυλακὴν καὶ τὴν τρυφήν),
καὶ τὸ τῷ πλήθει μηδὲν πιστεύειν (διὸ καὶ τὴν παραίρεσιν
ποιοῦνται τῶν ὅπλων), καὶ τὸ κακοῦν τὸν ὄχλον καὶ τὸ ἐκ
τοῦ ἄστεως ἀπελαύνειν καὶ διοικίζειν ἀμφοτέρων κοινόν, καὶ
15 τῆς ὀλιγαρχίας καὶ τῆς τυραννίδος· ἐκ δημοκρατίας δὲ τὸ
πολεμεῖν τοῖς γνωρίμοις καὶ διαφθείρειν λάθρᾳ καὶ φανε-
ρῶς καὶ φυγαδεύειν ὡς ἀντιτέχνους καὶ πρὸς τὴν ἀρχὴν
ἐμποδίους. ἐκ γὰρ τούτων συμβαίνει γίγνεσθαι καὶ τὰς
ἐπιβουλάς, τῶν μὲν ἄρχειν αὐτῶν βουλομένων, τῶν δὲ μὴ
20 δουλεύειν. ὅθεν καὶ τὸ Περιάνδρου πρὸς Θρασύβουλον συμ-
βούλευμά ἐστιν, ἡ τῶν ὑπερεχόντων σταχύων κόλουσις, ὡς
δέον αἰεὶ τοὺς ὑπερέχοντας τῶν πολιτῶν ἀναιρεῖν. καθάπερ
οὖν σχεδὸν ἐλέχθη, τὰς αὐτὰς ἀρχὰς δεῖ νομίζειν περί τε
τὰς πολιτείας εἶναι τῶν μεταβολῶν καὶ περὶ τὰς μοναρ-
25 χίας· διά τε γὰρ ἀδικίαν καὶ διὰ φόβον καὶ διὰ κατα-

1311ᵃ 6 χρημάτων Γ: κτήματα Hᵃ: χρήματα cet.   10 τὸ τὸ Aretinus
et corr. P⁵: τῶ τὸ MᵃΠᵃΓ: τὸ Hᵃ: τῶ P¹   11 τροφήν HᵃΠᵃ   12 παρ-
αίνεσιν Mᵃ, pr. Pᵃπᵃ   14 ἄστεως edd.: ἄστεος codd.   15 δὲ+καὶ
HᵃMᵃΓ   20 βουλεύειν Mᵃ: βουλομένων Γ   22 τῶν πολιτῶν τοὺς
ὑπερέχοντας MᵃP¹   23 σχεδὸν om. Hᵃ, pr. P¹: ante τὰς posuit Spengel
24 τῶν μεταβολῶν ante 23 αὐτὰς MᵃΓ

φρόνησιν ἐπιτίθενται πολλοὶ τῶν ἀρχομένων ταῖς μοναρ-
χίαις (τῆς δὲ ἀδικίας μάλιστα δι᾽ ὕβριν), ἐνίοτε δὲ καὶ διὰ
τὴν τῶν ἰδίων στέρησιν.   28

ἔστι δὲ καὶ τὰ τέλη ταὐτά, καθ- 28
άπερ κἀκεῖ, καὶ περὶ τὰς τυραννίδας καὶ τὰς βασιλείας·
μέγεθος γὰρ ὑπάρχει πλούτου καὶ τιμῆς τοῖς μονάρχοις, 30
ὧν ἐφίενται πάντες. τῶν δ᾽ ἐπιθέσεων αἱ μὲν ἐπὶ τὸ σῶμα
γίγνονται τῶν ἀρχόντων, αἱ δ᾽ ἐπὶ τὴν ἀρχήν. αἱ μὲν οὖν
δι᾽ ὕβριν ἐπὶ τὸ σῶμα. τῆς δ᾽ ὕβρεως οὔσης πολυμεροῦς,
ἕκαστον αὐτῶν αἴτιον γίγνεται τῆς ὀργῆς· τῶν δ᾽ ὀργιζο-
μένων σχεδὸν οἱ πλεῖστοι τιμωρίας χάριν ἐπιτίθενται, ἀλλ᾽ 35
οὐχ ὑπεροχῆς. οἷον ἡ μὲν τῶν Πεισιστρατιδῶν διὰ τὸ προ-
πηλακίσαι μὲν τὴν Ἁρμοδίου ἀδελφὴν ἐπηρεάσαι δ᾽ Ἁρμό-
διον (ὁ μὲν γὰρ Ἁρμόδιος διὰ τὴν ἀδελφήν, ὁ δὲ Ἀριστο-
γείτων διὰ τὸν Ἁρμόδιον), ἐπεβούλευσαν δὲ καὶ Περι-
άνδρῳ τῷ ἐν Ἀμβρακίᾳ τυράννῳ διὰ τὸ συμπίνοντα μετὰ 40
τῶν παιδικῶν ἐρωτῆσαι αὐτὸν εἰ ἤδη ἐξ αὐτοῦ κύει· ἡ δὲ 1311ᵇ
Φιλίππου ὑπὸ Παυσανίου διὰ τὸ ἐᾶσαι ὑβρισθῆναι αὐτὸν
ὑπὸ τῶν περὶ Ἄτταλον, καὶ ἡ Ἀμύντου τοῦ μικροῦ ὑπὸ
Δέρδα διὰ τὸ καυχήσασθαι εἰς τὴν ἡλικίαν αὐτοῦ, καὶ ἡ
τοῦ εὐνούχου Εὐαγόρᾳ τῷ Κυπρίῳ· διὰ γὰρ τὸ τὴν γυναῖκα 5
παρελέσθαι τὸν υἱὸν αὐτοῦ ἀπέκτεινεν ὡς ὑβρισμένος. πολ-
λαὶ δ᾽ ἐπιθέσεις γεγένηνται καὶ διὰ τὸ εἰς τὸ σῶμα αἰσχῦ-
ναι τῶν μονάρχων τινάς. οἷον καὶ ἡ Κραταίου εἰς Ἀρχέ-
λαον· ἀεὶ γὰρ βαρέως εἶχε πρὸς τὴν ὁμιλίαν, ὥστε ἱκανὴ καὶ
ἐλάττων ⟨ἂν⟩ ἐγένετο πρόφασις—ἢ διότι τῶν θυγατέρων οὐδε- 10
μίαν ἔδωκεν ὁμολογήσας αὐτῷ, ἀλλὰ τὴν μὲν προτέραν,
κατεχόμενος ὑπὸ πολέμου πρὸς Σίρραν καὶ Ἀρράβαιον,
ἔδωκε τῷ βασιλεῖ τῷ τῆς Ἐλιμείας, τὴν δὲ νεωτέραν τῷ

28 ταῦτα HᵃΠᵃ   30 μονάρχαις MˢP¹   37 δ᾽ ἁρμοδίω Mˢ et
ut vid. Γ   1311ᵇ 7 αἰσχύνεσθαι Πᵃ   8 μοναρχῶν Γ   κραταιοῦ
MˢP¹   10 ἂν addidi   ἡ Π¹, pr. Hᵃ   12 ἀράβαιον pr. Hᵃ, pr. P¹
13 ἐλιβείας Πᵃ

υἱεῖ Ἀμύντα, οἰόμενος οὕτως ἂν ἐκεῖνον ἥκιστα διαφέρεσθαι
15 καὶ τὸν ἐκ τῆς Κλεοπάτρας· ἀλλὰ τῆς γε ἀλλοτριότητος
ὑπῆρχεν ἀρχὴ τὸ βαρέως φέρειν πρὸς τὴν ἀφροδισιαστικὴν
χάριν. συνεπέθετο δὲ καὶ Ἑλλανοκράτης ὁ Λαρισαῖος διὰ
τὴν αὐτὴν αἰτίαν· ὡς γὰρ χρώμενος αὐτοῦ τῇ ἡλικίᾳ οὐ
κατῆγεν ὑποσχόμενος, δι' ὕβριν καὶ οὐ δι' ἐρωτικὴν ἐπι-
20 θυμίαν ᾤετο εἶναι τὴν γεγενημένην ὁμιλίαν. Πύθων δὲ
καὶ Ἡρακλείδης οἱ Αἴνιοι Κότυν διέφθειραν τῷ πατρὶ τιμω-
ροῦντες, Ἀδάμας δ' ἀπέστη Κότυος διὰ τὸ ἐκτμηθῆναι
23 παῖς ὢν ὑπ' αὐτοῦ, ὡς ὑβρισμένος.

23   πολλοὶ δὲ καὶ διὰ τὸ
εἰς τὸ σῶμα αἰκισθῆναι πληγαῖς ὀργισθέντες οἱ μὲν δι-
25 έφθειραν, οἱ δ' ἐνεχείρησαν ὡς ὑβρισθέντες, καὶ τῶν περὶ
τὰς ἀρχὰς καὶ βασιλικὰς δυναστείας. οἷον ἐν Μυτιλήνῃ
τοὺς Πενθιλίδας Μεγακλῆς περιόντας καὶ τύπτοντας ταῖς
κορύναις ἐπιθέμενος μετὰ τῶν φίλων ἀνεῖλεν, καὶ ὕστερον
Σμέρδης Πενθίλον πληγὰς λαβὼν καὶ παρὰ τῆς γυναικὸς
30 ἐξελκυσθεὶς διέφθειρεν. καὶ τῆς Ἀρχελάου δ' ἐπιθέσεως Δεκά-
μνιχος ἡγεμὼν ἐγένετο, παροξύνων τοὺς ἐπιθεμένους πρῶ-
τος· αἴτιον δὲ τῆς ὀργῆς ὅτι αὐτὸν ἐξέδωκε μαστιγῶσαι
Εὐριπίδῃ τῷ ποιητῇ· ὁ δ' Εὐριπίδης ἐχαλέπαινεν εἰπόντος
τι αὐτοῦ εἰς δυσωδίαν τοῦ στόματος. καὶ ἄλλοι δὲ πολλοὶ
35 διὰ τοιαύτας αἰτίας οἱ μὲν ἀνῃρέθησαν οἱ δ' ἐπεβουλεύθη-
σαν. ὁμοίως δὲ καὶ διὰ φόβον· ἓν γάρ τι τοῦτο τῶν αἰτίων
ἦν, ὥσπερ καὶ περὶ τὰς πολιτείας καὶ τὰς μοναρχίας· οἷον
Ξέρξην Ἀρταπάνης φοβούμενος τὴν διαβολὴν τὴν περὶ Δα-

14 υἱῷ Μᵃ Pⁱ   Ἀμύντᾳ an Ἀμύντα ex codd. non patet: ἀμύντω Hᵃ
18 τῇ ἡλικίᾳ αὐτοῦ Π¹   20 Πύθων Fabius Benevolentius: πάρθων
Hᵃ: πύρρων Π¹: πάρρων Π²: πάρων πᵃ   23 πολλοὺς Richards
26 Μυτιλήνῃ Immisch (cf. Rhet. 1398ᵇ12): μιτιλήνη pr. Pᵃ, πᵃ: μιτυλήνη
cet.   27 Πενθιλίδας Schneider: πενθαλίδας HᵃΠ²P¹Γ: πενθαλήδας pr. Μᵃ:
πενταλίδας πᵃ   περιόντας ΜᵃP²PᵃΓ   29 Σμέρδις Camotius: Σμερδίης
ci. Immisch   πένθιλον HᵃΠ²: πένθιμον πᵃ   35 τοιαύτης HᵃΠ²
36 αἰτίων HᵃΜᵃΠᵃΓ   37 καὶ . . . πολιτείας om. Π¹

ρεῖον, ὅτι ἐκρέμασεν οὐ κελεύσαντος Ξέρξου, ἀλλ᾽ οἰόμενος συγγνώσεσθαι ὡς ἀμνημονοῦντα διὰ τὸ δειπνεῖν. αἱ δὲ διὰ 40 καταφρόνησιν, ὥσπερ Σαρδανάπαλλον ἰδών τις ξαίνοντα 1312ᵃ μετὰ τῶν γυναικῶν (εἰ ἀληθῆ ταῦτα οἱ μυθολογοῦντες λέγουσιν· εἰ δὲ μὴ ἐπ᾽ ἐκείνου, ἀλλ᾽ ἐπ᾽ ἄλλου γε ἂν γένοιτο τοῦτο ἀληθές), καὶ Διονυσίῳ τῷ ὑστέρῳ Δίων ἐπέθετο διὰ τὸ καταφρονεῖν, ὁρῶν τούς τε πολίτας οὕτως ἔχοντας καὶ 5 αὐτὸν ἀεὶ μεθύοντα. καὶ τῶν φίλων δέ τινες ἐπιτίθενται διὰ καταφρόνησιν· διὰ γὰρ τὸ πιστεύεσθαι καταφρονοῦσιν ὡς λήσοντες. καὶ οἱ οἰόμενοι δύνασθαι κατασχεῖν τὴν ἀρχὴν τρόπον τινὰ διὰ τὸ καταφρονεῖν ἐπιτίθενται· ὡς δυνάμενοι γὰρ καὶ καταφρονοῦντες τοῦ κινδύνου διὰ τὴν δύ- 10 ναμιν ἐπιχειροῦσι ῥᾳδίως, ὥσπερ οἱ στρατηγοῦντες τοῖς μο- νάρχοις, οἷον Κῦρος Ἀστυάγει καὶ τοῦ βίου καταφρονῶν καὶ τῆς δυνάμεως διὰ τὸ τὴν μὲν δύναμιν ἐξηργηκέναι αὐτὸν δὲ τρυφᾶν, καὶ Σεύθης ὁ Θρᾷξ Ἀμαδόκῳ στρατηγὸς ὤν. οἱ δὲ καὶ διὰ πλείω τούτων ἐπιτίθενται, οἷον καὶ κατα- 15 φρονοῦντες καὶ διὰ κέρδος, ὥσπερ Ἀριοβαρζάνῃ Μιθριδάτης (μάλιστα δὲ διὰ ταύτην τὴν αἰτίαν ἐγχειροῦσιν οἱ τὴν φύσιν μὲν θρασεῖς, τιμὴν δ᾽ ἔχοντες πολεμικὴν παρὰ τοῖς μο- νάρχοις· ἀνδρεία γὰρ δύναμιν ἔχουσα θράσος ἐστίν), δι᾽ ἃς ἀμφοτέρας, ὡς ῥᾳδίως κρατήσοντες, ποιοῦνται τὰς ἐπιθέσεις. 20

τῶν δὲ διὰ φιλοτιμίαν ἐπιτιθεμένων ἕτερος τρόπος ἔστι τῆς αἰτίας παρὰ τοὺς εἰρημένους πρότερον. οὐ γὰρ ὥσπερ ἔνιοι τοῖς τυράννοις ἐπιχειροῦσιν ὁρῶντες κέρδη τε μεγάλα καὶ τιμὰς μεγάλας οὔσας αὐτοῖς, οὕτω καὶ τῶν διὰ φιλο- τιμίαν ἐπιτιθεμένων ἕκαστος προαιρεῖται κινδυνεύειν· ἀλλ᾽ 25 ἐκεῖνοι μὲν διὰ τὴν εἰρημένην αἰτίαν, οὗτοι δ᾽ ὥσπερ κἂν

40 συγγνῶσθαι HᵃMᵃ: συγγνώσθαι pr. P¹: indulgeri Guil.   1312ᵃ 1 σαρ- δανάπαλλον Hᵃ: σαρδανάπαλον cet.   2 ἀληθῶς fort. Γ   4 τοῦτο om. πᵃ: τὸ PᵃPᵃπᵃ   10 καὶ om. Π¹   12 ἀστυάγη πᵃ: ἀστυάγει πᵃ   14 θρᾷξ HᵃMᵃP¹   17–20 μάλιστα ... ἐπιθέσεις post   6 μεθύοντα traicienda censet Newman   17 τὴνᵃ+μὲν Hᵃ, ?Γ   24 αὐτοῖς om. Hᵃ: αὑτοῖς fort. P¹

ἄλλης τινὸς γενομένης πράξεως περιττῆς καὶ δι' ἣν ὀνο-
μαστοὶ γίγνονται καὶ γνώριμοι τοῖς ἄλλοις, οὕτω καὶ
τοῖς μονάρχοις ἐγχειροῦσιν, οὐ κτήσασθαι βουλόμενοι
30 μοναρχίαν ἀλλὰ δόξαν. οὐ μὴν ἀλλ' ἐλάχιστοί γε τὸν
ἀριθμόν εἰσιν οἱ διὰ ταύτην τὴν αἰτίαν ὁρμῶντες· ὑπο-
κεῖσθαι γὰρ δεῖ τὸ τοῦ σωθῆναι μηδὲν φροντίζειν, ἂν μὴ
μέλλῃ κατασχήσειν τὴν πρᾶξιν. οἷς ἀκολουθεῖν μὲν δεῖ
τὴν Δίωνος ὑπόληψιν, οὐ ῥάδιον δ' αὐτὴν ἐγγενέσθαι πολ-
35 λοῖς· ἐκεῖνος γὰρ μετ' ὀλίγων ἐστράτευσεν ἐπὶ Διονύσιον
οὕτως ἔχειν φάσκων ὡς, ὅποι περ ἂν δύνηται προελθεῖν,
ἱκανὸν αὐτῷ τοσοῦτον μετασχεῖν τῆς πράξεως, οἷον εἰ μι-
κρὸν ἐπιβάντα τῆς γῆς εὐθὺς συμβαίη τελευτῆσαι, τοῦτον
39 καλῶς ἔχειν αὐτῷ τὸν θάνατον.

39   φθείρεται δὲ τυραννὶς ἕνα
40 μὲν τρόπον, ὥσπερ καὶ τῶν ἄλλων ἑκάστη πολιτειῶν, ἔξω-
1312ᵇ θεν, ἐὰν ἐναντία τις ᾖ πολιτεία κρείττων (τὸ μὲν γὰρ
βούλεσθαι δῆλον ὡς ὑπάρξει διὰ τὴν ἐναντιότητα τῆς
προαιρέσεως· ἃ δὲ βούλονται, δυνάμενοι πράττουσι πάντες),
ἐναντίαι δ' αἱ πολιτεῖαι, δῆμος μὲν τυραννίδι καθ' Ἡσίο-
5 δον ὡς κεραμεὺς κεραμεῖ (καὶ γὰρ ἡ δημοκρατία ἡ τελευ-
ταία τυραννίς ἐστιν), βασιλεία δὲ καὶ ἀριστοκρατία διὰ
τὴν ἐναντιότητα τῆς πολιτείας (διὸ Λακεδαιμόνιοι πλείστας
κατέλυσαν τυραννίδας καὶ Συρακούσιοι κατὰ τὸν χρόνον ὃν
ἐπολιτεύοντο καλῶς)· ἕνα δ' ἐξ αὑτῆς, ὅταν οἱ μετέχοντες
10 στασιάζωσιν, ὥσπερ ἡ τῶν περὶ Γέλωνα καὶ νῦν ἡ τῶν
περὶ Διονύσιον, ἡ μὲν Γέλωνος Θρασυβούλου τοῦ Ἱέρωνος

28 τοῖς ἄλλοις καὶ γνώριμοι Π¹   29 μονάρχαις ΜˢΓ   31 οἱ
om. ΜˢΡ¹   32 μὴ om. Π¹   34 γενέσθαι ΜˢΡ¹: adesse Guil.
36 ὅποι Thompson: ὅπου codd. Γ   37 αὐτῷ Γ: αὐτῷ codd.
38 τελευτῆσαι+τὸν βίον Ρ¹   39 αὑτῷ Γ: αὐτῷ Π²Ρ¹: αὐτοῦ Ηª: αὐτὸν
pr. Μˢ   40 πολιτειῶν ἑκάστη Π¹   1312ᵇ 2 βουλεύεσθαι Μˢπ²Γ
4 αἱ om. Π¹   cf. Hes. Op. 25   5 κεραμεὺς κεραμεῖ cum codd.
Hesiodeis Π¹: κεραμεῖ κεραμεύς Π²ΗªΠ²   8 συρακόσιοι pr. Ρˢ
9 ἐξ αὑτῆς Μˢ: ἐξαυτῆς Ηª: ἐξ αὖ superscripto τ Ρ²Ρˢ: ἐξ αὐτοῦ vel ἐξ
αὑτοῦ vel ἐξ αὑτῶν π²

ἀδελφοῦ τὸν υἱὸν τοῦ Γέλωνος δημαγωγοῦντος καὶ πρὸς ἡδο-
νὰς ὁρμῶντος, ἵν' αὐτὸς ἄρχῃ, τῶν δὲ οἰκείων συστάντων,
ἵνα μὴ τυραννὶς ὅλως καταλυθῇ ἀλλὰ Θρασύβουλος—οἱ
δὲ συστάντες αὐτῶν, ὡς καιρὸν ἔχοντες, ἐξέβαλον ἅπαντας 15
αὐτούς· Διονύσιον δὲ Δίων στρατεύσας, κηδεστὴς ὢν καὶ
προσλαβὼν τὸν δῆμον, ἐκεῖνον ἐκβαλὼν διεφθάρη. δύο δὲ
οὐσῶν αἰτιῶν δι' ἃς μάλιστ' ἐπιτίθενται ταῖς τυραννίσι, μί-
σους καὶ καταφρονήσεως, θάτερον μὲν ἀεὶ τούτων ὑπάρχει
τοῖς τυράννοις, τὸ μῖσος, ἐκ δὲ τοῦ καταφρονεῖσθαι πολλαὶ 20
γίνονται τῶν καταλύσεων. σημεῖον δέ· τῶν μὲν γὰρ κτη-
σαμένων οἱ πλεῖστοι καὶ διεφύλαξαν τὰς ἀρχάς, οἱ δὲ
παραλαβόντες εὐθὺς ὡς εἰπεῖν ἀπολλύασι πάντες. ἀπο-
λαυστικῶς γὰρ ζῶντες εὐκαταφρόνητοί τε γίνονται καὶ
πολλοὺς καιροὺς παραδιδόασι τοῖς ἐπιτιθεμένοις. μόριον δέ 25
τι τοῦ μίσους καὶ τὴν ὀργὴν δεῖ τιθέναι· τρόπον γάρ τινα
τῶν αὐτῶν αἰτία γίνεται πράξεων. πολλάκις δὲ καὶ πρακτι-
κώτερον τοῦ μίσους· συντονώτερον γὰρ ἐπιτίθενται διὰ τὸ
μὴ χρῆσθαι λογισμῷ τὸ πάθος (μάλιστα δὲ συμβαίνει
τοῖς θυμοῖς ἀκολουθεῖν διὰ τὴν ὕβριν, δι' ἣν αἰτίαν ἥ τε 30
τῶν Πεισιστρατιδῶν κατελύθη τυραννὶς καὶ πολλαὶ τῶν
ἄλλων), ἀλλὰ μᾶλλον τὸ μῖσος· ἡ μὲν γὰρ ὀργὴ μετὰ
λύπης πάρεστιν, ὥστε οὐ ῥᾴδιον λογίζεσθαι, ἡ δ' ἔχθρα ἄνευ
λύπης.
                                                              34

    ὡς δὲ ἐν κεφαλαίοις εἰπεῖν, ὅσας αἰτίας εἰρήκαμεν 34
τῆς τε ὀλιγαρχίας τῆς ἀκράτου καὶ τελευταίας καὶ τῆς 35
δημοκρατίας τῆς ἐσχάτης, τοσαύτας καὶ τῆς τυραννίδος
θετέον· καὶ γὰρ αὗται τυγχάνουσιν οὖσαι διαιρεταὶ τυραν-
νίδες. βασιλεία δ' ὑπὸ μὲν τῶν ἔξωθεν ἥκιστα φθείρεται,
διὸ καὶ πολυχρόνιός ἐστιν· ἐξ αὐτῆς δ' αἱ πλεῖσται φθοραὶ

13 συστάντων Μᵃ Ρᵃ Γ : συστησάντων Ρ¹ Ρᵃ πᵃ : συστυσάντων Ηᵃ : στασιασάν-
των Richards   14 μὴ] μὴ ἤ ci. Newman   19 ἀεὶ . . . ὑπάρχει
Richards: δεῖ . . . ὑπάρχειν codd. Γ   23 ἀπολλύασι Ηᵃ, pr. Ρᵃ, Πᵃ:
ἀπολλύουσι cet.   26 τιθέναι δεῖ Μᵃ Ρ¹   29 σημαίνει Μᵃ Γ   37 αἱ-
ρεταὶ πᵃ   39 αὐτῆς Ρ¹ πᵃ Γ

συμβαίνουσιν. φθείρεται δὲ κατὰ δύο τρόπους, ἕνα μὲν
1313ᵃ στασιασάντων τῶν μετεχόντων τῆς βασιλείας, ἄλλον δὲ
τρόπον τυραννικώτερον πειρωμένων διοικεῖν, ὅταν εἶναι κύριοι
πλείονων ἀξιῶσι καὶ παρὰ τὸν νόμον. οὐ γίγνονται δ᾽ ἔτι
βασιλεῖαι νῦν, ἀλλ᾽ ἄν περ γίγνωνται, μοναρχίαι καὶ τυραν-
5 νίδες μᾶλλον, διὰ τὸ τὴν βασιλείαν ἑκούσιον μὲν ἀρχὴν
εἶναι, μειζόνων δὲ κυρίαν, πολλοὺς δ᾽ εἶναι τοὺς ὁμοίους, καὶ
μηδένα διαφέροντα τοσοῦτον ὥστε ἀπαρτίζειν πρὸς τὸ μέγε-
θος καὶ τὸ ἀξίωμα τῆς ἀρχῆς. ὥστε διὰ μὲν τοῦτο ἑκόν-
τες οὐχ ὑπομένουσιν· ἂν δὲ δι᾽ ἀπάτης ἄρξῃ τις ἢ βίας,
10 ἤδη δοκεῖ τοῦτο εἶναι τυραννίς. ἐν δὲ ταῖς κατὰ γένος βασι-
λείαις τιθέναι δεῖ τῆς φθορᾶς αἰτίαν πρὸς ταῖς εἰρημέ-
ναις καὶ τὸ γίνεσθαι πολλοὺς εὐκαταφρονήτους, καὶ τὸ δύ-
ναμιν μὴ κεκτημένους τυραννικὴν ἀλλὰ βασιλικὴν τιμὴν
ὑβρίζειν· ῥᾳδία γὰρ ἐγίνετο ἡ κατάλυσις· μὴ βουλομένων
15 γὰρ εὐθὺς οὐκ ἔσται βασιλεύς, ἀλλὰ τύραννος καὶ μὴ
βουλομένων. φθείρονται μὲν οὖν αἱ μοναρχίαι διὰ ταύτας
καὶ τοιαύτας ἑτέρας αἰτίας.

Σῴζονται δὲ δηλονότι ὡς ἁπλῶς μὲν εἰπεῖν ἐκ τῶν 11
ἐναντίων, ὡς δὲ καθ᾽ ἕκαστον τῷ τὰς μὲν βασιλείας ἄγειν
20 ἐπὶ τὸ μετριώτερον. ὅσῳ γὰρ ἂν ἐλαττόνων ὦσι κύριοι,
πλείω χρόνον ἀναγκαῖον μένειν πᾶσαν τὴν ἀρχήν· αὐτοί
τε γὰρ ἧττον γίγνονται δεσποτικοὶ καὶ τοῖς ἤθεσιν ἴσοι μᾶλ-
λον, καὶ ὑπὸ τῶν ἀρχομένων φθονοῦνται ἧττον. διὰ γὰρ
τοῦτο καὶ ἡ περὶ Μολοττοὺς πολὺν χρόνον βασιλεία διέμεινεν,
25 καὶ ἡ Λακεδαιμονίων διὰ τὸ ἐξ ἀρχῆς τε εἰς δύο μέρη
διαιρεθῆναι τὴν ἀρχήν, καὶ πάλιν Θεοπόμπου μετριάσαντος
τοῖς τε ἄλλοις καὶ τὴν τῶν ἐφόρων ἀρχὴν ἐπικαταστήσαν-
τος· τῆς γὰρ δυνάμεως ἀφελὼν ηὔξησε τῷ χρόνῳ τὴν

1313ᵃ 6 κυρίαν δὲ μειζόνων MˢΓ   8–9 οὐχ ὑπομένουσιν ἑκόντες
MˢΓ   10 τοῦτο δοκεῖ τυραννὶς εἶναι Π¹   15 ἀλλὰ scripsi: ἀλλ᾽
ὃ codd.   18 δηλονότι scripsi: δῆλον ὅτι Vahlen: δῆλον codd.   20 ἂν
om. Π¹   22 γίγνονται ἧττον MˢΓ

βασιλείαν, ὥστε τρόπον τινὰ ἐποίησεν οὐκ ἔλαττον' ἀλλὰ
μεῖζον' αὐτήν. ὅπερ καὶ πρὸς τὴν γυναῖκα ἀποκρίνασθαί 30
φασιν αὐτόν, εἰποῦσαν εἰ μηδὲν αἰσχύνεται τὴν βασιλείαν
ἐλάττω παραδιδοὺς τοῖς υἱέσιν ἢ παρὰ τοῦ πατρὸς παρέλα-
βεν· " οὐ δῆτα " φάναι· " παραδίδωμι γὰρ πολυχρονιωτέραν."

αἱ δὲ τυραννίδες σῴζονται κατὰ δύο τρόπους τοὺς ἐναντιω-
τάτους, ὧν ἅτερός ἐστιν ὁ παραδεδομένος καὶ καθ' ὃν δι- 35
οικοῦσιν οἱ πλεῖστοι τῶν τυράννων τὴν ἀρχήν. τούτων δὲ τὰ
πολλά φασι καταστῆσαι Περίανδρον τὸν Κορίνθιον· πολλὰ
δὲ καὶ παρὰ τῆς Περσῶν ἀρχῆς ἔστι τοιαῦτα λαβεῖν.
ἔστι δὲ τά τε πάλαι λεχθέντα πρὸς σωτηρίαν, ὡς οἷόν τε,
τῆς τυραννίδος, τὸ τοὺς ὑπερέχοντας κολούειν καὶ τοὺς φρονη- 40
ματίας ἀναιρεῖν, καὶ μήτε συσσίτια ἐᾶν μήτε ἑταιρίαν
μήτε παιδείαν μήτε ἄλλο μηθὲν τοιοῦτον, ἀλλὰ πάντα 1313^b
φυλάττειν ὅθεν εἴωθε γίγνεσθαι δύο, φρόνημά τε καὶ πίστις,
καὶ μήτε σχολὰς μήτε ἄλλους συλλόγους ἐπιτρέπειν γίγνε-
σθαι σχολαστικούς, καὶ πάντα ποιεῖν ἐξ ὧν ὅτι μάλιστα
ἀγνῶτες ἀλλήλοις ἔσονται πάντες (ἡ γὰρ γνῶσις πίστιν 5
ποιεῖ μᾶλλον πρὸς ἀλλήλους)· καὶ τὸ τοὺς ἐπιδημοῦντας αἰεὶ
φανεροὺς εἶναι καὶ διατρίβειν περὶ θύρας (οὕτω γὰρ ἂν
ἥκιστα λανθάνοιεν τί πράττουσι, καὶ φρονεῖν ἂν ἐθίζοιντο
μικρὸν αἰεὶ δουλεύοντες)· καὶ τἆλλα ὅσα τοιαῦτα Περσικὰ
καὶ βάρβαρα τυραννικά ἐστιν (πάντα γὰρ ταὐτὸν δύναται)· 10
καὶ τὸ μὴ λανθάνειν πειρᾶσθαι ὅσα τυγχάνει τις λέγων
ἢ πράττων τῶν ἀρχομένων, ἀλλ' εἶναι κατασκόπους, οἷον
περὶ Συρακούσας αἱ ποταγωγίδες καλούμεναι, καὶ οὓς
ὠτακουστὰς ἐξέπεμπεν Ἱέρων, ὅπου τις εἴη συνουσία καὶ σύλ-

29 ἔλαττον Hᵃ: ἐλάττον pr. P³   31–32 ἐλάττω τὴν βασιλείαν MˢΓ
38 τῆς] τῶν pr. P²: τῆς τῶν Hᵃπ³   39 δὲ om. Mˢ   τε om. MˢP¹
οἷόν τε] οἴονται ci. Bekker   41 ἑταιρείαν Pˢ: ἑτερεῖαν pr. Hᵃ
1313ᵇ 2 φρονήματά τε MˢPˢP³π³Γ   7 καὶ om. Π¹   8 ἐθίζοντο
pr. Mˢ, P³: ἐθίζωνται pr. Hᵃ   13 συρρακούσας Hᵃ: συρρακουσίους Mˢ:
συρακουσίους Γ   13 οὓς ὠτακουστὰς Coraes: τοὺς ὠτακουστὰς Πˢ, +οὓς Π¹
14 ὁ Ἱέρων MˢP¹

181

15 λογος (παρρησιάζονταί τε γὰρ ἧττον, φοβούμενοι τοὺς τοι-
ούτους, κἂν παρρησιάζωνται, λανθάνουσιν ἧττον)· καὶ τὸ δια-
βάλλειν ἀλλήλοις καὶ συγκρούειν καὶ φίλους φίλοις καὶ
τὸν δῆμον τοῖς γνωρίμοις καὶ τοὺς πλουσίους ἑαυτοῖς. καὶ τὸ
πένητας ποιεῖν τοὺς ἀρχομένους τυραννικόν, ὅπως ἥ τε φυ-
20 λακὴ τρέφηται καὶ πρὸς τῷ καθ' ἡμέραν ὄντες ἄσχολοι
ὦσιν ἐπιβουλεύειν. παράδειγμα δὲ τούτου αἵ τε πυραμίδες
αἱ περὶ Αἴγυπτον καὶ τὰ ἀναθήματα τῶν Κυψελιδῶν
καὶ τοῦ Ὀλυμπίου ἡ οἰκοδόμησις ὑπὸ τῶν Πεισιστρατιδῶν,
καὶ τῶν περὶ Σάμον ἔργων τὰ Πολυκράτεια (πάντα γὰρ ταῦτα
25 δύναται ταὐτόν, ἀσχολίαν καὶ πενίαν τῶν ἀρχομένων)· καὶ
ἡ εἰσφορὰ τῶν τελῶν, οἷον ἐν Συρακούσαις (ἐν πέντε γὰρ
ἔτεσιν ἐπὶ Διονυσίου τὴν οὐσίαν ἅπασαν εἰσενηνοχέναι συν-
έβαινεν). ἔστι δὲ καὶ πολεμοποιὸς ὁ τύραννος, ὅπως δὴ ἄσχολοί
τε ὦσι καὶ ἡγεμόνος ἐν χρείᾳ διατελῶσιν ὄντες. καὶ ἡ
30 μὲν βασιλεία σῴζεται διὰ τῶν φίλων, τυραννικὸν δὲ τὸ
μάλιστ' ἀπιστεῖν τοῖς φίλοις, ὡς βουλομένων μὲν πάντων,
32 δυναμένων δὲ μάλιστα τούτων.

32   καὶ τὰ περὶ τὴν δημοκρα-
τίαν δὲ γιγνόμενα τὴν τελευταίαν τυραννικὰ πάντα, γυναικο-
κρατία τε περὶ τὰς οἰκίας, ἵν' ἐξαγγέλλωσι κατὰ τῶν
35 ἀνδρῶν, καὶ δούλων ἄνεσις διὰ τὴν αὐτὴν αἰτίαν· οὔτε γὰρ
ἐπιβουλεύουσιν οἱ δοῦλοι καὶ αἱ γυναῖκες τοῖς τυράννοις,
εὐημεροῦντάς τε ἀναγκαῖον εὔνους εἶναι καὶ ταῖς τυραννίσι
καὶ ταῖς δημοκρατίαις· καὶ γὰρ ὁ δῆμος εἶναι βούλεται
μόναρχος. διὸ καὶ ὁ κόλαξ παρ' ἀμφοτέροις ἔντιμος, παρὰ
40 μὲν τοῖς δήμοις ὁ δημαγωγός (ἔστι γὰρ ὁ δημαγωγὸς τοῦ
δήμου κόλαξ), παρὰ δὲ τοῖς τυράννοις οἱ ταπεινῶς ὁμιλοῦντες,
1314ᵃ ὅπερ ἐστὶν ἔργον κολακείας. καὶ γὰρ διὰ τοῦτο πονηρόφιλον

15 γὰρ om. Mᵃₚ¹   19 ἥ τε Victorius: μήτε codd. Γ
23 Ὀλυμπιείου Susemihl   24 ἔργων τὰ Coraes: ἔργα codd. Γ
26 Συρρακούσαις HᵃMᵃ   28–29 ὅπως . . . τε om. in lac. pr. Pᵃ
28 ὅπως δὴ] ὅπως ΠᵃPᵃ: ὅπερ Hᵃ   32 τούτων om. MᵃΓ: +αὐτὸν
καθελεῖν πᵃ   33 δὲ] δ' ἔτι Π¹   39 ἀμφοτέραις Π¹

182

ἡ τυραννίς· κολακευόμενοι γὰρ χαίρουσιν, τοῦτο δ᾽ οὐδ᾽ ἂν εἷς
ποιήσειε φρόνημα ἔχων ἐλεύθερον, ἀλλὰ φιλοῦσιν οἱ ἐπι-
εικεῖς, ἢ οὐ κολακεύουσιν. καὶ χρήσιμοι οἱ πονηροὶ εἰς τὰ πο-
νηρά· ἥλῳ γὰρ ὁ ἧλος, ὥσπερ ἡ παροιμία. καὶ τὸ μη- 5
δενὶ χαίρειν σεμνῷ μηδ᾽ ἐλευθέρῳ τυραννικόν (αὑτὸν γὰρ
εἶναι μόνον ἀξιοῖ τοιοῦτον ὁ τύραννος, ὁ δ᾽ ἀντισεμνυνόμενος
καὶ ἐλευθεριάζων ἀφαιρεῖται τὴν ὑπεροχὴν καὶ τὸ δεσπο-
τικὸν τῆς τυραννίδος· μισοῦσιν οὖν ὥσπερ καταλύοντας τὴν
ἀρχήν)· καὶ τὸ χρῆσθαι συσσίτοις καὶ συνημερευταῖς ξενι- 10
κοῖς μᾶλλον ἢ πολιτικοῖς τυραννικόν, ὡς τοὺς μὲν πολε-
μίους τοὺς δ᾽ οὐκ ἀντιποιουμένους—ταῦτα καὶ τὰ τοιαῦτα τυ-
ραννικὰ μὲν καὶ σωτήρια τῆς ἀρχῆς, οὐθὲν δ᾽ ἐλλείπει
μοχθηρίας. ἔστι δ᾽ ὡς εἰπεῖν πάντα ταῦτα περιειλημμένα
τρισὶν εἴδεσιν. στοχάζεται γὰρ ἡ τυραννὶς τριῶν, ἑνὸς μὲν 15
τοῦ μικρὰ φρονεῖν τοὺς ἀρχομένους (οὐθεὶ γὰρ ἂν μικρό-
ψυχος ἐπιβουλεύσειεν), δευτέρου δὲ τοῦ διαπιστεῖν ἀλλήλοις (οὐ
καταλύεται γὰρ πρότερον τυραννὶς πρὶν ἢ πιστεύσωσί τινες
ἑαυτοῖς· διὸ καὶ τοῖς ἐπιεικέσι πολεμοῦσιν ὡς βλαβεροῖς
πρὸς τὴν ἀρχὴν οὐ μόνον διὰ τὸ μὴ ἀξιοῦν ἄρχεσθαι δε- 20
σποτικῶς, ἀλλὰ καὶ διὰ τὸ πιστοὺς καὶ ἑαυτοῖς καὶ τοῖς
ἄλλοις εἶναι καὶ μὴ καταγορεύειν μήτε ἑαυτῶν μήτε τῶν
ἄλλων)· τρίτον δ᾽ ἀδυναμία τῶν πραγμάτων (οὐθεὶς γὰρ
ἐπιχειρεῖ τοῖς ἀδυνάτοις, ὥστε οὐδὲ τυραννίδα καταλύειν μὴ
δυνάμεως ὑπαρχούσης). εἰς οὓς μὲν οὖν ὅρους ἀνάγεται τὰ 25
βουλεύματα τῶν τυράννων, οὗτοι τρεῖς τυγχάνουσιν ὄντες·
πάντα γὰρ ἀναγάγοι τις ἂν τὰ τυραννικὰ πρὸς ταύτας
τὰς ὑποθέσεις, τὰ μὲν ὅπως μὴ πιστεύωσιν ἀλλήλοις, τὰ
δ᾽ ὅπως μὴ δύνωνται, τὰ δ᾽ ὅπως μικρὸν φρονῶσιν. 29

1314ᵃ 2 οὐδεὶς ἂν MˢΓ   5 μηδὲν Π²   6 αὐτὸν P¹: αὑτὸν cet.
8 καὶ¹ om. Π³   10 συσσιτίοις Π¹π³   13 δὲ λείπει P¹: δὲ λυπεῖ Mˢ
18 πιστεύσουσί HˢΠ²   25 οὖν om. HˢMˢΠ³   ὅρους om. Γ
26 βουλεύματα Richards: βουλήματα codd. Γ   27 ἂν] post γὰρ MˢΓ:
om. pr. P¹

29   ὁ μὲν
30 οὖν εἷς τρόπος δι' οὗ γίγνεται σωτηρία ταῖς τυραννίσι τοιοῦτός
ἐστιν· ὁ δ' ἕτερος σχεδὸν ἐξ ἐναντίας ἔχει τοῖς εἰρημένοις
τὴν ἐπιμέλειαν. ἔστι δὲ λαβεῖν αὐτὸν ἐκ τῆς φθορᾶς τῆς
τῶν βασιλειῶν. ὥσπερ γὰρ τῆς βασιλείας εἷς τρόπος τῆς
φθορᾶς τὸ ποιεῖν τὴν ἀρχὴν τυραννικωτέραν, οὕτω τῆς τυραν-
35 νίδος σωτηρία τὸ ποιεῖν αὐτὴν βασιλικωτέραν, ἓν φυλάτ-
τοντα μόνον, τὴν δύναμιν, ὅπως ἄρχῃ μὴ μόνον βουλομέ-
νων ἀλλὰ καὶ μὴ βουλομένων. προϊέμενος γὰρ καὶ τοῦτο
προΐεται καὶ τὸ τυραννεῖν. ἀλλὰ τοῦτο μὲν ὥσπερ ὑπό-
θεσιν δεῖ μένειν, τὰ δ' ἄλλα τὰ μὲν ποιεῖν τὰ δὲ δοκεῖν
40 ὑποκρινόμενον τὸν βασιλικὸν καλῶς, πρῶτον μὲν δοκεῖν
1314ᵇ φροντίζειν τῶν κοινῶν, μήτε δαπανῶντα ⟨εἰς⟩ δωρεὰς τοιαύτας
ἐφ' αἷς τὰ πλήθη χαλεπαίνουσιν, ὅταν ἀπ' αὐτῶν μὲν
λαμβάνωσιν ἐργαζομένων καὶ πονούντων γλίσχρως, διδῶσι
δ' ἑταίραις καὶ ξένοις καὶ τεχνίταις ἀφθόνως, λόγον τε
5 ἀποδιδόντα τῶν λαμβανομένων καὶ δαπανωμένων, ὅπερ
ἤδη πεποιήκασί τινες τῶν τυράννων (οὕτω γὰρ ἄν τις δι-
οικῶν οἰκονόμος ἀλλ' οὐ τύραννος εἶναι δόξειεν· οὐ δεῖ δὲ φο-
βεῖσθαι μή ποτε ἀπορήσῃ χρημάτων κύριος ὢν τῆς πό-
λεως· ἀλλὰ τοῖς γ' ἐκτοπίζουσι τυράννοις ἀπὸ τῆς οἰκείας
10 καὶ συμφέρει τοῦτο μᾶλλον ἢ καταλιπεῖν ἀθροίσαντας·
ἧττον γὰρ ἂν οἱ φυλάττοντες ἐπιτιθεῖντο τοῖς πράγμασιν,
εἰσὶ δὲ φοβερώτεροι τῶν τυράννων τοῖς ἀποδημοῦσιν οἱ
φυλάττοντες τῶν πολιτῶν· οἱ μὲν γὰρ συναποδημοῦσιν, οἱ
δὲ ὑπομένουσιν)· ἔπειτα τὰς εἰσφορὰς καὶ τὰς λειτουργίας
15 δεῖ φαίνεσθαι τῆς τε οἰκονομίας ἕνεκα συνάγοντα, κἄν
ποτε δεηθῇ χρῆσθαι πρὸς τοὺς πολεμικοὺς καιρούς, ὅλως τε

35 τὸ P¹: om. cet.   ἑνὸς φυλάττοντος Mˢ: ἑνὸς φυλάττοντα Γ
40 τὸ Hᵃπ³Γ   μὲν+τοῦ Π¹Π³   1314ᵇ 1 εἰς add. Schneider
3 διδόασι MˢP¹   4 ἑτέραις Mˢ, fort. pr. P², π³   7 δόξει Π³Hᵃ
8 ἀπόρησας Mˢ: ἀπορήσειε P¹: ἀπορήσει π³   9 γ' om. MˢP¹   ἐντυπί-
ζουσι Hᵃ: ἐκτυπίζουσι Mˢ: extorquentibus Guil.   οἰκίας HᵃP²Pᵃπ³Γ
11 ἐπιτίθοιντο HᵃP¹: ἐπιτιθοῖντο pr. Pˢ: ἐπίθοιντο Mˢ

αὐτὸν παρασκευάζειν φύλακα καὶ ταμίαν ὡς κοινῶν ἀλλὰ
μὴ ὡς ἰδίων· καὶ φαίνεσθαι μὴ χαλεπὸν ἀλλὰ σεμνόν,
ἔτι δὲ τοιοῦτον ὥστε μὴ φοβεῖσθαι τοὺς ἐντυγχάνοντας
ἀλλὰ μᾶλλον αἰδεῖσθαι· τούτου μέντοι τυγχάνειν οὐ ῥᾴδιον 20
ὄντα εὐκαταφρόνητον, διὸ δεῖ κἂν μὴ τῶν ἄλλων ἀρετῶν
ἐπιμέλειαν ποιῆται, ἀλλὰ τῆς πολεμικῆς, καὶ δόξαν ἐμ-
ποιεῖν περὶ αὑτοῦ τοιαύτην· ἔτι δὲ μὴ μόνον αὐτὸν φαί-
νεσθαι μηδένα τῶν ἀρχομένων ὑβρίζοντα, μήτε νέον μήτε
νέαν, ἀλλὰ μηδ᾽ ἄλλον μηδένα τῶν περὶ αὐτόν, ὁμοίως 25
δὲ καὶ τὰς οἰκείας ἔχειν γυναῖκας πρὸς τὰς ἄλλας, ὡς
καὶ διὰ γυναικῶν ὕβρεις πολλαὶ τυραννίδες ἀπολώλασιν·
περί τε τὰς ἀπολαύσεις τὰς σωματικὰς τοὐναντίον ποιεῖν
ἢ νῦν τινες τῶν τυράννων ποιοῦσιν (οὐ γὰρ μόνον εὐθὺς
ἕωθεν τοῦτο δρῶσιν, καὶ συνεχῶς πολλὰς ἡμέρας, ἀλλὰ 30
καὶ φαίνεσθαι τοῖς ἄλλοις βούλονται τοῦτο πράττοντες, ἵν᾽
ὡς εὐδαίμονας καὶ μακαρίους θαυμάσωσιν), ἀλλὰ μάλιστα
μὲν μετριάζειν τοῖς τοιούτοις, εἰ δὲ μή, τό γε φαίνεσθαι
τοῖς ἄλλοις διαφεύγειν (οὔτε γὰρ εὐεπίθετος οὔτ᾽ εὐκατα-
φρόνητος ὁ νήφων, ἀλλ᾽ ὁ μεθύων, οὐδ᾽ ὁ ἄγρυπνος, ἀλλ᾽ 35
ὁ καθεύδων)· τοὐναντίον τε ποιητέον τῶν πάλαι λεχθέντων
σχεδὸν πάντων (κατασκευάζειν γὰρ δεῖ καὶ κοσμεῖν τὴν
πόλιν ὡς ἐπίτροπον ὄντα καὶ μὴ τύραννον)· ἔτι δὲ τὰ πρὸς
τοὺς θεοὺς φαίνεσθαι ἀεὶ σπουδάζοντα διαφερόντως (ἧττόν τε
γὰρ φοβοῦνται τὸ παθεῖν τι παράνομον ὑπὸ τῶν τοιούτων, 40
ἐὰν δεισιδαίμονα νομίζωσιν εἶναι τὸν ἄρχοντα καὶ φρον- **1315ᵃ**
τίζειν τῶν θεῶν, καὶ ἐπιβουλεύουσιν ἧττον ὡς συμμάχους
ἔχοντι καὶ τοὺς θεούς), δεῖ δὲ ἄνευ ἀβελτερίας φαίνεσθαι
τοιοῦτον· τούς τε ἀγαθοὺς περί τι γιγνομένους τιμᾶν οὕτως
ὥστε μὴ νομίζειν ἄν ποτε τιμηθῆναι μᾶλλον ὑπὸ τῶν πολι- 5
τῶν αὐτονόμων ὄντων, καὶ τὰς μὲν τοιαύτας τιμὰς ἀπο-

---

17 αὐτὸν Π²ΗᵃΜˢ   κοινὸν Ρˢπ³   22 ποιεῖται ΗᵃΜˢ   πο-
λεμικῆς Madvig: πολιτικῆς codd.   23 περὶ αὑτοῦ Π³ΗᵃΜˢΡ²
26 ἄλλας] τῶν ἄλλων Π¹   1315ᵃ 3 ἀβελτερίας Ηᵃπ³: ἀμελτηρίας π³

νέμειν αὐτόν, τὰς δὲ κολάσεις δι' ἑτέρων ἀρχόντων καὶ δικα-
στηρίων. κοινὴ δὲ φυλακὴ πάσης μοναρχίας τὸ μηθένα
ποιεῖν ἕνα μέγαν, ἀλλ' εἴπερ, πλείους (τηρήσουσι γὰρ ἀλλή-
10 λους), ἐὰν δ' ἄρα τινὰ δέῃ ποιῆσαι μέγαν, μή τοι τό γε
ἦθος θρασύν (ἐπιθετικώτατον γὰρ τὸ τοιοῦτον ἦθος περὶ
πάσας τὰς πράξεις), κἂν τῆς δυνάμεώς τινα δοκῇ παρα-
λύειν, ἐκ προσαγωγῆς τοῦτο δρᾶν καὶ μὴ πᾶσαν ἀθρόον
ἀφαιρεῖσθαι τὴν ἐξουσίαν. ἔτι δὲ πάσης μὲν ὕβρεως εἴργε-
15 σθαι, παρὰ πάσας δὲ δυεῖν, τῆς τε εἰς τὰ σώματα [κο-
λάσεως] καὶ τῆς εἰς τὴν ἡλικίαν. μάλιστα δὲ ταύτην ποιη-
τέον τὴν εὐλάβειαν περὶ τοὺς φιλοτίμους· τὴν μὲν γὰρ εἰς
τὰ χρήματα ὀλιγωρίαν οἱ φιλοχρήματοι φέρουσι βαρέως,
τὴν δ' [εἰς] ἀτιμίαν οἵ τε φιλότιμοι καὶ οἱ ἐπιεικεῖς τῶν
20 ἀνθρώπων. διόπερ ἢ μὴ χρῆσθαι δεῖ τοῖς τοιούτοις, ἢ τὰς
μὲν κολάσεις πατρικῶς φαίνεσθαι ποιούμενον καὶ μὴ δι'
ὀλιγωρίαν, τὰς δὲ πρὸς τὴν ἡλικίαν ὁμιλίας δι' ἐρωτικὰς
αἰτίας ἀλλὰ μὴ δι' ἐξουσίαν, ὅλως δὲ τὰς δοκούσας ἀτι-
μίας ἐξωνεῖσθαι μείζοσι τιμαῖς. τῶν δ' ἐπιχειρούντων ἐπὶ
25 τὴν τοῦ σώματος διαφθορὰν οὗτοι φοβερώτατοι καὶ δέονται
πλείστης φυλακῆς ὅσοι μὴ προαιροῦνται περιποιεῖσθαι τὸ
ζῆν διαφθείραντες. διὸ μάλιστα εὐλαβεῖσθαι δεῖ τοὺς ὑβρί-
ζεσθαι νομίζοντας ἢ αὑτοὺς ἢ ὧν κηδόμενοι τυγχάνουσιν·
ἀφειδῶς γὰρ ἑαυτῶν ἔχουσιν οἱ διὰ θυμὸν ἐπιχειροῦντες,
30 καθάπερ καὶ Ἡράκλειτος εἶπε, χαλεπὸν φάσκων εἶναι
31 θυμῷ μάχεσθαι, ψυχῆς γὰρ ὠνεῖσθαι.

31   ἐπεὶ δ' αἱ πόλεις

ἐκ δύο συνεστήκασι μορίων, ἔκ τε τῶν ἀπόρων ἀνθρώπων
καὶ τῶν εὐπόρων, μάλιστα μὲν ἀμφοτέρους ὑπολαμβάνειν
δεῖ σῴζεσθαι διὰ τὴν ἀρχήν, καὶ τοὺς ἑτέρους ὑπὸ τῶν ἑ-
35 τέρων ἀδικεῖσθαι μηδέν, ὁπότεροι δ' ἂν ὦσι κρείττους, τούτους

---

11 περὶ] παρὰ Π¹   15 δυοῖν Π²   τὸ σῶμα Π¹   κολάσεως
secl. Schneider   19 εἰς secl. Spengel   22 ὁμιλίας om. P¹
28 αὑτοὺς Γ et fort. P¹: αὐτοὺς cet.   30 fr. 85 Diels

ἰδίους μάλιστα ποιεῖσθαι τῆς ἀρχῆς, ὡς, ἂν ὑπάρξῃ τοῦτο
τοῖς πράγμασιν, οὔτε δούλων ἐλευθέρωσιν ἀνάγκη ποιεῖσθαι
τὸν τύραννον οὔτε ὅπλων παραίρεσιν· ἱκανὸν γὰρ θάτερον
μέρος πρὸς τῇ δυνάμει προστιθέμενον ὥστε κρείττους εἶναι
τῶν ἐπιτιθεμένων. περίεργον δὲ τὸ λέγειν καθ᾽ ἕκαστον τῶν 40
τοιούτων· ὁ γὰρ σκοπὸς φανερός, ὅτι δεῖ μὴ τυραννικὸν
ἀλλ᾽ οἰκονόμον καὶ βασιλικὸν εἶναι φαίνεσθαι τοῖς ἀρχο- 1315ᵇ
μένοις καὶ μὴ σφετεριστὴν ἀλλ᾽ ἐπίτροπον, καὶ τὰς μετριό-
τητας τοῦ βίου διώκειν, μὴ τὰς ὑπερβολάς, ἔτι δὲ τοὺς μὲν
γνωρίμους καθομιλεῖν, τοὺς δὲ πολλοὺς δημαγωγεῖν. ἐκ γὰρ
τούτων ἀναγκαῖον οὐ μόνον τὴν ἀρχὴν εἶναι καλλίω καὶ 5
ζηλωτοτέραν τῷ βελτιόνων ἄρχειν καὶ μὴ τεταπεινωμένων
μηδὲ μισούμενον καὶ φοβούμενον διατελεῖν, ἀλλὰ καὶ τὴν
ἀρχὴν εἶναι πολυχρονιωτέραν, ἔτι δ᾽ αὐτὸν διακεῖσθαι
κατὰ τὸ ἦθος ἤτοι καλῶς πρὸς ἀρετὴν ἢ ἡμίχρηστον ὄντα,
καὶ μὴ πονηρὸν ἀλλ᾽ ἡμιπόνηρον. 10

12 Καίτοι πασῶν ὀλιγοχρονιώταται τῶν πολιτειῶν εἰσιν
ὀλιγαρχία καὶ τυραννίς. πλεῖστον γὰρ ἐγένετο χρόνον ἡ
περὶ Σικυῶνα τυραννίς, ἡ τῶν Ὀρθαγόρου παίδων καὶ αὐτοῦ
Ὀρθαγόρου· ἔτη δ᾽ αὕτη διέμεινεν ἑκατόν. τούτου δ᾽ αἴτιον
ὅτι τοῖς ἀρχομένοις ἐχρῶντο μετρίως καὶ πολλὰ τοῖς νό- 15
μοις ἐδούλευον, καὶ διὰ τὸ πολεμικὸς γενέσθαι Κλεισθένης
οὐκ ἦν εὐκαταφρόνητος, καὶ τὰ πολλὰ ταῖς ἐπιμελείαις
ἐδημαγώγουν. λέγεται γοῦν Κλεισθένης τὸν ἀποκρίναντα
τῆς νίκης αὐτὸν ὡς ἐστεφάνωσεν· ἔνιοι δ᾽ εἰκόνα φασὶν
εἶναι τοῦ κρίναντος οὕτως τὸν ἀνδριάντα τὸν ἐν τῇ ἀγορᾷ 20
καθήμενον. φασὶ δὲ καὶ Πεισίστρατον ὑπομεῖναί ποτε προσ-
κληθέντα δίκην εἰς Ἄρειον πάγον. δευτέρα δὲ περὶ Κόριν-
θον ἡ τῶν Κυψελιδῶν· καὶ γὰρ αὕτη διετέλεσεν ἔτη τρία

38 ἀφαίρεσιν Π¹ (sed ἀφ in ras. P¹): παραίνεσιν Hᵃ, pr. Pᵃ, pr. πᵃ
40 τῶν¹ om. Mᵃ, pr. P¹   1315ᵇ 6 τῶν MᵃP¹πᵃ   9 ἤ+ὡς
Richards   11 ὀλιγοχρονιώταται ci. Spengel: ὀλιγοχρονιώτεραι codd.
Γ   12 χρόνον ἐγένετο Π¹   13 συκιῶνα Hᵃ: σικεῶνα Mᵃ:
συκυῶνα pr. Pᵃ   14 αὐτὴ Π¹   18 οὖν Π¹

καὶ ἑβδομήκοντα καὶ ἓξ μῆνας· Κύψελος μὲν γὰρ ἐτυράν-
25 νησεν ἔτη τριάκοντα, Περίανδρος δὲ τετταράκοντα καὶ
ἥμισυ, Ψαμμίτιχος δ' ὁ Γόργου τρία ἔτη. τὰ δ' αἴτια
ταὐτὰ καὶ ταύτης· ὁ μὲν γὰρ Κύψελος δημαγωγὸς ἦν
καὶ κατὰ τὴν ἀρχὴν διετέλεσεν ἀδορυφόρητος, Περίανδρος
δ' ἐγένετο μὲν τυραννικός, ἀλλὰ πολεμικός. τρίτη δ' ἡ
30 τῶν Πεισιστρατιδῶν Ἀθήνησιν. οὐκ ἐγένετο δὲ συνεχής· δὶς
γὰρ ἔφυγε Πεισίστρατος τυραννῶν· ὥστ' ἐν ἔτεσι τριάκοντα
καὶ τρισὶν ἑπτακαίδεκα ἔτη τούτων ἐτυράννησεν, ὀκτωκαί-
δεκα δὲ οἱ παῖδες, ὥστε τὰ πάντα ἐγένετο ἔτη τριάκοντα
καὶ πέντε. τῶν δὲ λοιπῶν ἡ περὶ Ἱέρωνα καὶ Γέλωνα περὶ
35 Συρακούσας. ἔτη δ' οὐδ' αὕτη πολλὰ διέμεινεν, ἀλλὰ τὰ
σύμπαντα δυεῖν δέοντα εἴκοσι· Γέλων μὲν γὰρ ἑπτὰ τυραν-
νήσας τῷ ὀγδόῳ τὸν βίον ἐτελεύτησεν, δέκα δ' Ἱέρων,
Θρασύβουλος δὲ τῷ ἑνδεκάτῳ μηνὶ ἐξέπεσεν. αἱ δὲ πολλαὶ
τῶν τυραννίδων ὀλιγοχρόνιαι πᾶσαι γεγόνασι παντελῶς.
40   τὰ μὲν οὖν περὶ τὰς πολιτείας καὶ τὰ περὶ τὰς μο-
ναρχίας, ἐξ ὧν τε φθείρονται καὶ πάλιν σῴζονται, σχεδὸν
1316ᵃ εἴρηται περὶ πάντων. ἐν δὲ τῇ Πολιτείᾳ λέγεται μὲν περὶ
τῶν μεταβολῶν ὑπὸ τοῦ Σωκράτους, οὐ μέντοι λέγεται κα-
λῶς. τῆς τε γὰρ ἀρίστης πολιτείας καὶ πρώτης οὔσης οὐ
λέγει τὴν μεταβολὴν ἰδίως. φησὶ γὰρ αἴτιον εἶναι τὸ μὴ
5 μένειν μηθὲν ἀλλ' ἔν τινι περιόδῳ μεταβάλλειν, ἀρχὴ· δ'
εἶναι τούτων " ὧν ἐπίτριτος πυθμὴν πεμπάδι συζυγεὶς δύο
ἁρμονίας παρέχεται ", λέγων ὅταν ὁ τοῦ διαγράμματος
ἀριθμὸς τούτου γένηται στερεός, ὡς τῆς φύσεώς ποτε φυούσης

24 μῆνας ἓξ MˢΓ   ἐτυράννευσεν Π¹   25 τεσσαράκοντα HᵃP¹
26 ἥμισυ Stahr : τέσσαρα MˢP¹ : τέτταρα cet.   ψαμμήτιχος Hᵃπ³ :
ψαμμήτικος π³   Γόργου Susemihl : γορδίου codd. Γ   27 . ταῦτα
(vel ταυτὰ) Hᵃπ³Γ : ταῦτα cet.   κύψελλος P¹π³Γ   32 ἐτυράννησεν P² :
ἐτυράννευσεν (ἐτυράνευσεν P¹) cet.   34 ἥ] ἡ τῶν Bojesen   35 συ-
ρακούσαις P²P³π³   αὐτὴ Π¹   36 δυεῖν MˢP²P³ : δυοῖν cet.
τυραννήσας Immisch : τυραννεύσας codd.   1316ᵃ 1 τῇ+τοῦ Πλάτω-
νος π³   4 Rep. 546 b3–c6   6 πεμπτάδι Mˢ   8 στερεὸς
γένηται MˢΓ

φαύλους καὶ κρείττους τῆς παιδείας, τοῦτο μὲν οὖν αὐτὸ
λέγων ἴσως οὐ κακῶς (ἐνδέχεται γὰρ εἶναί τινας οὓς παι- 10
δευθῆναι καὶ γενέσθαι σπουδαίους ἄνδρας ἀδύνατον), ἀλλ'
αὕτη τί ἂν ἴδιος εἴη μεταβολὴ τῆς ὑπ' ἐκείνου λεγομένης
ἀρίστης πολιτείας μᾶλλον ἢ τῶν ἄλλων πασῶν καὶ τῶν
γιγνομένων πάντων; καὶ διά γε τὸν χρόνον, δι' ὃν λέγει
πάντα μεταβάλλειν, καὶ τὰ μὴ ἅμα ἀρξάμενα γίγνεσθαι 15
ἅμα μεταβάλλει, οἷον εἰ τῇ προτέρᾳ ἡμέρᾳ ἐγένετο τῆς
τροπῆς, ἅμα ἄρα μεταβάλλει; πρὸς δὲ τούτοις διὰ τίν' αἰτίαν
ἐκ ταύτης εἰς τὴν Λακωνικὴν μεταβάλλει; πλεονάκις γὰρ
εἰς τὴν ἐναντίαν μεταβάλλουσι πᾶσαι αἱ πολιτεῖαι ἢ τὴν
σύνεγγυς. ὁ δ' αὐτὸς λόγος καὶ περὶ τῶν ἄλλων μετα- 20
βολῶν. ἐκ γὰρ τῆς Λακωνικῆς, φησί, μεταβάλλει εἰς τὴν
ὀλιγαρχίαν, ἐκ δὲ ταύτης εἰς δημοκρατίαν, εἰς τυραννίδα δὲ
ἐκ δημοκρατίας. καίτοι καὶ ἀνάπαλιν μεταβάλλουσιν, οἷον
ἐκ δήμου εἰς ὀλιγαρχίαν, καὶ μᾶλλον ἢ εἰς μοναρχίαν.

ἔτι δὲ τυραννίδος οὐ λέγει οὔτ' εἰ ἔσται μεταβολὴ οὔτ', 25
εἰ [μὴ] ἔσται, διὰ τίν' αἰτίαν καὶ εἰς ποίαν πολιτείαν, τούτου
δ' αἴτιον ὅτι οὐ ῥᾳδίως ἂν εἶχε λέγειν· ἀόριστον γάρ,
ἐπεὶ κατ' ἐκεῖνον δεῖ εἰς τὴν πρώτην καὶ τὴν ἀρίστην· οὕτω
γὰρ ἂν ἐγίγνετο συνεχὲς καὶ κύκλος. ἀλλὰ μεταβάλλει καὶ
εἰς τυραννίδα τυραννίς, ὥσπερ ἡ Σικυῶνος ἐκ τῆς Μύρωνος 30
εἰς τὴν Κλεισθένους, καὶ εἰς ὀλιγαρχίαν, ὥσπερ ἡ ἐν Χαλ-
κίδι ἡ Ἀντιλέοντος, καὶ εἰς δημοκρατίαν, ὥσπερ ἡ τῶν
Γέλωνος ἐν Συρακούσαις, καὶ εἰς ἀριστοκρατίαν, ὥσπερ ἡ
Χαρίλλου ἐν Λακεδαίμονι, καὶ ⟨ἡ⟩ ἐν Καρχηδόνι. καὶ εἰς τυραν-
νίδα μεταβάλλει ἐξ ὀλιγαρχίας, ὥσπερ ἐν Σικελίᾳ 35

9 μὲν οὖν] μὲν Mˢ: om. Γ   14 γε corr. Pᵇ: τε cet.   τὸν χρόνον
Coraes: τοῦ χρόνου codd.   16-17 οἷον . . . μεταβάλλει om. Mˢ
17 ἄρα om. P¹Γ: ἔτι Hᵃ   25 οὔτ', εἰ ἔσται scripsi: οὔτ' εἰ μὴ ἔσται
codd. Γ: οὔτ' εἰ μὴ ἔσται, οὔτ' εἰ ἔσται Casaubon   28 δεῖ+καὶ Π¹
29 συνεχῶς Π²   32-33 ὥσπερ . . . ἀριστοκρατίαν om. MˢΓ   32 τοῦ
HᵃP¹   34 Χαρίλλου scripsi (cf. 1271ᵇ25): Χαριλάου codd. Γ
καὶ . . . Καρχηδόνι om. pr. Pᵇ   ἡ addidi

189

σχεδὸν αἱ πλεῖσται τῶν ἀρχαίων, ἐν Λεοντίνοις εἰς τὴν
Παναιτίου τυραννίδα καὶ ἐν Γέλᾳ εἰς τὴν Κλεάνδρου καὶ ἐν
Ῥηγίῳ εἰς τὴν Ἀναξιλάου καὶ ἐν ἄλλαις πολλαῖς πόλεσιν
ὡσαύτως. ἄτοπον δὲ καὶ τὸ οἴεσθαι εἰς ὀλιγαρχίαν διὰ
40 τοῦτο μεταβάλλειν ὅτι φιλοχρήματοι καὶ χρηματισταὶ οἱ
1316ᵇ ἐν ταῖς ἀρχαῖς, ἀλλ' οὐχ ὅτι οἱ πολὺ ὑπερέχοντες ταῖς
οὐσίαις οὐ δίκαιον οἴονται εἶναι ἴσον μετέχειν τῆς πόλεως
τοὺς κεκτημένους μηθὲν τοῖς κεκτημένοις· ἐν πολλαῖς τε
ὀλιγαρχίαις οὐκ ἔξεστι χρηματίζεσθαι, ἀλλὰ νόμοι εἰσὶν οἱ
5 κωλύοντες, ἐν Καρχηδόνι δὲ δημοκρατουμένῃ χρηματίζον-
6 ται καὶ οὔπω μεταβεβλήκασιν.

6   ἄτοπον δὲ καὶ τὸ φάναι
δύο πόλεις εἶναι τὴν ὀλιγαρχικήν, πλουσίων καὶ πενήτων.
τί γὰρ αὕτη μᾶλλον τῆς Λακωνικῆς πέπονθεν ἢ ὁποιασοῦν
ἄλλης, οὗ μὴ πάντες κέκτηνται ἴσα ἢ μὴ πάντες ὁμοίως
10 εἰσὶν ἀγαθοὶ ἄνδρες; οὐδενὸς δὲ πενεστέρου γενομένου ἢ πρό-
τερον οὐδὲν ἧττον μεταβάλλουσιν εἰς δῆμον ἐξ ὀλιγαρχίας, ἂν
γένωνται πλείους οἱ ἄποροι, καὶ ἐκ δήμου εἰς ὀλιγαρχίαν,
ἐὰν κρεῖττον ᾖ τοῦ πλήθους τὸ εὔπορον καὶ οἱ μὲν ἀμελῶ-
σιν οἱ δὲ προσέχωσι τὸν νοῦν. πολλῶν τε οὐσῶν αἰτιῶν δι'
15 ὧν γίγνονται αἱ μεταβολαί, οὐ λέγει ἀλλ' ⟨ἢ⟩ μίαν, ὅτι ἀσωτευ-
όμενοι ⟨καὶ⟩ κατατοκιζόμενοι γίγνονται πένητες, ὡς ἐξ ἀρχῆς
πλουσίων ὄντων πάντων ἢ τῶν πλείστων. τοῦτο δ' ἐστὶ ψεῦ-
δος· ἀλλ' ὅταν μὲν τῶν ἡγεμόνων τινὲς ἀπολέσωσι τὰς
οὐσίας, καινοτομοῦσιν, ὅταν δὲ τῶν ἄλλων, οὐθὲν γίγνεται
20 δεινόν, καὶ μεταβάλλουσιν οὐθὲν μᾶλλον οὐδὲ τότε εἰς δῆμον

---

36 αἱ om. MᵃP¹   37 παναστίου P¹Γ: πανεστίου Mᵃ   38 ἀναξιλάου
HᵃP¹π²: ἀνεξιλάου cet.   39 Pl. Rep. 550 d3–551 a 11   40 καὶ φιλοχρηματισταὶ
e Platone Spengel   1316ᵇ 1 πολλοὶ Π²Mᵃ   2 εἶναι om. MᵃΓ
5 τιμοκρατουμένῃ ci. Newman   6 μεταβεβλήκασιν MᵃP¹, cf. Pl. Rep.
551 d1–7 καὶ om. MᵃΓ   8 αὐτὴ HᵃΠ²: αὕτη τοῦτο Richards   15 Pl.
Rep. 555 e3–556 a2   ἀλλ' ἢ Richards: ἀλλα codd. Γ   16 καὶ add.
Lambinus   18 ἀπολέσωσί τινες MᵃP¹   20 οὐδὲ τότε Camotius:
οὐδέποτε Π²MᵃΓ: οὐ δέ ποτε Hᵃ: οὐ δὲ ποτε P¹

ἢ εἰς ἄλλην πολιτείαν. ἔτι δὲ κἂν τιμῶν μὴ μετέχωσιν, κἂν ἀδικῶνται ἢ ὑβρίζωνται, στασιάζουσι καὶ μεταβάλλουσι τὰς πολιτείας, κἂν μὴ καταδαπανήσωσι τὴν οὐσίαν, διὰ τὸ ἐξεῖναι ὅ τι ἂν βούλωνται ποιεῖν· οὗ αἰτίαν τὴν ἄγαν ἐλευθερίαν εἶναί φησιν. πλειόνων δ' οὐσῶν ὀλιγαρχιῶν καὶ δημο- 25 κρατιῶν, ὡς μιᾶς οὔσης ἑκατέρας λέγει τὰς μεταβολὰς ὁ Σωκράτης.

Z

30

Πόσαι μὲν οὖν διαφοραὶ καὶ τίνες τοῦ τε βουλευτικοῦ καὶ κυρίου τῆς πολιτείας καὶ τῆς περὶ τὰς ἀρχὰς τάξεως καὶ περὶ δικαστηρίων, καὶ ποία πρὸς ποίαν συντέτακται πολιτείαν, ἔτι δὲ περὶ φθορᾶς τε καὶ σωτηρίας τῶν πολιτειῶν, ἐκ ποίων τε γίνεται καὶ διὰ τίνας αἰτίας, εἴρηται 35 πρότερον· ἐπεὶ δὲ τετύχηκεν εἴδη πλείω δημοκρατίας ὄντα καὶ τῶν ἄλλων ὁμοίως πολιτειῶν, ἅμα τε περὶ ἐκείνων εἴ τι λοιπόν, οὐ χεῖρον ἐπισκέψασθαι, καὶ τὸν οἰκεῖον καὶ τὸν συμφέροντα τρόπον ἀποδοῦναι πρὸς ἑκάστην. ἔτι δὲ καὶ τὰς συναγωγὰς αὐτῶν τῶν εἰρημένων ἐπισκεπτέον πάντων 40 τῶν τρόπων· ταῦτα γὰρ συνδυαζόμενα ποιεῖ τὰς πολιτείας 1317ᵃ ἐπαλλάττειν, ὥστε ἀριστοκρατίας τε ὀλιγαρχικὰς εἶναι καὶ πολιτείας δημοκρατικωτέρας. λέγω δὲ τοὺς συνδυασμοὺς οὓς δεῖ μὲν ἐπισκοπεῖν, οὐκ ἐσκεμμένοι δ' εἰσὶ νῦν, οἷον ἂν τὸ μὲν βουλευόμενον καὶ τὸ περὶ τὰς ἀρχαιρεσίας ὀλιγαρ- 5 χικῶς ᾖ συντεταγμένον, τὰ δὲ περὶ τὰ δικαστήρια ἀριστο- κρατικῶς, ἢ ταῦτα μὲν καὶ τὸ περὶ τὸ βουλευόμενον ὀλιγαρ- χικῶς, ἀριστοκρατικῶς δὲ τὸ περὶ τὰς ἀρχαιρεσίας, ἢ

22 ὑβρίζονται Hᵃπ³   24 ἐξεῖναι+οἱ Mˢ: +οἱ P¹: +sibi Guil. 25 φασι HᵃΠ²   33 καὶ ποῖα Hᵃ, pr. P², Γ   1317ᵃ 1 συνδιαζόμενα Hᵃ, pr. Pˢ   2 ὀλιγαρχίας τε MˢP¹   5–8 ὀλιγαρχικῶς ... ἀρχαιρεσίας om. HᵃMˢ   6–7 τὰ¹ .. μὲν om. pr. Pˢ, π³   6 τὰ¹] τὸ Spengel τὰ² om. P¹

κατ' ἄλλον τινὰ τρόπον μὴ πάντα συντεθῇ τὰ τῆς πολι-
10 τείας οἰκεῖα.

10 ποία μὲν οὖν δημοκρατία πρὸς ποίαν ἁρμότ-
τει πόλιν, ὡσαύτως δὲ καὶ ποία τῶν ὀλιγαρχιῶν ποίῳ
πλήθει, καὶ τῶν λοιπῶν δὲ πολιτειῶν τίς συμφέρει τίσιν,
εἴρηται πρότερον· ὅμως δ' ⟨ἐπεὶ⟩ δεῖ γενέσθαι δῆλον μὴ μόνον
ποία τούτων τῶν πολιτειῶν ἀρίστη ταῖς πόλεσιν, ἀλλὰ καὶ
15 πῶς δεῖ κατασκευάζειν καὶ ταύτας καὶ τὰς ἄλλας, ἐπ-
έλθωμεν συντόμως. καὶ πρῶτον περὶ δημοκρατίας εἴπωμεν·
ἅμα γὰρ καὶ περὶ τῆς ἀντικειμένης πολιτείας φανερόν,
αὕτη δ' ἐστὶν ἣν καλοῦσί τινες ὀλιγαρχίαν. ληπτέον δὲ
πρὸς ταύτην τὴν μέθοδον πάντα τὰ δημοτικὰ καὶ τὰ δο-
20 κοῦντα ταῖς δημοκρατίαις ἀκολουθεῖν· ἐκ γὰρ τούτων συν-
τιθεμένων τὰ τῆς δημοκρατίας εἴδη γίνεσθαι συμβαίνει, καὶ
πλείους δημοκρατίας μιᾶς εἶναι καὶ διαφόρους. δύο γάρ
εἰσιν αἰτίαι δι' ἅσπερ αἱ δημοκρατίαι πλείους εἰσί, πρῶτον
μὲν ἡ λεχθεῖσα πρότερον, ὅτι διάφοροι οἱ δῆμοι (γίνεται
25 γὰρ τὸ μὲν γεωργικὸν πλῆθος, τὸ δὲ βάναυσον καὶ θητι-
κόν· ὧν τοῦ πρώτου τῷ δευτέρῳ προσλαμβανομένου, καὶ τοῦ
τρίτου πάλιν τοῖς ἀμφοτέροις, οὐ μόνον διαφέρει τῷ βελτίω
καὶ χείρω γίνεσθαι τὴν δημοκρατίαν, ἀλλὰ καὶ τῷ μὴ
τὴν αὐτήν), δευτέρα δὲ περὶ ἧς νῦν λέγομεν. τὰ γὰρ ταῖς
30 δημοκρατίαις ἀκολουθοῦντα καὶ δοκοῦντ' εἶναι τῆς πολιτείας
οἰκεῖα ταύτης ποιεῖ συντιθέμενα τὰς δημοκρατίας ἑτέρας·
τῇ μὲν γὰρ ἐλάττω, τῇ δ' ἀκολουθήσει πλείονα, τῇ δ'
ἅπαντα ταῦτα. χρήσιμον δ' ἕκαστον αὐτῶν γνωρίζειν πρός
τε τὸ κατασκευάζειν ἣν ἄν τις αὐτῶν τύχῃ βουλόμενος,
35 καὶ πρὸς τὰς διορθώσεις. ζητοῦσι μὲν γὰρ οἱ τὰς πολιτείας
καθιστάντες ἅπαντα τὰ οἰκεῖα συναγαγεῖν πρὸς τὴν ὑπό-

---

11 ὀλιγαρχιῶν pr. Hᵃ, PᵇΓ: ὀλιγαρχικῶν cet.   12 τίς cod. Laur.
81. 6: τί cet.   τισὶν HᵃPᵃPᵃ   13 πότερον Hᵃ, pr. Pᵃ   δ' ἐπεὶ
Lambinus: δὲ codd. Γ   14 ἀρίστη ταῖς] αἱρετὴ ποίαις Spengel
23 ἃς MᵃP¹   πρώτη Conring   36 συνάγειν MᵃP¹

θεσιν, ἁμαρτάνουσι δὲ τοῦτο ποιοῦντες, καθάπερ ἐν τοῖς περὶ
τὰς φθορὰς καὶ τὰς σωτηρίας τῶν πολιτειῶν εἴρηται πρότερον.
νυνὶ δὲ τὰ ἀξιώματα καὶ τὰ ἤθη καὶ ὧν ἐφίενται λέγωμεν.

2   Ὑπόθεσις μὲν οὖν τῆς δημοκρατικῆς πολιτείας ἐλευ- 40
θερία (τοῦτο γὰρ λέγειν εἰώθασιν, ὡς ἐν μόνῃ τῇ πολιτείᾳ
ταύτῃ μετέχοντας ἐλευθερίας· τούτου γὰρ στοχάζεσθαί φασι 1317^b
πᾶσαν δημοκρατίαν)· ἐλευθερίας δὲ ἐν μὲν τὸ ἐν μέρει ἄρ-
χεσθαι καὶ ἄρχειν. καὶ γὰρ τὸ δίκαιον τὸ δημοτικὸν τὸ
ἴσον ἔχειν ἐστὶ κατὰ ἀριθμὸν ἀλλὰ μὴ κατ' ἀξίαν, τούτου δ'
ὄντος τοῦ δικαίου τὸ πλῆθος ἀναγκαῖον εἶναι κύριον, καὶ ὅ τι 5
ἂν δόξῃ τοῖς πλείοσι, τοῦτ' εἶναι τέλος καὶ τοῦτ' εἶναι
τὸ δίκαιον· φασὶ γὰρ δεῖν ἴσον ἔχειν ἕκαστον τῶν πολιτῶν·
ὥστε ἐν ταῖς δημοκρατίαις συμβαίνει κυριωτέρους εἶναι τοὺς
ἀπόρους τῶν εὐπόρων· πλείους γάρ εἰσι, κύριον δὲ τὸ τοῖς
πλείοσι δόξαν. ἐν μὲν οὖν τῆς ἐλευθερίας σημεῖον τοῦτο, ὃν 10
τίθενται πάντες οἱ δημοτικοὶ τῆς πολιτείας ὅρον· ἐν δὲ τὸ
ζῆν ὡς βούλεταί τις. τοῦτο γὰρ τῆς ἐλευθερίας ἔργον εἶναί
φασιν, εἴπερ τοῦ δουλεύοντος τὸ ζῆν μὴ ὡς βούλεται. τῆς
μὲν οὖν δημοκρατίας ὅρος οὗτος δεύτερος· ἐντεῦθεν δ' ἐλή-
λυθε τὸ μὴ ἄρχεσθαι, μάλιστα μὲν ὑπὸ μηθενός, εἰ δὲ 15
μή, κατὰ μέρος, καὶ συμβάλλεται ταύτῃ πρὸς τὴν ἐλευθε-
ρίαν τὴν κατὰ τὸ ἴσον.   17

τούτων δ' ὑποκειμένων καὶ τοι- 17
αύτης οὔσης τῆς ἀρχῆς τὰ τοιαῦτα δημοτικά· τὸ αἱρεῖσθαι
τὰς ἀρχὰς πάντας ἐκ πάντων, τὸ ἄρχειν πάντας μὲν
ἑκάστου ἕκαστον δ' ἐν μέρει πάντων, τὸ κληρωτὰς εἶναι τὰς 20
ἀρχὰς ἢ πάσας ἢ ὅσαι μὴ ἐμπειρίας δέονται καὶ τέχνης,
τὸ μὴ ἀπὸ τιμήματος μηθενὸς εἶναι τὰς ἀρχὰς ἢ ὅτι μικρο-
τάτου, τὸ μὴ δὶς τὸν αὐτὸν ἄρχειν μηδεμίαν ἢ ὀλιγάκις

39 λέγομεν H^aP²P³π³   1317^b 1 an μετέχοντες?   6 εἶναι¹+καὶ Π²
12 γὰρ+τὸ M¹P¹   ἔργον] ὅρον Richards   13 δούλου ὄντος Π¹:
δούλου εἶναι pr. H^a   15 μὲν] δὲ Γ   16 καὶ .. ἐλευθερίαν susp.
Bonitz   17 τοιούτων δ' Π¹

ἢ ὀλίγας ἔξω τῶν κατὰ πόλεμον, τὸ ὀλιγοχρονίους εἶναι τὰς
25 ἀρχὰς ἢ πάσας ἢ ὅσας ἐνδέχεται, τὸ δικάζειν πάντας
καὶ ἐκ πάντων καὶ περὶ πάντων, ἢ περὶ τῶν πλείστων καὶ
τῶν μεγίστων καὶ τῶν κυριωτάτων, οἷον περὶ εὐθυνῶν καὶ
πολιτείας καὶ τῶν ἰδίων συναλλαγμάτων, τὸ τὴν ἐκκλη-
σίαν κυρίαν εἶναι πάντων ἢ τῶν μεγίστων, ἀρχὴν δὲ μηδεμίαν
30 μηθενὸς ἢ ὅτι ὀλιγίστων κυρίαν (τῶν δ' ἀρχῶν δημοτι-
κώτατον βουλή, ὅπου μὴ μισθοῦ εὐπορία πᾶσιν· ἐνταῦθα
γὰρ ἀφαιροῦνται καὶ ταύτης τῆς ἀρχῆς τὴν δύναμιν· εἰς
αὑτὸν γὰρ ἀνάγει τὰς κρίσεις πάσας ὁ δῆμος εὐπορῶν
μισθοῦ, καθάπερ εἴρηται πρότερον ἐν τῇ μεθόδῳ τῇ πρὸ
35 ταύτης), ἔπειτα τὸ μισθοφορεῖν μάλιστα μὲν παντας, ἐκ-
κλησίαν δικαστήρια ἀρχάς, εἰ δὲ μή, τὰς ἀρχὰς καὶ τὰ
δικαστήρια καὶ ⟨τὴν⟩ βουλὴν καὶ τὰς ἐκκλησίας τὰς κυρίας, ἢ
τῶν ἀρχῶν ἃς ἀνάγκη συσσιτεῖν μετ' ἀλλήλων. ἔτι ἐπειδὴ
ὀλιγαρχία καὶ γένει καὶ πλούτῳ καὶ παιδείᾳ ὁρίζεται,
40 τὰ δημοτικὰ δοκεῖ τἀναντία τούτων εἶναι, ἀγένεια πενία
βαναυσία· ἔτι δὲ τῶν ἀρχῶν τὸ μηδεμίαν ἀίδιον εἶναι,
1318ᵃ ἐὰν δέ τις καταλειφθῇ ἐξ ἀρχαίας μεταβολῆς, τό γε περι-
αιρεῖσθαι τὴν δύναμιν αὐτῆς καὶ ἐξ αἱρετῶν κληρωτοὺς
ποιεῖν. τὰ μὲν οὖν κοινὰ ταῖς δημοκρατίαις ταῦτ' ἐστί· συμ-
βαίνει δ' ἐκ τοῦ δικαίου τοῦ ὁμολογουμένου εἶναι δημοκρατικοῦ
5 (τοῦτο δ' ἐστὶ τὸ ἴσον ἔχειν ἅπαντας κατ' ἀριθμόν) ἡ μά-
λιστ' εἶναι δοκοῦσα δημοκρατία καὶ δῆμος. ἴσον γὰρ τὸ
μηθὲν μᾶλλον ἄρχειν τοὺς ἀπόρους ἢ τοὺς εὐπόρους, μηδὲ

24 εἶναι om. Π²Hᵃ   26 καὶ¹] ἢ Γ: lac. in Mˢ   27 καὶ²+περὶ
MˢP¹   29 ἢ τῶν μεγίστων hoc loco Bas.ˢ: post 30 ὀλιγίστων codd.
30 ὀλιγοστῶν Mˢ, pr. P¹   κυρίαν secl. Schneider   33 αὑτὸν
MˢP²P³: αὐτὴν pr. Hᵃ, pr. π³   34–35 πρότερον . . . ταύτης] 1299ᵇ
38–1300ᵃ4   37 τὴν βουλὴν Schneider: βουλὰς MˢΓ: βουλὴν cet.
38–41 ἔτι . . . βαναυσία secl. Susemihl   38 ἔτι+δὲ pr. Hᵃ et ut
vid. Γ   41 ἔτι Aretinus: ἐπεὶ Hᵃ: ἐπὶ cet.   1318ᵃ 1 τό γε
Coraes: τότε codd. Γ   3 τῆς δημοκρατίας Π¹   7 ἀπόρους . . .
εὐπόρους (cf. 1291ᵇ32)] εὐπόρους . . . εὐπόρους pr. Pˢ: εὐπόρους . . . ἀ-
πόρους P⁵

κυρίους εἶναι μόνους ἀλλὰ πάντας ἐξ ἴσου κατ᾽ ἀριθμόν·
οὕτω γὰρ ἂν ὑπάρχειν νομίζοιεν τήν τ᾽ ἰσότητα τῇ πολι-
τείᾳ καὶ τὴν ἐλευθερίαν.   10

3   Τὸ δὲ μετὰ τοῦτο ἀπορεῖται πῶς ἕξουσι τὸ ἴσον, πότε-
ρον δεῖ τὰ τιμήματα διελεῖν, χιλίοις τὰ τῶν πεντακοσί-
ων, καὶ τοὺς χιλίους ἴσον δύνασθαι τοῖς πεντακοσίοις, ἢ
οὐχ οὕτω δεῖ τιθέναι τὴν κατὰ τοῦτο ἰσότητα, ἀλλὰ διελεῖν
μὲν οὕτως, ἔπειτα ἐκ τῶν πεντακοσίων ἴσους λαβόντα καὶ 15
ἐκ τῶν χιλίων, τούτους κυρίους εἶναι τῶν αἱρέσεων καὶ τῶν
δικαστηρίων. πότερον οὖν αὕτη ἡ πολιτεία δικαιοτάτη κατὰ
τὸ δημοτικὸν δίκαιον, ἢ μᾶλλον ἡ κατὰ τὸ πλῆθος; φασὶ
γὰρ οἱ δημοτικοὶ τοῦτο δίκαιον ὅ τι ἂν δόξῃ τοῖς πλείοσιν,
οἱ δ᾽ ὀλιγαρχικοὶ ὅ τι ἂν δόξῃ τῇ πλείονι οὐσίᾳ· κατὰ 20
πλῆθος γὰρ οὐσίας φασὶ κρίνεσθαι δεῖν. ἔχει δ᾽ ἀμφότερα
ἀνισότητα καὶ ἀδικίαν· εἰ μὲν γὰρ ὅ τι ἂν οἱ ὀλίγοι, τυ-
ραννίς (καὶ γὰρ ἐὰν εἷς ἔχῃ πλείω τῶν ἄλλων εὐπόρων,
κατὰ τὸ ὀλιγαρχικὸν δίκαιον ἄρχειν δίκαιος μόνος), εἰ
δ᾽ ὅ τι ἂν οἱ πλείους κατ᾽ ἀριθμόν, ἀδικήσουσι δημεύοντες τὰ 25
τῶν πλουσίων καὶ ἐλαττόνων, καθάπερ εἴρηται πρότερον.
τίς ἂν οὖν εἴη ἰσότης ἣν ὁμολογήσουσιν ἀμφότεροι, σκεπτέον
ἐξ ὧν ὁρίζονται δικαίων ἀμφότεροι. λέγουσι γὰρ ὡς ὅ τι
ἂν δόξῃ τοῖς πλείοσι τῶν πολιτῶν, τοῦτ᾽ εἶναι δεῖ κύριον·
ἔστω δὴ τοῦτο, μὴ μέντοι πάντως, ἀλλ᾽ ἐπειδὴ δύο μέρη 30
τετύχηκεν ἐξ ὧν ἡ πόλις, πλούσιοι καὶ πένητες, ὅ τι ἂν
ἀμφοτέροις δόξῃ ἢ τοῖς πλείοσι, τοῦτο κύριον ἔστω, ἐὰν δὲ
τἀναντία δόξῃ, ὅ τι ἂν οἱ πλείους καὶ ὧν τὸ τίμημα πλεῖον·
οἷον, εἰ οἱ μὲν δέκα οἱ δὲ εἴκοσιν, ἔδοξε δὲ τῶν μὲν πλουσίων
τοῖς ἓξ τῶν δ᾽ ἀπορωτέρων τοῖς πεντεκαίδεκα, προσγεγέ- 35
νηνται τοῖς μὲν πένησι τέτταρες τῶν πλουσίων, τοῖς δὲ πλου-

9 τῇ πόλει Π   12 διελεῖν+τοῖς Γ: +ἰσοῦντα τοῖς Richards
14 κατὰ τούτων P¹Γ   16 αἱρέσεων Camotius: διαιρέσεων codd. Γ
17 αὕτη ἡ] haec quae secundum multitudinem honorabilitatum Guill.
26 πρότερον, sc. 1281ᵃ 14-17   27 ὁμολογοῦσιν Π¹P²   σκεπτέον . . .
28 ἀμφότεροι om. Hᵃ, pr. Pᵃ, πᵃ   32 τοῦτο+τὸ MᵃΓ   34 εἰ om. HᵃΠᵃ

σίοις πέντε τῶν πενήτων· ὁποτέρων οὖν τὸ τίμημα ὑπερτείνει
συναριθμουμένων ἀμφοτέρων ἑκατέροις, τοῦτο κύριον. ἐὰν δὲ
ἴσοι συμπέσωσι, κοινὴν εἶναι ταύτην νομιστέον ἀπορίαν ὥσπερ
40 νῦν ἐὰν δίχα ἡ ἐκκλησία γένηται ἢ τὸ δικαστήριον· ἢ
1318ᵇ γὰρ ἀποκληρωτέον ἢ ἄλλο τι τοιοῦτον ποιητέον. ἀλλὰ περὶ
μὲν τοῦ ἴσου καὶ τοῦ δικαίου, κἂν ᾖ πάνυ χαλεπὸν εὑρεῖν
τὴν ἀλήθειαν περὶ αὐτῶν, ὅμως ῥᾷον τυχεῖν ἢ συμπεῖσαι
τοὺς δυναμένους πλεονεκτεῖν· ἀεὶ γὰρ ζητοῦσι τὸ ἴσον καὶ τὸ
5 δίκαιον οἱ ἥττους, οἱ δὲ κρατοῦντες οὐδὲν φροντίζουσιν

Δημοκρατιῶν δ' οὐσῶν τεττάρων βελτίστη μὲν ἡ πρώτη 4
τάξει, καθάπερ ἐν τοῖς πρὸ τούτων ἐλέχθη λόγοις· ἔστι δὲ
καὶ ἀρχαιοτάτη πασῶν αὕτη. λέγω δὲ πρώτην ὥσπερ ἄν
τις διέλοι τοὺς δήμους. βέλτιστος γὰρ δῆμος ὁ γεωργικός
10 ἐστιν, ὥστε καὶ ποιεῖν ἐνδέχεται δημοκρατίαν ὅπου ζῇ τὸ
πλῆθος ἀπὸ γεωργίας ἢ νομῆς. διὰ μὲν γὰρ τὸ μὴ πολ-
λὴν οὐσίαν ἔχειν ἄσχολος, ὥστε μὴ πολλάκις ἐκκλησιάζειν
διὰ δὲ τὸ [μὴ] ἔχειν τἀναγκαῖα πρὸς τοῖς ἔργοις δια-
τρίβουσι καὶ τῶν ἀλλοτρίων οὐκ ἐπιθυμοῦσιν, ἀλλ' ἥδιον αὐτοῖς
15 τὸ ἐργάζεσθαι τοῦ πολιτεύεσθαι καὶ ἄρχειν, ὅπου ἂν μὴ ᾖ
λήμματα μεγάλα ἀπὸ τῶν ἀρχῶν. οἱ γὰρ πολλοὶ μᾶλλον
ὀρέγονται τοῦ κέρδους ἢ τῆς τιμῆς. σημεῖον δέ· καὶ
γὰρ τὰς ἀρχαίας τυραννίδας ὑπέμενον καὶ τὰς ὀλιγαρχίας
ὑπομένουσιν, ἐάν τις αὐτοὺς ἐργάζεσθαι μὴ κωλύῃ μηδ'
20 ἀφαιρῆται μηθέν· ταχέως γὰρ οἱ μὲν πλουτοῦσιν αὐτῶν
οἱ δ' οὐκ ἀποροῦσιν. ἔτι δὲ τὸ κυρίους εἶναι τοῦ ἑλέσθαι καὶ
εὐθύνειν ἀναπληροῖ τὴν ἔνδειαν, εἴ τι φιλοτιμίας ἔχουσιν,
ἐπεὶ παρ' ἐνίοις δήμοις, κἂν μὴ μετέχωσι τῆς αἱρέσεως
τῶν ἀρχῶν ἀλλά τινες αἱρετοὶ κατὰ μέρος ἐκ πάντων,
25 ὥσπερ ἐν Μαντινείᾳ, τοῦ δὲ βουλεύεσθαι κύριοι ὦσιν, ἱκανῶς

37 ποτέρων M², pr. P¹   40 διχθῇ Mᵃ: διχῇ P¹: δίκαι Hᵃ: divisa in
duo Guil.   1318ᵇ 4–5 δίκαιον καὶ τὸ ἴσον Π¹   7 cf. 1291ᵇ10–38
9 διέλη P¹P²Γ   13 μὴ secl. Bojesen   14 αὐτοῖς om. Πᵃ   17 ἢ
om. MᵃP¹P²P³π³   18 γὰρ+καὶ π³   24 ἀλλά] an ἀλλ' ἤ?

196

ἔχει τοῖς πολλοῖς· καὶ δεῖ νομίζειν καὶ τοῦτ' εἶναι σχῆμά
τι δημοκρατίας, ὥσπερ ἐν Μαντινείᾳ ποτ' ἦν. διὸ δὴ καὶ
συμφέρον ἐστὶ τῇ πρότερον ῥηθείσῃ δημοκρατίᾳ καὶ ὑπάρ-
χειν εἴωθεν, αἱρεῖσθαι μὲν τὰς ἀρχὰς καὶ εὐθύνειν καὶ
δικάζειν πάντας, ἄρχειν δὲ τὰς μεγίστας αἱρετοὺς καὶ ἀπὸ 30
τιμημάτων, τὰς μείζους ἀπὸ μειζόνων, ἢ καὶ ἀπὸ τιμη-
μάτων μὲν μηδεμίαν, ἀλλὰ τοὺς δυναμένους. ἀνάγκη δὲ
πολιτευομένους οὕτω πολιτεύεσθαί τε καλῶς (αἱ γὰρ ἀρχαὶ
αἰεὶ διὰ τῶν βελτίστων ἔσονται, τοῦ δήμου βουλομένου καὶ τοῖς
ἐπιεικέσιν οὐ φθονοῦντος), καὶ τοῖς ἐπιεικέσι καὶ γνωρίμοις 35
ἀρκοῦσαν εἶναι ταύτην τὴν τάξιν· ἄρξονται γὰρ οὐχ ὑπ'
ἄλλων χειρόνων, καὶ ἄρξουσι δικαίως διὰ τὸ τῶν εὐθυνῶν
εἶναι κυρίους ἑτέρους. τὸ γὰρ ἐπανακρέμασθαι, καὶ μὴ πᾶν
ἐξεῖναι ποιεῖν ὅ τι ἂν δόξῃ, συμφέρον ἐστίν· ἡ γὰρ ἐξουσία
τοῦ πράττειν ὅ τι ἂν ἐθέλῃ τις οὐ δύναται φυλάττειν τὸ ἐν 40
ἑκάστῳ τῶν ἀνθρώπων φαῦλον. ὥστε ἀναγκαῖον συμ- 1319ᵃ
βαίνειν ὅπερ ἐστὶν ὠφελιμώτατον ἐν ταῖς πολιτείαις, ἄρχειν
τοὺς ἐπιεικεῖς ἀναμαρτήτους ὄντας, μηδὲν ἐλαττουμένου τοῦ
πλήθους.   4

ὅτι μὲν οὖν αὕτη τῶν δημοκρατιῶν ἀρίστη, φανε- 4
ρόν, καὶ διὰ τίν' αἰτίαν, ὅτι διὰ τὸ ποιόν τινα εἶναι τὸν 5
δῆμον· πρὸς δὲ τὸ κατασκευάζειν γεωργικὸν τὸν δῆμον τῶν
τε νόμων τινὲς τῶν παρὰ τοῖς πολλοῖς κειμένων τὸ ἀρ-
χαῖον χρήσιμοι πάντως, ἢ τὸ ὅλως μὴ ἐξεῖναι κεκτῆσθαι
πλείω γῆν μέτρου τινὸς ἢ ἀπό τινος τόπου πρὸς τὸ ἄστυ
καὶ τὴν πόλιν (ἦν δὲ τό γε ἀρχαῖον ἐν πολλαῖς πόλεσι 10
νενομοθετημένον μηδὲ πωλεῖν ἐξεῖναι τοὺς πρώτους κλήρους·
ἔστι δὲ καὶ ὃν λέγουσιν Ὀξύλου νόμον εἶναι τοιοῦτόν τι δυνά-

---

31 καὶ om. HᵃΓ   33 τε hoc loco Richards: post αἱ codd.
34 βουλευομένου Π¹   38 ἐπανακρεμᾶσθαι MᵃP¹   πᾶσαν MᵃΓ
1319ᵃ 1. φῦλον Π¹   3 μηδὲ HᵃΠ³   6 γεωργικὸν Richards:
γεωργὸν codd. Γ   7 τοῖς secl. Madvig   παλαίοις Π¹   8 πάντως
Coraes: πάντες codd. Γ   10 γε om. Π¹   12 ἐξύλου MᵃΓ: ὀξύλου π³
δυνάμενον MᵃP¹

μενος, τὸ μὴ δανείζειν εἴς τι μέρος τῆς ὑπαρχούσης
ἑκάστῳ γῆς), νῦν δὲ δεῖ διορθοῦν καὶ τῷ Ἀφυταίων νόμῳ,
15 πρὸς γὰρ ὃ λέγομέν ἐστι χρήσιμος· ἐκεῖνοι γάρ, καίπερ
ὄντες πολλοὶ κεκτημένοι δὲ γῆν ὀλίγην, ὅμως πάντες γεωρ-
γοῦσιν· τιμῶνται γὰρ οὐχ ὅλας τὰς κτήσεις, ἀλλὰ κατὰ
τηλικαῦτα μόρια διαιροῦντες ὥστ' ἔχειν ὑπερβάλλειν ταῖς
19 τιμήσεσι καὶ τοὺς πένητας.

19 μετὰ δὲ τὸ γεωργικὸν πλῆθος
20 βέλτιστος δῆμός ἐστιν ὅπου νομεῖς εἰσι καὶ ζῶσιν ἀπὸ βο-
σκημάτων· πολλὰ γὰρ ἔχει τῇ γεωργίᾳ παραπλησίως,
καὶ τὰ πρὸς τὰς πολεμικὰς πράξεις μάλισθ' οὗτοι γεγυ-
μνασμένοι τὰς ἕξεις καὶ χρήσιμοι τὰ σώματα καὶ δυ-
νάμενοι θυραυλεῖν. τὰ δ' ἄλλα πλήθη πάντα σχεδόν, ἐξ
25 ὧν αἱ λοιπαὶ δημοκρατίαι συνεστᾶσι, πολλῷ φαυλότερα
τούτων· ὁ γὰρ βίος φαῦλος, καὶ οὐθὲν ἔργον μετ' ἀρετῆς
ὧν μεταχειρίζεται τὸ πλῆθος τό τε τῶν βαναύσων καὶ
τὸ τῶν ἀγοραίων ἀνθρώπων καὶ τὸ θητικόν, ἔτι δὲ διὰ τὸ
περὶ τὴν ἀγορὰν καὶ τὸ ἄστυ κυλίεσθαι πᾶν τὸ τοιοῦτον
30 γένος ὡς εἰπεῖν ῥᾳδίως ἐκκλησιάζει· οἱ δὲ γεωργοῦντες διὰ
τὸ διεσπάρθαι κατὰ τὴν χώραν οὔτ' ἀπαντῶσιν οὔθ' ὁμοίως
δέονται τῆς συνόδου ταύτης. ὅπου δὲ καὶ συμβαίνει τὴν
χώραν τὴν θέσιν ἔχειν τοιαύτην ὥστε [τὴν χώραν] πολὺ τῆς
πόλεως ἀπηρτῆσθαι, ῥᾴδιον καὶ δημοκρατίαν ποιεῖσθαι χρη-
35 στὴν καὶ πολιτείαν· ἀναγκάζεται γὰρ τὸ πλῆθος ἐπὶ τῶν
ἀγρῶν ποιεῖσθαι τὰς ἀποικίας, ὥστε δεῖ, κἂν ἀγοραῖος
ὄχλος ᾖ, μὴ ποιεῖν ἐν ταῖς δημοκρατίαις ἐκκλησίας ἄνευ
τοῦ κατὰ τὴν χώραν πλήθους. πῶς μὲν οὖν δεῖ κατασκευά-
ζειν τὴν βελτίστην καὶ πρώτην δημοκρατίαν, εἴρηται· φανε-
40 ρὸν δὲ καὶ πῶς τὰς ἄλλας. ἑπομένως γὰρ δεῖ παρεκ-

---

14 Ἀφυταίων Sepulveda: ἀφυτάλω Mˢ: ἀφυτάλων (λ in ras. Pˢ) cet.
22 τὰς πρὸς τὰ Hᵃᴦ: τὰ πρὸς τὰ Mˢ   28 τὸ³+ἐσπάρθαι κατὰ τὴν
χώραν pr. P¹   29 τὸˢ om. Hᵃπ³   31 ἐσπάρθαι Mˢπ³   33 τὴν
χώραν secl. Coraes   37 δημοκρατίαις Susemihl: δημοκρατικαῖς
codd.   ἐκκλησίας corr.¹ Pˢ, π³: ἐκκλησίαις cet.

βαίνειν καὶ τὸ χεῖρον ἀεὶ πλῆθος χωρίζειν. τὴν δὲ τελευ- 1319ᵇ
ταίαν, διὰ τὸ πάντας κοινωνεῖν, οὔτε πάσης ἐστὶ πόλεως
φέρειν, οὔτε ῥᾴδιον διαμένειν μὴ τοῖς νόμοις καὶ τοῖς ἔθε-
σιν εὖ συγκειμένην (ἃ δὲ φθείρειν συμβαίνει καὶ ταύτην
καὶ τὰς ἄλλας πολιτείας, εἴρηται πρότερον τὰ πλεῖστα 5
σχεδόν). πρὸς δὲ τὸ καθιστάναι ταύτην τὴν δημοκρατίαν
καὶ τὸν δῆμον ποιεῖν · ἰσχυρὸν εἰώθασιν οἱ προεστῶτες
προσλαμβάνειν ὡς πλείστους καὶ ποιεῖν πολίτας μὴ μόνον
τοὺς γνησίους ἀλλὰ καὶ τοὺς νόθους καὶ τοὺς ἐξ ὁποτερουοῦν
πολίτου, λέγω δὲ οἷον πατρὸς ἢ μητρός· ἅπαν γὰρ οἰκεῖον 10
τοῦτο τῷ τοιούτῳ δήμῳ μᾶλλον. εἰώθασι μὲν οὖν οἱ δημα-
γωγοὶ κατασκευάζειν οὕτω, δεῖ μέντοι προσλαμβάνειν μέχρι
ἂν ὑπερτείνῃ τὸ πλῆθος τῶν γνωρίμων καὶ τῶν μέ-
σων, καὶ τούτου μὴ πέρα προβαίνειν· ὑπερβάλλοντες γὰρ
ἀτακτοτέραν τε ποιοῦσι τὴν πολιτείαν, καὶ τοὺς γνωρίμους 15
πρὸς τὸ χαλεπῶς ὑπομένειν τὴν δημοκρατίαν παροξύνουσι
μᾶλλον, ὅπερ συνέβη τῆς στάσεως αἴτιον γενέσθαι περὶ
Κυρήνην· ὀλίγον μὲν γὰρ πονηρὸν παρορᾶται, πολὺ δὲ
γινόμενον ἐν ὀφθαλμοῖς μᾶλλόν ἐστιν. ἔτι δὲ καὶ τὰ
τοιαῦτα κατασκευάσματα χρήσιμα πρὸς τὴν δημοκρατίαν 20
τὴν τοιαύτην, οἷς Κλεισθένης τε Ἀθήνησιν ἐχρήσατο βουλό-
μενος αὐξῆσαι τὴν δημοκρατίαν, καὶ περὶ Κυρήνην οἱ τὸν
δῆμον καθιστάντες. φυλαί τε γὰρ ἕτεραι ποιητέαι πλείους
καὶ φατρίαι, καὶ τὰ τῶν ἰδίων ἱερῶν συνακτέον εἰς ὀλίγα
καὶ κοινά, καὶ πάντα σοφιστέον ὅπως ἂν ὅτι μάλιστα ἀνα- 25
μειχθῶσι πάντες ἀλλήλοις, αἱ δὲ συνήθειαι διαζευχθῶσιν
αἱ πρότερον. ἔτι δὲ καὶ τὰ τυραννικὰ κατασκευάσματα
δημοτικὰ δοκεῖ πάντα, λέγω δ' οἷον ἀναρχία τε δούλων
(αὕτη δ' ἂν εἴη μέχρι του συμφέρουσα) καὶ γυναικῶν καὶ

1319ᵇ 4 συγκειμένειν Hᵃπ³   5 πρότερον, i: 8 τῷ προσλαμβάνειν Π²
9 ὁποτερουῶν Hᵃ: ὡποτερουῶν Mˢ   11 τοῦτο om. Π¹   12 μέχρις Π²Hᵃ
17 αἴτιον τῆς στάσεως Π¹   περὶ] τῇ Hᵃ: τὴν π³   19 μᾶλλον ἐν
ὀφθαλμοῖς Π¹   21 οἷς] οἷον Π¹   24 φατρίαι Pᵃπ³ · καὶ τὰ P¹:
κατὰ cet.   25 ἀναμιχθῶσιν ἀλλήλοις πάντες MᵃP¹   27 πρότεραι Π¹

30 παίδων, καὶ τὸ ζῆν ὅπως τις βούλεται παρορᾶν· πολὺ γὰρ
ἔσται τὸ τῇ τοιαύτῃ πολιτείᾳ βοηθοῦν· ἥδιον γὰρ τοῖς πολ-
λοῖς τὸ ζῆν ἀτάκτως ἢ τὸ σωφρόνως.

"Εστι δ' [ἔργον] τοῦ νομοθέτου καὶ τῶν βουλομένων συν- 5
ιστάναι τινὰ τοιαύτην πολιτείαν οὐ τὸ καταστῆσαι μέγιστον
35 ἔργον οὐδὲ μόνον, ἀλλ' ὅπως σῴζηται μᾶλλον· μίαν γὰρ
ἢ δύο ἢ τρεῖς ἡμέρας οὐ χαλεπὸν μεῖναι πολιτευομένους
ὁπωσοῦν. διὸ δεῖ, περὶ ὧν τεθεώρηται πρότερον, τίνες σωτη-
ρίαι καὶ φθοραὶ τῶν πολιτειῶν, ἐκ τούτων πειρᾶσθαι κατα-
σκευάζειν τὴν ἀσφάλειαν, εὐλαβουμένους μὲν τὰ φθείροντα,
40 τιθεμένους δὲ τοιούτους νόμους, καὶ τοὺς ἀγράφους καὶ τοὺς γε-
1320ᵃ γραμμένους, οἳ περιλήψονται μάλιστα τὰ σῴζοντα τὰς πολι-
τείας, καὶ μὴ νομίζειν τοῦτ' εἶναι δημοτικὸν μηδ' ὀλι-
γαρχικὸν ὃ ποιήσει τὴν πόλιν ὅτι μάλιστα δημοκρατεῖσθαι
ἢ ὀλιγαρχεῖσθαι, ἀλλ' ὃ πλεῖστον χρόνον. οἱ δὲ νῦν δημα-
5 γωγοὶ χαριζόμενοι τοῖς δήμοις πολλὰ δημεύουσι διὰ
τῶν δικαστηρίων. διὸ δεῖ πρὸς ταῦτα ἀντιπράττειν τοὺς κηδο-
μένους τῆς πολιτείας, νομοθετοῦντας μηδὲν εἶναι δημόσιον
τῶν καταδικαζομένων καὶ φερόμενον πρὸς τὸ κοινόν, ἀλλ'
ἱερόν· οἱ μὲν γὰρ ἀδικοῦντες οὐθὲν ἧττον εὐλαβεῖς ἔσονται
10 (ζημιώσονται γὰρ ὁμοίως), ὁ δ' ὄχλος ἧττον καταψηφιεῖ-
ται τῶν κρινομένων, λήψεσθαι μηδὲν μέλλων. ἔτι δὲ τὰς
γινομένας δημοσίας δίκας ὡς ὀλιγίστας αἰεὶ ποιεῖν, μεγά-
λοις ἐπιτιμίοις τοὺς εἰκῇ γραφομένους κωλύοντας· οὐ γὰρ
τοὺς δημοτικοὺς ἀλλὰ τοὺς γνωρίμους εἰώθασιν εἰσάγειν, δεῖ
15 δὲ τῇ πολιτείᾳ πάντας μάλιστα μὲν εὔνους εἶναι τοὺς
πολίτας, εἰ δὲ μή, μή τοί γε ὡς πολεμίους νομίζειν τοὺς
17 κυρίους.

33 ἔργον secl. Scaliger   34 τοιαύτην τινὰ Π¹   35 ἔργον secl.
Lambinus   37 πρότερον, sc. in libro Ε   1320ᵃ 4 ἢ] μηδ' Π¹
8 φερομένων P¹Γ: φερόντων cet.: φερόμενον Bernays   1·0 καταψηφίζεται
Hᵃ: καταψηφίζεται MˢP¹, pr. P²Pᵃπᵃ   13 ἐπιζημίοις Π¹   15 δὲ
HᵃΓ: +καὶ cet.   16 τοί Hᵃπᵃ: τι cet.

ἐπεὶ δ' αἱ τελευταῖαι δημοκρατίαι πολυάνθρωποί 17
τέ εἰσι καὶ χαλεπὸν ἐκκλησιάζειν ἀμίσθους, τοῦτο δ' ὅπου
πρόσοδοι μὴ τυγχάνουσιν οὖσαι πολέμιον τοῖς γνωρίμοις
(ἀπό τε γὰρ εἰσφορᾶς καὶ δημεύσεως ἀναγκαῖον γίνεσθαι 20
καὶ δικαστηρίων φαύλων, ἃ πολλὰς ἤδη δημοκρατίας ἀν-
έτρεψεν), ὅπου μὲν οὖν πρόσοδοι μὴ τυγχάνουσιν οὖσαι, δεῖ
ποιεῖν ὀλίγας ἐκκλησίας, καὶ δικαστήρια πολλῶν μὲν ὀλί-
γας δ' ἡμέρας (τοῦτο γὰρ φέρει μὲν καὶ πρὸς τὸ μὴ φο-
βεῖσθαι τοὺς πλουσίους τὰς δαπάνας, ἐὰν οἱ μὲν εὔποροι μὴ 25
λαμβάνωσι δικαστικόν, οἱ δ' ἄποροι, φέρει δὲ καὶ πρὸς τὸ
κρίνεσθαι τὰς δίκας πολὺ βέλτιον· οἱ γὰρ εὔποροι πολ-
λὰς μὲν ἡμέρας οὐκ ἐθέλουσιν ἀπὸ τῶν ἰδίων ἀπεῖναι, βρα-
χὺν δὲ χρόνον ἐθέλουσιν), ὅπου δ' εἰσὶ πρόσοδοι, μὴ ποιεῖν ὃ
νῦν οἱ δημαγωγοὶ ποιοῦσιν (τὰ γὰρ περιόντα νέμουσιν· λαμ- 30
βάνουσι δὲ ἅμα καὶ πάλιν δέονται τῶν αὐτῶν· ὁ τετρημέ-
νος γάρ ἐστι πίθος ἡ τοιαύτη βοήθεια τοῖς ἀπόροις). ἀλλὰ
δεῖ τὸν ἀληθινῶς δημοτικὸν ὁρᾶν ὅπως τὸ πλῆθος μὴ λίαν
ἄπορον ᾖ· τοῦτο γὰρ αἴτιον τοῦ μοχθηρὰν εἶναι τὴν δημο-
κρατίαν. τεχναστέον οὖν ὅπως ἂν εὐπορία γένοιτο χρόνιος. ἐπεὶ 35
δὲ συμφέρει τοῦτο καὶ τοῖς εὐπόροις, τὰ μὲν ἀπὸ τῶν προσ-
όδων γινόμενα συναθροίζοντας ἀθρόα χρὴ διανέμειν τοῖς
ἀπόροις, μάλιστα μὲν εἴ τις δύναται τοσοῦτον ἀθροίζειν ὅσον
εἰς γηδίου κτῆσιν, εἰ δὲ μή, πρὸς ἀφορμὴν ἐμπορίας καὶ
γεωργίας, καί, εἰ μὴ πᾶσι δυνατόν, ἀλλὰ κατὰ φυλὰς ἤ **1320ᵇ**
τι μέρος ἕτερον ἐν μέρει διανέμειν, ἐν δὲ τούτῳ πρὸς τὰς
ἀναγκαίας συνόδους τοὺς εὐπόρους εἰσφέρειν τὸν μισθόν, ἀφει-
μένους τῶν ματαίων λειτουργιῶν. τοιοῦτον δέ τινα τρόπον Καρ-

---

21 δικαστήριον Μˢ: δικαστήρια Γ   23 ἐκκλησίας ὀλίγας Π¹   δηκα-
στήρια pr. Μˢ, pr. Ηª ut vid.   ὀλίγας δ' ἡμέρας Ηª, pr. Ρ¹, Π³: ὀλίγαις
δ' ἡμέραις Μˢ, pr. Ρ², Ρ³   25 ἐὰν] κἂν Immisch   29 θέλουσιν ΜªΡ¹
32 ἔτι πίθος Ηª: πίθος ἐστὶν Π¹   35 γίνοιτο ΜªΡ¹   38 ἀθροίζειν
Bas.³: ἀθροίζων ΗªΠ²: συναθροίζων ΜªΡ¹: συναθροίζειν Susemihl
39 εὐπορίας Π²: ἀπορίας Ηª   1320ᵇ 3 ἀφειμένους Schneider: ἀφιεμένους
Π¹Γ: ἐφιεμένους ΗªΜˢΠ²

5 χηδόνιοι πολιτευόμενοι φίλον κέκτηνται τὸν δῆμον· ἀεὶ γάρ
τινας ἐκπέμποντες τοῦ δήμου πρὸς τὰς περιοικίδας ποιοῦσιν
εὐπόρους. χαριέντων δ' ἐστὶ καὶ νοῦν ἐχόντων γνωρίμων καὶ
διαλαμβάνοντας τοὺς ἀπόρους ἀφορμὰς διδόντας τρέπειν
ἐπ' ἐργασίας. καλῶς δ' ἔχει μιμεῖσθαι καὶ τὰ Ταραντίνων.
10 ἐκεῖνοι γὰρ κοινὰ ποιοῦντες τὰ κτήματα τοῖς ἀπόροις ἐπὶ τὴν
χρῆσιν εὔνουν παρασκευάζουσι τὸ πλῆθος· ἔτι δὲ τὰς ἀρχὰς
πάσας ἐποίησαν διττάς, τὰς μὲν αἱρετὰς τὰς δὲ κληρωτάς,
τὰς μὲν κληρωτὰς ὅπως ὁ δῆμος αὐτῶν μετέχῃ, τὰς δ'
αἱρετὰς ἵνα πολιτεύωνται βέλτιον. ἔστι δὲ τοῦτο ποιῆσαι. καὶ
15 τῆς αὐτῆς ἀρχῆς μερίζοντας τοὺς μὲν κληρωτοὺς τοὺς δ'
αἱρετούς. πῶς μὲν οὖν δεῖ τὰς δημοκρατίας κατασκευάζειν,
εἴρηται.

Σχεδὸν δὲ καὶ περὶ τὰς ὀλιγαρχίας πῶς δεῖ φανερὸν 6
ἐκ τούτων. ἐκ τῶν ἐναντίων γὰρ δεῖ συνάγειν ἑκάστην ὀλι-
20 γαρχίαν, πρὸς τὴν ἐναντίαν δημοκρατίαν ἀναλογιζόμενον,
τὴν μὲν εὔκρατον μάλιστα τῶν ὀλιγαρχιῶν καὶ πρώτην—
αὕτη δ' ἐστὶν ἡ σύνεγγυς τῇ καλουμένῃ πολιτείᾳ, ⟨ἐν⟩ ᾗ δεῖ τὰ
τιμήματα διαιρεῖν, τὰ μὲν ἐλάττω τὰ δὲ μείζω ποιοῦντας,
ἐλάττω μὲν ἀφ' ὧν τῶν ἀναγκαίων μεθέξουσιν ἀρχῶν,
25 μείζω δ' ἀφ' ὧν τῶν κυριωτέρων· τῷ τε κτωμένῳ τὸ τί-
μημα μετέχειν ἐξεῖναι τῆς πολιτείας, τοσούτου εἰσαγομένου
τοῦ δήμου πλήθους διὰ τοῦ τιμήματος μεθ' οὗ κρείττονες ἔσον-
ται τῶν μὴ μετεχόντων· ἀεὶ δὲ δεῖ παραλαμβάνειν ἐκ τοῦ
βελτίονος δήμου τοὺς κοινωνούς. ὁμοίως δὲ καὶ τὴν ἐχομένην
30 ὀλιγαρχίαν ἐπιτείνοντας δεῖ μικρὸν κατασκευάζειν. τῇ δ'
ἀντικειμένῃ τῇ τελευταίᾳ δημοκρατίᾳ, τῇ δυναστικωτάτῃ
καὶ τυραννικωτάτῃ τῶν ὀλιγαρχιῶν, ὅσῳ περ χειρίστῃ, το-

6 περιοικιδίας HᵃP³π³ : negotia domus Guil.   9 τὴν ταραντίνων P¹ idem-
que addita lacuna iv vel v litterarum Mˢ : τὴν Ταραντίνων ἀρχήν ut vid. Γ
12 διττὰς ἐποίησαν Π¹   15 τῆς αὐτῆς ἀρχῆς Γ : τῆς ἀρχῆς αὐτῆς codd.
19 ἑκάστην ὀλιγαρχίαν δεῖ συνάγειν Π¹   22 ἐν Bas.³ : om. codd. Γ
25 τῶν τε κτωμένων HᵃΠ²   26 τοσούτου scripsi : τοσοῦτον codd.
εἰσαγομένους Π¹Π³   27 πλήθους scripsi : πλῆθος codd.   30 δεῖ] δὴ P¹Γ

σούτῳ δεῖ πλείονος φυλακῆς. ὥσπερ γὰρ τὰ μὲν εὖ σώματα
διακείμενα πρὸς ὑγίειαν καὶ πλοῖα τὰ πρὸς ναυτιλίαν
καλῶς ἔχοντα τοῖς πλωτῆρσιν ἐπιδέχεται πλείους ἁμαρτίας 35
ὥστε μὴ φθείρεσθαι δι' αὐτάς, τὰ δὲ νοσερῶς ἔχοντα τῶν
σωμάτων καὶ τὰ τῶν πλοίων ἐκλελυμένα καὶ πλωτήρων
τετυχηκότα φαύλων οὐδὲ τὰς μικρὰς δύναται φέρειν ἁμαρ-
τίας, οὕτω καὶ τῶν πολιτειῶν αἱ χείρισται πλείστης δέονται
φυλακῆς. τὰς μὲν οὖν δημοκρατίας ὅλως ἡ πολυανθρωπία 1321ª
σώζει (τοῦτο γὰρ ἀντίκειται πρὸς τὸ δίκαιον τὸ κατὰ τὴν
ἀξίαν)· τὴν δ' ὀλιγαρχίαν δῆλον ὅτι τοὐναντίον ἀπὸ τῆς
εὐταξίας δεῖ τυγχάνειν τῆς σωτηρίας.

7 Ἐπεὶ δὲ τέτταρα μὲν ἔστι μέρη μάλιστα τοῦ πλήθους, 5
γεωργικὸν βαναυσικὸν ἀγοραῖον θητικόν, τέτταρα δὲ τὰ χρή-
σιμα πρὸς πόλεμον, ἱππικὸν ὁπλιτικὸν ψιλὸν ναυτικόν,
ὅπου μὲν συμβέβηκε τὴν χώραν εἶναι ἱππάσιμον, ἐνταῦθα
μὲν εὐφυῶς ἔχει κατασκευάζειν τὴν ὀλιγαρχίαν ἰσχυράν
(ἡ γὰρ σωτηρία τοῖς οἰκοῦσι διὰ ταύτης ἐστὶ τῆς δυνάμεως, 10
αἱ δ' ἱπποτροφίαι τῶν μακρὰς οὐσίας κεκτημένων εἰσίν),
ὅπου δ' ὁπλιτικήν, τὴν ἐχομένην ὀλιγαρχίαν (τὸ γὰρ ὁπλι-
τικὸν τῶν εὐπόρων ἐστὶ μᾶλλον ἢ τῶν ἀπόρων), ἡ δὲ ψιλὴ
δύναμις καὶ ναυτικὴ δημοτικὴ πάμπαν. νῦν μὲν οὖν
ὅπου τοιοῦτον πολὺ πλῆθος ἔστιν, ὅταν διαστῶσι, πολλάκις 15
ἀγωνίζονται χεῖρον· δεῖ δὲ πρὸς τοῦτο φάρμακον παρὰ τῶν
πολεμικῶν λαμβάνειν στρατηγῶν, οἳ συνδυάζουσι πρὸς τὴν
ἱππικὴν δύναμιν καὶ τὴν ὁπλιτικὴν τὴν ἁρμόττουσαν τῶν
ψιλῶν. ταύτῃ δ' ἐπικρατοῦσιν ἐν ταῖς διαστάσεσιν οἱ δῆμοι
τῶν εὐπόρων· ψιλοὶ γὰρ ὄντες πρὸς ἱππικὴν καὶ ὁπλιτικὴν 20
ἀγωνίζονται ῥᾳδίως.   21

τὸ μὲν οὖν ἐκ τούτων καθιστάναι ταύ- 21

38 δύναται π³: δύνανται cet.   1321ª 3 ἀπὸ scripsi: ὑπὸ codd. Γ
5 κάλιστα Hª: κάλλιστα Π²   6 βάναυσον π³: ναυσικὸν pr. Mˢ:
nautica Guil.   8 ἱππάσιμον εἶναι Π¹   12 ὁπλιτικήν fort. Γ,
Camerarius: ὁπλίτην codd.   14 δημοκρατικὴ π⁸   16 χείρω
HªΠ²   20 ὄντες+καὶ Γ   ἱππικὸν καὶ ὁπλιτικὸν MˢΡ¹: ἱππικὴν Hªπ⁸

τὴν τὴν δύναμιν ἐφ᾽ ἑαυτούς ἐστι καθιστάναι, δεῖ δὲ διῃρη-
μένης τῆς ἡλικίας, καὶ τῶν μὲν ὄντων πρεσβυτέρων τῶν
δὲ νέων, ἔτι μὲν ὄντας νέους τοὺς αὐτῶν υἱεῖς διδάσκεσθαι
25 τὰς κούφας καὶ τὰς ψιλὰς ἐργασίας, ἐκκεκριμένους δὲ ἐκ
παίδων ἀθλητὰς εἶναι αὐτοὺς τῶν ἔργων· τὴν δὲ μετάδοσιν
γίνεσθαι τῷ πλήθει τοῦ πολιτεύματος ἤτοι καθάπερ εἴρηται
πρότερον, τοῖς τὸ τίμημα κτωμένοις, ἢ καθάπερ Θηβαίοις,
ἀποσχομένοις χρόνον τινὰ τῶν βαναύσων ἔργων, ἢ καθ-
30 άπερ ἐν Μασσαλίᾳ κρίσιν ποιουμένους τῶν ἀξίων τῶν ἐν τῷ
πολιτεύματι καὶ τῶν ἔξωθεν. ἔτι δὲ καὶ ταῖς ἀρχαῖς ταῖς
κυριωτάταις, ἃς δεῖ τοὺς ἐν τῇ πολιτείᾳ κατέχειν, δεῖ
προσκεῖσθαι λειτουργίας, ἵν᾽ ἑκὼν ὁ δῆμος μὴ μετέχῃ καὶ
συγγνώμην ἔχῃ τοῖς ἄρχουσιν ὡς μισθὸν πολὺν διδοῦσι τῆς
35 ἀρχῆς. ἁρμόττει δὲ θυσίας τε εἰσιόντας ποιεῖσθαι μεγαλο-
πρεπεῖς καὶ κατασκευάζειν τι τῶν κοινῶν, ἵνα τῶν περὶ
τὰς ἑστιάσεις μετέχων ὁ δῆμος καὶ τὴν πόλιν ὁρῶν κοσμου-
μένην τὰ μὲν ἀναθήμασι τὰ δὲ οἰκοδομήμασιν ἄσμενος
ὁρᾷ μένουσαν τὴν πολιτείαν· συμβήσεται δὲ καὶ τοῖς γνωρί-
40 μοις εἶναι μνημεῖα τῆς δαπάνης. ἀλλὰ τοῦτο νῦν οἱ περὶ
τὰς ὀλιγαρχίας οὐ ποιοῦσιν, ἀλλὰ τοὐναντίον· τὰ λήμματα
γὰρ ζητοῦσιν οὐχ ἧττον ἢ τὴν τιμήν. διόπερ εὖ ἔχει λέγειν
1321ᵇ ταύτας εἶναι δημοκρατίας μικράς. πῶς μὲν οὖν χρὴ καθ-
ιστάναι τὰς δημοκρατίας καὶ τὰς ὀλιγαρχίας, διωρίσθω
τὸν τρόπον τοῦτον.

Ἀκόλουθον δὲ τοῖς εἰρημένοις ἐστὶ τὸ διῃρῆσθαι καλῶς 8
5 τὰ περὶ τὰς ἀρχάς, πόσαι καὶ τίνες καὶ τίνων, καθάπερ
εἴρηται καὶ πρότερον. τῶν μὲν γὰρ ἀναγκαίων ἀρχῶν χω-
ρὶς ἀδύνατον εἶναι πόλιν, τῶν δὲ πρὸς εὐταξίαν καὶ κό-
σμον ἀδύνατον οἰκεῖσθαι καλῶς. ἔτι δ᾽ ἀναγκαῖον ἐν μὲν
ταῖς μικραῖς ἐλάττους εἶναι τὰς ἀρχάς, ἐν δὲ ταῖς μεγά-
10 λαις πλείους, ὥσπερ τυγχάνει πρότερον εἰρημένον· ποίας

22 ἐφ᾽ om. ut vid. Γ   ἑαυτοῖς π³Γ: αὐτοῖς Μˢ   28 πρόττερον, sc.
1320ᵃ 25–28   30 μασαλία ΜˢΡ¹   31 ἔξωθεν+τῆς πόλεως ΜˢΓ   36 τί Η³Ρ³

204

οὖν ἁρμόττει συνάγειν καὶ ποίας χωρίζειν, δεῖ μὴ λανθά-
νειν. πρώτη μὲν οὖν ἐπιμέλεια τῶν ἀναγκαίων ἡ περὶ τὴν
ἀγοράν, ἐφ᾽ ᾗ δεῖ τινα ἀρχὴν εἶναι τὴν ἐφορῶσαν περί τε
τὰ συμβόλαια καὶ τὴν εὐκοσμίαν· σχεδὸν γὰρ ἀναγκαῖον
πάσαις ταῖς πόλεσι τὰ μὲν ὠνεῖσθαι τὰ δὲ πωλεῖν πρὸς 15
τὴν ἀλλήλων ἀναγκαίαν χρείαν, καὶ τοῦτ᾽ ἐστὶν ὑπογυιότα-
τον πρὸς αὐτάρκειαν, δι᾽ ἣν δοκοῦσιν εἰς μίαν πολιτείαν
συνελθεῖν. ἑτέρα δὲ ἐπιμέλεια ταύτης ἐχομένη καὶ συν-
εγγυς ἡ τῶν περὶ τὸ ἄστυ δημοσίων καὶ ἰδίων, ὅπως
εὐκοσμία ᾖ, καὶ τῶν πιπτόντων οἰκοδομημάτων καὶ ὁδῶν 20
σωτηρία καὶ διόρθωσις, καὶ τῶν ὁρίων τῶν πρὸς ἀλλήλους,
ὅπως ἀνεγκλήτως ἔχωσιν, καὶ ὅσα τούτοις ἄλλα τῆς ἐπι-
μελείας ὁμοιότροπα. καλοῦσι δ᾽ ἀστυνομίαν οἱ πλεῖστοι τὴν
τοιαύτην ἀρχήν, ἔχει δὲ μόρια πλείω τὸν ἀριθμόν, ὧν
ἑτέρους ἐφ᾽ ἕτερα καθιστᾶσιν ἐν ταῖς πολυανθρωποτέραις πό- 25
λεσιν, οἷον τειχοποιοὺς καὶ κρηνῶν ἐπιμελητὰς καὶ λιμένων
φύλακας. ἄλλη δ᾽ ἀναγκαία τε καὶ παραπλησία ταύτῃ·
περὶ τῶν αὐτῶν μὲν γάρ, ἀλλὰ περὶ τὴν χώραν ἐστὶ καὶ
[τὰ] περὶ τὰ ἔξω τοῦ ἄστεως· καλοῦσι δὲ τοὺς ἄρχοντας τούτους
οἱ μὲν ἀγρονόμους οἱ δ᾽ ὑλωρούς. αὗται μὲν οὖν ἐπιμέλειαί 30
εἰσι τούτων τρεῖς, ἄλλη δ᾽ ἀρχὴ πρὸς ἣν αἱ πρόσοδοι τῶν
κοινῶν ἀναφέρονται, παρ᾽ ὧν φυλαττόντων μερίζονται πρὸς
ἑκάστην διοίκησιν· καλοῦσι δ᾽ ἀποδέκτας τούτους καὶ ταμίας.
ἑτέρα δ᾽ ἀρχὴ πρὸς ἣν ἀναγράφεσθαι δεῖ τά τε ἴδια συμ-
βόλαια καὶ τὰς κρίσεις [ἐκ] τῶν δικαστηρίων· παρὰ δὲ τοῖς 35
αὐτοῖς τούτοις καὶ τὰς γραφὰς τῶν δικῶν γίνεσθαι δεῖ καὶ
τὰς εἰσαγωγάς. ἐνιαχοῦ μὲν οὖν μερίζουσι καὶ ταύτην εἰς
πλείους, ἔστι δ᾽ ⟨οὗ⟩ μία κυρία τούτων πάντων· καλοῦνται δὲ

1321ᵇ 12 πρώτη scripsi (cf. l. 18): πρῶτον codd. Γ   ἡ περὶ om. Hᵃπ³
16 ὑπογυιότατον π³: ὑπογυώτατον MˢP¹: ὑπογυότατον cet.   25 καθ-
ιστῶσιν Hᵃπ³   26 λιμένος Π¹   29 τὰ¹ om. Γ   τὰ¹] τοῦ MˢΓ
ἄστεως edd.: ἄστεος codd.   31 τούτων εἰσὶ Π¹   32 φυλαττόντων
an secludendum?   35 ἐκ seclusi: τὰς ἐκ Wilamowitz   38 οὗ
add. Thurot

ἱερομνήμονες καὶ ἐπιστάται καὶ μνήμονες καὶ τούτοις ἄλλα
40 ὀνόματα σύνεγγυς.

40 μετὰ δὲ ταύτην ἐχομένη μὲν ἀναγκαιο-
τάτη δὲ σχεδὸν καὶ χαλεπωτάτη τῶν ἀρχῶν ἐστιν ἡ περὶ
τὰς πράξεις τῶν καταδικασθέντων καὶ τῶν προτιθεμένων
1322ᵃ κατὰ τὰς ἐγγραφὰς καὶ περὶ τὰς φυλακὰς τῶν σωμάτων.
χαλεπὴ μὲν οὖν ἐστι διὰ τὸ πολλὴν ἔχειν ἀπέχθειαν, ὥστε
ὅπου μὴ μεγάλα ἔστι κερδαίνειν, οὔτ᾽ ἄρχειν ὑπομένουσιν
αὐτὴν οὔθ᾽ ὑπομείναντες ἐθέλουσι πράττειν κατὰ τοὺς νόμους·
5 ἀναγκαία δ᾽ ἐστίν, ὅτι οὐδὲν ὄφελος γίνεσθαι μὲν δίκας περὶ
τῶν δικαίων, ταύτας δὲ μὴ λαμβάνειν τέλος, ὥστ᾽ εἰ μὴ
γιγνομένων κοινωνεῖν ἀδύνατον ἀλλήλοις, καὶ πράξεων μὴ
γιγνομένων. διὸ βέλτιον μὴ μίαν εἶναι ταύτην τὴν ἀρχήν,
ἀλλ᾽ ἄλλους ἐξ ἄλλων δικαστηρίων, καὶ περὶ τὰς προθέσεις
10 τῶν ἀναγεγραμμένων ὡσαύτως πειρᾶσθαι διαιρεῖν, ἔτι δ᾽
ἔνια πράττεσθαι καὶ τὰς ἀρχὰς τάς τε ἄλλας καὶ τὰς
τῶν ἔνων μᾶλλον τὰς νέας, καὶ τὰς τῶν ἐνεστώτων ἑτέρας
καταδικασάσης ἑτέραν εἶναι τὴν πραττομένην, οἷον ἀστυ-
νόμους τὰς παρὰ τῶν ἀγορανόμων, τὰς δὲ παρὰ τούτων ἑ-
15 τέρους. ὅσῳ γὰρ ἂν ἐλάττων ἀπέχθεια ἐνῇ τοῖς πραττομένοις,
τοσούτῳ μᾶλλον λήψονται τέλος αἱ πράξεις· τὸ μὲν οὖν τοὺς
αὐτοὺς εἶναι τοὺς καταδικάσαντας καὶ πραττομένους ἀπέχθειαν
ἔχει διπλῆν, τὸ δὲ περὶ πάντων τοὺς αὐτοὺς ⟨ποιεῖ αὐτοὺς⟩ πολε-
μίους πᾶσιν. πολλαχοῦ δὲ δὴ διῄρηται καὶ ἡ φυλάττουσα πρὸς τὴν
20 πραττομένην, οἷον Ἀθήνησιν ⟨ἡ⟩ τῶν Ἕνδεκα καλουμένων. διὸ
βέλτιον καὶ ταύτην χωρίζειν, καὶ τὸ ⟨αὐτὸ⟩ σόφισμα ζητεῖν καὶ
περὶ ταύτην. ἀναγκαία μὲν γάρ ἐστιν οὐχ ἧττον τῆς εἰρημένης,
συμβαίνει δὲ τοὺς μὲν ἐπιεικεῖς φεύγειν μάλιστα ταύτην τὴν

1322ᵃ 5 ἀναγκαῖα MˢP¹ δικάζειν Hᵃπ³ 7 ἀλλήλοις ἀδύνατον Π¹
8 ταύτης Hᵃπ³ 9 ἄλλας P¹P²π³: ἄλας Mˢ 12 ἔνων Scaliger:
νέων codd. Γ 14 παρὰ¹ om. Π¹ 18 ποιεῖ αὐτοὺς add. Susemihl:
ποιεῖ add. Welldon 19 διῄρηται] προσήρτηται Immisch 20 ἡ
add. Coraes 21 αὐτὸ addidi 22 τοῖς εἰρημένοις Mˢ et ut
vid. P¹

ἀρχήν, τοὺς δὲ μοχθηροὺς οὐκ ἀσφαλὲς ποιεῖν κυρίους· αὐτοὶ
γὰρ δέονται φυλακῆς μᾶλλον ἢ φυλάττειν ἄλλους δύναν- 25
ται. διὸ δεῖ μὴ μίαν ἀποτεταγμένην ἀρχὴν εἶναι πρὸς
αὐτούς, μηδὲ συνεχῶς τὴν αὐτήν, ἀλλὰ τῶν τε νέων, ὅπου
τις ἐφήβων ἢ φρουρῶν ἔστι τάξις, καὶ τῶν ἀρχῶν δεῖ κατὰ
μέρη ποιεῖσθαι τὴν ἐπιμέλειαν ἑτέρους. 29

ταύτας μὲν οὖν τὰς 29
ἀρχὰς ὡς ἀναγκαιοτάτας θετέον εἶναι πρώτας, μετὰ δὲ 30
ταύτας τὰς ἀναγκαίας μὲν οὐθὲν ἧττον, ἐν σχήματι δὲ μεί-
ζονι τεταγμένας· καὶ γὰρ ἐμπειρίας καὶ πίστεως δέονται
πολλῆς. τοιαῦται δ᾽ εἶεν ἂν αἵ τε περὶ τὴν φυλακὴν τῆς πό-
λεως, καὶ ὅσαι τάττονται πρὸς τὰς πολεμικὰς χρείας. δεῖ
δὲ καὶ ἐν εἰρήνῃ καὶ ἐν πολέμῳ πυλῶν τε καὶ τειχῶν φυ- 35
λακῆς ὁμοίως ἐπιμελητὰς εἶναι καὶ ἐξετάσεως καὶ συν-
τάξεως τῶν πολιτῶν. ἔνθα μὲν οὖν ἐπὶ πᾶσι τούτοις ἀρχαὶ
πλείους εἰσίν, ἔνθα δ᾽ ἐλάττους, οἷον ἐν ταῖς μικραῖς πόλεσι
μία περὶ πάντων. καλοῦσι δὲ στρατηγοὺς καὶ πολεμάρχους
τοὺς τοιούτους. ἔτι δὲ κἂν ὦσιν ἱππεῖς ἢ ψιλοὶ ἢ τοξόται ἢ 1322
ναυτικόν, καὶ ἐπὶ τούτων ἑκάστων ἐνίοτε καθίσταται ἀρχή,
αἳ καλοῦνται ναυαρχίαι καὶ ἱππαρχίαι καὶ ταξιαρχίαι, καὶ
κατὰ μέρος δὲ αἱ ὑπὸ ταύτας τριηραρχίαι καὶ λοχαγίαι
καὶ φυλαρχίαι καὶ ὅσα τούτων μόρια. τὸ δὲ πᾶν ἕν τι τού- 5
του ἐστὶν εἶδος, ἐπιμελείας πολεμικῶν. 6

περὶ μὲν οὖν ταύτην 6
τὴν ἀρχὴν ἔχει τὸν τρόπον τοῦτον· ἐπεὶ δὲ ἔνιαι τῶν ἀρχῶν,
εἰ καὶ μὴ πᾶσαι, διαχειρίζουσι πολλὰ τῶν κοινῶν, ἀναγ-
καῖον ἑτέραν εἶναι τὴν ληψομένην λογισμὸν καὶ προσευθυ-
νοῦσαν, αὐτὴν μηθὲν διαχειρίζουσαν ἕτερον· καλοῦσι δὲ τούτους 10

---

25 μᾶλλον] ἄλλων Mᵃ : ἄλλων μᾶλλον Γ   δύνανται ἄλλους φυλάττειν Hᵃ, ?Γ
27 αὐτοὺς Coraes: αὐτοῖς codd. Γ   31 μείζονι δὲ σχήματι Π¹
33 εἶεν αἵ Π² : εἶναι Hᵃ   37 τῶν om. Hᵃπ³   1322ᵇ 2 ἕκαστον MᵃΓ
καθίσταται ἀρχή HᵃΠ² : καθίστανται ἀρχαί Π¹ : καθίστανται ἀρχαῖς pr. Mᵃ
5 τούτου scripsi: τούτων codd. Γ   7 ϯοῦτον ante ἔχει MᵃΡ¹

οἱ μὲν εὐθύνους οἱ δὲ λογιστὰς οἱ δ' ἐξεταστὰς οἱ δὲ συνηγόρους. παρὰ πάσας δὲ ταύτας τὰς ἀρχὰς ἡ μάλιστα κυρία πάντων ἐστίν· ἡ γὰρ αὐτὴ πολλάκις ἔχει τὸ τέλος καὶ τὴν εἰσφορὰν ἢ προκάθηται τοῦ πλήθους, ὅπου κύριός ἐστιν ὁ
15 δῆμος· δεῖ γὰρ εἶναι τὸ συνάγον τὸ κύριον τῆς πολιτείας. καλεῖται δὲ ἔνθα μὲν πρόβουλοι διὰ τὸ προβουλεύειν, ὅπου δὲ πλῆθός ἐστι, βουλὴ μᾶλλον. αἱ μὲν οὖν πολιτικαὶ τῶν ἀρχῶν σχεδὸν τοσαῦταί τινές εἰσιν· ἄλλο δ' εἶδος ἐπιμελείας ἡ περὶ τοὺς θεούς, οἷον ἱερεῖς τε καὶ ἐπιμεληταὶ τῶν
20 περὶ τὰ ἱερὰ τοῦ σώζεσθαί τε τὰ ὑπάρχοντα καὶ ἀνορθοῦσθαι τὰ πίπτοντα τῶν οἰκοδομημάτων καὶ τῶν ἄλλων ὅσα τέτακται πρὸς τοὺς θεούς. συμβαίνει δὲ τὴν ἐπιμέλειαν ταύτην ἐνιαχοῦ μὲν εἶναι μίαν, οἷον ἐν ταῖς μικραῖς πόλεσιν, ἐνιαχοῦ δὲ πολλὰς καὶ κεχωρισμένας τῆς ἱερωσύνης, οἷον ἱερο-
25 ποιοὺς καὶ ναοφύλακας καὶ ταμίας τῶν ἱερῶν χρημάτων. ἐχομένη δὲ ταύτης ἡ πρὸς τὰς θυσίας ἀφωρισμένη τὰς κοινὰς πάσας, ὅσας μὴ τοῖς ἱερεῦσιν ἀποδίδωσιν ὁ νόμος, ἀλλ' ἀπὸ τῆς κοινῆς ἑστίας ἔχουσι τὴν τιμήν· καλοῦσι δ' οἱ μὲν
29 ἄρχοντας τούτους οἱ δὲ βασιλεῖς οἱ δὲ πρυτάνεις.

29   αἱ μὲν
30 οὖν ἀναγκαῖαι ἐπιμέλειαί εἰσι περὶ τούτων, ὡς εἰπεῖν συγκεφαλαιωσαμένους, περί τε τὰ δαιμόνια καὶ τὰ πολεμικὰ καὶ περὶ τὰς προσόδους καὶ τὰ ἀναλισκόμενα, καὶ περὶ ἀγορὰν καὶ περὶ τὸ ἄστυ καὶ λιμένας καὶ τὴν χώραν, ἔτι περὶ τὰ δικαστήρια, καὶ συναλλαγμάτων ἀναγραφὰς
35 καὶ πράξεις καὶ φυλακὰς καὶ ἐπιλογισμούς τε καὶ ἐξετάσεις καὶ προσευθύνας τῶν ἀρχόντων, καὶ τέλος αἱ περὶ τὸ βουλευόμενόν εἰσι ⟨περὶ⟩ τῶν κοινῶν· ἴδιαι δὲ ταῖς σχολαστικωτέραις καὶ μᾶλλον εὐημερούσαις πόλεσιν, ἔτι δὲ φροντι-

11 συνηγόρας Γ   14 ἐφορείαν Π¹ · ῇ] ῇ Μᵃ: ῇ Γ   18 σχεδὸν om. Π¹   32 τὰ] περὶ τὰ ΗᵃΠ²   33 ἔτι Ρᵇ: ἔτι τὰ cet.   35 ἐπιλογισμούς] circa ratiocinationes Guil.   36 προσευθύνας Sylburg, fort. Γ (cf. ᵇ9): πρὸς εὐθύνας codd.   37 βουλόμενόν ΗᵃΡ²Ρᵃπ³   περὶ add. Richards   ἰδία ΗᵃΠ²   τὰς Ρ²Ρ³π³   σχολαστικωτέρας π³

ζούσαις εὐκοσμίας, γυναικονομία νομοφυλακία παιδονομία
γυμνασιαρχία, πρὸς δὲ τούτοις περὶ ἀγῶνας ἐπιμέλεια γυ- 1323ᵃ
μνικοὺς καὶ Διονυσιακούς, κἂν εἴ τινας ἑτέρας συμβαίνει
τοιαύτας γίνεσθαι θεωρίας. τούτων δ᾽ ἔνιαι φανερῶς εἰσιν οὐ
δημοτικαὶ τῶν ἀρχῶν, οἷον γυναικονομία καὶ παιδονομία·
τοῖς γὰρ ἀπόροις ἀνάγκη χρῆσθαι καὶ γυναιξὶ καὶ παισὶν 5
ὥσπερ ἀκολούθοις διὰ τὴν ἀδουλίαν. τριῶν δ᾽ οὐσῶν ἀρχῶν
καθ᾽ ἃς αἱροῦνταί τινες ἀρχὰς τὰς κυρίους, νομοφυλάκων προ-
βούλων βουλῆς, οἱ μὲν νομοφύλακες ἀριστοκρατικόν, ὀλιγαρ-
χικὸν δ᾽ οἱ πρόβουλοι, βουλὴ δὲ δημοτικόν. περὶ μὲν οὖν τῶν
ἀρχῶν, ὡς ἐν τύπῳ, σχεδὸν εἴρηται περὶ πασῶν. 10

Η

Περὶ δὲ πολιτείας ἀρίστης τὸν μέλλοντα ποιήσασθαι τὴν
προσήκουσαν ζήτησιν ἀνάγκη διορίσασθαι πρῶτον τίς αἱρε- 15
τώτατος βίος. ἀδήλου γὰρ ὄντος τούτου καὶ τὴν ἀρίστην
ἀναγκαῖον ἄδηλον εἶναι πολιτείαν· ἄριστα γὰρ πράττειν
προσήκει τοὺς ἄριστα πολιτευομένους ἐκ τῶν ὑπαρχόντων
αὐτοῖς, ἐὰν μή τι γίγνηται παράλογον. διὸ δεῖ πρῶτον
ὁμολογεῖσθαι τίς ὁ πᾶσιν ὡς εἰπεῖν αἱρετώτατος βίος, μετὰ 20
δὲ τοῦτο πότερον κοινῇ καὶ χωρὶς ὁ αὐτὸς ἢ ἕτερος. νομί-
σαντας οὖν ἱκανῶς πολλὰ λέγεσθαι καὶ τῶν ἐν τοῖς ἐξωτερι-
κοῖς λόγοις περὶ τῆς ἀρίστης ζωῆς, καὶ νῦν χρηστέον αὐτοῖς.
ὡς ἀληθῶς γὰρ πρός γε μίαν διαίρεσιν οὐδεὶς ἀμφισβητή-
σειεν ἂν ὡς οὐ, τριῶν οὐσῶν μερίδων, τῶν τε ἐκτὸς καὶ τῶν ἐν 25
τῷ σώματι καὶ τῶν ἐν τῇ ψυχῇ, πάντα ταῦτα ὑπάρχειν
τοῖς μακαρίοις χρή. οὐδεὶς γὰρ ἂν φαίη μακάριον τὸν μηθὲν

39 γυναικονομίαν νομοφυλακίαν παιδονομίαν γυμνασιαρχίαν Μˢ: γυναι-
κονομίας νομοφυλακίας παιδονομίας γυμνασιαρχίας Γ   1323ᵃ 2 συμ-
βαίνῃ ΜˢΡ¹   3 γενέσθαι Π³   6 ἀδουλείαν Μˢ, pr. Ρ³: δουλείαν
Ηᵃπ³   7 τινες] τὰς Wilamowitz   9 δὲ om. Ηᵃπ³   14 δὲ
om. ΗᵃΠ¹Ρ³   ἀρίστης] τῆς ἀρίστης Ρ¹   15 πρότερον ΜˢΓ   27 χρή
om. Π²

μόριον ἔχοντα ἀνδρείας μηδὲ σωφροσύνης μηδὲ δικαιοσύνης
μηδὲ φρονήσεως, ἀλλὰ δεδιότα μὲν τὰς παραπετομένας
30 μυίας, ἀπεχόμενον δὲ μηθενός, ἂν ἐπιθυμήσῃ τοῦ φαγεῖν ἢ
πιεῖν, τῶν ἐσχάτων, ἕνεκα δὲ τεταρτημορίου διαφθείροντα
τοὺς φιλτάτους φίλους, ὁμοίως δὲ καὶ τὰ περὶ τὴν διάνοιαν
οὕτως ἄφρονα καὶ διεψευσμένον ὥσπερ τι παιδίον ἢ μαινό-
μενον. ἀλλὰ ταῦτα μὲν λεγόμενα ὥσπερ πάντες ἂν συγ-
35 χωρήσειαν, διαφέρονται δ' ἐν τῷ ποσῷ καὶ ταῖς ὑπεροχαῖς.
τῆς μὲν γὰρ ἀρετῆς ἔχειν ἱκανὸν εἶναι νομίζουσιν ὁποσονοῦν,
πλούτου δὲ καὶ χρημάτων καὶ δυνάμεως καὶ δόξης καὶ πάν-
των τῶν τοιούτων εἰς ἄπειρον ζητοῦσι τὴν ὑπερβολήν. ἡμεῖς
δὲ αὐτοῖς ἐροῦμεν ὅτι ῥᾴδιον μὲν περὶ τούτων καὶ διὰ τῶν
40 ἔργων λαμβάνειν τὴν πίστιν, ὁρῶντας ὅτι κτῶνται καὶ
φυλάττουσιν οὐ τὰς ἀρετὰς τοῖς ἐκτὸς ἀλλ' ἐκεῖνα ταύταις,
1323ᵇ καὶ τὸ ζῆν εὐδαιμόνως, εἴτ' ἐν τῷ χαίρειν ἐστὶν εἴτ' ἐν ἀρετῇ
τοῖς ἀνθρώποις εἴτ' ἐν ἀμφοῖν, ὅτι μᾶλλον ὑπάρχει τοῖς τὸ
ἦθος μὲν καὶ τὴν διάνοιαν κεκοσμημένοις εἰς ὑπερβολήν,
περὶ δὲ τὴν ἔξω κτῆσιν τῶν ἀγαθῶν μετριάζουσιν, ἢ τοῖς
5 ἐκεῖνα μὲν κεκτημένοις πλείω τῶν χρησίμων, ἐν δὲ τούτοις
ἐλλείπουσιν· οὐ μὴν ἀλλὰ καὶ κατὰ τὸν λόγον σκοπουμέ-
νοις εὐσύνοπτόν ἐστιν. τὰ μὲν γὰρ ἐκτὸς ἔχει πέρας, ὥσπερ ὄρ-
γανόν τι, πᾶν τε τὸ χρήσιμον εἴς τι· ὧν τὴν ὑπερ-
βολὴν ἢ βλάπτειν ἀναγκαῖον ἢ μηθὲν ὄφελος εἶναι τοῖς
10 ἔχουσιν, τῶν δὲ περὶ ψυχὴν ἕκαστον ἀγαθῶν, ὅσῳ περ ἂν
ὑπερβάλλῃ, τοσούτῳ μᾶλλον χρήσιμον εἶναι, εἰ δεῖ καὶ τού-
τοις ἐπιλέγειν μὴ μόνον τὸ καλὸν ἀλλὰ καὶ τὸ χρήσιμον.
ὅλως τε δῆλον ὡς ἀκολουθεῖν φήσομεν τὴν διάθεσιν τὴν ἀρί-
στην ἑκάστου πράγματος πρὸς ἄλληλα κατὰ τὴν ὑπεροχὴν

31 πιεῖν] τοῦ ποιεῖν P¹, pr. M²   32 φίλους secl. Coraes   τὴν
διάνοιαν om. in lac. M³ : *prudentiam se habent: neque enim beatificant* Guil.
34 ὥσπερ secl. Richards   40 λαμβάνειν Lambinus: διαλαμβάνειν Π² :
διαβαίνειν Π¹   1323ᵇ 6 ἀλλὰ om. M³, pr. P¹   8 τε scripsi :
δὲ codd.   εἴς τι Immisch: ἐστιν codd. Γ: ἐστιν ὄργανον Richards
9 εἶναι+αὐτῶν Π²

ἥνπερ εἴληχε ταῦτα ὧν φαμεν αὐτὰς εἶναι διαθέσεις 15
[ταύτας]. ὥστ' εἴπερ ἐστὶν ἡ ψυχὴ καὶ τῆς κτήσεως καὶ τοῦ
σώματος τιμιώτερον καὶ ἁπλῶς καὶ ἡμῖν, ἀνάγκη καὶ τὴν
διάθεσιν τὴν ἀρίστην ἑκάστου ἀνάλογον τούτων ἔχειν. ἔτι δὲ
τῆς ψυχῆς ἕνεκεν ταῦτα πέφυκεν αἱρετὰ καὶ δεῖ πάντας
αἱρεῖσθαι τοὺς εὖ φρονοῦντας, ἀλλ' οὐκ ἐκείνων ἕνεκεν τὴν ψυ- 20
χήν. 21

ὅτι μὲν οὖν ἑκάστῳ τῆς εὐδαιμονίας ἐπιβάλλει τοσοῦτον 21
ὅσον περ ἀρετῆς καὶ φρονήσεως καὶ τοῦ πράττειν κατὰ ταύ-
τας, ἔστω συνωμολογημένον ἡμῖν, μάρτυρι τῷ θεῷ χρωμέ-
νοις, ὃς εὐδαίμων μέν ἐστι καὶ μακάριος, δι' οὐθὲν δὲ τῶν
ἐξωτερικῶν ἀγαθῶν ἀλλὰ δι' αὐτὸν αὐτὸς καὶ τῷ ποιός τις 25
εἶναι τὴν φύσιν, ἐπεὶ καὶ τὴν εὐτυχίαν τῆς εὐδαιμονίας διὰ
ταῦτ' ἀναγκαῖον ἑτέραν εἶναι (τῶν μὲν γὰρ ἐκτὸς ἀγαθῶν
τῆς ψυχῆς αἴτιον ταὐτόματον καὶ ἡ τύχη, δίκαιος δ' οὐδεὶς
οὐδὲ σώφρων ἀπὸ τύχης οὐδὲ διὰ τὴν τύχην ἐστίν)· ἐχόμενον
δ' ἐστὶ καὶ τῶν αὐτῶν λόγων δεόμενον καὶ πόλιν εὐδαίμονα 30
τὴν ἀρίστην εἶναι καὶ πράττουσαν καλῶς. ἀδύνατον δὲ καλῶς
πράττειν τοῖς μὴ τὰ καλὰ πράττουσιν· οὐθὲν δὲ καλὸν ἔργον
οὔτ' ἀνδρὸς οὔτε πόλεως χωρὶς ἀρετῆς καὶ φρονήσεως· ἀνδρεία
δὲ πόλεως καὶ δικαιοσύνη καὶ φρόνησις ⟨καὶ σωφροσύνη⟩
τὴν αὐτὴν ἔχει δύναμιν καὶ μορφὴν ὧν μετασχὼν ἕκαστος 35
τῶν ἀνθρώπων λέγεται ⟨ἀνδρεῖος καὶ⟩ δίκαιος καὶ
φρόνιμος καὶ σώφρων. ἀλλὰ γὰρ 36ᵃ
ταῦτα μὲν ἐπὶ τοσοῦτον ἔστω πεφροιμιασμένα τῷ λόγῳ· οὔτε
γὰρ μὴ θιγγάνειν αὐτῶν δυνατόν, οὔτε πάντας τοὺς οἰκείους
ἐπεξελθεῖν ἐνδέχεται λόγους, ἑτέρας γάρ ἐστιν ἔργον σχολῆς
ταῦτα· νῦν δὲ ὑποκείσθω τοσοῦτον, ὅτι βίος μὲν ἄριστος, καὶ 40

15 εἴληφε Π² ταῦτα scripsi: διάστασιν codd. εἶναι αὐτὰς Π¹
διαθέσεις scripsi: ταύτας διαθέσεις Π¹: διαθέσεις ταύτας cet. 17 τιμιώ-
τερον (τιμιωτέραν Μ⁸, τιμιωτέρα Γ) post 16 ψυχὴ Π¹ 18 δὲ+καὶ
Μ⁸Γ 19 αἱρετὰ πέφυκε ταῦτα Π¹ 20 τοὺς] καὶ τοὺς Μ⁸Γ
25 τῷ] τὸ Μ⁸Ρ¹ 32 τὴν ... πράττουσαν Spengel πράττουσαν
Μ⁸ 34 καὶ σωφροσύνη et 36 ἀνδρεῖος καὶ add. Coraes

χωρὶς ἑκάστῳ καὶ κοινῇ ταῖς πόλεσιν, ὁ μετ᾽ ἀρετῆς κεχορη-
1324ᵃ γημένης ἐπὶ τοσοῦτον ὥστε μετέχειν τῶν κατ᾽ ἀρετὴν πρά-
ξεων, πρὸς δὲ τοὺς ἀμφισβητοῦντας, ἐάσαντας ἐπὶ τῆς νῦν
μεθόδου, διασκεπτέον ὕστερον, εἴ τις τοῖς εἰρημένοις τυγχά-
νει μὴ πειθόμενος.

5 Πότερον δὲ τὴν εὐδαιμονίαν τὴν αὐτὴν εἶναι φατέον 2
ἑνός τε ἑκάστου τῶν ἀνθρώπων καὶ πόλεως ἢ μὴ τὴν αὐτήν,
λοιπόν ἐστιν εἰπεῖν. φανερὸν δὲ καὶ τοῦτο. πάντες γὰρ ἂν
ὁμολογήσειαν εἶναι τὴν αὐτήν. ὅσοι γὰρ ἐν πλούτῳ τὸ ζῆν
εὖ τίθενται ἐφ᾽ ἑνός, οὗτοι καὶ τὴν πόλιν ὅλην, ἐὰν ᾖ πλου-
10 σία, μακαρίζουσιν· ὅσοι τε τὸν τυραννικὸν βίον μάλιστα τιμῶ-
σιν, οὗτοι καὶ πόλιν τὴν πλείστων ἄρχουσαν εὐδαιμονεστά-
την ἂν εἶναι φαῖεν· εἴ τέ τις τὸν ἕνα δι᾽ ἀρετὴν ἀποδέχεται,
καὶ πόλιν εὐδαιμονεστέραν φήσει τὴν σπουδαιοτέραν. ἀλλὰ
ταῦτ᾽ ἤδη δύο ἐστὶν ἃ δεῖται σκέψεως, ἓν μὲν πότερος αἱρε-
15 τώτερος βίος, ὁ διὰ τοῦ συμπολιτεύεσθαι καὶ κοινωνεῖν πό-
λεως ἢ μᾶλλον ὁ ξενικὸς καὶ τῆς πολιτικῆς κοινωνίας ἀπο-
λελυμένος, ἔτι δὲ τίνα πολιτείαν θετέον καὶ ποίαν διάθεσιν
πόλεως ἀρίστην, εἴτε πᾶσιν ὄντος αἱρετοῦ ⟨τοῦ⟩ κοινωνεῖν πό-
λεως εἴτε καὶ τισὶ μὲν μὴ τοῖς δὲ πλείστοις. ἐπεὶ δὲ τῆς πολι-
20 τικῆς διανοίας καὶ θεωρίας τοῦτ᾽ ἐστὶν ἔργον, ἀλλ᾽ οὐ τὸ περὶ
ἕκαστον αἱρετόν, ἡμεῖς δὲ ταύτην προῃρήμεθα νῦν τὴν σκέ-
ψιν, ἐκεῖνο μὲν πάρεργον ἂν εἴη, τοῦτο δὲ ἔργον τῆς μεθόδου
ταύτης. ὅτι μὲν οὖν ἀναγκαῖον εἶναι πολιτείαν ἀρίστην ταύ-
την ⟨τὴν⟩ τάξιν καθ᾽ ἣν κἂν ὁστισοῦν ἄριστα πράττοι καὶ ζῴη
25 μακαρίως, φανερόν ἐστιν· ἀμφισβητεῖται δὲ παρ᾽ αὐτῶν τῶν
ὁμολογούντων τὸν μετ᾽ ἀρετῆς εἶναι βίον αἱρετώτατον πό-
τερον ὁ πολιτικὸς καὶ πρακτικὸς βίος αἱρετὸς ἢ μᾶλλον ὁ

41 χωρὶς ἑκάστῳ καὶ om. pr. Pᵃ, πᵃ   ἑκάστου Π¹   1324ᵃ 12 εἶναι
φαῖεν ἂν Π¹   14 πότερον Γ et (incerto compendio) Mᵃπᵃ   18 τοῦ
add. Coraes   19 δὲᵉ²] διὰ Mᵃ   21 νῦν προῃρήμεθα Π¹
22 μὲν πᵃΓ: +γὰρ cet.   24 τὴν ... ἣν scripsi: καθ᾽ ἣν τάξιν codd. Γ
ζῆ Mᵃ: ζῃ pr. P¹   27 μᾶλλον αἱρετὸς (vel αἱρετὸς μᾶλλον) ἢ
Richards

πάντων τῶν ἐκτὸς ἀπολελυμένος, οἷον θεωρητικός τις, ὃν
μόνον τινές φασιν εἶναι φιλοσόφου. σχεδὸν γὰρ τούτους τοὺς
δύο βίους τῶν ἀνθρώπων οἱ φιλοτιμότατοι πρὸς ἀρετὴν φαί- 30
νονται προαιρούμενοι, καὶ τῶν προτέρων καὶ τῶν νῦν· λέγω
δὲ δύο τόν τε πολιτικὸν καὶ τὸν φιλόσοφον. διαφέρει δὲ οὐ
μικρὸν ποτέρως ἔχει τὸ ἀληθές· ἀνάγκη γὰρ τόν γε εὖ
φρονοῦντα πρὸς τὸν βελτίω σκοπὸν συντάττεσθαι, καὶ τῶν
ἀνθρώπων ἕκαστον καὶ κοινῇ τὴν πολιτείαν. νομίζουσι δ᾽ οἱ 35
μὲν τὸ τῶν πέλας ἄρχειν δεσποτικῶς μὲν γιγνόμενον μετ᾽
ἀδικίας τινός εἶναι τῆς μεγίστης, πολιτικῶς δὲ τὸ μὲν ἄδικον
οὐκ ἔχειν, ἐμπόδιον δὲ ἔχειν τῇ περὶ αὑτὸν εὐημερίᾳ· τούτων
δ᾽ ὥσπερ ἐξ ἐναντίας ἕτεροι τυγχάνουσι δοξάζοντες· μόνον
γὰρ ἀνδρὸς τὸν πρακτικὸν εἶναι βίον καὶ πολιτικόν· ἀφ᾽ 40
ἑκάστης γὰρ ἀρετῆς οὐκ εἶναι πράξεις μᾶλλον τοῖς ἰδιώταις
ἢ τοῖς τὰ κοινὰ πράττουσι καὶ πολιτευομένοις. οἱ μὲν οὖν 1324^b
οὕτως ὑπολαμβάνουσιν, οἱ δὲ τὸν δεσποτικὸν καὶ τυραννικὸν
τρόπον τῆς πολιτείας εἶναι μόνον εὐδαίμονά φασιν. παρ᾽
ἐνίοις δ᾽ οὗτος καὶ τῶν νόμων καὶ τῆς πολιτείας ὅρος, ὅπως δε-
σπόζωσι τῶν πέλας. διὸ καὶ τῶν πλείστων νομίμων χύδην 5
ὡς εἰπεῖν κειμένων παρὰ τοῖς πλείστοις, ὅμως εἴ πού τι πρὸς
ἓν οἱ νόμοι βλέπουσι, τοῦ κρατεῖν στοχάζονται πάντες, ὥσπερ
ἐν Λακεδαίμονι καὶ Κρήτῃ πρὸς τοὺς πολέμους συντέτακται
σχεδὸν ἥ τε παιδεία καὶ τὸ τῶν νόμων πλῆθος· ἔτι δ᾽ ἐν
τοῖς ἔθνεσι πᾶσι τοῖς δυναμένοις πλεονεκτεῖν ἡ τοιαύτη τετί- 10
μηται δύναμις, οἷον ἐν Σκύθαις καὶ Πέρσαις καὶ Θραξὶ
καὶ Κελτοῖς. ἐν ἐνίοις γὰρ καὶ νόμοι τινές εἰσι παροξύνον-
τες πρὸς τὴν ἀρετὴν ταύτην, καθάπερ ἐν Καρχηδόνι φασὶ
τὸν ἐκ τῶν κρίκων κόσμον λαμβάνειν ὅσας ἂν στρατεύσων-

29 φιλοσόφου Richards (cf. ^a40 ἀνδρὸς): φιλόσοφον codd. Γ
29-30 τοὺς δύο τούτους M^sP¹   33 γε Spengel: τε Π¹P²P³π²: om. P⁵
35 ἑκάστω . . . τῇ πολιτείᾳ Π¹   37 τινὸς om. Π¹   40 ἀφ᾽ Richards:
ἐφ᾽ codd. Γ   1324^b 4 δ᾽ . . . ὅρος M^sΓ: δ᾽ οὗτος καὶ τῆς πολιτείας
ὅρος τῶν νόμων P¹: δὲ καὶ τῆς πολιτείας οὗτος ὅρος (ὅρος om. π³) τῶν νόμων
cet.   8 πολεμίους Π¹   14 τῶν] τοσούτων Coraes

15 ται στρατείας· ἦν δέ ποτε καὶ περὶ Μακεδονίαν νόμος τὸν
μηθένα ἀπεκταγκότα πολέμιον ἄνδρα περιεζῶσθαι τὴν φορ-
βειάν· ἐν δὲ Σκύθαις οὐκ ἐξῆν πίνειν ἐν ἑορτῇ τινι σκύφον
περιφερόμενον τῷ μηθένα ἀπεκταγκότι πολέμιον· ἐν δὲ
τοῖς Ἴβηρσιν, ἔθνει πολεμικῷ, τοσούτους τὸν ἀριθμὸν ὀβελί-
20 σκους καταπηγνύουσι περὶ τὸν τάφον ὅσους ἂν διαφθείρῃ τῶν
πολεμίων· καὶ ἕτερα δὴ παρ' ἑτέροις ἔστι τοιαῦτα πολλά,
22 τὰ μὲν νόμοις κατειλημμένα τὰ δὲ ἔθεσιν.

22   καίτοι δόξειεν

ἂν ἄγαν ἄτοπον ἴσως εἶναι τοῖς βουλομένοις ἐπισκοπεῖν, εἰ
τοῦτ' ἐστὶν ἔργον τοῦ πολιτικοῦ, τὸ δύνασθαι θεωρεῖν ὅπως ἄρχῃ
25 καὶ δεσπόζῃ τῶν πλησίον, καὶ βουλομένων καὶ μὴ βουλομέ-
νων. πῶς γὰρ ἂν εἴη τοῦτο πολιτικὸν ἢ νομοθετικόν, ὅ γε
μηδὲ νόμιμόν ἐστιν; οὐ νόμιμον δὲ τὸ μὴ μόνον δικαίως
ἀλλὰ καὶ ἀδίκως ἄρχειν, κρατεῖν δ' ἔστι καὶ μὴ δικαίως.
ἀλλὰ μὴν οὐδ' ἐν ταῖς ἄλλαις ἐπιστήμαις τοῦτο ὁρῶμεν· οὔτε
30 γὰρ τοῦ ἰατροῦ οὔτε τοῦ κυβερνήτου ἔργον ἐστὶ τὸ ἢ πεῖσαι ἢ
βιάσασθαι τοῦ μὲν τοὺς θεραπευομένους τοῦ δὲ τοὺς πλωτῆρας.
ἀλλ' ἐοίκασιν οἱ πολλοὶ τὴν δεσποτικὴν πολιτικὴν οἴεσθαι
εἶναι, καὶ ὅπερ αὑτοῖς ἕκαστοι οὔ φασιν εἶναι δίκαιον οὐδὲ
συμφέρον, τοῦτ' οὐκ αἰσχύνονται πρὸς τοὺς ἄλλους ἀσκοῦντες·
35 αὐτοὶ μὲν γὰρ παρ' αὑτοῖς τὸ δικαίως ἄρχειν ζητοῦσι, πρὸς
δὲ τοὺς ἄλλους οὐδὲν μέλει τῶν δικαίων. ἄτοπον δὲ εἰ μὴ
φύσει τὸ μὲν δεσποστόν ἐστι τὸ δὲ οὐ δεσποστόν, ὥστε εἴπερ
ἔχει τὸν τρόπον τοῦτον, οὐ δεῖ πάντων πειρᾶσθαι δεσπόζειν,
ἀλλὰ τῶν δεσποστῶν, ὥσπερ οὐδὲ θηρεύειν ἐπὶ θοίνην ἢ θυ-
40 σίαν ἀνθρώπους, ἀλλὰ τὸ πρὸς τοῦτο θηρευτόν· ἔστι δὲ θηρευ-
τὸν ὃ ἂν ἄγριον ᾖ ἐδεστὸν ζῷον. ἀλλὰ μὴν εἴη γ' ἂν καὶ
1325ᵃ καθ' ἑαυτὴν μία πόλις εὐδαίμων, ἡ πολιτεύεται δηλονότι

16 ἀπεκτανκότα pr. P³: ἀπεκτακότα π³: ἀπεκτονότα P¹: ἐπταικότα Mˢ
18 ἀπεκτανκότι pr. P³: ἀπεκτακότι MˢP¹π³   27 δικαίως μόνον P⁵Γ
29 ἀλλὰ ... ὁρῶμεν om. Π¹   30 τὸ πεῖσαι ἢ τὸ ἰάσασθαι Π¹   33 et
35 αὐτοῖς MˢP²P³π³   37 δεσποστόν (bis) Stahr: δεσπόζον codd. Γ
39 δεσποστῶν corr. rc. P⁵: δεσποτικῶν π³: δεσποτῶν cet.

καλῶς, εἴπερ ἐνδέχεται πόλιν οἰκεῖσθαί που καθ' ἑαυτὴν νό-
μοις χρωμένην σπουδαίοις, ἧς τῆς πολιτείας ἡ σύνταξις οὐ
πρὸς πόλεμον οὐδὲ πρὸς τὸ κρατεῖν ἔσται τῶν πολεμίων·
μηθὲν γὰρ ὑπαρχέτω τοιοῦτον. δῆλον ἄρα ὅτι πάσας τὰς 5
πρὸς τὸν πόλεμον ἐπιμελείας καλὰς μὲν θετέον, οὐχ ὡς
τέλος δὲ πάντων ἀκρότατον, ἀλλ' ἐκείνου χάριν ταύτας. τοῦ
δὲ νομοθέτου τοῦ σπουδαίου ἐστὶ τὸ θεάσασθαι πόλιν καὶ γένος
ἀνθρώπων καὶ πᾶσαν ἄλλην κοινωνίαν, ζωῆς ἀγαθῆς πῶς
μεθέξουσι καὶ τῆς ἐνδεχομένης αὐτοῖς εὐδαιμονίας. διοίσει 10
μέντοι τῶν ταττομένων ἔνια νομίμων· καὶ τοῦτο τῆς νομο-
θετικῆς ἐστιν ἰδεῖν, ἐάν τινες ὑπάρχωσι γειτνιῶντες, ποῖα
πρὸς ποίους ἀσκητέον καὶ πῶς τοῖς καθήκουσι πρὸς ἑκάστους
χρηστέον. ἀλλὰ τοῦτο μὲν κἂν ὕστερον τύχοι τῆς προσηκούσης
σκέψεως, πρὸς τί τέλος δεῖ τὴν ἀρίστην πολιτείαν συντείνειν·   15
3   πρὸς δὲ τοὺς ὁμολογοῦντας μὲν τὸν μετ' ἀρετῆς εἶναι
βίον αἱρετώτατον, διαφερομένους δὲ περὶ τῆς χρήσεως αὐτοῦ,
λεκτέον ἡμῖν πρὸς ἀμφοτέρους αὐτούς (οἱ μὲν γὰρ ἀποδοκι-
μάζουσι τὰς πολιτικὰς ἀρχάς, νομίζοντες τόν τε τοῦ ἐλευθέρου
βίον ἕτερόν τινα εἶναι τοῦ πολιτικοῦ καὶ πάντων αἱρετώτατον, 20
οἱ δὲ τοῦτον ἄριστον· ἀδύνατον γὰρ τὸν μηθὲν πράττοντα
πράττειν εὖ, τὴν δ' εὐπραγίαν καὶ τὴν εὐδαιμονίαν εἶναι
ταὐτόν) ὅτι τὰ. μὲν ἀμφότεροι λέγουσιν ὀρθῶς τὰ δὲ οὐκ
ὀρθῶς, οἱ μὲν ὅτι ὁ τοῦ ἐλευθέρου βίος τοῦ δεσποτικοῦ ἀμείνων.
τοῦτο γὰρ ἀληθές· οὐθὲν γὰρ τό γε δούλῳ ᾗ δοῦλος χρῆσθαι 25
σεμνόν· ἡ γὰρ ἐπίταξις ἡ περὶ τῶν ἀναγκαίων οὐδενὸς μετ-
έχει τῶν καλῶν. τὸ μέντοι νομίζειν πᾶσαν ἀρχὴν εἶναι
δεσποτείαν οὐκ ὀρθόν· οὐ γὰρ ἔλαττον διέστηκεν ἡ τῶν ἐλευ-
θέρων ἀρχὴ τῆς τῶν δούλων ἢ αὐτὸ τὸ φύσει ἐλεύθερον τοῦ
φύσει δούλου. διώρισται δὲ περὶ αὐτῶν ἱκανῶς ἐν τοῖς πρώ- 30

1325ᵃ 5 ἄρα ὅτι π²Γ: ὅτι ἄρα cet.   8 τοῦ om. M³P¹   13 καὶ
Richards: ἢ codd. Γ   18–23 οἱ . . . ταὐτόν post 24 ὀρθῶς tri. P²P³
22 εἶναι ante καὶ M³P¹   25 τό] τῷ M³P¹P²π³   28 δεσποτικὴν
P¹ et fort. Γ   29 αὐτὸ τὸ corr.¹ P²: αὐτὸ M³π³: αὖ τὸ P¹π³Γ: αὐτῶ
pr. P³, P³π³   30 ἐν τοῖς πρώτοις, sc. 1255ᵇ 16–40

τοῖς λόγοις. τὸ δὲ μᾶλλον ἐπαινεῖν τὸ ἀπρακτεῖν τοῦ πράτ-
τειν οὐκ ἀληθές· ἡ γὰρ εὐδαιμονία πρᾶξίς ἐστιν, ἔτι δὲ πολ-
λῶν καὶ καλῶν τέλος ἔχουσιν αἱ τῶν δικαίων καὶ σωφρόνων
34 πράξεις.

34   καίτοι τάχ᾽ ἂν ὑπολάβοι τις τούτων οὕτω διωρι-
35 σμένων ὅτι τὸ κύριον εἶναι πάντων ἄριστον· οὕτω γὰρ ἂν
πλείστων καὶ καλλίστων κύριος εἴη πράξεων. ὥστε οὐ δεῖ τὸν
δυνάμενον ἄρχειν παριέναι τῷ πλησίον, ἀλλὰ μᾶλλον
ἀφαιρεῖσθαι, καὶ μήτε πατέρα παίδων μήτε παῖδας πα-
τρὸς μήθ᾽ ὅλως φίλον φίλου μηθένα ὑπόλογον ⟨ἔχειν⟩ μηδὲ
40 πρὸς τοῦτο φροντίζειν· τὸ γὰρ ἄριστον αἱρετώτατον, τὸ δ᾽ εὖ
πράττειν ἄριστον. τοῦτο μὲν οὖν ἀληθῶς ἴσως λέγουσιν, εἴπερ
1325ᵇ ὑπάρξει τοῖς ἀποστεροῦσι καὶ βιαζομένοις τὸ τῶν ὄντων αἱρε-
τώτατον· ἀλλ᾽ ἴσως οὐχ οἷόν τε ὑπάρχειν, ἀλλ᾽ ὑποτίθενται
τοῦτο ψεῦδος. οὐ γὰρ ἔτι καλὰς τὰς πράξεις ἐνδέχεται εἶναι
τῷ μὴ διαφέροντι τοσοῦτον ὅσον ἀνὴρ γυναικὸς ἢ πατὴρ
5 τέκνων ἢ δεσπότης δούλων· ὥστε ὁ παραβαίνων οὐθὲν ἂν τη-
λικοῦτον κατορθώσειεν ὕστερον ὅσον ἤδη παρεκβέβηκε τῆς
ἀρετῆς. τοῖς γὰρ ὁμοίοις τὸ καλὸν καὶ τὸ δίκαιον ἐν τῷ
⟨ἐν⟩ μέρει, τοῦτο γὰρ ἴσον καὶ ὅμοιον· τὸ δὲ μὴ ἴσον τοῖς ἴσοις
καὶ τὸ μὴ ὅμοιον τοῖς ὁμοίοις παρὰ φύσιν, οὐδὲν δὲ τῶν
10 παρὰ φύσιν καλόν. διὸ κἂν ἄλλος τις ᾖ κρείττων κατ᾽
ἀρετὴν καὶ κατὰ δύναμιν τὴν πρακτικὴν τῶν ἀρίστων, τούτῳ
καλὸν ἀκολουθεῖν καὶ τούτῳ πείθεσθαι δίκαιον. δεῖ δ᾽ οὐ μό-
νον ἀρετὴν ἀλλὰ καὶ δύναμιν ὑπάρχειν, καθ᾽ ἣν ἔσται πρα-
κτικός. ἀλλ᾽ εἰ ταῦτα λέγεται καλῶς καὶ τὴν εὐδαιμονίαν
15 εὐπραγίαν θετέον, καὶ κοινῇ πάσης πόλεως ἂν εἴη καὶ καθ᾽
ἕκαστον ἄριστος βίος ὁ πρακτικός. ἀλλὰ τὸν πρακτικὸν οὐκ
ἀναγκαῖον εἶναι πρὸς ἑτέρους, καθάπερ οἴονταί τινες, οὐδὲ τὰς

39 ὑπόλογον ἔχειν Dindorf: ὑπολογιεῖν Mˢ∏²P¹π³: ὑπολογεῖν π³:
reputare Guil.: ὑπόλογον ποιεῖσθαι Madvig   1325ᵇ 3 ψεῦδος om. Γ:
ψευδῶς Aretinus   ἐνδέχεται τὰς πράξεις Richards (hiatus vitandi causa)
8 ἐν add. Thurot

διανοίας εἶναι μόνας ταύτας πρακτικάς, τὰς τῶν ἀποβαι-
νόντων χάριν γιγνομένας ἐκ τοῦ πράττειν, ἀλλὰ πολὺ μᾶλ-
λον τὰς αὐτοτελεῖς καὶ τὰς αὐτῶν ἔνεκεν θεωρίας καὶ δια- 20
νοήσεις· ἡ γὰρ εὐπραξία τέλος, ὥστε καὶ πρᾶξίς τις. μά-
λιστα δὲ καὶ πράττειν λέγομεν κυρίως καὶ τῶν ἐξωτερικῶν
πράξεων τοὺς ταῖς διανοίαις ἀρχιτέκτονας. ἀλλὰ μὴν οὐδ᾽
ἀπρακτεῖν ἀναγκαῖον τὰς καθ᾽ αὐτὰς πόλεις ἱδρυμένας καὶ
ζῆν οὕτω προῃρημένας· ἐνδέχεται γὰρ κατὰ μέρη καὶ τοῦτο 25
συμβαίνειν· πολλαὶ γὰρ κοινωνίαι πρὸς ἄλληλα τοῖς μέ-
ρεσι τῆς πόλεώς εἰσιν. ὁμοίως δὲ τοῦτο ὑπάρχει καὶ καθ᾽
ἑνὸς ὁτουοῦν τῶν ἀνθρώπων· σχολῇ γὰρ ἂν ὁ θεὸς ἔχοι κα-
λῶς καὶ πᾶς ὁ κόσμος, οἷς οὐκ εἰσὶν ἐξωτερικαὶ πράξεις
παρὰ τὰς οἰκείας τὰς αὐτῶν. ὅτι μὲν οὖν τὸν αὐτὸν βίον 30
ἀναγκαῖον εἶναι τὸν ἄριστον ἑκάστῳ τε τῶν ἀνθρώπων καὶ
κοινῇ ταῖς πόλεσι καὶ τοῖς ἀνθρώποις, φανερόν ἐστιν.

4 Ἐπεὶ δὲ πεφροιμίασται τὰ νῦν εἰρημένα περὶ αὐτῶν,
καὶ περὶ τὰς ἄλλας πολιτείας ἡμῖν τεθεώρηται πρότερον,
ἀρχὴ τῶν λοιπῶν εἰπεῖν πρῶτον ποίας τινὰς δεῖ τὰς ὑπο- 35
θέσεις εἶναι περὶ τῆς μελλούσης κατ᾽ εὐχὴν συνεστάναι πόλεως.
οὐ γὰρ οἷόν τε πολιτείαν γενέσθαι τὴν ἀρίστην ἄνευ συμ-
μέτρου χορηγίας. διὸ δεῖ πολλὰ προϋποτεθεῖσθαι καθάπερ
εὐχομένους, εἶναι μέντοι μηθὲν τούτων ἀδύνατον· λέγω δὲ
οἷον περί τε πλήθους πολιτῶν καὶ χώρας. ὥσπερ γὰρ καὶ 40
τοῖς ἄλλοις δημιουργοῖς, οἷον ὑφάντῃ καὶ ναυπηγῷ, δεῖ τὴν
ὕλην ὑπάρχειν ἐπιτηδείαν οὖσαν πρὸς τὴν ἐργασίαν (ὅσῳ 1326ᵃ
γὰρ ἂν αὕτη τυγχάνῃ παρεσκευασμένη βέλτιον, ἀνάγκη
καὶ τὸ γιγνόμενον ὑπὸ τῆς τέχνης εἶναι κάλλιον), οὕτω καὶ
τῷ πολιτικῷ καὶ τῷ νομοθέτῃ δεῖ τὴν οἰκείαν ὕλην ὑπ-
άρχειν ἐπιτηδείως ἔχουσαν. 5

20 αὐτῶν Victorius: αὑτῶν codd. Γ   21–23 μάλιστα ... ἀρχι-
τέκτονας citat Iulianus, Ep. ad Them. 263 D   22 καὶ¹ om. Π¹ Iul.
τῶν] τὸ Iul.   23 τῆς διανοίας Iul.   32 ἀνθρώποις] πολίταις
Richards   36 περὶ om. Mˢ   1326ᵃ 2 αὐτὴ Π²

5 ἔστι δὲ πολιτικῆς χορηγίας πρῶτον
τό τε πλῆθος τῶν ἀνθρώπων, πόσους τε καὶ ποίους τινὰς
ὑπάρχειν δεῖ φύσει, καὶ κατὰ τὴν χώραν ὡσαύτως, πόσην
τε εἶναι καὶ ποίαν τινὰ ταύτην. οἴονται μὲν οὖν οἱ πλεῖστοι
προσήκειν μεγάλην εἶναι τὴν εὐδαίμονα πόλιν· εἰ δὲ τοῦτ'
10 ἀληθές, ἀγνοοῦσι ποία μεγάλη καὶ ποία μικρὰ πόλις. κατ'
ἀριθμοῦ γὰρ πλῆθος τῶν ἐνοικούντων κρίνουσι τὴν μεγάλην,
δεῖ δὲ μᾶλλον μὴ εἰς τὸ πλῆθος εἰς δὲ δύναμιν ἀποβλέ-
πειν. ἔστι γάρ τι καὶ πόλεως ἔργον, ὥστε τὴν δυναμένην
τοῦτο μάλιστ' ἀποτελεῖν, ταύτην οἰητέον εἶναι μεγίστην, οἷον
15 Ἱπποκράτην οὐκ ἄνθρωπον ἀλλ' ἰατρὸν εἶναι μείζω φήσειεν
ἄν τις τοῦ διαφέροντος κατὰ τὸ μέγεθος τοῦ σώματος. οὐ
μὴν ἀλλὰ κἂν εἰ δεῖ κρίνειν πρὸς τὸ πλῆθος ἀποβλέποντας,
οὐ κατὰ τὸ τυχὸν πλῆθος τοῦτο ποιητέον (ἀναγκαῖον γὰρ
ἐν ταῖς πόλεσιν ἴσως ὑπάρχειν καὶ δούλων ἀριθμὸν πολλῶν
20 καὶ μετοίκων καὶ ξένων), ἀλλ' ὅσοι πόλεώς εἰσι μέρος καὶ
ἐξ ὧν συνίσταται πόλις οἰκείων μορίων· ἡ γὰρ τούτων ὑπερ-
οχὴ τοῦ πλήθους μεγάλης πόλεως σημεῖον, ἐξ ἧς δὲ βάναυ-
σοι μὲν ἐξέρχονται πολλοὶ τὸν ἀριθμὸν ὁπλῖται δὲ ὀλίγοι,
ταύτην ἀδύνατον εἶναι μεγάλην· οὐ γὰρ ταὐτὸν μεγάλη τε
25 πόλις καὶ πολυάνθρωπος.

25 ἀλλὰ μὴν καὶ τοῦτό γε ἐκ τῶν
ἔργων φανερόν, ὅτι χαλεπόν, ἴσως δ' ἀδύνατον, εὐνομεῖσθαι
τὴν λίαν πολυάνθρωπον· τῶν γοῦν δοκουσῶν πολιτεύεσθαι
καλῶς οὐδεμίαν ὁρῶμεν οὖσαν ἀνειμένην πρὸς τὸ πλῆθος.
τοῦτο δὲ δῆλον καὶ διὰ τῆς τῶν λόγων πίστεως. ὅ τε γὰρ
30 νόμος τάξις τίς ἐστι, καὶ τὴν εὐνομίαν ἀναγκαῖον εὐταξίαν
εἶναι, ὁ δὲ λίαν ὑπερβάλλων ἀριθμὸς οὐ δύναται μετέχειν
τάξεως· θείας γὰρ δὴ τοῦτο δυνάμεως ἔργον, ἥτις καὶ τόδε

7 πόσην Sylburg : ὅσην codd. Γ   10 ποία² om. Π²P¹   14 οἰητέον
om. Π¹   18 ποιητέον Camerarius : οἰητέον codd. Γ   19 ἴσως
ἐν ταῖς πόλεσιν Π¹   20 μέρος εἰσὶ πόλεως MˢP¹   21 μερῶν
MˢP¹   25 ἀλλὰ μὴν] οὐ μὴν ἀλλὰ Π¹   29 τε om. MˢP¹

συνέχει τὸ πᾶν· ἐπεὶ τό γε καλὸν ἐν πλήθει καὶ μεγέθει
εἴωθε γίνεσθαι. διὸ καὶ πόλιν ᾗ μετὰ μεγέθους ὁ λεχθεὶς
ὅρος ὑπάρχει, ταύτην εἶναι καλλίστην ἀναγκαῖον. ἀλλ' ἔστι 35
τι καὶ πόλεως μεγέθους μέτρον, ὥσπερ καὶ τῶν ἄλλων πάν-
των, ζῴων φυτῶν ὀργάνων· καὶ γὰρ τούτων ἕκαστον οὔτε λίαν
μικρὸν οὔτε κατὰ μέγεθος ὑπερβάλλον ἕξει τὴν αὑτοῦ δύνα-
μιν, ἀλλ' ὁτὲ μὲν ὅλως ἐστερημένον ἔσται τῆς φύσεως ὁτὲ
δὲ φαύλως ἔχον, οἷον πλοῖον σπιθαμιαῖον μὲν οὐκ ἔσται 40
πλοῖον ὅλως, οὐδὲ δυοῖν σταδίοιν, εἰς δὲ τὶ μέγεθος ἐλθὸν ὁτὲ
μὲν διὰ σμικρότητα φαύλην ποιήσει τὴν ναυτιλίαν, ὁτὲ δὲ 1326^b
διὰ τὴν ὑπερβολήν· ὁμοίως δὲ καὶ πόλις ἡ μὲν ἐξ ὀλίγων
λίαν οὐκ αὐτάρκης (ἡ δὲ πόλις αὔταρκες), ἡ δὲ ἐκ πολλῶν
ἄγαν ἐν μὲν τοῖς ἀναγκαίοις αὐτάρκης ὥσπερ ἔθνος, ἀλλ'
οὐ πόλις· πολιτείαν γὰρ οὐ ῥᾴδιον ὑπάρχειν· τίς γὰρ στρατη- 5
γὸς ἔσται τοῦ λίαν ὑπερβάλλοντος πλήθους, ἢ τίς κῆρυξ μὴ
Στεντόρειος; διὸ πρώτην μὲν εἶναι πόλιν ἀναγκαῖον τὴν ἐκ
τοσούτου πλήθους ὃ πρῶτον πλῆθος αὔταρκες πρὸς τὸ εὖ
ζῆν ἐστι κατὰ τὴν πολιτικὴν κοινωνίαν· ἐνδέχεται δὲ καὶ τὴν
ταύτης ὑπερβάλλουσαν κατὰ πλῆθος εἶναι μείζω πόλιν, 10
ἀλλὰ τοῦτ' οὐκ ἔστιν, ὥσπερ εἴπομεν, ἀόριστον. τίς δ' ἐστὶν ὁ
τῆς ὑπερβολῆς ὅρος, ἐκ τῶν ἔργων ἰδεῖν ῥᾴδιον. εἰσὶ γὰρ αἱ
πράξεις τῆς πόλεως τῶν μὲν ἀρχόντων τῶν δ' ἀρχομένων,
ἄρχοντος δ' ἐπίταξις καὶ κρίσις ἔργον· πρὸς δὲ τὸ κρίνειν
περὶ τῶν δικαίων καὶ πρὸς τὸ τὰς ἀρχὰς διανέμειν κατ' 15
ἀξίαν ἀναγκαῖον γνωρίζειν ἀλλήλους, ποῖοί τινές εἰσι, τοὺς
πολίτας, ὡς ὅπου τοῦτο μὴ συμβαίνει γίγνεσθαι, φαύλως
ἀνάγκη γίγνεσθαι τὰ περὶ τὰς ἀρχὰς καὶ τὰς κρίσεις.
περὶ ἀμφότερα γὰρ οὐ δίκαιον αὐτοσχεδιάζειν, ὅπερ ἐν

34 πόλιν M²Γ: πόλις cet.   ᾗ Coraes: ἧς codd. Γ   36 πόλεσι Π²
38 αὑτοῦ Π²M²   1326^b 3–4 ἡ ... αὔταρκες om. Π²P¹   4 τοῖς μὲν
P²P³π²   ὥσπερ] ὥσπερ δ' vel αὐτάρκης δ' ὥσπερ Jackson   5 πολιτείαν]
πολι superscr. τ P²P³: πολίτην π²   8–9 ζῆν εὖ Π¹   10 μείζω
secl. Schneider

20 τῇ πολυανθρωπίᾳ τῇ λίαν ὑπάρχει φανερῶς. ἔτι δὲ ξένοις
καὶ μετοίκοις ῥᾴδιον μεταλαμβάνειν τῆς πολιτείας· οὐ γὰρ
χαλεπὸν τὸ λανθάνειν διὰ τὴν ὑπερβολὴν τοῦ πλήθους. δῆ-
λον τοίνυν ὡς οὗτός ἐστι πόλεως ὅρος ἄριστος, ἡ μεγίστη τοῦ
πλήθους ὑπερβολὴ πρὸς αὐτάρκειαν ζωῆς εὐσύνοπτος. περὶ
25 μὲν οὖν μεγέθους πόλεως διωρίσθω τὸν τρόπον τοῦτον.

Παραπλησίως δὲ καὶ τὰ περὶ τῆς χώρας ἔχει. περὶ 5
μὲν γὰρ τοῦ ποίαν τινά, δῆλον ὅτι τὴν αὐταρκεστάτην πᾶς
τις ἂν ἐπαινέσειεν (τοιαύτην δ' ἀναγκαῖον εἶναι τὴν παντο-
φόρον· τὸ γὰρ πάντα ὑπάρχειν καὶ δεῖσθαι μηθενὸς
30 αὔταρκες)· πλήθει δὲ καὶ μεγέθει τοσαύτην ὥστε δύνασθαι
τοὺς οἰκοῦντας ζῆν σχολάζοντας ἐλευθερίως ἅμα καὶ σω-
φρόνως. τοῦτον δὲ τὸν ὅρον εἰ καλῶς ἢ μὴ καλῶς λέγο-
μεν, ὕστερον ἐπισκεπτέον ἀκριβέστερον, ὅταν ὅλως περὶ κτή-
σεως καὶ τῆς περὶ τὴν οὐσίαν εὐπορίας συμβαίνῃ ποιεῖσθαι
35 μνείαν, πῶς δεῖ καὶ τίνα τρόπον ἔχειν πρὸς τὴν χρῆσιν
αὐτῆς· πολλαὶ γὰρ περὶ τὴν σκέψιν ταύτην εἰσὶν ἀμφισ-
βητήσεις διὰ τοὺς ἕλκοντας ἐφ' ἑκατέραν τοῦ βίου τὴν ὑπερ-
βολήν, τοὺς μὲν ἐπὶ τὴν γλισχρότητα τοὺς δὲ ἐπὶ τὴν τρυ-
φήν. τὸ δ' εἶδος τῆς χώρας οὐ χαλεπὸν εἰπεῖν (δεῖ δ' ἔνια
40 πείθεσθαι καὶ τοῖς περὶ τὴν στρατηγίαν ἐμπείροις), ὅτι χρὴ
τοῖς μὲν πολεμίοις εἶναι δυσέμβολον αὐτοῖς δ' εὐέξοδον.

1327ᵃ ἔτι δ' ὥσπερ τὸ πλῆθος τὸ τῶν ἀνθρώπων εὐσύνοπτον ἔφα-
μεν εἶναι δεῖν, οὕτω καὶ τὴν χώραν· τὸ δ' εὐσύνοπτον τὸ
εὐβοήθητον εἶναι τὴν χώραν ἐστίν. τῆς δὲ πόλεως τὴν θέσιν
εἰ χρὴ ποιεῖν κατ' εὐχήν, πρός τε τὴν θάλατταν προσήκει
5 κεῖσθαι καλῶς πρός τε τὴν χώραν. εἷς μὲν ⟨οὖν⟩ ὁ λεχθεὶς
ὅρος (δεῖ γὰρ πρὸς τὰς ἐκβοηθείας κοινὴν εἶναι τῶν τόπων
ἁπάντων)· ὁ δὲ λοιπὸς πρὸς τὰς τῶν γινομένων καρπῶν
παραπομπάς, ἔτι δὲ τῆς περὶ ξύλα ὕλης, κἂν εἴ τινα

---

32 τοῦτο π³   τὸν ὅρον om. Π²   36 αὐτῆς ci. Richards: αὐτὴν
codd. Γ   38 τὴν¹ om. Π²P¹   41 τοῖς μὲν Richards: μὲν τοῖς
codd.   1327ᵃ 1 ἔφαμεν εὐσύνοπτον MˢP¹   5 οὖν add. Schneider

ἄλλην ἐργασίαν ἡ χώρα τυγχάνοι κεκτημένη τοιαύτην
εὐπαρακόμιστον.   10

6 Περὶ δὲ τῆς πρὸς τὴν θάλατταν κοινωνίας, πότερον
ὠφέλιμος ταῖς εὐνομουμέναις πόλεσιν ἢ βλαβερά, πολλὰ
τυγχάνουσιν ἀμφισβητοῦντες· τό τε γὰρ ἐπιξενοῦσθαί τινας
ἐν ἄλλοις τεθραμμένους νόμοις ἀσύμφορον εἶναί φασι πρὸς
τὴν εὐνομίαν, καὶ τὴν πολυανθρωπίαν· γίνεσθαι μὲν γὰρ 15
ἐκ τοῦ χρῆσθαι τῇ θαλάττῃ διαπέμποντας καὶ δεχομένους
ἐμπόρων πλῆθος, ὑπεναντίαν δ᾽ εἶναι πρὸς τὸ πολιτεύεσθαι
καλῶς. ὅτι μὲν οὖν, εἰ ταῦτα μὴ συμβαίνει, βέλτιον καὶ
πρὸς ἀσφάλειαν καὶ πρὸς εὐπορίαν τῶν ἀναγκαίων μετ-
έχειν τὴν πόλιν καὶ τὴν χώραν τῆς θαλάττης, οὐκ ἄδηλον. 20
καὶ γὰρ πρὸς τὸ ῥᾷον φέρειν τοὺς πολέμους εὐβοηθήτους
εἶναι δεῖ κατ᾽ ἀμφότερα τοὺς σωθησομένους, καὶ κατὰ γῆν
καὶ κατὰ θάλατταν,. καὶ [πρὸς] τὸ βλάψαι τοὺς ἐπιτιθεμέ-
νους, εἰ μὴ κατ᾽ ἄμφω δυνατόν, ἀλλὰ κατὰ θάτερον ὑπ-
άρξει μᾶλλον ἀμφοτέρων μετέχουσιν. ὅσα τ᾽ ἂν μὴ τυγχάνῃ 25
παρ᾽ αὐτοῖς ὄντα, δέξασθαι ταῦτα, καὶ τὰ πλεονάζοντα
τῶν γιγνομένων ἐκπέμψασθαι τῶν ἀναγκαίων ἐστίν. αὐτῇ
γὰρ ἐμπορικήν, ἀλλ᾽ οὐ τοῖς ἄλλοις, δεῖ εἶναι τὴν πόλιν·
οἱ δὲ παρέχοντες σφᾶς αὐτοὺς πᾶσιν ἀγορὰν προσόδου
χάριν ταῦτα πράττουσιν· ἢν δὲ μὴ δεῖ πόλιν τοιαύτης 30
μετέχειν πλεονεξίας, οὐδ᾽ ἐμπόριον δεῖ κεκτῆσθαι τοιοῦτον.
ἐπεὶ δὲ καὶ νῦν ὁρῶμεν πολλαῖς ὑπάρχοντα καὶ χώραις
καὶ πόλεσιν ἐπίνεια καὶ λιμένας εὐφυῶς κείμενα πρὸς τὴν
πόλιν, ὥστε μήτε τὸ αὐτὸ νέμειν ἄστυ μήτε πόρρω λίαν,
ἀλλὰ κρατεῖσθαι τείχεσι καὶ τοιούτοις ἄλλοις ἐρύμασι, 35
φανερὸν ὡς εἰ μὲν ἀγαθόν τι συμβαίνει γίνεσθαι διὰ τῆς

9 τοιαύτην κεκτημένη MˢP¹   12 πολλοὶ Camerarius, fort. Mˢ¹P¹
14 φασιν εἶναι Π¹   16 θαλάττῃ scripsi : θαλάσσῃ codd.   20 τὴν
πόλιν om. MˢΓ   21 πολέμους Sylburg : πολεμίους codd. Γ   23 πρὸς
secl. Argyriades   28 εἶναι δεῖ Richards (hiatus vitandi causa)
30 ἢν P²P³π³   32 ἐπειδὴ καὶ Π²   ὑπάρχοντα Welldon : ὑπάρχον
codd. Γ   34 τὸ om. Γ

κοινωνίας αὐτῶν, ὑπάρξει τῇ πόλει τοῦτο τὸ ἀγαθόν, εἰ δέ
τι βλαβερόν, φυλάξασθαι ῥᾴδιον τοῖς νόμοις φράζοντας
καὶ διορίζοντας τίνας οὐ δεῖ καὶ τίνας ἐπιμίσγεσθαι δεῖ
40 πρὸς ἀλλήλους.

40   περὶ δὲ τῆς ναυτικῆς δυνάμεως, ὅτι μὲν
βέλτιστον ὑπάρχειν μέχρι τινὸς πλήθους, οὐκ ἄδηλον (οὐ γὰρ
1327ᵇ μόνον αὐτοῖς ἀλλὰ καὶ τῶν πλησίον τισὶ δεῖ καὶ φοβεροὺς
εἶναι καὶ δύνασθαι βοηθεῖν, ὥσπερ κατὰ γῆν, καὶ κατὰ
θάλατταν)· περὶ δὲ πλήθους ἤδη καὶ μεγέθους τῆς δυνάμεως
ταύτης πρὸς τὸν βίον ἀποσκεπτέον τῆς πόλεως. εἰ μὲν γὰρ
5 ἡγεμονικὸν καὶ πολιτικὸν ζήσεται βίον, ἀναγκαῖον καὶ ταύ-
την τὴν δύναμιν ὑπάρχειν πρὸς τὰς πράξεις σύμμετρον.
τὴν δὲ πολυανθρωπίαν τὴν γιγνομένην περὶ τὸν ναυτικὸν
ὄχλον οὐκ ἀναγκαῖον ὑπάρχειν ταῖς πόλεσιν· οὐθὲν γὰρ
αὐτοὺς μέρος εἶναι δεῖ τῆς πόλεως. τὸ μὲν γὰρ ἐπιβατι-
10 κὸν ἐλεύθερον καὶ τῶν πεζευόντων ἐστίν, ὃ κύριόν ἐστι καὶ
κρατεῖ τῆς ναυτιλίας· πλήθους δὲ ὑπάρχοντος περιοίκων
καὶ τῶν τὴν χώραν γεωργούντων, ἀφθονίαν ἀναγκαῖον εἶναι
καὶ ναυτῶν. ὁρῶμεν δὲ τοῦτο καὶ νῦν ὑπάρχον τισίν,
οἷον τῇ πόλει τῶν Ἡρακλεωτῶν· πολλὰς γὰρ ἐκπληροῦσι
15 τριήρεις, κεκτημένοι τῷ μεγέθει πόλιν ἑτέρων ἐμμελεστέραν.

περὶ μὲν οὖν χώρας καὶ λιμένων καὶ πόλεων καὶ
θαλάττης καὶ περὶ τῆς ναυτικῆς δυνάμεως ἔστω διωρισμένα
τὸν τρόπον τοῦτον· περὶ δὲ τοῦ πολιτικοῦ πλήθους, τίνα μὲν
ὅρον ὑπάρχειν χρή, πρότερον εἴπομεν, ποίους δέ τινας 7
20 τὴν φύσιν εἶναι δεῖ, νῦν λέγωμεν. σχεδὸν δὴ κατανοήσειεν ἄν
τις τοῦτό γε, βλέψας ἐπί τε τὰς πόλεις τὰς εὐδοκιμούσας
τῶν Ἑλλήνων καὶ πρὸς πᾶσαν τὴν οἰκουμένην, ὡς διείλη-
πται τοῖς ἔθνεσιν. τὰ μὲν γὰρ ἐν τοῖς ψυχροῖς τόποις ἔθνη
καὶ τὰ περὶ τὴν Εὐρώπην θυμοῦ μέν ἐστι πλήρη, διανοίας
25 δὲ ἐνδεέστερα καὶ τέχνης, διόπερ ἐλεύθερα μὲν διατελεῖ

1327ᵇ 8 οὐδὲν γὰρ Pᵗ : οὐδὲ γὰρ MᵃΓ   13 δὲ+καὶ HᵃΠᵃΠᵃ   16 πό-
λεως Congreve : ἐμπορίων Schmidt   19 πρότερον, sc. 1326 ᵃ5–ᵇ25

222

μᾶλλον, ἀπολίτευτα δὲ καὶ τῶν πλησίον ἄρχειν οὐ δυνά-
μενα· τὰ δὲ περὶ τὴν Ἀσίαν διανοητικὰ μὲν καὶ τεχνικὰ
τὴν ψυχήν, ἄθυμα δέ, διόπερ ἀρχόμενα καὶ δουλεύοντα
διατελεῖ· τὸ δὲ τῶν Ἑλλήνων γένος, ὥσπερ μεσεύει κατὰ
τοὺς τόπους, οὕτως ἀμφοῖν μετέχει. καὶ γὰρ ἔνθυμον καὶ 30
διανοητικόν ἐστιν· διόπερ ἐλεύθερόν τε διατελεῖ καὶ βέλ-
τιστα πολιτευόμενον καὶ δυνάμενον ἄρχειν πάντων, μιᾶς
τυγχάνον πολιτείας. τὴν αὐτὴν δ' ἔχει διαφορὰν καὶ τὰ
τῶν Ἑλλήνων ἔθνη πρὸς ἄλληλα· τὰ μὲν γὰρ ἔχει
τὴν φύσιν μονόκωλον, τὰ δὲ εὖ κέκραται πρὸς ἀμφο- 35
τέρας τὰς δυνάμεις ταύτας. φανερὸν τοίνυν ὅτι δεῖ δια-
νοητικούς τε εἶναι καὶ θυμοειδεῖς τὴν φύσιν τοὺς μέλλοντας
εὐαγώγους ἔσεσθαι τῷ νομοθέτῃ πρὸς τὴν ἀρετήν. ὅπερ γάρ
φασί τινες δεῖν ὑπάρχειν τοῖς φύλαξι, τὸ φιλητικοὺς μὲν
εἶναι τῶν γνωρίμων πρὸς δὲ τοὺς ἀγνῶτας ἀγρίους, ὁ θυμός 40
ἐστιν ὁ ποιῶν τὸ φιλητικόν· αὕτη γάρ ἐστιν ἡ τῆς ψυχῆς
δύναμις ᾗ φιλοῦμεν. σημεῖον δέ· πρὸς γὰρ τοὺς συνήθεις 1328ᵇ
καὶ φίλους ὁ θυμὸς αἴρεται μᾶλλον ἢ πρὸς τοὺς ἀγνῶτας,
ὀλιγωρεῖσθαι νομίσας. διὸ καὶ Ἀρχίλοχος προσηκόντως
τοῖς φίλοις ἐγκαλῶν διαλέγεται πρὸς τὸν θυμόν·

σὺ γὰρ δὴ παρὰ φίλων ἀπάγχεαι.   5

καὶ τὸ ἄρχον δὲ καὶ τὸ ἐλεύθερον ἀπὸ τῆς δυνάμεως ταύ-
της ὑπάρχει πᾶσιν· ἀρχικὸν γὰρ καὶ ἀήττητον ὁ θυμός.
οὐ καλῶς δ' ἔχει λέγειν χαλεποὺς εἶναι πρὸς τοὺς ἀγνῶτας·
πρὸς οὐθένα γὰρ εἶναι χρὴ τοιοῦτον, οὐδέ εἰσιν οἱ μεγαλό-
ψυχοι τὴν φύσιν ἄγριοι, πλὴν πρὸς τοὺς ἀδικοῦντας. τοῦτο δὲ 10
μᾶλλον ἔτι πρὸς τοὺς συνήθεις πάσχουσιν, ὅπερ εἴρηται
πρότερον, ἂν ἀδικεῖσθαι νομίσωσιν. καὶ τοῦτο συμβαίνει

---

28 καὶ] μὲν καὶ Π¹   31 καὶ μάλιστα Γ   34 ἔθνη P¹Γ: +καὶ
cet.   35 εὖ+τε P²Π²   39 Pl. *Rep.* 375 c1–4   1328ᵃ 3 fr.
67 (Bergk⁴)   5 σὺ Schneider : οὐ codd. Γ   παρὰ P⁵ : *ab* Guil. :
περὶ cet.   ἀπέγχεαι Mˢ (*a lanceis perforationes* Guil.) : ἀπάγχεο P²P²π² :
ἀπάγχετο π² : ἀπέγχεο π² : ἀπήγχεο P⁵

κατὰ λόγον· παρ' οἷς γὰρ ὀφείλεσθαι τὴν εὐεργεσίαν
ὑπολαμβάνουσι, πρὸς τῷ βλάβει καὶ ταύτης ἀποστερεῖσθαι
15 νομίζουσιν· ὅθεν εἴρηται " χαλεποὶ πόλεμοι γὰρ ἀδελφῶν "
καὶ " οἵ τοι πέρα στέρξαντες, οἵδε καὶ πέρα μισοῦσιν ".

περὶ μὲν οὖν τῶν πολιτευομένων, πόσους τε ὑπάρχειν
δεῖ καὶ ποίους τινὰς τὴν φύσιν, ἔτι δὲ τὴν χώραν πόσην
τέ τινα καὶ ποίαν τινά, διώρισται σχεδόν (οὐ γὰρ τὴν
20 αὐτὴν ἀκρίβειαν δεῖ ζητεῖν ἐπί τε τῶν λόγων καὶ τῶν
γιγνομένων διὰ τῆς αἰσθήσεως). Ἐπεὶ δ' ὥσπερ τῶν 8
ἄλλων τῶν κατὰ φύσιν συνεστώτων οὐ ταῦτά ἐστι μόρια τῆς
ὅλης συστάσεως ὧν ἄνευ τὸ ὅλον οὐκ ἂν εἴη, δῆλον ὡς οὐ-
δὲ πόλεως μέρη θετέον ὅσα ταῖς πόλεσιν ἀναγκαῖον ὑπάρ-
25 χειν, οὐδ' ἄλλης κοινωνίας οὐδεμιᾶς ἐξ ἧς ἕν τι τὸ γένος (ἓν
γάρ τι καὶ κοινὸν εἶναι δεῖ καὶ ταὐτὸ τοῖς κοινωνοῖς, ἄν τε ἴσον
ἄν τε ἄνισον μεταλαμβάνωσιν)· οἷον εἴτε τροφὴ τοῦτό ἐστιν
εἴτε χώρας πλῆθος εἴτ' ἄλλο τι τῶν τοιούτων ἐστίν. ὅταν
δ' ᾖ τὸ μὲν τούτου ἕνεκεν τὸ δ' οὗ ἕνεκεν, οὐθέν [ἕν] γε τούτοις
30 κοινὸν ἀλλ' ἢ τῷ μὲν ποιῆσαι τῷ δὲ λαβεῖν· λέγω δ' οἷον
ὀργάνῳ τε παντὶ πρὸς τὸ γιγνόμενον ἔργον καὶ τοῖς δημιουρ-
γοῖς· οἰκίᾳ γὰρ πρὸς οἰκοδόμον οὐθέν ἐστιν ὃ γίγνεται κοινόν,
ἀλλ' ἔστι τῆς οἰκίας χάριν ἡ τῶν οἰκοδόμων τέχνη. διὸ κτή-
σεως μὲν δεῖ ταῖς πόλεσιν, οὐδὲν δ' ἐστὶν ἡ κτῆσις μέρος τῆς
35 πόλεως· πολλὰ δ' ἔμψυχα μέρη τῆς κτήσεώς ἐστιν· ἡ δὲ
πόλις κοινωνία τίς ἐστι τῶν ὁμοίων, ἕνεκεν δὲ ζωῆς τῆς ἐν-
δεχομένης ἀρίστης. ἐπεὶ δ' ἐστὶν εὐδαιμονία τὸ ἄριστον, αὕτη δὲ

13 τὴν Γ: δεῖ τὴν Mᵃ: δὲ τὴν ut vid. pr. P¹: δεῖν τὴν cet.   15 νομί-
ζουσι Π¹   15 Eur. fr. 975 (Nauck³)   πόλεμοι (πολέμοι Γ) γὰρ
Π¹ Plut. De frat. am. 480 d: γὰρ πόλεμοι Π²   16 Trag. incert. fr. 78
(Nauck³)   πέρᾳ (bis) Nauck: πέρα Π²: πέραν MˢP¹   οἴδε Gomperz: οἱ
δὲ Π¹Π²π²: οἱ π³   18 ὁπόσην MˢP¹   20 ἐπί Richards: διά codd.
Γ   22 ταυτά MˢP¹π³: πάντα Wyse   26 τι] τοι MˢP²P³   δεῖ
Π¹π³: δὴ cet.   τοῦτο Π¹   29 δ' ᾖ] δὴ Π²   οὐδὲν P¹: οὐδὲ Mˢ Γ
ἕν seclusi: ἕν Mˢ et ut vid. P¹   30 λαβειν codd. Γ: ̓παθεῖν Postgate
33–34 διὸ ... δεῖ] διὸ δεῖ κτήσεως MˢΓ   34 ἔστι post 35 πόλεως MˢP¹

ἀρετῆς ἐνέργεια καὶ χρῆσίς τις τέλειος, συμβέβηκε δὲ οὕτως
ὥστε τοὺς μὲν ἐνδέχεσθαι μετέχειν αὐτῆς τοὺς δὲ μικρὸν ἢ
μηδέν, δῆλον ὡς τοῦτ᾽ αἴτιον τοῦ γίγνεσθαι πόλεως εἴδη καὶ 40
διαφορὰς καὶ πολιτείας πλείους· ἄλλον γὰρ τρόπον καὶ δι᾽
ἄλλων ἕκαστοι τοῦτο θηρεύοντες τούς τε βίους ἑτέρους ποιοῦνται 1328^b
καὶ τὰς πολιτείας. ἐπισκεπτέον δὲ καὶ πόσα ταυτί ἐστιν ὧν
ἄνευ πόλις οὐκ ἂν εἴη· καὶ γὰρ ἃ λέγομεν εἶναι μέρη πό-
λεως ἐν τούτοις ἂν εἴη ἀναγκαῖον ὑπάρχειν. ληπτέον τοίνυν
τῶν ἔργων τὸν ἀριθμόν· ἐκ τούτων γὰρ ἔσται δῆλον. πρῶτον 5
μὲν οὖν ὑπάρχειν δεῖ τροφήν, ἔπειτα τέχνας (πολλῶν γὰρ
ὀργάνων δεῖται τὸ ζῆν), τρίτον δὲ ὅπλα (τοὺς γὰρ κοινωνοῦν-
τας ἀναγκαῖον καὶ ἐν αὑτοῖς ἔχειν ὅπλα πρός τε τὴν ἀρ-
χήν, τῶν ἀπειθούντων χάριν, καὶ πρὸς τοὺς ἔξωθεν ἀδικεῖν
ἐπιχειροῦντας), ἔτι χρημάτων τινὰ εὐπορίαν, ὅπως ἔχωσι καὶ 10
πρὸς τὰς καθ᾽ αὑτοὺς χρείας καὶ πρὸς ⟨τὰς⟩ πολεμικάς, πέμ-
πτον δὲ καὶ πρῶτον τὴν περὶ τὸ θεῖον ἐπιμέλειαν, ἣν καλοῦ-
σιν ἱερατείαν, ἕκτον δὲ τὸν ἀριθμὸν καὶ πάντων ἀναγκαιό-
τατον κρίσιν περὶ τῶν συμφερόντων καὶ τῶν δικαίων τῶν
πρὸς ἀλλήλους. τὰ μὲν οὖν ἔργα ταῦτ᾽ ἐστὶν ὧν δεῖται πᾶσα 15
πόλις ὡς εἰπεῖν (ἡ γὰρ πόλις πλῆθός ἐστιν οὐ τὸ τυχὸν
ἀλλὰ πρὸς ζωὴν αὔταρκες, ὥς φαμεν, ἐὰν δέ τι τυγ-
χάνῃ τούτων ἐκλεῖπον, ἀδύνατον ἁπλῶς αὐτάρκη τὴν κοι-
νωνίαν εἶναι ταύτην)· ἀνάγκη τοίνυν κατὰ τὰς ἐργασίας
ταύτας συνεστάναι πόλιν· δεῖ ἄρα γεωργῶν τ᾽ εἶναι πλῆ- 20
θος, οἳ παρασκευάσουσι τὴν τροφήν, καὶ τεχνίτας, καὶ τὸ
μάχιμον, καὶ τὸ εὔπορον, καὶ ἱερεῖς, καὶ κριτὰς τῶν
ἀναγκαίων καὶ συμφερόντων.

9   Διωρισμένων δὲ τούτων λοιπὸν σκέψασθαι πότερον πᾶσι

40 τοῦ] τῷ Π¹   1328^b 2 ταῦτ᾽ Schneider   4 εἴη+διὸ MˢP¹:
+διὰ τὸ Γ: +ἃ Newman   8 αὑτοῖς P⁵ (?): αὐτοῖς cet.   11 τὰς² add.
Schneider   15 ὧν] ἃ MˢP¹   17–18 τούτων τυγχάνῃ cum hiatu Π¹
20 συνεστάναι MˢP¹   21 παρασκευάζουσι MˢP¹Π²: praeparent Guil.
22–23 τῶν δικαίων Lambinus

225

25 κοινωνητέον πάντων τούτων (ἐνδέχεται γὰρ τοὺς αὐτοὺς ἅπαν-
τας εἶναι καὶ γεωργοὺς καὶ τεχνίτας καὶ τοὺς βουλευομένους
καὶ δικάζοντας), ἢ καθ᾿ ἕκαστον ἔργον τῶν εἰρημένων ἄλλους
ὑποθετέον, ἢ τὰ μὲν ἴδια τὰ δὲ κοινὰ τούτων ἐξ ἀνάγκης
ἐστίν. οὐκ ἐν πάσῃ δὲ ταὐτὸ πολιτείᾳ. καθάπερ γὰρ εἴπομεν,
30 ἐνδέχεται καὶ πάντας κοινωνεῖν πάντων καὶ μὴ πάντας
πάντων ἀλλὰ τινὰς τινῶν. ταῦτα γὰρ καὶ ποιεῖ τὰς πολι-
τείας ἑτέρας· ἐν μὲν γὰρ ταῖς δημοκρατίαις μετέχουσι
πάντες πάντων, ἐν δὲ ταῖς ὀλιγαρχίαις τοὐναντίον. ἐπεὶ
δὲ τυγχάνομεν σκοποῦντες περὶ τῆς ἀρίστης πολιτείας, αὕτη
35 δ᾿ ἐστὶ καθ᾿ ἣν ἡ πόλις ἂν εἴη μάλιστ᾿ εὐδαίμων, τὴν δ᾿
εὐδαιμονίαν ὅτι χωρὶς ἀρετῆς ἀδύνατον ὑπάρχειν εἴρηται
πρότερον, φανερὸν ἐκ τούτων ὡς ἐν τῇ κάλλιστα πολιτευο-
μένῃ πόλει καὶ τῇ κεκτημένῃ δικαίους ἄνδρας ἁπλῶς, ἀλλὰ
μὴ πρὸς τὴν ὑπόθεσιν, οὔτε βάναυσον βίον οὔτ᾿ ἀγοραῖον δεῖ
40 ζῆν τοὺς πολίτας (ἀγεννὴς γὰρ ὁ τοιοῦτος βίος καὶ πρὸς
ἀρετὴν ὑπεναντίος), οὐδὲ δὴ γεωργοὺς εἶναι τοὺς μέλλοντας
1329ᵃ ἔσεσθαι (δεῖ γὰρ σχολῆς καὶ πρὸς τὴν γένεσιν τῆς ἀρετῆς
2 καὶ πρὸς τὰς πράξεις τὰς πολιτικάς).

2   ἐπεὶ δὲ καὶ τὸ πο-
λεμικὸν καὶ τὸ βουλευόμενον περὶ τῶν συμφερόντων καὶ
κρῖνον περὶ τῶν δικαίων ἐνυπάρχει καὶ μέρη φαίνεται τῆς
5 πόλεως μάλιστα ὄντα, πότερον ⟨ἑτέροις⟩ ἕτερα καὶ ταῦτα θετέον
ἢ τοῖς αὐτοῖς ἀποδοτέον ἄμφω; φανερὸν δὲ καὶ τοῦτο, διότι
τρόπον μέν τινα τοῖς αὐτοῖς τρόπον δέ τινα καὶ ἑτέροις.
ᾗ μὲν γὰρ ἑτέρας ἀκμῆς ἑκάτερον τῶν ἔργων, καὶ τὸ μὲν
δεῖται φρονήσεως τὸ δὲ δυνάμεως, ἑτέροις· ᾗ δὲ τῶν ἀδυ-
10 νάτων ἐστὶ τοὺς δυναμένους βιάζεσθαι καὶ κωλύειν, τούτους

29 ταὐτὸ Spengel: τοῦτο codd. Γ   32 μὲν om. Π¹   37 καλ-
λίστη Π¹   40 ζῆν] ζητεῖν P⁶Γ   πρὸς+τὴν M⁸P¹   41 δεῖ Π¹
1329ᵃ 1 ἔσεσθαι+πολίτας π²   5 ἑτέροις ἕτερα scripsi: ἕτερα codd. Γ:
ἑτέροις Schneider: ἕτερα ἑτέροις Coraes   6 δὲ] δὴ Π¹

226

ὑπομένειν ἀρχομένους ἀεί, ταύτῃ δὲ τοῖς αὐτοῖς. οἱ γὰρ τῶν
ὅπλων κύριοι καὶ ⟨τοῦ⟩ μένειν ἢ μὴ μένειν κύριοι τὴν πολιτείαν.
λείπεται τοίνυν τοῖς αὐτοῖς μὲν ἀμφότερα ἀποδιδόναι τὴν
πολιτείαν ταῦτα, μὴ ἅμα δέ, ἀλλ᾽ ὥσπερ πέφυκεν ἡ
μὲν δύναμις ἐν νεωτέροις, ἡ δὲ φρόνησις ἐν πρεσβυτέροις 15
εἶναι· οὐκοῦν οὕτως ἀμφοῖν νενεμῆσθαι συμφέρει καὶ δίκαιόν
ἐστιν· ἔχει γὰρ αὕτη ἡ διαίρεσις τὸ κατ᾽ ἀξίαν. ἀλλὰ
μὴν καὶ τὰς κτήσεις δεῖ εἶναι περὶ τούτους. ἀναγκαῖον γὰρ
εὐπορίαν ὑπάρχειν τοῖς πολίταις, πολῖται δὲ οὗτοι. τὸ γὰρ
βάναυσον οὐ μετέχει τῆς πόλεως, οὐδ᾽ ἄλλο οὐθὲν γένος ὃ 20
μὴ τῆς ἀρετῆς δημιουργόν ἐστιν. τοῦτο δὲ δῆλον ἐκ τῆς ὑπο-
θέσεως· τὸ μὲν γὰρ εὐδαιμονεῖν ἀναγκαῖον ὑπάρχειν μετὰ
τῆς ἀρετῆς, εὐδαίμονα δὲ πόλιν οὐκ εἰς μέρος τι βλέψαν-
τας δεῖ λέγειν αὐτῆς, ἀλλ᾽ εἰς πάντας τοὺς πολίτας. φανε-
ρὸν δὲ καὶ ὅτι δεῖ τὰς κτήσεις εἶναι τούτων, εἴπερ ἀναγ- 25
καῖον εἶναι τοὺς γεωργοὺς δούλους ἢ βαρβάρους [ἢ] περιοίκους.
λοιπὸν δ᾽ ἐκ τῶν καταριθμηθέντων τὸ τῶν ἱερέων γένος.
φανερὰ δὲ καὶ ἡ τούτων τάξις. οὔτε γὰρ γεωργὸν οὔτε βά-
ναυσον ἱερέα καταστατέον (ὑπὸ γὰρ τῶν πολιτῶν πρέπει
τιμᾶσθαι τοὺς θεούς)· ἐπεὶ δὲ διήρηται τὸ πολιτικὸν εἰς δύο 30
μέρη, τοῦτ᾽ ἐστὶ τό τε ὁπλιτικὸν καὶ τὸ βουλευτικόν, πρέπει
δὲ τήν τε θεραπείαν ἀποδιδόναι τοῖς θεοῖς καὶ [τὴν] ἀνάπαυσιν
ἔχειν [περὶ αὐτοὺς] τοὺς διὰ τὸν χρόνον ἀπειρηκότας, τούτοις ἂν
εἴη τὰς ⟨περὶ αὐτοὺς⟩ ἱερωσύνας ἀποδοτέον.   34

                                   ὧν μὲν τοίνυν ἄνευ 34

---

11 δὲ om. *Γ*   τοῖς αὐτοῖς Camerarius : τοὺς αὐτούς codd. *Γ*   12 τοῦ
addidi   13–14 ἀμφότερα ... ταῦτα Susemihl : ἀμφοτέροις ... ταύτην codd. *Γ*
16 εἶναι Lambinus : ἐστίν codd. *Γ*   17 ἐστιν Lambinus : εἶναι δοκεῖ
P⁵*Γ*: εἶναι cet.   18 εἶναι P⁵*Γ*: om. cet.   20 οὐθὲν μέρος *Π*¹
26 ἢ secl. Susemihl (cf. 1330ᵃ29)   27 ἱερέων π²*Γ* : ἱερῶν cet.   32 τὴν
seclusi   33 περὶ αὐτοὺς post 34 τὰς tri. Richards   τούτους
Γ   34 τὰς ... ἱερωσύνας Richards : τὰς ἱερωσύνας Bas.³ : ταῖς ἱερωσύ-
ναις codd. *Γ*   34–ᵇ35 ὧν ... ζητεῖν secl. Newman, 40–ᵇ39 Ἔοικε ...
χώραν Susemihl, ᵇ3–25 τά ... Σεσώστριος Chandler, ᵇ5–25 ἀρχαῖα ...
Σεσώστριος Bojesen

35 πόλις οὐ συνίσταται καὶ ὅσα μέρη πόλεως, εἴρηται (γεωρ-
γοὺς μὲν γὰρ καὶ τεχνίτας καὶ πᾶν τὸ θητικὸν ἀναγκαῖον
ὑπάρχειν ταῖς πόλεσιν, μέρη δὲ τῆς πόλεως τό τε ὁπλι-
τικὸν καὶ βουλευτικόν), καὶ κεχώρισται δὴ τούτων ἕκαστον,
τὸ μὲν ἀεὶ τὸ δὲ κατὰ μέρος.

40 Ἔοικε δὲ οὐ νῦν οὐδὲ νεωστὶ τοῦτ' εἶναι γνώριμον τοῖς περὶ 10
πολιτείας φιλοσοφοῦσιν, ὅτι δεῖ διῃρῆσθαι χωρὶς κατὰ γένη
1329ᵇ τὴν πόλιν καὶ τό τε μάχιμον ἕτερον εἶναι καὶ τὸ γεωρ-
γοῦν. ἐν Αἰγύπτῳ τε γὰρ ἔχει τὸν τρόπον τοῦτον ἔτι καὶ
νῦν, τά τε περὶ τὴν Κρήτην, τὰ μὲν οὖν περὶ Αἴγυπτον
Σεσώστριος, ὥς φασιν, οὕτω νομοθετήσαντος, Μίνω δὲ τὰ
5 περὶ Κρήτην. ἀρχαία δὲ ἔοικεν εἶναι καὶ τῶν συσσιτίων ἡ
τάξις, τὰ μὲν περὶ Κρήτην γενόμενα περὶ τὴν Μίνω βα-
σιλείαν, τὰ δὲ περὶ τὴν Ἰταλίαν πολλῷ παλαιότερα τού-
των. φασὶ γὰρ οἱ λόγιοι τῶν ἐκεῖ κατοικούντων Ἰταλόν
τινα γενέσθαι βασιλέα τῆς Οἰνωτρίας, ἀφ' οὗ τό τε ὄνομα
10 μεταβαλόντας Ἰταλοὺς ἀντ' Οἰνωτρῶν κληθῆναι καὶ τὴν
ἀκτὴν ταύτην τῆς Εὐρώπης Ἰταλίαν τοὔνομα λαβεῖν, ὅση
τετύχηκεν ἐντὸς οὖσα τοῦ κόλπου τοῦ Σκυλλητικοῦ καὶ τοῦ
Λαμητικοῦ· ἀπέχει δὲ ταῦτα ἀπ' ἀλλήλων ὁδὸν ἡμι-
σείας ἡμέρας. τοῦτον δὴ λέγουσι τὸν Ἰταλὸν νομάδας τοὺς
15 Οἰνωτροὺς ὄντας ποιῆσαι γεωργούς, καὶ νόμους ἄλλους τε
αὐτοῖς θέσθαι καὶ τὰ συσσίτια καταστῆσαι πρῶτον· διὸ
καὶ νῦν ἔτι τῶν ἀπ' ἐκείνου τινὲς χρῶνται τοῖς συσσιτίοις
καὶ τῶν νόμων ἐνίοις. ᾤκουν δὲ τὸ μὲν πρὸς τὴν Τυρρη-
νίαν Ὀπικοὶ καὶ πρότερον καὶ νῦν καλούμενοι τὴν ἐπωνυ-
20 μίαν Αὔσονες, τὸ δὲ πρὸς τὴν Ἰαπυγίαν καὶ τὸν Ἰόνιον
Χῶνες, τὴν καλουμένην Σιρῖτιν· ἦσαν δὲ καὶ οἱ Χῶνες

35–37 γεωργοὺς ... τεχνίτας ... ἀναγκαῖον ὑπάρχειν ci. Scaliger: γεωρ-
γοὶ ... τεχνῖται ... ἀναγκαῖον ὑπάρχειν codd. Γ: γεωργοὶ ... τεχνῖται
... ἀναγκαῖον Spengel   1329ᵇ 2 τοῦτον τὸν τρόπον Π¹   ἔτι+δὲ Π¹
4 μένω MᵃP¹   18 Τυρηνίαν MᵃP¹π³   20 αὔσωνες Mᵃπ³
21 χάωνες Π²: χάονες π³   Σιρῖτιν Goettling: σύρτην pr. P³, Γ: σύρτιν cet.
χάωνες Π²

Οἰνωτροὶ τὸ γένος. ἡ μὲν οὖν τῶν συσσιτίων τάξις ἐντεῦθεν γέγονε πρῶτον, ὁ δὲ χωρισμὸς ὁ κατὰ γένος τοῦ πολιτικοῦ πλήθους ἐξ Αἰγύπτου· πολὺ γὰρ ὑπερτείνει τοῖς χρόνοις τὴν Μίνω βασιλείαν ἡ Σεσώστριος. σχεδὸν μὲν οὖν καὶ τὰ 25 ἄλλα δεῖ νομίζειν εὑρῆσθαι πολλάκις ἐν τῷ πολλῷ χρόνῳ, μᾶλλον δ' ἀπειράκις. τὰ μὲν γὰρ ἀναγκαῖα τὴν χρείαν διδάσκειν εἰκὸς αὐτήν, τὰ δ' εἰς εὐσχημοσύνην καὶ περιουσίαν ὑπαρχόντων ἤδη τούτων εὔλογον λαμβάνειν τὴν αὔξησιν· ὥστε καὶ τὰ περὶ τὰς πολιτείας οἴεσθαι δεῖ τὸν αὐτὸν 30 ἔχειν τρόπον. ὅτι δὲ πάντα ἀρχαῖα, σημεῖον τὰ περὶ Αἴγυπτόν ἐστιν· οὗτοι γὰρ ἀρχαιότατοι μὲν δοκοῦσιν εἶναι, νόμων δὲ τετυχήκασιν ⟨ἀεὶ⟩ καὶ τάξεως πολιτικῆς. διὸ δεῖ τοῖς μὲν εὑρημένοις ἱκανῶς χρῆσθαι, τὰ δὲ παραλελειμμένα πειρᾶσθαι ζητεῖν. 33

ὅτι μὲν οὖν δεῖ τὴν χώραν εἶναι τῶν ὅπλα κεκτημένων καὶ τῶν τῆς πολιτείας μετεχόντων, εἴρηται πρότερον, καὶ διότι τοὺς γεωργοῦντας αὐτῶν ἑτέρους εἶναι δεῖ, καὶ πόσην τινὰ χρὴ καὶ ποίαν εἶναι τὴν χώραν· περὶ δὲ τῆς διανομῆς καὶ τῶν γεωργούντων, τίνας καὶ ποίους εἶναι χρή, 40 λεκτέον πρῶτον, ἐπειδὴ οὔτε κοινήν φαμεν εἶναι δεῖν τὴν κτῆσιν ὥσπερ τινὲς εἰρήκασιν, ἀλλὰ τῇ χρήσει φιλικῶς 1330ᵃ γινομένῃ κοινήν, οὔτ' ἀπορεῖν οὐθένα τῶν πολιτῶν τροφῆς. περὶ συσσιτίων τε συνδοκεῖ πᾶσι χρήσιμον εἶναι ταῖς εὖ κατεσκευασμέναις πόλεσιν ὑπάρχειν· δι' ἣν δ' αἰτίαν συνδοκεῖ καὶ ἡμῖν, ὕστερον ἐροῦμεν. δεῖ δὲ τούτων κοινωνεῖν 5 πάντας τοὺς πολίτας, οὐ ῥᾴδιον δὲ τοὺς ἀπόρους ἀπὸ τῶν ἰδίων τε εἰσφέρειν τὸ συντεταγμένον καὶ διοικεῖν τὴν ἄλλην οἰκίαν. ἔτι δὲ τὰ πρὸς τοὺς θεοὺς δαπανήματα κοινὰ πάσης τῆς πόλεώς ἐστιν. ἀναγκαῖον τοίνυν εἰς δύο μέρη

28 εἰκὸς διδάσκειν Π¹   33 ἀεὶ add. Bernays et Susemihl   34 εὑρημένοις Lambinus: εἰρημένοις codd. Γ   41 κοινὴν οὔτε Richards   δεῖν εἶναι Π¹   1330ᵃ 1 τινὲς: Pl. Rep. 416ᵈ 3–417ᵇ 9 2 γινομένῃ Congreve: γινομένην codd. Γ

10 διηρῆσθαι τὴν χώραν, καὶ τὴν μὲν εἶναι κοινὴν τὴν δὲ τῶν
ἰδιωτῶν, καὶ τούτων ἑκατέραν διηρῆσθαι δίχα πάλιν, τῆς
μὲν κοινῆς τὸ μὲν ἕτερον μέρος εἰς τὰς πρὸς τοὺς θεοὺς
λειτουργίας τὸ δὲ ἕτερον εἰς τὴν τῶν συσσιτίων δαπάνην,
τῆς δὲ τῶν ἰδιωτῶν τὸ ἕτερον μέρος [τὸ] πρὸς τὰς ἐσχα-
15 τιάς, τὸ δὲ ἕτερον πρὸς πόλιν, ἵνα δύο κλήρων ἑκάστῳ
νεμηθέντων ἀμφοτέρων τῶν τόπων πάντες μετέχωσιν. τό
τε γὰρ ἴσον οὕτως ἔχει καὶ τὸ δίκαιον καὶ τὸ πρὸς τοὺς
ἀστυγείτονας πολέμους ὁμονοητικώτερον. ὅπου γὰρ μὴ τοῦτον
ἔχει τὸν τρόπον, οἱ μὲν ὀλιγωροῦσι τῆς πρὸς τοὺς ὁμόρους
20 ἔχθρας, οἱ δὲ λίαν φροντίζουσι καὶ παρὰ τὸ καλόν. διὸ παρ'
ἐνίοις νόμος ἐστὶ τοὺς γειτνιῶντας τοῖς ὁμόροις μὴ συμμετέχειν
βουλῆς ⟨περὶ⟩ τῶν πρὸς αὐτοὺς πολέμων, ὡς διὰ τὸ ἴδιον
οὐκ ἂν δυναμένους βουλεύσασθαι καλῶς. τὴν μὲν οὖν χώραν
ἀνάγκη διηρῆσθαι τὸν τρόπον τοῦτον διὰ τὰς προειρημένας
25 αἰτίας· τοὺς δὲ γεωργήσοντας μάλιστα μέν, εἰ δεῖ κατ'
εὐχήν, δούλους εἶναι, μήτε ὁμοφύλων πάντων ⟨ὄντων⟩ μήτε
θυμοειδῶν (οὕτω γὰρ ἂν πρός τε τὴν ἐργασίαν εἶεν χρήσιμοι
καὶ πρὸς τὸ μηδὲν νεωτερίζειν ἀσφαλεῖς), δεύτερον δὲ
βαρβάρους περιοίκους παραπλησίους τοῖς εἰρημένοις τὴν φύ-
30 σιν, τούτων δὲ τοὺς μὲν ἐν τοῖς ἰδίοις εἶναι ἰδίους τῶν κε-
κτημένων τὰς οὐσίας, τοὺς δ' ἐπὶ τῇ κοινῇ γῇ κοινούς. τίνα
δὲ δεῖ τρόπον χρῆσθαι δούλοις, καὶ διότι βέλτιον πᾶσι τοῖς
δούλοις ἆθλον προκεῖσθαι τὴν ἐλευθερίαν, ὕστερον ἐροῦμεν.

Τὴν δὲ πόλιν ὅτι μὲν δεῖ κοινὴν εἶναι τῆς ἠπείρου τε 11
35 καὶ τῆς θαλάττης καὶ τῆς χώρας ἁπάσης ὁμοίως ἐκ τῶν
ἐνδεχομένων, εἴρηται πρότερον· αὐτῆς δὲ προσάντη εἶναι

10 τῶν ἰδιωτῶν] propriam Guil.   14 τὸ secl. Richards   15 τὸ
δὲ ἕτερον scripsi: ἕτερον δὲ τὸ codd. Γ   20 διὸ παρ'] διόπερ Π¹
22 βουλῆς] τιμῆς MᵃΓ   περὶ add. Richards   26 ὄντων add. Richards
30 μὲν P⁴: +ἰδίους cet.   ἰδίους om. P⁵Γ   35 θαλάττης Mˢ: θαλάσ-
σης cet.   36–37 προσάντη . . . τέτταρα] ipsius autem ad se ipsam si ad
votum oportet adipisci positionem qùattuor Guil.   36 προσάντη scripsi:
προσάντην Immisch: πρὸς αὐτὴν MˢP²π³: πρὸς αὐτὴν cet.   εἶναι om. P⁵

230

τὴν θέσιν εὔχεσθαι δεῖ κατ᾽ εὐχήν, πρὸς τέτταρα βλέ-
ποντας· πρῶτον μὲν ὡς ἀναγκαῖον πρὸς ὑγίειαν (αἵ τε
γὰρ πρὸς ἕω τὴν ἔγκλισιν ἔχουσαι καὶ πρὸς τὰ πνεύματα
τὰ πνέοντα ἀπὸ τῆς ἀνατολῆς ὑγιεινότεραι, δεύτερον δ᾽ ⟨αἱ⟩ 40
κατὰ βορέαν· εὐχείμεροι γὰρ αὗται μᾶλλον)· τῶν δὲ λοι-
πῶν πρὸς τὸ τὰς πολιτικὰς πράξεις καὶ πολεμικὰς καλῶς 1330ᵇ
ἔχειν. πρὸς μὲν οὖν τὰς πολεμικὰς αὐτοῖς μὲν εὐέξοδον
εἶναι χρή, τοῖς δ᾽ ἐναντίοις δυσπρόσοδον καὶ δυσπερίληπτον,
ὑδάτων τε καὶ ναμάτων μάλιστα μὲν ὑπάρχειν πλῆθος
οἰκεῖον, εἰ δὲ μή, τοῦτό γε εὕρηται διὰ τοῦ κατασκευάζειν 5
ὑποδοχὰς ὀμβρίοις ὕδασιν ἀφθόνους καὶ μεγάλας, ὥστε
μηδέποτε ὑπολείπειν εἰργομένους τῆς χώρας διὰ πόλεμον·
ἐπεὶ δὲ δεῖ περὶ ὑγιείας φροντίζειν τῶν ἐνοικούντων, τοῦτο
δ᾽ ἐστὶν ἐν τῷ κεῖσθαι τὸν τόπον ἔν τε τοιούτῳ καὶ πρὸς
τοιοῦτον καλῶς, δεύτερον δὲ ὕδασιν ὑγιεινοῖς χρῆσθαι, καὶ 10
τούτου τὴν ἐπιμέλειαν ἔχειν μὴ παρέργως. οἷς γὰρ πλείστοις
χρώμεθα πρὸς τὸ σῶμα καὶ πλειστάκις, ταῦτα πλεῖστον
συμβάλλεται πρὸς τὴν ὑγίειαν· ἡ δὲ τῶν ὑδάτων καὶ τοῦ
πνεύματος δύναμις τοιαύτην ἔχει τὴν φύσιν. διόπερ ἐν
ταῖς εὖ φρονούσαις δεῖ διωρίσθαι πόλεσιν, ἐὰν μὴ πάνθ᾽ 15
ὅμοια μηδ᾽ ἀφθονία τοιούτων ᾖ ναμάτων, χωρὶς τά τε εἰς
τροφὴν ὕδατα καὶ τὰ πρὸς τὴν ἄλλην χρείαν.   17

                                          περὶ δὲ 17
τόπων ἐρυμνῶν οὐ πάσαις ὁμοίως ἔχει τὸ συμφέρον
ταῖς πολιτείαις· οἷον ἀκρόπολις ὀλιγαρχικὸν καὶ μοναρχι-
κόν, δημοκρατικὸν δ᾽ ὁμαλότης, ἀριστοκρατικὸν δὲ οὐδέτερον, 20

37 ἄρχεσθαι Mˢ   κατ᾽ εὐχήν ci. Richards (cf. 1332ᵃ29): κατατυγχάνειν
codd.   πρὸς om. Π¹   τέτταρα+δὴ Π¹   38 ἀναγκαῖον] an ἀναγ-
καῖον ὄν?   αἵ τε] ἄτε P²P³π³: αἱ Π¹   40 αἱ add. Coraes   41 εὐ-
χείμεροι] recentiores Guil.   1330ᵇ 1 τὸ scripsi: τε codd. Γ   4 τε]
δὲ P⁵Γ   5 εὑρῆσθαι Lambinus   6 ὀμβρίοις ὕδασιν π³: ὀμ-
βρίους ὕδασιν MˢP¹P³π³: ὀμβρίους ὕδατος P²: aquarum imbrium Guil.
10 καὶ] χρὴ καὶ Susemihl   13 τὴν om. pr. P¹, P²   14 ταύτην Π¹
16 μηδ᾽ Coraes: μήτ᾽ codd.   τούτων P²P³π³   18 τόπων] τόπων
τῶν Π²: τῶν τόπων τῶν π³

ἀλλὰ μᾶλλον ἰσχυροὶ τόποι πλείους. ἡ δὲ τῶν ἰδίων οἰκή-
σεων διάθεσις ἡδίων μὲν νομίζεται καὶ χρησιμωτέρα πρὸς
τὰς ἄλλας πράξεις, ἂν εὔτομος ᾖ καὶ κατὰ τὸν νεώτερον
καὶ τὸν Ἱπποδάμειον τρόπον, πρὸς δὲ τὰς πολεμικὰς
25 ἀσφαλείας τοὐναντίον ὡς εἶχον κατὰ τὸν ἀρχαῖον χρόνον·
δυσείσοδος γὰρ ἐκείνη τοῖς ξενικοῖς καὶ δυσεξερεύνητος [τοῖς]
ἐπιτιθεμένοις. διὸ δεῖ τούτων ἀμφοτέρων μετέχειν (ἐνδέχε-
ται γάρ, ἄν τις οὕτως κατασκευάζῃ καθάπερ ἐν τοῖς γεωρ-
γίοις ἃς καλοῦσί τινες τῶν ἀμπέλων συστάδας), καὶ τὴν μὲν
30 ὅλην μὴ ποιεῖν πόλιν εὔτομον, κατὰ μέρη δὲ καὶ τόπους·
οὕτω γὰρ καὶ πρὸς ἀσφάλειαν καὶ πρὸς κόσμον ἕξει καλῶς.

περὶ δὲ τειχῶν, οἱ μὴ φάσκοντες δεῖν ἔχειν τὰς τῆς ἀρε-
τῆς ἀντιποιουμένας πόλεις λίαν ἀρχαίως ὑπολαμβάνουσιν,
καὶ ταῦθ' ὁρῶντες ἐλεγχομένας ἔργῳ τὰς ἐκείνως καλλωπι-
35 σαμένας. ἔστι δὲ πρὸς μὲν τοὺς ὁμοίους καὶ μὴ πολὺ τῷ
πλήθει διαφέροντας οὐ καλὸν τὸ πειρᾶσθαι σῴζεσθαι διὰ
τῆς τῶν τειχῶν ἐρυμνότητος· ἐπεὶ δὲ καὶ συμβαίνειν ἐν-
δέχεται πλείω τὴν ὑπεροχὴν γίγνεσθαι τῶν ἐπιόντων καὶ
τῆς ἀνθρωπίνης καὶ τῆς ἐν τοῖς ὀλίγοις ἀρετῆς, εἰ δεῖ σῴ-
40 ζεσθαι καὶ μὴ πάσχειν κακῶς μηδὲ ὑβρίζεσθαι, τὴν
ἀσφαλεστάτην ἐρυμνότητα τῶν τειχῶν οἰητέον εἶναι πολεμι-
1331ᵃ κωτάτην, ἄλλως τε καὶ νῦν εὑρημένων τῶν περὶ τὰ
βέλη καὶ τὰς μηχανὰς εἰς ἀκρίβειαν πρὸς τὰς πολιορκίας.
ὅμοιον γὰρ τὸ τείχη μὴ περιβάλλειν ταῖς πόλεσιν ἀξιοῦν
καὶ τὸ τὴν χώραν εὐέμβολον ζητεῖν καὶ περιαιρεῖν τοὺς
5 ὀρεινοὺς τόπους, ὁμοίως δὲ καὶ ταῖς οἰκήσεσι ταῖς ἰδίαις μὴ

21 ἰδίων] οἰκείων Μˢ, pr. P¹   22 μὲν om. Π¹   24 καὶ secl.
Schneider   ἱπποδάμιον Π²   25 χρόνον] τρόπον ΜˢΓ
26 δυσείσοδος Richards: δυσέξοδος codd. Γ   τοῖς seclusi   27 ἀμφο-
τέρων τούτων Π¹   28 γεωργίοις Scaliger: γεωργοῖς codd. Γ
30 πόλιν μὴ ποιεῖν ΜˢΓ: μὴ ποιεῖν P¹   31 πρὸς² om. Π²   37 καὶ
om. Μˢ   συμβαίνειν ἐνδέχεται Richards: συμβαίνει καὶ ἐνδέχεται codd.:
ἐνδέχεται καὶ συμβαίνει Stahr   38 καὶ om. Γ   1331ᵃ 5 ὀρινοὺς Π²
ταῖς ἰδίαις οἰκήσεσι Π¹

περιβάλλειν τοίχους ὡς ἀνάνδρων ἐσομένων τῶν κατοικούντων. ἀλλὰ μὴν οὐδὲ τοῦτό γε δεῖ λανθάνειν, ὅτι τοῖς μὲν περιβεβλημένοις τείχη περὶ τὴν πόλιν ἔξεστιν ἀμφοτέρως χρῆσθαι ταῖς πόλεσιν, καὶ ὡς ἐχούσαις τείχη καὶ ὡς μὴ ἐχούσαις, τοῖς δὲ μὴ κεκτημένοις οὐκ ἔξεστιν. εἰ δὴ τοῦτον 10 ἔχει τὸν τρόπον, οὐχ ὅτι τείχη μόνον περιβλητέον, ἀλλὰ καὶ τούτων ἐπιμελητέον, ὅπως καὶ πρὸς κόσμον ἔχῃ τῇ πόλει πρεπόντως καὶ πρὸς τὰς πολεμικὰς χρείας, τάς τε ἄλλας καὶ τὰς νῦν ἐπεξευρημένας. ὥσπερ γὰρ τοῖς ἐπιτιθεμένοις ἐπιμελές ἐστι δι᾽ ὧν τρόπων πλεονεκτήσουσιν, οὕτω 15 τὰ μὲν εὕρηται τὰ δὲ δεῖ ζητεῖν καὶ φιλοσοφεῖν καὶ τοὺς φυλαττομένους· ἀρχὴν γὰρ οὐδ᾽ ἐπιχειροῦσιν ἐπιτίθεσθαι τοῖς εὖ παρεσκευασμένοις.

12 Ἐπεὶ δὲ δεῖ τὸ μὲν πλῆθος τῶν πολιτῶν ἐν συσσιτίοις κατανενεμῆσθαι, τὰ δὲ τείχη διειλῆφθαι φυλακτη- 20 ρίοις καὶ πύργοις κατὰ τόπους ἐπικαίρους, δῆλον ὡς ταῦτα προκαλεῖται παρασκευάζειν ἔνια τῶν συσσιτίων ἐν τούτοις τοῖς φυλακτηρίοις. καὶ ταῦτα μὲν δὴ τοῦτον ἄν τις διακοσμήσειε τὸν τρόπον· τὰς δὲ τοῖς θείοις ἀποδεδομένας οἰκήσεις καὶ τὰ κυριώτατα τῶν ἀρχείων συσσίτια ἁρμόττει 25 τόπον ἐπιτήδειόν τε ἔχειν καὶ τὸν αὐτόν, ὅσα μὴ τῶν ἱερῶν ὁ νόμος ἀφορίζει χωρὶς ἤ τι μαντεῖον ἄλλο πυθόχρηστον. εἴη δ᾽ ἂν τοιοῦτος ὁ τόπος ὅστις ἐπιφάνειάν τε ἔχει πρὸς τὴν τῆς θέσεως ἀρετὴν ἱκανῶς καὶ πρὸς τὰ γειτνιῶντα μέρη τῆς πόλεως ἐρυμνοτέρως. πρέπει δ᾽ ὑπὸ μὲν τούτου 30 τὸν τόπον τοιαύτης ἀγορᾶς εἶναι κατασκευὴν οἵαν καὶ περὶ Θετταλίαν νομίζουσιν, ἣν ἐλευθέραν καλοῦσιν, αὕτη δ᾽ ἐστὶν ἣν δεῖ καθαρὰν εἶναι τῶν ὠνίων πάντων, καὶ μήτε

---

10 τοῖς . . . κεκτημένοις Aretinus: ταῖς . . . κεκτημέναις codd.
16 ζητεῖν δεῖ MᵃΓ: ζητεῖν pr. P¹   21–23 δῆλον . . . φυλακτηρίοις om. Π¹
21 ταῦτα scripsi: αὐτὰ codd.: αὐτὸ Bonitz   24 θεοῖς πᵃ
25 ἀρχείων Pᵇ: ἀρχῶν πᵃ: ἀρχαίων cet.   29 θέσεως ἀρετὴν Lambinus:
ἀρετῆς θέσιν codd. Γ   32 νομίζουσιν Lambinus: ὀνομάζουσιν codd. Γ

βάναυσον μήτε γεωργὸν μήτ' ἄλλον μηδένα τοιοῦτον παρα-
35 βάλλειν μὴ καλούμενον ὑπὸ τῶν ἀρχόντων. εἴη δ' ἂν
εὔχαρις ὁ τόπος, εἰ καὶ τὰ γυμνάσια τῶν πρεσβυτέρων
ἔχοι τὴν τάξιν ἐνταῦθα· πρέπει γὰρ διῃρῆσθαι κατὰ τὰς
ἡλικίας καὶ τοῦτον τὸν κόσμον, καὶ παρὰ μὲν τοῖς νεωτέ-
ροις ἄρχοντάς τινας διατρίβειν, τοὺς δὲ πρεσβυτέρους παρὰ
40 τοῖς ἄρχουσιν· ἡ γὰρ ἐν ὀφθαλμοῖς τῶν ἀρχόντων παρ-
ουσία μάλιστα ἐμποιεῖ τὴν ἀληθινὴν αἰδῶ καὶ τὸν τῶν ἐλευ-
1331ᵇ θέρων φόβον. τὴν δὲ τῶν ὠνίων ἀγορὰν ἑτέραν τε δεῖ ταύ-
της εἶναι καὶ χωρίς, ἔχουσαν τόπον εὐσυνάγωγον τοῖς τε
ἀπὸ τῆς θαλάττης πεμπομένοις καὶ τοῖς ἀπὸ τῆς χώρας
4 πᾶσιν.

4 ἐπεὶ δὲ τὸ προεστὸς διαιρεῖται τῆς πόλεως εἰς ἱερεῖς
5 καὶ ἄρχοντας, πρέπει καὶ τῶν ἱερέων συσσίτια περὶ τὴν τῶν
ἱερῶν οἰκοδομημάτων ἔχειν τὴν τάξιν. τῶν δ' ἀρχείων ὅσα
περὶ τὰ συμβόλαια ποιεῖται τὴν ἐπιμέλειαν, περί τε γρα-
φὰς δικῶν καὶ τὰς κλήσεις καὶ τὴν ἄλλην τὴν τοιαύτην
διοίκησιν, ἔτι δὲ περὶ τὴν ἀγορανομίαν καὶ τὴν καλουμένην
10 ἀστυνομίαν, πρὸς ἀγορᾷ μὲν δεῖ καὶ συνόδῳ τινὶ κοινῇ κατ-
εσκευάσθαι, τοιοῦτος δ' ὁ περὶ τὴν ἀναγκαίαν ἀγορὰν ἐστι
τόπος· ἐνσχολάζειν μὲν γὰρ τὴν ἄνω τίθεμεν, ταύτην δὲ
πρὸς τὰς ἀναγκαίας πράξεις. νενεμῆσθαι δὲ χρὴ τὴν εἰρη-
μένην τάξιν καὶ τὰ περὶ τὴν χώραν· καὶ γὰρ ἐκεῖ τοῖς
15 ἄρχουσιν οὓς καλοῦσιν οἱ μὲν ὑλωροὺς οἱ δὲ ἀγρονόμους καὶ
φυλακτήρια καὶ συσσίτια πρὸς φυλακὴν ἀναγκαῖον ὑπάρ-
χειν, ἔτι δὲ ἱερὰ κατὰ τὴν χώραν εἶναι νενεμημένα, τὰ
μὲν θεοῖς τὰ δὲ ἥρωσιν. ἀλλὰ τὸ διατρίβειν νῦν ἀκριβο-
λογουμένους καὶ λέγοντας περὶ τῶν τοιούτων ἀργόν ἐστιν· οὐ
20 γὰρ χαλεπόν ἐστι τὰ τοιαῦτα νοῆσαι, ἀλλὰ ποιῆσαι μᾶλ-

---

34 μηδένα τῶν τοιούτων pr. P¹   1331ᵇ 4 προεστὸς Newman : πλῆθος
codd. Γ   τῆς πόλεως διαιρεῖται Π¹   5 καὶ¹ scripsi : εἰς codd. Γ :
καὶ εἰς Aquinas   καὶ²] an καὶ τὰ?   τὴν om. Π¹   8 τὴν² om.
MᵃP¹   10 δεῖ κἂν ci. Susemihl   13 μεμμῆσθαι Π²

λον· τὸ μὲν γὰρ λέγειν εὐχῆς ἔργον ἐστί, τὸ δὲ συμβῆναι τύχης. διὸ περὶ μὲν τῶν τοιούτων τό γε ἐπὶ πλεῖον ἀφείσθω τὰ νῦν.

13 Περὶ δὲ τῆς πολιτείας αὐτῆς, ἐκ τίνων καὶ ποίων δεῖ συνεστάναι τὴν μέλλουσαν ἔσεσθαι πόλιν μακαρίαν καὶ 25 πολιτεύσεσθαι καλῶς, λεκτέον. ἐπεὶ δὲ δύ᾽ ἐστὶν ἐν οἷς γίγνεται τὸ εὖ πᾶσι, τούτοιν δ᾽ ἐστὶν ἓν μὲν ἐν τῷ τὸν σκοπὸν κεῖσθαι καὶ τὸ τέλος τῶν πράξεων ὀρθῶς, ἓν δὲ τὰς πρὸς τὸ τέλος φερούσας πράξεις εὑρίσκειν (ἐνδέχεται γὰρ ταῦτα καὶ διαφωνεῖν ἀλλήλοις καὶ συμφωνεῖν· ἐνίοτε γὰρ 30 ὁ μὲν σκοπὸς ἔκκειται καλῶς, ἐν δὲ τῷ πράττειν τοῦ τυχεῖν αὐτοῦ διαμαρτάνουσιν, ὁτὲ δὲ τῶν μὲν πρὸς τὸ τέλος πάντων ἐπιτυγχάνουσιν, ἀλλὰ τὸ τέλος ἔθεντο φαῦλον, ὁτὲ δὲ ἑκατέρου διαμαρτάνουσιν, οἷον περὶ ἰατρικήν· οὔτε γὰρ ποῖόν τι δεῖ τὸ ὑγιαῖνον εἶναι σῶμα κρίνουσιν ἐνίοτε καλῶς, 35 οὔτε πρὸς τὸν ὑποκείμενον αὐτοῖς ὅρον τυγχάνουσι τῶν ποιητικῶν· δεῖ δ᾽ ἐν ταῖς τέχναις καὶ ἐπιστήμαις ταῦτα ἀμφότερα κρατεῖσθαι, τὸ τέλος καὶ τὰς εἰς τὸ τέλος πράξεις), ὅτι μὲν οὖν τοῦ τε εὖ ζῆν καὶ τῆς εὐδαιμονίας ἐφίενται πάντες, φανερόν, ἀλλὰ τούτων τοῖς μὲν ἐξουσία τυγχάνει 40 τοῖς δὲ οὔ, διά τινα τύχην ἢ φύσιν (δεῖται γὰρ καὶ χορηγίας τινὸς τὸ ζῆν καλῶς, τούτου δὲ ἐλάττονος μὲν τοῖς 1332ᵃ ἄμεινον διακειμένοις, πλείονος δὲ τοῖς χεῖρον), οἱ δ᾽ εὐθὺς οὐκ ὀρθῶς ζητοῦσι τὴν εὐδαιμονίαν, ἐξουσίας ὑπαρχούσης. ἐπεὶ δὲ τὸ προκείμενόν ἐστι τὴν ἀρίστην πολιτείαν ἰδεῖν, αὕτη δ᾽ ἐστὶ καθ᾽ ἣν ἄριστ᾽ ἂν πολιτεύοιτο πόλις, ἄριστα δ᾽ ἂν πολι- 5 τεύοιτο καθ᾽ ἣν εὐδαιμονεῖν μάλιστα ἐνδέχεται τὴν πόλιν, δῆλον ὅτι τὴν εὐδαιμονίαν δεῖ, τί ἐστι, μὴ λανθάνειν. 7

24 καὶ + ἐκ Π²   25 συνεστάναι Μ*Ρ¹   26 πολιτεύσεσθαι Coraes: πολιτεύεσθαι codd. Γ   28 τῶν + ὀρθῶν π³   31 καλός Ρ¹Γ   32 ὁτὲ] ἐνίοτε Ρ²   34 γὰρ om. Π¹   36 an αὐτοῖς?   39–1332ᵃ3 ὅτι . . . ὑπαρχούσης post 1332ᵃ25 ἁπλῶς traicienda ci. Richards   40 τυγχάνει scripsi: τυγχάνειν codd.   41 φύσιν ἢ τύχην Ρ¹Γ: de Μ* non liquet   1332ᵃ1 ταύτης Schneider   4 τὴν om. Μ*Ρ¹   6 ἐνδέχοιτο Μ* et fort. Γ

7
φαμὲν

δὲ (καὶ διωρίσμεθα ἐν τοῖς Ἠθικοῖς, εἴ τι τῶν λόγων ἐκείνων
ὄφελος) ἐνέργειαν εἶναι καὶ χρῆσιν ἀρετῆς τελείαν, καὶ ταύ-
10 την οὐκ ἐξ ὑποθέσεως ἀλλ' ἁπλῶς. λέγω δ' ἐξ ὑποθέσεως
τἀναγκαῖα, τὸ δ' ἁπλῶς τὸ καλῶς· οἷον τὰ περὶ τὰς δι-
καίας πράξεις· αἱ ⟨γὰρ⟩ δίκαιαι τιμωρίαι καὶ κολάσεις ἀπ' ἀρε-
τῆς μέν εἰσιν, ἀναγκαῖαι δέ, καὶ τὸ καλῶς ἀναγκαίως
ἔχουσιν (αἱρετώτερον μὲν γὰρ μηδενὸς δεῖσθαι τῶν τοιούτων
15 μήτε τὸν ἄνδρα μήτε τὴν πόλιν), αἱ δ' ἐπὶ τὰς τιμὰς καὶ
τὰς εὐπορίας ἁπλῶς εἰσι κάλλισται πράξεις. τὸ μὲν γὰρ
ἕτερον κακοῦ τινος ἀναίρεσίς ἐστιν, αἱ τοιαῦται δὲ πράξεις
τοὐναντίον· κατασκευαὶ γὰρ ἀγαθῶν εἰσι καὶ γεννήσεις.
χρήσαιτο δ' ἂν ὁ σπουδαῖος ἀνὴρ καὶ πενίᾳ καὶ νόσῳ καὶ
20 ταῖς ἄλλαις τύχαις ταῖς φαύλαις καλῶς· ἀλλὰ τὸ μα-
κάριον ἐν τοῖς ἐναντίοις ἐστίν (καὶ γὰρ τοῦτο διώρισται κατὰ
τοὺς ἠθικοὺς λόγους, ὅτι τοιοῦτός ἐστιν ὁ σπουδαῖος, ᾧ διὰ τὴν
ἀρετὴν [τὰ] ἀγαθά ἐστι τὰ ἁπλῶς ἀγαθά, δῆλον δ' ὅτι καὶ
τὰς χρήσεις ἀναγκαῖον σπουδαίας καὶ καλὰς εἶναι ταύτας
25 ἁπλῶς)· διὸ καὶ νομίζουσιν ἄνθρωποι τῆς εὐδαιμονίας αἴτια
τὰ ἐκτὸς εἶναι τῶν ἀγαθῶν, ὥσπερ εἰ τοῦ κιθαρίζειν λαμ-
πρὸν καὶ καλῶς αἰτιῷντο τὴν λύραν μᾶλλον τῆς τέχνης.

ἀναγκαῖον τοίνυν ἐκ τῶν εἰρημένων τὰ μὲν ὑπάρχειν, τὰ
δὲ παρασκευάσαι τὸν νομοθέτην. διὸ κατ' εὐχὴν εὐχόμεθα
30 τῇ τῆς πόλεως συστάσει ὧν ἡ τύχη κυρία (κυρίαν γὰρ
ὑπάρχειν τίθεμεν)· τὸ δὲ σπουδαίαν εἶναι τὴν πόλιν
οὐκέτι τύχης ἔργον ἀλλ' ἐπιστήμης καὶ προαιρέσεως. ἀλλὰ

8 διωρίσμεθα om. Π²   Eth. Nic. 1098ª16–17   τι] τε Μ²: om. Γ
12 γὰρ add. Reiz   13 ἀναγκαῖαι] καὶ ἀναγκαῖαι Μ²Γ   14 μὲν
secl. Coraes   16 τὰς προεδρίας Jackson   καλαὶ Spengel
17 ἀναίρεσίς Sepulveda: αἱρεσίς codd. Γ   22 Eth. Nic. 1113ª22–25,
1170ª21–22, Eth. Eud. 1248ᵇ26–27   διὰ τὴν] δι' Μ²Ρ¹   23 τὰ
secl. Reiz   27 αἰτιῷντο τὴν λύραν] pro causa babetur (vel babeatur)
lyra Γ   αἰτιῶντο Muretus: αἰτιῷτο codd.   29 κατατυχεῖν Coraes
30 τῇ . . . συστάσει scripsi: τὴν . . . σύστασιν codd. Γ   γὰρ+αὐτὴν π²
32 τύχης] τῆς τύχης Μ²Ρ¹

μὴν σπουδαία γε πόλις ἐστὶ τῷ τοὺς πολίτας τοὺς μετέχοντας
τῆς πολιτείας εἶναι σπουδαίους· ἡμῖν δὲ πάντες οἱ πολῖται
μετέχουσι τῆς πολιτείας. τοῦτ᾽ ἄρα σκεπτέον, πῶς ἀνὴρ γι- 35
νεται σπουδαῖος. καὶ γὰρ εἰ πάντας ἐνδέχεται σπουδαίους
εἶναι, μὴ καθ᾽ ἕκαστον δὲ τῶν πολιτῶν, οὕτως αἱρετώτερον·
ἀκολουθεῖ γὰρ τῷ καθ᾽ ἕκαστον καὶ τὸ πάντας. ἀλλὰ μὴν
ἀγαθοί γε καὶ σπουδαῖοι γίγνονται διὰ τριῶν. τὰ τρία δὲ
ταῦτά ἐστι φύσις ἔθος λόγος. καὶ γὰρ φῦναι δεῖ πρῶτον, 40
οἷον ἄνθρωπον ἀλλὰ μὴ τῶν ἄλλων τι ζῴων· οὕτω καὶ
ποιόν τινα τὸ σῶμα καὶ τὴν ψυχήν. ἔνια δὲ οὐθὲν ὄφελος
φῦναι· τὰ γὰρ ἔθη μεταβαλεῖν ποιεῖ· ἔνια γὰρ εἰσι, διὰ 1332ᵇ
τῆς φύσεως ἐπαμφοτερίζοντα, διὰ τῶν ἐθῶν ἐπὶ τὸ χεῖρον
καὶ τὸ βέλτιον. τὰ μὲν οὖν ἄλλα τῶν ζῴων μάλιστα μὲν
τῇ φύσει ζῇ, μικρὰ δ᾽ ἔνια καὶ τοῖς ἔθεσιν, ἄνθρωπος δὲ
καὶ λόγῳ· μόνος γὰρ ἔχει λόγον· ὥστε δεῖ ταῦτα συμ- 5
φωνεῖν ἀλλήλοις. πολλὰ γὰρ παρὰ τοὺς ἐθισμοὺς καὶ τὴν
φύσιν πράττουσι διὰ τὸν λόγον, ἐὰν πεισθῶσιν ἄλλως ἔχειν
βέλτιον. τὴν μὲν τοίνυν φύσιν οἵους εἶναι δεῖ τοὺς μέλλον-
τας εὐχειρώτους ἔσεσθαι τῷ νομοθέτῃ, διωρίσμεθα πρότερον·
τὸ δὲ λοιπὸν ἔργον ἤδη παιδείας. τὰ μὲν γὰρ ἐθιζόμενοι 10
μανθάνουσι τὰ δ᾽ ἀκούοντες.

14 Ἐπεὶ δὲ πᾶσα πολιτικὴ κοινωνία συνέστηκεν ἐξ ἀρχόν-
των καὶ ἀρχομένων, τοῦτο δὴ σκεπτέον, εἰ ἑτέρους εἶναι
δεῖ τοὺς ἄρχοντας καὶ τοὺς ἀρχομένους ἢ τοὺς αὐτοὺς διὰ
βίου· δῆλον γὰρ ὡς ἀκολουθεῖν δεήσει καὶ τὴν παιδείαν 15
κατὰ τὴν διαίρεσιν ταύτην. εἰ μὲν τοίνυν εἴησαν τοσοῦτον
διαφέροντες ἅτεροι τῶν ἄλλων ὅσον τοὺς θεοὺς καὶ τοὺς
ἥρωας ἡγούμεθα τῶν ἀνθρώπων διαφέρειν, εὐθὺς πρῶτον
κατὰ τὸ σῶμα πολλὴν ἔχοντας ὑπερβολήν, εἶτα κατὰ

33 γε om. Π² τῷ corr.¹ P², π³Γ: τὸ cet. 42 δὲ Γ: τε codd.
1332ᵇ 1 μεταβάλλειν M²P¹ εἰσι scripsi: ἐστι codd. Γ 5 μόνος
Thom. et Albert.: μόνον codd. Γ 8 τοίνυν φύσιν]: φύσιν δὴ M², pr.
P¹ 10 ἐθιζόμενα Π² 13 δὴ] ἤδη M²Γ: εἶναι P¹ 19 ἔχοντες
ci. Richards

20 τὴν ψυχήν, ὥστε ἀναμφισβήτητον εἶναι καὶ φανερὰν τὴν
ὑπεροχὴν τοῖς ἀρχομένοις τὴν τῶν ἀρχόντων, δῆλον ὅτι
βέλτιον ἀεὶ τοὺς αὐτοὺς τοὺς μὲν ἄρχειν τοὺς δ' ἄρχεσθαι
καθάπαξ· ἐπεὶ δὲ τοῦτ' οὐ ῥᾴδιον λαβεῖν οὐδ' ἔστιν ὥσπερ ἐν
Ἰνδοῖς φησι Σκύλαξ εἶναι τοὺς βασιλέας τοσοῦτον δια-
25 φέροντας τῶν ἀρχομένων, φανερὸν ὅτι διὰ πολλὰς αἰτίας
ἀναγκαῖον πάντας ὁμοίως κοινωνεῖν τοῦ κατὰ μέρος ἄρχειν
καὶ ἄρχεσθαι. τό τε γὰρ ἴσον ταὐτὸν τοῖς ὁμοίοις, καὶ
χαλεπὸν μένειν τὴν πολιτείαν τὴν συνεστηκυῖαν παρὰ τὸ
δίκαιον. μετὰ γὰρ τῶν ἀρχομένων ὑπάρχουσι νεωτερίζειν
30 βουλόμενοι πάντες οἱ κατὰ τὴν χώραν, τοσούτους τε εἶναι
τοὺς ἐν τῷ πολιτεύματι τὸ πλῆθος ὥστ' εἶναι κρείττους πάν-
των τούτων ἕν τι τῶν ἀδυνάτων ἐστίν. ἀλλὰ μὴν ὅτι γε
δεῖ τοὺς ἄρχοντας διαφέρειν τῶν ἀρχομένων, ἀναμφισ-
βήτητον. πῶς οὖν ταῦτ' ἔσται καὶ πῶς μεθέξουσι, δεῖ σκέψα-
35 σθαι τὸν νομοθέτην. εἴρηται δὲ πρότερον περὶ αὐτοῦ. ἡ γὰρ
φύσις δέδωκε τὴν αἵρεσιν, ποιήσασα αὐτὸ τὸ γένει ταὐτὸ
τὸ μὲν νεώτερον τὸ δὲ πρεσβύτερον, ὧν τοῖς μὲν ἄρ-
χεσθαι πρέπει τοῖς δ' ἄρχειν· ἀγανακτεῖ δὲ οὐδεὶς καθ'
ἡλικίαν ἀρχόμενος, οὐδὲ νομίζει εἶναι κρείττων, ἄλλως τε
40 καὶ μέλλων ἀντιλαμβάνειν τοῦτον τὸν ἔρανον ὅταν τύχῃ
41 τῆς ἱκνουμένης ἡλικίας.

41   ἔστι μὲν ἄρα ὡς τοὺς αὐτοὺς ἄρχειν
καὶ ἄρχεσθαι φατέον, ἔστι δὲ ὡς ἑτέρους. ὥστε καὶ τὴν
1333ᵃ παιδείαν ἔστιν ὡς τὴν αὐτὴν ἀναγκαῖον, ἔστι δ' ὡς ἑτέραν
εἶναι. τὸν [τε] γὰρ μέλλοντα καλῶς ἄρχειν ἀρχθῆναί φασι
δεῖν πρῶτον. (ἔστι δὲ ἀρχή, καθάπερ ἐν τοῖς πρώτοις εἴρη-

24 *Geogr. gr. min.* I, p. xxiv M.   27 ἴσον+δίκαιον καὶ Richards: +
καὶ τὸ δίκαιον Susemihl   31–32 τούτων πάντων Μ²Γ   36 διαίρεσιν
Aretinus   αὐτὸ τὸ scripsi: αὐτὸ τῷ Π²: αὐτῶ τῶ Μˢ: τῶ Ρ¹: τῷ
αὐτῷ Γ   ταὐτὸ om. Γ: ταὐτῶ Μˢ, pr. Ρ¹   37 τὸ¹ . . . τὸ²]
τότε . . . τότε ΜˢΡ¹   39 οὐδὲ] οὐδ' εἰ Sepulveda   εἶναι νομίζει
Richards (hiatus vitandi causa)   40 τοῦτον τὸν] τὸν τοιοῦτον Π¹
1333ᵃ 2 τε seclusi

238

ται λόγοις, ἡ μὲν τοῦ ἄρχοντος χάριν ἡ δὲ τοῦ ἀρχομένου.
τούτων δὲ τὴν μὲν δεσποτικὴν εἶναί φαμεν, τὴν δὲ τῶν 5
ἐλευθέρων. διαφέρει δ' ἔνια τῶν ἐπιταττομένων οὐ τοῖς ἔργοις
ἀλλὰ τῷ τίνος ἔνεκα. διὸ πολλὰ τῶν εἶναι δοκούντων δι-
ακονικῶν ἔργων καὶ τῶν νέων τοῖς ἐλευθέροις καλὸν διακο-
νεῖν· πρὸς γὰρ τὸ καλὸν καὶ τὸ μὴ καλὸν οὐχ οὕτω δια-
φέρουσιν αἱ πράξεις καθ' αὑτὰς ὡς ἐν τῷ τέλει καὶ τῷ 10
τίνος ἔνεκεν.) ἐπεὶ δὲ πολίτου καὶ ἄρχοντος τὴν αὐτὴν
ἀρετὴν εἶναί φαμεν καὶ τοῦ ἀρίστου ἀνδρός, τὸν δ' αὐτὸν
ἀρχόμενόν τε δεῖν γίγνεσθαι πρότερον καὶ ἄρχοντα ὕστερον,
τοῦτ' ἂν εἴη τῷ νομοθέτῃ πραγματευτέον, ὅπως ἄνδρες ἀγα-
θοὶ γίγνωνται, καὶ διὰ τίνων ἐπιτηδευμάτων, καὶ τί τὸ 15
τέλος τῆς ἀρίστης ζωῆς.   16

διῄρηται δὲ δύο μέρη τῆς ψυχῆς, 16
ὧν τὸ μὲν ἔχει λόγον καθ' αὑτό, τὸ δ' οὐκ ἔχει μὲν καθ'
αὑτό, λόγῳ δ' ὑπακούειν δυνάμενον· ὧν φαμεν τὰς ἀρε-
τὰς εἶναι καθ' ἃς ἀνὴρ ἀγαθὸς λέγεταί πως. τούτων δὲ ἐν
ποτέρῳ μᾶλλον τὸ τέλος, τοῖς μὲν οὕτω διαιροῦσιν ὡς ἡμεῖς 20
φαμεν οὐκ ἄδηλον πῶς λεκτέον. ἀεὶ γὰρ τὸ χεῖρον τοῦ
βελτίονός ἐστιν ἔνεκεν, καὶ τοῦτο φανερὸν ὁμοίως ἔν τε τοῖς
κατὰ τέχνην καὶ τοῖς κατὰ φύσιν· βέλτιον δὲ τὸ λόγον
ἔχον. διῄρηταί τε διχῇ, καθ' ὅνπερ εἰώθαμεν τρόπον δι-
αιρεῖν· ὁ μὲν γὰρ πρακτικός ἐστι λόγος ὁ δὲ θεωρητικός. 25
ὡσαύτως οὖν ἀνάγκη διῃρῆσθαι καὶ τοῦτο τὸ μέρος δηλον-
ότι. καὶ τὰς πράξεις δ' ἀνάλογον ἐροῦμεν ἔχειν, καὶ δεῖ τὰς
τοῦ φύσει βελτίονος αἱρετωτέρας εἶναι τοῖς δυναμένοις τυγ-
χάνειν ἢ πασῶν ἢ τοῖν δυοῖν· ἀεὶ γὰρ ἑκάστῳ τοῦθ' αἱρε-
τώτατον οὗ τυχεῖν ἔστιν ἀκροτάτου. διῄρηται δὲ καὶ πᾶς ὁ 30
βίος εἰς ἀσχολίαν καὶ σχολὴν καὶ εἰς πόλεμον καὶ εἰρή-
νην, καὶ τῶν πρακτῶν τὰ μὲν [εἰς τὰ] ἀναγκαῖα καὶ χρή-

6 post ἐλευθέρων lac. indicat Conring   11 πολιτεια Mˢ: πολιτικοῦ
Rassow   18 δύναται Γ   26 διῃρῆσθαι post μέρος MᵃΓ   31 σχολὴν
καὶ εἰς scripsi: εἰς σχολὴν καὶ codd. Γ   32 εἰς τὰ secl. Bonitz: an ἔστιν?

σιμα τὰ δὲ [εἰς τὰ] καλά. περὶ ὧν ἀνάγκη τὴν αὐτὴν
αἵρεσιν εἶναι καὶ τοῖς τῆς ψυχῆς μέρεσι καὶ ταῖς πράξε-
35 σιν αὐτῶν, πόλεμον μὲν εἰρήνης χάριν, ἀσχολίαν δὲ
σχολῆς, τὰ δ᾽ ἀναγκαῖα καὶ χρήσιμα τῶν καλῶν ἕνεκεν.
πρὸς πάντα μὲν τοίνυν τῷ πολιτικῷ βλέποντι νομοθετητέον,
καὶ κατὰ τὰ μέρη τῆς ψυχῆς καὶ κατὰ τὰς πράξεις
αὐτῶν, μᾶλλον δὲ πρὸς τὰ βελτίω καὶ τὰ τέλη. τὸν
40 αὐτὸν δὲ τρόπον καὶ περὶ τοὺς βίους καὶ τὰς τῶν πραγμά-
των αἱρέσεις· δεῖ μὲν γὰρ ἀσχολεῖν δύνασθαι καὶ πολε-
1333ᵇ μεῖν, μᾶλλον δ᾽ εἰρήνην ἄγειν καὶ σχολάζειν, καὶ τά-
ναγκαῖα καὶ τὰ χρήσιμα δὲ πράττειν, τὰ δὲ καλὰ · δεῖ
μᾶλλον. ὥστε πρὸς τούτους τοὺς σκοποὺς καὶ παῖδας ἔτι
ὄντας παιδευτέον καὶ τὰς ἄλλας ἡλικίας, ὅσαι δέονται
5 παιδείας.

5   οἱ δὲ νῦν ἄριστα δοκοῦντες πολιτεύεσθαι τῶν Ἑλ-
λήνων, καὶ τῶν νομοθετῶν οἱ ταύτας καταστήσαντες τὰς
πολιτείας, οὔτε πρὸς τὸ βέλτιστον τέλος φαίνονται συντάξαν-
τες τὰ περὶ τὰς πολιτείας οὔτε πρὸς πάσας τὰς ἀρετὰς
τοὺς νόμους καὶ τὴν παιδείαν, ἀλλὰ φορτικῶς ἀπέκλιναν
10 πρὸς τὰς χρησίμους εἶναι δοκούσας καὶ πλεονεκτικωτέρας.
παραπλησίως δὲ τούτοις καὶ τῶν ὕστερόν τινες γραψάντων
ἀπεφήναντο τὴν αὐτὴν δόξαν· ἐπαινοῦντες γὰρ τὴν Λακε-
δαιμονίων πολιτείαν ἄγανται τοῦ νομοθέτου τὸν σκοπόν, ὅτι
πάντα πρὸς τὸ κρατεῖν καὶ πρὸς πόλεμον ἐνομοθέτησεν. ἃ
15 καὶ κατὰ τὸν λόγον ἐστὶν εὐέλεγκτα καὶ τοῖς ἔργοις ἐξ-
ελήλεγκται νῦν. ὥσπερ γὰρ οἱ πλεῖστοι τῶν ἀνθρώπων ζη-
λοῦσι τὸ πολλῶν δεσπόζειν, ὅτι πολλὴ χορηγία γίγνεται
τῶν εὐτυχημάτων, οὕτω καὶ Θίβρων ἀγάμενος φαίνεται
τὸν τῶν Λακώνων νομοθέτην, καὶ τῶν ἄλλων ἕκαστος τῶν

33 εἰς τὰ secl. Bonitz   41 αἱρέσεις Coraes (cf. l. 34): δι᾽ αἱρέσεις
π³: διαιρέσεις cet.   1333ᵇ 2 δὲ¹ om. Π¹: δεῖ Stahr   7 βέλτιον Π²
8 πάσας om. Π¹   14 ἐνομοθέτησαν Μ³Γ   16 νῦν om. Π¹   17 τὸ]
τῶν Π³   πολλῇ χορηγίᾳ γίνονται Μ³Γ   18 θίμβρων Π¹

γραφόντων περὶ ⟨τῆς⟩ πολιτείας αὐτῶν, ὅτι διὰ τὸ γεγυμνάσθαι 20
πρὸς τοὺς κινδύνους πολλῶν ἦρχον· καίτοι δῆλον ὡς ἐπειδὴ
νῦν γε οὐκέτι ὑπάρχει τοῖς Λάκωσι τὸ ἄρχειν, οὐκ εὐδαί-
μονες, οὐδ' ὁ νομοθέτης ἀγαθός. ἔτι δὲ τοῦτο γελοῖον, εἰ
μένοντες ἐν τοῖς νόμοις αὐτοῦ, καὶ μηδενὸς ἐμποδίζοντος
πρὸς τὸ χρῆσθαι τοῖς νόμοις, ἀποβεβλήκασι τὸ ζῆν κα- 25
λῶς. οὐκ ὀρθῶς δ' ὑπολαμβάνουσιν οὐδὲ περὶ τῆς ἀρχῆς ἣν
δεῖ τιμῶντα φαίνεσθαι τὸν νομοθέτην· τοῦ γὰρ δεσποτικῶς
ἄρχειν ἡ τῶν ἐλευθέρων ἀρχὴ καλλίων καὶ μᾶλλον μετ'
ἀρετῆς. ἔτι δὲ οὐ διὰ τοῦτο δεῖ τὴν πόλιν εὐδαίμονα νομί-
ζειν καὶ τὸν νομοθέτην ἐπαινεῖν, ὅτι κρατεῖν ἤσκησεν ἐπὶ τὸ 30
τῶν πέλας ἄρχειν· ταῦτα γὰρ μεγάλην ἔχει βλάβην.
δῆλον γὰρ ὅτι καὶ τῶν πολιτῶν τῷ δυναμένῳ τοῦτο πειρα-
τέον διώκειν, ὅπως δύνηται τῆς οἰκείας πόλεως ἄρχειν·
ὅπερ ἐγκαλοῦσιν οἱ Λάκωνες Παυσανίᾳ τῷ βασιλεῖ, καί-
περ ἔχοντι τηλικαύτην τιμήν.   35

          οὔτε δὴ πολιτικὸς τῶν τοιού- 35
των λόγων καὶ νόμων οὐθεὶς οὔτε ὠφέλιμος οὔτε ἀληθής ἐστιν.
ταὐτὰ γὰρ ἄριστα καὶ ἰδίᾳ καὶ κοινῇ, τόν ⟨τε⟩ νομοθέτην ἐμ-
ποιεῖν δεῖ ταῦτα ταῖς ψυχαῖς τῶν ἀνθρώπων· τήν τε τῶν
πολεμικῶν ἄσκησιν οὐ τούτου χάριν δεῖ μελετᾶν, ἵνα κατα-
δουλώσωνται τοὺς ἀναξίους, ἀλλ' ἵνα πρῶτον μὲν αὐτοὶ μὴ 40
δουλεύσωσιν ἑτέροις, ἔπειτα ὅπως ζητῶσι τὴν ἡγεμονίαν τῆς
ὠφελείας ἕνεκα τῶν ἀρχομένων, ἀλλὰ μὴ πάντων δεσπο- **1334^a**
τείας· τρίτον δὲ τὸ δεσπόζειν τῶν ἀξίων δουλεύειν. ὅτι δὲ
δεῖ τὸν νομοθέτην μᾶλλον σπουδάζειν ὅπως καὶ τὴν περὶ
τὰ πολεμικὰ καὶ τὴν ἄλλην νομοθεσίαν τοῦ σχολάζειν
ἕνεκεν τάξῃ καὶ τῆς εἰρήνης, μαρτυρεῖ τὰ γιγνόμενα τοῖς 5
λόγοις. αἱ γὰρ πλεῖσται τῶν τοιούτων πόλεων πολεμοῦσαι

μὲν σώζονται, κατακτησάμεναι δὲ τὴν ἀρχὴν ἀπόλλυνται.
τὴν γὰρ βαφὴν ἀνιᾶσιν, ὥσπερ ὁ σίδηρος, εἰρήνην ἄγον-
τες. αἴτιος δ' ὁ νομοθέτης οὐ παιδεύσας δύνασθαι σχο-
10 λάζειν.

Ἐπεὶ δὲ τὸ αὐτὸ τέλος εἶναι φαίνεται καὶ κοινῇ καὶ 15
ἰδίᾳ τοῖς ἀνθρώποις, καὶ τὸν αὐτὸν ὅρον ἀναγκαῖον εἶναι
τῷ τε ἀρίστῳ ἀνδρὶ καὶ τῇ ἀρίστῃ πολιτείᾳ, φανερὸν ὅτι
δεῖ τὰς εἰς τὴν σχολὴν ἀρετὰς ὑπάρχειν· τέλος γάρ,
15 ὥσπερ εἴρηται πολλάκις, εἰρήνη μὲν πολέμου σχολὴ δ'
ἀσχολίας. χρήσιμοι δὲ τῶν ἀρετῶν εἰσι πρὸς τὴν σχολὴν
καὶ διαγωγὴν ὧν τε ἐν τῇ σχολῇ τὸ ἔργον καὶ ὧν ἐν τῇ
ἀσχολίᾳ. δεῖ γὰρ πολλὰ τῶν ἀναγκαίων ὑπάρχειν ὅπως
ἐξῇ σχολάζειν· διὸ σώφρονα τὴν πόλιν εἶναι προσήκει
20 καὶ ἀνδρείαν καὶ καρτερικήν· κατὰ γὰρ τὴν παροιμίαν, οὐ
σχολὴ δούλοις, οἱ δὲ μὴ δυνάμενοι κινδυνεύειν ἀνδρείως
δοῦλοι τῶν ἐπιόντων εἰσίν. ἀνδρείας μὲν οὖν καὶ καρτερίας
δεῖ πρὸς τὴν ἀσχολίαν, φιλοσοφίας δὲ πρὸς τὴν σχολήν,
σωφροσύνης δὲ καὶ δικαιοσύνης ἐν ἀμφοτέροις τοῖς χρό-
25 νοις, καὶ μᾶλλον εἰρήνην ἄγουσι καὶ σχολάζουσιν· ὁ μὲν
γὰρ πόλεμος ἀναγκάζει δικαίους εἶναι καὶ σωφρονεῖν, ἡ δὲ
τῆς εὐτυχίας ἀπόλαυσις καὶ τὸ σχολάζειν μετ' εἰρήνης
ὑβριστὰς ποιεῖ μᾶλλον. πολλῆς οὖν δεῖ δικαιοσύνης καὶ
πολλῆς σωφροσύνης ⟨μετέχειν⟩ τοὺς ἄριστα δοκοῦντας πράττειν
30 καὶ πάντων τῶν μακαριζομένων ἀπολαύοντας, οἷον εἴ τινές
εἰσιν, ὥσπερ οἱ ποιηταί φασιν, ἐν μακάρων νήσοις· μάλιστα
γὰρ οὗτοι δεήσονται φιλοσοφίας καὶ σωφροσύνης καὶ δικαι-
οσύνης, ὅσῳ μᾶλλον σχολάζουσιν ἐν ἀφθονίᾳ τῶν τοι-
ούτων ἀγαθῶν. διότι μὲν οὖν τὴν μέλλουσαν εὐδαιμονήσειν
35 καὶ σπουδαίαν ἔσεσθαι πόλιν τούτων δεῖ τῶν ἀρετῶν μετέχειν,
φανερόν. αἰσχροῦ γὰρ ὄντος ⟨τοῦ⟩ μὴ δύνασθαι χρῆσθαι

8 ἀφιᾶσιν Π²   14 ὑπερέχειν Susemihl   19 ἑξῆς MˢΓ
28 δέονται Pˢ (δέ in ras.), Γ   29 μετέχειν add. Coraes (cf. ᵃ35)
30 ἀπολαύειν Γ   ν6 τοῦ add. Richards

τοῖς ἀγαθοῖς, ἔτι μᾶλλον τὸ μὴ δύνασθαι ἐν τῷ σχολάζειν
χρῆσθαι, ἀλλ᾽ ἀσχολοῦντας μὲν καὶ πολεμοῦντας φαίνεσθαι
ἀγαθούς, εἰρήνην δ᾽ ἄγοντας καὶ σχολάζοντας ἀνδραποδώ-
δεῖς. διὸ δεῖ μὴ καθάπερ ἡ Λακεδαιμονίων πόλις τὴν ἀρε- 40
τὴν ἀσκεῖν. ἐκεῖνοι μὲν γὰρ οὐ ταύτῃ διαφέρουσι τῶν ἄλ-
λων, τῷ μὴ νομίζειν ταὐτὰ τοῖς ἄλλοις μέγιστα τῶν 1334ᵇ
ἀγαθῶν, ἀλλὰ τῷ γίνεσθαι ταῦτα μᾶλλον διὰ τινὸς ἀρε-
τῆς· ἐπεὶ δὲ μείζω τε ἀγαθὰ ταῦτα καὶ τὴν ἀπόλαυσιν τὴν
τούτων ἢ τὴν τῶν ἀρετῶν **. ** καὶ ὅτι δι᾽ αὑτήν, φανερὸν
ἐκ τούτων· πῶς δὲ καὶ διὰ τίνων ἔσται, τοῦτο δὴ θεωρητέον. 5
τυγχάνομεν δὴ διῃρημένοι πρότερον ὅτι φύσεως καὶ ἔθους
καὶ λόγου δεῖ. τούτων δὲ ποίους μέν τινας εἶναι χρὴ τὴν
φύσιν, διώρισται πρότερον, λοιπὸν δὲ θεωρῆσαι πότερον παι-
δευτέοι τῷ λόγῳ πρότερον ἢ τοῖς ἔθεσιν. ταῦτα γὰρ δεῖ
πρὸς ἄλληλα συμφωνεῖν συμφωνίαν τὴν ἀρίστην· ἐνδέχε- 10
ται γὰρ διημαρτηκέναι τὸν λόγον τῆς βελτίστης ὑπο-
θέσεως, καὶ διὰ τῶν ἐθῶν ὁμοίως ἦχθαι. φανερὸν δὴ τοῦτό
γε πρῶτον μέν, καθάπερ ἐν τοῖς ἄλλοις, ὡς ἡ γένεσις ἀπ᾽
ἀρχῆς ἐστι, καὶ τὸ τέλος ἀπό τινος ἀρχῆς ⟨ἀρχὴ⟩ ἄλλου τέλους,
ὁ δὲ λόγος ἡμῖν καὶ ὁ νοῦς τῆς φύσεως τέλος, ὥστε πρὸς 15
τούτους τὴν γένεσιν καὶ τὴν τῶν ἐθῶν δεῖ παρασκευάζειν
μελέτην· ἔπειτα ὥσπερ ψυχὴ καὶ σῶμα δύ᾽ ἐστίν, οὕτω
καὶ τῆς ψυχῆς ὁρῶμεν δύο μέρη, τό τε ἄλογον καὶ τὸ
λόγον ἔχον, καὶ τὰς ἕξεις τὰς τούτων δύο τὸν ἀριθμόν,
ὧν τὸ μέν ἐστιν ὄρεξις τὸ δὲ νοῦς, ὥσπερ δὲ τὸ σῶμα 20
πρότερον τῇ γενέσει τῆς ψυχῆς, οὕτω καὶ τὸ ἄλογον τοῦ

37–38 τοῖς ... χρῆσθαι P¹Γ et omisso τὸ P⁵: τοῖς ἀγαθοῖς P²Π³: om. Mˢ,
pr. P³   1334ᵇ 2 γίνεσθαι Schneider: γενέσθαι codd.   3 τε] τὰ
P¹P⁵   ἀγαθὰ+τὰ πολέμου Mˢ: +ἢ τὰ τοῦ πολέμου P⁵ et ut vid. Γ
4 lac. Camerarius primus animadvertit: νομίζουσι, τὴν πρὸς ταῦτα χρησίμην
εἶναι δοκοῦσαν ἀρετὴν ἀσκοῦσι μόνον. ὅτι μὲν οὖν ὅλην ἀσκητέον τὴν ἀρετὴν
addenda esse ci. Newman   αὑτήν ci. Congreve: αὐτήν codd.   9 πρό-
τερον om. Π³   11 τὸν P²: καὶ τὸν cet.   12 ἐθῶν ὁμοίως π³:
ἐθῶν ὁμοίων P²P³π³: ὁμοίων Mˢ, pr. P¹, Γ   14 ἀρχὴ add. Thurot

λόγον ἔχοντος. φανερὸν δὲ καὶ τοῦτο· θυμὸς γὰρ καὶ βού-
λησις, ἔτι δὲ ἐπιθυμία, καὶ γενομένοις εὐθὺς ὑπάρχει τοῖς
παιδίοις, ὁ δὲ λογισμὸς καὶ ὁ νοῦς προϊοῦσιν ἐγγίγνεσθαι
25 πέφυκεν. διὸ πρῶτον μὲν τοῦ σώματος τὴν ἐπιμέλειαν
ἀναγκαῖον εἶναι προτέραν ἢ τὴν τῆς ψυχῆς, ἔπειτα τὴν
τῆς ὀρέξεως, ἕνεκα μέντοι τοῦ νοῦ τὴν τῆς ὀρέξεως, τὴν δὲ
τοῦ σώματος τῆς ψυχῆς.

Εἴπερ οὖν ἀπ' ἀρχῆς τὸν νομοθέτην ὁρᾶν δεῖ ὅπως 16
30 βέλτιστα τὰ σώματα γένηται τῶν τρεφομένων, πρῶτον μὲν
ἐπιμελητέον περὶ τὴν σύζευξιν, πότε καὶ ποίους τινὰς ὄντας
χρὴ ποιεῖσθαι πρὸς ἀλλήλους τὴν γαμικὴν ὁμιλίαν. δεῖ δ'
ἀποβλέποντα νομοθετεῖν ταύτην τὴν κοινωνίαν πρὸς αὐτούς
τε καὶ τὸν τοῦ ζῆν χρόνον, ἵνα συγκαταβαίνωσι ταῖς ἡλι-
35 κίαις ἐπὶ τὸν αὐτὸν καιρὸν καὶ μὴ διαφωνῶσιν αἱ δυνά-
μεις τοῦ μὲν ἔτι δυναμένου γεννᾶν τῆς δὲ μὴ δυναμένης,
ἢ ταύτης μὲν τοῦ δ' ἀνδρὸς μή (ταῦτα γὰρ ποιεῖ καὶ στά-
σεις πρὸς ἀλλήλους καὶ διαφοράς)· ἔπειτα καὶ πρὸς τὴν
τῶν τέκνων διαδοχήν, δεῖ γὰρ οὔτε λίαν ὑπολείπεσθαι ταῖς
40 ἡλικίαις τὰ τέκνα τῶν πατέρων (ἀνόνητος γὰρ τοῖς μὲν
πρεσβυτέροις ἡ χάρις παρὰ τῶν τέκνων, ἡ δὲ παρὰ τῶν
1335ᵃ πατέρων βοήθεια τοῖς τέκνοις), οὔτε λίαν πάρεγγυς εἶναι
(πολλὴν γὰρ ἔχει δυσχέρειαν· ἥ τε γὰρ αἰδὼς ἧττον ὑπάρχει
τοῖς τοιούτοις, ὥσπερ ἡλικιώταις, καὶ περὶ τὴν οἰκονομίαν
ἐγκληματικὸν τὸ πάρεγγυς)· ἔτι δ', ὅθεν ἀρχόμενοι δεῦρο
5 μετέβημεν, ὅπως τὰ σώματα τῶν γεννωμένων ὑπάρχῃ
6 πρὸς τὴν τοῦ νομοθέτου βούλησιν.

6   σχεδὸν δὴ πάντα ταῦτα
συμβαίνει κατὰ μίαν ἐπιμέλειαν. ἐπεὶ γὰρ ὥρισται τέλος

23 δὲ+καὶ Μ³Ρ¹   24-25 πέφυκεν ἐγγίνεσθαι Μ³Γ   27 τὴν δὲ τοῦ
σώματος] τοῦ δὲ σώματος Ρ¹: τοῦ δὲ τρίτου Μ³: τοῦ δὲ τῶν Γ   29 δεῖ
ante τὸν Hicks   30 τὰ σώματα βέλτιστα Π¹   γίνηται Π¹Π³
32 πρὸς ἀλλήλους om. Μ³Γ   39 τῶν om. Ρ³Ρ³·   λίαν om. Π¹
39-40 τὰ τέκνα ταῖς ἡλικίαις Π¹   1335ᵃ 2 γὰρ³ om. Π¹   6 δὲ Susemihl
ταῦτα πάντα Μ³: πάντα Γ

τῆς γεννήσεως ὡς ἐπὶ τὸ πλεῖστον εἰπεῖν ἀνδράσι μὲν ὁ
τῶν ἑβδομήκοντα ἐτῶν ἀριθμὸς ἔσχατος, πεντήκοντα δὲ
γυναιξί, δεῖ τὴν ἀρχὴν τῆς συζεύξεως κατὰ τὴν ἡλικίαν 10
εἰς τοὺς χρόνους καταβαίνειν τούτους. ἔστι δ' ὁ τῶν νέων συν-
δυασμὸς φαῦλος πρὸς τὴν τεκνοποιίαν· ἐν γὰρ πᾶσι ζῴοις
ἀτελῆ τὰ τῶν νέων ἔκγονα, καὶ θηλυτόκα μᾶλλον καὶ
μικρὰ τὴν μορφήν, ὥστ' ἀναγκαῖον ταὐτὸ τοῦτο συμβαίνειν
καὶ ἐπὶ τῶν ἀνθρώπων. τεκμήριον δέ· ἐν ὅσαις γὰρ τῶν 15
πόλεων ἐπιχωριάζει τὸ νέους συζευγνύναι καὶ νέας, ἀτε-
λεῖς καὶ μικροὶ τὰ σώματά εἰσιν. ἔτι δὲ ἐν τοῖς τόκοις
αἱ νέαι πονοῦσί τε μᾶλλον καὶ διαφθείρονται πλείους· διὸ
καὶ τὸν χρησμὸν γενέσθαι τινές φασι διὰ τοιαύτην αἰτίαν
τοῖς Τροιζηνίοις, ὡς πολλῶν διαφθειρομένων διὰ τὸ γαμί- 20
σκεσθαι τὰς νεωτέρας, ἀλλ' οὐ πρὸς τὴν τῶν καρπῶν κο-
μιδήν. ἔτι δὲ καὶ πρὸς σωφροσύνην συμφέρει τὰς ἐκ-
δόσεις ποιεῖσθαι πρεσβυτέραις· ἀκολαστότεραι γὰρ εἶναι δο-
κοῦσι νέαι χρησάμεναι ταῖς συνουσίαις. καὶ τὰ τῶν ἀρρένων
δὲ σώματα βλάπτεσθαι δοκεῖ πρὸς τὴν αὔξησιν, ἐὰν ἔτι 25
τοῦ σπέρματος αὐξανομένου ποιῶνται τὴν συνουσίαν· καὶ γὰρ
τούτου τις ὡρισμένος χρόνος, ὃν οὐχ ὑπερβαίνει πληθύον ἔτι, ⟨ἢ
μικρόν⟩· διὸ τὰς μὲν ἁρμόττει περὶ τὴν τῶν ὀκτωκαίδεκα ἐτῶν
ἡλικίαν συζευγνύναι, τοὺς δ' ἑπτὰ καὶ τριάκοντα [ἢ μικρόν].
ἐν τοσούτῳ γὰρ ἀκμάζουσί τε τοῖς σώμασιν ⟨ἡ⟩ σύζευξις 30
ἔσται, καὶ πρὸς τὴν παῦλαν τῆς τεκνοποιίας συγκαταβήσεται
τοῖς χρόνοις εὐκαίρως· ἔτι δὲ ἡ διαδοχὴ τῶν τέκνων τοῖς
μὲν ἀρχομένοις ᵔσται τῆς ἀκμῆς, ἐὰν γίγνηται κατὰ λό-

12 τὴν om. Π³   13 ἔκγονα Π¹π³ (cf. ᵇ30): ἔγγονα Π²   14 ταὐτὸ]
αὐτὸ Π¹   16 ἐπιχωριάζει Mˢ et post lac. pr. P¹ (cf. 1341ᵃ34): ἐπι-
χωριάζεται cet.   18 αἱ . . . τε] ἔνιαί τε πονοῦσι Π¹   23 εἶναι om.
Π¹   25 δὲ om. Π¹   26 σώματος Γ   27 χρόνος ὡρισμένος
MˢΓ   πλη superscr. θ¹Mˢ: multum Guil.   ἢ μικρόν e l. 29 tri.
Goettling   29 ἢ μικρόν+πρότερον ci. Immisch, sed v. l. 27
30 τούτῳ Π³   ἀκμάσουσι Mˢ: ἀκμάζουσι π³   ἡ add. Richards (cf. l. 36)
33 ἀρχομένης Γ

γον εὐθὺς ἡ γένεσις, τοῖς δὲ ἤδη καταλελυμένης τῆς ἡλι-
35 κίας πρὸς τὸν τῶν ἑβδομήκοντα ἐτῶν ἀριθμόν.

35   περὶ μὲν
οὖν τοῦ πότε δεῖ ποιεῖσθαι τὴν σύζευξιν εἴρηται, τοῖς δὲ
περὶ τὴν ὥραν χρόνοις δεῖ χρῆσθαι οἷς οἱ πολλοὶ χρῶνται, καλῶς
καὶ νῦν ὁρίσαντες χειμῶνος τὴν συναυλίαν ποιεῖσθαι ταύτην.
δεῖ δὲ καὶ αὐτοὺς ἤδη θεωρεῖν πρὸς τὴν τεκνοποιίαν τά τε
40 παρὰ τῶν ἰατρῶν λεγόμενα καὶ τὰ παρὰ τῶν φυσικῶν·
οἵ τε γὰρ ἰατροὶ τοὺς καιροὺς τῶν σωμάτων ἱκανῶς λέγουσι,
1335ᵇ καὶ περὶ τῶν πνευμάτων οἱ φυσικοί, τὰ βόρεια τῶν νο-
τίων ἐπαινοῦντες μᾶλλον. ποίων δέ τινων τῶν σωμάτων
ὑπαρχόντων μάλιστ' ἂν ὄφελος εἴη τοῖς γεννωμένοις, ἐπιστή-
σασι μὲν μᾶλλον λεκτέον ἐν τοῖς περὶ τῆς παιδονομίας,
5 τύπῳ δὲ ἱκανὸν εἰπεῖν καὶ νῦν. οὔτε γὰρ ἡ τῶν ἀθλητῶν
χρήσιμος ἕξις πρὸς πολιτικὴν εὐεξίαν οὐδὲ πρὸς ὑγίειαν
καὶ τεκνοποιίαν, οὔτε ἡ θεραπευτικὴ καὶ κακοπονητικὴ λίαν,
ἀλλ' ἡ μέση τούτων. πεπονημένην μὲν οὖν ἔχειν δεῖ τὴν
ἕξιν, πεπονημένην δὲ πόνοις μὴ βιαίοις, μηδὲ πρὸς ἓν
10 μόνον, ὥσπερ ἡ τῶν ἀθλητῶν ἕξις, ἀλλὰ πρὸς τὰς τῶν
ἐλευθερίων πράξεις. ὁμοίως δὲ δεῖ ταῦτα ὑπάρχειν ἀν-
12 δράσι καὶ γυναιξίν.

12   χρὴ δὲ καὶ τὰς ἐγκύους ἐπιμελεῖσθαι
τῶν σωμάτων, μὴ ῥαθυμούσας μηδ' ἀραιᾷ τροφῇ χρωμέ-
νας. τοῦτο δὲ ῥάδιον τῷ νομοθέτῃ ποιῆσαι προστάξαντι καθ'
15 ἡμέραν τινὰ ποιεῖσθαι πορείαν πρὸς θεῶν ἀποθεράπειαν τῶν
εἰληχότων τὴν περὶ τῆς γενέσεως τιμήν. τὴν μέντοι διά-

---

34 γέννησις Reiz   37 δεῖ χρῆσθαι οἷς Γ: δεῖ χρᾶσθαι οἷς Mᵃ Pˡ:
ὡς Π² 38 ποιεῖσθαι τὴν συναυλίαν Πˡ   39 δὲ] δὴ Π²
41 λέγουσιν ἱκανῶς Πˡ   1335ᵇ 3 ἂν Mˢ: om. cet.   4 παιδείας Πˡ
5 καὶ codd. Γ: an τὰ?   6 εὐεξίαν+οὔτε πρὸς εὐεξίαν Mᵃ Γ   οὐδὲ
Coraes: οὔτε codd.   ὑγίειαν Mᵃ Pˡ   7 θεραποντικὴ καὶ κακοποιητικὴ
Mˢ, pr. Pˡ   9 ἓν mg.ˢ Pˢ: ἕνα cet.   11 ἐλευθέρων PˡΓ
ταὐτὸ Πˡ   ὑπάρχειν+καὶ Πˡ   12 ἐγγύους Pˡπˢ   15-16 ταῖς
εἰληχυίαις Γ

νοιαν τοὐναντίον τῶν σωμάτων ῥαθυμοτέρως ἁρμόττει δι-
άγειν· ἀπολαύοντα γὰρ φαίνεται τὰ γεννώμενα τῆς ἐχούσης
ὥσπερ τὰ φυόμενα τῆς γῆς. περὶ δὲ ἀποθέσεως καὶ
τροφῆς τῶν γιγνομένων ἔστω νόμος μηδὲν πεπηρωμένον 20
τρέφειν, διὰ δὲ πλῆθος τέκνων ἡ τάξις τῶν ἐθῶν
κελεύει μηθὲν ἀποτίθεσθαι τῶν γιγνομένων· ὁρισθῆναι δὲ
δεῖ τῆς τεκνοποιίας τὸ πλῆθος, ἐὰν δέ τισι γίγνηται παρὰ
ταῦτα συνδυασθέντων, πρὶν αἴσθησιν ἐγγενέσθαι καὶ ζωὴν
ἐμποιεῖσθαι δεῖ τὴν ἄμβλωσιν· τὸ γὰρ ὅσιον καὶ τὸ μὴ 25
διωρισμένον τῇ αἰσθήσει καὶ τῷ ζῆν ἔσται. ἐπεὶ δ' ἡ μὲν
ἀρχὴ τῆς ἡλικίας ἀνδρὶ καὶ γυναικὶ διώρισται, πότε ἄρχε-
σθαι χρὴ τῆς συζεύξεως, καὶ πόσον χρόνον λειτουργεῖν ἁρ-
μόττει πρὸς τεκνοποιίαν ὡρίσθω. τὰ γὰρ τῶν πρεσβυτέρων
ἔκγονα, καθάπερ τὰ τῶν νεωτέρων, ἀτελῆ γίγνεται καὶ τοῖς 30
σώμασι καὶ ταῖς διανοίαις, τὰ δὲ τῶν γεγηρακότων ἀσθενῆ·
διὸ κατὰ τὴν τῆς διανοίας ἀκμήν. αὕτη δ' ἐστὶν ἐν τοῖς
πλείστοις ἥνπερ τῶν ποιητῶν τινες εἰρήκασιν οἱ μετροῦντες
ταῖς ἑβδομάσι τὴν ἡλικίαν, περὶ τὸν χρόνον τὸν τῶν πεν-
τήκοντα ἐτῶν. ὥστε τέτταρσιν ἢ πέντε ἔτεσιν ὑπερβάλλοντα 35
τὴν ἡλικίαν ταύτην ἀφεῖσθαι δεῖ τῆς εἰς τὸ φανερὸν γεν-
νήσεως· τὸ δὲ λοιπὸν ὑγιείας χάριν ἤ τινος ἄλλης τοιαύ-
της αἰτίας φαίνεσθαι δεῖ ποιουμένους τὴν ὁμιλίαν. περὶ δὲ
τῆς πρὸς ἄλλην ἢ πρὸς ἄλλον, ἔστω μὲν ἁπλῶς μὴ καλὸν
ἁπτόμενον φαίνεσθαι μηδαμῇ μηδαμῶς, ὅταν ⟨ἀνὴρ⟩ ᾖ καὶ 40

18 ἀπολαβόντα Mˢ: absumentia vel assumentia Guil.   γενόμενα Π²
19 τὰ] καὶ τὰ Π³   20 γινομένων Mˢ: γενομένων P¹: γεννωμένων P⁵
21 ἡ] ἐὰν ἡ P²P³   ἐθνῶν π³: vel ἐθνῶν vel ἐθῶν Γ: ἐτῶν Immisch (cf.
ª26–29)   22 κελεύει scripsi: κωλύει MˢΓ, corr. P¹ (sed. cf. Bonitzii
Indicem 419ᵇ32): κωλύη P²P³   γεννωμένων Scaliger: γενομένων Coraes
ὁρισθῆναι pr. P¹: ὡρίσθαι Γ: ὥρισθαι Mˢ: ὥρισται cet.   δὲ scripsi: γὰρ
codd.   23 δεῖ Π¹: δὴ cet.   25 μὴ om. Π²   28 χρὴ] δεῖ MˢP¹
ζεύξεως Mˢ, pr. P¹   30 καθάπερ+καὶ Γ   τὰ τῶν] τῶν Mˢ: τὰ P¹
31 γεγηρακότων Π²Γ: γηρασκόντων MˢP¹   33 Solonis fr. 27 (Bergk⁴)
35 ὡς Π¹   37 ὑγιείας χάριν om. in lac. pr. P¹: ὑγείας Mˢ
39 ᾖ] καὶ Π¹   40 ἀνὴρ add. Richards

προσαγορευθῇ πόσις· περὶ δὲ τὸν χρόνον τὸν τῆς τεκνοποιίας
1336ᵃ ἐάν τις φαίνηται τοιοῦτόν τι δρῶν, ἀτιμίᾳ ζημιούσθω πρε-
πούσῃ πρὸς τὴν ἁμαρτίαν.

Γενομένων δὲ τῶν τέκνων οἴεσθαι ⟨δεῖ⟩ μεγάλην εἶναι δια- 17
φορὰν πρὸς τὴν τῶν σωμάτων δύναμιν τὴν τροφήν, ὁποία
5 τις ἂν ᾖ. φαίνεται δὲ διά τε τῶν ἄλλων ζῴων ἐπισκο-
ποῦσι, καὶ διὰ τῶν ἐθνῶν οἷς ἐπιμελές ἐστιν εἰσάγειν τὴν
πολεμικὴν ἕξιν, ἡ τοῦ γάλακτος πλήθουσα τροφὴ μάλιστ'
οἰκεία τοῖς σώμασιν, ⟨ἡ⟩ ἀοινοτέρα δὲ διὰ τὰ νοσήματα. ἔτι
δὲ καὶ κινήσεις ὅσας ἐνδέχεται ποιεῖσθαι τηλικούτων συμ-
10 φέρει. πρὸς δὲ τὸ μὴ διαστρέφεσθαι τὰ μέλη δι' ἀπαλότη-
τα χρῶνται καὶ νῦν ἔνια τῶν ἐθνῶν ὀργάνοις τισὶ μηχανι-
κοῖς, ἃ τὸ σῶμα ποιεῖ τῶν τοιούτων ἀστραβές. συμ-
φέρει δ' εὐθὺς καὶ πρὸς τὰ ψύχη συνεθίζειν ἐκ μικρῶν
παίδων· τοῦτο γὰρ καὶ πρὸς ὑγίειαν καὶ πρὸς πολεμικὰς
15 πράξεις εὐχρηστότατον. διὸ παρὰ πολλοῖς ἐστι τῶν βαρ-
βάρων ἔθος τοῖς μὲν εἰς ποταμὸν ἀποβάπτειν τὰ γιγνό-
μενα ψυχρόν, τοῖς δὲ σκέπασμα μικρὸν ἀμπίσχειν, οἷον
Κελτοῖς. πάντα γὰρ ὅσα δυνατὸν ἐθίζειν, εὐθὺς ἀρχο-
μένων βέλτιον ἐθίζειν μέν, ἐκ προσαγωγῆς δ' ἐθίζειν·
20 εὐφυὴς δ' ἡ τῶν παίδων ἕξις διὰ θερμότητα πρὸς τὴν τῶν
21 ψυχρῶν ἄσκησιν.

21   περὶ μὲν οὖν τὴν πρώτην συμφέρει ποιεῖ-
σθαι τὴν ἐπιμέλειαν τοιαύτην τε καὶ τὴν ταύτῃ παραπλη-
σίαν· τὴν δ' ἐχομένην ταύτης ἡλικίαν μέχρι πέντε ἐτῶν,
ἣν οὔτε πω πρὸς μάθησιν καλῶς ἔχει προσάγειν οὐδεμίαν
25 οὔτε πρὸς ἀναγκαίους πόνους, ὅπως μὴ τὴν αὔξησιν ἐμποδί-

1336ᵃ 3 δεῖ hoc loco add. Spengel, post εἶναι Susemihl   5 δὲ P⁵Γ:
τε cet: 6 εἰσάγειν P⁶Γ: ἄγειν MᵃP¹: ἀεὶ Π²   8 ἡ addidi
10 διαφέρεσθαι Mᵃ: διαφέρθαι pr. P¹: defluere Guil.   14 ὑγίειαν MᵃP¹
πρὸς om. MᵃP¹   16 τοῖς] τῶν MᵃP¹   γενόμενα Susemihl
17 μικρὸν] ψυχρὸν P¹   ἀμπισχεῖν ut vid. P²P³   18 ἀρχομένων P²P³π²
19 ἐθίζειν μέν Richards: μὲν ἐθίζειν codd.   21 πρώτην] πρώτην ἡλικίαν
ci. Spengel

ζωσιν, δεῖ τοσαύτης τυγχάνειν κινήσεως ὥστε διαφεύγειν
τὴν ἀργίαν τῶν σωμάτων· ἢν χρὴ παρασκευάζειν καὶ δι'
ἄλλων πράξεων καὶ διὰ τῆς παιδιᾶς. δεῖ δὲ καὶ τὰς
παιδιὰς εἶναι μήτε ἀνελευθέρους μήτε ἐπιπόνους μήτε ἀν-
ειμένας. καὶ περὶ λόγων δὲ καὶ μύθων, ποίους τινὰς ἀκούειν 30
δεῖ τοὺς τηλικούτους, ἐπιμελὲς ἔστω τοῖς ἄρχουσιν οὓς καλοῦσι
παιδονόμους. πάντα γὰρ δεῖ τὰ τοιαῦτα προοδοποιεῖν πρὸς
τὰς ὕστερον διατριβάς· διὸ τὰς παιδιὰς εἶναι δεῖ τὰς πολ-
λὰς μιμήσεις τῶν ὕστερον σπουδαζομένων. τὰς δὲ διατάσεις
τῶν παίδων καὶ τοὺς κλαυθμοὺς οὐκ ὀρθῶς ἀπαγορεύουσιν 35
οἱ κωλύοντες ἐν τοῖς νόμοις· συμφέρουσι γὰρ πρὸς αὔξησιν·
γίγνεται γὰρ τρόπον τινὰ γυμνασία τοῖς σώμασιν· ἡ γὰρ
τοῦ πνεύματος κάθεξις ποιεῖ τὴν ἰσχὺν τοῖς πονοῦσιν, ὃ
συμβαίνει καὶ τοῖς παιδίοις διατεινομένοις.   39

ἐπισκεπτέον δὲ 39
τοῖς παιδονόμοις τὴν τούτων διαγωγήν, τήν τ' ἄλλην καὶ 40
ὅπως ὅτι ἥκιστα μετὰ δούλων ἔσται. ταύτην γὰρ τὴν ἡλι-
κίαν, καὶ μέχρι τῶν ἑπτὰ ἐτῶν, ἀναγκαῖον οἴκοι τὴν τρο- 1336ᵇ
φὴν ἔχειν. εὔλογον οὖν ἀπολαύειν ἀπὸ τῶν ἀκουσμάτων
καὶ τῶν ὁραμάτων ἀνελευθερίαν καὶ τηλικούτους ὄντας. ὅλως
μὲν οὖν αἰσχρολογίαν ἐκ τῆς πόλεως, ὥσπερ ἄλλο τι, δεῖ
τὸν νομοθέτην ἐξορίζειν (ἐκ τοῦ γὰρ εὐχερῶς λέγειν ὁτιοῦν 5
τῶν αἰσχρῶν γίνεται καὶ τὸ ποιεῖν σύνεγγυς)· μάλιστα
μὲν οὖν ἐκ τῶν νέων, ὅπως μήτε λέγωσι μήτε ἀκούωσι μη-
δὲν τοιοῦτον· ἐὰν δέ τις φαίνηταί τι λέγων ἢ πράττων τῶν
ἀπηγορευμένων, τὸν μὲν ἐλεύθερον μήπω δὲ κατακλίσεως
ἠξιωμένον ἐν τοῖς συσσιτίοις ἀτιμίαις κολάζειν καὶ ·πλη- 10

26 δεῖ+δὲ Π²π²   34 σπουδασθησομένων PᵇΓ   35 καὶ] κατὰ ut
vid. Γ   τοὺς om. P²   36 Pl. Legg. 791 e1–792 b3   38 πονοῦ-
σιν] πνεύμασιν Ridgeway   1336ᵇ 2 ἀπελαύνειν Π²: absumere vel
assumere (? ἀπολαβεῖν) Guil.   3 ὁραμάτων τῶν ἀνελευθέρων π²
4 τι ἄλλο Π¹   7 μὲν οὖν] μέντοι Richards   8–9 πράττων ἀπηγο-
ρευμένον Π¹   9 ἐλεύθερον μὲν Richards   10 ἀτιμίαις] αἰκίαις
Schmidt

γαῖς, τὸν δὲ πρεσβύτερον τῆς ἡλικίας ταύτης ἀτιμίαις
ἀνελευθέροις ἀνδραποδωδίας χάριν. ἐπεὶ δὲ τὸ λέγειν τι
τῶν τοιούτων ἐξορίζομεν, φανερὸν ὅτι καὶ τὸ θεωρεῖν ἢ
γραφὰς ἢ λόγους ἀσχήμονας. ἐπιμελὲς μὲν οὖν ἔστω τοῖς
15 ἄρχουσι μηθέν, μήτε ἄγαλμα μήτε γραφήν, εἶναι τοιούτων
πράξεων μίμησιν, εἰ μὴ παρά τισι θεοῖς τοιούτοις οἷς καὶ
τὸν τωθασμὸν ἀποδίδωσιν ὁ νόμος. πρὸς δὲ τούτοις ἀφίησιν
ὁ νόμος τοὺς τὴν ἡλικίαν ἔχοντας [ἔτι] τὴν ἱκνουμένην καὶ
ὑπὲρ αὐτῶν καὶ τέκνων καὶ γυναικῶν τιμαλφεῖν τοὺς θεούς·
20 τοὺς δὲ νεωτέρους οὔτ᾽ ἰάμβων οὔτε κωμῳδίας θεατὰς θε-
τέον, πρὶν ἢ τὴν ἡλικίαν λάβωσιν ἐν ᾗ καὶ κατακλίσεως
ὑπάρξει κοινωνεῖν ἤδη καὶ μέθης, καὶ τῆς ἀπὸ τῶν τοιούτων
γιγνομένης βλάβης ἀπαθεῖς ἡ παιδεία ποιήσει πάντως.

νῦν μὲν οὖν ἐν παραδρομῇ τοῦτον πεποιήμεθα τὸν λόγον·
25 ὕστερον δ᾽ ἐπιστήσαντας δεῖ διορίσαι μᾶλλον, εἴτε μὴ δεῖ
πρῶτον εἴτε δεῖ διαπορήσαντας, καὶ πῶς δεῖ· κατὰ δὲ τὸν
παρόντα καιρὸν ἐμνήσθημεν ὅσον ἀναγκαῖον. ἴσως γὰρ οὐ
κακῶς ἔλεγε τὸ τοιοῦτον Θεόδωρος ὁ τῆς τραγῳδίας ὑπο-
κριτής· οὐθενὶ γὰρ πώποτε παρῆκεν ἑαυτοῦ προεισάγειν, οὐδὲ
30 τῶν εὐτελῶν ὑποκριτῶν, ὡς οἰκειουμένων τῶν θεατῶν ταῖς
πρώταις ἀκοαῖς· συμβαίνει δὲ ταὐτὸ τοῦτο καὶ πρὸς τὰς
τῶν ἀνθρώπων ὁμιλίας καὶ πρὸς τὰς τῶν πραγμάτων·
πάντα γὰρ στέργομεν τὰ πρῶτα μᾶλλον. διὸ δεῖ τοῖς
νέοις πάντα ποιεῖν ξένα τὰ φαῦλα, μάλιστα δ᾽ αὐτῶν ὅσα
35 ἔχει ἢ μοχθηρίαν ἢ δυσμένειαν. διελθόντων δὲ τῶν πέντε

14 ἔστω P¹: ἐστι cet.   17–18 πρὸς ... νόμος om. π³   17 πρὸς]
παρὰ ci. Richards   18 τοὺς ... ἱκνουμένην om. Π²: τοὺς ἔχοντας
ἡλικίαν πλέον προήκουσαν P⁵Γ   ἔτι secl. Welldon: ἤδη Susemihl
19 αὐτῶν P¹: αὐτῶν cet.   καὶ γυναικῶν om. Π¹   τιμαλφᾶν M⁸P¹
20 θεατὰς θετέον P¹Γ: θεατὰς θετητέον M³: θεατὰς νομοθετητέον Π²: θεατὰς
εἶναι ἐατέον Jackson: εἶναι θεατὰς ἐατέον Richards   23 ἀπαθῆς M⁸ et
ut vid. pr. P¹   πάντως ci. Susemihl: πάντας codd. Γ   24 ἐν ...
τούτων M⁸Γ: τοῦτον ἐν παραδρομῇ π³: τούτων ἐν παραδρομῇ P²P³π³
27 ὅσον Richards (cf. 1339ᵃ38): ὡς codd. Γ   28 καλῶς·M⁸Γ   30 θεάτρων
Π¹   34 ὅσα αὐτῶν M⁸Γ

ἐτῶν τὰ δύο μέχρι τῶν ἑπτὰ δεῖ θεωροὺς ἤδη γίγνεσθαι
τῶν μαθήσεων ἃς δεήσει μανθάνειν αὐτούς. δύο δ' εἰσὶν
ἡλικίαι πρὸς ἃς ἀναγκαῖον διῃρῆσθαι τὴν παιδείαν, πρὸς
τὴν ἀπὸ τῶν ἑπτὰ μέχρι ἥβης καὶ πάλιν πρὸς τὴν ἀφ'
ἥβης μέχρι τῶν ἑνὸς καὶ εἴκοσιν ἐτῶν. οἱ γὰρ ταῖς ἑβδο- 40
μάσι διαιροῦντες τὰς ἡλικίας ὡς ἐπὶ τὸ πολὺ λέγουσιν οὐ
κακῶς, δεῖ δὲ τῇ διαιρέσει τῆς φύσεως ἐπακολουθεῖν· πᾶσα 1337ᵇ
γὰρ τέχνη καὶ παιδεία τὸ προσλεῖπον βούλεται τῆς φύ-
σεως ἀναπληροῦν. πρῶτον μὲν οὖν σκεπτέον εἰ ποιητέον
τάξιν τινὰ περὶ τοὺς παῖδας, ἔπειτα πότερον συμφέρει κοινῇ
ποιεῖσθαι τὴν ἐπιμέλειαν αὐτῶν ἢ κατ' ἴδιον τρόπον (ὃ 5
γίγνεται καὶ νῦν ἐν ταῖς πλείσταις τῶν πόλεων), τρίτον δὲ
ποίαν τινὰ δεῖ ταύτην ⟨εἶναι⟩.

Θ

Ὅτι μὲν οὖν τῷ νομοθέτῃ μάλιστα πραγματευτέον
περὶ τὴν τῶν νέων παιδείαν, οὐδεὶς ἂν ἀμφισβητήσειε· καὶ
γὰρ ἐν ταῖς πόλεσιν οὐ γιγνόμενον τοῦτο βλάπτει τὰς πολι-
τείας· δεῖ γὰρ πρὸς ἑκάστην παιδεύεσθαι· τὸ γὰρ ἦθος
τῆς πολιτείας ἑκάστης τὸ οἰκεῖον καὶ φυλάττειν εἴωθε τὴν 15
πολιτείαν καὶ καθίστησιν ἐξ ἀρχῆς, οἷον τὸ μὲν δημοκρα-
τικὸν δημοκρατίαν τὸ δ' ὀλιγαρχικὸν ὀλιγαρχίαν· ἀεὶ δὲ
τὸ βέλτιον ἦθος βελτίονος αἴτιον πολιτείας. ἔτι δὲ πρὸς
πάσας δυνάμεις καὶ τέχνας ἔστιν ἃ δεῖ προπαιδεύεσθαι
καὶ προεθίζεσθαι πρὸς τὰς ἑκάστων ἐργασίας, ὥστε δῆλον 20
ὅτι καὶ πρὸς τὰς τῆς ἀρετῆς πράξεις· ἐπεὶ δ' ἓν τὸ τέλος

36 ἤδη om. Π¹   38 τὴν om. M², pr. P¹   πρὸς scripsi: μετὰ
codd.   39 μέχρις M²P¹   πρὸς scripsi: μετὰ codd. Γ   1337ᵃ 1 κα-
κῶς Muretus: καλῶς codd. Γ   2 τῆς φύσεως βούλεται Π¹
7 δεῖται M²   ταύτην εἶναι scripsi: εἶναι ταύτην Γ: ταύτην codd.
14 παιδεύεσθαι Susemihl: πολιτεύεσθαι codd. Γ: πολιτείαν παιδεύεσθαι
Jackson   18 βέλτιον M²P⁵: βέλτιστον cet.

τῇ πόλει πάσῃ, φανερὸν ὅτι καὶ τὴν παιδείαν μίαν καὶ
τὴν αὐτὴν ἀναγκαῖον εἶναι πάντων, καὶ ταύτης τὴν ἐπι-
μέλειαν εἶναι κοινὴν καὶ μὴ κατ' ἰδίαν, ὃν τρόπον νῦν
25 ἕκαστος ἐπιμελεῖται τῶν αὐτοῦ τέκνων ἰδίᾳ τε καὶ μάθησιν
ἰδίαν, ἣν ἂν δόξῃ, διδάσκων. δεῖ δὲ τῶν κοινῶν κοινὴν
ποιεῖσθαι καὶ τὴν ἄσκησιν. ἅμα δὲ οὐδὲ χρὴ νομίζειν
αὐτὸν αὑτοῦ τινα εἶναι τῶν πολιτῶν, ἀλλὰ πάντας τῆς
πόλεως, μόριον γὰρ ἕκαστος τῆς πόλεως· ἡ δ' ἐπιμέλεια
30 πέφυκεν ἑκάστου μορίου βλέπειν πρὸς τὴν τοῦ ὅλου ἐπιμέλειαν.
ἐπαινέσειε δ' ἄν τις κατὰ τοῦτο Λακεδαιμονίους· καὶ γὰρ
πλείστην ποιοῦνται σπουδὴν περὶ τοὺς παῖδας καὶ κοινῇ ταύτην. 2
Ὅτι μὲν οὖν νομοθετητέον περὶ παιδείας καὶ ταύτην
κοινὴν ποιητέον, φανερόν· τίς δ' ἔσται ἡ παιδεία καὶ πῶς
35 χρὴ παιδεύεσθαι, δεῖ μὴ λανθάνειν. νῦν γὰρ ἀμφισ-
βητεῖται περὶ τῶν ἔργων. οὐ γὰρ ταὐτὰ πάντες ὑπολαμβά-
νουσι δεῖν μανθάνειν τοὺς νέους οὔτε πρὸς ἀρετὴν οὔτε πρὸς τὸν
βίον τὸν ἄριστον, οὐδὲ φανερὸν πότερον πρὸς τὴν διάνοιαν
πρέπει μᾶλλον ἢ πρὸς τὸ τῆς ψυχῆς ἦθος· ἔκ τε τῆς ἐμ-
40 ποδὼν παιδείας ταραχώδης ἡ σκέψις καὶ δῆλον οὐδὲν πό-
τερον ἀσκεῖν δεῖ τὰ χρήσιμα πρὸς τὸν βίον ἢ τὰ τείνοντα
πρὸς ἀρετὴν ἢ τὰ περιττά (πάντα γὰρ εἴληφε ταῦτα κρι-
1337ᵇ τάς τινας)· περί τε τῶν πρὸς ἀρετὴν οὐθέν ἐστιν ὁμολογούμε-
νον (καὶ γὰρ τὴν ἀρετὴν οὐ τὴν αὐτὴν εὐθὺς πάντες τιμῶ-
σιν, ὥστ' εὐλόγως διαφέρονται καὶ πρὸς τὴν ἄσκησιν αὐτῆς).
ὅτι μὲν οὖν τὰ ἀναγκαῖα δεῖ διδάσκεσθαι τῶν χρησίμων,
5 οὐκ ἄδηλον· ὅτι δὲ οὐ πάντα, διῃρημένων τῶν τε ἐλευθερίων
ἔργων καὶ τῶν ἀνελευθερίων φανερόν, ⟨καὶ⟩ ὅτι τῶν τοιούτων

24–25 ἕκαστος νῦν Π¹   28 αὐτὸν] ἂν superscr. τ Μˢ: αὐτῶν Γ
αὐτοῦ P³ : αὐτῶ P¹Γ : αὐτῶ Μˢ   29 μόριον . . . πόλεως om. Π¹
31 κατὰ Sylburg : καὶ codd. Γ   34 κοινῇ P¹ : κοινῶς Μˢ : communiter
Guil.   ἔσται ci. Richards : ἐστὶν codd. Γ   36 περὶ] διὰ Π¹   40 οὐδενὶ
Π¹π²   1337ᵇ 4 δεῖ om. ΜˢΓ   5 ἐλευθερίων ut vid. Γ : ἐλευθέρων
codd.   6 ἀνελευθερίων P¹ et ut vid. Γ : ἀνελευθέρων cet.   καὶ add.
Richards

δεῖ μετέχειν ὅσα τῶν χρησίμων ποιήσει τὸν μετέχοντα μὴ
βάναυσον. βάναυσον δ' ἔργον εἶναι δεῖ τοῦτο νομίζειν καὶ
τέχνην ταύτην καὶ μάθησιν, ὅσαι πρὸς τὰς χρήσεις καὶ
τὰς πράξεις τὰς τῆς ἀρετῆς ἄχρηστον ἀπεργάζονται τὸ 10
σῶμα τῶν ἐλευθέρων [ἢ τὴν ψυχὴν] ἢ τὴν διάνοιαν. διὸ
τάς τε τοιαύτας τέχνας ὅσαι τὸ σῶμα παρασκευάζουσι
χεῖρον διακεῖσθαι βαναύσους καλοῦμεν, καὶ τὰς μισθαρνι-
κὰς ἐργασίας· ἄσχολον γὰρ ποιοῦσι τὴν διάνοιαν καὶ ταπει-
νήν. ἔστι δὲ καὶ τῶν ἐλευθερίων ἐπιστημῶν μέχρι μὲν 15
τινὸς ἐνίων μετέχειν οὐκ ἀνελεύθερον, τὸ δὲ προσεδρεύειν λίαν
πρὸς ἀκρίβειαν ἔνοχον ταῖς εἰρημέναις βλάβαις. ἔχει δὲ
πολλὴν διαφορὰν καὶ τὸ τίνος ἕνεκεν πράττει τις ἢ μαν-
θάνει· τὸ μὲν γὰρ αὑτοῦ χάριν ἢ φίλων ἢ δι' ἀρετὴν οὐκ ἀν-
ελεύθερον, ὁ δὲ αὐτὸ τοῦτο πράττων δι' ἄλλους πολλάκις 20
θητικὸν καὶ δουλικὸν δόξειεν ἂν πράττειν.

αἱ μὲν οὖν καταβεβλημέναι νῦν μαθήσεις, καθάπερ ἐλέχθη
πρότερον, ἐπαμφοτερίζουσιν· ἔστι δὲ τέτταρα σχεδὸν ἃ παιδεύ-
3 ειν εἰώθασι, γράμματα καὶ γυμναστικὴν καὶ μουσικὴν καὶ
τέταρτον ἔνιοι γραφικήν, τὴν μὲν γραμματικὴν καὶ γραφι- 25
κὴν ὡς χρησίμους πρὸς τὸν βίον οὔσας καὶ πολυχρήστους, τὴν
δὲ γυμναστικὴν ὡς συντείνουσαν πρὸς ἀνδρείαν· τὴν δὲ μουσικὴν
ἤδη διαπορήσειεν ἄν τις. νῦν μὲν γὰρ ὡς ἡδονῆς χάριν οἱ
πλεῖστοι μετέχουσιν αὐτῆς· οἱ δ' ἐξ ἀρχῆς ἔταξαν ἐν παι-
δείᾳ διὰ τὸ τὴν φύσιν αὐτὴν ζητεῖν, ὅπερ πολλάκις εἴρη- 30
ται, μὴ μόνον ἀσχολεῖν ὀρθῶς ἀλλὰ καὶ σχολάζειν δύ-
νασθαι καλῶς. αὕτη γὰρ ἀρχὴ πάντων μία· καὶ πάλιν

---

11 ἢ τὴν ψυχὴν secl. Susemihl (cf. ᵇ11–15)   12 τε om. MᵃP¹ et
ut vid. Γ   παρασκευάζουσι τὸ σῶμα Π¹   16–19 τὸ . . . ἀνελεύθερον
om. Π²   17 ἀκρίβειαν] τὸ τέλειον Pᵇ   ῥηθείσαις Pᵇ   18 ἕνεκεν]
χάριν Pᵇ   19 τὸ . . . αὑτοῦ] αὑτοῦ μὲν γὰρ χάριν ἢ τῶν φίλων Pᵇ
20 πράσσων Π²   πολλάκις δι' ἄλλους Π¹   21 ἂν δόξειε Π¹
22 εἴρηται MᵃP¹: dictum est Guil.   25 τὴν . . . γραφικήν om. Π¹
27 περὶ δὲ τῆς μουσικῆς Pᵇ   28 ἤδη θm. PᵇΓ   32 μία scripsi:
ἵνα codd.

εἴπωμεν περὶ αὐτῆς. εἰ δ᾽ ἄμφω μὲν δεῖ, μᾶλλον δὲ
αἱρετὸν τὸ σχολάζειν τῆς ἀσχολίας καὶ τέλος, ζητητέον
35 ὅ τι δεῖ ποιοῦντας σχολάζειν. οὐ γὰρ δὴ παίζοντας· τέλος
γὰρ ἀναγκαῖον εἶναι τοῦ βίου τὴν παιδιὰν ἡμῖν. εἰ δὲ τοῦτο
ἀδύνατον, καὶ μᾶλλον ἐν ταῖς ἀσχολίαις χρηστέον ταῖς
παιδιαῖς (ὁ γὰρ πονῶν δεῖται τῆς ἀναπαύσεως, ἡ δὲ παι-
διὰ χάριν ἀναπαύσεώς ἐστιν· τὸ δ᾽ ἀσχολεῖν συμβαίνει
40 μετὰ πόνου καὶ συντονίας), διὰ τοῦτο δεῖ παιδιὰς εἰσάγε-
σθαι καιροφυλακοῦντας τὴν χρῆσιν, ὡς προσάγοντας φαρμα-
κείας χάριν. ἄνεσις γὰρ ἡ τοιαύτη κίνησις τῆς ψυχῆς,
1338ᵃ καὶ διὰ τὴν ἡδονὴν ἀνάπαυσις. τὸ δὲ σχολάζειν ἔχειν
αὐτὸ δοκεῖ τὴν ἡδονὴν καὶ τὴν εὐδαιμονίαν καὶ τὸ ζῆν
μακαρίως. τοῦτο δ᾽ οὐ τοῖς ἀσχολοῦσιν ὑπάρχει ἀλλὰ τοῖς
σχολάζουσιν· ὁ μὲν γὰρ ἀσχολῶν ἕνεκα τινος ἀσχολεῖ
5 τέλους ὡς οὐχ ὑπάρχοντος, ἡ δ᾽ εὐδαιμονία τέλος ἐστίν, ἣν
οὐ μετὰ λύπης ἀλλὰ μεθ᾽ ἡδονῆς οἴονται πάντες εἶναι.
ταύτην μέντοι τὴν ἡδονὴν οὐκέτι τὴν αὐτὴν τιθέασιν, ἀλλὰ
καθ᾽ ἑαυτοὺς ἕκαστος καὶ τὴν ἕξιν τὴν αὐτῶν, ὁ δ᾽ ἄριστος
τὴν ἀρίστην καὶ τὴν ἀπὸ τῶν καλλίστων. ὥστε φανερὸν ὅτι
10 δεῖ καὶ πρὸς τὴν ἐν τῇ διαγωγῇ σχολὴν μανθάνειν ἄττα
καὶ παιδεύεσθαι, καὶ ταῦτα μὲν τὰ παιδεύματα καὶ ταύ-
τας τὰς μαθήσεις ἑαυτῶν εἶναι χάριν, τὰς δὲ πρὸς τὴν
ἀσχολίαν ὡς ἀναγκαίας καὶ χάριν ἄλλων. διὸ καὶ τὴν
μουσικὴν οἱ πρότερον εἰς παιδείαν ἔταξαν οὐχ ὡς ἀναγκαῖον
15 (οὐδὲν γὰρ ἔχει τοιοῦτον), οὐδ᾽ ὡς χρήσιμον (ὥσπερ τὰ γράμ-
ματα πρὸς χρηματισμὸν καὶ πρὸς οἰκονομίαν καὶ πρὸς
μάθησιν καὶ πρὸς πολιτικὰς πράξεις πολλάς, δοκεῖ δὲ
καὶ γραφικὴ χρήσιμος εἶναι πρὸς τὸ κρίνειν τὰ τῶν τεχνι-

---

33 δ᾽ Susemihl: γὰρ codd. Γ   34–35 τῆς . . . σχολάζειν om. Π²
34 καὶ τελευταῖον Pˢ   35 ὅ . . . ποιοῦντας] τί ποιοῦντας δεῖ Pᵇ
36 γὰρ] γὰρ ἂν ci. Susemihl   38 ἥ τε Susemihl   41 καιρο-
φυλακοῦντα Π¹: καιροφυλακτοῦντα P²   προσάγοντα Π¹   1338ᵃ 3 δ᾽] γὰρ
Susemihl   8 αὐτῶν π³: αὑτὴν M³, pr. P¹

τῶν ἔργα κάλλιον), οὐδ' αὖ καθάπερ ἡ γυμναστικὴ πρὸς
ὑγίειαν καὶ ἀλκήν (οὐδέτερον γὰρ τούτων ὁρῶμεν γιγνόμενον 20
ἐκ τῆς μουσικῆς)· λείπεται τοίνυν πρὸς τὴν ἐν τῇ σχολῇ
διαγωγήν, εἰς ὅπερ καὶ φαίνονται παράγοντες αὐτήν. ἣν
γὰρ οἴονται διαγωγὴν εἶναι τῶν ἐλευθέρων, ἐν ταύτῃ τάτ-
τουσιν. διόπερ Ὅμηρος οὕτως ἐποίησεν
   ἀλλ' οἷον †μέν ἐστι† καλεῖν ἐπὶ δαῖτα θαλείην,   25
καὶ οὕτω προειπὼν ἑτέρους τινὰς " οἳ καλέουσιν ἀοιδόν " φη-
σίν, " ὅ κεν τέρπησιν ἅπαντας ". καὶ ἐν ἄλλοις δέ φησιν ⟨ὁ⟩
Ὀδυσσεὺς ταύτην ἀρίστην εἶναι διαγωγήν, ὅταν εὐφραινο-
μένων τῶν ἀνθρώπων " δαιτυμόνες δ' ἀνὰ δώματ' ἀκουάζων-
ται ἀοιδοῦ ἥμενοι ἐξείης ".   30
                              ὅτι μὲν τοίνυν ἔστι παιδεία τις 30
ἣν οὐχ ὡς χρησίμην παιδευτέον τοὺς υἱεῖς οὐδ' ὡς ἀναγκαίαν
ἀλλ' ὡς ἐλευθέριον καὶ καλήν, φανερόν ἐστιν· πότερον δὲ
μία τὸν ἀριθμὸν ἢ πλείους, καὶ τίνες αὗται καὶ πῶς, ὕστε-
ρον λεκτέον περὶ αὐτῶν. νῦν δὲ τοσοῦτον ἡμῖν εἶναι πρὸ
ὁδοῦ γέγονεν, ὅτι καὶ παρὰ τῶν ἀρχαίων ἔχομέν τινα 35
μαρτυρίαν ἐκ τῶν καταβεβλημένων παιδευμάτων· ἡ γὰρ
μουσικὴ τοῦτο ποιεῖ δῆλον. ἔτι δὲ καὶ τῶν χρησίμων ὅτι
δεῖ τινα παιδεύεσθαι τοὺς παῖδας οὐ μόνον διὰ τὸ χρήσιμον,
οἷον τὴν τῶν γραμμάτων μάθησιν, ἀλλὰ καὶ διὰ τὸ πολ-
λὰς ἐνδέχεσθαι γίγνεσθαι δι' αὐτῶν μαθήσεις ἑτέρας, ὁμοίως 40
δὲ καὶ τὴν γραφικὴν οὐχ ἵνα ἐν τοῖς ἰδίοις ὠνίοις μὴ δι-
αμαρτάνωσιν ἀλλ' ὦσιν ἀνεξαπάτητοι πρὸς τὴν τῶν σκευῶν
ὠνήν τε καὶ πρᾶσιν, μᾶλλον δ' ὅτι ποιεῖ θεωρητικὸν τοῦ 1338^b

---

20 ὑγείαν Μ^sΡ¹   25 versum exemplaria Homerica non exhibent
μέν ἐστι corrupta: μὲν ἔοικε Schmidt   μήν Schneider: μέν γ' Goettling:
μέν τ' Spengel: γε μέν Welldon: μόνον Newman   ἐπὶ δαῖτα καλεῖν Π¹
θαλίην Ρ¹: θαλείων Μ^s: congaudere Guil.   26 Od. 17. 385 ἢ καὶ
θέσπιν ἀοιδόν, ὅ κεν τέρπησιν ἀείδων   27 ὅ] ὡς Π¹: ὃς π²   ὁ add.
Newman   29 Od. 9. 7–8   31 ἀναγκαῖον Π²   40 δι' αὐτῶν
ante ἐνδέχεσθαι Π¹   1338^b 1 μᾶλλον δ' scripsi: ἢ μᾶλλον codd. Γ:
ἀλλὰ μᾶλλον Thurot: μᾶλλον ἢ Postgate   θεωρητικὴν Ρ¹Ρ²: θεωριτικὴν π²

περὶ τὰ σώματα κάλλους. τὸ δὲ ζητεῖν πανταχοῦ τὸ χρή-
σιμον ἥκιστα ἁρμόττει τοῖς μεγαλοψύχοις καὶ τοῖς ἐλευ-
θερίοις. ἐπεὶ δὲ φανερὸν ⟨τὸ⟩ πρότερον τοῖς ἔθεσιν ἢ τῷ λόγῳ
5 παιδευτέον εἶναι, καὶ περὶ τὸ σῶμα πρότερον ἢ τὴν διά-
νοιαν, δῆλον ἐκ τούτων ὅτι παραδοτέον τοὺς παῖδας γυμνα-
στικῇ καὶ παιδοτριβικῇ· τούτων γὰρ ἡ μὲν ποιάν τινα ποιεῖ
τὴν ἕξιν τοῦ σώματος, ἡ δὲ τὰ ἔργα.

Νῦν μὲν οὖν αἱ μάλιστα δοκοῦσαι τῶν πόλεων ἐπι- 4
10 μελεῖσθαι τῶν παίδων αἱ μὲν ἀθλητικὴν ἕξιν ἐμποιοῦσι, λω-
βώμεναι τά τε εἴδη καὶ τὴν αὔξησιν τῶν σωμάτων, οἱ
δὲ Λάκωνες ταύτην μὲν οὐχ ἥμαρτον τὴν ἁμαρτίαν, θηρι-
ώδεις δ' ἀπεργάζονται τοῖς πόνοις, ὡς τοῦτο πρὸς ἀνδρείαν
μάλιστα συμφέρον. καίτοι, καθάπερ εἴρηται πολλάκις, οὔτε
15 πρὸς μίαν οὔτε πρὸς μάλιστα ταύτην βλέποντα ποιητέον
τὴν ἐπιμέλειαν· εἰ δὲ καὶ πρὸς ταύτην, οὐδὲ τοῦτο ἐξευρί-
σκουσιν. οὔτε γὰρ ἐν τοῖς ἄλλοις ζῴοις οὔτε ἐπὶ τῶν ἐθνῶν
ὁρῶμεν τὴν ἀνδρείαν ἀκολουθοῦσαν τοῖς ἀγριωτάτοις, ἀλλὰ
μᾶλλον τοῖς ἡμερωτέροις καὶ λεοντώδεσιν ἤθεσιν. πολλὰ
20 δ' ἔστι τῶν ἐθνῶν ἃ πρὸς τὸ κτείνειν καὶ πρὸς τὴν ἀνθρωπο-
φαγίαν εὐχερῶς ἔχει, καθάπερ τῶν περὶ τὸν Πόντον
Ἀχαιοί τε καὶ Ἡνίοχοι καὶ τῶν ἠπειρωτικῶν ἐθνῶν ἕτερα,
τὰ μὲν ὁμοίως τούτοις τὰ δὲ μᾶλλον, ἃ ληστρικὰ μέν ἐστιν,
ἀνδρείας δ' οὐ μετειλήφασιν. ἔτι δ' αὐτοὺς τοὺς Λάκωνας
25 ἴσμεν, ἕως μὲν αὐτοὶ προσήδρευον ταῖς φιλοπονίαις, ὑπερ-
έχοντας τῶν ἄλλων, νῦν δὲ κἀν τοῖς γυμνικοῖς ἀγῶσι κἀν τοῖς
πολεμικοῖς λειπομένους ἑτέρων· οὐ γὰρ τῷ τοὺς νέους
γυμνάζειν τὸν τρόπον τοῦτον διέφερον, ἀλλὰ τῷ μόνους μὴ

3 ἁρμόζει MˢP¹   ἐλευθερίοις Susemihl: ἐλευθέροις codd. Γ
4 τὸ addendum ci. Richards   πρότερον corr. P¹: πότερον cet.
5 παιδευτέον post 4 ἔθεσιν Π¹   εἶναι om. Π¹   6 ὅτι+πρότερον ci.
Susemihl   16 δὲ Richards: τε codd. Γ   23 ληστικὰ P²π²:
λῄστικα pr. P²   26 κἀν bis scripsi: καὶ codd. Γ   γυμνικοῖς ... 27 πο-
λεμικοῖς] γυμνασίοις καὶ τοῖς πολεμικοῖς ἀγῶσι Π²   28 τῷ μόνους
Richards: τῷ μόνον codd. Γ: μόνον τῷ ci. Reiske

πρὸς ἀσκοῦντας ἀσκεῖν. ὥστε τὸ καλὸν ἀλλ' οὐ τὸ θηριῶδες
δεῖ πρωταγωνιστεῖν· οὐδὲ γὰρ λύκος οὐδ' ⟨οὐδὲν⟩ τῶν ἄλλων 30
θηρίων ἀγωνίσαιτο ἂν οὐθένα καλὸν κίνδυνον, ἀλλὰ μᾶλλον
ἀνὴρ ἀγαθός, οἱ δὲ λίαν εἰς ταῦτα ἀνέντες τοὺς παῖδας,
καὶ τῶν ἀναγκαίων ἀπαιδαγωγήτους ποιήσαντες, βαναύσους
κατεργάζονται κατά γε τὸ ἀληθές, πρὸς ἕν τε μόνον ἔρ-
γον τῆς πολιτικῆς χρησίμους ποιήσαντες, καὶ πρὸς τοῦτο χεῖ- 35
ρον, ὥς φησιν ὁ λόγος, ἑτέρων. δεῖ δὲ οὐκ ἐκ τῶν προ-
τέρων ἔργων κρίνειν, ἀλλ' ἐκ τῶν νῦν· ἀνταγωνιστὰς γὰρ τῆς
παιδείας νῦν ἔχουσι, πρότερον δ' οὐκ εἶχον.   38

                    ὅτι μὲν οὖν χρη- 38
στέον τῇ γυμναστικῇ, καὶ πῶς χρηστέον, ὁμολογούμενόν ἐστιν
(μέχρι μὲν γὰρ ἥβης κουφότερα γυμνάσια προσοιστέον, τὴν 40
βίαιον τροφὴν καὶ τοὺς πρὸς ἀνάγκην πόνους ἀπείργοντας,
ἵνα μηθὲν ἐμπόδιον ᾖ πρὸς τὴν αὔξησιν· σημεῖον γὰρ οὐ
μικρὸν ὅτι δύνανται τοῦτο παρασκευάζειν, ἐν γὰρ τοῖς ὀλυμ- 1339ᵃ
πιονίκαις δύο τις ἂν ἢ τρεῖς εὕροι τοὺς αὐτοὺς νενικηκότας
ἄνδρας τε καὶ παῖδας, διὰ τὸ νέους ἀσκοῦντας ἀφαιρεῖσθαι
τὴν δύναμιν ὑπὸ τῶν ἀναγκαίων γυμνασίων· ὅταν δ' ἀφ'
ἥβης ἔτη τρία πρὸς τοῖς ἄλλοις μαθήμασι γένωνται, τότε 5
ἁρμόττει καὶ τοῖς πόνοις καὶ ταῖς ἀναγκοφαγίαις κατα-
λαμβάνειν τὴν ἐχομένην ἡλικίαν· ἅμα γὰρ τῇ τε διανοίᾳ
καὶ τῷ σώματι διαπονεῖν οὐ δεῖ, τοὐναντίον γὰρ ἑκάτερος
ἀπεργάζεσθαι πέφυκε τῶν πόνων, ἐμποδίζων ὁ μὲν τοῦ
σώματος πόνος τὴν διάνοιαν ὁ δὲ ταύτης τὸ σῶμα).   10

5   Περὶ δὲ μουσικῆς ἔνια μὲν διηπορήκαμεν τῷ λόγῳ
καὶ πρότερον, καλῶς δ' ἔχει καὶ νῦν ἀναλαβόντας αὐτὰ
προαγαγεῖν, ἵνα ὥσπερ ἐνδόσιμον γένηται τοῖς λόγοις οὓς

30 οὐδὲ] οὐ Π²   οὐδ' οὐδὲν scripsi : οὐδὲ codd.   33 ἀπαιδαγω-
γήτους Ρ² : ἀπαιδαγώγους cet.   35 τῆς πολιτικῆς scripsi : τῇ πολιτικῇ
codd. Γ   40 μὲν om. Μˢ   κουφότερα ΜˢΡˢΓ : κουφοτέρα Ρ¹Ρˢπˢ
γυμνάσια Ρ¹ΡˢπˢΓ : γυμνασία Μˢπˢ : sine accentu Ρˢ   1339ᵃ 1 δύ-
ναται ΡˢΡˢπˢ   ταῖς Π²   2 ἂν] ἀνὴρ Π¹   5 γίνωνται Π¹
11 διηπορήσαμεν Π²

ἄν τις εἴπειεν ἀποφαινόμενος περὶ αὐτῆς. οὔτε γὰρ τίνα
15 ἔχει δύναμιν ῥᾴδιον περὶ αὐτῆς διελεῖν, οὔτε τίνος δεῖ χά-
ριν μετέχειν αὐτῆς, πότερον παιδιᾶς ἕνεκα καὶ ἀνα-
παύσεως, καθάπερ ὕπνου καὶ μέθης (ταῦτα γὰρ καθ᾽ αὑτὰ
μὲν οὐδὲ τῶν σπουδαίων, ἀλλ᾽ ἡδέα, καὶ ἅμα παύει μέρι-
μναν, ὥς φησιν Εὐριπίδης· διὸ καὶ τάττουσιν αὐτὴν καὶ
20 χρῶνται πᾶσι τούτοις ὁμοίως, ὕπνῳ καὶ μέθῃ καὶ μουσικῇ·
τιθέασι δὲ καὶ τὴν ὄρχησιν ἐν τούτοις), ἢ μᾶλλον οἰητέον
πρὸς ἀρετήν τι τείνειν τὴν μουσικήν, ὡς δυναμένην, καθάπερ
ἡ γυμναστικὴ τὸ σῶμα ποιόν τι παρασκευάζει, καὶ τὴν
μουσικὴν τὸ ἦθος ποιόν τι ποιεῖν, ἐθίζουσαν δύνασθαι χαί-
25 ρειν ὀρθῶς, ἢ πρὸς διαγωγήν τι συμβάλλεται καὶ πρὸς
φρόνησιν (καὶ γὰρ τοῦτο τρίτον θετέον τῶν εἰρημένων). ὅτι
μὲν οὖν δεῖ τοὺς νέους μὴ παιδιᾶς ἕνεκα παιδεύειν, οὐκ ἄδη-
λον (οὐ γὰρ παίζουσι μανθάνοντες· μετὰ λύπης γὰρ ἡ
μάθησις)· ἀλλὰ μὴν οὐδὲ διαγωγήν γε παισὶν ἁρμόττει
30 καὶ ταῖς ἡλικίαις ἀποδιδόναι ταῖς τοιαύταις (οὐθενὶ γὰρ
ἀτελεῖ προσήκει τέλος). ἀλλ᾽ ἴσως ἂν δόξειεν ἡ τῶν παί-
δων σπουδὴ παιδιᾶς εἶναι χάριν ἀνδράσι γενομένοις καὶ
τελειωθεῖσιν. ἀλλ᾽ εἰ τοῦτ᾽ ἐστὶ τοιοῦτον, τίνος ἂν ἕνεκα δέοι
μανθάνειν αὐτούς, ἀλλὰ μή, καθάπερ οἱ τῶν Περσῶν καὶ
35 Μήδων βασιλεῖς, δι᾽ ἄλλων αὐτὸ ποιούντων μεταλαμβάνειν
τῆς ἡδονῆς καὶ τῆς μαθήσεως; καὶ γὰρ ἀναγκαῖον βέλτιον
ἀπεργάζεσθαι τοὺς αὐτὸ τοῦτο πεποιημένους ἔργον καὶ τέχνην
τῶν τοσοῦτον χρόνον ἐπιμελουμένων ὅσον πρὸς μάθησιν μόνον.
εἰ δὲ δεῖ τὰ τοιαῦτα διαπονεῖν αὐτούς, καὶ περὶ τὴν τῶν
40 ὄψων πραγματείαν αὐτοὺς ἂν δέοι παρασκευάζειν· ἀλλ᾽

14 εἴπειεν P²: εἴποιεν cet.   15 δύναμιν ἔχει Π¹   18 οὐδὲ
Reiz: οὔτε codd. Γ   μέριμναν παύει Π¹   19 Baccb. 381   πράτ-
τουσιν Richards   20 ὕπνῳ Aretinus (cf. l. 17): οἴνῳ codd. Γ
21 οἰητέον post 22 μουσικήν M²P¹   22 τι om. M²P¹   23 παρα-
σκευάζειν M²Γ   24 δύνασθαι om. M²Γ   29 γε om. M²: non vertit
Guil.: τε Π²   30 οὐδὲν M²P¹: οὐδὲ Γ   33 δεῖ Π¹   35 δι᾽
om. P²   39 τὰ τοιαῦτα δεῖ Π¹   καὶ+τὰ Argyriades   40 ἂν om. M²P¹

258

ἄτοπον. τὴν δ' αὐτὴν ἀπορίαν ἔχει καὶ εἰ δύναται τὰ ἤθη
βελτίω ποιεῖν· ταῦτα γὰρ τί δεῖ μανθάνειν αὐτούς, ἀλλ'
οὐχ ἑτέρων ἀκούοντας ὀρθῶς τε χαίρειν καὶ δύνασθαι κρίνειν, 1339ᵇ
ὥσπερ οἱ Λάκωνες; ἐκεῖνοι γὰρ οὐ μανθάνοντες ὅμως δύ-
νανται κρίνειν ὀρθῶς, ὥς φασι, τὰ χρηστὰ καὶ τὰ μὴ
χρηστὰ τῶν μελῶν. ὁ δ' αὐτὸς λόγος κἂν εἰ πρὸς εὐημε-
ρίαν καὶ διαγωγὴν ἐλευθέριον χρηστέον αὐτῇ· τί δεῖ μαν- 5
θάνειν αὐτούς, ἀλλ' οὐχ ἑτέρων χρωμένων ἀπολαύειν; σκο-
πεῖν δ' ἔξεστι τὴν ὑπόληψιν ἣν ἔχομεν περὶ τῶν θεῶν· οὐ
γὰρ ὁ Ζεὺς αὐτὸς ἀείδει καὶ κιθαρίζει τοῖς ποιηταῖς, ἀλλὰ
καὶ βαναύσους καλοῦμεν τοὺς τοιούτους καὶ τὸ πράττειν οὐκ
ἀνδρὸς μὴ μεθύοντος ἢ παίζοντος. 10

ἀλλ' ἴσως περὶ μὲν 10
τούτων ὕστερον ἐπισκεπτέον· ἡ δὲ πρώτη ζήτησίς ἐστι πότε-
ρον οὐ θετέον εἰς παιδείαν τὴν μουσικὴν ἢ θετέον, καὶ τί
δύναται τῶν διαπορηθέντων τριῶν, πότερον παιδείαν ἢ παι-
διὰν ἢ διαγωγήν. εὐλόγως δ' εἰς πάντα τάττεται καὶ
φαίνεται μετέχειν. ἥ τε γὰρ παιδιὰ χάριν ἀναπαύσεώς 15
ἐστι, τὴν δ' ἀνάπαυσιν ἀναγκαῖον ἡδεῖαν εἶναι (τῆς γὰρ
διὰ τῶν πόνων λύπης ἰατρεία τίς ἐστιν), καὶ τὴν διαγωγὴν
ὁμολογουμένως δεῖ μὴ μόνον ἔχειν τὸ καλὸν ἀλλὰ καὶ
τὴν ἡδονήν (τὸ γὰρ εὐδαιμονεῖν ἐξ ἀμφοτέρων τούτων ἐστίν)·
τὴν δὲ μουσικὴν πάντες εἶναί φαμεν τῶν ἡδίστων, καὶ ψι- 20
λὴν οὖσαν καὶ μετὰ μελῳδίας (φησὶ γοῦν καὶ Μουσαῖος
εἶναι 'βροτοῖς ἥδιστον ἀείδειν'· διὸ καὶ εἰς τὰς συνουσίας καὶ
διαγωγὰς εὐλόγως παραλαμβάνουσιν αὐτὴν ὡς δυναμένην
εὐφραίνειν), ὥστε καὶ ἐντεῦθεν ἄν τις ὑπολάβοι παιδεύε-
σθαι δεῖν αὐτὴν τοὺς νεωτέρους. ὅσα γὰρ ἀβλαβῆ τῶν 25
ἡδέων, οὐ μόνον ἁρμόττει πρὸς τὸ τέλος ἀλλὰ καὶ πρὸς
τὴν ἀνάπαυσιν· ἐπεὶ δ' ἐν μὲν τῷ τέλει συμβαίνει τοῖς
ἀνθρώποις ὀλιγάκις γίγνεσθαι, πολλάκις δὲ ἀναπαύονται

1339ᵇ 1 δύνασθαι καὶ Spengel   4 εἰ] εἴη PᵃPᵃπᵃ   21 γοῦν]
γὰρ Π¹Π³   24 ὑπολάβοι ἄν τις Π¹

καὶ χρῶνται ταῖς παιδιαῖς οὐχ ὅσον ἐπὶ πλέον ἀλλὰ καὶ
30 διὰ τὴν ἡδονήν, χρήσιμον ἂν εἴη διαναπαύειν ἐν ταῖς ἀπὸ
31 ταύτης ἡδοναῖς.

31　　　　　　συμβέβηκε δὲ τοῖς ἀνθρώποις ποιεῖσθαι
τὰς παιδιὰς τέλος· ἔχει γὰρ ἴσως ἡδονήν τινα καὶ τὸ
τέλος, ἀλλ᾽ οὐ τὴν τυχοῦσαν, ζητοῦντες δὲ ταύτην λαμβά-
νουσιν ὡς ταύτην ἐκείνην, διὰ τὸ τῷ τέλει τῶν πράξεων
35 ἔχειν ὁμοίωμά τι. τό τε γὰρ τέλος οὐθενὸς τῶν ἐσομένων
χάριν αἱρετόν, καὶ αἱ τοιαῦται τῶν ἡδονῶν οὐθενός εἰσι τῶν
ἐσομένων ἕνεκεν, ἀλλὰ τῶν γεγονότων, οἷον πόνων καὶ λύ-
πης. δι᾽ ἣν μὲν οὖν αἰτίαν ζητοῦσι τὴν εὐδαιμονίαν γίγνε-
σθαι διὰ τούτων τῶν ἡδονῶν, ταύτην εἰκότως ἄν τις ὑπο-
40 λάβοι τὴν αἰτίαν· περὶ δὲ τοῦ κοινωνεῖν τῆς μουσικῆς, ⟨ὅτι⟩ οὐ
διὰ ταύτην μόνην, ἀλλὰ καὶ διὰ τὸ χρήσιμον εἶναι πρὸς
τὰς ἀναπαύσεις, ὡς ἔοικεν. οὐ μὴν ἀλλὰ ζητητέον μή ποτε
1340^a τοῦτο μὲν συμβέβηκε, τιμιωτέρα δ᾽ αὐτῆς ἡ φύσις ἐστὶν ἢ
κατὰ τὴν εἰρημένην χρείαν, καὶ δεῖ μὴ μόνον τῆς κοινῆς
ἡδονῆς μετέχειν ἀπ᾽ αὐτῆς, ἧς ἔχουσι πάντες αἴσθησιν (ἔχει
γὰρ ἡ μουσική τιν᾽ ἡδονὴν φυσικήν, διὸ πάσαις ἡλικίαις
5 καὶ πᾶσιν ἤθεσιν ἡ χρῆσις αὐτῆς ἐστι προσφιλής), ἀλλ᾽
ὁρᾶν εἴ πῃ καὶ πρὸς τὸ ἦθος συντείνει καὶ πρὸς τὴν ψυχήν.
τοῦτο δ᾽ ἂν εἴη δῆλον, εἰ ποιοί τινες τὰ ἤθη γιγνόμεθα δι᾽
αὐτῆς. ἀλλὰ μὴν ὅτι γιγνόμεθα ποιοί τινες, φανερὸν διὰ
πολλῶν μὲν καὶ ἑτέρων, οὐχ ἥκιστα δὲ καὶ διὰ τῶν Ὀλύμ-
10 που μελῶν· ταῦτα γὰρ ὁμολογουμένως ποιεῖ τὰς ψυχὰς
ἐνθουσιαστικάς, ὁ δ᾽ ἐνθουσιασμὸς τοῦ περὶ τὴν ψυχὴν ἤθους
πάθος ἐστίν. ἔτι δὲ ἀκροώμενοι τῶν μιμήσεων γίγνονται
πάντες συμπαθεῖς, καὶ χωρὶς τῶν ῥυθμῶν καὶ τῶν μελῶν
14 αὐτῶν.

33 δὲ om. Π¹　　37 οἷον om. Π¹　　39 ἄν τις εἰκότως Π²
40 ὅτι addidi　　1340^a 1 ἐστὶν ἡ φύσις αὐτῆς Μ²Γ: ἡ φύσις αὐτῆς ἐστιν Ρ¹
4 τιν᾽ scripsi: τὴν codd. Γ　　6 πρὸς² om. Μ²Ρ¹　　8–9 ποιοί . . .
καὶ² om. pr. Ρ², π²　　12 ἀκροώμενοι] ἀκ Μ²: lac. in Γ　　13 post
χωρὶς lac. in Γ　　τῶν¹ om. pr. Μ²

260

ἐπεὶ δὲ συμβέβηκεν εἶναι τὴν μουσικὴν τῶν ἡδέων, 14
τὴν δ' ἀρετὴν περὶ τὸ χαίρειν ὀρθῶς καὶ φιλεῖν καὶ μισεῖν, 15
δεῖ δηλονότι μανθάνειν καὶ συνεθίζεσθαι μηθὲν οὕτως ὡς
τὸ κρίνειν ὀρθῶς καὶ τὸ χαίρειν τοῖς ἐπιεικέσιν ἤθεσι καὶ
ταῖς καλαῖς πράξεσιν· ἔστι δὲ ὁμοιώματα μάλιστα παρὰ
τὰς ἀληθινὰς φύσεις ἐν τοῖς ῥυθμοῖς καὶ τοῖς μέλεσιν ὀργῆς
καὶ πραότητος, ἔτι δ' ἀνδρείας καὶ σωφροσύνης καὶ πάντων 20
τῶν ἐναντίων τούτοις καὶ τῶν ἄλλων ἠθῶν (δῆλον δὲ ἐκ
τῶν ἔργων· μεταβάλλομεν γὰρ τὴν ψυχὴν ἀκροώμενοι
τοιούτων)· ὁ δ' ἐν τοῖς ὁμοίοις ἐθισμὸς τοῦ λυπεῖσθαι καὶ
χαίρειν ἐγγύς ἐστι τῷ πρὸς τὴν ἀλήθειαν τὸν αὐτὸν ἔχειν
τρόπον (οἷον εἴ τις χαίρει τὴν εἰκόνα τινὸς θεώμενος μὴ 25
δι' ἄλλην αἰτίαν ἀλλὰ διὰ τὴν μορφὴν αὐτήν, ἀναγκαῖον
τούτῳ καὶ αὐτοῦ ἐκείνου τὴν θεωρίαν, οὗ τὴν εἰκόνα θεωρεῖ,
ἡδεῖαν εἶναι). συμβέβηκε δὲ τῶν αἰσθητῶν ἐν μὲν τοῖς
ἄλλοις μηδὲν ὑπάρχειν ὁμοίωμα τοῖς ἤθεσιν, οἷον ἐν τοῖς
ἁπτοῖς καὶ τοῖς γευστοῖς, ἀλλ' ἐν τοῖς ὁρατοῖς ἠρέμα 30
(σχήματα γὰρ ἔστι τοιαῦτα, ἀλλ' ἐπὶ μικρόν, καὶ ⟨οὐ⟩ πάντες
τῆς τοιαύτης αἰσθήσεως κοινωνοῦσιν· ἔτι δὲ οὐκ ἔστι ταῦτα
ὁμοιώματα τῶν ἠθῶν, ἀλλὰ σημεῖα μᾶλλον τὰ γιγνόμενα
σχήματα καὶ χρώματα τῶν ἠθῶν, καὶ ταῦτ' ἐστὶν ἐπί-
σημα ἐν τοῖς πάθεσιν· οὐ μὴν ἀλλ' ὅσον διαφέρει καὶ 35
περὶ τὴν τούτων θεωρίαν, δεῖ μὴ τὰ Παύσωνος θεωρεῖν τοὺς
νέους, ἀλλὰ τὰ Πολυγνώτου κἂν εἴ τις ἄλλος τῶν γρα-
φέων ἢ τῶν ἀγαλματοποιῶν ἐστιν ἠθικός), ἐν δὲ τοῖς μέ-
λεσιν αὐτοῖς ἔστι μιμήματα τῶν ἠθῶν (καὶ τοῦτ' ἐστὶ φανε-
ρόν· εὐθὺς γὰρ ἡ τῶν ἁρμονιῶν διέστηκε φύσις, ὥστε ἀκούον- 40
τας ἄλλως διατίθεσθαι καὶ μὴ τὸν αὐτὸν ἔχειν τρόπον

14 τὴν μουσικὴν εἶναι Π¹   16 δῆλον ὅτι δεῖ PᵇΓ: δηλονότι pr. Mᵇ
21 ἠθῶν Richards (cf. ᵃ29, 33, 39): ἠθικῶν codd. Γ   27 τούτῳ κατ'
αὐτὴν ἐκείνην τὴν θεωρίαν τὴν εἰκόνα οὗ θεωρεῖ MᵇP¹: buic illam visionem,
cuius videt imaginem, secundum se Guil.   αὐτοῦ ἐκείνου Lambinus: αὐτὴν
ἐκείνην codd.   31 οὐ add. E. Müller   34 ἐπίσημα scripsi:
ἐπὶ (ἀπὸ Π¹) τοῦ σώματος codd.   36 πάσωνος Πᵃ

πρὸς ἐκάστην αὐτῶν, ἀλλὰ πρὸς μὲν ἐνίας ὀδυρτικωτέρως
1340ᵇ καὶ συνεστηκότως μᾶλλον, οἷον πρὸς τὴν μιξολυδιστὶ καλου-
μένην, πρὸς δὲ τὰς μαλακωτέρως τὴν διάνοιαν, οἷον πρὸς
τὰς ἀνειμένας, μέσως δὲ καὶ καθεστηκότως μάλιστα πρὸς
ἑτέραν, οἷον δοκεῖ ποιεῖν ἡ δωριστὶ μόνη τῶν ἁρμονιῶν, ἐνθου-
5 σιαστικοὺς δ' ἡ φρυγιστί. ταῦτα γὰρ καλῶς λέγουσιν οἱ περὶ
τὴν παιδείαν ταύτην πεφιλοσοφηκότες· λαμβάνουσι γὰρ τὰ
μαρτύρια τῶν λόγων ἐξ αὐτῶν τῶν ἔργων). τὸν αὐτὸν δὲ
τρόπον ἔχει καὶ τὰ περὶ τοὺς ῥυθμούς (οἱ μὲν γὰρ ἦθος ἔχουσι
στασιμώτερον οἱ δὲ κινητικόν, καὶ τούτων οἱ μὲν φορ-
10 τικωτέρας ἔχουσι τὰς κινήσεις οἱ δὲ ἐλευθεριωτέρας). ἐκ
μὲν οὖν τούτων φανερὸν ὅτι δύναται ποιόν τι τὸ τῆς ψυχῆς
ἦθος ἡ μουσικὴ παρασκευάζειν, εἰ δὲ τοῦτο δύναται ποιεῖν,
δῆλον ὅτι προσακτέον καὶ παιδευτέον ἐν αὐτῇ τοὺς νέους.
ἔστι δὲ ἁρμόττουσα πρὸς τὴν φύσιν τὴν τηλικαύτην ἡ δι-
15 δασκαλία τῆς μουσικῆς· οἱ μὲν γὰρ νέοι διὰ τὴν ἡλικίαν
ἀνήδυντον οὐθὲν ὑπομένουσιν ἑκόντες, ἡ δὲ μουσικὴ φύσει τῶν
ἡδυσμάτων ἐστίν. καί τις ἔοικε συγγένεια ταῖς ἁρμονίαις
καὶ τοῖς ῥυθμοῖς εἶναι· διὸ πολλοί φασι τῶν σοφῶν οἱ
μὲν ἁρμονίαν εἶναι τὴν ψυχήν, οἱ δ' ἔχειν ἁρμονίαν.

20 Πότερον δὲ δεῖ μανθάνειν αὐτοὺς ᾄδοντάς τε καὶ χει- 6
ρουργοῦντας ἢ μή, καθάπερ ἠπορήθη πρότερον, νῦν λεκτέον
οὐκ ἄδηλον δὴ ὅτι πολλὴν ἔχει διαφορὰν πρὸς τὸ γίγνε-
σθαι ποιούς τινας, ἐάν τις αὐτὸς κοινωνῇ τῶν ἔργων· ἐν
γάρ τι τῶν ἀδυνάτων ἢ χαλεπῶν ἐστι μὴ κοινωνήσαντας
25 τῶν ἔργων κριτὰς γενέσθαι σπουδαίους. ἅμα δὲ καὶ δεῖ τοὺς
παῖδας ἔχειν τινὰ διατριβήν, καὶ τὴν Ἀρχύτου πλαταγὴν
οἴεσθαι γενέσθαι καλῶς, ἣν διδόασι τοῖς παιδίοις, ὅπως
χρώμενοι ταύτῃ μηδὲν καταγνύωσι τῶν κατὰ τὴν οἰκίαν·

1340ᵇ 6 παιδείαν Aretinus: παιδίαν codd. Γ   7 δὲ] γὰρ Πᵃ   8 τὰ
om. pr. P¹, Πᵃ   ἔχουσιν ἦθος Π¹   14 ἐστι] ἔχει MᵃΠᵃ   ἁρμοζόντως
πᵃ   17 ἡδυσμάτων Bywater: ἡδυσμένων codd. Γ   20 αὐτούς] τοὺς
αὐτοὺς Π¹   22 δὲ MᵃΠᵃΓ   26 ἀρχύτα MᵃP¹: Ancbytae Guil.
27 γίνεσθαι P¹Γ

οὐ γὰρ δύναται τὸ νέον ἡσυχάζειν. αὕτη μὲν οὖν ἐστι τοῖς
νηπίοις ἁρμόττουσα τῶν παιδίων, ἡ δὲ παιδεία πλαταγὴ 30
τοῖς μείζοσι τῶν νέων. ὅτι μὲν οὖν παιδευτέον τὴν μουσικὴν
οὕτως ὥστε καὶ κοινωνεῖν τῶν ἔργων, φανερὸν ἐκ τῶν τοιού-
των· τὸ δὲ πρέπον καὶ τὸ μὴ πρέπον ταῖς ἡλικίαις οὐ
χαλεπὸν διορίσαι, καὶ λῦσαι πρὸς τοὺς φάσκοντας βάναυ-
σον εἶναι τὴν ἐπιμέλειαν. πρῶτον μὲν γάρ, ἐπεὶ τοῦ κρίνειν 35
χάριν μετέχειν δεῖ τῶν ἔργων, διὰ τοῦτο χρὴ νέους μὲν
ὄντας χρῆσθαι τοῖς ἔργοις, πρεσβυτέρους δὲ γενομένους τῶν
μὲν ἔργων ἀφεῖσθαι, δύνασθαι δὲ τὰ καλὰ κρίνειν καὶ
χαίρειν ὀρθῶς διὰ τὴν μάθησιν τὴν γενομένην ἐν τῇ νεότητι·
περὶ δὲ τῆς ἐπιτιμήσεως ἥν τινες ἐπιτιμῶσιν ὡς ποιούσης 40
τῆς μουσικῆς βαναύσους, οὐ χαλεπὸν λῦσαι σκεψαμένους
μέχρι τε πόσου τῶν ἔργων κοινωνητέον τοῖς πρὸς ἀρετὴν
παιδευομένοις πολιτικήν, καὶ ποίων μελῶν καὶ ποίων ῥυ-1341ᵇ
θμῶν κοινωνητέον, ἔτι δὲ ἐν ποίοις ὀργάνοις τὴν μάθησιν
ποιητέον, καὶ γὰρ τοῦτο διαφέρειν εἰκός. ἐν τούτοις γὰρ ἡ
λύσις ἐστὶ τῆς ἐπιτιμήσεως· οὐδὲν γὰρ κωλύει τρόπους τινὰς
τῆς μουσικῆς ἀπεργάζεσθαι τὸ λεχθέν. φανερὸν τοίνυν ὅτι 5
δεῖ τὴν μάθησιν αὐτῆς μήτε ἐμποδίζειν πρὸς τὰς ὕστερον
πράξεις, μήτε τὸ σῶμα ποιεῖν βάναυσον καὶ ἄχρηστον πρὸς
τὰς πολεμικὰς καὶ πολιτικὰς ἀσκήσεις, πρὸς μὲν τὰς μαθή-
σεις ἤδη, πρὸς δὲ τὰς χρήσεις ὕστερον. 9

συμβαίνοι δ' ἂν 9
περὶ τὴν μάθησιν, εἰ μήτε τὰ πρὸς τοὺς ἀγῶνας τοὺς τεχνι- 10
κοὺς συντείνοντα διαπονοῖεν, μήτε τὰ θαυμάσια καὶ περιττὰ
τῶν ἔργων, ἃ νῦν ἐλήλυθεν εἰς τοὺς ἀγῶνας ἐκ δὲ τῶν
ἀγώνων εἰς τὴν παιδείαν, ἀλλὰ τὰ ⟨μὴ⟩ τοιαῦτα μέχρι
περ ἂν δύνωνται χαίρειν τοῖς καλοῖς μέλεσι καὶ ῥυθμοῖς,

29–30 ἁρμόττουσα τοῖς νηπίοις Π¹   30 παιδίων P¹: παιδικῶν π²:
παιδιῶν cet.   32 καὶ om. Π¹   37 γενομένους MᵇΓ: γινομένους cet.
39 γινομένην MᵇP¹   1341ᵇ 1 παιδευομένοις] πολιτευομένοις
MᵇΓ   8 9 μαθήσεις ... χρήσεις Bojesen: χρήσεις ... μαθήσεις codd.
13 παιδιὰν MᵇP¹   ἀλλὰ+καὶ Πᵃ   μὴ add. Immisch

15 καὶ μὴ μόνον τῷ κοινῷ τῆς μουσικῆς, ὥσπερ καὶ τῶν ἄλ-
λων ἔνια ζῴων, ἔτι δὲ καὶ πλῆθος ἀνδραπόδων καὶ παι-
δίων. δῆλον δὲ ἐκ τούτων καὶ ποίοις ὀργάνοις χρηστέον.
οὔτε γὰρ αὐλοὺς εἰς παιδείαν ἀκτέον οὔτ' ἄλλο τι τεχνικὸν
ὄργανον, οἷον κιθάραν κἂν εἴ τι τοιοῦτον ἕτερον ἔστιν, ἀλλ'
20 ὅσα ποιήσει τούτων ἀκροατὰς ἀγαθοὺς ἢ τῆς μουσικῆς παι-
δείας ἢ τῆς ἄλλης· ἔτι δὲ οὐκ ἔστιν ὁ αὐλὸς ἠθικὸν ἀλλὰ
μᾶλλον ὀργιαστικόν, ὥστε πρὸς τοὺς τοιούτους αὐτῷ καιροὺς
χρηστέον ἐν οἷς ἡ θεωρία κάθαρσιν μᾶλλον δύναται ἢ μά-
θησιν. προσθῶμεν δὲ ὅτι συμβέβηκεν ἐναντίον αὐτῷ πρὸς
25 παιδείαν καὶ τὸ κωλύειν τῷ λόγῳ χρῆσθαι τὴν αὔλησιν.
διὸ καλῶς ἀπεδοκίμασαν οἱ πρότερον αὐτοῦ τὴν χρῆσιν ἐκ
τῶν νέων καὶ τῶν ἐλευθέρων, καίπερ χρησάμενοι τὸ πρῶ-
τον αὐτῷ. σχολαστικώτεροι γὰρ γιγνόμενοι διὰ τὰς εὐπορίας
καὶ μεγαλοψυχότεροι πρὸς τὴν ἀρετήν, ἔτι τε ⟨καὶ⟩ πρότερον
30 καὶ μετὰ τὰ Μηδικὰ φρονηματισθέντες ἐκ τῶν ἔργων,
πάσης ἥπτοντο μαθήσεως, οὐδὲν διακρίνοντες ἀλλ' ἐπι-
ζητοῦντες. διὸ καὶ τὴν αὐλητικὴν ἤγαγον πρὸς τὰς μαθήσεις.
καὶ γὰρ ἐν Λακεδαίμονί τις χορηγὸς αὐτὸς ηὔλησε τῷ
χορῷ, καὶ περὶ Ἀθήνας οὕτως ἐπεχωρίασεν ὥστε σχεδὸν οἱ
35 πολλοὶ τῶν ἐλευθέρων μετεῖχον αὐτῆς· δῆλον δὲ ἐκ τοῦ
πίνακος ὃν ἀνέθηκε Θράσιππος Ἐκφαντίδῃ χορηγήσας.
ὕστερον δ' ἀπεδοκιμάσθη διὰ τῆς πείρας αὐτῆς, βέλτιον
δυναμένων κρίνειν τὸ πρὸς ἀρετὴν καὶ τὸ μὴ πρὸς ἀρετὴν
συντείνον· ὁμοίως δὲ καὶ πολλὰ τῶν ὀργάνων τῶν ἀρχαίων,
40 οἷον πηκτίδες καὶ βάρβιτοι καὶ τὰ πρὸς ἡδονὴν συντείνοντα
τοῖς ἀκούουσι τῶν χρωμένων, ἑπτάγωνα καὶ τρίγωνα καὶ

15 κοινωνῷ Π²Μˢ   18 τι om. Π²   19 ἕτερον Π²Γ: ἄλλο ΜˢΡ¹
20 ὅσ' ἂν ποιήσειεν ci. Immisch   τούτων Richards (hiatus vitandi
causa): αὐτῶν codd. Γ   παιδιᾶς ΜˢΓ   21 ὁ αὐτὸς Μˢ: id ipsum Guil.
23 δύναται μᾶλλον ΜˢΡ¹   24 αὐτῷ ἐναντίον Π¹   26 οἱ πρότερον αὐτοῦ
Richards (hiatus vitandi causa): αὐτοῦ οἱ πρότερον codd. Γ   28 γενόμενοι
Schneider   29 τὴν om. π³   καὶ addidi   31 ἥποντο Μˢ: εἵποντο Γ
33 αὐτὸς om. Π¹   41 χρωμάτων ci. Immisch

σαμβῦκαι, καὶ πάντα τὰ δεόμενα χειρουργικῆς ἐπιστήμης. 1341ᵇ
εὐλόγως δ᾽ ἔχει καὶ τὸ περὶ τῶν αὐλῶν ὑπὸ τῶν ἀρχαίων
μεμυθολογημένον. φασὶ γὰρ δὴ τὴν Ἀθηνᾶν εὐροῦσαν ἀπο-
βαλεῖν τοὺς αὐλούς. οὐ κακῶς μὲν οὖν ἔχει φάναι καὶ διὰ
τὴν ἀσχημοσύνην τοῦ προσώπου τοῦτο ποιῆσαι δυσχεράνασαν 5
τὴν θεόν· οὐ μὴν ἀλλὰ μᾶλλον εἰκὸς ὅτι πρὸς τὴν διάνοιαν
οὐθέν ἐστιν ἡ παιδεία τῆς αὐλήσεως, τῇ δὲ Ἀθηνᾷ τὴν ἐπι-
στήμην περιτίθεμεν καὶ τὴν τέχνην. ἐπεὶ δὲ τῶν τε ὀργά-
νων καὶ τῆς ἐργασίας ἀποδοκιμάζομεν τὴν τεχνικὴν παι-
δείαν (τεχνικὴν δὲ τίθεμεν τὴν πρὸς τοὺς ἀγῶνας· ἐν ταύτῃ 10
γὰρ ὁ πράττων οὐ τῆς αὑτοῦ μεταχειρίζεται χάριν ἀρετῆς,
ἀλλὰ τῆς τῶν ἀκουόντων ἡδονῆς, καὶ ταύτης φορτικῆς,
διόπερ οὐ τῶν ἐλευθέρων κρίνομεν εἶναι τὴν ἐργασίαν, ἀλλὰ
θητικωτέραν· καὶ βαναύσους δὴ συμβαίνει γίγνεσθαι· πο-
νηρὸς γὰρ ὁ σκοπὸς πρὸς ὃν ποιοῦνται τὸ τέλος· ὁ γὰρ 15
θεατὴς φορτικὸς ὢν μεταβάλλειν εἴωθε τὴν μουσικήν, ὥστε
καὶ τοὺς τεχνίτας τοὺς πρὸς αὐτὸν μελετῶντας αὐτούς τε
ποιούς τινας ποιεῖ καὶ τὰ σώματα διὰ τὰς κινήσεις),
7 σκεπτέον ἔτι περί τε τὰς ἁρμονίας καὶ τοὺς ῥυθμούς,
καὶ πρὸς παιδείαν πότερον πάσαις χρηστέον ταῖς ἁρμονίαις 20
καὶ πᾶσι τοῖς ῥυθμοῖς ἢ διαιρετέον, ἔπειτα τοῖς πρὸς παι-
δείαν διαπονοῦσι πότερον τὸν αὐτὸν διορισμὸν θήσομεν ἢ
[τρίτον] δεῖ τινα ἕτερον. ἐπεὶ δὴ τὴν μὲν μουσικὴν ὁρῶμεν διὰ
μελοποιίας καὶ ῥυθμῶν οὖσαν, τούτων δ᾽ ἑκάτερον οὐ δεῖ λε-
ληθέναι τίνα δύναμιν ἔχει πρὸς παιδείαν, καὶ πότερον 25
προαιρετέον μᾶλλον τὴν εὐμελῆ μουσικὴν ἢ τὴν εὔρυθμον.
νομίσαντες οὖν πολλὰ καλῶς λέγειν περὶ τούτων τῶν τε νῦν

1341ᵇ 1 σαμβῦκαι Göttling: σαμβύκαι Π³: ἴαμβοι Π¹   2 αὐλῶν]
ἄλλων ΜᵃΓ   3 δὴ om. Π¹   4 οὖν] γὰρ Γ et ut vid. pr. Μˢ
9 παιδιάν Π¹   11 αὐτοῦ Γ: αὑτοῦ codd.   19 ἔτι Pⁱ: δέ τι Pᵃ: δὲ
ἔτι cet.   20 καὶ πρὸς παιδείαν om. Aretinus   ταῖς ἁρμονίαις πάσαις
χρηστέον Π¹   21 καὶ ... ῥυθμοῖς om. π³, fort. Πᵃ   23 τρίτον
seclusi   δεῖ] δὴ π³   ἐπεὶ δὴ Bonitz: ἐπειδὴ codd.   25 ἔχει δύναμιν
Pᵃπ³

μουσικῶν ἐνίους καὶ τῶν ἐκ φιλοσοφίας ὅσοι τυγχάνουσιν
ἐμπείρως ἔχοντες τῆς περὶ τὴν μουσικὴν παιδείας, τὴν μὲν
30 καθ' ἕκαστον ἀκριβολογίαν ἀποδώσομεν ζητεῖν τοῖς βουλο-
μένοις παρ' ἐκείνων, νῦν δὲ νομικῶς διέλωμεν, τοὺς τύπους
32 μόνον εἰπόντες περὶ αὐτῶν.

32   ἐπεὶ δὲ τὴν διαίρεσιν ἀπο-
δεχόμεθα τῶν μελῶν ὡς διαιροῦσί τινες τῶν ἐν φιλοσοφίᾳ,
τὰ μὲν ἠθικὰ τὰ δὲ πρακτικὰ τὰ δ' ἐνθουσιαστικὰ τιθέντες,
35 καὶ τῶν ἁρμονιῶν τὴν φύσιν ⟨τὴν⟩ πρὸς ἕκαστα τούτων οἰκείαν,
ἄλλην πρὸς ἄλλο μέλος, τιθέασι, φαμὲν δ' οὐ μιᾶς ἕνεκεν
ὠφελείας τῇ μουσικῇ χρῆσθαι δεῖν ἀλλὰ καὶ πλειόνων χά-
ριν (καὶ γὰρ παιδείας ἕνεκεν καὶ καθάρσεως—τί δὲ λέ-
γομεν τὴν κάθαρσιν, νῦν μὲν ἁπλῶς, πάλιν δ' ἐν τοῖς περὶ
40 ποιητικῆς ἐροῦμεν σαφέστερον—τρίτον δὲ πρὸς διαγωγὴν
πρὸς ἄνεσίν τε καὶ πρὸς τὴν τῆς συντονίας ἀνάπαυσιν),
1342ᵃ φανερὸν ὅτι χρηστέον μὲν πάσαις ταῖς ἁρμονίαις, οὐ τὸν
αὐτὸν δὲ τρόπον πάσαις χρηστέον, ἀλλὰ πρὸς μὲν τὴν
παιδείαν ταῖς ἠθικωτάταις, πρὸς δὲ ἀκρόασιν ἑτέρων χει-
ρουργούντων καὶ ταῖς πρακτικαῖς καὶ ταῖς ἐνθουσιαστικαῖς. ὃ
5 γὰρ περὶ ἐνίας συμβαίνει πάθος ψυχὰς ἰσχυρῶς, τοῦτο ἐν
πάσαις ὑπάρχει, τῷ δὲ ἧττον διαφέρει καὶ τῷ μᾶλλον,
οἷον ἔλεος καὶ φόβος, ἔτι δ' ἐνθουσιασμός· καὶ γὰρ ὑπὸ
ταύτης τῆς κινήσεως κατοκώχιμοί τινές εἰσιν, ἐκ τῶν δ'
ἱερῶν μελῶν ὁρῶμεν τούτους, ὅταν χρήσωνται τοῖς ἐξοργιά-
10 ζουσι τὴν ψυχὴν μέλεσι, καθισταμένους ὥσπερ ἰατρείας τυ-
χόντας καὶ καθάρσεως· ταὐτὸ δὴ τοῦτο ἀναγκαῖον πάσχειν

31 λογικῶς Richards   35 τὴν addidi   36 μέλος Tyrwhitt:
μέρος codd. Γ   38 γὰρ+καὶ P¹P²π³   παιδιᾶς Π¹P²   41 πρὸς¹]
ἢ πρὸς Newman   1342ᵃ 1–ᵇ17 locus difficillimus: si in ᵃ15
πρακτικὰ legimus, locus sic dividendus est: ᵃ4–15 αἱ ἁρμονίαι αἱ ἐνθουσια-
στικαί (αἱ καθάρσεως ἕνεκα) tractantur, ᵃ15–28 αἱ πρακτικαί (αἱ διαγωγῆς
sive ἀναπαύσεως ἕνεκα), ᵃ28–ᵇ17 αἱ ἠθικαί (αἱ παιδείας ἕνεκα). si in ᵃ15
καθαρτικὰ retinemus, αἱ πρακτικαί omittuntur   1–2 οὐ . . . χρηστέον
om. Π¹   3 ἀκρόασιν] κάθαρσιν π³   8 κατοκώχιμοι scripsi:
κατακώχιμοί codd.   δὲ τῶν π³   10 καθισταμένας Π¹P²

καὶ τοὺς ἐλεήμονας καὶ τοὺς φοβητικοὺς καὶ τοὺς ὅλως πα-
θητικούς, τοὺς δ' ἄλλους καθ' ὅσον ἐπιβάλλει τῶν τοιούτων
ἑκάστῳ, καὶ πᾶσι γίγνεσθαί τινα κάθαρσιν καὶ κουφίζεσθαι
μεθ' ἡδονῆς. ὁμοίως δὲ καὶ τὰ μέλη τὰ πρακτικὰ παρ- 15
έχει χαρὰν ἀβλαβῆ τοῖς ἀνθρώποις· διὸ ταῖς μὲν τοιαύταις
ἁρμονίαις καὶ τοῖς τοιούτοις μέλεσιν ἐατέον ⟨χρῆσθαι⟩ τοὺς τὴν
θεατρικὴν μουσικὴν μεταχειριζομένους ἀγωνιστάς· ἐπεὶ δ' ὁ
θεατὴς διττός, ὁ μὲν ἐλεύθερος καὶ πεπαιδευμένος, ὁ δὲ
φορτικὸς ἐκ βαναύσων καὶ θητῶν καὶ ἄλλων τοιούτων συγ- 20
κείμενος, ἀποδοτέον ἀγῶνας καὶ θεωρίας καὶ τοῖς τοιούτοις
πρὸς ἀνάπαυσιν· εἰσὶ δὲ ὥσπερ αὐτῶν αἱ ψυχαὶ παρ-
εστραμμέναι τῆς κατὰ φύσιν ἕξεως—οὕτω καὶ τῶν ἁρμονιῶν
παρεκβάσεις εἰσὶ καὶ τῶν μελῶν τὰ σύντονα καὶ παρα-
κεχρωσμένα, ποιεῖ δὲ τὴν ἡδονὴν ἑκάστοις τὸ κατὰ φύσιν 25
οἰκεῖον, διόπερ ἀποδοτέον ἐξουσίαν τοῖς ἀγωνιζομένοις πρὸς
τὸν θεατὴν τὸν τοιοῦτον τοιούτῳ τινὶ χρῆσθαι τῷ γένει τῆς
μουσικῆς. πρὸς δὲ παιδείαν, ὥσπερ εἴρηται, τοῖς ἠθικοῖς τῶν
μελῶν χρηστέον καὶ ταῖς ἁρμονίαις ταῖς τοιαύταις. τοιαύτη
δ' ἡ δωριστί, καθάπερ εἴπομεν πρότερον· δέχεσθαι δὲ δεῖ 30
κἄν τινα ἄλλην ἡμῖν δοκιμάζωσιν οἱ κοινωνοὶ τῆς ἐν φιλο-
σοφίᾳ διατριβῆς καὶ τῆς περὶ τὴν μουσικὴν παιδείας. ὁ
δ' ἐν τῇ Πολιτείᾳ Σωκράτης οὐ καλῶς τὴν φρυγιστὶ μόνην
καταλείπει μετὰ τῆς δωριστί, καὶ ταῦτα ἀποδοκιμάσας
τῶν ὀργάνων τὸν αὐλόν. ἔχει γὰρ τὴν αὐτὴν δύναμιν ἡ **1342ᵇ**
φρυγιστὶ τῶν ἁρμονιῶν ἥνπερ αὐλὸς ἐν τοῖς ὀργάνοις·
ἄμφω γὰρ ὀργιαστικὰ καὶ παθητικά· [δηλοῖ δ' ἡ ποίη-
σις]. πᾶσα γὰρ βακχεία καὶ πᾶσα ἡ τοιαύτη κίνησις
μάλιστα τῶν ὀργάνων ἐστὶν ἐν τοῖς αὐλοῖς, τῶν δ' ἁρμο- 5

15 πρακτικὰ Sauppe: καθαρτικὰ codd. Γ   16 χώραν Π¹   17 μέλεσιν
ἐατέον χρῆσθαι Richards (cf. l. 26): μέλεσι θετέον Π¹P¹P²: μέλεσι
θεατέον P³π³: μέλεσι χρῆσθαι ἐατέον E. Müller: μέλεσι χρῆσθαι θετέον
Spengel   18 θεατρικὴν om. Π¹P²   24 παρακεχωρημένα Π¹P²
28 παιδιάν Π¹P²   33 Pl. Rep. 399 a1–4   1342ᵇ 3 δηλοῖ . . .
ποίησις post 6 πρέπον transp. Richards

νιῶν ἐν τοῖς φρυγιστὶ μέλεσι λαμβάνει ταῦτα τὸ πρέπον.
6a ⟨δηλοῖ δ' ἡ ποίησις,⟩
οἷον ὁ διθύραμβος ὁμολογουμένως εἶναι δοκεῖ Φρύγιον.
καὶ τούτου πολλὰ παραδείγματα λέγουσιν οἱ περὶ τὴν σύν-
εσιν ταύτην, ἄλλα τε καὶ ὅτι Φιλόξενος ἐγχειρήσας ἐν
10 τῇ δωριστὶ ποιῆσαι [διθύραμβον] τοὺς Μυσοὺς οὐχ οἷός τ' ἦν,
ἀλλ' ὑπὸ τῆς φύσεως αὐτῆς ἐξέπεσεν εἰς τὴν φρυγιστὶ τὴν
προσήκουσαν ἁρμονίαν πάλιν. περὶ δὲ τῆς δωριστὶ πάντες
ὁμολογοῦσιν ὡς στασιμωτάτης οὔσης καὶ μάλιστα ἦθος ἐχούσης
ἀνδρεῖον. ἔτι δὲ ἐπεὶ τὸ μέσον μὲν τῶν ὑπερβολῶν ἐπ-
15 αινοῦμεν καὶ χρῆναι διώκειν φαμέν, ἡ δὲ δωριστὶ ταύτην ἔχει
τὴν φύσιν πρὸς τὰς ἄλλας ἁρμονίας, φανερὸν ὅτι τὰ Δώ-
17 ρια μέλη πρέπει παιδεύεσθαι μᾶλλον τοῖς νεωτέροις.
17   εἰσὶ
δὲ δύο σκοποί, τό τε δυνατὸν καὶ τὸ πρέπον· καὶ γὰρ τὰ
δυνατὰ δεῖ μεταχειρίζεσθαι μᾶλλον καὶ τὰ πρέποντα ἑκά-
20 στους. ἔστι δὲ καὶ ταῦτα ὡρισμένα ταῖς ἡλικίαις, οἷον τοῖς
ἀπειρηκόσι διὰ χρόνον οὐ ῥᾴδιον ᾄδειν τὰς συντόνους ἁρμο-
νίας, ἀλλὰ τὰς ἀνειμένας ἡ φύσις ὑποβάλλει τοῖς τηλι-
κούτοις. διὸ καλῶς ἐπιτιμῶσι καὶ τοῦτο Σωκράτει τῶν περὶ
τὴν μουσικήν τινες, ὅτι τὰς ἀνειμένας ἁρμονίας ἀποδοκι-
25 μάσειεν εἰς τὴν παιδείαν, οὐ κατὰ τὴν τῆς μέθης δύναμιν,
ὡς μεθυστικὰς λαμβάνων αὐτάς (βακχευτικὸν γὰρ ἥ γε
μέθη ποιεῖ μᾶλλον), ἀλλ' ἀπειρηκυίας. ὥστε καὶ πρὸς τὴν
ἐσομένην ἡλικίαν, τὴν τῶν πρεσβυτέρων, δεῖ καὶ τῶν τοιού-
των ἁρμονιῶν ἅπτεσθαι καὶ τῶν μελῶν τῶν τοιούτων, ἔτι
30 δ' εἴ τίς ἐστι τοιαύτη τῶν ἁρμονιῶν ἣ πρέπει τῇ τῶν παί-
δων ἡλικίᾳ διὰ τὸ δύνασθαι κόσμον τ' ἔχειν ἅμα καὶ

9 ὅτι scripsi: διότι codd.   10 διθύραμβον secl. Immisch   Μυσοὺς
Schneider: μυθοὺς codd. Γ   17–34 εἰσὶ ... πρέπον secl. Susemihl
19 ἑκάστοις P⁵   21 χρόνον P³Π³, incerto compendio Mˢ: χρόνου cet.
23 τοῦτο+τῷ Wilson (cf. Pl. Rep. 398 d 11–399 a 4)   25 παιδιάν
Immisch   οὐ ... δύναμιν hoc loco posuit Richards, post 26 ὡς ...
αὐτάς codd.   27 et 28 καὶ om. Γ

παιδείαν, οἷον ἡ λυδιστὶ φαίνεται πεπονθέναι μάλιστα τῶν ἁρμονιῶν. δῆλον ⟨οὖν⟩ ὅτι τούτους ὅρους τρεῖς ποιητέον εἰς τὴν παιδείαν, τό τε μέσον καὶ τὸ δυνατὸν καὶ τὸ πρέπον.

32 παιδείαν οἷαν pr. P³: διάνοιαν Π¹   33 δῆλον οὖν Schneider: ἢ δῆλον P¹   δῆλον cet.   τούτους [ὅρους τρεῖς] τρεῖς τούτ cum lac. pr. P¹: τρεῖς τούτους P²: tres has vel bos Guil.   34 παιδιάν P¹P²

INDEX NOMINUM ET POTIORUM
VERBORUM

52^a-99^b = 1252^a-1299^b, 0^a-42^b = 1300^a-1342^b

INDEX NOMINUM ET POTIORUM VERBORUM

279